KB165558

식품
기사

실기 초단기합격

SD에듀
㈜시대고시기획

2024 식품기사 실기 초단기합격

Always with you

사람이 길에서 우연하게 만나거나 함께 살아가는 것만이 인연은 아니라고 생각합니다.
책을 펴내는 출판사와 그 책을 읽는 독자의 만남도 소중한 인연입니다.
SD에듀는 항상 독자의 마음을 헤아리기 위해 노력하고 있습니다.
늘 독자와 함께하겠습니다.

PREFACE

머리말

한국산업인력공단 검정현황에 따르면 식품기사 2차 실기시험의 합격률은 2018년에는 45.9%, 2019년에는 35.7%로 평균 30%를 웃도는 수준이었습니다. 그러나 2020년부터 실기 시험방식이 복합형에서 필답형으로 변경된 후, 2020년 1회 식품기사 실기시험 응시생 885명 가운데 합격생이 단 4명(합격률 0.45%)에 불과하였기 때문에 많은 논란이 발생했습니다. 복합형(필답형 40% + 작업형 60%)에서 필답형 100%로 전환한 이유는 식품기사 시험 주무부처인 식품의약품안전처의 요청과 식품 분야 심의에 따라 식품안전과 HACCP 관련 평가 기준 강화를 목적으로 시험평가 방법을 변경한 데 있습니다.

실기 시험방식이 100% 필답형으로 전환됨에 따라 합격률이 저조한 첫 번째 이유는 종전 시행해왔던 복합형 시험의 경우를 살펴보면 알 수 있습니다. 수험생들이 필답형 시험에서 점수를 많이 얻지 못했더라도, 작업형 시험에서 실수만 하지 않는다면 일정한 점수는 보장되었기 때문인데 바로 이러한 기회가 상실되었기 때문입니다.

그리고 두 번째 이유는 〈식품위생 관련 법규〉, 〈식품공전〉, 〈HACCP〉 등 문제에서 요구하는 수준이 식품업계 현업에서 종사하는 사람이 아니라면 한 번도 접해보지 못했거나 깊이 있게 공부한 적이 없을 수도 있는 대학생들이라는 점에서 시험 범위가 매우 방대하고, 전문적이기 때문입니다.

그러므로 달라진 시험방식에 적응하고 합격하기 위해서는 본 수험서와 함께 다음과 같이 전략적으로 대비해야 합니다.

---

1. 기출복원문제를 철저히 공부합니다. 여기서 "철저히"라는 뜻은 문제와 답만 외우라는 것이 아니고, 선택지에 대한 내용까지 공부해야 한다는 것입니다. 그래야만 지식이 확장되기 때문입니다.

2. 출제비중이 높은 순으로 우선순위 공부를 합니다. 다만, 시간적 여유가 충분한 수험생이라면 무시해도 좋습니다. 모든 수험생에게 주어진 시간은 같지만, 개인역량에 따라 습득률은 상대적이므로 시험날짜가 임박할 때까지 전체를 공부하지 못한 수험생들은 출제비중이 높은 것부터 공부해야 합니다. 본 수험서는 2004~2023년까지 20개년 기출복원문제를 철저히 분석하여 각 파트별, 과목별로 출제비중을 제시하였습니다.

3. 핵심이론과 기출복원문제의 목차를 외웁니다. 두서없이 공부하는 것보다 목차를 기억하면서 공부하면 머릿속에서 정리가 빠르고, 기억해서 꺼내기도 쉽습니다. 본 수험서는 핵심이론과 기출복원문제의 목차를 동일하게 맞추었습니다.

필자는 본 수험서가 수험생 여러분이 전략적 공부를 하는 데 많은 도움이 될 것이라 생각하며, 식품기사 2차 실기시험에서 당당히 합격할 수 있을 것이라 기대합니다. 끝으로, 책을 정성스럽게 만들어 주신 SD에듀 임직원들께 감사의 말씀을 전하고 싶고, 무엇보다 마음속에서 응원을 아끼지 않는 우리 가족 모두에게 감사하며 사랑한다고 전하고 싶습니다.

저자 김진혁

개요

사회발전과 생활의 변화에 따라 식품에 대한 욕구도 양적 측면보다 질적 측면이 강조되고 있다. 또한 식품제조·가공기술이 급속하게 발달하면서 식품을 제조하는 공장의 규모가 커지고 공정이 복잡해짐에 따라 이를 적절하게 유지·관리할 수 있는 기술인력이 필요하게 되어 자격제도를 제정하였다.

수행직무

식품기술 분야에 대한 기본적인 지식을 바탕으로 하여 식품 재료의 선택에서부터 새로운 식품의 기획, 개발, 분석, 검사 등의 업무를 담당하며, 식품제조 및 가공공정, 식품의 보존과 저장공정에 대한 관리, 감독의 업무를 수행한다.

진로 및 전망

① 주로 식품제조·가공업체, 즉석판매제조·가공업, 식품첨가물제조업체, 식품연구소 등으로 진출하며, 이외에도 학계나 정부기관 등으로 진출할 수 있다.
② 식품위생법에 따른 식품위생감시원으로 고용될 수 있다.

시험일정

구분	필기 원서접수 (인터넷)	필기시험	필기 합격 예정자 발표	실기 원서접수	실기시험	최종 합격자 발표
제1회	1.23~1.26	2.15~3.7	3.13	3.26~3.29	4.27~5.12	6.18
제2회	4.16~4.19	5.9~5.28	6.5	6.25~6.28	7.28~8.14	9.10
제3회	6.18~6.21	7.5~7.27	8.7	9.10~9.13	10.19~11.8	12.11

※ 상기 시험일정은 시행처의 사정에 따라 변경될 수 있으니, www.q-net.or.kr에서 확인하시기 바랍니다.

시험요강

① 시행처 : 한국산업인력공단
② 시험과목
　㉠ 필기 : 식품위생학, 식품화학, 식품가공학, 식품미생물학, 생화학 및 발효학
　㉡ 실기 : 식품생산관리 실무
③ 검정방법
　㉠ 필기 : 객관식 4지 택일형, 과목당 20문항(과목당 30분)
　㉡ 실기 : 필답형(2시간 30분 정도)
④ 합격기준
　㉠ 필기 : 100점을 만점으로 하여 과목당 40점 이상, 전 과목 평균 60점 이상
　㉡ 실기 : 100점을 만점으로 하여 60점 이상

출제기준

실기 과목명	주요항목	세부항목	세세항목
식품생산 관리 실무	생산관리	생산계획 수립하기	• 생산관리 지침에 따라 계약서 및 발주서에 따라 제품생산 계획을 수립할 수 있다. • 생산관리 지침에 따라 제품 및 재공품 재고현황을 참고하여 품목별 생산물량을 산출할 수 있다.
		생산실적 관리하기	• 생산관리 지침에 따라 생산실적 데이터를 수집할 수 있다.
		재고관리하기	• 생산관리 지침에 따라 생산실적 자료, 입출고 현황분석 및 제품 현황을 파악할 수 있다. • 생산관리 지침에 따라 파악된 제품 및 재공품 현황을 기록 · 관리할 수 있다.
		생산성 관리하기	• 생산관리 지침에 따라 생산계획과 생산실적 정보를 기준으로 계획대비 실적 차이를 분석할 수 있다. • 생산관리 지침에 따라 생산실적을 기준으로 수율, 원가, 설비 가동률, 인당 생산성, 손실률을 분석할 수 있다.
	식품제조	품질관리하기	• 품질보증시스템(ISO, GMP, HACCP, SSOP) 등을 이해할 수 있다. • 식품의 관능적 특성(양, 외관, 조직감, 향미 등)을 이해하고 관능검사를 실시할 수 있다. • 식품의 이화학적 품질 특성의 품질관리를 이해할 수 있다. • 식품품질관리의 통계적 처리 및 데이터 해석을 할 수 있다.
		개발하기	• 성분 개발의 프로세스를 이해할 수 있다.
	식품 안전관리	식품성분관리 및 위해요소관리하기	• 식품 중 일반성분시험 및 특수성분시험의 원리를 이해하고 실험할 수 있다. • 식품 중 식품첨가물시험의 원리를 이해하고 실험할 수 있다. • 식품 중 유해성중금속시험의 원리를 이해하고 실험할 수 있다. • 식품 중 이물시험법의 원리를 이해하고 실험할 수 있다. • 식품에 영향을 미치는 미생물시험법의 원리를 이해하고 실험할 수 있다. • 식품 중 농약잔류시험법을 이해하고 실험할 수 있다.
	식품 인증관리	식품 관련 인증제 파악하기	• 식품 제조가공에 대한 품질경영시스템(ISO 9001)과 식품안전시스템(ISO 22000) 인증을 확인할 수 있다.
		식품안전관리인증기준 (HACCP) 관리하기	• 식품 위해요소를 중점관리하기 위해 식품안전관리인증기준(HACCP)을 적용할 수 있다. • 작성된 식품안전관리인증기준(HACCP) 운영 매뉴얼에 따라 식품안전관리시스템을 운영할 수 있다.
	식품위생 관련 법규	식품위생 관련 법규 이해 및 적용하기	• 식품위생법규를 이해하고 생산현장에서 적용할 수 있다.

이 책의 구성과 특징

STRUCTURES

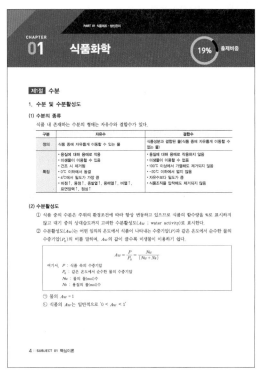

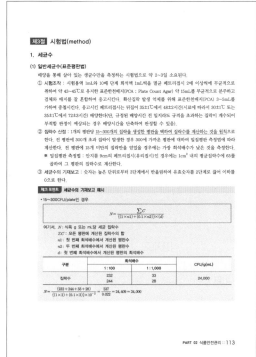

핵심이론

방대한 출제범위 중 시험에 꼭 나오는 핵심이론만 정리하였습니다. 기초 이론부터 실무 지식까지 한 번에 효율적으로 학습할 수 있습니다.

체크 포인트

반드시 알아야 할 중요 내용을 체크 포인트로 정리 하였습니다. 이해하기 쉬운 설명으로 학습에 더욱 도움이 될 수 있도록 하였습니다.

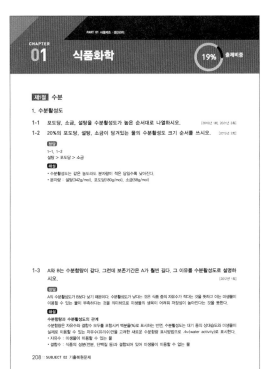

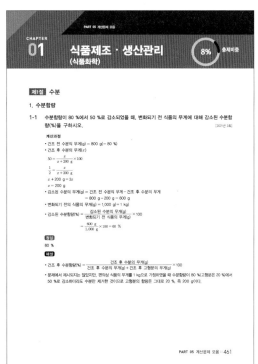

20개년 기출복원문제

2004~2023년 20개년 기출복원문제를 수록하였습니다. 이론 순서에 맞춰 문제를 유형별로 정리·수록하여 효율적으로 학습할 수 있도록 하였습니다.

계산문제 모음

수험생들이 어려워하는 계산문제 풀이과정을 상세하게 정리하였습니다. 기초부터 차근차근 풀이한 계산과정을 통해 고득점으로 한걸음 더 나아갈 수 있습니다.

출제경향

최근 20개년(2004~2023년) 출제비중

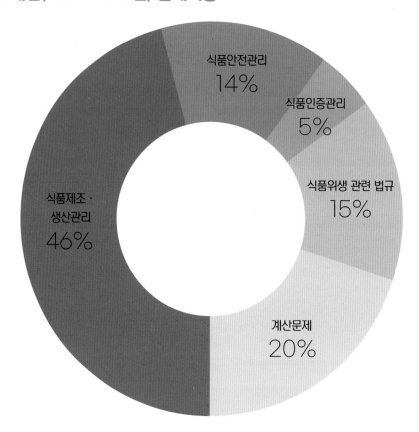

식품안전관리 14%

식품인증관리 5%

식품위생 관련 법규 15%

계산문제 20%

식품제조 · 생산관리 46%

수험생들이 어려워하는 계산문제 일러두기

계산문제는 기본적으로 물리, 화학 및 수학적 지식을 필요로 하기 때문에 대부분의 수험생들이 가장 어려워한다. 계산문제는 전체의 20% 정도로 출제비중도 높기 때문에 쉽사리 포기하기도 애매하다. 한 가지 다행스러운 점은 과거에 출제됐던 문제나 비슷한 유형의 문제 또는 숫자만 바꾼 문제들이 대부분이기 때문에 조금만 연습을 한다면 어렵지 않게 풀 수 있다는 것이다. 또한 계산문제는 수학적인 지식을 요구하지만, 이것은 공학용 계산기를 통해 해결할 수 있기 때문에 수학에 약한 수험생이라도 문제 푸는 요령만 터득한다면 큰 문제가 되지 않는다. 실기시험에 출제되는 계산문제를 좀 더 쉽게 풀 수 있는 자세한 방법은 기출편에서 확인할 수 있다.

SUBJECT 01 핵심이론

PART 01
식품제조 · 생산관리

목 차

SUBJECT 02   기출복원문제

SUBJECT 01

핵심이론

주요항목	세부항목	세세항목
생산관리	생산계획 수립하기	• 생산관리 지침에 따라 계약서 및 발주서에 따라 제품 생산계획을 수립할 수 있다. • 생산관리 지침에 따라 제품 및 재공품 재고현황을 참고하여 품목별 생산물량을 산출할 수 있다.
	생산실적 관리하기	생산관리 지침에 따라 생산실적 데이터를 수집할 수 있다.
	재고관리하기	• 생산관리 지침에 따라 생산실적 자료, 입출고 현황분석 및 제품 현황을 파악할 수 있다. • 생산관리 지침에 따라 파악된 제품 및 재공품 현황을 기록·관리할 수 있다.
	생산성 관리하기	• 생산관리 지침에 따라 생산계획과 생산실적 정보를 기준으로 계획대비 실적 차이를 분석할 수 있다. • 생산관리 지침에 따라 생산실적을 기준으로 수율, 원가, 설비가동률, 인당 생산성, 손실률을 분석할 수 있다.
식품제조	품질관리하기	• 품질보증시스템(ISO, GMP, HACCP, SSOP) 등을 이해할 수 있다. • 식품의 관능적 특성(양, 외관, 조직감, 향미 등)을 이해하고 관능검사를 실시할 수 있다. • 식품의 이화학적 품질 특성의 품질관리를 이해할 수 있다. • 식품품질관리의 통계적 처리 및 데이터 해석을 할 수 있다.
	개발하기	성분 개발의 프로세스를 이해할 수 있다.

PART 01

식품제조 · 생산관리

일러두기

PART 01은 출제기준과는 달리 대학교 전공과목의 지식을 묻는 이론적인 문제가 주로 출제되고 있다. 1차 필기시험의 출제범위와 비슷한 만큼 필기시험을 준비했을 때의 기억을 되살려 그 내용을 다시 복습하기를 권장한다. 본 파트는 〈식품화학〉, 〈식품위생학〉, 〈식품가공학〉, 〈식품공정공학〉, 〈식품미생물학〉 등 총 5과목으로 구성하였는데, 출제 경향에 맞추어 각 과목별 필수개념의 핵심내용만을 최대한 요약해서 담으려고 노력하였다.

CHAPTER
01 식품화학

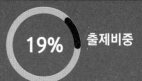

19% 출제비중

제1절 수분

1. 수분 및 수분활성도

(1) 수분의 종류

식품 내 존재하는 수분의 형태는 자유수와 결합수가 있다.

구분	자유수	결합수
정의	식품 중에 자유롭게 이동할 수 있는 물	식품성분과 결합된 물(식품 중에 자유롭게 이동할 수 없는 물)
특징	• 용질에 대해 용매로 작용 • 미생물이 이용할 수 있음 • 건조 시 제거됨 • 0℃ 이하에서 동결 • 4℃에서 밀도가 가장 큼 • 비점↑, 융점↑, 증발열↑, 융해열↑, 비열↑, 표면장력↑, 점성↑	• 용질에 대해 용매로 작용하지 않음 • 미생물이 이용할 수 없음 • 100℃ 이상에서 가열해도 제거되지 않음 • −20℃ 이하에서 얼지 않음 • 자유수보다 밀도가 큼 • 식품조직을 압착해도 제거되지 않음

(2) 수분활성도

① 식품 중의 수분은 주위의 환경조건에 따라 항상 변동하고 있으므로 식품의 함수량을 %로 표시하지 않고 대기 중의 상대습도까지 고려한 수분활성도(Aw ; water activity)로 표시한다.

② 수분활성도(Aw)는 어떤 임의의 온도에서 식품이 나타내는 수증기압(P)과 같은 온도에서 순수한 물의 수증기압(P_0)의 비를 말하며, Aw의 값이 클수록 미생물이 이용하기 쉽다.

$$Aw = \frac{P}{P_0} = \frac{Nw}{(Nw + Ns)}$$

여기서, P : 식품 속의 수증기압
P_0 : 같은 온도에서 순수한 물의 수증기압
Nw : 물의 몰(mol)수
Ns : 용질의 몰(mol)수

㉠ 물의 $Aw = 1$
㉡ 식품의 Aw는 일반적으로 '$0 < Aw < 1$'

③ 미생물 생육에 필요한 최저 수분활성도

미생물	수분활성도(Aw)
세균	0.90
효모	0.88
곰팡이	0.80
호염성 세균	0.75
내건성 곰팡이	0.65
내삼투압성 효모	0.60

2. 등온흡습곡선

(1) 평형상대습도(ERH ; Equilibrium Relative Humidity)

① 식품의 수분함량은 상대습도에 영향을 받는다. 대기 중의 습도가 낮은 경우에는 식품에서 수분이 증발하고, 습도가 높은 경우에는 반대로 흡습하게 된다. 즉, 대기 중에 식품을 오랫동안 보관하면 흡습과 탈습이 진행되면서 대기 중의 수증기압과 식품 속의 수증기압이 평형에 이르게 되며 흡·탈습이 정지하게 되는데, 이때의 습도를 평형상대습도라고 한다.

② 평형상대습도와 수분활성도의 관계

$$ERH = \frac{P}{P_0} \times 100 = Aw \times 100 \ \rightarrow \ Aw = \frac{ERH}{100}$$

(2) 등온흡습곡선

상대습도와 평형수분함량 사이의 관계를 표시한 곡선을 등온흡습곡선이라고 하며, 이를 도표로 표시하면 다음 그림과 같다.

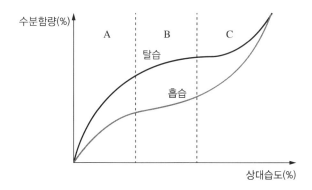

단분자층 영역(A)	• 결합수 형태로 존재 • 식품성분과 물 분자가 carboxyl기 또는 amino기와 같은 극성부위에 이온결합 • 수분함량이 가장 낮은 영역 → 지방의 산화(유지산패)가 급격히 증가 • BET point : A와 B의 경계 → 지방의 산화(유지산패)가 급격히 감소 • 수분활성도 : $Aw < 0.25$
다분자층 영역(B)	• 준결합수 형태로 존재 • 단분자층을 이룬 물 분자와 물 분자 간의 수소결합 • 건조식품의 안정성이 높은 영역(예 스낵과자 등) • 중간수분식품(IMF ; Intermediate Moisture Food) • 수분활성도 : $0.25 < Aw < 0.8$
모세관 응축 영역(C)	• 자유수 형태로 존재 • 자유수의 용매작용 → 화학반응 및 효소반응 촉진 • 미생물 증식이 활발 • 식품의 안정성이 가장 낮은 영역 → 식품의 품질저하가 가장 많이 발생함 • 수분활성도 : $0.8 < Aw < 0.99$

제2절 탄수화물

1. 탄수화물의 종류와 구조

(1) 탄수화물의 종류

구분		종류
단당류	3탄당	글리세로스, 다이하이드록시아세톤
	5탄당	리보스, 자일로스, 아라비노스
	6탄당	글루코스, 프럭토스, 만노스, 갈락토스
소당류	2당류	수크로스, 락토스, 말토스, 트레할로스
	3당류	라피노스, 겐티아노스
	4당류	스타키오스
다당류	단순다당류	전분, 덱스트린, 글리코겐, 셀룰로스, 키틴, 베타글루칸
	복합다당류	헤미셀룰로스, 펙틴질, 검류
당유도체	당알코올	에리스리톨, 자일리톨, 소비톨, 만니톨, 둘시톨, 이노시톨
	데옥시당	데옥시리보스, 람노스, 푸코스
	아미노당	글루코사민, 갈락토사민
	싸이오당	싸이오글루코스
	알돈산	글루콘산
	우론산	글루쿠론산, 갈락투론산, 만누론산
	당산	글루카르산, 갈락타르산
	배당체	솔라닌, 안토시아닌, 헤스페리딘, 나린진, 루틴

(2) 탄수화물의 구조

① 부제탄소(chiral carbon) : 탄소원자의 결합가지(4개)에 서로 다른 원자나 원자단이 결합한 탄소를 말하며, 부제탄소에 의해 여러 이성질체가 만들어진다. 부제탄소 원자가 n개이면 이성질체의 수는 2^n이 된다.

② 거울상 입체이성질체

   ㉠ 거울상 이미지가 겹쳐지지 않는 입체이성질체로, 좌우의 손바닥처럼 거울상에서 서로 포개 놓을 수 없는 이성질체를 말한다.

   ㉡ 부제탄소에 결합한 특정 작용기의 위치로 구분한다.

> **체크 포인트** **D/L 명명법**
>
> • 오른쪽 : D(dextro)형 → 예 D-Glyceraldehyde
> • 왼쪽 : L(levo)형 → 예 L-Glyceraldehyde

③ 부분 입체이성질체

   ㉠ 2개 이상의 부제탄소가 존재하는 유기화합물의 경우 거울상이 아닌 이성질체가 존재한다.

   ㉡ aldehyde기나 ketone기에서 가장 멀리 떨어진 부제탄소에 결합되어 있는 수산기(-OH)의 위치에 따라 'L형'과 'D형'이 결정된다.

   ㉢ 에피머(epimer) : 입체이성질체 중에서 서로 1개의 부제탄소만 배치가 다른 것을 말한다.

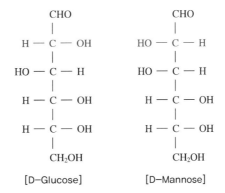

④ 광학이성질체

   ㉠ 공간상 원자의 위치가 서로 다른 모든 이성질체에 대한 일반적인 명칭으로, 광학 활성을 갖는 두 분자가 거울 대칭인 관계를 이루는 경우를 말한다. 따라서 광학이성질체는 거울상 이성질체뿐만 아니라 기하이성질체와 부분 입체이성질체도 포함한다.

   ㉡ 부제탄소를 갖는 물질의 수용액은 편광을 쪼이면 일정한 방향으로 편광을 회전시키려는 광학적 성질을 갖는다.

   ㉢ 편광을 비췄을 때 빛을 왼쪽으로 회전시키는 것을 좌선성(-), 오른쪽으로 회전시키는 것을 우선성(+)으로 표시한다.

   ㉣ 광학이성질체는 각각 고유한 선광도(편광이 꺾이는 각도)를 갖는다.

2. 전분의 호화와 노화

(1) 전분의 호화(α화)

① 정의 : 생전분(β전분)을 물에 넣고 60~70℃로 가열하면 α전분으로 되는데, 이것을 호화라고 한다.

② 호화과정

ㄱ 1단계 : 수화(hydration)

- amylose와 amylopectin 분자의 −OH기와 H_2O 사이에 수소결합이 형성
- 소량의 물을 흡수
- 가역적 반응

ㄴ 2단계 : 팽윤(swelling)

- 전분 현탁액의 온도↑ ⇒ 전분입자가 많은 물을 흡수 ⇒ 비가역적 반응
- amylose 또는 amylopectin 분자 간의 간격이 늘어남 → 전분입자의 붕괴 직전

ㄷ 3단계 : 교질(colloid)

- 전분입자 붕괴, 미셀구조 파괴 → 전분의 분자활동이 자유로워짐
- 전분입자 형태 소실, 투명한 교질용액(sol)으로 변함 → 복굴절 상실
- 비가역적 변화
- 교질용액의 점도는 최대치에 이르렀다가 전분입자의 붕괴로 점도는 급속히 감소함

③ 전분의 호화에 영향을 미치는 인자

요인	영향

전분의 종류	• 전분입자의 크기↑ ⇒ 호화속도↑(호화온도↓)
	  − 호화온도 : 입자가 작은 전분(쌀, 옥수수) > 입자가 큰 전분(감자, 고구마)
	  − 호화속도 : 입자가 작은 전분(쌀, 옥수수) < 입자가 큰 전분(감자, 고구마)
	• amylopectin 함량↑ ⇒ 호화속도↓

수분함량	수분함량↑ ⇒ 호화 촉진
온도	• 온도↑ ⇒ 호화시간 단축 • 호화온도 : 60℃ 전후
pH	알칼리성 ⇒ 호화 촉진
염류	대부분의 염류 ⇒ 호화 촉진(단, 황산염은 예외적으로 호화 억제)

(2) 전분의 노화(β화)

① 정의 : 호화된 전분을 방치하면 수소결합이 형성되어 새로운 형태의 결정성 영역이 형성되는데, 이것을 노화라고 한다. 주로 amylose 분자 간의 수소결합에 의해 발생하며, amylopectin 분자 간의 결합에 의한 노화는 잘 일어나지 않는다.

② 전분의 노화에 영향을 미치는 인자

요인	영향
전분의 종류	전분입자 크기↓, amylose 함량↑ ⇒ 노화↑
수분함량	• 수분함량 30% 이하 : 전분분자가 그대로 고정 ⇒ 노화↓ • 수분함량 30~60% : 노화↑ • 수분함량 60% 이상 : 전분분자가 회합되기 어려움 ⇒ 노화↓
전분농도	전분농도↑ ⇒ 노화속도↑
온도	• 0~4℃ 부근의 냉장 온도 : 노화↑ • 60℃ 이상 또는 -20℃ 이하 : 노화가 거의 일어나지 않음
pH	• 알칼리성 : 노화↓(전분의 수화↑) • 중성, 약산성은 노화에 큰 영향을 주지 않음 • 산성 : 노화↑
염류	• 무기염류 : 노화↓ • 황산염 : 노화↑

③ 전분의 노화 억제방법

방법		예시
수분	고온(80℃ 이상)	알파미, 쿠키, 비스킷, 과자, 건빵, 라면 등
	급속냉동(0℃ 이하)	냉동쌀밥, 냉동면 등
온도	보온(60℃ 이상)	보온밥솥의 밥
첨가물	다량의 당 첨가	양갱(설탕이 탈수제로 작용하여 노화 억제)
	유화제 첨가	빵(전분 콜로이드 용액의 안정도가 높아 노화 억제)

(3) 전분의 호화와 노화 비교

요인	호화조건(노화 억제)	노화조건(호화 억제)
온도	60℃ 이상 또는 -20~-30℃의 냉동	0~5℃
수분함량	15% 이하	30~60%
pH	중성~알칼리성	산성
염류	무기염류(단, 황산염은 제외)	유기염류와 황산염
전분의 종류	입자가 큰 서류전분(감자, 고구마 등) → amylopectin 함량이 높다.	입자가 작은 곡류전분(쌀, 옥수수 등) → amylose 함량이 높다.

제3절 지질

1. 지질의 분류와 지방산

(1) 지질의 분류

① 단순지질 : 지방산과 글리세롤이 에스테르(ester, 에스터) 결합을 이룬 물질로, 유지·중성지방 또는 지방이라고도 한다. 고급지방산과 포화지방산의 함량이 높을수록 융점(녹는점)이 높아져서 상온에서 고체상태로 존재한다. 유(oil)는 상온에서 액체이고, 지(fat)는 상온에서 고체이다.

② 복합지질 : 지방산과 글리세롤 이외의 다른 성분(인, 당, 황, 단백질)을 함유하고 있는 지방을 말한다.

③ 유도지질 : 단순지질과 복합지질의 가수분해로 생성되는 물질을 말한다(유리지방산, 탄화수소, 스테롤, 지용성 비타민 등).

(2) 지방산

① 지방산의 구조 : 자연계 식품 중에 존재하는 지방산의 거의 대부분이 짝수의 탄소를 가지며, 말단에 카복실기(–COOH)를 갖는다. RCOOH에서 R은 알킬기(탄소와 수소로 구성)로 기름에 녹는 부분, 즉 친유기 또는 소수기이며, –COOH는 물에 녹는 부분, 즉 친수기이다.

② 포화지방산 : 알킬기 내에 이중결합이 없는 지방산을 말한다(팔미트산, 스테아르산).

③ 불포화지방산 : 알킬기 내에 이중결합(대부분 cis 형태)이 있는 지방산을 말하며, 포화지방산보다 산패가 빨리 일어난다. 불포화지방산의 함량이 높은 대두유 등은 동물성 유지보다 산패가 잘 일어나지 않는데, 대두유 등의 식물성 유지에는 천연 항산화제가 들어 있기 때문이다(올레산, 리놀레산, 리놀렌산 등).

체크 포인트 트랜스지방산

트랜스 구조를 1개 이상 갖고 있는 비공액형의 모든 불포화지방산을 말하며, 불포화지방산에 수소를 첨가하는 과정에서 이중결합이 cis형에서 trans 형태로 변화한 것이 특징이다. 경화유는 액체(기름)를 수소화 공정을 거쳐 고체(마가린, 쇼트닝)로 만든 것이며, 이중결합을 갖지만 포화지방산과 매우 비슷한 구조로 인해 심혈관 질환을 유발시킨다.

---

2. HLB(Hydrophile-Lipophile Balance)

(1) HLB(친수성-친유성 밸런스)

계면활성제(유화제)의 친수성 및 친유성 정도를 나타내는 지표이며, 보통 친수성 밸런스라고 부른다.

(2) HLB의 계산

HLB값은 0~20까지 있는데 0에 가까울수록 친유성, 20에 가까울수록 친수성이다. 따라서 HLB값이 낮으면 친유성(소수성) 유화의 안정을 위해 사용하고, HLB값이 높으면 친수성 유화의 안정을 위해 사용하는 것이 바람직하다.

$$HLB = 20\left(1 - \frac{S}{A}\right)$$

여기서, S : 검화가(비누화가)
　　　　A : 산가

① HLB값 3~7 : 친유성에 가깝고 유중수적형(W/O)이다.　예 버터, 마가린
② HLB값 8~18 : 친수성에 가깝고 수중유적형(O/W)이다.　예 우유, 마요네즈, 아이스크림

3. 지질의 물리적 특성

(1) 비중
① 유지의 비중 : 0.92~0.94(15℃에서 측정 시)
② 지방산의 불포화도가 높을수록 비중은 증가한다.

(2) 용해도
① 유기용매에 용해하고, 물에는 용해하지 않는다.
② 동일한 용매에서는 탄소수가 많을수록, 불포화도가 낮을수록 용해도는 감소한다.

(3) 굴절률
① 유지의 굴절률 : 1.45~1.47
② 지방산의 탄소수가 많을수록, 불포화지방산의 함량이 높을수록 굴절률이 커진다.

(4) 점도
① 포화지방산의 탄소수가 많을수록 점도가 높아진다.
② 불포화도가 높을수록 점도는 낮아진다.

(5) 융점
① 포화지방산의 탄소수가 많을수록 융점이 높아진다.
② 불포화지방산의 함량이 높을수록, 불포화도가 높을수록 융점은 낮아진다.
③ 불포화지방산 함량이 높은 것은 식물성 유지이고, 대부분 상온에서 액체로 존재한다.
④ 불포화지방산 함량이 낮은 것은 동물성 유지이고, 대부분 상온에서 고체로 존재한다.

⑤ 동질다형현상(polymorphism) : 유지를 구성하는 triglyceride의 한 분자가 온도에 따라 여러 개의 결정형을 갖는 현상을 말하며, 3개의 결정형(α형, β', β형)으로 존재한다.

결정형	α형	β'형	β형
결정구조	 hexagonal (불안정)	 orthorhombic (안정)	 triclinic (안정)
결정 형성방법	녹인 유지를 자연상태로 방치해서 응고시킨다.	녹인 유지에 온도조절(템퍼링), 숙성을 하여 안정한 결정을 선택적으로 석출시킨다.	
결정 내 유지형태	거칠다.	치밀하다.	매우 치밀하다.
특징	고형유지로서 특성이 결여되고 매우 불안정한 상태이다.	크리밍성, 쇼트닝성 등 고형유지의 특성이 뛰어나다.	쇼트닝성은 비교적 좋지만 크리밍성은 약간 부족하다.
유지의 예	녹인 버터	버터, 마가린, 쇼트닝	카카오버터, 라드

체크 포인트 동질다형현상(polymorphism)을 이용한 식품

초콜릿을 제조할 때 템퍼링(tempering, 담금질)이 중요한 이유는 바로 블룸(bloom) 또는 블루밍(blooming) 현상을 방지하기 위해서다. 블룸이란 하얀 곰팡이가 핀 것처럼 유지(지방) 혹은 설탕이 녹아서 초콜릿 표면으로 유출된 것을 뜻한다(지방에 의한 블룸을 fat bloom, 설탕에 의한 블룸을 sugar bloom). 이를 방지하기 위해서는 유지의 동질다형현상 원리를 이용한 템퍼링으로 온도에 따라 변화하는 결정형의 성질을 이용해 안정된 결정이 만들어지도록 온도를 맞춰주어야 한다. 만약 템퍼링을 하지 않거나 템퍼링이 부족하면 초콜릿이 유통 중에 모두 녹거나 블룸현상이 발생하여 소비자에게 판매할 수 없게 된다. 한마디로 초콜릿의 템퍼링은 유지의 동질다형현상을 이용하여 초콜릿의 융점을 높여주고 부드러운 질감을 형성하는 기술이라고 할 수 있다.

(6) 발연점

유지를 높은 온도에서 가열하면 표면에서 엷은 푸른색 연기가 발생하는데, 이때의 온도를 말하며 연기 성분은 아크롤레인(acrolein), 지방산, 알데하이드, 케톤 등이다.

(7) 인화점

① 유지를 발연점 이상으로 가열하여 발생되는 증기가 공기와 섞여서 발화되는 온도이다.
② 유지의 발연점이 높으면 인화점도 높다(온도 : 발연점 < 인화점 < 연소점).

(8) 연소점

① 유지가 인화되어 계속적으로 연소를 지속하는 온도이다.
② 발연점과 인화점에 비해 유지 간의 차이가 크지 않다.

4. 지질의 화학적 특성

(1) 산가 : 1g의 유지 중에 존재하는 유리지방산을 중화하는 데 필요한 KOH의 mg수

① 유지의 산패, 즉 품질 저하 정도를 나타내는 지표이다.

② 산가가 높을수록 신선도는 낮아진다.

③ 유지의 정제도가 높을수록 산가는 낮아진다(정제된 신선한 유지의 산가는 1.0 이하).

(2) 검화가(비누화가) : 유지 1g을 완전히 비누화하는 데 필요한 KOH의 mg수

① 검화(비누화)는 알칼리에 의해 가수분해되는 반응을 말한다.

② 지방산의 사슬길이와 분자량을 유추할 수 있다(사슬길이↓, 분자량↓ ⇒ 검화가↑).

③ 버터(210~230), 야자유(253~262), 콩기름(189~193), 참기름(188~193)

(3) 아이오딘(요오드)가 : 유지 100g 중의 불포화결합에 첨가되는 아이오딘의 g수

① 유지를 구성하는 지방산의 불포화도를 측정한다.

② 건성유 : 아이오딘가 130 이상 → 들깨유, 호두유, 아마인유

③ 반건성유 : 아이오딘가 100~130 → 대두유, 참깨유, 면실유, 채종유, 해바라기유

④ 불건성유 : 아이오딘가 100 이하 → 우지, 돈지, 피마자유, 땅콩유, 올리브유

(4) 아세틸가 : 아세틸화한 유지 1g을 가수분해하여 생성된 초산을 중화하는 데 필요한 KOH의 mg수

① 유지 중의 수산기(-OH기)를 지닌 지방산의 함량을 측정한다.

② 순수한 중성지방의 아세틸가는 0이지만 산패될수록 상승한다.

③ 리시놀레산(ricinoleic acid) 함량이 증가할수록 아세틸가가 높다. 예 피마자유 : 146~154

(5) 로단가 : 유지 100g 중의 불포화결합에 첨가되는 로단$(CNS)_2$을 아이오딘으로 환산한 g수

① 유지의 불포화도를 측정한다.

② 유지 속의 올레산, 리놀레산, 리놀렌산의 함량을 결정한다.

(6) Reichert-Meissl value : 유지 5g 중의 수용성·휘발성 지방산을 중화하는 데 필요한 0.1N KOH의 mL수

① 유지에 함유된 수용성·휘발성 지방산을 나타내는 값을 말한다.

② 버터 및 유지방 함유식품의 위조 여부와 함량검사에 이용한다. → 우유(23~34), 버터(17~34.5), 야자유(6~8)

(7) Polenske value : 유지 5g 중의 불용성·휘발성 지방산을 중화하는 데 필요한 0.1N KOH의 mL수

① 유지에 함유된 불용성·휘발성 지방산의 함량을 나타내는 값을 말한다.

② 버터 중 코코넛유 혼입 여부 검사에 이용한다. → 버터(1.5~3.5), 야자유 혹은 코코넛유(16.8~17.8)

5. 유지의 산화(산패)

(1) 유지의 자동산화 메커니즘(mechanism)

① 자동산화 : 유지를 공기 중에 두면 처음 어느 기간 동안은 서서히 산소의 흡수량이 증가하다가[이 기간을 유도기간(induction period)이라 함] 후에 산소 흡수량이 급격히 증가하고 aldehyde나 ketone이 생성되어 산패취가 나며, 중합체를 형성하여 점도나 비중이 증가하게 되는데 이러한 산화를 자동산화(autoxidation)라고 한다.

② 반응단계

초기반응 (1단계)	유지분자 또는 불순물로 존재하는 다른 어떤 물질(금속이온, 색소, 원래 존재하는 peroxides, 미량 존재하는 물)들이 가열, 산소, 빛 에너지에 의하여 활성화되어 free radical을 형성하는 과정
	RH → R·+H·(free radical 생성)
연쇄반응 (2단계)	• 이중결합을 가진 유지분자는 형성된 free radical과 상호반응으로 allyl radical을 형성하고, 이것은 공기 중의 산소와 결합하여 peroxy radical을 형성함 • 이것은 이중결합을 가진 다른 유지분자와 상호반응으로 allyl 위치에 H를 받아 비교적 안정된 중간 산화생성체인 hydroperoxide를 생성하고, H를 준 유지 유리분자는 그 자신이 allyl radical이 되어 연쇄반응을 계속함
	R·+O₂ → RO₂(peroxy radical) ROO·+RH → R·+ROOH(hydroperoxide)
종결반응 (3단계)	• 연쇄반응 중 활성이 큰 각종 radical 등은 서로 결합하여 중합체를 형성하며, 최종 산화생성물인 carbonyl compounds(alcohol, aldehydes, ketones 등)를 형성함 • carbonyl compounds의 일부는 비교적 휘발성이 큰 물질들로, 함께 형성된 물질과 함께 유지에 비정상적인 냄새와 맛을 가져다 줌으로써 산패의 직접적인 원인이 됨 • 유지의 점도 증가, 영양가 감소, Vit A나 carotene의 파괴, 필수지방산의 산화 감소, 유독성 carbonyl compounds의 형성 등으로 생체에 유해한 영향을 미침
	R·+R· → RR R·+ROO· → ROOR ROO·+ROO· → ROOR + O₂

(2) 유지의 산패 측정법

① 과산화물가 : 유지 1kg당 함유되어 있는 과산화물의 밀리당량수(meq/kg)

  ㉠ 유지의 산패 정도를 측정한다.

  ㉡ 초기산패, 즉 유도기간 측정에 활용한다.

  ㉢ 분석의 재현성이 좋기 때문에 유지 제품의 품질관리와 규격의 기준으로 사용한다.

  ㉣ 과산화물은 불안정한 물질로, 산패가 진행됨에 따라 분해되는 특성을 갖고 있으므로 산패의 진행정도와 비례관계가 성립되지 않는다.

- 수소 원자 1g과 반응하는 양 → 예 수소 1당량 = 1eq H = 1g H
- 산−염기반응에서 수소이온(H^+) 1몰(mol)과 반응하는 양
- 산화−환원반응에서 전자(e^-) 1몰(mol)과 반응하는 양

참고로, 화학반응 조건에 따라 물질의 당량값이 달라지는 문제가 있어서 몰(mol) 개념이 등장한 이후부터는 당량 개념은 잘 사용하지 않는다. 다만, 노르말농도(N)를 구하는 식에서 제한적으로 사용되고 있다.

※ 노르말농도(N) = 몰농도 × 당량수 = M × (eq/mol) = (mol/L) × (eq/mol) = eq/L
※ 노르말농도, 규정농도, 당량농도, normality는 모두 같은 뜻이다.

② 카보닐가 : 유지 1kg 중에 함유되어 있는 카보닐 화합물의 mg당량수
  ㉠ 산패가 진행되는 동안 줄어들지 않고 계속 증가한다.
  ㉡ 휘발성을 가지므로 카보닐 화합물이 소실될 수 있다.
③ TBA가 : 유지 1kg 중에 함유된 말론알데하이드(malonaldehyde)의 몰(mol)수
  ㉠ 유지 산패 측정방법 중 가장 많이 사용하는 방법(비색정량법)이다.
  ㉡ 유지의 산화로 생성된 말론알데하이드가 TBA시약과 반응하여 적색 화합물을 생성한다.
④ 활성산소법 : 유지의 산패를 촉진시켜 단시간(12~24시간)에 유도기간을 측정할 때 쓴다.
  ㉠ 유지 속에 산소를 불어 넣으면서 상온 또는 가온저장하여 산패의 진행속도를 높인다.
  ㉡ 산화안정도 측정기(rancimat)를 이용하여 유도기간을 측정한다.

제4절 단백질

1. 단백질의 구조 및 분류

(1) 단백질의 구조

① 1차 구조 : 펩타이드 사슬의 아미노산의 서열이며, 펩타이드 결합이 기본이다.
② 2차 구조 : 오른쪽으로 돌리는 α−나선 등의 나선구조인데, 이것은 나선에 따라 규칙적으로 결합되는 펩타이드의 =CO기와 −NH기 사이에서 이루어지는 수소결합에 의해 α−나선구조가 변성되면 pleated sheet상 구조가 된다. β−sheet, β−turn, random coil, Ω loop 등의 구조가 있다.
③ 3차 구조 : 매우 긴 나선형 사슬이 구상으로 되기 위해 이온결합, 수소결합, 소수성결합, 이황화결합, 반데르발스 힘 등에 의해서 더욱 구부러져 복잡한 구조를 하고 있는 것이다.
④ 4차 구조 : 단백질의 소단위의 중합도를 나타낸다. 3차 구조를 가진 단백질 분자가 소단위로 회합하여 입체적인 배열을 하고 있다.

(2) 단백질의 분류

단백질은 구조와 형태상의 특징 또는 그 출처 등에 따라 분류하기도 하나, 일반적으로 그 조성 및 용해도의 차이에 따라 단순단백질, 복합단백질 및 유도단백질로 분류한다.

① 단순단백질 : 가수분해에 의해 아미노산 또는 그 유도체만 생성하는 것으로 알부민, 글로불린, 글루텔린, 프롤라민, 알부미노이드, 프로타민으로 구분한다.

② 복합단백질 : 단순단백질과 단백질 이외의 물질이 결합한 것으로 인단백질, 핵단백질, 당단백질, 색소단백질, 금속단백질 등으로 구분한다.

③ 유도단백질 : 단순단백질이 물리·화학적 변화를 받은 것이다. 유도단백질은 응고단백질, 파라카세인(우유), metaprotein, 젤라틴 등의 1차 유도단백질과 프로테오스, 펩톤, 펩타이드 등의 2차 유도단백질로 구분한다.

2. 단백질의 등전점

(1) 정의

아미노산과 같이 적당한 H^+ 및 OH^- 의 농도에서는 그 분자 속의 양하전과 음하전이 완전히 중화되어 전기적으로 중성이 될 수 있으며, 이때의 pH를 등전점이라 한다.

(2) 특징

단백질은 등전점에서 가장 불완전하므로 다음과 같은 특징이 있다.

① 높음 : 침전, 흡착성, 기포력, 탁도

② 낮음 : 용해도, 수화, 팽윤, 삼투압, 점도, 전기전도도

3. 단백질의 변성

(1) 열에 의한 변성(열변성)

① 온도 : 대부분 60~70℃ 부근에서 변성이 일어나며, 온도가 높을수록 열변성속도가 빠르다.

② 수분 : 수분함량이 높을수록 낮은 온도에서도 열변성이 일어난다.

③ pH : 등전점에서 가장 쉽게 응고된다.

④ 당 : 당 함량이 높을수록 응고온도가 점점 상승한다.

⑤ 전해질 : 전해질이 있으면 변성온도가 낮아지고, 변성속도는 빨라진다.

(2) 동결에 의한 변성(냉동변성)

① 완만동결 : 빙결정 크기↑, Drip↑, 염석↑, 변성↑, 보수성↓

② 급속동결 : 최대빙결정생성대(-1~-5℃)를 빨리 통과, 빙결정 크기가 작고 고르게 분산

(3) 건조에 의한 변성

① 건조시키면 폴리펩타이드 사슬 사이의 수분이 제거되고 견고한 구조를 띠며, 염석과 응집에 의해 변성된다.

② 진공동결건조 시 수분을 재흡수할 경우 복원성이 높아진다.

(4) 표면장력에 의한 변성

단백질이 단일분자막의 상태로 얇은 막을 형성하면 변성하기 쉽다. 달걀의 거품 표면에 얇게 펴진 오브알부민의 표면장력에 의해 변성되어 점성을 띤다.

(5) 산에 의한 변성

일반적으로 산에 의해 −COOH, −NH₃ 등의 작용기들이 charge를 띠는 정도가 달라져 변성·응고되며, 요구르트는 우유 속의 카제인이 젖산발효로 생긴 젖산에 의해 변성된 것이다.

(6) 효소에 의한 변성

우유 속의 카제인에 레닌 효소(송아지의 네 번째 위에서 추출)가 작용하면 파라카제인이 되며, 이것이 우유 성분 중의 하나인 Ca^{2+}과 결합하면 응고된다. → 치즈 제조 시 이용

(7) 광선, 압력 및 초음파에 의한 변성

① 광선을 조사하면 단백질의 3차 구조가 절단되어 단백질이 변성된다.

② 고압력(5,000~10,000기압)으로 단백질이 변성된다.

③ 초음파 시 단백질이 변성된다.

4. 단백질의 품질평가

(1) 생물학적 평가 : 체내 이용정도 평가

① 생물가(BV ; Biological Value)

  ㉠ 실험동물의 체내에서 흡수된 질소량과 체내에 유지된 질소량의 비율을 말한다.

  ㉡ 단백질의 영양가 판정 시 이용된다.

$$BV = \frac{\text{체내에 유지된 질소분}}{\text{체내에 흡수된 질소분}} \times 100$$

$$= \frac{\text{섭취 질소량} - \text{대변 질소량} - \text{소변 질소량}}{\text{섭취 질소량} - \text{대변 질소량}}$$

② 단백질 효율비(PER ; Protein Efficiency Ratio)

　　㉠ 조건 : 열량공급이 충분하고, 체중 증가가 체단백질의 증가와 비례한다.

　　㉡ 장단점 : 간편하고 효율적이나, 체중 증가와 체단백 보유량이 일치하지 않는다.

$$PER = \frac{\text{이유기의 실험동물의 체중증가량(g수)}}{\text{단백질 섭취량(g수)}}$$

(2) 화학적 평가 : 구성아미노산의 화학적 분석평가

① 화학가(CS ; Chemical Score)

$$CS = \frac{\text{제1제한 아미노산 함량(mg/g)}}{\text{기준 단백질 중의 식품 중 제1제한 아미노산 함량(mg/g)}} \times 100$$

② 아미노산가(AAS ; Amino Acid Score)

$$AAS = \frac{\text{제1제한 아미노산 함량(mg/g)}}{\text{WHO 기준 단백질 중의 식품 중 제1제한 아미노산 함량(mg/g)}} \times 100$$

제5절　효소

1. 효소 반응속도에 영향을 미치는 요인

(1) 온도

① 온도가 높을수록 반응속도가 빨라진다.

② 효소는 단백질이므로 고온에서 변성을 일으키며 반응속도 또한 낮아지고, 불활성화된다.

③ 최적온도 : 30~45℃

④ 파괴온도 : 60~70℃에서 열에 의해 불활성화 → 데치기(blanching)로 효소 파괴

⑤ 예외 : α-amylase(최적온도 60~70℃), β-amylase(최적온도 60℃)

(2) pH

일정한 pH 범위 안에서 최대의 활성도를 나타내는 것을 최적 pH라고 하는데, 일반적으로 효소의 최적
pH는 4.5~8.0이나, 효소별 최적 pH가 정해져 있다.

① pepsin(펩신) : pH 2.0(위)

② lipase(리파아제) : pH 8.0(소장)

③ trypsin(트립신) : pH 7.7(췌장)

(3) 기질의 농도

① 기질의 농도에 따른 반응속도의 변화

    ㉠ 반응초기단계 : 기질농도가 높으면 반응속도가 빠르다.

    ㉡ 반응후기단계 : 기질농도가 높아도 반응속도가 일정하다. → 일정 수준까지만 비례한다.

② 미카엘리스 상수(K_m)

    ㉠ 효소와 기질의 친화도를 나타내는 값으로, 반응속도(V_0)가 최대반응속도(V_{max})의 절반일 때의 기질 농도($[S]$)를 뜻한다.

    ㉡ $K_m \downarrow \Rightarrow$ 효소-기질 친화도↑(기질을 적게 써도 반응속도의 최대반응속도 절반에 빠르게 도달)

    ㉢ $K_m \uparrow \Rightarrow$ 효소-기질 친화도↓(기질을 많이 써야 반응속도의 최대반응속도 절반에 겨우 도달)

    ㉣ 미카엘리스-멘텐 곡선 : 효소 농도가 일정할 때 기질의 농도와 반응속도의 관계를 나타냄

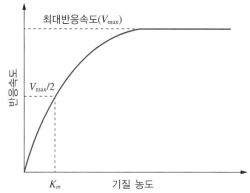

미카엘리스-멘텐식 : $V_0 = \dfrac{V_{max} \times [S]}{K_m + [S]}$

여기서, V_0 : 초기반응속도

        $[S]$: 기질의 농도

        V_{max} : 최대반응속도

        K_m : 미카엘리스 상수

(4) 저해제(inhibitor)와 활성제(activator)

① 저해제 : 효소와 기질이 결합하지 못하게 함으로써 효소의 촉매작용을 방해하여 효소반응속도를 특이적으로 감소시키는 물질

② 활성제 : 기질과 효소가 복합체(SE)를 형성하고, 복합체(SE)는 다시 생성물(P)과 효소(E)로 분리

(5) 이온 세기

① 효소는 폴리펩타이드만으로 되어 있거나 금속이온과 같은 보조인자(cofactor)를 가진 단백질로 구성되어 있다.

    ㉠ apoenzyme : 단백질만으로 구성된 효소

    ㉡ holoenzyme(완전효소) : 단백질에 보조인자가 결합하여 완전한 촉매 활성을 나타내는 효소

② 효소 활성의 필수적인 보조인자(금속이온) : Fe^{2+}, Fe^{3+}, Cu^{2+}, Zn^{2+}, Mg^{2+}, K^{+} 등

③ 이온의 농도는 mol/L로 나타낸다.

(6) 완충 용액의 종류

같은 pH라 할지라도 염의 종류에 따라 영향을 받는다.

(7) 생성물에 의한 저해

어떤 효소는 생성물에 의해 저해를 받는다. 이와 같은 경우 가능한 한 빨리 생성물을 반응물로부터 분리시켜 준다(→ 고정화 효소방법의 사용).

2. 고정화 효소

(1) 고정화 효소

① 효소를 물에 녹지 않는 지지체에 물리적 또는 화학적 방법으로 부착시켜서 만든 물리적 촉매를 말한다.

② 고정화 효소의 필요성 : 대부분의 효소는 구형 단백질이므로 수용성이다. 따라서 고비용의 효소를 재사용 하기 위해 분리가 쉽도록 화학적·물리적 방법으로 효소를 불용성 지지체의 표면 또는 내부에 고정시켜 사용한다.

(2) 고정화 효소의 제조방법

구분		정의
흡착법	효소 지지체	효소와 지지체 표면의 특성을 이용하여 흡착 혹은 이온결합으로 고정시키는 방법
공유결합법	효소 지지체	지지체 표면에 단백질의 관능기(아미노기 등)를 결합하여 효소를 고정시키는 방법
가교법		지지체에 효소를 흡착 고정시킨 후 가교결합을 하여 효소의 분자 간 결합으로 지지체 없이 고정시키는 방법
포괄법	효소 중합체	효소를 지지체의 격자 안에 가두는 방법(격자형)
	효소 막	반투과성 막으로 효소를 감싸는 방법(미세캡슐화)

3. 식품가공효소

(1) 가수분해효소

① α-amylase
  ㉠ 액화효소
  ㉡ endo type : amylose, amylopectin의 α-1,4 결합을 내부에서 불규칙하게 가수분해
  ㉢ 다량의 α-한계덱스트린, 소량의 맥아당 생성
  ㉣ 췌장, 침, 곰팡이에 함유
  ㉤ Ca^{2+}이 존재할 경우 효소의 안정성이 강화, 즉 높은 온도에서도 활성 유지

② β-amylase
  ㉠ 당화효소
  ㉡ exo type : amylose, amylopectin의 α-1,4 결합을 비환원성 말단에서부터 maltose 단위로 가수분해
  ㉢ 물엿, 고구마, 맥아 등에 존재
  ㉣ 다량의 맥아당, 소량의 β-한계덱스트린 생성
  ㉤ 전분을 발효성 당으로 전환시키는 맥주제조, 주정공업에서 이용

③ glucoamylase(= amyloglucosidase)
  ㉠ 전분의 비환원성 말단에서부터 glucose 단위로 하나씩 절단하여 가수분해
  ㉡ α-1,4 결합, α-1,6 결합을 분해
  ㉢ 주로 미생물에 의해 생성
  ㉣ 전분으로부터 포도당을 생산하는 전분당 산업에 주로 이용

④ maltase
  ㉠ maltose를 2분자의 glucose로 분해
  ㉡ 밀가루, 엿기름의 당화작용

⑤ invertase
  ㉠ 설탕을 glucose와 fructose로 가수분해(β-fructofuranosidase)
  ㉡ 설탕으로부터 생성된 glucose와 fructose의 혼합물을 전화당(invert sugar)이라 하며, 설탕보다 용해도가 크고, 단맛이 강하며, 결정 석출이 낮다.

⑥ lactase
  ㉠ 유당을 glucose와 galactose로 분해
  ㉡ 유당을 분해하여 용해가 쉽고 단맛이 있는 당류 생성
  ㉢ 유당 소화가 어려운 유당불내증 환자를 위해 우유에 함유된 유당을 분해하는 용도로 사용

⑦ glycosidase
  ㉠ 배당체를 가수분해하여 당과 aglycone을 형성하는 반응을 촉매
  ㉡ hesperidinase, myrosinase, naringinase

⑧ pectinase

　㉠ 펙틴질을 분해하는 효소, 식물의 세포벽을 분해하는 용도로 사용

　㉡ 과일주스, 포도주의 청징 및 과일 펄프의 마쇄를 촉진하는 데 이용

　㉢ galacturonic acid를 분해하여 수용성이 되고, 현탁력 감소, 점도 감소

⑨ cellulase

　㉠ 섬유소의 β-1,4 결합을 분해하여 cellobiose나 glucose 생성

　㉡ 사과주스의 혼탁 제거 등에 이용

⑩ hemicellulase

　㉠ 커피의 검(gum)질을 분해하여 제거할 때 이용

　㉡ 섬유질을 가수분해

⑪ lipase

　㉠ triacylglycerol의 ester 결합을 가수분해하여 유리지방산과 글리세롤을 생성

　㉡ 물–지방질 계면에서만 작용

　㉢ 유지식품에서는 산패를 일으키는 유리지방산을 생성

　㉣ 치즈나 초콜릿 제조 시 향미 증진

⑫ protease

　㉠ endopeptidase

pepsin(위장)	단백질 → 폴리펩타이드 + 아미노산
trypsin(췌장)	단백질 → 폴리펩타이드 + 펩톤
chymotrypsin(췌장)	
cathepsin(간, 신장, 비장)	단백질 → 폴리펩타이드 + 펩톤
papain(파파야 열매)	단백질 → 폴리펩타이드 + 아미노산
rennin(양, 송아지의 위)	카제인 → 파라카제인 + 펩타이드
bromelin(파인애플)	

　㉡ exopeptidase

aminopeptidase / carboxypeptidase (동물의 장, 곰팡이, 세균)	프로테오스, 펩톤, 펩타이드 → 아미노산 + 디펩타이드
dipeptidase (동물의 장, 곰팡이, 세균)	디펩타이드 → 아미노산

　㉢ amidase : 산아마이드 결합을 가수분해(육류, 생선을 방치하면 NH_3 생성)

urease	urea → CO_2 + NH_3
arginase	arginine → ornithine + NH_3
asparaginase	asparagine → aspartate + NH_3
glutaminase	glutamine → glutamate + NH_3

(2) 식품가공에 사용되는 효소

효소	식품	반응
amylase	빵, 과자	효모 발효성 당의 증가
	맥주	녹말 → 발효성 당, 녹말의 혼탁 제거
	곡류	녹말 → 덱스트린 + 당, 수분 흡수 증대
	초콜릿, 코코아	유동성을 위한 녹말의 액화
	사탕류	당의 회수
	과일주스, 젤리	발포성 증진을 위한 녹말의 제거
	pectin	사과즙을 짜고 난 찌꺼기에서 pectin 제조 도움
	시럽, 당류	녹말 → 저분자 덱스트린(콘시럽)
	채소류	완두의 연화처럼 녹말의 가수분해
cellulase	맥주	세포벽 성분인 복합탄수화물의 가수분해
	커피	원두 건조 시 섬유소의 가수분해
	과실류	배의 촉감 개선, 살구, 토마토의 박피 촉진
invertase	인조꿀	sucrose → glucose + fructose
	캔디	초콜릿을 입힌 연질 크림캔디 제조
dextransucrase	당시럽	시럽의 농축
	아이스크림	증점제로 덱스트란 첨가
glucose isomerase	시럽, 당류	glucose의 이성화에 의한 fructose 제조
lactase	아이스크림	껄끄러운 촉감을 주는 lactose의 결정화 방지
	사료	lactose → galactose + glucose
	우유	유당불내증을 일으키는 lactose 분해
tannase	맥주	polyphenol성 화합물의 제거
pectic enzyme	초콜릿, 코코아	코코아 발효 시 가수분해 작용
	커피	원두 발효 시 점성의 종피 가수분해
	과실류	연화
	과실주스류	착즙수율 증진, 혼탁 방지, 농축조작 개선
	올리브	유지 추출
	포도주류	청징
protease	빵, 과자류	반죽의 연화작용, 혼합시간 단축, 신장도 증가, texture, 체적 개선, β-amylase 방출
	맥주	발효 중 영양소, 향미 생성, 여과청징 촉진, 냉각혼탁 방지
	곡류, 두류	단백질 변성으로 건조속도 단축, 된장 제조, 두부 제조
	치즈	casein 응고, 숙성 중 특유 향 생성
	달걀가공품	건조특성 개선
	사료	폐기물 → 사료
	육어류	연화, 뼈, 찌꺼기에서 단백질 회수, 기름의 유리
	두유	두유 제조
	단백질 가수분해물	간장, 특수식품 육즙, 건조 수프, 가공육 등의 조미
	포도주	청징

효소	식품	반응
pentosanase	빵	귀리빵 제품의 밀가루 반죽시간 단축, 습윤성 증가
sulfhydryl oxidase	빵, 면류	이황화 결합 형성에 의한 밀가루 반죽 강화
naringinase	감귤류	naringin 가수분해로 쓴맛 제거
hesperidinase	감귤과즙, 통조림	hesperidin 가수분해로 앙금 제거
lipase	치즈	숙성, 일반적인 향미 특성
	유지	lipids → glycerol + 지방산
	우유, 초콜릿	우유, 초콜릿에 사용되는 숙성된 향미 생성
phosphatase	유아식	유용한 인산염의 증가
	맥주	인산염 화합물의 가수분해
	우유	저온살균 효과의 지표물질
nuclease	향미증진제	nucleotide와 nucleoside류의 생산
peroxidase	채소류	데치기 효과의 지표물질
	포도당 정량	glucose oxidase와 혼용
catalase	우유, 각종 제품	살균 시 사용된 H_2O_2 파괴
		포도당이나 산소를 제거하여 갈변, 산화를 억제
		glucose oxidase와 함께 사용
glucose oxidase	각종 식품	맥주, 치즈, 탄산음료, 건조달걀, 과실주스, 육어류, 분유, 포도주 중 산소나 포도당을 제거하여 산화 또는 갈변 방지, catalase와 함께 사용
	포도당 정량	포도당 정량, peroxidase와 병용
polyphenol oxidase	차, 커피, 담배	성숙, 발효, 숙성 중 갈변
lipoxygenase	채소류	필수지방산과 비타민 A의 파괴, 이취 생성
ascorbate oxidase	채소류, 과실류	비타민 C 파괴
thiaminase	육류, 어류	thiamin 파괴

제6절 색

1. 식품의 갈변

(1) 효소적 갈변

① 폴리페놀 산화효소(polyphenol oxidase)에 의한 갈변

    ⊙ 사과, 배, 가지, 고구마 등과 같은 식품에 들어있는 카테킨(catechin), 갈산(gallic acid), 클로로겐산 (chlorogenic acid : 채소나 과일 중에 함유된 갈변의 기본 물질) 등 폴리페놀(polyphenol)성 물질을 산화하는 효소이다. → 사과, 배를 깎아서 공기 중에 방치하면 갈색화

    ⊙ 카테콜(catechol) 또는 그 유도체 등이 polyphenol oxidase에 의해 퀴논(quinone) 또는 그 유도체로 산화하며 이것이 중합되어 갈색물질을 만든다.

    ⊙ 반응기작

$$폴리페놀류(무색) \xrightarrow{polyphenol\ oxidase} 퀴논류(암적색) \xrightarrow{중합} 멜라닌(갈색)$$

② 티로시나아제(tyrosinase)에 의한 갈변

    ⊙ 감자 갈변의 원인

    ⊙ 감자에 함유된 tyrosinase는 수용성이므로 감자를 깎은 후 물에 담그면 갈변이 억제된다.

    ⊙ 반응기작

$$티로신 \xrightarrow{tyrosinase} DOPA \longrightarrow DOPA-퀴논(갈색) \longrightarrow 디하이드록시\ 인돌카복실산 \xrightarrow{중합} 멜라닌(갈색)$$

③ 클로로필라아제(chlorophyllase)에 의한 갈변

$$클로로필(chlorophyll) \xrightarrow[또는\ alkali]{chlorophyllase} chlorophyllide(안정된\ 녹색) \longrightarrow chlorophyllin$$

④ 갈변 억제방법

    ⊙ 데치기(blanching) : 온도와 시간은 식품에 따라 다르다.

    ⊙ 아황산가스 또는 아황산염의 이용 : 감자의 경우 pH 6.0에서 효과적으로 억제

    ⊙ 산소의 제거

    ⊙ 폴리페놀 산화효소 기질의 메틸화 : 과실류·채소류의 색깔, 향미, 조직감에 아무런 영향을 주지 않고 갈변을 방지할 수 있는 방법

    ⊙ 산의 이용 : 폴리페놀 산화효소의 최적 pH는 6~7 정도이므로 식품의 pH를 시트르산(citric acid), 말산(malic acid), 아스코브산(ascorbic acid), 인산 등으로 낮추어 줌으로써 효소에 의한 갈색화 반응 억제

      ※ 아스코브산을 가장 많이 사용함

    ⊙ 붕산 및 붕산염의 이용 : 식품에 거의 이용되지 않는다.

(2) 비효소적 갈변

① 마이야르 반응(maillard reaction)

⑦ 아미노산의 아미노기와 당의 카보닐기와의 결합에서 개시되며 메일라드 반응, 아미노-카보닐 반응(amino-carbonyl reaction), 멜라노이딘(melanoidin) 반응이라고도 한다.

ⓛ 마이야르 반응 메커니즘

초기단계 (무색)	• 질소배당체 형성(당류와 아미노 화합물의 축합반응) 　- 아미노기 + 알데하이드기 → schiff 염기 생성 　- 질소배당체인 글리코실 아민으로 고리화됨 • 아마도리 전위(amadori rearrangement) : 글리코실 아민이 프럭토실 아민으로 전위를 일으키는 반응
중간단계 (황색)	• 3-deoxyosone 형성 • unsaturated 3,4-dideoxyosone 형성 • reductone 형성 • HMF(hydroxymethyl furfural) 등의 환상물질 형성 • 산화생성물 분해
최종단계 (갈색)	• 알돌(aldol)형 축합반응 : 축합반응을 통해 분자량이 큰 화합물 형성 • 스트레커 분해반응 α-dicarbonyl + α-amino acid $\begin{array}{c} \nearrow \text{탈탄산} \\ \searrow \text{탈아미노} \end{array}$ amino reductone + aldehyde + CO_2 • 멜라노이딘 색소 형성 : 각종 reductone류, 5-HMF 유도체, 알돌형 축합 생성물, 스트레커 반응 생성물 등이 쉽게 상호반응을 일으켜 중합체 형성

ⓒ 마이야르 반응의 특징

• 식품의 가공·저장 중에 있어서 가장 중요한 비효소적 갈변반응

• 빵, 커피, 홍차, 비스킷, 된장, 간장, 맥주 등 거의 모든 식품에서 일어날 수 있는 갈변

• 식품의 맛, 색, 냄새 등 관능 향상

• 외부로부터 에너지의 공급이 적거나 없는 상태에서도 발생 가능

• lysine과 같은 필수아미노산의 파괴

ⓔ 마이야르 반응에 영향을 미치는 요인

구분	내용
온도	• 마이야르 반응에 가장 큰 영향을 주는 요인 • 온도가 높아질수록 갈변의 반응속도가 빨라진다.
pH	• pH가 상승할수록 갈변의 반응속도가 빨라진다. • 최적 pH는 6.5~8.5이며, pH 3 이하에서는 갈변속도가 느려진다.
당	• 5탄당 > 6탄당(포도당 > 과당) > 이당류 순으로 갈변속도가 빠르다. • ribose > xylose > arabinose > galactose > mannose > glucose > sucrose
질소화합물	• 아민 > 염기성 아미노산 > 중성 및 산성 아미노산 > 펩타이드 > 단백질 • 염기성 아미노산인 lysine : ε-아미노기가 aldose나 ketose와 반응하기 쉬움
수분	• Aw 0.6~0.7에서 가장 빠르게 일어나고, Aw 0.25 이하에서 현저히 감소한다. • 고체식품은 수분함량 1% 이하에도 마이야르 반응이 서서히 진행된다. • 수분함량 10~15%에서 가장 잘 일어난다.

구분	내용
광선, 금속	자외선이나 Fe, Cu 존재하에 반응속도가 빨라진다.
저해물질	• 아황산염, 황산염, 싸이올(thiol), 칼슘염 • 염화칼슘($CaCl_2$) : Ca^{2+}이 아미노산과 킬레이트(chelate) 형성 → 반응 억제

② 캐러멜화 반응(caramelization)

    ㉠ 당류를 180~200℃ 이상으로 가열하면 갈색물질(caramel)이 생성된다.

    ㉡ 반응 최적 pH : 6.5~8.2

    ㉢ 산성 조건(탈수반응)과 알칼리성 조건(분해반응)에서의 반응형식이 다르다.

    ㉣ 자연발생적으로 일어나지 않고 외부로부터 에너지 공급이 필수적이다.

    ㉤ 식품첨가물로서 장류, 청량음료, 약식, 양주, 과자류 등의 착색료로 사용된다.

③ 아스코브산 산화에 의한 갈변

    ㉠ 아스코브산이 일단 산화된 후에는 비가역적이므로 산화방지제로서의 기능을 잃고 갈변반응에 참여하게 된다.

    ㉡ 산소 유무와 관계없이 반응하며, osone과 reductone을 생성한다.

    ㉢ pH가 낮을수록 쉽게 발생한다.

    ㉣ 레몬, 포도의 과즙이나 농축즙, 농축분말에서 잘 일어난다.

제7절 맛

1. 맛의 변화(상호작용)

(1) 맛의 대비

서로 다른 맛 성분 혼합 → 주된 성분의 맛 향상

① 단맛 + 소량의 짠맛 → 단맛 향상 예 단팥죽, 호박죽

② 짠맛 + 소량의 신맛 → 짠맛 향상 예 소금 + 유기산

③ 감칠맛 + 소량의 짠맛 → 감칠맛 향상 예 멸치국물

(2) 맛의 억제

서로 다른 맛 성분 혼합 → 주된 성분의 맛 저하

① 쓴맛 + 소량의 단맛 → 쓴맛 저하 예 커피

② 신맛 + 소량의 단맛 → 신맛 저하 예 레몬주스

(3) 맛의 상승

서로 같은 맛 성분 혼합 → 각각의 본래 가지고 있는 맛 향상

① 아미노산계 조미료 + 핵산 → 감칠맛 향상   예 복합조미료
② 설탕 + 사카린 → 단맛 향상   예 분말주스

(4) 맛의 상쇄

서로 다른 맛 성분 혼합 → 각각 고유의 맛 저하

① 단맛 + 신맛 → 조화로운 맛   예 청량음료
② 짠맛 + 신맛 → 조화로운 맛   예 김치
③ 짠맛 + 감칠맛 → 조화로운 맛   예 간장, 된장

(5) 맛의 변조

한 가지 맛을 느낀 직후 다른 맛을 보면 정상적으로 느끼지 못함

① 오징어를 먹은 후 물을 마심 → 물맛이 쓰게 느껴짐
② 쓴 약을 먹은 후 물을 마심 → 물맛이 달게 느껴짐
③ 신 귤을 먹은 후 사과 섭취 → 사과가 달게 느껴짐

(6) 맛의 상실

열대의 김네마 실베스터($Gymnema\ sylvestre$)라는 식물의 잎을 씹으면 1~2시간 동안 단맛과 쓴맛을 느끼지 못함(다른 맛은 정상적으로 인지)

① 단맛 없이 모래알 같은 감촉만 느껴짐   예 설탕
② 단맛 없이 신맛만 느껴짐   예 오렌지주스
③ 쓴맛이 느껴지지 않음   예 퀴닌 설페이트

(7) 맛의 순응

① 특정 성분을 장시간 맛볼 때 미각이 차츰 약해져서 역치가 상승하고 감수성이 점차 약해짐
② 미각신경의 피로에 기인하여 발생
③ 한 종류의 맛에 순응하면 다른 종류의 맛에는 더 예민해짐

2. 맛의 분류

(1) 단맛(sweet)

① 당류, 당알코올류, 일부 아미노산, 방향족 화합물, 합성감미료 등

② 단당류, 이당류, 당유도체는 단맛이 있으나, 다당류는 분자량이 커서 용해도가 낮아 단맛 성분이 용출되지 않아 단맛이 없다.

③ 글리코시드성 수산기(–OH)와 인접한 탄소의 수산기(–OH)가 cis형일 때가 trans형일 때보다 단맛이 강하다.

    ㉠ glucose : α(1.5배↑) $> \beta$

    ㉡ fructose : $\alpha < \beta$(3배↑, 저온에서 β형 우세) → 과일을 차갑게 보관하면 단맛이 증가

    ㉢ maltose : $\alpha > \beta$ → 가열 시 β형이 α형으로 전환되어 단맛이 증가

    ㉣ lactose : $\alpha < \beta$ → 흡습 시 β형이 α형으로 전환되어 단맛이 감소

(2) 짠맛(saline)

① 무기 및 유기의 알칼리염이 해리되어 생성되는 이온의 맛이다.

② 짠맛은 주로 음이온의 맛이다.

③ 양이온은 짠맛을 강화하거나 쓴맛을 나타내는 등 부가적인 맛에 관여한다.

④ $SO_4^{2-} > Cl^- > Br^- > I^- > HCO_3^- > NO_3^-$

⑤ 짠맛의 표준물질로 염화나트륨(NaCl)이 있다.

(3) 신맛(sour)

① 미량 존재 시 식욕을 증진시키는 맛이다.

② 유기산이나 무기산이 해리한 수소이온의 맛이다.

③ 같은 pH에서 무기산의 신맛은 유기산의 신맛보다 약하다.

④ 같은 농도에서 무기산의 신맛은 유기산의 신맛보다 강하다.

⑤ 유기산에서 해리된 음이온은 감칠맛을 부여하고, 무기산에서 해리된 음이온은 쓴맛과 떫은맛을 부여한다.

(4) 쓴맛(bitter)

① 미량이라도 쓴맛이 존재하면 전체 식품의 맛에 크게 영향을 미친다.

② 가장 예민하고 낮은 농도에서 감지된다.

③ $N\equiv$, $=N\equiv$, $-NO_2$, $-S-S-$, $-S-$, $=CS$, $-SO_2$와 같은 고미기를 지닌다.

(5) 감칠맛(umami)

① 단맛, 짠맛, 신맛, 쓴맛과 조화를 이룬 복합적인 맛이다.

② 맛난맛, 구수한 맛이라고도 한다.

③ 해조류, 조개류, 버섯, 된장, 간장 등에서 느낄 수 있다.

(6) 매운맛(hot)

① 식품의 풍미를 향상시켜 식욕을 촉진시키는 자극적인 냄새, 통각의 일종이다.

② 적정량 첨가 시 고유의 자극적인 향미를 부여한다.

③ 식욕 촉진, 살균작용, 항산화 작용을 한다.

④ 대표물질

  ㉠ 고추 : 캡사이신(capsaicin)

  ㉡ 후추 : 채비신(chavicine)

  ㉢ 산초 : 산쇼올(sanshool)

  ㉣ 생강 : 진저롤(gingerol), 진저론(zingerone), 쇼가올(shogaol)

  ㉤ 강황 : 커큐민(curcumin)

  ㉥ 마늘 : 알린(alliin) → alliin에 의해 매운맛 성분인 알리신(allicin) 생성

  ㉦ 양파 : 다이알릴 설파이드(diallyl sulfide), 알릴 프로필 다이설파이드(allyl propyl disulfide)

  ㉧ 겨자, 고추냉이 : 시니그린(sinigrin) → thioglucosidase에 의해 매운맛 성분인 allyl isothiocyanate 생성

(7) 떫은맛(astringent)

① 입안의 표피 단백질을 변성·응고시킴으로써 미각신경의 마비 또는 수축에 의해 일어나는 수렴성의 불쾌한 맛이다.

② 강하면 불쾌하나 약하면 다른 맛과 조화되어 독특한 풍미를 형성한다.

  ㉠ 차 : 카테킨(catechin)

  ㉡ 커피 : 카페산(caffeic acid), 클로로젠산(chlorogenic acid)

  ㉢ 밤 : 엘라그산(ellagic acid)

  ㉣ 감 : 시부올(shibuol), 디오스피린(diospyrin)

(8) 아린맛(acrid)

① 떫은맛과 쓴맛이 혼합되어 나타나는 불쾌한 맛이다.

② 무기염류(Ca^{2+}, Mg^{2+}, K^+), 타닌(tannin), 알데하이드, 알칼로이드, 유기산

③ 고사리, 죽순, 우엉, 토란, 가지 : 호모젠티스산(homogentisic acid)

CHAPTER

02 식품위생학

7% 출제비중

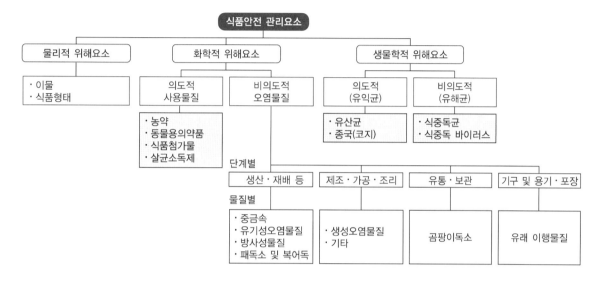

· 의도적 사용물질 : 사전에 안전성을 평가하여 사용을 허가한 물질
· 비의도적 오염물질 : 환경에서 유래하거나 제조·가공 등에서 의도치 않게 생성된 물질

제1절 물리적 위해요소

1. 이물

(1) 정의 : 정상 식품의 성분이 아닌 물질

① **동물성** : 절족동물 및 그 알, 유충과 배설물, 설치류 및 곤충의 흔적물, 동물의 털, 배설물, 기생충 및 그 알 등과 같이 동물 또는 곤충으로부터 유래되는 물질

※ '기생충 및 그 알'은 형태로 보아 생물학적 위해요소로 볼 수 있지만, 식품에서의 검사법과 감염력이 있는 것과 없는 것에 대한 구분이 어려우며 시험법의 한계 등에 따라 규격을 설정하여 관리하지 않고 이물로서 관리함

② **식물성** : 종류가 다른 식물 및 그 종자, 짚, 겨 등과 같은 식물 또는 곰팡이 등 미생물로부터 유래되는 물질

③ **광물성** : 흙, 모래, 유리, 금속, 도자기파편 등과 같이 금속, 광물, 수지로부터 유래되는 물질

(2) 기준

금속성 이물로서 쇳가루는 10.0mg/kg 이상 검출되어서는 안 되며, 또한 크기가 2.0mm 이상인 금속성이물이 검출되어서는 안 됨

2. 식품 형태

(1) 컵젤리 제품의 압착강도 : 5Newton 이하

(2) 컵모양 젤리, 막대형 젤리에 압착강도를 설정한 이유는 어린이 질식사고와 관련이 있다. 압착강도는 일종의 붕괴점으로, 눌려서 파괴되는 지점을 말한다.

제2절 화학적 위해요소

1. 의도적 사용물질

(1) 사전 승인이 되지 않은 물질은 안전성과 별개로 원칙적으로 식품에 사용할 수 없도록 관리하며, 사용 목적의 타당성이 인정되고 안전성이 입증된 경우에 한하여 인체노출허용량(ADI 등) 이내에서 기준을 설정한다.

(2) 농약, 동물용의약품, 식품첨가물 등 특정 목적(병해충방제, 질병치료)이나 용도(유화제, 감미료 등)로 사용 승인된 물질에 대하여 대상(작물, 동물, 식품)별 사용기준 또는 잔류허용기준(MRL)을 설정한다.

2. 비의도적 오염물질

(1) 환경오염이나 제조과정 등에서 이행, 생성되는 물질에 대하여 최소량의 원칙(ALARA)을 적용하여 필요시 기준을 설정한다.

(2) 기준 설정 시 식품 중 오염물질의 농도(오염도 자료)와 인체노출허용량(TDI 등)을 고려하여 설정한다.

> **체크 포인트 최소량의 원칙(ALARA ; As Low As Reasonably Achievable)**
>
> 사회적, 경제적, 기술적 및 공공 정책적 이득과 손실을 고려하여 합리적으로 달성 가능한 수준까지 노출량을 낮게 유지하여야 한다는 개념을 말한다.
> ※ 유해오염물질의 기준설정은 식품 중 유해오염물질의 오염도와 섭취량에 따른 인체 노출량, 위해수준, 노출 점유율을 고려하여 최소량의 원칙(ALARA ; As Low As Reasonably Achievable)에 따라 설정함을 원칙으로 한다(식품공전 > 제1. 총칙 > 1. 일반원칙 > 12) 참고).

3. 화학적 위해요소의 종류

구분		종류
의도적 사용물질	농약	잔류농약
	동물용의약품	잔류동물용의약품
	식품첨가물	식품첨가물의 오용으로 기준 초과
	기구 등의 살균소독제	잔류살균소독제 성분
비의도적 오염물질	중금속	납, 카드뮴, 총수은, 메틸수은, 총비소, 무기비소, 주석
	곰팡이독소	총아플라톡신, 아플라톡신 B_1, 아플라톡신 M_1, 파튤린, 푸모니신, 오크라톡신 A, 데옥시니발레놀, 제랄레논
	자연독소	마비성 패독(PSP), 설사성 패독(DSP), 기억상실성 패독(도모산), 복어독, 히스타민
	유기오염물질	다이옥신, PCBs
	제조과정 생성물질	벤조피렌, 3-MCPD, 퓨란, 에틸카바메이트, 아크릴아마이드, HCAs
	기구 및 용기·포장	유래 이행물질

4. 제조과정 생성물질의 종류 및 특징

(1) 벤조피렌

① 명칭 : benzopyrene
② 정의 : 다환방향족탄화수소류(PAHs ; Polycyclic Aromatic Hydrocarbons)의 일종으로 식품공전에 식용유지 외 10개 품목 규격 설정
③ 생성 : 굽기, 튀기기, 볶기 과정에서 식품성분이 불완전 연소로 탄화하여 생성
④ 유해성 : 국제암연구소(IARC)에서 인체 발암물질(Group 1)로 분류
⑤ 예방 : 식용유지 제조 시 220 ± 5℃에서 15 ± 5분 내외로 볶기 및 강제배기 시설 설치

(2) 3-MCPD

① 명칭 : 3-Monochloropropane-1,2-diol
② 정의 : 산분해 식물성 단백질의 대사물질
③ 생성 : 산분해간장 제조 시 탈지대두를 염산으로 가수분해할 때 잔류지방이 지방산과 글리세롤로 분해되는데, 글리세롤과 염산이 반응하여 염소 화합물인 3-MCPD가 생성
④ 유해성 : 실험동물에서 불임 유발, 현재까지 인체에 발암물질로 규명된 바 없음
⑤ 예방 : 알칼리 중화시간 증가, pH를 4.5~5.5 범위로 조정, 염산의 농도를 3.8~4.1M로 사용

(3) 퓨란

① **명칭** : furan

② **정의** : 5원자 방향족헤테로 고리화합물, 클로로폼 냄새가 나는 무색의 휘발성 액체

③ **생성** : 식품 중 아미노산이나 탄수화물이 가열되거나 식품의 지질 중 다중불포화지방산 성분이 열에 의하여 변성되는 경우에 생성되며, 커피, 통·병조림식품에서 주로 생성

④ **유해성** : 현재까지 유해한 영향을 일으키는 수준은 아님

⑤ **예방** : 균형 잡힌 올바른 식습관 권장

(4) 에틸카바메이트

① **명칭** : EC(Ethyl carbamate)

② **정의** : carbamic acid의 ethyl ester 형태로서 무색, 무취의 흰색 결정성 분말

③ **생성** : 시안화수소산, 요소, 시안배당체 등의 전구체 물질이 에탄올과 반응하여 생성되며, 발효주류(포도주 등의 과실주)에서 주로 생성

④ **유해성** : 국제암연구소(IARC)에서 인체 발암추정물질(Group 2A)로 분류

⑤ **예방** : EC 전구체 생성 억제, 발효 및 유통 중 빛, 온도, 기간 최소화, 증류방법 개선

(5) 아크릴아마이드

① **명칭** : acrylamide

② **정의** : 백색, 무취의 결정성 고체

③ **생성** : asparagine을 당과 함께 100℃ 이상의 온도로 가열하면 생성되며, 감자에 asparagine이 많이 함유되어 있어 주로 감자튀김에서 많이 생성

④ **유해성** : 실험 쥐에서 암을 유발, 인체에 대해서는 현재까지 명확히 밝혀진 바 없음

⑤ **예방** : 감자의 냉장보관 금지(환원당 증가), 가열온도 160℃ 이하로 조정, 감자를 물에 담금(약 60℃, 45분간)

(6) HCAs

① **명칭** : 헤테로사이클릭아민(HCAs ; Heterocyclic Amines)

② **정의** : 단백질이 풍부한 육류나 어류를 가열조리할 때 생성되는 유전자 돌연변이 물질로, 아미노산의 퀴놀린이나 퀴노살린에 붙어 있는 물질을 총칭하며, 현재까지 약 20여 종이 있음

③ **생성** : 육류나 어류를 굽거나 기름에 튀길 때 아미노산과 크레아틴 또는 크레아티닌의 열분해로 발생

④ **유해성** : 세균에서 돌연변이 유발, 실험용 쥐(rat, mouse)의 간, 위, 대장, 유방에 암 유발

⑤ **예방** : 조리시간 줄이기, 높은 조리온도 피하기, 끓이거나 찌기 등의 조리법으로 변경

체크 포인트 세계보건기구(WHO) 산하 국제암연구소(IARC)의 발암물질 분류

1969년부터 화학물질을 포함한 각종 환경요소의 인체 암 유발 여부와 정도를 평가해 오고 있으며, 위험도에 따라 5개 군으로 분류해 고시하고 있다.

그룹	정의	내용
1군	인체에 발암성이 있음	인체 발암성과 관련한 충분한 근거자료가 있음
2-A군	인체 발암성 추정 물질	인체 자료는 제한적, 동물실험 근거자료 충분
2-B군	인체 발암 가능 물질	인체 자료는 제한적, 동물실험 자료도 불충분
3군	인체 발암물질로 미분류 물질	인체와 동물실험 자료 모두 불충분
4군	인체 비발암성 추정 물질	인체에 발암 가능성이 없고, 동물실험도 부족

※ 3군은 안전하다고 입증된 것이 아니라 현존하는 과학적 데이터로는 발암물질인지 결론을 낼 수 없는 물질을 말한다.

제3절 생물학적 위해요소

1. 식품의 변질과 발효

(1) 변질

① 변패 : 탄수화물이 미생물에 의해 변질되는 현상

② 산패 : 지방이 산소, 효소 등에 의해 변질되는 현상

③ 부패 : 단백질이 미생물에 의해 변질되는 현상

(2) 발효

식품으로부터 미생물에 의해 인체에 유익한 물질을 생성하는 현상

2. 세균성 식중독과 경구감염병의 비교

구분	세균성 식중독	경구감염병
감염관계	감염환 없음(종말감염) - 병원체와 사람 간에 감염	감염환 있음(사람 → 매개물 → 사람)
발병량	일정량(수백~수백만) 이상의 균이 증식해야 발병 가능	미량의 균으로도 감염
잠복기간	감염병보다 짧음	긺(원인균 검출 어려움)
예방조치	균의 증식 억제로 가능	거의 불가능
2차 감염	거의 없음	대부분 2차 감염됨

3. 세균과 바이러스의 비교

구분	세균	바이러스	비고
특성	균 또는 균의 독소에 의해 발병	DNA 또는 RNA가 단백질에 둘러싸여 있음	
증식	온습도와 영양성분 등의 환경이 좋으면 자체 증식 가능	효소가 없어 자체 증식이 불가능하며 반드시 숙주가 존재해야 증식 가능(숙주의 효소 이용)	효소 유무
발병량	일정량(수백~수백만) 이상의 균이 증식해야 발병 가능	미량(10~100) 개체로 발병 가능	
증상	구토, 설사, 두통, 복통, 발열 등	구토, 설사, 두통, 복통, 발열 등	증상 유사
치료	항생제로 치료 가능	일반적 치료법이나 백신이 없음	
2차 감염	거의 없음	대부분 2차 감염됨	

4. 식품안전 관련 미생물

(1) 세균

① 위생지표균 : 식품의 원료, 제조·가공, 보관 및 유통환경 전반에 대한 위생수준의 지표로, 병원성을 나타내는 것은 아니며 세균수, 대장균, 대장균군이 해당된다.

② 식중독균 : 식품에 오염되어 인체에 미치는 영향에 따라 고위해성과 저위해성으로 구분된다.

    ㉠ 고위해성 : 살모넬라, 장출혈성대장균, 리스테리아 모노사이토제네스, 캠필로박터 제주니/콜리, 여시니아 엔테로콜리티카, 크로노박터, 클로스트리디움 보툴리눔이 해당되며, 정성적으로 관리한다.

    ㉡ 저위해성 : 황색포도상구균, 장염비브리오, 바실루스 세레우스, 클로스트리디움 퍼프린젠스가 해당되며, 정량적으로 관리한다.

> **체크 포인트**　정성, 정량의 차이
>
> - 정성 : 어떤 검체에서 미생물의 존재 유무를 확인하는 것　예 검출/불검출
> - 정량 : 어떤 검체에서 미생물이 얼마만큼 존재하는지 그 양을 확인하는 것　예 CFU/g

(2) 바이러스

① 노로바이러스, 로타바이러스, 아데노바이러스, 아스트로바이러스, A·E형 간염바이러스, 사포바이러스 등

② 바이러스성 식중독은 그 원인체가 다양하지만, 식중독 확산력이 매우 크고, 검출이 어려워 식품용수에서 노로바이러스(음성)만 규격으로 설정되어 관리되고 있다. 따라서 식품공전에 등록된 바이러스는 노로바이러스뿐이다.

(3) 원충(기생충)

① 이질아메바, 람블편모충, 작은와포자충, 원포자충, 쿠도아 등

② 기생충은 식품에서의 검사법과 감염력이 있는 것과 없는 것에 대한 구분이 어려우며 시험법의 한계 등에 따라 규격을 설정하여 관리하지 않고 이물로서 관리한다.

5. 식중독균의 종류별 특징

(1) 살모넬라

① 병원체 : *Salmonella* spp.(약 2,500여 개의 혈청형이 있고, 모두 병원성이 있음)

② 특성 : 그람음성, 간균, 운동성, 비아포성, 60℃에서 20분 가열 시 사멸

③ 잠복기 : 8~48시간(균종에 따라 다양)

④ 원인식품 : 닭고기, 달걀, 우유, 유가공품, 육류, 육가공품 등

⑤ 예방대책 : 74℃에서 1분 이상 가열 조리

(2) 황색포도상구균

① 병원체 : *Staphylococcus aureus*

② 특성 : 그람양성, 포도상구균, 비아포성, 장독소(enterotoxin) 생산, 균 자체는 열(78℃에서 1분 혹은 64℃에서 10분)에 의해 사멸되나, 독소는 열에 저항성이 강하여 120℃에서 20분간 가열해도 파괴되지 않고, 라드(lard) 등의 기름을 사용하여 218~248℃에서 30분간 가열 시 활성을 잃음

③ 잠복기 : 1~6시간(평균 3시간)

④ 원인식품 : 김밥, 초밥, 도시락 등의 즉석섭취식품과 우유, 유제품, 가공육, 어육제품 등

⑤ 예방대책 : 식품 보존 시 저온저장, 손 상처 또는 화농에 걸린 사람은 식품조리 제외

(3) 장염비브리오

① 병원체 : *Vibrio parahaemolyticus*

② 특성 : 그람음성, 운동성, 호염성(2~4% 소금물에서 잘 생육), 해수온도 15℃ 이상에서 급격히 증식

③ 잠복기 : 2~48시간(평균 12시간)

④ 원인식품 : 생선회, 초밥, 생선무침, 굴 및 어패류

⑤ 예방대책 : 어패류 수돗물 세척, 칼/도마 구분 사용, 조리기구 열탕 소독

(4) 클로스트리디움 퍼프린젠스

① 병원체 : *Clostridium perfringens*

② 특성 : 그람양성, 아포성, 혐기성, 90℃에서 30분 또는 100℃에서 5분 가열로 사멸

③ 잠복기 : 8~12시간

④ 원인식품 : 기름에 튀긴 식품, 돼지고기, 닭고기, 칠면조고기 등으로 조리한 식품 등

⑤ 예방대책 : 식품을 소량씩 용기에 넣어 보관(큰 용기에 대량보관 시 혐기조건 우려됨)

(5) 리스테리아 모노사이토제네스

① 병원체 : *Listeria monocytogenes*

② 특성 : 그람양성, 통성혐기성, 운동성, 인수공통병원균, 저온에서 발육·증식, 치사율 20~40%, 수막염 유발, −18℃에서 증식 불가

③ 잠복기 : 9~48시간(위관장성), 2~6주(침습성)

④ 원인식품 : 아이스크림, 냉동만두, 냉동피자, 소시지 등의 저온식품

⑤ 예방대책 : 냉장보관 온도(5℃ 이하) 철저히 관리, 식품 제조 시 균의 교차오염 방지

(6) 장출혈성대장균

① 병원체 : Enterohemorrhagic *E. coli*

② 특성 : O157:H7이 대표적인 혈청형, 그람음성, 간균, 용혈성요독증후군(햄버거병)

③ 잠복기 : 평균 3~4일(사람에 따라 1~9일 등 다양함)

④ 원인식품 : 완전히 조리되지 않은 쇠고기, 원유, 마요네즈 등

⑤ 예방대책 : 완전한 가열조리, 사람 간 감염되므로 손 세척 등 개인위생 철저

체크 포인트 **병원성 대장균의 종류**

- 장독소성대장균(Enterotoxigenic *E. coli*) : 장염과 설사의 원인균으로 독소 생성
- 장병원성대장균(Enteropathogenic *E. coli*) : 유아에서 흔히 발병, 독소 미생성
- 장침입성대장균(Enteroinvasive *E. coli*) : 이질과 유사, 저개발국가의 풍토병으로 발생
- 장출혈성대장균(Enterohemorrhagic *E. coli*) : 식품공전에 등재, 시가독소(동의어 : 베로독소)

(7) 여시니아 엔테로콜리티카

① 병원체 : *Yersinia enterocolitica*

② 특성 : 그람음성, 단간균, 운동성, 저온 및 진공포장에서도 증식, 초겨울 발생

③ 잠복기 : 평균 2~5일

④ 원인식품 : 소, 돼지, 쥐 등 동물과 접촉, 오염된 우유, 식육, 물 등

⑤ 예방대책 : 육류 취급 시 조리기구 및 손 세척 철저

(8) 바실루스 세레우스

① 병원체 : *Bacillus cereus*

② 특성 : 그람양성, 아포성, 호기성, 간균, 설사형과 구토형의 두 가지형이 있음

③ 잠복기 : 설사형(8~15시간), 구토형(1~5시간)

④ 원인식품 : 설사형(육류 및 채소의 수프, 푸딩 등), 구토형(쌀밥, 볶음밥, 감자 등)

⑤ 예방대책 : 곡류, 채소류는 세척 사용, 조리음식 장시간 실온방치 금지, 5℃ 이하 보관

체크 포인트 **Bacillus의 한글 표기**

식품의 기준 및 규격 제2019-89호(시행일 : 2019.10.14.)에 의거 *Bacillus*의 한글 표기를 '외래어 표기법'(문화체육관광부 고시)에 따라 통일한다(종전 : 바실러스 세레우스 → 현재 : 바실루스 세레우스).

(9) 캠필로박터 제주니, 캠필로박터 콜리

① 병원체 : *Campylobacter jejuni*, *Campylobacter coli*
② 특성 : 그람음성, 운동성, 5~10% 산소가 존재하는 미호기성 환경에서 증식
③ 잠복기 : 평균 2~3일
④ 원인식품 : 닭고기, 우유, 햄버거, 치즈, 패류, 난류, 돼지고기 등
⑤ 예방대책 : 생육을 만진 후 손 세척 및 소독, 충분한 가열, 생식 금지

(10) 클로스트리디움 보툴리눔

① 병원체 : *Clostridium botulinum*
② 특성 : 그람양성, 편성혐기성, 간균, 세포 한쪽 끝에 난 원형의 아포 형성, 운동성
③ 잠복기 : 8~36시간
④ 원인식품 : 통조림, 병조림, 레토르트식품 등
⑤ 예방대책 : 120℃에서 4분이나 100℃에서 30분 가열로 아포 사멸, 독소는 단시간 가열로 불활성화

(11) 크로노박터

① 병원체 : *Cronobacter* spp.(종전 사카자키균, 즉 *Enterobacter sakazakii*로 불렸음)
② 특성 : 그람음성, 통성혐기성, 비아포성, 운동성, 신생아에게 괴사작은창자큰창자염(위장병)과 수막염 유발, 감염량(1,000개)
③ 잠복기 : 8℃에서 9일, 실온에서 17.9시간
④ 원인식품 : 분유, 분말우유 등
⑤ 예방대책 : 분유를 끓는 물에 타거나 물에 탄 분유를 가열, 물에 탄 분유의 보관시간과 수유시간 줄이기

(12) 노로바이러스

① 병원체 : 외가닥의 RNA를 가진 껍질이 없는(Non-enveloped) 바이러스
② 특성 : 낮은 감염량(10~100개)으로 감염, 비말감염, 사람에서 사람으로 전파(분변-구강 경로), 연중 발생 가능, 2차 발병률이 높음
③ 잠복기 : 24~48시간
④ 원인식품 : 오염된 지하수, 생굴
⑤ 예방대책 : 개인위생 철저, 조리온도 85℃에서 1분 이상 가열조리

CHAPTER 03 식품가공학

38% 출제비중

---

1. 곡류 - 도정

(1) 쌀의 구조

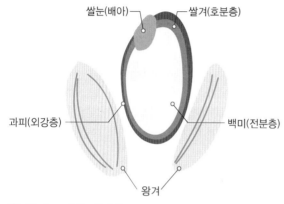

① 왕겨 : 벼의 겉껍질
② 과피(외강층) : 영양성분이 없고 왁스, 파라핀 성분으로 구성
③ 쌀겨(호분층) : 미강이라고도 하며, 쌀 영양성분의 29% 차지, 섬유질과 지방이 풍부
④ 백미(전분층) : 쌀 영양성분의 5% 차지, 탄수화물과 지방 그리고 단백질로 구성
⑤ 쌀눈(배아) : 씨눈이라고도 하며, 쌀 영양성분의 66% 차지, 비타민, 미네랄 등 풍부

(2) 쌀의 도정도

현미 쌀겨(호분층)의 박리(剝離) 정도를 나타내며, 종류는 다음과 같다.

0분도미	현미	• 벼에서 왕겨만 제거한 상태의 쌀 • 쌀겨, 쌀눈이 있어 영양가↑, 섬유질이 많아 식미↓, 소화율↓
5분도미	–	• 쌀겨를 약 50% 정도 제거한 상태의 쌀 • 쌀겨, 쌀눈이 일부 남아 있어 영양가 풍부
12분도미	백미	• 쌀겨를 모두 제거한 상태의 쌀 • 쌀겨, 쌀눈이 없어 영양가↓, 섬유질이 없어 식미↑, 소화율↑

※ 도정도에 따라 1~12분도미로 나뉘고, 숫자가 높을수록 도정이 많이 된 백미에 가깝다. 이론적으로 10분도미는 현미의 배아와 강층(현미의 8%)이 100% 제거된 쌀을 의미하지만 실제로 벼알의 형태가 일정하지 않고 도정기술상의 문제로 현미의 8%를 깎아내도 일부 배아와 강층이 남게 된다.

(3) 쌀의 도정과정

> 벼 – 정선 – 제현 – 현미 분리 – 석발 – 정미 – 제강 – 연미 – 선별 – 포장 – 제품

① 제현 : 왕겨를 제거하는 공정
② 석발 : 돌조각을 제거하는 공정
③ 정미 : 현미에서 미강층을 제거하는 공정
④ 제강 : 쌀겨를 제거하는 공정
⑤ 연미 : 쌀 표면의 겨를 제거하는 공정
⑥ 선별 : 바람을 일으켜 부서지거나 깨진 쌀을 제거하는 공정

(4) 쌀의 도정원리

① 마찰(磨擦) : 곡립이 서로 마찰되는 작용으로 곡립면이 미끈하게 되고 윤이 나며, 알맹이가 고르게 된다. 찰리와 함께 일어날 때에 효과가 더 크다.
② 찰리(擦離) : 마찰력을 강하게 작용시켜 곡립의 표면을 벗기는 마찰과 유사한 작용으로, 혼수·가열하면 그 효과가 더욱 크다.
③ 절삭(切削) : 금강사, 숫돌, 롤러와 같이 단단한 물체의 모난 부분으로 곡립의 조직을 분할하는 것으로 절삭 단위가 클 때는 연삭, 작을 때는 연마라 한다.
④ 충격(衝擊) : 어떤 물체를 큰 힘으로 곡립에 충격시켜 조직을 벗기는 작용을 한다.

2. 곡류 – 밀가루

(1) 밀의 제분공정

> 정선 – 조질 – 조쇄 및 분쇄 – 사별 – 포장

① 정선 : 밀에 섞여 있는 왕겨, 지푸라기, 돌 등의 협잡물을 제거하는 공정
② 조질 : 수분함량이 15~16.5%가 되도록 밀을 물에 불리는 공정
③ 조쇄 및 분쇄 : 밀의 배유를 가루가 되도록 만들고(조쇄), 이를 부드럽게 만드는 공정(분쇄)
④ 사별 : 밀가루로 된 것을 체로 쳐서 좀 더 세밀한 가루를 만드는 공정

체크 포인트 조질을 하는 이유

수분함량이 10%인 밀은 매우 건조하므로, 곧바로 제분하면 밀의 껍질 부위가 부서져서 밀가루에 혼입되어 회분함량이 높아져 밀가루의 품질이 낮아질 수 있다. 조질은 밀의 껍질과 내배유를 쉽게 분리할 수 있기 때문에 수행한다.

(2) 밀가루의 성분 및 분류기준

① 글루텐(gluten)의 구성성분

ㄱ 글루테닌(glutenin) : 탄성 → 반죽시간과 반죽 형성기간에 영향

ㄴ 글리아딘(gliadin) : 점성, 신장성 → 빵 부피에 영향

② 밀가루는 글루텐의 함량에 따라 강력분, 중력분, 박력분으로 분류한다.

종류	글루텐 함량			용도
	계	건부량	습부량	
강력분	12~14%	13% 이상	40% 이상	제빵용(식빵, 버터롤 등)
중력분	8~12%	10~13%	30~40%	다목적용(국수, 만두피 등)
박력분	6~8%	10% 이하	30% 이하	제과용(쿠키, 튀김 등)

• 건부율(dry gluten) : 습부 상태의 글루텐을 건조시킨 후, 그 중량과 원래 밀가루 중량과의 비율
• 습부율(wet gluten) : 밀가루를 물 반죽하고 씻어 글루텐만 남아 있게 한 후, 그 중량과 원래 밀가루 중량과의 비율

(3) 밀가루 가공 시 품질측정법

① 아밀로그래프(Amylograph) : 밀가루 전분의 호화도 및 효소활성도 예측

② 파리노그래프(Farinograph) : 밀가루 반죽의 점탄성 측정

③ 익스텐소그래프(Extensograph) : 밀가루 반죽의 신장도와 인장항력(인장강도) 측정

3. 곡류 - 빵

(1) 빵 제조공정

> 원료 - 반죽 - 1차 발효 - 분할 - 둥글리기 - 성형 - 2차 발효 - 굽기 - 냉각 - 저장

(2) 반죽의 단계

구분	내용
1단계(pick up)	• 밀가루와 물을 반죽기에 넣고 저속으로 섞는다. • 데니시페이스트리는 1단계까지 반죽을 친다.
2단계(clean up)	• 반죽이 글루텐을 생성하여 손에 눌어붙지 않는다. • 냉동빵은 2단계까지 반죽을 친다.
3단계(development)	반죽의 글루텐이 60% 이상 진행되어 탄력성이 가장 높다.
4단계(final)	• 반죽이 얇게 펴지고, 반투명하며 신장성(늘리는 성질)이 최대인 상태이다. • 식빵은 4단계까지 반죽을 친다.
5단계(let down)	• 글루텐이 끊기며, 점성이 생기는 오버믹싱의 단계이다. • 햄버거 등은 5단계까지 반죽을 친다.
6단계(break down)	• 글루텐이 파괴되고 탄력성과 신장성이 감소하여 제빵성을 상실한 상태이다. • 6단계의 반죽으로 빵을 굽게 되면, 오븐스프링이 일어나지 않고 빵의 겉과 속이 거칠며 신맛이 난다.

(3) 굽기의 원리

굽기는 빵의 전분이 호화하는 단계이다.

① 오븐라이즈(oven rise) : 반죽의 내부온도가 60℃에 도달하지 않은 상태로 효모가 반죽 내에서 탄산가스(CO_2)를 발생시켜 반죽의 부피를 팽창시키는 현상으로, 반죽을 오븐에 넣었을 때 0~5분 사이에 일어난다.

② 오븐스프링(oven spring) : 오븐 속에서 반죽의 부피가 처음보다 1/3가량 급속히 부풀어 오르는 현상으로, 반죽을 오븐에 넣고 5~8분이 지나면 일어나는데, 오븐의 열이 반죽온도를 높이고 효모의 활동이 활발해지면서 많은 양의 탄산가스가 발생하며 동시에 효소의 작용으로 전분이 호화되어 반죽이 팽창한다.

4. 곡류 – 전분당과 엿류

(1) 전분당의 분류

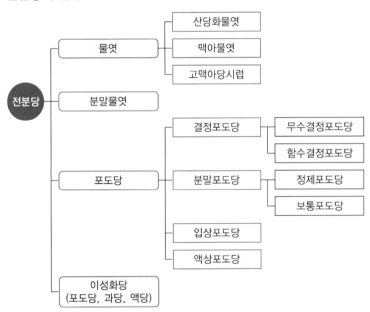

※ 전분당 : 전분을 산 또는 효소로 가수분해하여 만든 당류 물질의 총칭

(2) 전분당의 제조공정

전분 - 덱스트린 - 액화 - 당화 - 알칼리 - 중화 - 냉각 - 여과 - 농축 - 탈색 - 탈염 - 정제 - 농축 - 포장 - 제품

① 액화(liquefaction) : 전분에 액화효소(α-amylase)를 넣어 액상의 저분자 물질로 액화시킨다.
② 당화(saccharification) : 전분을 산 또는 효소에 의해서 가수분해하는 것으로, 액화가 끝난 후 맥아엿을 제조할 때는 maltase라는 효소를 사용하고, 포도당을 제조할 때는 glucoamylase라는 당화효소를 사용한다.

5. 두류 - 두부

(1) 두부의 제조공정

콩 - 수침 - 마쇄 - 두미 - 증자 - 여과 - 두유 - 응고 - 탈수 - 응고 - 정형 - 절단 - 수침

(2) 두부의 응고

① 두부의 응고 원리 : 두유 속의 콩 단백질은 등전점인 pH 4.5에서 용해되지 않고 침전하므로 이를 응용하여 두부를 응고시킨다.

> **체크 포인트** **단백질의 등전점**
>
> • 등전점(pI ; isoelectric point)이란 단백질, 아미노산과 같이 양이온과 음이온을 동시에 함유하는 양쪽성 물질의 경우 특정 pH에서 양전하와 음전하의 값이 같아서 전기적으로 전하가 중성인 것을 말한다. 이는 양전하 또는 음전하를 가지는 작용기가 없다는 뜻이 아니라 각각의 개수가 같아서 전하값의 총합, 즉 실제 전하의 값이 0이라는 뜻이다.
> • 단백질이 등전점에서 용해도가 가장 낮은 이유는 전하량이 0으로 중성이므로 극성을 띠는 물에 잘 녹지 않고 침전(응고)되기 때문이다. 만약 전하를 띠게 된다면 극성인 물에 잘 녹을 것이다.

② 두부의 응고제
  ㉠ 글루코노델타락톤(GDL ; Glucono-δ-Lactone)
    • 포도당을 발효시켜 만든 것으로, GDL이 물에 녹으면서 글루콘산으로 변화하는 과정에서 두유액을 응고시키게 되는 점을 이용해 연두부나 순두부 또는 보다 부드러운 두부를 만들 때 사용한다.
    • GDL을 사용한 두부는 수율도 좋고 부드러우며 수분이 풍부해 주로 연두부, 순두부 등 부드러운 두부에 사용한다. 다만 두부 고유의 맛은 덜하고 가격이 비싼 편이며 과다 첨가 시 신맛이 나는 단점이 있다.

ⓛ 염화마그네슘(MgCl₂)

- 천일염의 부산물인 간수의 주성분으로 다른 응고제와 달리 두유액과 혼합하면 바로 반응하는 속효성 응고제다.
- 응고속도가 빠른 만큼 두부가 단단해지기 쉽고 압착 시 물이 잘 빠지지 않는 단점이 있으나 옛 두부의 고소함이 있어 맛이 좋다.

ⓒ 염화칼슘(CaCl₂)

- 염화마그네슘과 마찬가지로 물에 잘 녹고 응고속도가 빠르지만 공기 중에 노출되어 있는 고체가 습기를 흡수해 녹는 조해성이 있어 보관 시 공기와의 접촉을 피해야 한다.
- 맛은 염화마그네슘으로 만든 두부보다 덜하지만 좋은 편이고 두부의 보수력도 좋다. 다만 두부가 거칠고 딱딱해 단단한 제품을 만들 때 사용하는데, 주로 유부를 만드는 데 쓰이는 생지, 포두부를 만들 때 응고제로 쓰인다.

ⓔ 황산마그네슘(MgSO₄)

- 두부 응고제로 지정돼 있으나 현재 두부업계에서는 거의 사용하지 않고 있으며, 황산마그네슘보다는 염화마그네슘을 많이 사용한다.
- 황산마그네슘은 과량 사용할 경우 쓴맛이 날 수 있다.

ⓜ 황산칼슘(CaSO₄)

- 수율이 좋고 두부의 색깔이 좋으며 부드럽다. 또한 응고력이 강해 적은 양만 사용해도 되기 때문에 경제적이다.
- 난용성(물이나 그 밖의 용매에 잘 녹지 않는 성질)으로 응고시간이 다른 응고제보다 길고 두부 맛이 떨어지는 단점이 있다. 주로 판두부에 이용된다.

ⓗ 조제해수염화마그네슘

- 해수로부터 염화칼륨 및 염화나트륨을 석출 분리해 얻어진 것으로 주성분은 염화마그네슘이다.
- 식품첨가물공전에서는 두부 응고제 목적에 한해 사용하도록 하고 있으며 ⓐ~ⓜ의 첨가물은 화학적 합성품이지만 조제해수염화마그네슘은 천연첨가물로 분류된다.

  ※ 천연첨가물 : 주로 동식물 등 생물자원을 소재로 해 이를 추출한 다음 첨가물로서의 유효성분을 분리 정제해 얻어진 것을 말한다.

6. 두류 - 식용유지

(1) 유지의 제조공정

원유 - 탈검 - 탈산/중화 - 수세/건조 - 탈색 - 탈납 - 탈취 - 충전/포장

(2) 유지의 정제단계

① 탈검(degumming)
  ㉠ 일반적으로 유지에 물을 첨가하여 적정 온도로 가열하거나 산을 첨가하면 검질에 수분이 흡수되어 팽창한 후 응고되며, 응고된 검질을 침전, 원심분리하여 검질 성분을 제거한다.
  ㉡ 오늘날 식용유지업계에서는 대부분 해외로부터 탈검유를 공급받아 식용유지를 생산하므로 탈검공정을 생략한다.

② 탈산(deacidification, refining) : 품질저하의 원인이 되는 물질인 유리지방산을 제거하기 위해 NaOH로 비누화시킨 후 제거한다.

③ 탈색(bleaching, decolorization) : 유지의 색소성분인 카로티노이드, 클로로필 등을 활성탄, 활성백토, 산성백토 등의 흡착제로 제거한다.

④ 탈납(winterization)
  ㉠ 동결화 과정이라고도 부르는데 샐러드유로 사용되는 면실유의 경우 혼탁물질인 포화, 고융점 glyceride(stearin)가 함유되어 저온 저장 시 유지를 혼탁시키거나 침전을 일으키는 등 문제를 일으킨다.
  ㉡ 유지에 규조토를 혼합한 후 여과, 정제한다(동결처리된 샐러드유는 냉장고 온도에 두어도 맑은 상태를 유지함).

⑤ 탈취(deodorization) : 감압하에서 고온 가열한 유지에 수증기를 흡입시켜 휘발성 물질을 제거하고 불순물을 불활성화시키기 위한 공정이다.

7. 두류 - 경화유(hardened oil)

(1) 정의

불포화지방산이 많은 액체 기름에 수소를 넣어 반응시켜 고체상태의 포화지방으로 만든 기름이다.

(2) 특징

① 가격이 저렴하다.
② 실온에 장기간 두어도 상하지 않는다.
③ 고체상태이므로 보관·운송에도 안정적이다.
④ 제조과정 중 트랜스지방이 생성될 수 있다.
⑤ **대표적인 경화유** : 마가린(버터 대용품), 쇼트닝(라드 대용품)
⑥ 트랜스지방
  ㉠ 트랜스 구조를 1개 이상 가지고 있는 비공액형의 모든 불포화지방
  ㉡ 생성과정 : 식물성 기름(콩기름, 옥수수기름, 목화씨기름, 팜유)에 수소를 첨가하는 경화과정 중 일부 불포화지방산의 경우 이들이 가지고 있는 이중결합의 기하학적인 형태가 시스(cis)형에서 트랜스(trans)형으로 바뀌어 트랜스지방이 생성된다.

ⓒ 위해성 : 심장혈관병의 위험인자

체크 포인트 지방산의 분자구조 비교

포화지방산	시스(cis)형-불포화지방산	트랜스(trans)형-불포화지방산
(2개의 수소 원자와 결합된) 두 포화 탄소 원자는 단일결합을 가진다.	(1개의 수소 원자와 결합된) 두 불포화 탄소 원자는 이중결합을 가진다.	(1개의 수소 원자와 결합된) 불포화 탄소 원자는 이중결합을 가진다.

8. 견과종실류 - 커피

(1) 커피

커피원두를 가공한 것이거나 이에 식품 또는 식품첨가물을 가한 것으로서 볶은 커피(커피원두를 볶은 것 또는 이를 분쇄한 것), 인스턴트커피(볶은 커피의 가용성 추출액을 건조한 것), 조제커피, 액상커피(유가공품 에 커피를 혼합하여 음용하도록 만든 것으로서 커피고형분이 0.5% 이상인 제품 포함)를 말한다.

(2) 커피의 제조공정

- 볶은 커피 : 원두 - 사일로 - 석발기 - 자력선별기 - 블렌딩 - 로스팅(볶음) - 블렌딩 - 분쇄 - 포장
- 인스턴트커피 : 원두 - 볶음 - 분쇄 - 추출 - 향화수(고유향 분리·저장) 및 농축 - 혼합 - 건조
- 액상커피 : 커피 - 용해 - 여과 - 배합 - CAN 주입 - 밀봉 - 고압멸균

(3) 커피의 건조방법

① 동결건조법 : 커피액을 동결시킨 후 진공상태에서 수분을 기화시켜 건조
② 분무건조법 : 고온의 건조기 안에 커피액을 분무하여 뜨거운 공기와 접촉시켜 순간건조

[동결건조법과 분무건조법의 비교]

구분	장점	단점
동결건조법	• 열에 의한 성분 파괴가 없음 • 다공성 구조로 복원력과 풍미 우수	• 고가의 장비 필요 • 높은 생산비용
분무건조법	• 건조속도가 빨라 건조시간이 짧음 • 동결건조법보다 생산비용이 저렴	• 열에 의한 향미 손실이 큼 • 풍미가 약함

9. 과일류 - 감

(1) 감의 떫은맛

감의 떫은맛 성분은 탄닌(tannin)의 수용성 성분인 시부올(shibuol)이다.

(2) 탈삽(脫澁)

① 탈삽의 원리 : 떫은맛(탄닌)을 제거하는 과정을 탈삽이라고 하며, 탈삽은 수용성 탄닌을 불용성 탄닌으로 바꾸는 것이다.

② 탈삽법의 종류

구분	내용
온탕침지법	따뜻한 물에 감을 담그고 3~4일 정도 보온하여 후숙시켜 떫은맛 제거
알코올법	감의 꼭지 부위에 알코올을 분사하고 공기가 통하지 않도록 밀봉 후 20℃에서 4~5일 정도 보온하여 떫은맛 제거
드라이아이스법	아이스박스 안에 드라이아이스를 넣고 공기가 들어가지 않도록 밀폐하여 20℃에서 6~7일 정도 두면 떫은맛 제거

체크 포인트 **탈삽감**

탈삽감은 없앨 탈(脫), 떫을 삽(澁) 자를 사용한 한자 이름처럼 떫은맛을 없앤 감으로, 기존 단감과 다른 식감을 가진 생감으로 소비되고 있다.
국내 단감 생산량이 늘면서 젊은 소비자들은 삭힌감, 우린감을 먹어본 경험이 거의 없어 탈삽감을 잘 모르는 경우가 많다. 하지만 예전에는 삭힌감, 우린감이라는 표현으로 쌀독이나 소금물에 며칠 보관해 떫은맛을 없앤 후 감을 먹는 방법이 일반적이었다. 최근에는 고농도이산화탄소탈삽법(CTSD)을 이용해 대량 생산되는 탈삽감이 전 세계 감 시장에서 주로 유통되고 있다. 가까이는 일본, 중국에서 대량 유통 중이며 유럽은 스페인에서 떫은감을 탈삽해 대량 생산해 매년 50% 이상 생산량이 늘고 있으며 주요 수출국가는 유럽, 미국, 중앙아시아다. 반면, 국내에선 단감이 양산되면서 떫은 감을 탈삽하여 먹는 경우는 거의 없고, 대부분 곶감이나 연시로 만들어 먹는다.

10. 과일류 - 잼

(1) 잼

① 잼은 과일 등에 다량의 설탕을 넣고 조린 당장식품이다.

② 잼의 종류

    ㉠ 잼 : 과일과 설탕을 함께 넣어 조린 식품(과일의 형태가 뭉개져 있음)

    ㉡ 젤리 : 과즙에 설탕을 넣어서 조린 식품(과일의 건더기가 전혀 없음)

    ㉢ 마멀레이드 : 과일의 과육과 껍질을 설탕과 함께 넣어 조린 식품

    ㉣ 컨저브 : 과일을 두께감 있게 썰거나 통째로 설탕과 함께 조린 식품(마멀레이드의 고급품)

    ㉤ 프리저브 : 과일에 설탕을 넣고 조린 식품(잼과 비슷하지만 과일의 형태가 보존)

(2) 잼의 3요소

구분	함량	기능	특징
당	60~65%	탈수효과	너무 많이 넣으면 젤리화 성질은 커지나 맛이 지나치게 달고 설탕이 결정으로 석출될 가능성이 있으며, 적게 넣으면 오래 보관하기 어려우므로 재료에 따라 적당한 양의 당을 넣는 것이 좋다.
산	0.3%	이온중화	산의 함량이 적을 때에는 생성된 젤리의 수분분리 현상이 일어나며, 반대로 산의 함량이 지나치게 많으면 아무리 펙틴과 설탕으로 조절을 해도 젤리화가 잘 일어나지 않는다.
펙틴	1~1.5%	뼈대 구성	펙틴은 분자들이 음전하를 띠어 서로 반발하여 뭉칠 수가 없다. 그런데 펙틴이 설탕과 만나면 설탕이 주변의 물 분자를 끌어당기기 때문에 펙틴 분자들을 뭉치게 만들어 그물구조로 만든다. 그러나 펙틴 분자들은 설탕을 넣은 후에도 계속 음전하를 띠고 있어 서로 밀어내려고 한다. 이때 구연산과 같은 유기산을 넣어주면 펙틴 분자들이 더 이상 음전하를 띠지 않게 되어 겔화가 된다.

(3) 저칼로리 잼

저칼로리의 잼을 만들기 위해서는 설탕을 줄여야 하는데, 잼의 3요소 중 하나인 설탕의 함량을 줄이면 잼을 만들 수 없게 되므로 설탕의 기능을 보완할 방법이 필요하다.

① 필요한 재료 : 저메톡실 펙틴(LM Pectin), 2가 양이온(Ca^{2+}, Mg^{2+} 등)

② 펙틴의 종류 : 에스테르화 정도에 따라 분류한다.

고메톡실 펙틴 (메톡실기 7% 이상 함유)	펙틴에서 D-갈락투론산에 메톡실기가 많이 붙어 있는 것으로 겔화를 위해서는 설탕 50~60%가 필요하고 비가역성이므로 한번 굳으면 재사용이 불가능하다.
저메톡실 펙틴 (메톡실기 7% 이하 함유)	펙틴에서 D-갈락투론산에 메톡실기가 적게 붙어 있는 것으로 펙틴은 분자들이 음전하를 띤다. 펙틴에 칼슘이나 마그네슘 같은 2가 양이온을 첨가하면 음이온 부분과 이온결합하여 양이온이 가교역할을 하게 되어 겔화된다. 따라서 대량의 설탕이나 산이 필요하지 않고 점도가 낮은 잼이나 단맛과 산미를 억제한 디저트 종류를 만들 때 사용한다.
아미드 펙틴	저메톡실 펙틴 분자의 일부가 아미드기로 전환된 개량 펙틴으로, 고메톡실 펙틴과 저메톡실 펙틴의 장점을 모두 가진 펙틴이다.

※ 메톡실(Methoxyl)기 : $-OCH_3$

제2절 수산가공

1. 건제품

구분	내용	예시
염건품	소금을 뿌리거나 소금물 또는 바닷물에 담가 건조시킨 건어물	대구, 갈치 등
소건품	세척 후 그대로 건조시킨 건어물	오징어, 명태, 미역 등
자건품	내장 제거가 어려운 어류를 끓는 물에 데친 후 건조시킨 건어물	멸치, 전복, 새우, 조개 등
훈건품	건조, 풍미, 저장성 및 지방의 산화 방지 목적으로 어류에 연기를 쐰 건어물	훈제연어 등

2. 냉동품

(1) 가장 많이 이용하는 저장방법으로 보통 −18℃ 이하에서 저장하지만, 다랑어 등 어류의 종류에 따라서는 −50℃ 이하에서 저장하기도 한다.

(2) 어류에 얼음막을 입히는 빙의(glazing) 작업을 통해 공기와의 접촉을 막아 산화(산패)를 방지한다.

3. 염장품

(1) 염장

소금의 삼투압 작용으로 미생물의 생육을 제어하는 것

(2) 원리 및 효과

① 미생물의 원형질이 분리되어 세포 파괴
② 탈수로 인해 수분활성도를 낮추어 미생물 생육 억제
③ 소금(NaCl)에서 해리된 염소이온의 보존효과
④ 용존산소를 감소시켜 호기성 세균 생육 억제

> **체크 포인트** **삼투압 현상**
> • 세포막을 경계로 용질의 농도가 낮은 쪽에서 높은 쪽으로 용매가 이동하여 세포막 안과 바깥의 농도가 일치되려고 하는 현상이다.
> • 용매(물)의 기준으로 보면, 물의 농도가 높은 곳에서 낮은 곳으로 이동하는 현상이다.

4. 연제품

(1) 고기풀(surimi, 수리미)

어육에 식염을 넣고 갈아서 만든 제품을 말한다. 겔(gel)을 형성하는 중요한 단백질 성분은 어육단백질의 60~70%를 차지하는 마이오신으로 어육 중에는 액토마이오신으로 존재하며, 액토마이오신은 식염에 용해되어 분쇄하면 점성이 높은 졸(sol) 상태의 점성이 있는 고기풀이 되는데, 이를 가열하면 액토마이오신의 분자가 서로 엉기고 단백질끼리 망상결합을 형성하여 탄력 있는 겔(gel)이 만들어진다.

(2) 고기풀 제조공정

> 어류 – 세척 – 절단 – 뼈 제거 – 세척 – 뼈 제거 – 세척 – 냉동변성방지제 첨가 – 혼합 – 냉동
> – 고기풀

제3절 축산가공

1. 유가공 - 우유

(1) 원유와 우유
① 원유 : 젖소에서 짜낸 젖
② 우유 : 원유를 살균 또는 멸균 처리한 것

(2) 우유의 주요 성분
① 카제인(단백질) : 탈지유에 산 첨가 후 pH 4.6(등전점)으로 하면 응고하여 침전하는 단백질로, 콜로이드 상태로 분산되어 있다.
② 유지방 : 낙산 등 탄소수가 적은 지방산(저급지방산)이 다른 유지에 비해 많고, 다가불포화지방산이 적은 것이 특징이며 유화상태로 분산되어 있다.
③ 유당(젖당, lactose) : glucose와 galactose가 결합한 이당류. 우유 속에 가장 많은 유고형분으로 중요한 에너지원이다. 칼슘과 철의 흡수를 촉진하는 작용이 있어 유용한 성질을 띠며, 분자의 유리상태로 분산되어 있다.

(3) 우유의 제조공정

> 원유 - 집유 - 계량 및 수유검사 - 청정 - 저유 - 균질화 - 살균/냉각 - 충전 - 검사

① 집유 : 원유를 수집, 냉각, 저장하는 것
② 수유검사
　㉠ 목장으로부터 탱크로리(수송차)를 통해 받은 원유의 품질 검사
　㉡ 수유검사의 종류
　　• 관능검사 : 원유의 이미, 이취, 외관(색상, 점도, 응고물, 이물 등)을 관능적으로 평가
　　• 비중검사 : 원유의 가수(물 첨가), 가염 및 탈지 여부 등 부정유 검사
　　• 알코올검사 : 원유의 산패검사 및 이상유(유방염유, 변질유, 동결유) 검사
　　• 진애검사 : 원유의 침전물(먼지, 우분, 사료, 응고물 등) 함유 정도를 검사

> **체크 포인트　원유의 적합기준**
> • 관능검사 : 적합
> • 비중검사 : 1,028~1,034
> • 알코올검사 : 적합
> • 진애검사 : 2.0mg 이하

③ 청정 : 원유의 여과

④ 균질화
　　㉠ 큰 지방구를 파괴하여(3μm 이하 → 1μm 이하) 크림층이 표면에 떠오르지 않도록 지방구를 균일하게
　　　해주는 공정
　　㉡ 균질화의 목적
　　　• 크림층 형성으로 인한 지방의 산화 방지
　　　• 지방의 소화흡수율 향상
　　　• 부드러운 맛 부여
　　　• 유단백질의 연화로 단백질의 흡수율 향상
⑤ 살균 : 원유의 생균을 사멸시키는 공정

2. 육가공 – 도체

(1) 도체

생체 가축을 도축하여 머리, 가죽, 내장, 발목 및 꼬리 등을 제거한 상태를 도체(지육)라 한다.

① 지육 : 고기(지방 포함)와 뼈만 붙어 있는 상태
② 정육 : 지육에서 뼈와 불가식 지방을 제거한 순수한 고깃덩어리만 있는 상태

(2) 도축공정

생축수송 – 계류 – 생체검사 – 기절 – 방혈 – 머리절단 및 다리제거 – 박피 – 내장적출 – 내장검사
– 배할(이분할) 및 세척 – 지육검사 – 정형 및 세척 – 도체중 측정 및 예랭 – 등급판정 – 경매 및 출고
※ 생체중 : 살아 있는 가축의 무게
※ 도체중 : 생체에서 머리, 내장, 족 및 가죽 등 불가식 부분을 제외한 무게

---

(3) 도축수율

① 수율 : 가축을 도살 해체하여 생산된 원료육에서 얻을 수 있는 고기량을 백분율로 나타낸 것으로, 도체율,
　　지육률, 정육률이 포함되는 광범위한 개념을 말한다.
② 도체율(지육률) : 도체무게의 생체무게에 대한 비율

$$\frac{도체(지육)무게}{생체무게} \times 100$$

③ 정육률 : 도체로부터의 정육 생산량을 백분율로 표시

$$\frac{정육무게}{도체무게(생체무게)} \times 100$$

도체수율 예시

- 생체무게 850kg인 소를 도축하였을 때 도체(지육)무게 490kg이 나왔을 경우
  → 도체율 : (490 ÷ 850) × 100 ≒ 58%, 소 한 마리에서 <u>지육 생산량이 58%</u>라는 뜻
- 소도체를 발골 및 정형하여 410kg의 고기가 생산되었을 경우
  → 정육률 : (410 ÷ 850) × 100 ≒ 48%, 즉 소 한 마리에서 <u>고기 생산량이 48%</u>라는 뜻
- 소도체에서 안심이 8.25kg이 생산되었을 경우
  → 정육률 : (8.25 ÷ 410) × 100 ≒ 2%, 즉 소 한 마리에서 <u>안심 생산량이 2%</u>라는 뜻

④ 지육의 보관
  ㉠ 도축공정이 끝났을 때 도체의 내부온도는 약 30~39℃이다. 도체 중심부의 온도를 가능한 한 빨리 5℃ 이하로 떨어뜨려야 하는데, 이는 사후 도체의 온도가 높은 상태에서 빠른 pH 강하가 일어나면 PSE육이 발생하기 때문이다.
  ㉡ 지육의 보관조건은 송풍속도 0.5m/s의 조건에서 상대습도 94~96%로 저장하는 것이 가장 이상적이며, 저장온도는 가급적 얼지 않는 범위에서 낮게 하는 것이 바람직하다. 미생물이 지육의 표면에 오염되면 이들은 주위 환경에 민감하게 반응하여 증식하게 된다.

물돼지고기(PSE ; Pale Soft Exudative)

- 정의 : 색깔이 창백하고, 품질은 탄력 없이 흐물흐물하며, 고기 내 수분이 잘 빠져 나오는 고기를 말한다.
- PSE육 발생 원인 : 돼지는 땀샘이 없어 땀에 의한 체열 발생이 불가능하고 정상 체온이 38~40℃로 더위에 약한 편인데, 돼지가 스트레스를 받으면 체내에서 에너지원의 대사가 급속히 진행되면서 젖산 축적이 증가하게 되고 pH가 낮아지게 된다. 또한 도축하였을 때 도체 내 심부온도가 높아져 도체의 냉각 속도가 저하됨에 따라 단백질의 변성이 일어나 PSE육이 발생하게 된다.
- 발생 예방 : 돼지를 도축장으로 출하하기 12시간 전에는 절식하고, 물은 충분히 공급해 준다. 또한 수송 시 적정 두수를 상차하고, 날씨가 더울 때에는 차광막을 설치해 주며, 물을 충분히 뿌려 주어 스트레스를 최소화한다.

3. 육가공 - 사후강직

(1) 사후강직

소·돼지를 도축한 후 시간이 지나면 근육이 단단하게 굳어지고 신전성(늘어나는 성질)이 없어지면서 연도와 보수성이 떨어지는 현상을 말한다.

(2) 발생과정

도축·방혈로 인해 에너지와 산소의 공급이 끊긴 상태에서 근육 내에 남아 있던 에너지의 고갈로 수축된 근육이 이완될 수 없을 때 다음과 같은 과정을 거쳐서 일어난다.

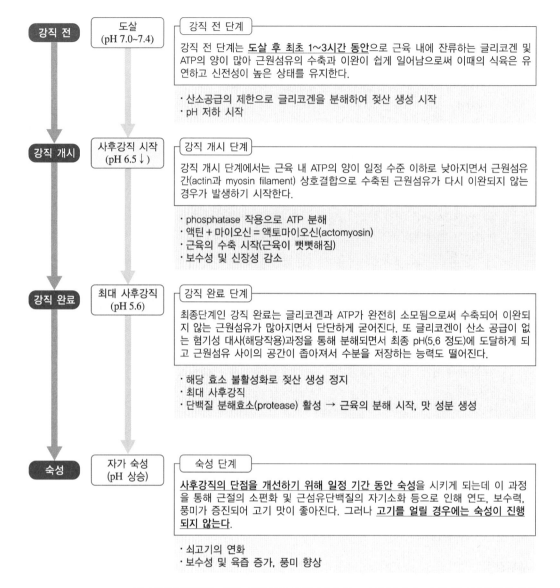

강직 전	도살 (pH 7.0~7.4)	**강직 전 단계** 강직 전 단계는 **도살 후 최초 1~3시간 동안**으로 근육 내에 잔류하는 글리코겐 및 ATP의 양이 많아 근원섬유의 수축과 이완이 쉽게 일어남으로써 이때의 식육은 유연하고 신전성이 높은 상태를 유지한다. ・산소공급의 제한으로 글리코겐을 분해하여 젖산 생성 시작 ・pH 저하 시작
강직 개시	사후강직 시작 (pH 6.5↓)	**강직 개시 단계** 강직 개시 단계에서는 근육 내 ATP의 양이 일정 수준 이하로 낮아지면서 근원섬유 간(actin과 myosin filament) 상호결합으로 수축된 근원섬유가 다시 이완되지 않는 경우가 발생하기 시작한다. ・phosphatase 작용으로 ATP 분해 ・액틴 + 마이오신 = 액토마이오신(actomyosin) ・근육의 수축 시작(근육이 뻣뻣해짐) ・보수성 및 신장성 감소
강직 완료	최대 사후강직 (pH 5.6)	**강직 완료 단계** 최종단계인 강직 완료는 글리코겐과 ATP가 완전히 소모됨으로써 수축되어 이완되지 않는 근원섬유가 많아지면서 단단하게 굳어진다. 또 글리코겐이 산소 공급이 없는 혐기성 대사(해당작용)과정을 통해 분해되면서 최종 pH(5.6 정도)에 도달하게 되고 근원섬유 사이의 공간이 좁아져서 수분을 저장하는 능력도 떨어진다. ・해당 효소 불활성화로 젖산 생성 정지 ・최대 사후강직 ・단백질 분해효소(protease) 활성 → 근육의 분해 시작, 맛 성분 생성
숙성	자가 숙성 (pH 상승)	**숙성 단계** **사후강직의 단점을 개선하기 위해 일정 기간 동안 숙성**을 시키게 되는데 이 과정을 통해 근절의 소편화 및 근섬유단백질의 자기소화 등으로 인해 연도, 보수력, 풍미가 증진되어 고기 맛이 좋아진다. 그러나 **고기를 얼릴 경우에는 숙성이 진행되지 않는다.** ・쇠고기의 연화 ・보수성 및 육즙 증가, 풍미 향상

※ 근원섬유단백질 : 액틴, 마이오신, 액토마이오신 → 근육의 수축・이완 및 사후강직에 영향

(3) 저온단축(cold shortening)

① 정의 : 사후강직이 끝나지 않은 도체를 0~16℃의 저온에서 급속냉각시키면 근섬유가 심하게 수축하여 연도(고기의 질기고 연한 정도)가 나빠지는 현상을 말하며, 적색근섬유의 비율이 높고 피하지방이 얇은 쇠고기에 주로 발생한다.

② 발생 원인 : 낮은 온도와 혐기성 상태에서의 pH 저하로 인해 근소포체와 미토콘드리아로부터 칼슘이온이 유리되어 나오는 반면, 근소포체의 칼슘결합능력이 상실됨으로써 근원섬유단백질 주위에 칼슘이온농도가 크게 높아져 근육수축을 촉진하기 때문에 일어난다.

4. 육가공 - 육색소

(1) 육색소(근육색소)

육색소는 주로 미오글로빈에 의해 결정되며, 미오글로빈은 산소와 결합했을 때 밝은색을, 산소와 분리되면 적자색을 띤다.

(2) 가축별 육색소

가축마다 생김새가 다르듯 근육 중의 미오글로빈 형태나 함량도 서로 달라, 쇠고기 > 돼지고기 > 닭고기 순으로 미오글로빈의 함량이 높다.

① 소고기는 미오글로빈이 돼지보다 많아서 짙은 붉은색을 띤다.
② 돼지고기는 회색빛 도는 분홍색을 띤다.
③ 닭고기는 회백색 등 다양한 색을 띤다.

(3) 육색소의 종류

① deoxymyoglobin(데옥시미오글로빈) : 산소와 결합되지 않은 미오글로빈 → 적자색
※ 고기 조각끼리 붙어 있는 경우, 포장용기 등에 밀착되어 있는 경우, 진공포장을 한 경우처럼 산소와 분리되어 있는 상태로서, 적자색을 띤다고 하여 품질이 나쁜 고기가 아니다.
② oxymyoglobin(옥시미오글로빈) : 산소와 결합한 미오글로빈 → 선홍색
③ metmyoglobin(메트미오글로빈) : 옥시미오글로빈이 산화한 미오글로빈 → 암갈색

(4) 육색소의 변화과정

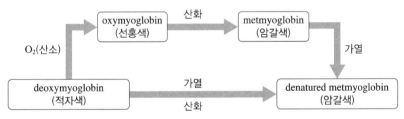

※ 시간이 지날수록 육색소는 deoxymyoglobin > oxymyoglobin > metmyoglobin으로 점점 변화한다.

제4절 통조림가공

1. 통조림의 정의 및 제조공정

(1) 통조림의 정의(식품공전)

제조·가공 또는 위생처리된 식품을 12개월을 초과하여 실온에서 보존 및 유통할 목적으로 식품을 통에 넣어 탈기와 밀봉 및 살균 또는 멸균한 것을 말한다.

(2) 통조림의 제조공정

> 원료 – 세척 – 데치기 – 충전 – (탈기 – 밀봉 – 가열살균 – 냉각) – 출하
> 통조림의 주요 공정

① 탈기
  ㉠ 통조림에서 식품과 용기 사이의 headspace(빈 공간)에 있는 공기를 제거하는 공정
  ㉡ 탈기의 목적
    • 세균의 번식 방지
    • 가열살균 중 캔의 변형 방지
    • 공기산화에 의한 품질저하 방지
    • 통조림 관 내면의 부식 방지
② 밀봉 : 공기접촉 및 미생물 침입 방지를 위한 공정
③ 가열살균
  ㉠ 식품 중에 함유된 미생물을 사멸시켜 부패를 방지하기 위한 공정
  ㉡ 통조림의 살균지표 → 내열성
    • 살균지표균 : *Clostridium botulinum*(클로스트리디움 보툴리눔)
    • 살균지표효소 : peroxidase(과산화효소)

> **체크 포인트** **통조림의 저온살균**
>
> 통조림은 제품을 중심온도 120℃ 이상의 온도에서 4분 이상 열처리(멸균)하는 것이 일반적이다. 그러나 통조림식품이 pH 4.6 이하인 산성식품이라면 멸균보다 낮은 온도(100℃ 이하)로 살균해도 *Clostridium botulinum*(보툴리누스균)을 사멸시킬 수 있기 때문에 안전하다. 단, pH 4.6을 초과하는 저산성식품은 잠재적 위해식품이므로 반드시 멸균해야 한다.

④ 냉각 : 살균 후 열에 의한 품질저하 방지를 위해 즉시 흐르는 냉각수에서 냉각하는 공정

2. 통조림의 냉점

(1) 냉점(cold point)

식품에서 열의 전도와 대류현상에 의해 열이 가장 늦게 도달하는 부분을 말하며, 통조림 가열살균의 기준점이 된다.

(2) 고체식품과 액체식품의 냉점

① 고체식품 : 전도에 의한 열전달이 일어나므로 1/2 지점이 냉점
② 액체식품 : 대류에 의한 열전달이 일어나므로 1/3 지점이 냉점

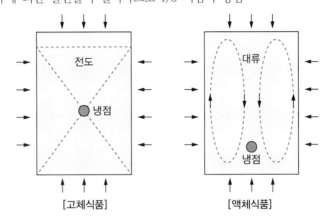

3. 통조림의 변형(팽창관)

(1) 통조림의 변질

① 외관상 변질

팽창	권체불량, 살균부족으로 *Clostridium*속 균이 증식하여 생성된 가스에 의해 팽창
수소팽창	유기산 함량이 높은 과일통조림에서 유기산 작용으로 관이 부식되며 발생한 수소에 의해 팽창
스프링거(springer)	충전과다, 탈기부족, 밀봉 후 살균까지 장시간 방치, 가스형성균에 의한 팽창 등의 원인으로 뚜껑 한쪽을 누르면 다른 한쪽이 팽창
플리퍼(flipper)	충전과다, 탈기부족, 밀봉 후 살균까지 장시간 방치 등이 원인이 되어 발생하며 스프링거보다 약하게 팽창
누출(leaker)	권체불량, 관의 부식, 외부로부터의 충격과 상처에 의해 내용물이 새어 나옴
돌출변형관	가압살균 후 증기가 급격히 배출되면서 관내압이 관외압보다 커져 권체 부위가 돌출
위축변형관	가압살균 시 급격히 압력을 높이거나, 살균 후 냉각 시 내압은 낮아졌는데 고압솥의 공기압이 너무 높을 경우에는 관외압이 관내압보다 커져서 관통이 안으로 쭈그러짐

② 내용물 변질

플랫사워(flat sour)	살균부족, 권체불량으로 살아남은 *Bacillus*속 균이 가스 발생 없이 산을 생성해 신맛이 형성
흑변	육류 가열 시 단백질 중의 −SH기가 환원되어 발생된 황화수소가 관에서 용출되어 나온 Fe(철), Sn(주석)과 반응하여 황화철, 황화주석 등을 형성해 흑변 발생
주석의 용출	식품 중의 유기산이나 염류에 의해 관이 부식되어 주석이 용출될 수 있음

(2) 통조림 팽창관(외관 변형)의 원인

① 살균부족으로 인한 미생물의 가스 생성

② 내용물의 충전과다

③ 탈기부족

④ 권체불량(밀봉불량)

⑤ 밀봉 후 살균까지 장시간 방치

CHAPTER 04 식품공정공학

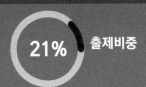

21% 출제비중

제1절 물성

식품의 물성, 즉 물리적인 특성은 크게 콜로이드, 레올로지, 텍스처로 나뉜다.

1. 콜로이드(colloid)

(1) 진용액

설탕이나 소금과 같은 물질을 물에 넣으면, 용질은 용매에 완전히 녹아서 투명한, 용질의 형체를 전혀 찾아볼 수 없는 진용액(true solution), 즉 완전한 용액을 형성한다. 진용액의 입자 크기는 1nm이다.

(2) 교질용액(콜로이드 용액)

분산된 입자의 크기가 1nm~1,000nm(= 0.001μm ~ 1μm)인 것으로 여과지는 통과하지만, 반투막을 통과하지 못하는 물질을 말한다.

(3) 졸과 겔

① 졸(sol) : 액체 내에 고체 입자가 분산되어 있는 것으로 된장국, 전분용액 등이 해당된다.
② 겔(gel) : 졸을 가열 또는 냉각했을 때 고체 또는 반고체 상태의 일정한 형태를 갖춘 것으로 잼, 젤리, 묵, 삶은 달걀 등이 해당된다.

(4) 유화

분산질과 분산매가 모두 액체인 교질상태(콜로이드)를 유화액이라 하고, 유화액의 입자 크기는 0.5μm 이상이다.
① 수중유적형(O/W형) : 물속에 기름이 분산된 유화액의 형태
② 유중수적형(W/O형) : 기름에 물이 분산된 유화액의 형태

식품	유화액 형태	분산상	분산매	유화제
우유	O/W형	지방	물, 젖당	카제인
마요네즈	O/W형	샐러드 기름	식초, 물, 소금	달걀노른자(레시틴)
아이스크림	O/W형	얼음, 크림	물	알긴산나트륨
버터, 마가린	W/O형	물, 소금, 젖산	지방	프로필렌글리콜지방산에스테르

2. 레올로지(rheology)

(1) 레올로지의 특성

식품의 변형이나 유동성을 나타내는 물리적 특성을 레올로지라고 한다.

① 점성(viscosity) : 액체의 유동성에 대한 저항성을 나타내고, 온도와 수분함량에 따라 수치가 다르게 나타나며, 맛에 영향을 준다.

② 탄성(elasticity) : 외부에서 힘의 작용을 받아 변형되어 있는 물체가 외부의 힘을 제거하면 원래 상태로 되돌아가려는 성질을 말한다.

③ 소성(plasticity) : 버터, 마가린, 생크림과 같이 외부에서 힘의 작용을 받아 변형이 되었을 때 힘을 제거하여도 원래대로 되돌아가지 않는 성질을 말한다.

④ 점탄성(viscoelasticity) : 외부의 힘에 의해 점성 유동과 탄성 변형이 동시에 일어나는 복잡한 성질을 말한다.

[점탄성의 성질 및 특성]

예사성(spinnability)	달걀흰자 위, 납두 등에 젓가락을 넣어 당겨 올리면 심을 빼는 것 같이 되는 성질
바이센베르그 효과(Weissenberg's effect)	연유 중에 젓가락을 세워서 이것을 회전시키면 연유가 젓가락을 따라 올라가는 성질
경점성(consistency)	점탄성을 나타내는 식품의 경도
신전성(extensibility)	긴 끈 모양으로 늘어나는 성질
연성(tenderness) 및 감촉성(texture)	식품을 먹을 때 촉감에 관계되는 성질

(2) 유체

유체란 고체와 달리 형태가 일정하지 않아 변형이 쉽고 자유롭게 흐를 수 있는 액체와 기체를 총칭하는 물질을 말하며, 크게 뉴턴 유체와 비뉴턴 유체가 있다.

① 뉴턴 유체
  ㉠ 뉴턴의 점성법칙을 따르고 외부의 힘에 관계없이 점성이 일정하며, 온도에 따라 점도가 달라지는 유체이다. 저절로 흘러가는 성질을 지니며 점도가 큰 유체일수록 점도에 의한 저항이 강하다.
  ㉡ 전단응력과 전단속도가 비례하며 대표적인 식품으로는 물, 꿀, 술(알코올), 음료, 주스 등이 있다.

② 비뉴턴 유체
  ㉠ 뉴턴의 점성법칙을 따르지 않고 외부의 힘에 따라 점성이 변하는 유체로, 저절로 흘러가지 않고 힘을 가해야 흘러가는 성질을 지닌다. 전단응력과 전단속도의 기울기가 비례하지 않고 힘이 가해지는 정도에 따라 점도가 커질 수도, 작아질 수도 있다.
  ㉡ 대표적인 식품으로는 케첩, 전분용액, 버터, 크림, 마요네즈 등이 있다.

[비뉴턴 유체의 종류]

시간의존성 (시간에 따라 변화 있음)	thixotropic(요변성)	점도↓, 전단속도↑	마요네즈
	rheopectic	점도↑, 전단속도↓	크림
시간독립성 (시간에 따라 변화 없음)	pseudo plastic (의소성)	전단속도↑ ⇒ 점도↓, 농도↓	초콜릿, 농축유
	bingham plastic (가소성)	작은 전단응력에서 변형이 없음	케첩, 버터
	dilatant(팽창성)	전단속도↑ ⇒ 점도↑, 농도↑	전분용액, 땅콩버터

- 요변성(搖變性) : 흔들면(搖 : 흔들 요) 겔이 졸로 변형되는 성질로, 흔든 후 멈추면 시간이 지남에 따라 다시 점도가 감소하는 유체를 말한다.
- 레오펙틱 : 요변성과 반대로 시간이 지남에 따라 점도가 증가하는 유체를 말한다.
- 의소성 : 유사가소성을 뜻하며 팽창성 유체와 반대의 성질을 갖는다.
- 모든 뉴턴 유체와 대부분의 비뉴턴 유체는 시간독립성을 갖는다.

(3) 유체의 흐름과 레이놀즈 수

① 층류 : 유체의 흐름이 직선으로 일정하게 미끄러지면서 흐르는 유동상태(관성력 < 점성력)

② 난류 : 유체의 흐름이 불규칙하게 섞여서 흐르는 유동상태(관성력 > 점성력)

③ 레이놀즈 수 : 층류와 난류를 구분하는 척도가 되는 값으로, 관성력과 점성력의 비로 나타냄

> **체크 포인트** 레이놀즈 수(Re ; Reynold's number)
>
> - 층류 : Re < 2,100
> - 천이영역(층류 → 난류 변화) : 2,100 < Re < 4,000
> - 난류 : 4,000 < Re

(4) 초임계유체(SCF ; Supercritical Fluid)

① 정의

　㉠ 초임계유체는 온도와 압력이 기체와 액체의 임계점을 넘는 비응축성 유체이다.

　㉡ 물질의 고유 성질이고, 임계점을 넘어서기 때문에 분자의 열운동이 격렬하며, 상변화를 동반하지 않으므로 밀도를 이상기체에 가까운 희박한 상태로부터 액체에 가까운 고밀도 상태까지 연속적으로 변화시키는 것이 가능하다. 즉, 액체에 상당하는 용해력과 기체에 상당하는 확산성을 가진다.

② 특징

　㉠ 압력과 온도를 변화시킴으로써 물성을 원하는 상태로 조율할 수 있다.

　㉡ 특히, 인체에 무해하고 환경오염에 미치는 영향이 적은 이산화탄소와 같은 용매를 사용하게 되면 무독성, 환경친화성 공정개발이 가능하다.

③ 장점 : 친환경적, 에너지 절감, 고효율성, 물질의 변성 최소화 및 잔류용매가 없는 장점을 갖기 때문에 분리·정제기술, 반응기술, 재료기술 등 여러 분야에 널리 이용되고 있고 식품공업에서는 식용유지 추출공정에 쓰이고 있다.

④ 응용분야
  ㉠ 초임계유체 추출기술은 식품가공에 적합해 카페인이 제거된 커피와 차, 맥주에 사용되는 홉(hop) 추출물, 향신료 등의 원료로 향추출물 등에 널리 사용되었으며, 갈수록 그 응용범위가 넓어지고 있다.
  ㉡ 최근에는 건강과 환경을 중시하는 '로하스(LOHAS ; Lifestyles of Health and Sustainability) 마케팅'에 초임계유체 기술의 필요성이 더욱 강조되고 있다.
  ㉢ 식품산업은 식품 가공온도가 너무 높으면 제품이 변질될 우려가 있으나, 초임계유체의 임계온도가 낮으면 저온 추출이 가능해질 뿐 아니라 승온 및 냉각에 소요되는 에너지도 절감되는 효과가 있다.

3. 텍스처(texture)

관능적 품질요소로, 음식을 먹을 때 입안에서 느껴지는 감촉(조직감)을 말한다.

[텍스처의 1·2차 기계적 특성]

분류	조직감 요소	일반적 표현
1차 기계적 특성	견고성(hardness)	무르다(soft), 굳다(firm), 단단하다(hard)
	응집성(cohesiveness)	직접 감지하기 어렵고, 2차적 요소인 파쇄성, 씹힘성, 뭉침성으로 나타난다.
	점성(viscosity)	묽다(thin), 진하다(thick), 되다(viscous)
	탄성(springiness)	탄력이 없다(plastic), 탄력이 있다(elastic)
	점착성(adhesiveness)	미끈거리다(sticky), 진득거리다(tacky), 끈적거리다(gooey)
2차 기계적 특성 (응집성)	파쇄성(brittleness)	부스러지다(crumbly), 깨어지다(brittle)
	씹힘성(chewiness)	연하다(tender), 졸깃졸깃하다(chewy), 질기다(tough)
	뭉침성(gumminess)	파삭파삭하다(short), 거칠다(mealy), 풀같다(pasty), 고무질이다(gummy)

제2절 살균

1. 가열살균

(1) 용어의 정의

구분	정의
방부	미생물의 증식을 억제시켜 미생물에 의한 식품의 부패를 방지하는 것을 뜻함. 식품에 첨가되는 물질을 방부제라고 하며, 식품첨가물인 보존료가 이에 해당됨
소독	감염을 일으킬 수 있는 감염병을 제거할 목적으로 포자 또는 아포를 제외한 모든 병원성 미생물의 영양세포를 사멸시키는 것을 말함
살균	포자 또는 아포를 제외한 세균, 효모, 곰팡이 등 미생물의 영양세포를 제거하는 것으로, 미생물의 수치를 안전한 수준으로 감소시키는 것을 말함
멸균	미생물의 영양세포 및 아포(또는 포자)를 제거하는 것으로, 완전 무균상태로 만드는 것을 말함

※ 아포(spore) : 세균(영양세포)의 포자

(2) 가열에 의한 미생물의 사멸

일반적으로 미생물 수는 지수 형태로 표현하며, 이는 확률적 개념이라고 이해할 수 있다. 즉, 미생물 수가 1.0×10^{-2}CFU/mL이라는 것은 1mL에 $\frac{1}{100}$CFU가 아니라 100mL에 1CFU라고 이해해야 한다. 또한 가열에 의한 미생물 사멸속도는 화학에서의 일차반응식과 같지만, 화학과는 다르게 계수로 D값과 z값을 사용한다.

① D값(decimal reduction time) : 특정 온도에서 가열처리하였을 때 살아 있는 미생물 또는 포자의 수를 초기 대비 90% 감소시키는 데 필요한 시간(분)

$$\frac{N}{N_0} = 10^{-\frac{t}{D}}$$

여기서, N : 특정 온도에서 일정 시간(t)만큼 가열한 후 살아 있는 미생물의 수
N_0 : 가열 전 살아 있는 미생물의 수

② z값(z-value ; thermal resistance constant)

　㉠ D값이 1/10 또는 10배로 변화하는 데 필요한 온도 차이(℃)를 의미하는 지표

　　예 60℃에서 D값이 10초인 미생물이 65℃에서 D값이 1초, 55℃에서 D값이 100초라면 이 미생물의 z값은 5℃([65-60] 또는 [55-60])이다.

D값과 z값의 관계식

$$\log D_2 - \log D_1 = \frac{1}{z}(T_1 - T_2)$$

여기서 D_1과 D_2는 온도 T_1과 T_2에서의 D값이다.

ⓒ z값을 구하는 이유는 현실적으로 모든 온도에서 D값을 구할 수 없기 때문에 온도별 D값 변화 정도를 파악하여 미지의 온도에서 D값을 추론하기 위해서이다. 즉, z값을 활용하면 열처리 온도와 시간의 상관관계를 파악할 수 있어, 다양한 열처리 온도와 시간을 조합하여 살균 강도를 측정, 비교할 수 있는 기초 값을 제공한다.

> **체크 포인트** D값과 z값
>
> • 일반적으로 멸균의 경우, 목표 미생물은 *Clostridium botulinum*의 포자로 기준온도 121.1℃에서 D값은 0.21분, z값은 10℃라는 것이 널리 알려져 있다. 그러나 살균의 경우 국가 또는 대상 식품에 따라 관리 대상 미생물을 *Salmonella* spp. 또는 *L. monocytogenes* 등으로 다양하게 정하고 있어 해당 D값 및 z값 역시 다양하게 나타난다.
> • D값과 z값은 미생물의 특성, 식품의 종류, pH, 수분활성도 등 주위 환경에 영향을 받기 때문에 정확한 미생물 사멸을 예측하기 위해서는 식품의 목표 미생물 멸·살균 온도 근처(가능한 $\pm 2z$값 이내)에서 산출한 D값과 z값을 사용하거나 문헌에서 제시하는 D값과 z값을 사용할 수 있다.

③ F값 : 특정 온도에서 미생물의 영양세포 또는 포자를 사멸시키는 데 필요한 가열처리 시간(분)

예 중심부 온도를 120℃에서 4분간 열처리한 $F_{120℃}$값이 4분이라는 것을 뜻함

$$F_T = D_T(\log N_0 - \log N)$$

여기서, F_T : 특정 온도(T)에서의 F값으로 단위는 시간(분)

D_T : 목표 미생물에 대한 특정 온도(T)에서의 D값

N_0 : 가열 전 초기 미생물의 수

N : 가열 후 살아 남은 미생물의 수

※ 가열 전후의 미생물 수를 알아야 계산이 가능

④ F_0값 : 정해진 온도와 시간 조건에서 미생물의 수를 감소시키는 가열치사효과(L)를 합한 것을 말한다. 121.1℃에서 1분 가열 시 F_0값은 1.0으로 규정한다.

⑤ L값 : 특정 온도(T)에서 단위시간(분)당 사멸하는 목표 미생물의 수를 기준온도(T_r)에서 사멸시킬 때 필요한 시간

(3) 멸균조건(중심부 온도 120℃, 4분)과 동등한 열처리 조견표

① 계산조건 : *C. botulinum*의 포자, D값 = 0.21분, z값 = 10℃, 기준온도 = 121.1℃

② 목표 F값 : 14.75D

온도(℃)	D값(분)	가열시간(분)	온도(℃)	D값(분)	가열시간(분)
105	8.58	126.5	120	0.27	4.0
110	2.71	40.0	121	0.22	3.2
112	1.71	25.2	122	0.17	2.5
114	1.08	15.9	123	0.14	2.1
115	0.86	12.7	124	0.11	1.6
116	0.68	10.0	125	0.086	1.3
117	0.54	8.0	130	0.027	0.4
118	0.43	6.3	135	0.0086	0.1
119	0.34	5.0	140	0.0027	0.04

(4) 살균조건(중심부 온도 63℃, 30분)과 동등한 열처리 조견표

계산조건 : *L. monocytogenes*, z값 = 3.5℃(63℃↓)/11.4℃(63℃↑), 기준온도 = 63℃

온도(℃)	가열시간(분)	온도(℃)	가열시간(분)
53	21,591	69	8.93
55	5,792	71	5.96
57	1,554	73	3.98
59	417	75	2.66
61	112	80	0.968
63	30	90	0.128
65	20.0	95	0.047
67	13.4		

(5) 가열살균의 종류

① 저온살균 : 100℃ 이하에서 열처리, 병원성 미생물 사멸

ㄱ 저온장시간살균법(LTLT법) : 63~65℃에서 30분간 가열처리

ㄴ 고온단시간살균법(HTST법) : 72~75℃에서 15~20초간 가열처리

② 고온살균 : 100℃ 이상에서 열처리, 포자를 형성하는 미생물까지 사멸

ㄱ 초고온순간처리법(UHT법) : 130~150℃에서 0.5~5초간 가열처리

③ 상업적 살균 : 소비자의 건강을 해치지 않을 정도로 부패균 및 식중독균만 사멸

체크 포인트 **상업적 살균**

상업적 살균은 살아 있는 미생물을 완전히 사멸시키는 것이 아니라, 식품이 정상적인 유통 및 저장조건에서 변질되지 않도록 소비자의 건강에 위해를 끼치지 않을 정도로 가열처리하는 것을 말한다. 이를 단지 상업적 살균이라고 부를 뿐 저온살균이나 고온살균처럼 살균방법의 하나로 보기는 어렵지만, 처리조건은 대부분 저온살균과 유사하다.

2. 비가열살균(냉살균)

(1) 비가열살균의 필요성

① 미생물이나 농약 등 화학물질의 오염이 없는 안전하고 기능성을 갖춘 고품질 식품에의 요구가 증가되었다.

② 미생물 안전성에 있어서는 전통적으로 사용되어 온 가열살균이 일반적이나, 가열처리로 인한 품질저하가 발생할 수 있다. 냉동이나 건조는 오랜 기간 저장할 경우 품질손실 및 소비자들의 기호를 저하시키며, 식품첨가물(보존제)은 안전성 등의 문제로 점차 사용이 감소되고 있다.

③ 열에 의한 품질저하를 방지하기 위해 열처리를 하지 않거나 제한적으로 열처리를 하는 비가열식품 가공기술이 필요하다.

(2) 비가열살균의 종류

① HPP(High Pressure Processing, 초고압 살균공정) : 열 대신 6,000바(bar, 기압) 정도의 높은 압력을 이용해 유해균과 미생물을 제거하는 첨단가공기법이다. 전통방식에서 사용되던 열과 식품첨가물 대신 정수압(hydrostatic pressure)이 살균 매체가 되기 때문에 원재료 고유의 맛과 향, 영양소까지 그대로 살릴 수 있다는 장점이 있다.

② 자외선 살균(UV ; Ultra Violet Sterilization)

 ㉠ 음용수나 투명한 액체식품의 경우 자외선 살균으로 일정 부분 미생물 제어가 가능하지만, 자외선 살균만으로는 식품의 안전성을 확보하기 어렵기 때문에 미생물까지 걸러주는 정밀여과 공정을 거친 후의 공정에서 2차 오염방지 또는 살균제품 후 공정에서 내열성균에 의한 2차 오염방지를 위해 채택하는 살균방식이다.

 ㉡ 이러한 자외선 살균방식은 살균력 유지를 위해 자외선 살균램프의 살균력이 저하되기 전에 교체하는 것이 매우 중요하다.

 ㉢ 자외선 살균의 원리

   • 자외선(UV)은 세포 내 유전정보를 담고 있는 핵산의 주요 구성성분인 아데닌(A), 구아닌(G), 사이토신(C), 티민(T)의 4가지 염기성분 간의 수소결합(T-A 또는 C-G 결합)을 손상시킴으로써 살균효과를 나타낸다. → 세포에 UV를 조사하면 4종의 염기 중 티민(T) 분자구조가 집중적으로 파괴되며, 아데닌(A)과 연결이 끊어진 티민(T)은 이웃한 티민과 T-T 이중체(dimer)를 형성하여 복제능력이 상실됨에 따라 미생물의 사멸이 유도된다.

   • 미생물 99.99% 사멸에 필요한 UV 조사량은 조류($1,000mJ/cm^2$), 진균류인 효모($130mJ/cm^2$), 세균($2\sim25mJ/cm^2$), 바이러스($0\sim100mJ/cm^2$) 등으로 균종마다 상이하다.

③ 방사선 조사

 ㉠ 방사선 동위원소에서 나오는 감마선으로 살균하는 방식으로 제품이 포장된 상태에서 살균하는 장점이 있다.

 ㉡ 방사선 조사에 의한 살균은 국제적으로 10kGy(킬로 그레이) 이하로 살균토록 허용돼 있으며 탁월한 살균효과를 나타내고 있다.

 ㉢ 세계식량기구(FAO), 세계보건기구(WHO) 등에서 식품의 살균과 멸균에 방사선 조사방식을 이용할 것을 권장하고 있다.

 ㉣ 우리나라에서는 코발트-60 감마선에 의한 조사로 감자, 밤 등의 발아 억제 및 인삼 제품이나 된장 등의 장류 분말 살균 등 26개 식품에 대해 0.15~10kGy까지의 방사선 조사에 의한 살균을 허용하고 있다.

> **체크 포인트** **방사선의 안전성**
>
> 방사선 조사란 방사능 물질에서 나오는 에너지(방사선)를 식품에 쪼이는 것인데, 방사선은 식품을 통과해 빠져나가 버리므로 식품 속에 방사능이 잔류하는 일은 없다.

④ 마이크로웨이브(microwave)
- ㉠ 마이크로웨이브는 915MHz와 2,450MHz의 주파수를 갖춘 마이크로파를 반사, 흡수, 투과하여 열을 발생시켜 이용하는 기술로, 원료의 내부까지 침투하여 원료 전체를 가열하는 체적가열 효과를 나타낸다.
- ㉡ 마이크로웨이브를 피가열물에 조사하면 그 물체 안의 수분자와 유극성 분자 및 이온 등이 마이크로웨이브의 극성 변환에 따라 진동 또는 회전하게 되고, 이와 같은 분극 진동이 분자 간의 마찰로 이어져서 발열현상을 일으키게 된다.
- ㉢ 식품에 조사하여 건조하는 방법은 짧은 시간 내에 건조가 가능하여 생산비가 저렴하며, 건조과정에서 살균처리되어 미생물 오염을 해소시키고, 식품의 향기와 색 변화를 최소화하여 고품질을 유지시킬 수 있는 장점이 있다.
- ㉣ 마이크로웨이브는 열전도에 의하지 않고, 단시간에 피가열물 내부에 침투해서 극성 변환에 의한 마찰로 인해 열로 변환되므로 가열효율이 매우 높은 장점이 있다.

⑤ 통전가열(옴가열, ohmic heating)
- ㉠ 마이크로파와 같은 내부 가열방식으로, 빠르고 균일하게 가열시켜 품질저하를 막아준다.
- ㉡ 50~60Hz의 100~200V 교류 또는 1~100KHz의 20~80V 교류를 사용하여 가열한다. 식품에 교류를 통과시키면 식품은 완전한 전도체가 아니므로 전기에너지가 열에너지로 전환되어 내부에서 급속히 전기저항 열이 발생하는데, 이 열을 가공에 이용하는 것으로 파장을 이용하는 기술이다.

⑥ 고전압 펄스 전기장 살균(high-voltage pulsed electric fields)
- ㉠ 1~100kV/cm 사이의 펄스 형태의 전압을 마이크로초(microsecond, μs) 동안 식품 또는 식품원료에 처리하는 기술로, 2개의 전극 사이에 식품을 넣고 수 10kV/cm^2 정도의 고전압 자기장에 노출시킴으로써 유전 파괴, 즉 전기장에 의한 세포막 파괴를 유도하여 미생물을 사멸시킨다.
- ㉡ 미생물 영양세포의 사멸에 필요한 임계 전기장 세기는 15kV/cm^{2}이다. 전기장의 강도가 임곗값보다 훨씬 높은 경우 세포벽에는 비가역적인 구멍이 생겨 결국 세포가 사멸된다.

⑦ 여과살균 : 미생물을 걸러낼 수 있을 정도의 구멍 크기를 가진 마이크로 필터를 사용해 제균하는 방법으로 주로 맥주에 사용된 사례가 있다.

⑧ 약제살균(화학살균)
- ㉠ 미생물에 작용하는 형식에 따라 정균작용(발육저해)과 살균작용(미생물의 사멸)으로 분류하며, 약제 분자가 미생물의 세포막을 투과하여 증식을 저해하거나 사멸시킨다.
- ㉡ 주요 살균제로는 할로겐계 살균제(차아염소산나트륨, NaClO), 아이오딘계 살균제(iodophors), 산소계 살균제(과산화수소, H_2O_2), 산소계 살균제(오존, O_3) 등이 있다.

제3절 냉동

1. 냉동의 원리

물질의 감열과 잠열을 이용해 물질을 냉각하고 저온저장하여 냉동하는 형태로 이루어진다.

| 체크 포인트 | 물질의 상태변화 |

- 열
  - 현열 : 물체의 온도변화(감열)에만 사용되는 열
  - 잠열 : 물체의 상태변화에만 사용되는 열(냉동에서 증발잠열을 많이 이용)

응축열	기체에서 액체로 변화하는 데 필요한 열(압축기 → 응축기)
증발열	액체에서 기체로 변화하는 데 필요한 열(팽창변 → 증발기)
융해열	고체에서 액체로 변화하는 데 필요한 열(얼음 → 물)
응고열	액체에서 고체로 변화하는 데 필요한 열(물 → 얼음)
승화열	고체에서 기체로 변화하는 데 필요한 열(드라이아이스)

- 액체와 기체
  - 액체가 증발하여 기체가 될 때 : 증발기(주위의 열을 흡수)
  - 기체가 액체로 될 때 : 응축기(열을 방출)
  - 액체에 압력을 낮출 때 : 팽창변(증발이 쉽게 이루어짐)
  - 기체의 압력을 높일 때 : 압축기(액화하기 쉬워짐)

(1) 냉동사이클

냉매가 액체와 기체상태를 반복하며 흡열과 방열을 하면서 식품을 냉각시키는 것으로, 압축기 → 응축기 → 팽창변 → 증발기로 순환되는 과정을 냉동사이클이라고 한다.

(2) 냉매

냉매는 열을 이동시키는 매체로, 식품에서 열을 흡수하여 밖으로 제거한다.
① 직접냉동방식
    ㉠ 냉매가 식품의 열을 직접 제거한다.
       ※ 냉매 : 암모니아, 프레온가스 등
    ㉡ 냉매는 상태변화에 따른 잠열을 이용한다.
② 간접냉동방식
    ㉠ 냉매에 의해 냉각된 부동액(brine)이 식품에서 열을 제거한다.
       ※ 부동액 : NaCl, $CaCl_2$, $MgCl_2$, 프로필렌글리콜 등
    ㉡ 부동액은 온도변화에 관계하는 감열만을 이용한다.

(3) 냉동기의 주요장치

① 압축기(압력증대장치) : 증발기에서 기화되어 나온 가스 상태의 냉매를 높은 압력이 되게 압축하여 온도가 100℃ 정도가 되게 한다.

② 응축기(열제거장치) : 냉매가 열을 방출하여 액체 냉매가 되어 수액기로 보낸다.

③ 팽창변(팽창밸브, 압력감소장치) : 냉매의 압력을 감소시켜 분출시킨다. 일부 냉매가 증발되어 냉매의 온도가 내려간다.

④ 증발기(열흡수장치) : 냉매가 증발하여 기화잠열에 의해 식품과 공기로부터 열을 흡수한다.

(4) 냉동능력

① 냉동기의 능력 : 냉동기가 1시간 동안에 제거할 수 있는 열량(kcal/h)

② 냉동톤(냉동부하) : 0℃의 물 1톤(ton)을 24시간 동안에 0℃의 얼음으로 만드는 데 필요한 냉동능력

※ 1냉동톤 = 79,720kcal/24h ≒ 3,322kcal/h

> **체크 포인트** | **물의 융해열**
>
> 물의 융해열 = 79.72cal/g, 물 1톤(1,000kg)의 융해열 = 79,720kcal

2. 저온저장

(1) 원리

① 저온저장 시 식품의 품질변화 속도의 감소

② 식품 동결 시 자유수의 감소에 따라 수분활성도가 감소

(2) 저온저장의 온도구간

① 냉각저장 : 빙결점 이상의 온도와 15℃ 사이에서 저장하는 방법

② 빙온저장 : 2~-2℃ 사이에서 저장하는 방법

③ 동결저장 : 식품을 동결시켜 -18℃ 이하에서 저장하는 방법

3. 동결 진행에 따른 발생 현상

(1) 빙결점

① 빙결점 : 온도가 내려가 빙결정(얼음)이 처음으로 발생하는 온도

② 빙점강하 : 순수 빙결점은 0℃이지만, 염류 또는 당 등의 용질이 용해된 수용액의 빙결점은 낮아진다. 수용액의 빙점강하는 용질의 mol 농도와 비례한다.

③ 식품의 빙결점 : -1~-2℃

(2) 냉동곡선

식품을 동결할 때 시간의 흐름에 따라 식품 내 품온의 변화를 기록하여 연결한 곡선

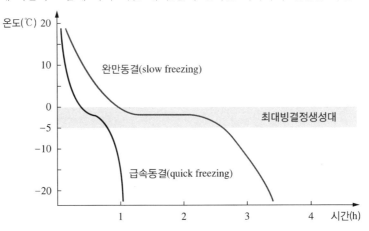

※ 최대빙결정생성대 : 냉동저장 중 빙결정(얼음결정)이 가장 크고
많이 생성되는 온도구간(-1∼-5℃)

[식품의 냉동곡선]

① 급속동결
- ㉠ 식품의 온도가 최대빙결정생성대를 통과하는 시간(25분)이 짧은 동결을 말하며, 빙결정이 세포 내에 균일하게 분산되어 있으며 빙결정의 크기가 70μm 이하이고 조직의 손상이 적다.
- ㉡ 세포 속의 빙결정 크기가 작고 고루 분산 → drip의 양이 적어 식품품질에 영향이 낮음

② 완만동결
- ㉠ 식품의 온도가 최대빙결정생성대를 통과하는 시간(350분)이 긴 동결을 말하며, 빙결정이 크고 세포 외에서 발생하여 세포가 탈수되고 조직이 손상되어 품질이 나쁘다.
- ㉡ 세포 속의 빙결정 크기가 큼 → drip의 양이 많아 식품품질을 저하

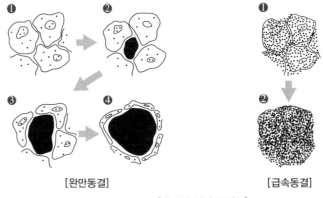

[빙결정 성장 모식도]

4. 냉동식품의 품질변화 현상

(1) 냉동화상(freeze burn)

식품 표면 수분의 승화로 표면이 다공질이 되어 공기와의 접촉면이 커짐에 따라 유지의 산화, 단백질의 변성, 풍미의 저하 등을 일으키는 변화를 말한다.

(2) drip

식품 동결 시 최대빙결정생성대($-1\sim-5℃$)를 통과하는 시간이 길어질수록 얼음의 결정 크기가 커져 식품 속 세포조직을 압박하고 손상시킨 채로 동결된다. 다시 해동하면 빙결정이 녹고 손상된 세포조직에서 수분이 나오는데, 이때 세포조직으로 다시 흡수되지 못하면서 drip이 발생한다. 주로 완만동결을 할 때 발생한다.

제4절 건조

식품 내의 수분을 증발, 승화하여 제거함으로써 식품의 보존성을 높이는 저장방법을 말한다.

1. 건조 원리

(1) 증발잠열의 공급 : 열전달, 즉 공기 → 식품

열을 가해서 물을 끓이면 100℃에서 온도가 더 이상 올라가지 않고 물이 액체에서 기체로 <u>상태변화가 일어난다</u>. 이때 액체에서 기체로 전환될 때 필요한 열량을 (증발)잠열이라고 한다. 물질의 상태변화에 따라 다음과 같이 잠열의 이름이 다양하다.

> 예 고체 → 액체(융해잠열), 액체 → 기체(증발잠열), 고체 → 기체(승화잠열), 기체 → 고체(승화잠열), 기체 → 액체(응축잠열), 액체 → 고체(응고잠열)

(2) 수분의 이동

물질전달, 즉 식품의 내부 → 식품의 표면 → 공기

(3) 건조 구동력

① 식품과 공기 사이의 온도 차이
② 식품과 공기 사이의 수분 농도(수증기 분압) 차이

③ 항률건조기간 : 식품 표면에 있는 수분이 증발하는 데 열풍의 열에너지가 소모되며 수분이 증발함에 따라 냉각효과가 발생하여 식품 온도가 열풍의 온도보다 상당히 낮다.

④ 감률건조기간 : 식품 표면의 수분이 감소함에 따라 식품 표면의 온도가 상승하여 화학적 변화를 유발한다. 따라서 열풍 온도를 낮추어서 건조할 필요가 있다.

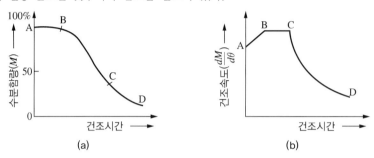

[식품의 건조곡선]

• 건조속도 : 건조시간에 따른 수분함량의 변화 비율
• A-B : 조절기간(식품의 온도가 상승하는 단계)
• B-C : 항률건조기간(식품 표면에 있는 수분이 증발되는 단계)
• C : 임계수분함량
• C-D : 감률건조기간(식품 표면의 수분이 전부 제거되고 식품 내부에 있는 수분이 표면으로 이동되면서 건조되는 기간)

(4) 건조 중 일어나는 현상

① 식품수축 : 동결건조를 제외한 모든 건조방법에서 일어나며 건조속도에 의해 영향을 받는다.

② 표면경화 : 식품 표면에 단단한 불투과성 막이 생겨 건조속도가 감소하는 현상

③ 비타민 파괴 : 비타민 C, 카로틴 등

④ 식품 갈변
  ㉠ 채소와 과일의 효소적 갈변 : 데치기 또는 아황산용액에 처리하여 갈변화 억제
  ㉡ 우유와 과일의 비효소적 갈변 : 마이야르 반응(maillard reaction)

2. 건조의 종류

자연건조, 열풍건조, 복사건조, 감압건조, 드럼건조, 터널건조, 분무건조, 동결건조 등이 가장 많이 쓰이며, 건조를 통한 식품의 물성, 풍미, 색깔, 소화율 등의 품질저하가 발생하지 않도록 취급하고자 하는 식품에 가장 적합한 건조방법을 선택한다.

(1) 터널건조

① 정의 : 다량의 식품을 연속적으로 건조할 때 쓰이는 건조방법

② 종류
  ㉠ 병류식 터널건조기 : 열풍과 식품이 같은 방향으로 이동하는 것으로, 건조 초기에 건조속도가 빠르지만 건조효율은 낮다.

ⓛ 향류식 터널건조기 : 열풍과 식품이 서로 반대 방향인 것으로, 초기 건조속도는 느리지만 건조효율은 높다.

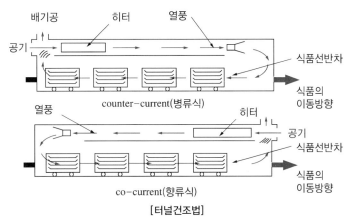
[터널건조법]

(2) 분무건조
① **정의** : 액체상태의 식품을 안개처럼 건조실 내로 분무하여 열풍 중에서 건조시키면 순간적으로 건조되어 분말이 되는 건조방법
② **종류**
ⓐ 병류식 : 열에 민감한 물질의 건조에 쓰인다. 입구기체 온도가 800℃ 이상이 되더라도 배출기체와 건조물의 온도는 90~120℃ 정도가 되기 때문이다.
ⓛ 향류식 : 겉보기밀도가 큰 건조물을 얻을 수 있고, 건조된 입자 내의 기공률은 작다.
  ※ 겉보기밀도 : 용기 중에 분체(가루덩어리)를 눌러 다지지 않고 느슨하게 충전하여 얻어지는 부피를 기준으로 한 밀도

[병류식과 향류식의 비교]

구분	특징(방식)	차이점(효과)
병류식	분무액체입자와 열풍이 같은 방향으로 이동	초기 건조속도↑, 건조효율↓
향류식	분무액체입자와 열풍이 반대 방향으로 이동	초기 건조속도↓, 건조효율↑

③ **특징**
ⓐ 다른 건조기술보다 매우 빠른 건조 프로세스
ⓛ 액상제품의 무게와 부피가 감소되어 저장성이 용이
ⓒ 액상제품의 건조 분말화가 단일단계에서 이루어짐에 따라 비용이 절감
ⓡ 손쉬운 scale-up, 처리공정의 단순화(농축, 여과, 분쇄, 건조 등의 공정 생략 가능)
ⓜ 온도에 민감한 물질(효소, 단백질, 항생물질 등)은 열적 변형 없이 분말화가 가능
  ※ 열풍의 온도는 160~250℃ 정도로 높지만 분무입자가 받는 온도는 50℃로 낮기 때문에 성분변화가 거의 없음

④ 분무건조 4단계
  ㉠ 시료 전처리
  ㉡ 분무/뜨거운 가스 접촉
  ㉢ 증발, 입자 형성 및 건조
  ㉣ 해당 가스로부터 분무 분리 및 배출
⑤ 분무건조기술의 응용
  ㉠ 처음에는 주로 우유의 건조에 사용되었지만 오늘날에
    는 우유는 물론 커피, 과즙, 향신료, 유지, 간장, 된장
    과 치즈의 건조 등 광범위하게 사용된다.
  ㉡ 건조할 때에 액체 방울 주위는 수증기 막으로 둘러싸
    여 습구온도로 건조되므로 열에 민감한 식품의 건조
    에 알맞고 연속 대량 생산에 적합하다.

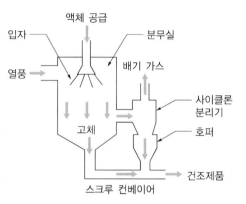

(3) 동결건조

① 정의 : 원료를 −35℃ 이하의 온도로 급속 동결시킨 후 0.1~1.0기압의 진공실 내에서 고체상태의 얼음을
  기체상태의 증기로 승화시켜 건조(수분함량 5% 이하)제품을 얻는 기술을 말한다.
② 특징 : 피건조식품의 색, 맛, 방향, 물리적 성질, 원형 등을 거의 손상하지 않고 복원성이 좋은 건조식품을
  얻을 수 있다.
③ 원리
  ㉠ 동결건조의 기본이론은 승화현상(고체상태의 얼음이 기체상태의 증기로 변화는 것)이다.
  ㉡ 동결건조는 물의 삼중점(triple point)을 응용한 것이다.
    ※ 삼중점 : 물의 고체, 액체, 기체의 3가지 상태가 공존하는 상태(압력, 온도)로, 삼중점 이하의
      압력에서는 어떠한 물질도 액체상태로 존재 불가
  ㉢ 동결식품 주위의 수증기 분압이 식품 내부 얼음의 포화증기압보다 낮을 때 증기압차가 생기므로
    얼음이 승화한다. → 승화에 필요한 증기압차를 형성하기 위하여 건조실 내부압력을 진공상태로
    해야 함
④ 동결건조 3단계
  ㉠ 냉동시스템, 드라이아이스, 액체질소 등을 이용하여 식품을 동결시킨다.
  ㉡ 동결건조기 내에 동결식품을 넣은 후 동결건조기의 진공펌프와 냉동시스템을 작동시킨다. 진공상태
    에서 식품은 동결상태를 유지하면서 식품 내 수분을 승화시켜 제거하고, 승화된 수분은 응축기에서
    응축되어 얼음이 된다.
  ㉢ 동결건조기 내의 식품을 가열하여 온도를 높이기 위하여 승화에 필요한 열에너지를 공급한다. 그러나
    식품이 냉동된 상태를 유지하여야 한다. 즉, 원료 중의 잔존 수분 제거를 위해 진공하에서 원료의
    온도를 높여야 한다.

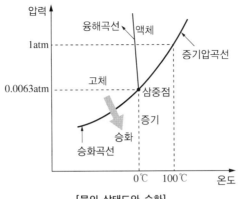

[물의 상태도와 승화]

⑤ 동결건조기의 구성성분

   ㉠ 동결장치(냉동시스템)

   ㉡ 가열 부분(가열판, 열교환기)

   ㉢ 진공감압장치(진공실, 진공펌프)

   ㉣ 응축기(수분 응축)

⑥ 적용 조건

   ㉠ 불안정한 제품

   ㉡ 열에 민감한 제품

   ㉢ 소미립자가 필요한 제품

   ㉣ 장기보존을 요하는 제품

   ㉤ 빠르고 완전한 재수화가 필요한 제품

   ㉥ 고부가가치 제품

⑦ 장단점

장점	• 건조에 의한 수축이 작다. • 천연의 구조가 파괴되지 않는다. • 영양성분의 손실이 적다. • 물에 대한 복원성이 좋다. • 최종 함수율이 낮고 상온에서 장기보존이 가능하다. • 저온에서 건조되므로 고유의 풍미나 식감의 손상이 없다.
단점	• 건조시간이 길고 건조비용이 고가이다. • 다공성 구조로 취급이나 수송 중 충격 및 압박에 의해 붕괴되기 쉬운 제품의 취약성을 지닌다. • 흡습성이 높거나 지방을 많이 함유한 식품은 산화되기가 쉬우며, 용기에 충전할 때는 낮은 상대습도 (20~40%) 환경에서 포장한다. • 건조 전의 형상과 크기를 그대로 유지하므로 취약하고 유연성이 없는 고형성을 지닌다. • 용적은 커지고 포장비, 수송비 및 보관료 등의 점에서 제품단가가 타 건조제품보다 높다.

제5절 분리

1. 분리 · 여과기술

음료와 유제품을 시작으로 조미료, 당류, 발효식품 또는 기능성 식품 소재인 부가가치가 높은 식품을 제조할 때 활용된다. 목적 성분의 분리 추출, 회수, 정제, 세균 제거, 이물 제거 및 제균 등의 목적으로 폭넓게 활용되고 있다.

2. 분리막(membrane)

(1) 정의

① 특정 물질을 선택적으로 통과시킴으로써 혼합물을 분리시킬 수 있는 액체 혹은 고체막으로, 특정 종류의 물질만을 선택적으로 통과시키는 재질(material)로 정의한다.

② 또한 막을 여재로 물을 통과시켜, 수중에 존재하는 오염물질이나 불순물을 여과하는 기술을 막여과 (membrane filtration)라 한다.

(2) 분리막의 종류

① 정밀여과막(MF ; Microfiltration membrane)

　㉠ 용질의 크기가 0.1~10μm 정도인 입자를 분리하는 공정이다. 정밀여과막의 공경은 학자에 따라 0.01~0.1μm까지를 주장하지만 대략 0.05~10μm 정도로 볼 수 있고, 공극률이 전체 부피의 70% 이상을 차지하는 다공질막이다.

　㉡ 분리 대상은 박테리아, 라텍스 또는 콜로이드 입자이며, 정밀여과 조작 시 분리막에 의하여 제거된 입자들이 분리막 표면이나 근방에 축적되는 이른바 막오염현상이 심각하게 발생한다. 경우에 따라서는 입자가 분리막의 세공을 막아 재생이 불가능하여 막을 교체하여야 한다.

　㉢ 정밀여과막의 운전압력은 1~5기압의 범위에서 분리막 투과 유량과 막오염을 고려하여 결정한다.

② 한외여과막(UF ; Ultrafiltration membrane)

　㉠ 분자 크기가 수천~수십만 dalton에 달하는 콜로이드 입자나 거대분자(macromolecule)를 분리하는 막분리 공정으로, 분획분자량(MWCO ; Molecula Weight Cut-Off)은 대략 수천에서 수십만 dalton 정도이다.

　㉡ 특히 한외여과는 미생물, 바이러스 및 각종 단백질의 분리와 유가공 제품에 사용된다. 이와 같은 물질의 삼투압은 용존염에 비하여 무시할 정도로 낮기 때문에 역삼투에서와는 달리 분리막 표면에서의 막오염이 분리의 주요 저항으로 작용한다.

　㉢ 한외여과의 운전 범위는 3~7기압 정도이다.

③ 나노여과막(NF ; Nanofiltration membrane)

　㉠ 역삼투와 한외여과의 중간 영역으로 1~수십 nm 크기로서 분자량이 수백에서 수천 dalton에 이르는 작은 무기물이나 저분자 물질의 분리에 사용되나, 경우에 따라서는 sucrose와 같은 다당류와 염료 등 약간 큰 분자까지도 분리할 수 있다.

  © 보통 나노여과막의 1가 염(NaCl)의 배제율은 20~50% 이하이지만 다가 염의 배제율은 90% 이상을 나타낸다. 따라서 소금과 적당한 분자량의 유기물 분리에 많이 응용되고 있으며, 유장이나 설탕의 탈염, 물의 연화과정 등에 주로 사용되며 최근에는 정수장에서 정수용으로 사용되기도 한다.

  © 운전압력은 역삼투막의 20~50% 수준인 7~15기압 범위이다.

④ **역삼투막(RO ; Reverse Osmosis membrane)**

  ㉠ 이온 및 분자 크기가 10Å 이내인 용질을 분리하는 막분리 공정으로, 1970년대 해수 담수화 및 폐수처리에서 성공적으로 산업화되기 시작하였다.

  ㉡ 삼투(osmosis)란 저농도 용액과 고농도의 용액이 물만을 선택적으로 통과시키는 분리막으로 나뉘어 있을 경우, 저농도 용액 중에 물이 고농도 용액 쪽으로 이동하는 자연 현상이다. 따라서 고농도 용액 측에 삼투압보다 높은 압력을 가하면 물만이 분리막을 통과하여 순수를 제조할 수 있게 되며, 이러한 막을 역삼투막이라 한다.

  ㉢ 운전압력은 용액에 포함되어 있는 염의 농도와 회수율에 크게 의존하는데, 50~100기압 범위에서 염 농도가 높은 해수로부터 순수를 제조하는 고압의 역삼투 공정과 15~50기압 범위에서 담수를 처리하는 저압 역삼투 공정으로 크게 나눌 수 있다.

  ㉣ 역삼투법에서는 유기 고분자의 유전율(dielectric) 상수가 낮기 때문에 용존염이 막 표면에 잘 흡착되지 않을 뿐 아니라 정밀여과 또는 한외여과에서와 같이 유기물에 의한 막오염 현상이 작으므로 막의 수명도 길어진다.

  ㉤ 역삼투막은 고압에서도 견딜 수 있도록 기계적 강도가 우수하여야 하며 염소와 용존염에 대한 내화학성이 좋아야 한다.

  ㉥ 역삼투막의 재질은 기계적 강도가 우수한 지지층 위에 분리효과를 극대화시킬 수 있는 분리층 또는 활성층으로 형성된 방향족 polyamide 복합막이 가장 널리 사용되며 비대칭형 cellulose acetate 막도 활용된다.

  ㉦ 역삼투막은 용존염을 분리·제거할 뿐 아니라 분자량이 적은 유기물 및 방향족 탄화수소 등의 분리조작에도 이용되고 있다.

(3) 분리막의 장점

① 가열 처리 시 품질이나 풍미가 저하되지 않고 유익한 성분의 파괴가 없으면서 분리·농축된다.

② 연속성이 있으면서 자동화 운전에도 용이하다.

③ 가열 농축에 비해 에너지가 절약되고, 환경친화적이다.

④ 오랜 기간 동안 운전이 가능하다.

⑤ 제조원가가 절감된다.

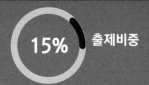

CHAPTER 05 식품미생물학

제1절 미생물의 명명법

1. 기재법

대문자로 시작하는 속명과 소문자로 시작하는 종명을 함께 쓰는 2명법을 채택하여 사용하고 있다.

(1) 개요

① 속명 및 종명은 *이탤릭체(기울임체)*로 쓰고, 속 이상의 위계명은 *이탤릭체*를 쓰지 않으며 복수형으로 쓴다.

② 속명 및 종명을 수기로 쓸 때는 반드시 밑줄을 친다.

③ 속명은 약자 표기가 가능하며, 속명을 앞에 쓰고 종명을 뒤에 쓴다.

④ 속명은 첫 글자만 대문자로 쓰고 나머지는 소문자로 쓰며, 종명은 모두 소문자로 쓴다.

(2) 유의사항

세균명명규약(Bacteriological Code)이 미생물의 공식적인 명칭은 아니다. 과학자들마다 종의 속 분류에 대해 의견이 다를 수 있으므로 동일한 세균에 대해 다른 이름을 사용하는 경우도 있다. 또한 가장 최근에 발표된 이름이라고 하여 꼭 정확하거나 유효한 명칭은 아니다. 명칭의 유효성을 판단하려면 반드시 국제 미생물계통 분류 학회지(International Journal of Systematic and Evolutionary Microbiology)에 실린 기사에 게시되거나 다른 곳에서 사용됐을 경우에는 반드시 유효성 검증 리스트(validation list) 발표를 거쳐야 한다.

2. 분류별 어미

분류	어미
문(division)	-mycota
아문(subdivision)	-mycotina
강(class)	-mycetes
아강(subclass)	-mycetidae
목(order)	-ales
아목(suborder)	-ineae
과(family)	-aceae
아과(subfamily)	-oideae

분류	어미
족(tribe)	-eae
아족(subtribe)	-inae
속(genus)	불규칙적
종(species)	불규칙적
변종(varieties)	불규칙적
주(strain)	불규칙적

제2절 미생물의 물질대사

1. 포도당 분해

(1) 유기호흡

$$C_6H_{12}O_6(포도당) + 6O_2 + 6H_2O \rightarrow 6CO_2 + 12H_2O + 38ATP + 열에너지$$

① 해당과정

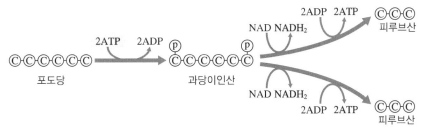

　㉠ 세포호흡의 1단계

　㉡ 세포질에서 일어난다.

　㉢ 포도당의 혐기적 분해에 의한 EMP(Embden-Meyerhof-Parnas) 경로이다.

　㉣ 포도당(6탄당)을 피루브산(3탄당) 2분자로 쪼개는 단계로, '기질수준인산화'에 의해서 ATP 2분자를 생성한다(포도당은 분자가 커서 미토콘드리아 속으로 바로 들어가지 못함).

체크 포인트 　기질수준인산화

고에너지 화합물(인산화 화합물)에서 ADP로 인산기(PO_3^{2-})를 직접 전이시켜 ATP를 생성시키는 대사반응을 말한다.

② TCA 회로

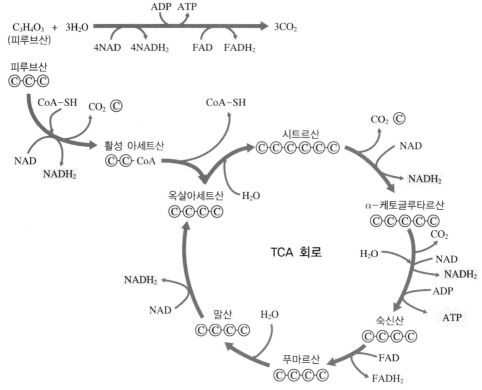

$$C_3H_4O_3 + 3H_2O \longrightarrow 3CO_2$$
(피루브산)

⊙ 세포호흡의 2단계

⊙ 시트르산 회로 또는 크렙스 회로라고도 한다.

ⓒ 미토콘드리아의 기질에서 일어난다.

ⓔ 피루브산의 호기적 대사 경로이다.

ⓜ 해당과정과 마찬가지로 '기질수준인산화'에 의해서 ATP 2분자를 생성한다.

③ 산화적 인산화 단계

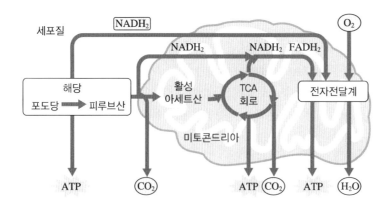

    ㉠ 세포호흡의 3단계

    ㉡ 미토콘드리아의 내막에서 일어난다.

    ㉢ 전자전달계에서 전자전달과 화학삼투가 일어나서 에너지를 생성한다.

    ㉣ NADH와 FADH$_2$가 전자전달계에서 산화환원반응을 거쳐 ATP 34분자를 생성한다.

    ㉤ 전자전달계에서 전자수용체로 산소(O_2)를 사용한다.

(2) 무기호흡

① 유기호흡은 해당과정, TCA 회로, 전자전달계를 거쳐 총 38개의 ATP 분자를 만들어낼 수 있지만, 무기호흡은 해당과정만 진행되고 이후 과정은 유기호흡과 다른 방향으로 진행되어 총 2개의 ATP 분자와 부산물을 만들어낸다.

② 무기호흡은 유기호흡에 비해 에너지를 적게 생산하는 비효율적인 호흡방법이므로, 무산소 환경에서 무기호흡을 통해 생명을 유지하는 미생물도 산소가 풍부한 곳에서는 유기호흡을 하기도 한다. 효모는 산소가 있을 때는 산소호흡을, 산소가 희박하거나 없을 때는 무산소호흡을 한다.

2. 발효

미생물이 효소를 이용하여 유기물을 분해시키는 과정으로, 산소를 필요로 하는 호기성 발효(산화발효)와 산소를 필요로 하지 않는 혐기성 발효(알코올발효)가 있다.

구분	반응기작	예시
호기성 발효	$C_6H_{12}O_6 \rightarrow 2CH_3CHO + CH_3COOH + 27.4kcal$	초산발효, 유기산발효
혐기성 발효	$C_6H_{12}O_6 \rightarrow 2C_2H_5OH + 2CO_2 + 58kcal$	알코올발효, 젖산발효

제3절 미생물의 생육 및 분류

1. 미생물의 생육

(1) 미생물의 증식곡선

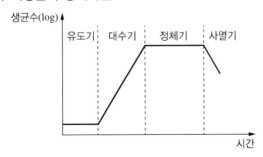

① 유도기(lag phase) : 미생물이 증식하지 않고 새로운 환경에 적응하는 시기
② 대수기(exponential phase) : 환경에 적응하여 미생물이 대수적으로 증가하는 시기
③ 정체기(stationary phase) : 미생물의 일부는 사멸하고 다른 일부는 증식하여 농도가 유지되는 시기
④ 사멸기(death phase) : 살아 있는 미생물수가 감소하는 시기

(2) 미생물의 생육조건

① 영양물질 : 탄소원, 질소원, 비타민류, 무기염류
② 수분 : 자유수(결합수는 이용하지 못함)

> **체크 포인트 미생물과 Aw의 상관관계**
>
> • 수분활성도(Aw) : 미생물이 이용할 수 있는 자유수의 정도를 나타내는 지표
> • 그람음성세균(0.97) > 그람양성세균(0.90) > 효모(0.88) > 곰팡이(0.80) > 호염성세균(0.75) > 내건성곰팡이(0.65) > 내삼투압성효모(0.60)
> • 설탕, 소금 등의 용질을 첨가하거나 식품을 건조시키면 Aw는 감소한다.

③ pH
  ㉠ 식품의 pH가 4.2 이하이면 미생물 증식이 어려우므로 식품의 안전성이 확보된다.
  ㉡ pH 4.6은 산성식품과 저산성식품을 구분하는 경계이므로 잠재적 위해식품의 pH 범위에 해당되며, pH 4.6 이하인 캔 식품에서 *Clostridium botulinum*(통조림 살균지표균)은 성장과 독소생성이 일어나지 않는다.

④ 산소
  ㉠ 세균

구분	생육조건	대표 미생물
호기성균	산소가 없으면 생육하지 못함	*Bacillus cereus*
혐기성균	산소가 있으면 생육 지연	*Clostridium perfringens*
통성혐기성균	산소의 유무와 관계없이 생육	*Escherichia coli*
미호기성균	제한된 산소가 존재할 때 잘 생육	*Campylobacter jejuni*

  ㉡ 곰팡이 : 절대호기성
  ㉢ 효모 : 호기적 조건일 때 산소호흡으로 생육, 혐기적 조건일 때 알코올발효로 에너지 획득

⑤ 온도
  ㉠ 미생물의 균종에 따라 생육 최적온도가 다르다.
  ㉡ 미생물은 최적온도보다 낮은 온도에서 살아남거나 생육하지만, 최적온도 이상에서 생장률이 급격히 감소한다.

구분	최적온도	특징	대표 미생물
호냉성균	10~30℃	0℃에서도 잘 생육하는 균	*Listeria monocytogenes*
저온성균	25~30℃	저온에서도 생육 가능한 균	*Yersinia enterocolitica*
중온성균	25~40℃	식품의 부패 및 식중독 유발균	*Staphylococcus aureus*
호열성균	45~65℃	통조림 생산 시 살균지표균	*Clostridium botulinum*

⑥ 저해물질 : 미생물의 생육을 억제하는 물질

　　㉠ 살균제 : 식품 표면의 미생물을 단시간 내에 사멸시키는 작용을 하는 첨가물

　　　　예 오존수

　　㉡ 보존료 : 미생물에 의한 부패를 방지하여 식품의 보존기간을 연장시키는 물질

　　　　예 소브산

(3) 미생물의 제어

① 식품에는 여러 미생물이 존재할 수 있는데, 식품의 상태에 따라 그 생육환경에 적합한 미생물이 다른 미생물들보다 우세하게 생육한다. 즉, 여러 종류의 미생물이 해당 식품 속에서 경쟁하게 되는데, 이때 해당 식품의 내적 인자와 외적 인자에 따라 특정 미생물만 생육할 수 있게 된다.

② 식품저장 중 미생물 생육에 미치는 요인

　　㉠ 내적 인자(식품) : 원재료(PHF 여부), 배합비, 수분활성도(Aw), 수소이온농도(pH), 보존료 함유, 살균 및 멸균, 산소의 이용성 및 산화환원전위

　　　　※ PHF(Potentially Hazardous Food, 잠재적 위험 식품)

　　㉡ 외적 인자(환경) : 제조공정, 위생수준, 포장재질 및 포장방법, 보관온도(냉장/냉동/상온), 유통조건(산소, 습도, 빛 등), 소비자 취급(장보기 시간 등)

2. 미생물의 분류

(1) 곰팡이

① 진핵세포를 가진 고등미생물

② 진균류에 속하며 균사를 만듦

③ 곰팡이의 분류

구분	속명	균사	유성포자	무성포자
접합균류	*Mucor* *Rhizopus*	격막 없음	접합포자	포자낭포자
자낭균류	*Neurospora* *Monascus*	격막 있음	자낭포자	분생포자 절포자 후막포자
담자균류	*Agaricus* *Pleorotus*	격막 있음	담자포자	분생포자 절포자 아포자
불완전균류	*Aspergillus* *Penicillium* *Fusarium*	격막 있음	없음	자낭균류 혹은 담자균류와 동일

(2) 효모

① 진핵세포를 가진 고등미생물

② 진균류에 속하며 균사를 만들지 않음

③ 대부분 자낭균류와 불완전균류에 속함

④ 단세포로 출아법과 분열법으로 증식

⑤ 대표적인 효모 : *Saccharomyces*속, *Zygosaccharomyces*속, *Hansenula*속, *Candida*속

(3) 세균

① 원핵세포를 가진 하등미생물

② 세균의 분류

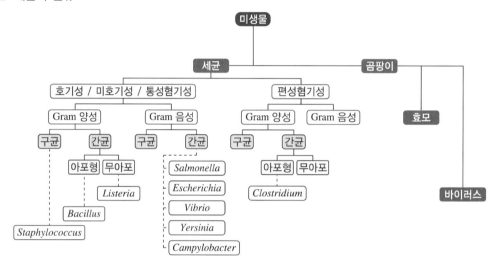

3. 미생물을 이용한 효소 생산

(1) 효소의 생산방식

① 균주 선택 : 효소 활성이 높은 균주 screening(곰팡이, 효모, 세균, 방선균 등 다양함)
② 효소 특징 : 최적온도, pH, 열의 안정성 등
③ 배지조성과 배양조건 설정
④ 배양법 : 고체배양(국상자법, 퇴적배양법, 회전드럼식배양법), 액체배양(통기배양법, 정치배양법)

(2) 효소의 추출법

① 코지(koji)에서의 효소 추출 : 코지 분쇄, 연속추출장치 이용
② 균체에서의 효소 추출
   ㉠ 기계적 마쇄법 : 기계장치(호모게나이저 등)에 균체와 완충액을 넣고 마쇄하여 효소 추출
   ㉡ 초음파 파쇄법 : 균체를 100~600MHz의 초음파에 노출시켜 파쇄하여 효소 추출
   ㉢ 동결용해법 : 동결건조 후 용해 및 원심분리하여 효소 추출
   ㉣ 자가소화법 : 균체에 ethyl acetate 등을 첨가한 후 20~30℃에서 자가소화시켜 효소 추출

(3) 효소의 분리 · 정제법

① 유기용매에 의한 침전
② 염석에 의한 침전
③ 이온교환 크로마토그래피
④ 특수침전(등전점 침전, 특수시약에 의한 침전)
⑤ 겔 여과, 전기영동, 초원심분리기 등

(4) 미생물의 효소제제

① amylase : 곰팡이, 세균이 생산하는 전분분해효소
② protease : 곰팡이, 세균, 방선균이 생산하는 단백질분해효소

제4절 발효식품

1. 김치류

김치의 숙성 원리는 주변 온도와 공기 등의 자연환경을 비롯하여 각종 미생물의 활동으로 이뤄지는 발효현상
이다. 발효에 관여하는 미생물의 종류에 따라 정상젖산발효와 이상젖산발효가 있다.

(1) 정상젖산발효(homo type)

① 주로 젖산을 85% 또는 그 이상 생성하는 발효

② 균종 : *Lactobacillus plantarum*, *Pediococcus cerevisiae* 등

(2) 이상젖산발효(hetero type)

① 젖산과 에탄올, 이산화탄소, 초산 등 여러 물질을 생성하는 발효

② 균종 : *Lactobacillus brevis*, *Leuconostoc mesenteroides* 등

2. 장류

(1) 간장

① 제조공정

> 원료 – 소맥 볶기 – 탈지대두 찌기 – 양미혼합 및 종균 첨가 – 제국 – 탱크 입국 및 발효 – 압착
> – 배합 및 살균 – 여과 및 완제품 저장 – 포장 및 출하

② 간장 발효에 관여하는 미생물

미생물	균주	특징
곰팡이	*Aspergillus oryzae*(황국균)	• 강력한 중성과 알칼리성 단백질분해효소를 분비함으로써 콩에 함유되어 있는 단백질을 분해 • 누룩곰팡이라고 불리우는 koji 곰팡이로 이용
효모	*Zygosaccharomyces major* *Zygosaccharomyces soya*	제조 중기에 들어서면, 내염성의 효모가 간장덧 중에 증식이 되며 알코올과 에스테르를 만들어 향을 생성
	Torulopsis versatilis *Torulopsis etchellsii*	발효 후기에 알코올발효 등으로 간장의 풍미가 더욱 상승
세균	*Bacillus subtilis*	분해력이 강해서 숙성에 영향을 주는 균
	Pediococcus halococcus	내염성 젖산균으로, 배양 최종 pH가 4.8 부근 혹은 간장덧 표면의 pH를 낮추는 균

(2) 된장

① 제조방법

㉠ 소금물(약 18~20%)에 메주를 담가 숙성시키는 동안 미생물에 의해 생성된 다양한 효소로 당화과정, 알코올발효, 산발효, 단백질 분해과정 등이 일어나고 맛과 향이 생겨 된장 고유의 감칠맛이 생긴다(된장은 숙성될수록 색이 진해짐).

㉡ 이 같은 결과물은 발효과정 중 생성된 당과 아미노산이 아미노–카보닐 반응(= Maillard 반응)을 일으키기 때문이다.

② 된장 발효에 관여하는 미생물

미생물	균주	특징
곰팡이	*Aspergillus oryzae* *Aspergillus sojae* *Penicillium lanosum* *Mucor abundans* *Absidia corymbifera* *Rhizopus oryzae*	• 메주의 표면과 내부까지 존재한다. • 메주 덩어리의 갈라진 틈으로 균사가 발육한다.
효모	*Pichia burtonii* *Rhodotorula flava* *Torulopsis dattila*	• 된장의 풍미에 관여한다. • 일부 알코올발효를 한다.
세균	*Bacillus subtilis* *Bacillus amyloliquefaciens* *Bacillus pumilus* *Leuconostoc mesenteroides* *Pediococcus halococcus*	• 메주의 표면과 내부에 고루 분포되어 있다. • 내부에는 주로 세균이 존재한다.

(3) 청국장

① 제조공정

원료(대두) − 정선·세척 − 침지 − 증자 − 종균 접종 − 발효 − 가염 − 마쇄 − 포장

② 청국장 발효에 관여하는 미생물

구분	균주	특징
청국장	*Bacillus subtilis* *Bacillus licheniformis* *Bacillus megaterium*	• 호기성, 40℃의 온도에서 가장 잘 증식 • protease를 분비하여 콩 단백질을 분해하여 아미노산을 생성
낫토(일본 청국장)	*Bacillus natto*	• 고초균의 일종(낫토균의 학명은 *Bacillus subtilis* var. *natto*) • 점성이 강한 아미노산 고분자 복합체인 Polyglutamic acid (PGA, 폴리감마글루탐산) 생성 • 발효균을 개량하여 비가열 상태에서 먹어도 지장이 없음

3. 핵산조미료

(1) 핵산(nucleotides)

핵산은 자연계에 존재하는 감칠맛 성분으로 맛 강도 및 풍미 증진효과가 있는 대표적인 조미 소재이며, IMP와 GMP가 있다.

① IMP

 ㉠ 1847년 독일의 리비히가 처음 발견

 ㉡ 식물성 식품에는 전혀 없고 가다랑어포(가쓰오부시), 멸치 또는 각종 육류에 다량 함유되어 있는 구수한 맛

② GMP

    ⊙ 1898년 뱅이 처음 발견

    ⓒ 느타리버섯, 표고버섯, 송이버섯과 같은 말린 버섯을 삶은 국물에 다량 함유되어 있고 육류에는 소량 존재

    ⓒ 단순한 수용액에서는 GMP가 IMP보다 3배 정도의 정미(맛 성분)를 가짐

(2) 제조방법

① 미생물의 리보핵산을 분해하여 제조하는 방법

② 퓨린뉴클레오타이드의 생합성능을 가진 미생물을 이용한 발효법

(3) 맛의 상승효과

① MSG 용액에 IMP 또는 GMP를 용해시켰을 경우 단독으로 용해시켰을 때보다 훨씬 적은 양으로도 맛을 감지할 수 있다.

② IMP에 GMP를 혼합하면 맛의 상승작용까지는 하지 않으나, MSG와 IMP, MSG와 GMP 사이에는 확실한 맛의 상승작용이 있다.

> **체크 포인트**   **MSG(Monosodium glutamate)**
>
> MSG는 아미노산의 일종인 글루탐산에 나트륨을 결합시킨 염이라 하여 글루탐산나트륨이라고 불렸다(미원, 미풍의 성분). 이 물질은 1908년 일본 동경대학교 화학자인 이케다가 다시마의 열탕 추출물에서 분리해 낸 감칠맛 성분이다.

4. 주류

(1) 술의 종류

구분		정의	비고
주정		녹말 또는 당분이 포함된 재료를 발효시켜 알코올도수 85도 이상으로 증류한 것	
발효주류	탁주	녹말이 포함된 재료와 국 및 물을 원료로 하여 발효시킨 술덧을 여과하지 않고 혼탁하게 만든 것	알코올도수 25도 미만
	약주	탁주를 여과하여 맑게 만든 것	
	청주	약주 중 쌀(찹쌀)만을 원료로 한 것	
	맥주	엿기름, 홉, 물 등을 원료로 발효시켜 제성 또는 여과한 것	
	과실주	과실 또는 과실과 물을 원료로 발효시킨 술덧을 여과, 제성하거나 나무통에 저장한 것	

구분		정의	비고
증류주류	소주	• 녹말이 포함된 재료, 국과 물을 원료로 하여 발효시켜 연속식증류 외의 방법으로 증류한 것(증류식) • 주정 또는 곡물주정을 물로 희석한 것(희석식)	불휘발분 2도 미만
	위스키	발아된 곡류를 원료로 발효시킨 술덧을 증류하여 나무통에 저장한 것	
	브랜디	과실주를 증류하여 나무통에 저장한 것	
	일반증류주	타 증류주에 속하지 않는 나머지 증류주	
	리큐르	일반증류주 중 불휘발분 2도 이상인 것	
기타 주류		기타 정의되지 않은 주류	

(2) 술의 제법

구분			정의	유형
발효주 (양조주)	단발효주		과일 당분이 발효되어 만들어진 술(당화 ×)	과실주
	복발효주	단행복발효주	당화 후 발효가 진행되어 만들어진 술	맥주
		병행복발효주	당화와 발효가 동시에 진행되어 만들어진 술	약·탁주
증류주			발효주를 증류하여 만든 술	위스키
기타 주류(혼성주)			발효주나 증류주에 감미료 등을 첨가한 술	매실주

※ 당화 : 곰팡이의 효소를 이용하여 전분을 포도당으로 가수분해하는 과정
※ 발효 : 알코올발효를 뜻하며, 효모가 포도당을 이용하여 알코올을 생산하는 과정
※ 증류 : 술을 가열하면 알코올이 휘발되고 이를 다시 냉각·응축시켜 술의 도수를 높이는 과정

5. 치즈류

(1) 제조공정

원유 – 살균 – 냉각 – 스타터(유산균) 접종 – 우유응고효소 첨가 – 응고물(커드) 커팅 – 유청·수분 분리 – 치즈 덩어리를 틀에 넣고 압착 – 숙성 – 포장

(2) 스타터(starter) : 우유를 응고(커드)시키는 데 필요한 산(acid)을 생성하는 유산균

① 구균 : *Streptococcus thermophilus*
② 간균 : *Lactobacillus delbrueckii*, *Lactobacillus casei*, *Lactobacillus lactis*

출제기준

주요항목	세부항목	세세항목
식품안전관리	식품성분관리 및 위해요소관리하기	• 식품 중 일반성분시험 및 특수성분시험의 원리를 이해하고 실험할 수 있다. • 식품 중 식품첨가물시험의 원리를 이해하고 실험할 수 있다. • 식품 중 유해성중금속시험의 원리를 이해하고 실험할 수 있다. • 식품 중 이물시험법의 원리를 이해하고 실험할 수 있다. • 식품에 영향을 미치는 미생물시험법의 원리를 이해하고 실험할 수 있다. • 식품 중 농약잔류시험법을 이해하고 실험할 수 있다.

PART 02

식품안전관리

STUDY GUIDE

일러두기

식품공전은 공부해야 할 범위가 매우 광범위하기 때문에 단기간에 모든 것을 이해하고 암기하기란 쉽지 않다.
그러므로 식품공전에 관한 공부는 최대한 방어적으로 준비할 수밖에 없다. 다시 말해서, 기출문제의 범위를
파악하여 해당 범위 내에서 식품공전의 원문을 공부하는 것이 가장 효율적인 방법이다. 본 파트에서는 식품공
전 일반시험법에서 다루어지는 검체의 채취부터 시료조제방법 및 분석원리와 계산방법 등을 원문 그대로 반
영하였다. 그러나 기출문제의 범위에 국한하지 않고 폭넓게 학습하고자 하는 수험생은 식품공전 고시전문을
찾아서 공부하기 바란다. 식품공전을 파일로 내려받을 수 있는 방법은 다음 두 가지가 있다.

방법 1 인터넷 포털사이트에서 '식품공전'을 검색하여 〈식품분야 공전 온라인 서비스〉를 이용하기
참고로 식품공전 외에도 건강기능식품공전, 식품첨가물공전, 기구 및 용기·포장공전도 함께 확인할 수 있다.

방법 2 식품의약품안전처 홈페이지에서 고시문을 내려받기
식품의약품안전처 홈페이지 → 법령/자료 → 고시훈령예규 → 고시전문 → 「식품의 기준 및 규격」 전문을
내려받는다. 참고로 '식품공전'을 검색하면 찾을 수 없으므로 반드시 식품의 기준 및 규격으로 검색해야 한다.

CHAPTER 01 식품공전 총칙

3% 출제비중

1. 시험분석 관련 일반원칙(부분 발췌)

(1) 계량 등의 단위는 국제 단위계를 사용한 다음의 약호를 쓴다.

① 길이 : m, cm, mm, μm, nm

② 용량 : L, mL, μL

③ 중량 : kg, g, mg, μg, ng, pg

④ 넓이 : cm^2

⑤ 열량 : kcal, kj

⑥ 압착강도 : N(Newton)

⑦ 온도 : ℃

(2) 표준온도는 20℃, 상온은 15~25℃, 실온은 1~35℃, 미온은 30~40℃로 한다.

(3) 중량백분율을 표시할 때에는 %의 기호를 쓴다. 다만, 용액 100mL 중의 물질함량(g)을 표시할 때에는 w/v% 로, 용액 100mL 중의 물질함량(mL)을 표시할 때에는 v/v%의 기호를 쓴다. 중량백만분율을 표시할 때에는 mg/kg의 약호를 사용하고 ppm의 약호를 쓸 수 있으며, mg/L도 사용할 수 있다. 중량 10억분율을 표시할 때에는 μg/kg의 약호를 사용하고 ppb의 약호를 쓸 수 있으며, μg/L도 사용할 수 있다.

(4) 이 고시에서 정하여진 시험은 별도의 규정이 없는 경우 다음의 원칙을 따른다.

① 원자량 및 분자량은 최신 국제원자량표에 따라 계산한다.

② 따로 규정이 없는 한 찬물은 15℃ 이하, 온탕은 60~70℃, 열탕은 약 100℃의 물을 말한다.

③ '물 또는 물속에서 가열한다'라 함은 따로 규정이 없는 한 그 가열온도를 약 100℃로 하되, 물 대신 약 100℃ 증기를 사용할 수 있다.

④ 시험에 쓰는 물은 따로 규정이 없는 한 증류수 또는 정제수로 한다.

⑤ 용액이라 기재하고 그 용매를 표시하지 아니하는 것은 물에 녹인 것을 말한다.

⑥ 감압은 따로 규정이 없는 한 15mmHg 이하로 한다.

⑦ pH를 산성, 알칼리성 또는 중성으로 표시한 것은 따로 규정이 없는 한 리트머스지 또는 pH 미터기(유리 전극)를 써서 시험한다. 또한, 강산성은 pH 3.0 미만, 약산성은 pH 3.0 이상 5.0 미만, 미산성은 pH 5.0 이상 6.5 미만, 중성은 pH 6.5 이상 7.5 미만, 미알칼리성은 pH 7.5 이상 9.0 미만, 약알칼리성은 pH 9.0 이상 11.0 미만, 강알칼리성은 pH 11.0 이상을 말한다.

⑧ 용액의 농도를 (1 → 5), (1 → 10), (1 → 100) 등으로 나타낸 것은 고체시약 1g 또는 액체시약 1mL를 용매에 녹여 전량을 각각 5mL, 10mL, 100mL 등으로 하는 것을 말한다. 또한 (1+1), (1+5) 등으로 기재한 것은 고체시약 1g 또는 액체시약 1mL에 용매 1mL 또는 5mL 혼합하는 비율을 나타낸다. 용매는 따로 표시되어 있지 않으면 물을 써서 희석한다.

⑨ 혼합액을 (1:1), (4:2:1) 등으로 나타낸 것은 액체시약의 혼합용량비 또는 고체시약의 혼합중량비를 말한다.

⑩ 방울수(滴水)를 측정할 때에는 20℃에서 증류수 20방울을 떨어뜨릴 때 그 무게가 0.90~1.10g이 되는 기구를 쓴다.

⑪ 네슬러관은 안지름 20mm, 바깥지름 24mm, 밑에서부터 마개의 밑까지의 길이가 20cm의 무색유리로 만든 바닥이 평평한 시험관으로서 50mL의 것을 쓴다. 또한 각 관의 눈금의 높이의 차는 2mm 이하로 한다.

⑫ 데시케이터의 건조제는 따로 규정이 없는 한 실리카겔(이산화규소)로 한다.

⑬ 시험은 따로 규정이 없는 한 상온에서 실시하고 조작 후 30초 이내에 관찰한다. 다만, 온도의 영향이 있는 것에 대하여는 표준온도에서 행한다.

⑭ 무게를 '정밀히 단다'라 함은 달아야 할 최소단위를 고려하여 0.1mg, 0.01mg 또는 0.001mg까지 다는 것을 말한다. 또 무게를 '정확히 단다'라 함은 규정된 수치의 무게를 그 자릿수까지 다는 것을 말한다.

⑮ 검체를 취하는 양에 '약'이라고 한 것은 따로 규정이 없는 한 기재량의 90~110%의 범위 내에서 취하는 것을 말한다.

⑯ 건조 또는 강열할 때 '항량'이라고 기재한 것은 다시 계속하여 1시간 더 건조 혹은 강열할 때에 전후의 칭량차가 이전에 측정한 무게의 0.1% 이하임을 말한다.

CHAPTER 02 식품공전 일반시험법 (이화학시험법)

68% 출제비중

제1절 식품일반시험법

1. 성상(관능시험)

(1) 시험법 적용범위

성상을 검사하고자 하는 모든 식품에 적용한다.

(2) 분석원리

식품의 특성을 시각, 후각, 미각, 촉각 및 청각으로 감지되는 반응을 측정하여 시험한다.

(3) 시험조작

식품 고유의 색깔, 풍미, 조직감 및 외관을 다음의 성상 채점기준에 따라 채점한 결과가 평균 3점 이상이고 1점 항목이 없어야 한다.

항목	채점기준
색깔	• 색깔이 양호한 것은 5점으로 한다. • 색깔이 대체로 양호한 것은 그 정도에 따라 4점 또는 3점으로 한다. • 색깔이 나쁜 것은 2점으로 한다. • 색깔이 현저히 나쁜 것은 1점으로 한다.
풍미	• 풍미가 양호한 것은 5점으로 한다. • 풍미가 대체로 양호한 것은 그 정도에 따라 4점 또는 3점으로 한다. • 풍미가 나쁜 것은 2점으로 한다. • 풍미가 현저히 나쁘거나 이미·이취가 있는 것은 1점으로 한다.
조직감	• 조직감이 양호한 것은 5점으로 한다. • 조직감이 대체로 양호한 것은 그 정도에 따라 4점 또는 3점으로 한다. • 조직감이 나쁜 것은 2점으로 한다. • 조직감이 현저히 나쁜 것은 1점으로 한다.
외관	• 병충해를 입은 흔적 및 불가식부분 제거, 제품의 균질 및 성형상태와 포장상태 등 외형이 양호한 것은 5점으로 한다. • 제품의 제조·가공상태 및 외형이 비교적 양호한 것은 그 정도에 따라 4점 또는 3점으로 한다. • 제품의 제조·가공상태 및 외형이 나쁜 것은 2점으로 한다. • 제품의 제조·가공상태 및 외형이 현저히 나쁜 것은 1점으로 한다.

2. 이물

식품 중 이물을 분리·포집하는 데는 여러 가지 방법이 있으며, 식품의 종류나 포집하고자 하는 이물의 종류에 따라 선택적으로 사용하여야 한다.

(1) 체분별법

① 분석대상 : 검체가 분말이거나 여과법의 여과지를 통과하지 않는 액체

② 분석원리 : 검체를 체(망이 고르며 평직으로 짜여진 스테인리스 재질의 금속망체, ISO 및 KS 금속망체 참고)로 쳐서 이물을 체 위에 모아 육안으로 확인하고, 필요시 현미경 등으로 확대하여 관찰한다.

(2) 여과법

① 분석대상 : 검체가 액체일 때 또는 물에 용해하여 액체로 할 수 있을 때

② 분석원리 : 액체 상태 또는 물에 용해하여 액체로 할 수 있는 식품에 혼입된 이물을 신속여과지(cellulose 재질, 습윤강화성, pore size 20~30um, 진공여과 시 찢어지지 않는 두께)로 여과하여 분리하는 원리이다.

(3) 와일드만 플라스크법

① 분석대상 : 곤충 및 동물의 털과 같이 물에 젖지 아니하는 가벼운 이물

② 분석원리 : 식품을 함유한 용액에 소량의 미네랄오일, 피마자유 등 물과 섞이지 않는 포집액을 넣고 세게 교반하면 물에 잘 젖지 않는 가벼운 이물이 미세한 방울이 된 포집액에 포집되어 물보다 밀도가 가벼운 부유포집액층(유층)으로 모이게 하여 이물을 분리·포집하는 원리이다.

(4) 침강법

① 분석대상 : 쥐똥, 토사 등의 비교적 무거운 이물

② 분석원리 : 검체에 비중이 큰 액체를 가하여 교반한 후 그 액체보다 비중이 큰 것은 바닥에 가라앉고 이보다 비중이 작은 식품의 조직 등은 위에 떠오르므로, 상층액을 버린 후 바닥의 이물을 검사한다.

(5) 금속성이물(쇳가루)

① 분석대상 : 분말제품[침출차 티백(tea bag) 제품 포함], 환제품, 액상 및 페이스트제품, 코코아가공품류 및 초콜릿류 중 혼입된 쇳가루(단, 분쇄공정을 거친 원료를 사용하거나 분쇄공정을 거친 제품에 한함)

② 분석원리 : 쇳가루가 자석에 붙는 성질을 이용하여 식품 중 쇳가루를 검사한다.

(6) 김치 중 기생충(란)

① 분석대상 : 김치

② 분석원리 : 전처리를 마친 김치의 시료를 광학 현미경으로 100배 검경하다가 충란 유사 물체가 관찰되면 400배로 확인한 후 크기를 계측하고 동정한다.

3. 물성(경도)

(1) 경도(hardness)의 정의

먹는물 중에 존재하는 칼슘과 마그네슘의 농도를 탄산칼슘의 농도(mg/L)로 나타낸 값을 말한다.

(2) 분석원리

시료에 암모니아 완충용액을 넣어 pH 10으로 조절한 다음 적정에 의해 소비된 EDTA 용액으로부터 탄산칼슘의 양으로 환산하여 경도(mg/L)를 구한다.

체크 포인트 **경도시험법**

- 식품공전에는 고령친화식품의 물성시험(경도나 점도)이 등재되어 있을 뿐 물의 경도 측정법은 없다. 다만, 환경부 소관 「먹는물관리법」에 의거 먹는물 수질기준을 측정하기 위한 「먹는물수질공정시험기준」에 "경도-EDTA 적정법"이 등재되어 있다.
- 물의 경도(hardness)는 제빵에서 매우 중요하다. 물은 경도에 따라 연수(soft water)와 경수(hard water)로 구분하며 센물이라고 불리는 경수는 칼슘, 마그네슘을 많이 함유하고 있다. 물에 녹아있는 칼슘(Ca^{2+}) 및 마그네슘(Mg^{2+})을 탄산칼슘의 양으로 환산해서 ppm으로 표시해 경도를 나타낸다.

구분	연수	아연수	아경수	경수
경도(ppm)	60 미만	60 이상~120 미만	120 이상~180 미만	180 이상

- 증류수는 경도가 0인 연수이며, 지하수는 경수이고 빗물과 수돗물은 연수이다. 제빵에는 물의 경도가 50~100ppm 사이의 아연수가 적합하다.

제2절 식품성분시험법(일반성분시험법)

1. 수분

시험법의 종류에는 건조감량법, 증류법, 칼피셔(Karl-Fisher)법이 있다.

(1) 건조감량법(상압가열건조법) → 가장 많이 쓰이는 시험법

① 적용범위

가열조건	검체(시료)의 종류
98~100℃ 건조	동물성 식품과 단백질 함량이 많은 식품
100~103℃ 건조	자당과 당분을 많이 함유한 식품
105℃ 전후(100~110℃) 건조	식물성 식품
110℃ 이상 건조	곡류

② 분석원리 : 검체를 물의 끓는점보다 약간 높은 온도 105℃에서 상압건조시켜 그 감소되는 양을 수분량으로 하는 방법으로서, 가열에 불안정한 성분과 휘발성분을 많이 함유한 식품에 있어서는 정확도가 낮은 결점이 있으나 측정원리가 간단하여 여러 가지 식품에 많이 이용된다.

체크 포인트 해사(바닷모래)가 필요한 이유

수분정량 시 정제된 해사를 사용하는 경우가 있는데, 이는 검체의 증발표면적을 넓혀 증발이 잘되도록 도와주기 때문이다. 고체검체의 경우 하나의 덩어리가 분쇄되어 여러 개의 작은 알갱이가 되면 표면적이 넓어지게 되며, 액체검체의 경우 가열 시 표면에 막이 생기지 않도록 해사를 넣어 증발표면적을 넓혀준다.

③ 계산방법

$$수분(\%) = \frac{b-c}{b-a} \times 100$$

여기서, a : 칭량접시의 질량(g)
   b : 칭량접시와 검체의 질량(g)
   c : 건조 후 항량이 되었을 때의 질량(g)

2. 회분

(1) 개요

회분이란 유기물질이 회화(연소)된 뒤에 남은 무기물 또는 불연성 잔류물을 말한다. 회분은 식품에 따라 영양가 혹은 품질측정 지표로 활용된다. 예를 들어, 밀가루 회분검사 시 회분함량이 높을수록 밀가루에 무기물이 많다는 것을 의미하는데, 밀기울(껍질)에 무기질이 많아 밀가루의 회분함량이 높다는 것은 밀가루에 밀기울이 많이 섞여 있다는 것을 의미하므로 품질이 좋지 못하다는 것을 뜻한다.

(2) 적용범위

고춧가루 또는 실고추, 전분, 밀가루, 수산물, 가공치즈, 조제유류 등의 식품에 적용한다.

(3) 분석원리

① 검체를 도가니에 넣고 직접 550~600℃의 온도에서 완전히 회화처리하였을 때의 회분의 양을 말한다. 즉 식품을 550~600℃로 가열하면 유기물은 산화, 분해되어 많은 가스를 발생하고 타르(tar) 모양으로 되며 점차로 탄화(炭火)한다.

② 탄소는 더욱 산화되어 탄산가스(CO_2)가 되어 방출되지만, 인산이 많은 검체에서는 강열하면 양이온과 결합하지 않고 용융상태로 되며, 또한 산소의 공급이 불충분하게 되어 오히려 회화의 진행이 어렵게 된다.

③ 일부의 식품에서는 무기질의 염소이온(Cl^-) 등 휘발성 무기물은 휘산되기도 하고, 양이온의 일부는 공존하는 음이온과 반응하여 인산염, 황산염 등으로 되기도 하며, 유기물 기원의 탄산염으로 되기 때문에 조회분(粗灰分, crude ash)이라고 한다.

(4) 계산방법

$$회분(\%) = \frac{W_1 - W_0}{S} \times 100$$

여기서, W_0 : 항량이 된 도가니의 질량(g)

W_1 : 회화 후의 도가니와 회분의 질량(g)

S : 검체의 채취량(g)

3. 조단백질(Kjeldahl법)

(1) 분석원리

질소를 함유한 유기물을 촉매의 존재하에서 황산으로 가열분해하면, 질소는 황산암모늄으로 변한다(분해).
황산암모늄에 NaOH를 가하여 알칼리성으로 하고, 유리된 NH_3를 수증기 증류하여 희황산으로 포집한다(증류).
이 포집액을 NaOH로 적정하여 질소의 양을 구하고(적정), 이에 질소계수를 곱하여 조단백의 양을 산출한다.

① 분해반응 : 시료 중의 질소(N) + H_2SO_4 → $(NH_4)_2SO_4$ + SO_2↑ + CO_2↑ + CO↑ + H_2O

② 증류반응 : $(NH_4)_2SO_4$ + $2NaOH$ → $2NH_3$ + Na_2SO_4 + $2H_2O$

③ 중화반응 : $2NH_3$ + H_2SO_4 → $(NH_4)_2SO_4$

④ 적정반응 : H_2SO_4 + $2NaOH$ → Na_2SO_4 + $2H_2O$

(2) 계산방법

0.05N 황산 1mL = 0.7003mgN

$$총질소(\%) = 0.7003 \times (a-b) \times \frac{100}{검체의\ 채취량(mg)}$$

여기서, a : 공시험에서 중화에 소요된 0.05N 수산화나트륨액의 mL수

b : 본시험에서 중화에 소요된 0.05N 수산화나트륨액의 mL수

계산식은 검체의 분해액을 전부 사용해서 적정했을 때의 식이므로 분해액의 일부를 사용할 때는 그 계수를
곱한다. 여기서 얻은 질소량에 (3)의 질소계수를 곱하여 조단백질의 양으로 한다.

조단백질(%) = N(%) × 질소계수

(3) 조단백질을 산출하는 질소계수

식품명	질소계수
소맥분[중등질·경질·연질·수득률(100~94%)]	5.83
소맥분[중등질·수득률(93~83%) 또는 그 이하]	5.70
쌀	5.95
보리·호밀·귀리	5.83
메밀	6.31

식품명	질소계수
국수 · 마카로니 · 스파게티	5.70
낙화생	5.46
콩 및 콩제품	5.71
밤 · 호두 · 깨	5.30
호박 · 수박 및 해바라기의 씨	5.40
원유, 유가공품, 마가린	6.38
식육, 식육가공품, 알가공품 및 위 이외의 모든 식품	6.25

4. 당류(환원당, Lane-Eynone법)

(1) 기구 및 시약

① 뷰렛 : 50mL용

② 가열기

③ 페링시액 A액 : 황산동(CuSO₄ · 5H₂O) 34.64g을 물에 녹여 500mL로 한 다음, 다음과 같이 표정하여 둔다. A액 10mL를 350mL의 삼각플라스크에 취하고 물 40mL, 30% 초산용액 4mL 및 50% 아이오딘화칼륨(요오드화칼륨) 용액 6mL를 가하고 유리한 아이오딘을 전분시액을 지시액으로 하여 0.1N 티오황산나트륨으로 적정한다.

$$F = \frac{6.354 \times A \times f}{174.8}$$

여기서, F : A액의 역가
A : 0.1N 티오황산나트륨액의 소비량(mL)
f : 0.1N 티오황산나트륨액의 역가(이 역가는 1±0.005로 조정)

④ 페링시액 B액 : 주석산칼륨나트륨 173g과 수산화나트륨 50g에 물을 가하여 500mL로 한다.

(2) 분석방법

① 시료 일정량(유당 약 0.5g 상당량)을 200mL용 메스플라스크에 취하고 증류수로서 200mL가 되게 희석한다. 그리고 200mL용 삼각플라스크에 페링시액 A액 및 B액 각각 5mL와 증류수 10mL를 순차적으로 취하고 위의 희석 시료는 뷰렛에 취한다.

② 석면 금망상에 페링시액이 담긴 플라스크를 놓고 가열하여 끓기 시작하면 뷰렛의 시료를 적하하여 적정 예정량의 대부분을 가하고 이 용액의 청색이 거의 소실될 때까지 가열한 후 메틸렌블루지시약 4적을 가하고 청색이 완전 소실될 때까지 계속 적정한다. 이때의 적정은 3분 이내에 끝내도록 한다.

③ 적정예정량을 정하기 위하여 예비시험을 실시하며 이 예비시험에 의하여 시료의 희석정도를 결정한다. 즉 소요적정액이 25~35mL 되게 희석정도를 조절한다. 유당량은 부표 중의 레인 · 에이논 유당 정량표에 의하여 희석시료 100mL 중의 유당량을 구하여 페링시액 A액의 역가를 곱하여 보정하고 시료 100g의 유당량을 구하여 유당%로 한다.

(3) 계산방법

$$유당(\%) = \frac{희석시료\ 100mL\ 중의\ 유당량(mg) \times 희석배수 \times 역가}{시료채취량(g)} \times \frac{100}{1,000}$$

체크 포인트 **환원당의 종류 및 분석원리**

- 환원당의 종류 : arabinose, xylose, glucose, fructose, mannose, galactose, invert sugar, maltose, lactose
- Lane-Eynone법 : 검체용액을 뷰렛에 넣어서 사용해야 하는 불편함은 있으나, Bertrand법과 같은 여과 조작이 없고, 정확도가 크며 재현성 또한 높기 때문에 Bertrand법보다 더 널리 이용되고 있다. 그러나 구리와 당의 반응이 이온반응과 같이 순간적으로 진행되지 않지만, 당의 과분해가 일어날 우려가 있기 때문에 적정 시 끓여주는 시간을 3분 이내로 제한하고 있다. 그러므로 본적정에 앞서 예비적정을 통해 대략적인 적정량을 살펴봐야 한다.
- Bertrand법의 분석원리 : 당에 의하여 환원 침전된 구리의 양을 계산으로 산출하고, Bertrand표로부터 구리의 양에 상당하는 당량을 구하여 검체 중에 함유된 환원당량을 산출한다.

5. 조섬유(헨네베르크 · 스토만개량법, Henneberg-Stohmann method)

(1) 분석원리

식품을 묽은 산, 묽은 알칼리, 알코올 및 에테르(Eter, 에터)로 처리한 후 남은 불용성 잔사(residue)의 양에서 불용성 잔사의 회분량을 빼서 조섬유량을 구한다.

(2) 계산방법

$$조섬유(\%) = \frac{W_1 - W_2}{S} \times 100$$

여기서, W_1 : 유리 여과기를 110℃로 건조하여 항량이 되었을 때의 무게(g)

W_2 : 전기로에서 가열하여 항량이 되었을 때의 무게(g)

S : 검체의 채취량(g)

6. 조지방(에테르추출법, 속슬렛법)

(1) 시험법 적용범위

식용유 등 주로 중성지질로 구성된 식품 및 식육에 적용한다. 다만, 가열 · 조리 등의 가공과정을 거치지 않은 식품에 적용된다.

(2) 분석원리

속슬렛 추출장치로 에테르를 순환시켜 검체 중의 지방을 추출하여 정량한다.

(3) 속슬렛(Soxhlet) 추출장치

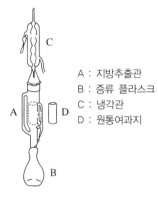

A : 지방추출관
B : 증류 플라스크
C : 냉각관
D : 원통여과지

(4) 계산방법

$$조지방(\%) = \frac{W_1 - W_0}{S} \times 100$$

여기서, W_0 : 추출 플라스크의 무게(g)

W_1 : 조지방을 추출하여 건조시킨 추출 플라스크의 무게(g)

S : 검체의 채취량(g)

7. 지질(산가)

(1) 시험법 적용범위

식용유지류, 과자류, 조미김, 유탕·유처리식품, 튀김식품, 식용유지가공품, 참깨분, 대두분, 식용번데기
가공품 등에 적용한다.

(2) 분석원리

산가라 함은 지질 1g을 중화하는 데 필요한 수산화칼륨의 mg수를 말하며, 산가는 지방산이 glyceride로서
결합형태로 있지 않은 유리지방산의 양이다.

(3) 계산방법

$$산가(mg/g) = \frac{5.611 \times (a-b) \times f}{S}$$

여기서, S : 검체의 채취량(g)

a : 검체에 대한 0.1N 에탄올성 수산화칼륨용액의 소비량(mL)

b : 공시험(에탄올·에테르혼액(1:2) 100mL)에 대한 0.1N 에탄올성 수산화칼륨용액의 소비량(mL)

f : 0.1N 에탄올성 수산화칼륨용액의 역가

8. 지질(비누화가, 검화가)

(1) 분석원리

비누화가라 함은 지질 1g 중 유리산의 중화 및 에스테르(에스터)의 검화에 필요한 수산화칼륨의 mg수이다. 즉, 유지의 불포화지방산 개수나 분자량을 측정한다.

(2) 계산방법

$$비누화가(mg/g) = \frac{28.05 \times (b-a) \times f}{S}$$

여기서, a : 검체를 사용했을 때의 0.5N 염산의 소비량(mL)

b : 공시험에 있어서의 0.5N 염산의 소비량(mL)

S : 검체의 채취량(g)

f : 0.5N 염산의 역가

9. 지질(아이오딘가, 요오드가)

(1) 분석원리

아이오딘가라 함은 일정한 측정법으로 측정한 지질 100g에 흡수되는 할로겐의 양을 아이오딘의 g수로 나타낸 것이다. 즉, 유지의 불포화도를 측정하며 아이오딘가가 높을수록 불포화도가 높다.

(2) 계산방법

$$아이오딘가(g/100g) = \frac{1.269 \times (b-a) \times f}{S}$$

여기서, a : 본시험에 있어서의 0.1N 티오황산나트륨액의 소비량(mL)

b : 공시험에 있어서의 0.1N 티오황산나트륨액의 소비량(mL)

S : 검체의 채취량(g)

f : 0.1N 티오황산나트륨액의 역가

10. 지질(과산화물가)

(1) 시험법 적용범위

유지의 초기 산패 지표가 되며 식용유지류, 조미김, 튀김식품, 유탕·유처리식품, 식용번데기가공품 등에 적용한다.

(2) 분석원리

과산화물가라 함은 규정의 방법에 따라 측정하였을 때 유지 1kg에 의하여 아이오딘화칼륨에서 유리되는 아이오딘의 밀리당량수이다.

(3) 계산방법

$$과산화물가(meq/kg) = \frac{(a-b) \times f}{검체의~채취량(g)} \times 10$$

여기서, a : 0.01N 티오황산나트륨액의 적정수(mL)
b : 공시험에서의 0.01N 티오황산나트륨액의 소비량(mL)
f : 0.01N 티오황산나트륨액의 역가

11. 지방산(트랜스지방)

(1) 정의

트랜스지방산이란 트랜스 구조를 1개 이상 가지고 있는 모든 불포화지방산을 말하며, 이중결합이 2개 이상일 때에는 메틸렌기에 의해 분리되거나 또는 비공액형의 이중결합을 가지고 있는 지방산으로 한정한다.

(2) 분석 및 계산방법

트랜스지방은 크게 조지방을 추출하는 단계와 구성지방산을 분석하는 2단계로 구분할 수 있다. 조지방 추출은 시료에 따라 식품공전상의 방법에 따라 시행하며, 추출된 지방의 구성지방산은 GC-FID를 이용하여 분석한다. 식품에 함유된 트랜스지방의 함량은 조지방 함량에 구성지방산 중 트랜스지방산의 총량을 곱하여 산출한다.

제3절 식품성분시험법(미량영양성분시험법)

1. 비타민 C

(1) 2,4-디니트로페닐하이드라진(DNPH ; Dinitrophenyl hydrazine)에 의한 정량법

① 분석원리 : 식품 중의 비타민 C를 메타인산용액으로 추출한 환원형 비타민 C(AA)를 2,6-dichlorophenol-indophenol(DCP)로 산화시켜 산화형(DHAA)으로 만든 다음 2,4-DNPH(dinitrophenyl hydrazine)를 가해 적색의 오사존(osazone)을 형성시킨 후 황산(H_2SO_4)을 가해 탈수시키면 등적색의 무수물 bis-2,4-dinitrophenylhydrazine으로 전환되어 안정된 정색반응을 나타내는데, 이를 파장 520nm에서 표준용액과의 흡광도를 측정하여 정량하는 방법이다.

② 계산방법 : 시험용액 2mL 중의 총 비타민 C양 및 산화형 비타민 C양을 각각의 환원형 비타민 C양(μg)으로 나타낸 수치를 검량선에서 찾아서 구하여 C_1 및 C_2로 한다.

> • 총 비타민 C(mg/100g) $= \dfrac{C_1}{1,000} \times 50 \times \dfrac{검체채취량 \times 2}{W} \times \dfrac{100}{검체채취량(g)}$
>
> • 산화형 비타민 C(mg/100g) $= \dfrac{C_2}{1,000} \times 50 \times \dfrac{검체채취량 \times 2}{W} \times \dfrac{100}{검체채취량(g)}$
>
> • 환원형 비타민 C(mg/100g) = 총 비타민 C(mg/100g) − 산화형 비타민 C(mg/100g)

(2) 인도페놀적정법에 의한 정량

① 분석원리 : 식품 중 비타민 C가 산성 수용액 중에서 2,6-dichlorophenol-indophenol(DCP)를 환원시켜 탈색하는 것에 기초한 환원형 비타민 C 정량법이다.

② 계산방법

> 환원형 비타민 C(mg/100g) $= A\,mg \times \dfrac{S}{T} \times 10 \dfrac{검체채취량 \times 2}{W} \times \dfrac{100}{검체채취량(g)}$
>
> 여기서, Amg : 인도페놀용액 TmL에 대응하는 아스코브산량

2. 칼슘

(1) 시험법의 적용범위

영아용 조제식, 성장기용 조제식, 조제유류 등에 적용한다.

(2) 분석원리

과망간산칼륨 용량법은 Ca를 함유하는 용액에 수산염을 첨가해두고, 물에 매우 난용성인 수산칼슘 $CaC_2O_4 \cdot H_2O$로서 침전시키고 이 침전을 H_2SO_4에 녹여 용액 내의 수산을 $KMnO_4$ 용액으로 적정하여 정량하는 방법이다.

(3) 계산방법

$$칼슘(mg/100g) = \frac{(b-a) \times 0.4008 \times F \times V \times 100}{S}$$

여기서, a : 공시험에 대한 0.02N 과망간산칼륨용액의 소비 mL수
b : 검액에 대한 0.02N 과망간산칼륨용액의 소비 mL수
F : 0.02N 과망간산칼륨용액의 역가
V : 시험용액의 희석배수
S : 검체의 채취량(g)

3. 식염

(1) 분석원리

전처리한 검체용액을 비커에 넣고 크롬산칼륨(K_2CrO_4)시액 몇 방울을 가한 후 뷰렛 등으로 질산은($AgNO_3$) 표준용액을 적하하면 Cl^-은 전부 AgCl의 백색 침전으로 되고 또 K_2CrO_4와 반응하여 크롬산은(Ag_2CrO_4)의 적갈색 침전이 생기기 시작하므로 완전히 적갈색으로 변하는 데 소비되는 $AgNO_3$액의 양으로 정량하는 방법이다.

(2) 계산방법

$$식염 = \frac{b}{a} \times f \times 5.85(w/w\%, w/v\%)$$

여기서, a : 검체 채취량(g, mL)
b : 적정에 소비된 0.02N 질산은 액의 양(mL)
f : 0.02N 질산은 액의 역가

제4절 원유시험법

1. 신선도 시험법

(1) 알코올법

시료 2mL를 시험관 또는 알코올 시험관에 취하고 70%(v/v)에탄올 동량을 가하여 수회 잘 혼합한 후 응고 여부를 관찰한다. 이때 응고물이 생성되면 신선하지 않은 것으로 판정한다.

(2) 자비법

시료 10~20mL를 시험관에 취하여 끓인 후 동량의 증류수를 가하여 희석하였을 때 응고물의 생성 여부를 검사한다. 이때 응고물이 생성되면 신선하지 않은 것으로 판정한다.

2. 산도 시험법

(1) 분석방법

검사시료 10mL에 탄산가스를 함유하지 않은 물 10mL를 가하고 페놀프탈레인시액 0.5mL를 가하여 0.1N 수산화나트륨액으로 30초간 홍색이 지속할 때까지 적정한다.

(2) 계산방법

$$산도(젖산\%) = \frac{a \times f \times 0.009}{10 \times 검사시료의\ 비중} \times 100$$

여기서, a : 0.1N 수산화나트륨액의 소비량(mL)
f : 0.1N 수산화나트륨액의 역가

3. 비중 측정법

검사시료를 잘 섞어 실린더에 넣고 잠시 정치하여 기포가 없어졌을 때, 부평비중계로 측정한다. 15℃ 이외의 온도(10~20℃)에서 측정했을 때에는 「식품의 기준 및 규격」에 따른 우유비중 보정표와 탈지우유비중 보정표에 따라 보정한다.

제5절 시약, 시액, 표준용액 및 용량분석용 규정용액

1. 분석용어 및 분석단위

(1) 분석용어

① **시약** : 식품시험분석에서 물질의 검출이나 정량을 위한 반응에 사용하는 특정 순도의 약품

② **시액** : 시약을 이용하여 조제한 액

③ **표준용액** : 용량분석 시 기준이 되는 용액으로, 정확한 농도를 알고 있는 용액이며 보통 상용화된 시판품을 사용한다.

④ **용량분석용 규정용액** : 노르말농도의 용액을 뜻한다.

⑤ **표정** : 표준용액 또는 규정용액을 직접 만드는 과정에서 mess flask에 정량선(눈금)까지 맞추는 것을 뜻하며 다른 말로 mass-up(매스업)이라고도 부른다.

⑥ **역가** : factor라고 하며, 표정농도 ÷ 기준농도(소정농도)의 값으로 표시하는데, 용액이 얼마나 정확하게 만들어졌는지 알 수 있는 척도가 되며, 소수점 넷째 자리까지 표시한다.

(2) 분석단위

밀도	$밀도(g/mL) = \dfrac{질량(g)}{부피(mL)}$
비중	$비중 = \dfrac{어떤 \ 물질의 \ 밀도(g/mL)}{표준물질의 \ 밀도(g/mL)} = \dfrac{어떤 \ 물질의 \ 밀도(g/mL)}{물의 \ 밀도(g/mL)}$ ※ 비중은 단위가 소거되므로 없으며, 표준물질로서 반드시 물을 표준으로 한다. 이때 물의 비중이 1.0이므로, 결과적으로 비중의 값과 밀도의 값이 같아 편의상 같은 개념이라고 생각하기 쉽다. 그러나 밀도는 단위가 있지만, 비중은 단위가 없다는 점에서 차이가 있다.
%농도(백분율)	$\%농도 = \dfrac{용질의 \ 질량}{용액의 \ 질량} = \dfrac{용질의 \ 질량}{(용매 + 용질)의 \ 질량} \times 100$
몰농도(M)	$몰농도(M) = \dfrac{용질의 \ 몰수(mol)}{용액의 \ 부피(L)} = \dfrac{몰 \ 질량(g)}{용액의 \ 부피(L)}$
노르말농도(N)	식품공전에서는 노르말농도의 용액을 '용량분석용 규정용액'이라 부른다. $노르말농도(N) = \dfrac{용질의 \ g당량(g/eq)}{용액의 \ 부피(L)}$

몰농도와 노르말농도를 이해하기 위해서는 반드시 당량의 개념을 알고 있어야 한다. 당량이란 화학반응에 대한 성질에 따라 정해진 원소 또는 화합물의 일정량을 뜻하는데 다음과 같이 원소의 당량, 산·염기의 당량, 산화·환원의 당량의 세 가지 경우가 있다.

• 원소의 당량

원소	이온	전하수	몰(mol)	당량	몰질량	g당량
H	H^+	1	1mol	1eq	1g	$\dfrac{1g}{1eq} = 1(g/eq)$
O	O^{2-}	2	1mol	2eq	16g	$\dfrac{16g}{2eq} = 8(g/eq)$
Mg	Mg^{2+}	2	1mol	2eq	24g	$\dfrac{24g}{2eq} = 12(g/eq)$
Al	Al^{3+}	3	1mol	3eq	27g	$\dfrac{27g}{3eq} = 9(g/eq)$

• 산·염기의 당량

물질(산)	수소생성 개수		몰(mol)	당량	몰질량	g당량
HCl	$HCl \rightarrow H^+$ 1개	1가산	1mol	1eq	36.5g	$\dfrac{36.5g}{1eq} = 36.5(g/eq)$
H_2SO_4	$H_2SO_4 \rightarrow H^+$ 2개	2가산	1mol	2eq	98g	$\dfrac{98g}{2eq} = 49(g/eq)$
H_3PO_4	$H_3PO_4 \rightarrow H^+$ 3개	3가산	1mol	3eq	98g	$\dfrac{98g}{3eq} \fallingdotseq 32.7(g/eq)$

• 산화·환원의 당량

물질	이동 전자수	몰(mol)	당량	몰질량	g당량
$KMnO_4$	5	1mol	5eq	158g	$\dfrac{158g}{5eq} = 31.6(g/eq)$
$K_2Cr_2O_2$	6	1mol	6eq	294g	$\dfrac{294g}{6eq} = 49(g/eq)$

CHAPTER 03 식품공전 일반시험법 (미생물시험법)

29% 출제비중

제1절 일반사항

1. 미생물 검체의 채취(sampling)

(1) 검체의 채취

① 검체 채취기구는 미리 핀셋, 시약스푼 등을 몇 개씩 건열 및 화염멸균을 한 다음 검체 1건마다 바꾸어 가면서 사용하여야 한다.

② 검체가 균질한 상태일 때에는 어느 일부분을 채취하여도 무방하나 불균질한 상태일 때에는 여러 부위에서 일반적으로 많은 양의 검체를 채취하여야 한다.

③ 미생물학적 검사를 하는 검체는 잘 섞어도 균질하게 되지 않을 수 있기 때문에 실제와는 다른 검사 결과를 가져올 경우가 많다.

④ 미생물학적 검사를 위한 검체의 채취는 반드시 무균적으로 행하여야 한다.

⑤ 미생물 규격이 n, c, m, M으로 표현된 경우, 정하여진 시료수(n) 만큼 검체를 채취하여 각각을 시험한다.

    ㉠ n : 검사하기 위한 시료의 수

    ㉡ c : 최대허용시료수, 허용기준치(m)를 초과하고 최대허용한계치(M) 이하인 시료의 수로서 결과가 m을 초과하고 M 이하인 시료의 수가 c 이하일 경우에는 적합으로 판정

    ㉢ m : 미생물 허용기준치로서 결과가 모두 m 이하인 경우 적합으로 판정

    ㉣ M : 미생물 최대허용한계치로서 결과가 하나라도 M을 초과하는 경우는 부적합으로 판정

    ※ m, M에 특별한 언급이 없는 한 1g 또는 1mL당의 집락수(CFU ; Colony Forming Unit)이다.

> **체크 포인트 이균법과 삼균법**
>
> 미생물 오염의 불균일성을 고려하여 시료수 확대, 검출 수준의 범위 지정 등 미생물 기준의 과학적·합리적 적용을 위한 목적으로 이균법(n, c, m)과 삼균법(n, c, m, M)을 도입하였다.
> - 이균법(적합/부적합) : 고위해성 식중독균에 적용
> - 삼균법(적합/조건적합/부적합) : 저위해성 식중독균 및 위생지표균에 적용

⑥ 소, 돼지의 도체 표면에서 시료 채취 시는 금속, 알루미늄 포일 또는 골판지 등으로 된 시료채취틀이 필요하다. 금속틀을 재사용할 경우 소독수에 담근 후 증류수로 세척 및 건조시켜 사용하고 알루미늄 포일, 골판지 등은 종이로 포장하여 멸균한 후 1회용으로 사용한다.

⑦ 소 및 돼지 등의 도체는 표면(10cm×10cm)의 3개 부위에서 채취하여 검사하는 것을 원칙으로 하고 부득이한 경우에 1개 부위(흉부 표면)에서 채취하여 검사할 수도 있으며, 닭의 도체는 1마리 전체를 세척하여 검사함을 원칙으로 한다.

⑧ 기타 제반사항은 다음 검체의 채취 및 취급방법을 참고하여 따른다.

(2) 검체의 채취 및 취급방법

① 미생물 검사를 하는 검체의 채취

㉠ 검체를 채취·운송·보관하는 때에는 채취 당시의 상태를 유지할 수 있도록 밀폐되는 용기·포장 등을 사용하여야 한다.

㉡ 미생물학적 검사를 위한 검체는 가능한 미생물에 오염되지 않도록 단위포장상태 그대로 수거하도록 하며, 검체를 소분채취할 경우에는 멸균된 기구·용기 등을 사용하여 무균적으로 행하여야 한다.

㉢ 검체는 부득이한 경우를 제외하고는 정상적인 방법으로 보관·유통 중에 있는 것을 채취하여야 한다.

㉣ 검체는 관련정보 및 특별수거계획에 따른 경우와 식품접객업소의 조리식품 등을 제외하고는 완전 포장된 것에서 채취하여야 한다.

② 미생물 검사용 검체의 운반

㉠ 부패·변질 우려가 있는 검체 : 미생물학적인 검사를 하는 검체는 멸균용기에 무균적으로 채취하여 저온(5±3℃ 이하)을 유지시키면서 24시간 이내에 검사기관에 운반하여야 한다. 부득이한 사정으로 이 규정에 따라 검체를 운반하지 못한 경우에는 재수거하거나 채취일시 및 그 상태를 기록하여 식품 등 시험·검사기관 또는 축산물 시험·검사기관에 검사의뢰한다.

㉡ 부패·변질의 우려가 없는 검체 : 미생물 검사용 검체일지라도 운반과정 중 부패·변질우려가 없는 검체는 반드시 냉장온도에서 운반할 필요는 없으나 오염, 검체 및 포장의 파손 등에 주의하여야 한다.

㉢ 얼음 등을 사용할 때의 주의사항 : 얼음 등을 사용할 때에는 얼음 녹은 물이 검체에 오염되지 않도록 주의하여야 한다.

2. 시험용액의 제조

(1) 미생물검사용 시료는 25g(mL)을 대상으로 검사함을 원칙으로 한다. 다만 시료량이 적어 불가피한 경우는 그 이하의 양으로 검사할 수도 있다.

(2) 미생물 정성시험에서 5개 시료를 검사하는 경우, 5개 시료에서 25g(mL)씩 채취하여 각각 검사한다. 다만, 시료에 직접 증균배지를 가하여 배양하는 경우는 5개 시료에서 25g(mL)씩 채취하여 섞은(pooling) 125g(mL)을 검사할 수 있다.

① 정성시험 : 어떤 검체에서 미생물의 존재 유무를 확인하는 시험
② 정량시험 : 어떤 검체에서 미생물이 얼마나 존재하고 있는지 그 수를 확인하는 시험

(3) 채취한 검체는 희석액을 이용하여 필요에 따라 10배, 100배, 1,000배 등 단계별 희석용액을 만들어 사용할 수 있다. 다만, 제조된 시험용액과 단계별 희석액은 즉시 실험에 사용하여야 한다.

(4) 희석액은 멸균생리식염수, 멸균인산완충액 등을 사용할 수 있다. 단, 별도의 시험용액 제조법이 제시되는 경우 그에 따른다.

(5) 검체를 용기 포장한 대로 채취할 때에는 그 외부를 물로 씻고 자연 건조시킨 다음 마개 및 그 하부 5~10cm의 부근까지 70% 알코올탈지면으로 닦고, 멸균한 기구로 개봉 또는 개관하여 2차 오염을 방지하여야 한다.

(6) 지방분이 많은 검체의 경우는 Tween 80과 같은 세균에 독성이 없는 계면활성제를 첨가할 수 있다.

(7) 실험을 실시하기 직전에 잘 균질화하고 검사검체에 따라 다음과 같이 시험용액을 제조한다.
① 액상검체 : 채취된 검체를 강하게 진탕하여 혼합한 것을 시험용액으로 한다.
② 반유동상검체 : 채취된 검체를 멸균 유리봉 또는 시약스푼 등으로 잘 혼합한 후 그 일정량(10~25mL)을 멸균용기에 취해 9배 양의 희석액과 혼합한 것을 시험용액으로 한다.
③ 고체검체 : 채취된 검체의 일정량(10~25g)을 멸균된 가위와 칼 등으로 잘게 자른 후 희석액을 가해 균질기를 이용해서 가능한 한 저온으로 균질화한다. 여기에 희석액을 가해서 일정량(100~250mL)으로 한 것을 시험용액으로 한다.
④ 고체표면검체 : 검체 표면의 일정 면적(보통 100cm²)을 일정량(1~5mL)의 희석액으로 적신 멸균거즈와 면봉 등으로 닦아내어 일정량(10~100mL)의 희석액을 넣고 강하게 진탕하여 부착균의 현탁액을 조제하여 시험용액으로 한다.
⑤ 분말상검체 : 검체를 멸균유리봉과 멸균시약스푼 등으로 잘 혼합한 후 그 일정량(10~25g)을 멸균용기에 취해 9배 양의 희석액과 혼합한 것을 시험용액으로 한다.
⑥ 버터와 아이스크림류 : 검체 일정량(10~25g)을 멸균용기에 취해 40℃ 이하의 온탕에서 15분 내에 용해시킨 후 희석액을 가하여 100~250mL로 한 것을 시험용액으로 한다.
⑦ 캡슐제품류 : 캡슐을 포함하여 검체의 일정량(10~25g)을 취한 후 9배 양의 희석액을 가해 균질기 등을 이용하여 균질화한 것을 시험용액으로 한다.
⑧ 냉동식품류 : 냉동상태의 검체를 포장된 상태 그대로 40℃ 이하에서 될 수 있는대로 단시간에 녹여 용기, 포장의 표면을 70% 알코올솜으로 잘 닦은 후 상기 (1)~(7)의 방법으로 시험용액을 조제한다.
⑨ 칼·도마 및 식기류 : 멸균한 탈지면에 희석액을 적셔, 검사하고자 하는 기구의 표면을 완전히 닦아낸 탈지면을 멸균용기에 넣고 적당량의 희석액과 혼합한 것을 시험용액으로 사용한다.

제2절 그람염색(gram stain)

1. 그람염색의 개요

(1) 정의

그람염색이란 1884년 덴마크 의사 Hans Christian Gram이 개발한 세균 분류 염색법으로, 세균 세포벽의 구조적인 특징을 이용하여 세균을 두 그룹으로 분류할 수 있는 세균동정법이다.

(2) 그람염색 시약의 종류

① crystal violet(크리스털 바이올렛) : 보라색(염색약)

② iodine(아이오딘) : 매염제(색소고정)

③ alcohol(알코올) : 탈염

④ safranin(사프라닌) : 붉은색(대조염색약)

(3) 그람염색 방법

① crystal violet으로 염색한다(1분). 그람양성균과 그람음성균 모두 보라색으로 염색된다.

② iodine을 적신다(1분). 그람양성균과 그람음성균 모두 보라색으로 염색이 고정된다.

③ alcohol로 탈염한다(15초). 그람양성균은 보라색으로 유지되고 그람음성균만 탈색된다.

④ safranin으로 대조염색한다(40초). 그람양성균은 보라색, 그람음성균은 붉은색으로 염색된다.

[그람염색 요약]

구분	1단계	2단계	3단계	4단계
염색시약	크리스털 바이올렛	아이오딘(루골액)	알코올	사프라닌
염색순서	1차 염색	염색약 고정	탈색	2차 염색
그람양성	보라색	보라색	보라색	보라색
그람음성	보라색	보라색	탈색	붉은색

2. 그람염색 결과

(1) 보라색 : 그람양성균

① 특징 : 세포벽의 약 80~90%가 두꺼운 펩티도글리칸층과 테이코산으로 구성

② 예시 : 황색포도상구균, 바실루스 세레우스, 클로스트리디움 퍼프린젠스 등

(2) 붉은색 : 그람음성균

① 특징 : 세포벽의 약 10%가 펩티도글리칸층과 인지질로 구성, 테이코산 없음

② 예시 : 대장균군, 살모넬라, 장염비브리오, 장출혈성대장균, 여시니아 엔테로콜리티카 등

제3절 시험법(method)

1. 세균수

(1) 일반세균수(표준평판법)

배양을 통해 살아 있는 생균수만을 측정하는 시험법으로 약 2~3일 소요된다.

① 시험조작 : 시험용액 1mL와 10배 단계 희석액 1mL씩을 멸균 페트리접시 2매 이상씩에 무균적으로 취하여 약 43~45℃로 유지한 표준한천배지(PCA ; Plate Count Agar) 약 15mL를 무균적으로 분주하고 검체와 배지를 잘 혼합하여 응고시킨다. 확산집락 발생 억제를 위해 표준한천배지(PCA) 3~5mL를 가하여 중첩시킨다. 응고시킨 페트리접시는 뒤집어 35±1℃에서 48±2시간(시료에 따라서 30±1℃ 또는 35±1℃에서 72±3시간) 배양한다(단, 규정된 배양시간 전 일지라도 규격을 초과하는 집락이 계수되어 부적합 판정이 예상되는 경우 배양시간을 단축하여 판정할 수 있음).

② 집락수 산정 : 1개의 평판당 15~300개의 집락을 생성한 평판을 택하여 집락수를 계산하는 것을 원칙으로 한다. 전 평판에 300개 초과 집락이 발생한 경우 300에 가까운 평판에 대하여 밀집평판 측정법에 따라 계산한다. 전 평판에 15개 미만의 집락만을 얻었을 경우에는 가장 희석배수가 낮은 것을 측정한다.

※ 밀집평판 측정법 : 안지름 9cm의 페트리접시(유리접시)인 경우에는 $1cm^2$ 내의 평균집락수에 65를 곱하여 그 평판의 집락수로 계산한다.

③ 세균수의 기재보고 : 숫자는 높은 단위로부터 3단계에서 반올림하여 유효숫자를 2단계로 끊어 이하를 0으로 한다.

체크포인트 **세균수의 기재보고 예시**

- 15~300CFU/plate인 경우

$$N = \frac{\sum C}{\{(1 \times n1) + (0.1 \times n2)\} \times (d)}$$

여기서, N : 식육 g 또는 mL당 세균 집락수

ΣC : 모든 평판에 계산된 집락수의 합

$n1$: 첫 번째 희석배수에서 계산된 평판수

$n2$: 두 번째 희석배수에서 계산된 평판수

d : 첫 번째 희석배수에서 계산된 평판의 희석배수

구분	희석배수		CFU/g(mL)
	1 : 100	1 : 1,000	
집락수	232 244	33 28	24,000

$$N = \frac{(232 + 244 + 33 + 28)}{\{(1 \times 2) + (0.1 \times 2)\} \times 10^{-2}} = \frac{537}{0.022} = 24,409 = 24,000$$

• 15CFU/plate 미만인 경우

구분	희석배수		CFU/g(mL)
	1:10	1:100	
집락수	14	2	120
	10	1	

$$N=\frac{(14+10)}{(1\times2)\times10^{-1}}=\frac{24}{0.2}=120$$

(2) 총균수

단시간에 생균과 사균 모두를 측정할 수 있는 시험법으로, 주로 원유 중 오염된 세균을 측정하기 위하여 일정량의 원유를 슬라이드 글라스 위에 일정 면적으로 도말하고 건조시켜 염색한 후 현미경으로 검경하고 염색된 세균수를 측정한다.

2. 대장균군

(1) 개요

대장균군은 Gram음성, 무아포성 간균으로서 유당을 분해하여 가스를 발생하는 모든 호기성 또는 통성혐기 성세균을 말한다.

(2) 대장균군 정성시험(유당배지법)

① 추정시험 : 시험용액을 접종한 유당배지(배지 2)를 35~37℃에서 24±2시간 배양한 후 발효관 내에 가스가 발생하면 추정시험 양성이다. 24±2시간 내에 가스가 발생하지 아니하였을 때에 배양을 계속하여 48±3시간까지 관찰한다. 이때까지 가스가 발생하지 않았을 때에는 추정시험 음성이고 가스발생이 있을 때에는 추정시험 양성이며 다음의 확정시험을 실시한다.

② 확정시험 : 추정시험에서 가스가 발생한 유당배지발효관으로부터 BGLB 배지(배지 3)에 접종하여 35~37℃에서 24±2시간 동안 배양한 후 가스발생 여부를 확인하고 가스가 발생하지 아니하였을 때에는 배양을 계속하여 48±3시간까지 관찰한다. 가스발생을 보인 BGLB 배지(배지 3)로부터 Endo 한천배지(배지 5) 또는 EMB 한천배지(배지 6)에 분리 배양한다. 35~37℃에서 24±2시간 배양 후 전형적인 집락이 발생되면 확정시험 양성으로 한다. BGLB 배지에서 35~37℃로 48±3시간 동안 배양하였을 때 배지의 색이 갈색으로 되었을 때에는 가스생성 여부와 관계없이 반드시 완전시험을 실시한다.

③ 완전시험 : 확정시험의 Endo 한천배지(배지 5)나 EMB 한천배지(배지 6)에서 전형적인 집락 1개 또는 비전형적인 집락 2개 이상을 보통한천배지(배지 8) 또는 Tryptic Soy 한천배지(배지 40)에 접종하여 35~37℃에서 24±2시간 동안 배양한다. 보통한천배지 또는 Tryptic Soy 한천배지의 집락에 대하여 그람음성, 무아포성 간균이 증명되면 완전시험은 양성이며 대장균군 양성으로 판정한다.

(3) 대장균군 정량시험(최확수법)

① 최확수란 이론상 가장 가능한 수치를 말하며, 동일 희석배수의 시험용액을 배지에 접종하여 대장균군의 존재 여부를 시험하고 그 결과로부터 확률론적인 대장균군의 수치를 산출하여 이것을 최확수(MPN)로 표시하는 방법이다.

② 최확수는 연속한 3단계 이상의 희석시료(10, 1, 0.1 또는 1, 0.1, 0.01 또는 0.1, 0.01, 0.001)를 각각 5개씩 또는 3개씩 발효관에 가하여 배양한 후 얻은 결과에 의하여 검체 1mL 중 또는 1g 중에 존재하는 대장균군수를 표시하는 것이다.

③ 예로 검체 또는 희석검체 각각의 발효관을 5개씩 사용하여 다음과 같은 결과를 얻었다면 최확수표에 의하여 시험검체 1mL 중의 MPN은 70이 된다. 이때 접종량이 1, 0.1, 0.01mL일 때에는 70/10 = 7로 하고 10, 1, 0.1mL일 때에는 70/100 = 0.7로 한다.

시험용액 접종량	0.1mL	0.01mL	0.001mL	MPN
가스발생 양성관수	5개	2개	1개	70

④ 시험용액 접종이 4단계 이상으로 행하여졌을 때에는 다음 표와 같이 취급한다.

예	가스발생 양성관수				유효숫자			
	1mL	0.1mL	0.01mL	0.001mL	1mL	0.1mL	0.01mL	0.001mL
I	5	5	2	0	–	5	2	0
II	5	4	3	0	5	4	3	–
III	0	1	0	0	0	1	0	–
IV	5	3	1	1	5	3	2	–

- 예 I, II : 5개 양성을 표시한 최소 접종량부터 시작한다.
- 예 III : 양성을 인정한 접종량을 중간으로 한다.
- 예 IV : 최소유효 접종량보다 1단계 적은 접종량에서 양성을 인정한 때에는 양성을 인정한 수를 최소유효 접종량의 양성관수에 더한다(0.001mL 단계의 양성관수를 0.01단계의 양성관수에 더함)

3. 대장균

(1) 개요

대장균의 시험법에는 최확수법 및 건조필름법에 의한 정량시험과 일정한 한도까지 균수를 정성으로 측정하는 한도시험법이 있다.

(2) 정성시험(한도시험법)

① 시험용액 1mL를 3개의 EC 배지에 접종하고 44±1℃에서 24±2시간 배양한 후 가스발생을 인정한 발효관은 추정시험 양성으로 하고 가스발생이 인정되지 않을 때에는 추정시험 음성으로 한다. 시험용액을 가하지 아니한 동일 희석액 1mL를 대조시험액으로 하여 시험조작의 무균 여부를 확인한다.

② 추정시험이 양성일 때에는 해당 EC 발효관으로부터 EMB 배지에 접종하여 35~37℃에서 24±2시간 배양한 후 전형적인 집락을 보통한천배지(배지 8) 또는 Tryptic Soy 한천배지(배지 40)에 접종하여 35~37℃에서 24±2시간 배양한다. 보통한천배지 또는 Tryptic Soy 한천배지에서 배양된 집락을 취하여 그람염색을 실시하여 그람음성, 무아포성 간균을 확인한 후 생화학 시험을 실시하여 대장균 양성으로 판정한다.

4. 장출혈성대장균

본 시험법은 대장균 O157:H7과 대장균 O157:H7이 아닌 시가독소(동의어 : 베로독소) 생성 대장균(STEC ; Shiga toxin producing *E. coli*)을 모두 검출하는 시험법이다. 장출혈성대장균의 낮은 최소 감염량을 고려하여 검출 민감도 증가와 신속 검사를 위한 스크리닝 목적으로 증균 배양 후 배양액(1~2mL)에서 시가독소 유전자 확인시험을 우선 실시한다. 시가독소(stx1 그리고/또는 stx2) 유전자가 확인되지 않을 경우 불검출로 판정할 수 있다. 다만, 시가독소 유전자가 확인된 경우에는 반드시 순수 분리하여 분리된 균의 시가독소 유전자 보유 유무를 재확인한다. 시가독소가 확인된 집락에 대하여 생화학적 검사 등을 통하여 대장균으로 동정된 경우 장출혈성대장균으로 판정한다.

(1) 증균배양

검체 25g(25mL)을 취하여 225mL mTSB(배지 74)를 가한 후 35~37℃에서 24시간 증균배양한다. 검체를 가하지 아니한 동일 mTSB를 대조시험액으로 하여 시험조작의 무균 여부를 확인한다.

(2) 분리배양

장출혈성대장균의 분리를 위해 TC-SMAC배지(배지 66)와 BCIG 한천배지(배지 73)에 각각 접종하여 35~37℃에서 18~24시간 배양한다.

(3) 확인시험

TC-SMAC배지에서는 sorbitol을 분해하지 않은 무색집락을, BCIG 한천배지에서는 청록색 집락 각 5개 이상을 취하여 보통한천배지 또는 Tryptic Soy 한천배지에 옮겨 35~37℃에서 18~24시간 배양한다. 전형적인 집락이 5개 이하일 경우 취할 수 있는 모든 집락에 대하여 확인시험을 실시한다. 배양 후 집락에 대하여 다음의 시가독소 유전자 확인 시험을 수행한 후 시가독소 양성 집락을 대상으로 그람음성간균을 확인하고 생화학 시험을 실시하여 대장균으로 확인된 경우 장출혈성대장균으로 판정한다.

(4) 시가독소 유전자 확인실험

시가독소 유전자는 PCR법 또는 Real-time PCR법에 따라 실시한다.

5. 살모넬라(*Salmonella* spp.)

(1) 증균배양

시료 25mL(g)에 225mL의 펩톤식염완충액(buffered peptone water)을 첨가하여 36±1℃에서 18~24시간 배양한 후 이 배양액을 2종류의 증균배지, 즉 10mL의 Tetrathionate 배지(배지 88)에 1mL를 첨가함과 동시에 10mL의 RV 배지(배지 57) 또는 RVS 배지(배지 89)에 0.1mL를 첨가하여 각각 36±1℃(Tetra-thionate 배지) 및 41.5±1℃(RV 배지 또는 RVS 배지)에서 20~24시간 동안 증균배양한다. 시료를 가하지 아니한 동일 펩톤식염완충액을 대조시험액으로 하여 시험조작의 무균 여부를 확인한다.

(2) 분리배양

각각의 증균배양액을 XLD Agar(배지 58) 및 BG Sulfa 한천배지(배지 90)[Bismuth Sulfite 한천배지(배지 64), Desoxycholate Citrate 한천배지(배지 31), HE 한천배지(배지 91), XLT4 한천배지(배지 92)]에 도말한 후 36±1℃에서 20~24시간 배양한다. 의심집락은 5개 이상 취하여 확인시험을 실시한다.

(3) 확인시험(생화학 시험)

의심스러운 집락에 대해 TSI Agar(배지 32) 또는 LIA 사면배지(배지 93)에 천자하여 37±1℃에서 20~24시간 배양한다. TSI 및 LIA 검사결과 살모넬라균으로 추정되는 균에 대해서는 그람음성의 간균임을 확인하고, Indol(−), MR(+), VP(−), Citrate(+), Urease(−), Lysine(+), KCN(−), malonate(−) 시험 등의 생화학적 검사를 실시하여 살모넬라 양성 유무를 판정한다.

6. 황색포도상구균(*Staphylococcus aureus*)

(1) 증균배양

검체 25g 또는 25mL를 취하여 225mL의 10% NaCl을 첨가한 TSB 배지(배지 23)에 가한 후 35~37℃에서 18~24시간 증균배양한다. 검체를 가하지 아니한 10% NaCl을 첨가한 동일 TSB 배지를 대조시험액으로 하여 시험조작의 무균 여부를 확인한다.

(2) 분리배양

증균배양액을 난황첨가만니톨 식염한천배지(배지 14), Baird-Parker 한천배지(배지 63) 또는 Baird-Parker(RPF) 한천배지(배지 67)에 접종하여 35~37℃에서 18~24시간 배양한다. 배양 결과 난황첨가만니톨 식염한천배지에서 황색불투명 집락을 나타내고 주변에 혼탁한 백색환이 있는 집락 또는 Baird-Parker 한천배지에서 투명한 띠로 둘러싸인 광택이 있는 검은색 집락 또는 Baird-Parker(RPF) 한천배지에서 불투명한 환으로 둘러싸인 검은색 집락은 확인시험을 실시한다.

(3) 확인시험

분리배양된 평판배지상의 집락을 보통한천배지(배지 8) 또는 Tryptic Soy 한천배지(배지 40)에 옮겨 35~37℃에서 18~24시간 배양한 후 그람염색을 실시하여 포도상의 배열을 갖는 그람양성 구균을 확인한 후 coagulase 시험을 실시하며 24시간 이내에 응고 유무를 판정한다. Baird-Parker(RPF) 한천배지에서 전형적인 집락으로 확인된 것은 coagulase 시험을 생략할 수 있다. coagulase 양성으로 확인된 것은 생화학시험을 실시하여 판정한다.

7. 장염비브리오(*Vibrio parahaemolyticus*)

(1) 증균배양

검체 25g 또는 25mL를 취하여 225mL의 Alkaline 펩톤수(배지 16)를 가한 후 35~37℃에서 18~24시간 증균배양한다. 검체를 가하지 아니한 동일 Alkaline 펩톤수를 대조시험액으로 하여 시험조작의 무균 여부를 확인한다.

(2) 분리배양

증균배양액을 TCBS 한천배지(배지 17)에 접종하여 35~37℃에서 18~24시간 배양한다. 배양결과 직경 2~4mm인 청록색의 서당(sucrose) 비분해 집락에 대하여 확인시험을 실시한다.

(3) 확인시험

분리배양된 평판배지상의 집락을 LIM 반유동배지(배지 18), 2% NaCl을 첨가한 보통한천배지(배지 8) 또는 Tryptic Soy 한천배지(배지 40)에 각각 접종한 후 35~37℃에서 18~24시간 배양한다. 장염비브리오는 LIM 배지에서 Lysine Decarboxylase 양성, Indole 생성, 운동성 양성, Oxidase 시험 양성이다.
장염비브리오로 추정된 균은 0, 6 및 10% NaCl을 포함한 Alkaline 펩톤수(배지 16)에 의한 내염성시험, Arginine 분해시험(배지 21, 1% Arginine 첨가), ONPG(배지 22) 시험을 실시한다. 장염비브리오는 0% 및 10% NaCl을 포함한 배지에서 발육 음성, 6% NaCl을 포함한 배지에서는 발육 양성, Arginine 분해 음성, ONPG 시험 음성이다.

우리 인생의 가장 큰 영광은

결코 넘어지지 않는 데 있는 것이 아니라

넘어질 때마다 일어서는 데 있다

– 넬슨 만델라

주요항목	세부항목	세세항목
식품인증관리	식품 관련 인증제 파악하기	식품 제조가공에 대한 품질경영시스템(ISO 9001)과 식품안전시스템(ISO 22000) 인증을 확인할 수 있다.
	식품안전관리인증기준(HACCP) 관리하기	• 식품 위해요소를 중점관리하기 위해 식품안전관리인증기준(HACCP)을 적용할 수 있다. • 작성된 식품안전관리인증기준(HACCP) 운영 매뉴얼에 따라 식품안전관리시스템을 운영할 수 있다.

식품인증관리

STUDY GUIDE

일러두기

국내에서 정부 부처별로 관리하고 있는 식품인증의 종류는 다양하다. 그러나 식품안전인증은 크게 2가지가 있는데 그것은 바로 식품을 인증하는 HACCP(해썹, 식품안전관리인증기준)과 건강기능식품을 인증하는 GMP(우수건강기능식품제조기준)이다. HACCP과 GMP는 그동안 국내 식품업계의 위생관리를 향상시키는 데 큰 견인 역할을 해주었고 앞으로도 그럴 것이다. 그러나 HACCP과 GMP는 국내에서만 인정해줄 뿐 국제적으로는 인정되지 않아 만약 식품을 해외로 수출하고자 한다면 국제적으로 통용되고 인정받는 국제식품안전인증을 별도로 취득해야만 한다. 대표적으로 1947년도에 설립된 비정부조직(NGO ; Non-Governmental Organization)으로서 전 세계 140여 개국 국가표준기관의 연합체가 주도하는 단체(ISO, 국가표준화기구)에서 인정하는 ISO 22000(식품안전경영시스템)이 있고, 민간기관이 주도하는 GFSI(국제식품안전협회)에서 인정하는 FSSC 22000, SQF, BRC, IFS 등의 국제식품안전인증이 있다.

본 파트에서는 우리나라의 HACCP과 GMP에 대해 자세히 기술하였고, ISO와 GFSI의 종류별 특징에 대해서도 함께 반영하였다. 또한, 식품의약품안전처에서 우리나라 기업들의 수출상품에 대한 경쟁력을 높이고 애로사항을 해결하기 위해 K-NFSC(식품안전국가인증제)를 GFSI로부터 승인받기 위해 준비하고 있는데, 이에 대한 내용도 간략하게 기술하였다.

CHAPTER 01 국내식품안전인증

제1절 HACCP(해썹, 식품안전관리인증기준)

1. 개요

(1) HACCP의 탄생 배경

> • 1940년대 영국 화학공업분야에서 기본 개념 유래
> • 1950년대 미국 원자력발전소에서 HACCP을 이용하여 방사능 누출 결함이 없는 원자로 건설
> • 1960년대 미국 NASA의 우주식량개발 용역을 받은 Pillsbury사(社)에서 식품에 첫 시도
> • 1980년대 Pillsbury사의 성과를 학회에 보고함으로써 대규모 식품공장에서 도입
> • 1995년 우리나라 「식품위생법」에 「식품위해요소중점관리기준」을 제정하여 공포

1950년대 말 NASA의 우주개발 프로그램의 일환으로 Pillsbury사가 우주식품을 납품하게 되었다. 그런데 우주에서 임무 수행 중 식품으로 인한 식중독 등의 사고가 발생하게 되면 큰일이므로 NASA는 엄격한 품질보증을 요구하였다. 요구에 따라 검사항목과 검사할 표본(샘플)수를 늘리다 보니 생산된 제품 대부분은 검사하는 데 사용되어 실제로 납품할 수 있는 제품의 양이 얼마 남지 않게 되었다. 이에 최종제품을 검사하여 안전성을 확보하는 개념 대신 식품제조과정에서 발생 가능한 잠재적인 위해요소를 미리 찾고 이를 관리(제거 또는 제어)할 수 있는 공정(단계)과 조건을 설정하여 해당 공정을 집중관리하는 사전예방관리시스템이 탄생하게 되었다. 국제적인 식품안전을 위하여 FAO/WHO에서는 1993년 HACCP 적용을 위한 가이드라인을 제시하여 각국에서 시행할 것을 권장하였다.

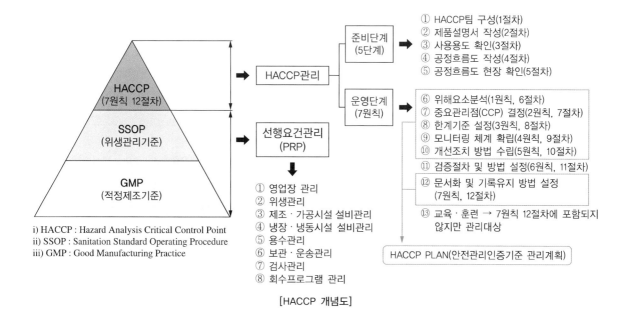

i) HACCP : Hazard Analysis Critical Control Point
ii) SSOP : Sanitation Standard Operating Procedure
iii) GMP : Good Manufacturing Practice

[HACCP 개념도]

(2) HACCP의 정의

① 안전한 식품 제조·가공을 위하여 원료에서 최종제품에 이르기까지 모든 단계에서 인체의 건강을 해할 우려가 있는 위해요소를 확인하여 중점관리하는 과학적인 위생관리시스템

② HACCP = HA + CCP

　㉠ HA(Hazard Analysis, 위해요소분석) : 원료와 공정에서 발생 가능한 생물학적(B), 화학적(C), 물리적(P) 위해요소 분석

　㉡ CCP(Critical Control Point, 중요관리점) : 위해요소를 예방, 제어 또는 허용 수준 이하로 감소시킬 수 있는 공정을 중점관리

(3) HACCP의 한글 명칭

① 축산물 분야 : 「축산물위해요소중점관리기준」 → 「축산물안전관리인증기준」 변경(2014. 1. 31. 시행)

② 식품 분야 : 「식품위해요소중점관리기준」 → 「식품안전관리인증기준」 변경(2014. 11. 29. 시행)

③ 식품과 축산물의 HACCP 통합 : 식품과 축산물을 모두 생산하는 업체들의 중복 인증으로 인한 불편을 해소할 목적으로 통합되었고, 용어도 「식품 및 축산물 안전관리인증기준」으로 변경되었음(2015. 12. 22. 시행)

2. HACCP의 구성

(1) 선행요건관리(PRP ; Pre-requisite program)

① HACCP 관리(7원칙 12절차)를 운영하기 이전에 선행(先行)되어야 할 요건, 즉 식품제조가공 현장에서 안전한 식품을 생산하기 위해 지켜야 하는 기본적인 위생조건 및 방법을 규정하는 기준을 뜻한다. GMP(적정제조기준)와 SSOP(위생관리기준)로 구성되며 GMP와 SSOP를 합쳐서 다음과 같이 8개 분야의 관리기준이 있다.

　㉠ 영업장 관리 : 작업장, 건물·벽·천장, 배수 및 배관, 출입구, 통로, 창, 채광 및 조명, 부대시설(화장실, 탈의실 등)

　㉡ 위생관리 : 작업환경 관리(동선 계획 및 공정 간 오염방지), 온도·습도 관리, 환기시설 관리, 방충·방서 관리, 개인위생 관리, 폐기물 관리, 세척 또는 소독

　㉢ 제조·가공시설 설비관리

　㉣ 냉장·냉동시설 설비관리

　㉤ 용수관리

　㉥ 보관·운송관리 : 구입 및 입고, 협력업소 관리, 운송, 보관

　㉦ 검사관리 : 제품검사, 시설·설비·기구 등 검사

　㉧ 회수프로그램 관리

② 8개 분야의 선행요건관리기준은 HACCP 시스템의 효과를 높이기 위해서 반드시 갖추고 실행해야 하는 필수적인 요구조건이다. 예를 들어 어떤 식품공장에서 HACCP 7원칙 12절차를 잘 운영하고 있다고 가정해 보자. 그런데 만약 작업장이 청결하지 못하고(㉠ 영업장 관리), 개인위생이 더러우며(㉡ 위생관리), 대장균에 오염된 물(㉤ 용수관리)로 제품을 만들었다면 그 제품은 안전하다고 말할 수 없다. 따라서 선행요건 관리가 잘 운영되고 있는 상태에서 HACCP 7원칙 12절차를 운용해야 올바른 HACCP 시스템이라고 할 수 있는 것이다.

> **체크 포인트** **GMP와 SSOP**
>
> • GMP(적정제조기준, Good Manufacturing Practice) : 위생적인 식품을 생산하기 위한 시설과 제조설비 등에 관한 하드웨어적인 기준
>
> > **HACCP의 GMP VS 건강기능식품의 GMP**
> > HACCP에서 말하는 GMP와 건강기능식품의 GMP(인증)는 서로 관계가 없다. 우수한 제조시설을 갖추어야 한다는 의미 자체는 유사하지만, 건강기능식품의 GMP는 HACCP과 같이 하나의 인증제도를 뜻하며 HACCP의 GMP는 선행요건 관리의 일부분이다. 따라서 GMP인증에 대한 문제가 출제된다면 건강기능식품의 GMP인증에 대해 답을 쓰면 되고, SSOP와 GMP에 대해 묻는 문제가 출제된다면 이것은 HACCP의 선행요건관리 8개 분야에 대해서 답을 쓰면 된다.
>
> • SSOP(위생관리기준, Sanitation Standard Operation Procedure) : 위생적인 식품을 생산하기 위한 개인위생, 세척·소독 등에 관한 소프트웨어적인 기준

(2) HACCP 관리(7원칙 12절차)

식품의 원재료 생산에서부터 제조, 가공, 보존, 유통 단계를 거쳐 소비자가 섭취하기 전까지의 각 단계에서 발생할 우려가 있는 잠재 위해요소를 밝히고 이를 중점적으로 관리하기 위한 중요관리점을 결정한 다음 체계적이고 효율적으로 관리하여 식품의 안전성을 확보하기 위한 과학적인 위생관리시스템이다.

① HACCP팀 구성(준비 1단계)
  ㉠ HACCP PLAN 개발을 주도적으로 담당할 HACCP팀을 구성한다. HACCP팀을 구성할 때는 최고경영자(의사결정권자)를 참여시키고 핵심요원들을 팀원에 포함시켜야 한다. 일반적으로 HACCP 팀장은 최고경영자(대표자 또는 공장장)가 맡는 것을 권장한다.
  ㉡ HACCP팀 구성요건
    • 조직 및 인력현황
    • HACCP팀 구성원별 역할
    • 교대 근무 시 인수·인계방법

> **체크 포인트** **HACCP PLAN**
>
> 원료 구입에서부터 최종 판매에 이르는 전 과정에서 위해가 발생할 우려가 있는 요소를 사전에 확인하여 허용 수준 이하로 감소시키거나 제어 또는 예방할 목적으로 HACCP에 따라 작성한(제조·가공·조리·선별·처리·포장·소분·보관·유통·판매) 공정 관리문서나 도표 또는 계획을 말하는데, 한마디로 HACCP에서 가장 핵심이 되는 중요관리공정(CCP)에 대한 내용(위해요소, 한계기준, 모니터링, 개선조치, 기록 및 보관)만을 표로 나타낸 것을 말한다.

② 제품설명서 작성(준비 2단계)
  ㉠ HACCP은 공장을 인증하는 것이 아니라 제품을 인증하는 것이므로 제품 특성을 정확히 파악함으로써 잠재적인 위해요소분석과 중요관리점을 결정하는 데 용이하도록 하기 위해 제품설명서를 작성한다.
  ㉡ 제품명, 제품유형 및 성상, 품목제조보고연월일, 작성자 및 작성연월일, 성분(또는 식자재) 배합비율, 제조(포장)단위, 완제품 규격(법적규격/자사(사내)규격), 보관·유통상(또는 배식상)의 주의사항, 소비기한(또는 배식시간), 포장방법 및 재질, 기타 필요한 사항

③ 사용용도 확인(준비 3단계)
  ㉠ HACCP 인증을 받고자 하는 제품의 소비 대상이 누구인지(일반인, 노약자, 영유아, 임산부 등)와 가열 또는 섭취방법을 정하는 단계이다.
  ㉡ 소비 대상이 누구인지에 따라 선행요건 관리기준과 HACCP 관리기준이 달라질 수 있는데 이는 일반인과 영유아 등의 민감한 소비자층과 관리기준이 같을 수는 없기 때문이다. 용도를 명확히 정의한 후 기록으로 남겨야 하는데, 제품설명서에 기록해도 된다.

④ 공정흐름도 작성(준비 4단계)
  ㉠ 원료의 입고부터 최종제품의 출고까지의 모든 단계와 단계별 조건을 파악하여 공정흐름도를 작성한다. 제품이 어떤 과정에서 어떤 조건을 통해 만들어지며 위해요소가 어디에서 발생할 수 있는지를 보여주는 자료이다.

ⓒ 제조·가공·조리공정도, 공정별 제조·가공·조리방법, 작업장 평면도, 급기 및 배기 등 환기 또는 공조시설 계통도, 급수 및 배수처리 계통도를 작성하는 단계로, 제품을 생산하는 과정에서 발생할 수 있을 교차오염을 예방하기 위한 진단과정이다.

제조·가공·조리공정도	원료의 입고부터 최종제품의 출고까지의 모든 단계를 순서도(도형과 기호를 이용하여 일의 흐름을 표시한 차트)로 작성한다.
공정별 제조·가공·조리방법	작업장에서 실제 이루어지는 것과 동일하게 식품 취급 전 과정에 대해 제조·가공 공정도의 순서에 따라 각 단계별로 공정번호, 공정명, 시설·설비명, 제조·가공방법 설명, 공정담당자 등을 작성하면 된다.
작업장 평면도	작업특성별 분리, 시설·설비 등의 배치, 제품의 흐름과정, 세척·소독조의 위치, 작업자의 이동경로, 출입문 및 창문 등을 표시한 평면도면을 그린다.
급기 및 배기 등 환기 또는 공조시설 계통도	교차오염 예방을 위해 공기의 흐름이 청결구역에서 일반구역으로 흐르도록 설정한다.
급수 및 배수처리 계통도	교차오염 예방을 위해 청결구역에서 일반구역으로 흐르도록 설정한다.

⑤ 공정흐름도 현장 확인(준비 5단계)

ⓐ 준비 4단계에서 설정한 내용들이 모두 현장과 일치하는지 직접 현장에 가서 조사하고 검증하는 단계이다.

ⓑ 현장 검증을 마친 후 계획했던 것과 달리 변경사항이 필요하다고 판단될 경우 준비 4단계를 수정하여 재설정한다.

⑥ 위해요소분석(원칙1)

ⓐ 제품의 원료와 공정(제조·가공단계)에서 발생 가능한 잠재적 위해요소를 찾고, 그 위해요소를 예방하고 관리할 수 있는 방법을 분석하는 단계로, 위해요소분석은 크게 '원료'와 '공정(제조·가공단계)' 2가지로 구분하여 분석한다.

ⓑ '원료'는 제품을 만드는 데 사용되는 모든 원료를 대상으로 위해요소를 분석하면 되고, '공정(제조·가공단계)'은 준비 4단계에서 작성한 공정흐름도에 따라 각 공정(단계)별 순서대로 위해요소를 분석하면 된다. 이렇게 도출된 위해요소는 발생원인(유래)을 밝히고, 위해평가(심각성과 발생 가능성)를 실시함으로써 위해요소분석이 완성된다.

ⓒ 위해요소의 종류
- B(Biological hazards) : 생물학적 위해요소
  예 황색포도상구균, 살모넬라, 리스테리아 모노사이토제네스, 장출혈성대장균, 곰팡이, 기생충, 바실루스 등
- C(Chemical hazards) : 화학적 위해요소
  예 중금속, 농약, 항생물질, 항균물질, 식품첨가물(사용기준 초과 혹은 사용금지된 식품첨가물) 등
- P(Physical hazards) : 물리적 위해요소
  예 금속조각, 돌조각, 유리조각, 플라스틱조각, 머리카락 등

위해요소 분석방법

- <u>심각성 기준</u> : Codex, FAO, NAMCF의 심각성 기준에 추가로 국제암연구소(IARC)의 발암물질 순위, 그 외 공인된 자료 등을 통해서 심각성 기준을 결정한다. 참고로 <u>우리나라 식품업계는 FAO의 심각성 기준을 많이 반영하는 편이고, 심각성 기준표를 이용하여 위해요소를 높음(3점), 보통(2점), 낮음(1점)으로 평가한다.</u>

[FAO의 심각성 기준]

높음	B	*Clostridium botulinum*, *Salmonella typhi*, *Listeria monocytogenes*, *Escherichia coli* O157:H7, *Vibrio cholerae*, *Vibrio vulnificus*
	C	paralytic shellfish poisoning, amnestic shellfish poisoning
	P	유리조각, 금속성 이물
중간	B	*Brucella* spp., *Campylobacter* spp., *Salmonella* spp., *Shigella* spp., Streptococcus type A, *Yersinia enterocolitica*, Hepatitis A virus
	C	곰팡이독, 시가테라독, 잔류농약, 중금속
	P	돌, 모래, 플라스틱 등 경질이물
낮음	B	*Bacillus* spp., *Clostridium perfringens*, *Staphylococcus aureus*, Norwalk virus, 대부분의 기생충
	C	히스타민과 같은 물질, 식품첨가물
	P	비닐, 머리카락 등 연성 이물

- <u>발생 가능성평가</u> : 위해요소의 빈도평가(발생빈도)와 가능성평가(발생 가능성)로 실시하고 위해요소의 발생 가능성을 높음(3점), 보통(2점), 낮음(1점)으로 평가한다.
  - 빈도평가 : 국내 시험·검사결과 부적합 건수, 원료와 공정의 잠재클레임, 제품 클레임, 자체검사 결과, 시험성적 서 등
  - 가능성평가 : 국내·외 위해정보 발생 사례(회수, 식중독 등)
- 종합평가
  - 심각성×발생 가능성
  - 종합평가 3점 이상인 원료·공정은 원칙2의 중요관리점(CCP) 결정 여부를 진행한다.
- ※ 한국식품안전관리인증원에서 발간한 『식품원료별 위해요소분석 정보집』을 활용하면 도움 된다. 식품의약품안 전처 또는 한국식품안전관리인증원의 홈페이지에서 다운로드 받을 수 있다.
  식품의약품안전처 홈페이지 > 법령/자료 > 자료실 > 안내서/지침

⑦ 중요관리점 결정(원칙2)

㉠ 중요관리점(CCP ; Critical Control Point)이란 HACCP을 적용하여 식품의 위해요소를 예방·제어 하거나 허용 수준 이하로 감소시켜 해당 식품의 안전성을 확보할 수 있는 중요한 공정(단계)을 말한다.

㉡ 원칙1에서 위해요소분석이 끝나면 해당 제품의 원료와 공정에 존재하는 잠재적인 위해요소를 관리하 기 위한 중요관리점을 결정해야 한다. <u>중요관리점 결정 대상은 원칙1에서 확인된 위해평가(종합평가) 3점 이상에 해당하는 원료와 공정이다.</u>

㉢ 중요관리점 결정 대상은 반드시 중요관리점 결정도(decision tree)를 통해 최종적으로 중요관리점 여부를 결정짓는다. 또한 중요관리점 결정도를 통해 그 결과를 중요관리점 결정표에 작성한다.

ⓔ 중요관리점이 될 수 있는 대표적인 사례
- 생물학적 위해요소 성장을 최소화할 수 있는 <u>냉각공정</u>
- 생물학적 위해요소를 제거할 수 있는 특정 온도에서의 <u>가열처리</u>
- pH 및 수분활성도의 조절 또는 배지 첨가와 같은 <u>제품성분 배합</u>
- 캔(통조림)의 <u>충전 및 밀봉과 같은 가공처리</u>
- 금속검출기에 의한 <u>금속이물 검출공정</u>, 여과공정 등

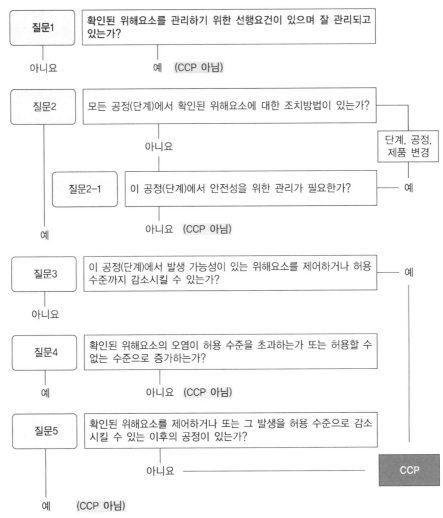

[중요관리점 결정도]

⑧ 중요관리점의 한계기준 설정(원칙3)

　㉠ 한계기준(CL ; Critical Limit)이란 중요관리점에서 관리되어야 할 생물학적, 화학적, 물리적 위해요소를 예방, 제거 또는 허용 가능한 안전한 수준까지 감소시킬 수 있는, 즉 허용 범위 이내로 충분히 제어되고 있는지 여부를 판단할 수 있는 기준이나 기준치를 말한다.

　㉡ 한계기준은 현장에서 쉽게 관리할 수 있도록 '육안관찰'이나 '간단한 측정'만으로 확인할 수 있는 수치 또는 특정 지표로 나타내야 한다. 예를 들면, 온도/시간, 수분활성도(Aw) 같은 제품의 특성, pH, 습도(수분), 염소/염분농도 같은 화학적 특성, 금속검출기의 감도 등이 있다.

　㉢ 한계기준 설정 근거자료

　　• CCP 공정의 가공조건(시간, 온도, 횟수, 자력, 크기 등의 조건)별 실제 생산라인에서 원료, 공정별 반제품, 완제품을 대상으로 하는 시험자료

　　• 설정된 한계기준을 뒷받침할 수 있는 과학적 근거자료(문헌, 논문 등) 등

[중요관리점(CCP)의 한계기준 설정 예시]

공정명	CCP	위해요소	위해요인	한계기준
가열	CCP-1B	리스테리아, 장출혈성대장균	가열온도 및 가열시간 미준수로 병원성 미생물 잔존	가열온도 85℃, 가열시간 5분
최종제품 pH 측정	CCP-2B	리스테리아, 장출혈성대장균	최종제품 pH 초과로 인한 병원성 미생물 잔존 및 증식	최종제품 pH 4.0 이하

⑨ 중요관리점별 모니터링 체계 확립(원칙4)

　㉠ 모니터링(monitoring)이란 중요관리점(CCP)에 설정된 한계기준(CL)을 올바르게 관리하고 있는지 여부를 확인하기 위하여 수행하는 일련의 계획된 관찰이나 측정하는 행위 등을 말한다.

　㉡ 한계기준을 이탈한 경우에는 신속하고 정확한 판단에 의해 개선조치가 취해져야 하는데, 일반적으로 물리적·화학적 모니터링이 미생물학적 모니터링 방법보다 신속한 결과를 얻을 수 있으므로 우선적으로 적용된다(미생물학적 모니터링은 미생물의 배양시간 등으로 인해 다소 시간이 오래 걸림).

　㉢ 모니터링 수행의 장점

　　• 위해요소의 추적이 용이

　　• 한계기준 이탈(deviation) 시점 확인 가능

　　• 문서화된 기록을 통해 검증 가능

　　• 식품사고 발생 시 증빙자료로 활용 가능

[모니터링 방법 예시]

공정명	CCP	한계기준	모니터링 방법			
			대상	방법	주기	담당자
가열	CCP-1B	가열온도 85℃, 가열시간 5분	가열온도, 가열시간	(생략)	작업 전후, 2시간마다	정 : ○○○ 부 : ○○○
최종제품 pH 측정	CCP-2B	최종제품 pH 4.0 이하	조미액 pH, 제품 pH	(생략)	최종제품 로트별	정 : ○○○ 부 : ○○○

⑩ 개선조치 방법 수립(원칙5)

  ㉠ 개선조치(CA ; Corrective Action)란 모니터링 결과 중요관리점의 한계기준을 이탈할 경우에 취하는 일련의 조치로, 원래의 한계기준 이내로 원상복귀하도록 하는 절차 및 방법을 말한다. 개선조치 방법을 수립할 때는 해당 공정(CCP)별로 '한계기준 이탈 시', '기기 고장인 경우' 등 발생 가능한 2가지의 상황을 고려하여야 한다.

  ㉡ 일반적으로 취해야 할 개선조치 사항
- 공정상태의 원상복귀
- 한계기준 이탈에 의해 영향을 받은 관련 제품에 대한 조치사항
- 한계기준 이탈에 대한 원인규명 및 재발방지 조치
- HACCP 계획의 변경

⑪ 검증절차 및 방법 설정(원칙6)

  ㉠ 검증(verification)이란 HACCP PLAN의 유효성(validation)과 실행성(implementation) 여부를 정기적으로 평가하는 일련의 활동을 말하며, 유효성 평가방법과 실행성 검증방법은 서류조사, 현장조사, 시험검사로 확인할 수 있다.

  ㉡ 유효성 평가 : HACCP PLAN이 올바르게 수립되어 있는지 확인하는 것(p.125 체크 포인트 참고)
- 발생 가능한 모든 위해요소를 확인·분석하였는지
- 중요관리점(CPP)이 적절하게 설정되었는지
- 한계기준이 안전성을 확보하는 데 충분한지
- 모니터링 방법이 올바르게 설정되어 있는지

  ㉢ 실행성 검증 : HACCP PLAN대로 이행되고 있는지 여부를 확인하는 것
- 작업자가 CCP 공정에서 정해진 주기로 모니터링을 올바르게 수행하고 있는지
- 한계기준 이탈 시 개선조치를 기준대로 실행하고 있는지
- 검사·모니터링 장비의 주기적인 검·교정 실시 여부

[검증의 종류]

검증주체에 따른 분류	• 내부검증 : 사내에서 자체적으로 검증원을 구성하여 실시하는 검증 • 외부검증 : 정부 또는 적격한 제3자가 검증을 실시하는 경우로 식약처에서 HACCP 적용업체에 대하여 연 1회 실시하는 정기 조사·평가
검증주기에 다른 분류	• 최초검증 : 최초로 현장에 적용할 때 실시하는 HACCP 계획의 유효성 평가 • 일상검증 : 일상적으로 발생되는 HACCPP 기록문서 등에 대하여 검토·확인하는 것 • 특별검증 : 새로운 위해정보 발생 시, 해당 제품의 특성 변경 시, 원료·제조공정 등의 변동 시, HACCP 계획의 문제점 발생 시 실시하는 검증 • 정기검증 : 정기적으로 HACCP 시스템의 적절성을 재평가하는 검증

⑫ 문서화 및 기록유지 방법 설정(원칙7)

  ㉠ HACCP 시스템을 문서화하는 효율적인 기록유지 방법을 설정하는 단계이다. HACCP에서의 기록유지는 필수적이고 가장 중요한 단계이다. HACCP의 기록유지가 없으면 HACCP을 잘 운영해 왔다 하더라도 이를 증빙할 수 있는 근거를 확보할 수 없기 때문이다.

  ㉡ 가장 좋은 기록유지 체계는 필요한 기록내용을 알기 쉽고 단순하게 통합하여 현장 작업자가 이해하기 쉬운 단순한 기록서식을 개발하는 것이다.

3. 우리나라 HACCP제도의 운영 현황

(1) HACCP 의무적용 식품

대상 식품	적용시기
• 어육가공품 중 어묵류 • 냉동수산식품(어류 · 연체류 · 조미가공품) • 냉동식품(피자류 · 만두류 · 면류) • 빙과류 • 비가열음료 • 레토르트식품	2006.12~2012.12
배추김치	2008.12~2014.12
즉석조리식품(순대)	2016.12~2017.12
전년도 총 매출액 100억 이상 식품제조가공업 전체 생산식품	2017.12~
• 어육소시지 • 음료류(커피, 다류 제외) • 초콜릿류 • 특수용도식품(특수영양식품, 특수의료용도식품) • 과자 · 캔디류 • 빵류 · 떡류 • 국수 · 유탕면류 • 즉석섭취식품	2014.12~2020.12

(2) HACCP 의무적용 업종(축산물)

구분	대상 축산물	적용시기
완료	도축업(가축을 식용에 제공할 목적으로 도살 · 처리하는 영업)	2002.6~2003.6
	집유업(원유를 수집 · 여과 · 냉각 또는 저장하는 영업)	2014.7~2016.1
	알가공업[알가공품(깐달걀, 깐메추리알 등의 염지란)을 만드는 영업]	2016.12~2017.12
	유가공업[유가공품(우유, 치즈 등)을 만드는 영업]	2015.1~2018.1
	식용란선별포장업(식용란 중 달걀을 전문적으로 선별 · 세척 · 건조 · 살균 · 검란 · 포장하는 영업)	2018.4~
진행	식육가공업[식육가공품(햄류 등)을 만드는 영업]	2018.12~2024.12
	식육포장처리업(포장육 또는 식육간편조리세트를 만드는 영업)	2023.1~2029.1

(3) HACCP 인증 절차

① 최초 인증은 한국식품안전관리인증원으로부터 인증심사를 받아야 하고 매년 관할 지방식약청으로부터 사후심사(정기 조사 · 평가)를 받아야 한다.

② HACCP 인증 유효기간은 3년이며, 만료일 도래 시 한국식품안전관리인증원으로부터 재인증 심사(연장심사)를 받아야 한다(단, 소규모 HACCP의 재인증 유효기간은 4년).

체크 포인트 **소규모 HACCP**

연매출액 5억원 미만이거나 종업원 수 21명 미만인 식품 · 축산물 제조 · 가공업소를 대상으로 하는 간소화된 해썹 제도

(4) 즉시인증취소제(one-strike-out) 운영

① 정기 조사·평가결과 60점 미만 또는 주요 안전조항 위반 시 즉시 인증취소가 된다.

② 주요 안전조항 위반이란 ㉠ 원부재료 검사검수 미흡, ㉡ 지하수 살균소독 미흡, ㉢ 작업장 세척소독 미흡, ㉣ CCP 공정관리 미흡, ㉤ 위해요소분석 미실시(인증 이후 추가 생산 제품 또는 공정) 등을 말한다.

(5) 스마트 해썹(자동 기록관리 시스템) 운영

중요관리점(CCP) 모니터링 데이터를 실시간으로 자동기록·관리 및 확인·저장할 수 있도록 하여 데이터의 위·변조를 방지할 수 있는 시스템

제2절 GMP(우수건강기능식품제조기준)

1. GMP의 탄생 배경

(1) 독일에서 개발된 입덧방지제 탈리도마이드(thalidomide)를 복용한 임신부들이 1950년대 말에서 1960년대 초에 걸쳐 수천 명의 기형아를 출산하는 약화사고가 발생한 것이 계기가 되었다. 이러한 이유로 신약의 비임상 및 임상시험에서의 안전성, 유효성과 의약품의 제조와 품질관리를 강화해야 한다는 국제사회 분위기가 조성되었다. 미국에서는 「연방식품·의약품·화장품(FD&C)법」의 개정법률안이 1962년 의회를 통과했는데, 이 법률 문장 속에 "Good Manufacturing Practice"라는 용어가 처음 등장했다. 이 개정법에 따라 FDA는 1963년 GMP 기준을 세계 최초로 제정하여 공포했고 1972년에는 미국으로 수출하는 모든 국가의 제약회사에 GMP를 시행하도록 요구했다.

(2) 1969년 WHO는 WHO-GMP를 제정하고 회원국에게 GMP 제도를 실시할 것을 권고했으며 1975년에는 의약품의 국제거래에 있어서 'GMP 증명제도'를 실시하게 함으로써 GMP는 의약품 제조에 있어 필수적인 국제기준으로 자리매김하게 되었다.

(3) 우리나라는 1972년 미국의 수입 의약품에 대한 GMP 요구, 1975년 WHO의 GMP 증명제도 권장 등이 발표되면서 보건사회부(현 보건복지부)가 본격적으로 GMP를 검토하게 되었고 1977년 「우수의약품제조관리기준」(KGMP의 최초 명칭)이 공포되어 우리나라 최초의 GMP가 탄생하게 된 것이다. 이후 화장품, 위생용품에 도입되었고 급기야 2004년부터는 건강기능식품에도 도입되었다.

(4) 2020년 12월 1일부터는 매출액이 10억 미만인 건강기능식품을 제조하는 업체도 GMP 의무적용이 시행되고 있다. HACCP이 소프트웨어 중심이라면 GMP는 하드웨어 중심의 안전관리시스템이라고 볼 수 있다.

2. GMP의 이해

(1) 정의

우수한 건강기능식품의 제조 및 품질관리를 위하여 위생적인 제조시설·설비를 갖추고 업체 자율 4대 기준서(제품표준서, 제조관리기준서, 제조위생관리기준서, 품질관리기준서)를 마련하여 이를 적용하는 업체에 대해 정부기관(식품의약품안전처)이 인정하는 제도이다.

(2) 4대 기준서

① 제품표준서 : 제품표준서는 품목마다 작성한다.
  ㉠ 제품명, 유형 및 성상
  ㉡ 품목신고연월일
  ㉢ 작성자 및 작성연월일
  ㉣ 기능성, 섭취방법, 섭취량 및 섭취 시 주의사항
  ㉤ 원료·성분 및 함량(또는 원료·성분배합비율)
  ㉥ 제조공정 및 제조방법과 공정 중의 검사
  ㉦ 제조단위 및 공정별 이론 생산량
  ㉧ 품질향상 및 위해요소제거를 위한 중점관리대상 및 관리방법
  ㉨ 원료, 반제품 및 완제품(포장단위)의 기준·규격과 시험방법
  ㉩ 필요시 자재의 기준규격 및 시험방법
  ㉪ 제조 및 품질관리에 필요한 시설 및 기구
  ㉫ 보존기준 및 소비기한
  ㉬ 표시사항 및 그 밖에 필요한 사항
② 제조관리기준서
  ㉠ 제조공정에 관한 사항
  ㉡ 시설 및 기구관리에 관한 사항
  ㉢ 원료 및 자재관리에 관한 사항
  ㉣ 완제품 관리에 관한 사항
  ㉤ 위탁제조품의 경우 그 제조관리에 관한 사항
③ 제조위생관리기준서
  ㉠ 청소 장소 및 주기
  ㉡ 청소방법과 청소에 사용되는 소독약품 및 도구
  ㉢ 청소상태의 평가방법
  ㉣ 작업복장의 규격 및 착용규정
  ㉤ 작업원의 건강상태 파악방법
  ㉥ 작업원의 손 씻기 및 필요시 소독방법
  ㉦ 작업 중의 위생에 관한 주의사항

ⓞ 소독설비 및 소독약품에 대한 점검횟수 및 점검방법

ⓩ 방충·방서방법 및 해충침입 확인방법

ⓒ 작업장의 온·습도 및 공기흐름 등 적정한 공조시설 관리방법

ⓚ 사용하는 용수의 관리방법

ⓣ 화장실 시설 및 사용에 관한 사항

ⓟ 그 밖에 필요한 사항

④ 품질관리기준서

㉠ 시험기록의 작성

㉡ 검체의 채취량, 채취장소, 채취 및 취급방법

㉢ 시험결과를 관련 부서에 통지하는 방법

㉣ 시험검사시설·기구의 관리 및 점검방법

㉤ 보관용 검체의 관리

㉥ 표준품, 시약 등의 관리 및 취급 요령

㉦ 위탁제조제품의 경우 수탁자의 시험기록서 및 평가방법

㉧ 그 밖에 필요한 사항

체크 포인트 **우수건강기능식품제조기준(GMP) 개정**

최근 「우수건강기능식품제조기준」이 개정되었는데('21.9.2. 개정 → '23.1.1. 시행), GMP와 HACCP 간의 상호 중복되는 기록문서는 서로 인정되도록 하였고, 또한 HACCP의 7원칙이 도입되어 HACCP의 용어인 위해요소 (Hazard), 위해요소분석(Hazard Analysis), 중요관리점(CCP ; Critical Control Point), 한계기준(Critical Limit), 모니터링(Monitoring), 개선조치(Corrective Action), 검증(Verification)이 신설되었다. 또한 HACCP의 7원칙이 4대 기준서 중 제품표준서와 제조관리기준서에 분류되었다.

제3절 식품이력추적관리제도

1. 식품이력추적관리제도

(1) 개요

식품을 제조·가공단계부터 판매단계까지 각 단계별로 이력추적정보를 기록·관리하여 소비자에게 제공함 으로써 안전한 식품선택을 위한 '소비자의 알권리'를 보장하고, 해당 식품의 안전성 등에 문제가 발생할 경우 신속한 유통차단과 회수조치를 실시하여 국민의 안전을 확보하기 위한 제도를 말한다.

(2) 근거 법령

① 법률 : 「식품위생법」, 「건강기능식품에 관한 법률」, 「축산물 위생관리법」, 「수입식품안전관리 특별법」

② 고시 : 식품 등 이력추적관리기준

2. 식품이력추적관리를 위해 표기해야 할 사항

(1) 제조 · 가공업체

① 제조 · 가공(생산)의 정보

  ㉠ 식품이력추적관리번호

  ㉡ 제조공장 명칭 및 소재지

  ㉢ 제조일자

  ㉣ 소비기한 또는 품질유지기한

  ㉤ 제품 원재료 관련 정보

  ㉥ 생산량(제품의 최소 판매단위별 개수)

  ㉦ 기능성 내용(건강기능식품에 한함)

  ㉧ 기타 제품과 관련하여 제조 · 가공업체가 등록하고자 하는 정보(단, 관련법령에 위반되는 내용은
    제외)

② 공장출고단계의 정보

  ㉠ 식품이력추적관리번호

  ㉡ 제조공장 명칭 및 소재지

  ㉢ 출고일자

  ㉣ 거래처 또는 도착장소 명칭, 소재지, 연락처

  ㉤ 출고량(제품의 최소 판매단위별 개수)

③ 지점, 대리점 등의 정보

  ㉠ 식품이력추적관리번호

  ㉡ 지점 · 대리점 · 판매업체 등의 명칭 및 소재지

  ㉢ 입고일자

  ㉣ 출고일자

  ㉤ 출고량(제품의 최소 판매단위별 개수)

(2) 식품 수입업소

① 식품이력추적관리번호

② 수입업소 명칭 및 소재지

③ 제조국

④ 제조공장 명칭 및 소재지

⑤ 유전자재조합식품표시

⑥ 제조일자

⑦ 소비기한 또는 품질유지기한

⑧ 원재료명 또는 성분명

⑨ 수입량(제품의 최소 판매단위별 개수)

⑩ 제품명

⑪ 수입일자

⑫ 출고일자

⑬ 출고량

⑭ 거래처 또는 도착장소

⑮ 상품바코드(바코드가 있는 제품에 한함)

⑯ 기능성 내용(건강기능식품에 한함)

⑰ 기타 제품과 관련하여 수입업소가 등록하고자 하는 정보(단, 관련법령에 위반되는 내용은 제외)

3. 기대효과

구분	내용
정부	• 식품안전사고 발생 시 신속한 대응 • 국가경쟁력 강화
산업체	• 회수 · 폐기 · 손실비용 최소화 • 소비자 신뢰 확보 • 고객만족도 향상 • 매출 증대
소비자	안전한 식품선택을 위한 알권리 및 신뢰도 확보

제4절 유기가공식품

1. 유기가공식품

(1) 개요

① 정의 : 유기 농산물, 축산물, 수산물을 원료 또는 재료로 하여 제조, 가공, 유통되는 식품을 말한다.

② 근거 법령 : 「친환경농어업 육성 및 유기식품 등의 관리 · 지원에 관한 법률(약칭 : 친환경농어업법)」

(2) 유기가공식품의 원료함량에 따른 인정 범위

① 유기 원료를 95% 이상 사용해서 만든 가공식품

→ '유기' 인증로고, 제품명 등 유기 표시 가능

② 유기 원료를 70% 이상 사용해서 만든 가공식품(2020년 8월 28일부터 적용)

→ '유기' 인증로고, 제품명 등 유기 표시 불가(단, 주표시면에 '유기 70%' 표시 가능)

[유기 표시기준]

구분	인증품	비인증품 (제한적 유기 표시제품)	
	유기함량 95% 이상	유기함량 70% 이상	유기함량 70% 미만
유기가공식품으로 표시, 인증로고 표시	○	×	×
제품명 또는 제품명의 일부로 유기 표시	○	×	×
주표시면에 유기 표시	○	×	×
주표시면 이외의 표시면에 유기 표시	○	○	×
원재료명 및 함량에 유기 표시	○	○	○

2. 유기원료와 비유기 원료

(1) 유기원료 함량과 비유기 원료의 사용 조건

제품 구분	유기원료 함량	비유기 원료 사용조건
유기로 표시하는 제품	인위적으로 첨가한 물과 소금을 제외한 제품 중량의 95% 이상	• 식품원료(유기원료를 상업적으로 조달할 수 없는 경우로 한정) • 식품첨가물 또는 가공보조제
유기 70%로 표시하는 제품	인위적으로 첨가한 물과 소금을 제외한 제품 중량의 70% 이상	• 식품원료 • 식품첨가물 또는 가공보조제

※ 공통점 : 유전자변형생물체 · 유전자변형생물체 유래 원료(GMO) 사용 불가

(2) 유기가공식품에서 유기원료와 같은 품목의 비유기 원료는 사용 불가

① 가공되지 않은 원료에 대해서는 명칭이 같으면 동일한 원료로 판단

　예 유기 바나나(96%) + 비유기 바나나(4%) → 유기 바나나 주스가 아님

② 단순 가공 원료는 해당 원료 가공에 사용된 원료가 동일하면 명칭이 달라도 동일한 원료

　예 • 유기 딸기(55%) + 유기 옥수수분말(40%) + 유기 옥수수전분(5%) → 인증 가능

　　 • 유기 딸기(55%) + 유기 옥수수분말(40%) + 비유기 옥수수전분(5%) → 인증 불가능

3. 유기가공식품의 동등성 인정제도

외국에서 시행하고 있는 유기식품 인증제도가 우리나라와 같은 수준의 원칙과 기준을 적용함으로써 우리나라의 인증과 동등하거나 그 이상의 인증제도를 운영하고 있다고 검증되면, 양국의 정부가 상호주의 원칙을 적용하여 상대국의 유기가공식품 인증이 자국과 동등하다는 것을 공식적으로 인정하는 것을 말한다. 즉, 동등성 인정 협정 체결 상대국에서 생산된 유기가공식품은 별도의 추가 인증 절차 없이 유기가공식품으로 표시 및 수입이 가능하다.

CHAPTER
02 국제식품안전인증

- 국가에서 인증하는 것이 아니므로 해외 수출 시 의무사항은 아니지만, 해외 거래처에서 수입조건 중의 하나로 GFSI에서 승인(인정)하는 식품안전인증을 요구하기 때문에 매우 중요하다.
- GFSI에서 인정하는 인증 : FSSC 22000(GFSI 인증), BRC Food(영국 인증), IFS Food(독일 인증), SQF 2000 (미국 인증) 등
- FSSC 22000 예시

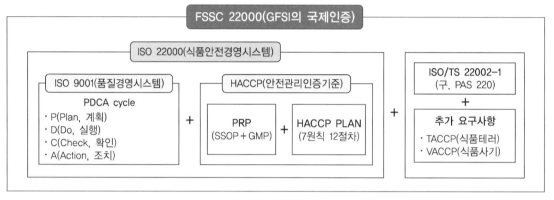

※ GFSI(Global Food Safety Initiative)
- 구성 : 글로벌 제조업체 및 유통업체(월마트, 까르푸, 코스트코, 네슬레 등 70개국 400여 업체)가 연합하여 설립한 단체
- 역할 : GFSI 가이던스에 따라 제 외국 민간/국가 소유의 식품안전규격을 승인

[국제식품안전인증 개념도]

제1절 ISO(국제표준화기구) 인증

1. ISO 기구(International Organization for Standardization)

(1) ISO 인증의 중요성

ISO 규격은 설립의 취지에 맞게 자발적 규격이고, 법적인 구속력이 전혀 없다. 다만 현재 대부분의 회원국들이 ISO 규격에 따라가는 추세이고 개별 국가의 규격이 ISO 규격과 차이가 있을 경우 그 표준을 이용하는 사용자가 국제 무역에서 불편을 겪을 수 있기 때문에 ISO는 그 정체성을 키워가고 있다.

(2) ISO 기구

① 설립 : 1947년 2월 23일

② 목적 : 제품이나 서비스의 국제 교류를 원활하게 하고 아울러 지적, 과학적, 기술적 및 경제적 분야에서 국제간의 협력을 도모하기 위한 세계적인 표준화 및 그 관련 활동의 발전과 개발을 도모

③ 지위 : 독립적인 비정부 국제기구(스위스 민법 제60조에 의거 설립된 사단법인)

④ 중앙사무국 : 스위스 제네바

⑤ 공식 언어 : 영어, 프랑스어, 러시아어

⑥ 총회 : 3년마다 1회 개최

⑦ 이사회 : 3년 임기(미국, 영국, 프랑스, 독일, 러시아, 일본)

⑧ 회원국 : 2021년 8월 기준 165개국(한국은 1963년 가입, 1991년 회원국 승인, 산업표준화법에 의거 한국표준협회에서 관리)

⑨ 표준수 : 2021년 8월 기준 29,950여종(ISO 9001, ISO 22000 등)

⑩ 기술위원회 및 소위원회 : 2021년 8월 기준 797개

2. ISO 9001(품질경영시스템, QMS ; Quality Management System)

(1) ISO 9001의 정의

모든 산업 분야 및 활동에 적용할 수 있는 품질경영시스템의 요구사항을 규정한 국제표준이다. ISO 9001은 제품 또는 서비스의 실현 시스템이 규정된 요구사항을 충족하고 이를 유효하게 운영하고 있음을 제3자가 객관적으로 인증해 주는 제도이다.

(2) ISO 9001의 도입 배경

치열한 경쟁상황 속에서 기업들은 지속적인 품질 향상을 위해 품질 제일주의 전략을 최우선 과제로 삼고 있다. 또한 제품 및 서비스의 품질보증, 제품책임에 대한 이해관계자들의 요구가 날로 증가함에 따라 고객만족의 필수요건인 품질경영의 중요성은 더욱 강조되고 있다.

(3) ISO 9001의 필요성

ISO 9001은 국내뿐 아니라 해외에서도 인정하는 품질 표준으로서 품질경영시스템을 구현하기에 매우 적합한 표준이기에 고객의 요구품질을 만족시킬 수 있다.

(4) ISO 9001의 구성

ISO 9001의 요구사항에 PDCA 사이클을 접목시켜 운용한다.

※ PDCA : 계획을 세우고(Plan), 행동하고(Do), 평가하고(Check), 개선한다(Act)는 일련의 업무 사이클이다.

3. ISO 22000(식품안전경영시스템, FSMS ; Food Safety Management System)

(1) ISO 22000의 정의

식품공급사슬 내의 모든 이해관계자가 적용할 수 있는 국제규격으로, 식품공급사슬 전반에 걸친 식품안전을 보장하기 위한 핵심요소로 상호의사소통, 시스템 경영, 선행요건 프로그램(PRP's) 및 HACCP 원칙을 규정하고 있다.

(2) ISO 22000의 도입 배경

식품은 인간의 생존에 필수적인 요소로 최근 선진국을 중심으로 식품안전에 대한 소비자들의 기대수준이 급상승하고 있다. 이러한 소비자의 기대에 부응하기 위해 식품안전관리 국제규격 또한 '농장에서 식탁까지(farm to table)'라고 표현하듯 식품공급사슬 전반에 대한 관리를 중심으로 발전하고 있다.

(3) ISO 22000의 필요성

① 우리나라 식품의약품안전처에서 운영하는 HACCP은 국제적으로 인정받지 못하기 때문에 해외에 수출하려는 기업은 반드시 ISO 22000 등의 국제식품안전인증을 취득해야만 한다.

② 최근 국내 대기업에서도 국제식품안전인증을 거래조건으로 요구하는 경향이 있다. 이는 소비자 기대에 맞춰 식품안전에 대한 최소한의 안전장치를 마련하기 위함으로 해석된다.

③ 사업장에서 발생할 수 있는 식품위해요소를 사전에 예방·관리하는 자율적인 식품안전관리시스템으로, 기업은 식품안전경영시스템의 실행을 통해 법규 및 소비자의 기대수준을 충족시키고 조직의 지속적인 성장을 위한 경쟁력을 확보할 수 있다.

(4) ISO 22000의 구성

ISO 9001(품질경영시스템)을 바탕으로 HACCP의 7원칙 12절차를 포함하고 있다.

체크 포인트　ISO 용어

ISO 9001, ISO 22000 등에서 ISO는 국제표준화기구(International Organization for Standardization)의 영문 약자가 아니고 '동등하다(= 표준)'라는 뜻을 가지고 있는 그리스어의 'isos'에서 유래되었다. ISO를 부를 때는 '아이에스오'가 아닌 '아이소'라고 읽어야 한다(영어권 사람들 역시 '아이소'라고 말함). 그러나 우리나라의 식품업계 현장에서는 아이에스오라고 잘못 부르는 경우가 더 많다.

제2절 GFSI(국제식품안전협회) 인증

1. GFSI(국제식품안전협회, Global Food Safety Initiative)

(1) GFSI 인증의 중요성

① 최근 들어 ISO 22000의 인기는 감소하고 GFSI에서 인정하는 FSSC 22000, BRC, SQF, IFS 등의 선호도가 높다. GFSI는 민간기업이 주도하는 단체인 데 반해 ISO 기구는 비정부기관이라고는 하지만 국가별로 회원국으로서 지위를 보장받고 있기 때문에 각 국가간의 이해관계가 얽혀 있다.

② ISO 기구는 국가간의 이익과 연결되어 있어 식품안전 이슈에 대해 즉각적으로 대처할 수 없다는 단점이 있는데, GFSI는 민간기업들로 구성된 조직으로, 상대적으로 유연한 자세를 취하고 있기 때문에 전 세계적으로 GFSI의 인증을 많이 요구하는 추세이다.

③ 수입업체 및 유통업체가 속한 지역에 따라 선호하는 인증이 조금씩 다른데, 북미 지역은 FSSC 22000이나 SQF, 유럽 지역은 BRC와 IFS를 선호한다고 알려져 있다. 그러나 지역별 선호의 차이가 있을 뿐 GFSI가 승인한 인증을 가지고 있다면 수출에 큰 어려움은 없다. 다만, 해외 수입업체의 계약 요구사항으로 어느 특정 인증을 받아야 할 수도 있다.

(2) GFSI의 현황

① 소비재포럼(CGF ; Consumer Goods Forum)에 속한 글로벌 식품유통 대기업들이 2000년에 식품안전 분야 전문가들로 구성된 국제식품안전협회(GFSI)를 설립했다.

② GFSI는 유럽식음료산업협회의 지원하에서 글로벌 식품제조기업(네슬레, 유니레버, 크래프트 등), 국제기구, 학계 및 각국 정부의 협력을 통해 식품안전공급에 대한 연구 수행을 시작했다. 2000년대 후반에는 제조업계뿐만 아니라 까르푸, 테스코, 월마트, 메트로그룹 등 유통분야 대기업도 이 연구에 동참하였다.

③ 세계 유통 체인이 구성원에 포함되면서 GFSI의 영향력은 점점 확대되었고, 그 결과 현재 GFSI는 세계적으로 공신력 있는 식품 공급망 안전기구로 인정을 받고 있다.

2. GFSI가 승인한 대표적인 인증 및 특징

(1) FSSC 22000(Food Safety System Certification 22000)

① GFSI가 각종 국제식품안전인증을 승인하는 기구로서의 위치에 있지만 이와 별개로 GFSI에서 자체적으로 개발한 인증이 있다. 바로 FSSC 22000이다. 개발 당시 유럽에서 보급되고 있던 BRC 인증을 벤치마킹하였고, 그 결과 PAS 220(Publicly Available Specification 220)이라는 인증규격을 구축하였다. 그러나 식품안전인증계의 후발 주자인 PAS 220은 인지도와 범용성 측면에서 BRC에 비해 경쟁력이 떨어지는 상황이었다.

② 이에 GFSI는 PAS 220을 발전시키는 동시에 ISO 22000을 접목시켜 식품의 품질과 안전을 모두 증명할 수 있는 FSSC 22000 인증을 개발하였다.

③ SQF, BRC, IFS 인증은 세부등급이 나뉘어 있는데 SQF는 레벨 2 이상, BRC는 B등급 이상, IFS는 F레벨 이상을 취득해야 수출에 지장이 없는 반면, FSSC 22000은 세부등급이 없다.

(2) SQF(Safe Quality Food)

① SQF 인증은 웨스턴 오스트레일리아(Western Australia)에서 개발되었다. 2003년 미국의 FMI(Food Marketing Institute)가 SQF 인증 권리를 인수하였고 산하에 안전품질식품연구소(SQFI ; Safe Quality Food Institute)를 설립하여 현재까지 SQFI가 운영하고 있다.

② 유럽에서 BRC, IFS가 인기를 얻고 있는 반면, SQF는 북미 지역을 시작으로 보급되기 시작하였다. 따라서 오랜 기간 동안 북미 지역에서 선호하고 있는 인증이며, 북미 지역의 일부 유통업체는 공급망에 속한 모든 업체에게 SQF를 요구하기도 한다.

③ SQF 인증은 3가지 등급으로 나뉜다. 레벨1은 GMP 기반의 시스템이고, 레벨2는 HACCP을 기반으로 만들어졌으며, 레벨3은 레벨2에 품질경영을 추가한 등급이다. GFSI는 HACCP이 포함되어 있는 SQF 레벨2 이상을 국제식품안전인증으로 승인하고 있다.

(3) BRC(British Retail Consortium)

① BRC는 규모에 관계없이 영국 소매업체들의 이익을 보호하는 주요 무역기관이다. 1998년 BRC는 세계 최초로 식품안전인증을 개발하여 보급하였고, 2016년 기준 인증 건수가 약 17,000개를 넘어서는 등 국제인증제도 중 가장 많은 발급을 기록하고 있다.

② BRC는 여러 가지 인증체계를 구축하여 운영 중에 있고, 수출을 하는 식품제조업체들은 주로 'BRC Global Food Standard'를 인증받고 있다. BRC 인증은 A,B,C 3가지 등급으로 분류되고 C등급을 받을 경우 6개월 후 사후심사를 받아야 한다.

(4) IFS(International Features Standard)

IFS 인증은 독일 소매업체협회가 BRC 인증을 벤치마킹하여 개발한 인증으로 독일, 프랑스, 이탈리아 등 유럽 위주로 확장되고 있다. BRC를 벤치마킹한 인증이기 때문에 IFS의 설립 취지와 인증 과정은 BRC가 제시하는 바와 동일하다. IFS 인증은 F레벨(foundation level)과 H레벨(higher level)로 나뉘는데, F레벨과 H레벨을 못 받고 추후관리 레벨을 받을 경우 6개월 이내에 사후심사를 받아야 한다.

K-NFSC(식품안전국가인증제)

1. K-NFSC(식품안전국가인증제)

(1) 개요

국내 식품업계가 해외시장 진출에 도움이 될 수 있도록 식품안전을 정부가 보증해 주는 제도이다. HACCP은 국내에서만 그 효력이 인정될 뿐 국제적으로는 인정되지 않아, 수출을 목표로 하는 국내 기업들은 별도로 FSSC 22000 등의 국제식품안전인증을 취득해야만 한다. 다수 영세한 기업 등의 입장에서는 이를 취득하고 유지하기에는 경제적으로 많은 부담이 되므로 어려움을 호소한다. 취득을 위한 심사비용만 수천만 원에 이르고 유지비용은 매년 수백만 원 이상이 소요되며, 대부분의 식품업계가 국제인증에 대한 전문성이 없기 때문에 고비용의 수수료를 지급하면서 관련 컨설팅 기관의 자문을 통해 국제인증 취득을 준비하고 있는 것이 현실이다. 식품의약품안전처는 국내 식품업계의 이러한 애로사항을 해결하고 해외시장 진출을 지원하기 위하여 HACCP을 국제적으로 인정받기 위해 2025년까지 GFSI의 동등성 승인을 받기 위한 계획을 발표했다.

(2) 식품안전국가인증제의 구성안

① 국내 HACCP + GFSI의 요구사항 추가
② GFSI 요구사항이란 '식품안전경영시스템(ISO 22000), 식품방어, 식품사기 등'을 뜻하며, 이는 FSSC 22000의 구성과 유사하다.

2. 식품안전국가인증제 개발 계획

(1) 식품안전국가인증제 평가기준 개발(1단계, ~2021년)

① 제 외국 GFSI 승인 사례 및 평가기준 관련 자료 수집 및 분석
② GFSI 요구사항 및 기존 인증규격(FSSC 22000)과 동등한 수준으로 개발

(2) 제도 마련 및 표준기준서(매뉴얼) · 가이드 개발(2단계, ~2022년)

수출식품 국가인증의 법적 근거 마련 및 업체에서 활용 가능한 평가항목별 해설서 개발

(3) 식품안전국가인증제 운영 및 GFSI 기술 동등성 신청(3단계, ~2023년)

국가인증제 적용 대상 선정 및 맞춤형 기술지원

(4) 동등성 인정완료 및 글로벌 시장에 제도 홍보(4단계, ~2025년)

식품안전국가인증의 지속적인 보급 및 활성화

출제기준

주요항목	세부항목	세세항목
식품위생 관련 법규	식품위생 관련 법규 이해 및 적용하기	식품위생법규를 이해하고 생산현장에서 적용할 수 있다.

PART 04

식품위생 관련 법규

STUDY GUIDE

일러두기

식품위생 관련 법규는 공부해야 할 범위가 방대하므로 완벽하게 숙지하기란 쉽지 않다. 1차 필기시험 합격 후 2차 실기시험을 공부할 수 있는 시간이 많이 주어지지 않기 때문에 짧은 시간 안에 최대한 효율적으로 공부할 수밖에 없으므로 최소한 기출문제만큼은 완벽하게 소화해야 한다. 현재까지 출제된 범위는 〈식품위생법〉, 〈건강기능식품법〉, 〈식품표시광고법〉, 〈축산법〉, 〈감염병예방법〉, 〈국제식품규격(Codex)〉 등 5개의 법령들과 국제식품규격이다. 앞으로 또 어떤 법령이 더 추가될지는 아무도 모른다. 그러나 다행스럽게도 출제비중을 살펴보면 〈식품위생법〉, 〈건강기능식품법〉, 〈식품표시광고법〉에서 차지하는 비중이 93%에 이른다. 공부를 시작하기 전에 출제비중을 염두에 두고 어떤 전략으로 공부하면 좋을지 생각해보기 바란다. 또한 식품위생 관련 법규의 기출문제 해설은 정답과 관련된 해당 법령 근거를 직접 찾아볼 수 있도록 제시하였다. 근거가 되는 법령의 원문을 직접 찾아보면 더 기억에 남을 수 있으므로 제시된 관련 법령에 따라 원문을 찾아보는 연습을 병행하기를 권장한다.

CHAPTER 01 식품위생법

65% 출제비중

식품공전은 「식품의 기준 및 규격」이라는 고시를 책으로 만들어 붙인 이름이다. 여기서 기준(standard-ization)이란 식품의 제조·가공·사용·조리·보존방법에 관한 기준을 뜻하고, 규격(specification)이란 제품의 성분에 관한 규격을 뜻한다.

고시는 행정규칙 중의 하나로서, 법령의 위임에 따라 법령의 내용을 보충하기 위하여 법규적 사항을 정하거나, 법령에서 정하는 바에 따라 일정한 사항을 일반에게 알리기 위한 문서를 말한다. 한마디로 식품위생법에 등재하기에는 그 양이 방대하기 때문에 고시라는 행정규칙에 위임하여 법령의 연속성을 나타낸 것이라고 볼 수 있다.

※ 법령 : 법률(식품위생법) + 명령(식품위생법 시행령, 식품위생법 시행규칙)

1. 식품공전의 구성

제1. 총칙
제2. 식품일반에 대한 공통기준 및 규격
제3. 영·유아용, 고령자용 또는 대체식품으로 표시하여 판매하는 식품의 기준 및 규격
제4. 장기보존식품의 기준 및 규격
제5. 식품별 기준 및 규격
제6. 식품접객업소(집단급식소 포함)의 조리식품 등에 대한 기준 및 규격
제7. 검체의 채취 및 취급방법
제8. 일반시험법
제9. 재검토기한
별표
[별표 1] "식품에 사용할 수 있는 원료"의 목록
[별표 2] "식품에 제한적으로 사용할 수 있는 원료"의 목록
[별표 3] "한시적 기준·규격에서 전환된 원료"의 목록
[별표 4] 식품 중 농약 잔류허용기준
[별표 5] 식품 중 동물용의약품의 잔류허용기준
[별표 6] 식품 중 농약 및 동물용의약품의 잔류허용기준설정 지침
[별표 7] 식품 중 농약 및 동물용의약품의 잔류허용기준 면제물질

2. 총칙

(1) 일반원칙

이 고시에서 따로 규정한 것 이외에는 다음의 총칙에 따른다.

1) 이 고시의 수록범위는 다음과 같다.
    (1) 「식품위생법」 제7조제1항의 규정에 따른 식품의 원료에 관한 기준, 식품의 제조·가공·사용·조리 및 보존방법에 관한 기준, 식품의 성분에 관한 규격과 기준·규격에 대한 시험법
    (2) 「식품 등의 표시·광고에 관한 법률」 제4조제1항의 규정에 따른 식품·식품첨가물 또는 축산물과 기구 또는 용기·포장 및 「식품위생법」 제12조의 2의 제1항에 따른 유전자변형식품 등의 표시기준
    (3) 「축산물 위생관리법」 제4조제2항의 규정에 따른 축산물의 가공·포장·보존 및 유통의 방법에 관한 기준, 축산물의 성분에 관한 규격, 축산물의 위생등급에 관한 기준
2) 이 고시에서는 가공식품에 대하여 다음과 같이 식품군(대분류), 식품종(중분류), 식품유형(소분류)으로 분류한다.
    (1) 식품군 : '제5. 식품별 기준 및 규격'에서 대분류하고 있는 음료류, 조미식품 등을 말한다.
    (2) 식품종 : 식품군에서 분류하고 있는 다류, 과일·채소류음료, 식초, 햄류 등을 말한다.
    (3) 식품유형 : 식품종에서 분류하고 있는 농축과·채즙, 과·채주스, 발효식초, 희석초산 등을 말한다.
3) 이 고시의 개별 식품유형에서 정하고 있는 정의는 해당 식품의 일반적인 특징을 설명한 것으로, 새로운 제조기술의 사용 등으로 제조방법, 사용된 원료 등이 이 고시에서 정하는 식품유형의 정의와 일치하지 않더라도 제조된 식품이 어느 식품유형의 제품과 동일한 경우 해당 식품유형으로 분류할 수 있다.
4) 이 고시에 정하여진 기준 및 규격에 대한 적·부판정은 이 고시에서 규정한 시험방법으로 실시하여 판정하는 것을 원칙으로 한다. 다만, 이 고시에서 규정한 시험방법보다 더 정밀·정확하다고 인정된 방법을 사용할 수 있고 미생물 및 독소 등에 대한 시험에는 상품화된 키트(kit) 또는 장비를 사용할 수 있으나, 그 결과에 대하여 의문이 있다고 인정될 때에는 규정한 방법에 의하여 시험하고 판정하여야 한다.
5) 이 고시에서 기준 및 규격이 정하여지지 아니한 것은 잠정적으로 식품의약품안전처장이 해당 물질에 대한 국제식품규격위원회(Codex Alimentarius Commission, CAC) 규정 또는 주요 외국의 기준·규격과 일일섭취허용량(Acceptable Daily Intake, ADI), 해당 식품의 섭취량 등 해당 물질별 관련 자료를 종합적으로 검토하여 적·부를 판정할 수 있다.
6) 이 고시의 '제5. 식품별 기준 및 규격'에서 따로 정하여진 시험방법이 없는 경우에는 '제8. 일반시험법'의 해당 시험방법에 따르고, 이 고시에서 기준·규격이 정하여지지 아니하였거나 기준·규격이 정하여져 있어도 시험방법이 수재되어 있지 아니한 경우에는 식품의약품안전처장이 인정한 시험방법, 국제식품규격위원회(Codex Alimentarius Commission, CAC) 규정, 국제분석화학회(Association of Official Analytical Chemists, AOAC), 국제표준화기구(International Standard Organization, ISO), 농약분석매뉴얼(Pesticide Analytical Manual, PAM) 등의 시험방법에 따라 시험할 수 있다. 만약, 상기 시험방법에도 없는 경우에는 다른 법령에 정해져 있는 시험방법, 국제적으로 통용되는 공인시험방법에 따라 시험할 수 있으며 그 시험방법을 제시하여야 한다.
7) 계량 등의 단위는 국제 단위계를 사용한 다음의 약호를 쓴다.
    (1) 길이 : m, cm, mm, μm, nm
    (2) 용량 : L, mL, μL
    (3) 중량 : kg, g, mg, μg, ng, pg
    (4) 넓이 : cm^2
    (5) 열량 : kcal, kj
    (6) 압착강도 : N(Newton)
    (7) 온도 : ℃
8) 표준온도는 20℃, 상온은 15~25℃, 실온은 1~35℃, 미온은 30~40℃로 한다.
9) 중량백분율을 표시할 때에는 %의 기호를 쓴다. 다만, 용액 100mL 중의 물질함량(g)을 표시할 때에는 w/v%로, 용액 100mL 중의 물질함량(mL)을 표시할 때에는 v/v%의 기호를 쓴다. 중량백만분율을 표시할 때에는 mg/kg의 약호를 사용하고 ppm의 약호를 쓸 수 있으며, mg/L도 사용할 수 있다. 중량 10억분율을 표시할 때에는 μg/kg의 약호를 사용하고 ppb의 약호를 쓸 수 있으며, μg/L도 사용할 수 있다.

10) 방사성물질 누출사고 발생 시 관리해야 할 방사성 핵종(核種)은 다음의 원칙에 따라 선정한다.

    (1) 대표적 오염 지표 물질인 방사성 아이오딘(요오드)과 세슘에 대하여 우선 선정하고, 방사능 방출사고의 유형에 따라 방출된 핵종을 선정한다.

    (2) 방사성 아이오딘이나 세슘이 검출될 경우 플루토늄, 스트론튬 등 그 밖의(이하 '기타'라고 함) 핵종에 의한 오염 여부를 추가적으로 확인할 수 있으며, 기타 핵종은 환경 등에 방출 여부, 반감기, 인체 유해성 등을 종합 검토하여 전부 또는 일부 핵종을 선별하여 적용할 수 있다.

    (3) 기타 핵종에 대한 기준은 해당 사고로 인한 방사성 물질 누출이 더 이상 되지 않는 사고 종료 시점으로부터 1년이 경과할 때까지를 적용한다.

    (4) 기타 핵종에 대한 정밀검사가 어려운 경우에는 방사성 물질 누출사고 발생국가의 비오염 증명서로 갈음할 수 있다.

11) 식품 중 농약 또는 동물용의약품의 잔류허용기준을 신설, 변경 또는 면제하려는 자는 [별표 6]의 "식품 중 농약 및 동물용의약품의 잔류허용기준설정 지침"에 따라 신청하여야 한다.

12) 유해오염물질의 기준설정은 식품 중 유해오염물질의 오염도와 섭취량에 따른 인체 노출량, 위해수준, 노출 점유율을 고려하여 최소량의 원칙(As Low As Reasonably Achievable, ALARA)에 따라 설정함을 원칙으로 한다.

13) 이 고시에서 정하여진 시험은 별도의 규정이 없는 경우 다음의 원칙을 따른다.

    (1) 원자량 및 분자량은 최신 국제원자량표에 따라 계산한다.

    (2) 따로 규정이 없는 한 찬물은 15℃ 이하, 온탕은 60~70℃, 열탕은 약 100℃의 물을 말한다.

    (3) "물 또는 물속에서 가열한다"라 함은 따로 규정이 없는 한 그 가열온도를 약 100℃로 하되, 물 대신 약 100℃ 증기를 사용할 수 있다.

    (4) 시험에 쓰는 물은 따로 규정이 없는 한 증류수 또는 정제수로 한다.

    (5) 용액이라 기재하고 그 용매를 표시하지 아니하는 것은 물에 녹인 것을 말한다.

    (6) 감압은 따로 규정이 없는 한 15mmHg 이하로 한다.

    (7) pH를 산성, 알칼리성 또는 중성으로 표시한 것은 따로 규정이 없는 한 리트머스지 또는 pH 미터기(유리전극)를 써서 시험한다. 또한, 강산성은 pH 3.0 미만, 약산성은 pH 3.0 이상 5.0 미만, 미산성은 pH 5.0 이상 6.5 미만, 중성은 pH 6.5 이상 7.5 미만, 미알칼리성은 pH 7.5 이상 9.0 미만, 약알칼리성은 pH 9.0 이상 11.0 미만, 강알칼리성은 pH 11.0 이상을 말한다.

    (8) 용액의 농도를 (1→5), (1→10), (1→100) 등으로 나타낸 것은 고체시약 1g 또는 액체시약 1mL를 용매에 녹여 전량을 각각 5mL, 10mL, 100mL 등으로 하는 것을 말한다. 또한 (1+1), (1+5) 등으로 기재한 것은 고체시약 1g 또는 액체시약 1mL에 용매 1mL 또는 5mL 혼합하는 비율을 나타낸다. 용매는 따로 표시되어 있지 않으면 물을 써서 희석한다.

    (9) 혼합액을 (1：1), (4：2：1) 등으로 나타낸 것은 액체시약의 혼합용량비 또는 고체시약의 혼합중량비를 말한다.

    (10) 방울수(滴水)를 측정할 때에는 20℃에서 증류수 20방울을 떨어뜨릴 때 그 무게가 0.90~1.10g이 되는 기구를 쓴다.

    (11) 네슬러관은 안지름 20mm, 바깥지름 24mm, 밑에서부터 마개의 밑까지의 길이가 20cm의 무색유리로 만든 바닥이 평평한 시험관으로서 50mL의 것을 쓴다. 또한 각 관의 눈금의 높이의 차는 2mm 이하로 한다.

    (12) 데시케이터의 건조제는 따로 규정이 없는 한 실리카겔(이산화규소)로 한다.

    (13) 시험은 따로 규정이 없는 한 상온에서 실시하고 조작 후 30초 이내에 관찰한다. 다만, 온도의 영향이 있는 것에 대하여는 표준온도에서 행한다.

    (14) 무게를 "정밀히 단다"라 함은 달아야 할 최소단위를 고려하여 0.1mg, 0.01mg 또는 0.001mg까지 다는 것을 말한다. 또 무게를 "정확히 단다"라 함은 규정된 수치의 무게를 그 자릿수까지 다는 것을 말한다.

    (15) 검체를 취하는 양에 '약'이라고 한 것은 따로 규정이 없는 한 기재량의 90~110% 범위 내에서 취하는 것을 말한다.

    (16) 건조 또는 강열할 때 '항량'이라고 기재한 것은 다시 계속하여 1시간 더 건조 혹은 강열할 때에 전후의 칭량차가 이전에 측정한 무게의 0.1% 이하임을 말한다.

(2) 용어의 풀이

1) '식품유형'은 제품의 원료, 제조방법, 용도, 섭취형태, 성상 등 제품의 특성을 고려하여 제조 및 보존·유통과정에서 식품의 안전과 품질 확보를 위해 필요한 공통 사항을 정하고 제품에 대한 정보 제공을 용이하게 하기 위하여 유사한 특성의 식품끼리 묶은 것을 말한다.
2) 'A, B, C, ……등'은 예시 개념으로 일반적으로 많이 사용하는 것을 기재하고 그 외에 관련된 것을 포괄하는 개념이다.
3) 'A 또는 B'는 'A와 B', 'A나 B', 'A 단독' 또는 'B 단독'으로 해석할 수 있으며, 'A, B, C 또는 D' 역시 그러하다.
4) 'A 및 B'는 A와 B를 동시에 만족하여야 한다.
5) '적절한 ○○과정(공정)'은 식품의 제조·가공에 필요한 과정(공정)을 말하며 식품의 안전성, 건전성을 얻으며 일반적으로 널리 통용되는 방법이나 과학적으로 충분히 입증된 방법을 말한다.
6) '식품 및 식품첨가물은 그 기준 및 규격에 적합하여야 한다'는 해당되는 기준 및 규격에 적합하여야 함을 말한다.
7) '보관하여야 한다'는 원료 및 제품의 특성을 고려하여 그 품질이 최대로 유지될 수 있는 방법으로 보관하여야 함을 말한다.
8) '가능한 한', '권장한다'와 '할 수 있다'는 위생수준과 품질향상을 유도하기 위하여 설정하는 것으로 권고사항을 뜻한다.
9) '이와 동등 이상의 효력을 가지는 방법'은 기술된 방법 이외에 일반적으로 널리 통용되는 방법이나 과학적으로 충분히 입증된 것으로 위생학적, 영양학적, 관능적 품질의 유지가 가능한 방법을 말한다.
10) 정의 또는 식품유형에서 '○○%, ○○% 이상, 이하, 미만' 등으로 명시되어 있는 것은 원료 또는 성분배합 시의 기준을 말한다.
11) '특정성분'은 가공식품에 사용되는 원료로서 제1. 4. 식품원료 분류 등에 의한 단일식품의 가식부분을 말한다.
12) '건조물(고형물)'은 원료를 건조하여 남은 고형물로서 별도의 규격이 정하여지지 않은 한, 수분함량이 15% 이하인 것을 말한다.
13) '고체식품'이라 함은 외형이 일정한 모양과 부피를 가진 식품을 말한다.
14) '액체 또는 액상식품'이라 함은 유동성이 있는 상태의 것 또는 액체상태의 것을 그대로 농축한 것을 말한다.
15) '환(pill)'이라 함은 식품을 작고 둥글게 만든 것을 말한다.
16) '과립(granule)'이라 함은 식품을 잔 알갱이 형태로 만든 것을 말한다.
17) '분말(powder)'이라 함은 입자의 크기가 과립형태보다 작은 것을 말한다.
18) '유탕 또는 유처리'라 함은 식품의 제조공정상 식용유지로 튀기거나 제품을 성형한 후 식용유지를 분사하는 등의 방법으로 제조·가공하는 것을 말한다.
19) '주정처리'라 함은 살균을 목적으로 식품의 제조공정상 주정을 사용하여 제품을 침지하거나 분사하는 등의 방법을 말한다.
20) '소비기한'이라 함은 식품에 표시된 보관방법을 준수할 경우 섭취하여도 안전에 이상이 없는 기한을 말한다.
21) '최종제품'이란 가공 및 포장이 완료되어 유통 판매가 가능한 제품을 말한다.
22) '규격'은 최종제품에 대한 규격을 말한다.
23) '검출되어서는 아니 된다'라 함은 이 고시에 규정하고 있는 방법으로 시험하여 검출되지 않는 것을 말한다.
24) '원료'는 식품제조에 투입되는 물질로서 식용이 가능한 동물, 식물 등이나 이를 가공 처리한 것, 「식품첨가물의 기준 및 규격」에 허용된 식품첨가물, 그리고 또 다른 식품의 제조에 사용되는 가공식품 등을 말한다.
25) '주원료'는 해당 개별식품의 주용도, 제품의 특성 등을 고려하여 다른 식품과 구별, 특정짓게 하기 위하여 사용되는 원료를 말한다.
26) '단순추출물'이라 함은 원료를 물리적으로 또는 용매(물, 주정, 이산화탄소)를 사용하여 추출한 것으로 특정한 성분이 제거되거나 분리되지 않은 추출물(착즙 포함)을 말한다.
27) '식품에 제한적으로 사용할 수 있는 원료'란 식품 사용에 조건이 있는 식품의 원료를 말한다.
28) '식품에 사용할 수 없는 원료'란 식품의 제조·가공·조리에 사용할 수 없는 것으로, 제2. 1. 2)의 (6), (7) 및 (8)에서 정한 것 이외의 원료를 말한다.
29) '원료에서 유래되는'은 해당 기준 및 규격에 적합하거나 품질이 양호한 원료에서 불가피하게 유래된 것을 말하는 것으로, 공인된 자료나 문헌으로 입증할 경우 인정할 수 있다.

30) 원료의 '품질과 선도가 양호'라 함은 농·임·축·수산물 및 가공식품의 경우 이 고시에서 규정하고 있는 기준과 규격에 적합한 것을 말한다. 또한, 농·임산물의 경우 고유의 형태와 색택을 가지고 이미·이취가 없어야 하나, 멍들거나 손상된 부위를 제거하여 식용에 적합하도록 한 것을 포함하며, 해조류의 경우 외형상 그 종류를 알아볼 수 있을 정도로 모양과 색깔이 손상되지 않은 것을 말한다.

31) 원료의 '부패·변질'이라 함은 미생물 등에 의해 단백질, 지방 등이 분해되어 악취와 유해성 물질이 생성되거나, 식품 고유의 냄새, 빛깔, 외관 또는 조직이 변하는 것을 말한다.

32) '비가식부분'이라 함은 통상적으로 식용으로 섭취하지 않는 원료의 특정 부위를 말하며, 가식부분 중에 손상되거나 병충해를 입은 부분 등 고유의 품질이 변질되었거나 제조공정 중 부적절한 가공처리로 손상된 부분을 포함한다.

33) '이물'이라 함은 정상 식품의 성분이 아닌 물질을 말하며 동물성으로 절지동물 및 그 알, 유충과 배설물, 설치류 및 곤충의 흔적물, 동물의 털, 배설물, 기생충 및 그 알 등이 있고, 식물성으로 종류가 다른 식물 및 그 종자, 곰팡이, 짚, 겨 등이 있으며, 광물성으로 흙, 모래, 유리, 금속, 도자기파편 등이 있다.

34) '이매패류'라 함은 두 장의 껍데기를 가진 조개류로 대합, 굴, 진주담치, 가리비, 홍합, 피조개, 키조개, 새조개, 개량조개, 동죽, 맛조개, 재첩류, 바지락, 개조개 등을 말한다.

35) '냉장' 또는 '냉동'이라 함은 이 고시에서 따로 정하여진 것을 제외하고는 냉장은 0~10℃, 냉동은 −18℃ 이하를 말한다.

36) '차고 어두운 곳' 또는 '냉암소'라 함은 따로 규정이 없는 한 0~15℃의 빛이 차단된 장소를 말한다.

37) '냉장·냉동 온도측정값'이라 함은 냉장·냉동고 또는 냉장·냉동설비 등의 내부온도를 측정한 값 중 가장 높은 값을 말한다.

38) '살균'이라 함은 따로 규정이 없는 한 세균, 효모, 곰팡이 등 미생물의 영양세포를 불활성화시켜 감소시키는 것을 말한다.

39) '멸균'이라 함은 따로 규정이 없는 한 미생물의 영양세포 및 포자를 사멸시키는 것을 말한다.

40) '밀봉'이라 함은 용기 또는 포장 내외부의 공기유통을 막는 것을 말한다.

41) '초임계추출'이라 함은 임계온도와 임계압력 이상의 상태에 있는 이산화탄소를 이용하여 식품원료 또는 식품으로부터 식용성분을 추출하는 것을 말한다.

42) '심해'란 태양광선이 도달하지 않는 수심이 200m 이상 되는 바다를 말한다.

43) '가공식품'이라 함은 식품원료(농, 임, 축, 수산물 등)에 식품 또는 식품첨가물을 가하거나, 그 원형을 알아볼 수 없을 정도로 변형(분쇄, 절단 등)시키거나 이와 같이 변형시킨 것을 서로 혼합 또는 이 혼합물에 식품 또는 식품첨가물을 사용하여 제조·가공·포장한 식품을 말한다. 다만, 식품첨가물이나 다른 원료를 사용하지 아니하고 원형을 알아볼 수 있는 정도로 농·임·축·수산물을 단순히 자르거나 껍질을 벗기거나 소금에 절이거나 숙성하거나 가열(살균의 목적 또는 성분의 현격한 변화를 유발하는 경우를 제외) 등의 처리과정 중 위생상 위해 발생의 우려가 없고 식품의 상태를 관능으로 확인할 수 있도록 단순처리한 것은 제외한다.

44) '식품조사(food irradiation)처리'란 식품 등의 발아억제, 살균, 살충 또는 숙도조절을 목적으로 감마선 또는 전자선가속기에서 방출되는 에너지를 복사(radiation)의 방식으로 식품에 조사하는 것으로, 선종과 사용목적 또는 처리방식(조사)에 따라 감마선 살균, 전자선 살균, 엑스선 살균, 감마선 살충, 전자선 살충, 엑스선 살충, 감마선 조사, 전자선 조사, 엑스선 조사 등으로 구분하거나, 통칭하여 방사선 살균, 방사선 살충, 방사선 조사 등으로 구분할 수 있다. 다만, 검사를 목적으로 엑스선이 사용되는 경우는 제외한다.

45) '식육'이라 함은 식용을 목적으로 하는 동물성원료의 지육, 정육, 내장, 그 밖의 부분을 말하며, '지육'은 머리, 꼬리, 발 및 내장 등을 제거한 도체(carcass)를, '정육'은 지육으로부터 뼈를 분리한 고기를, '내장'은 식용을 목적으로 처리된 간, 폐, 심장, 위, 췌장, 비장, 신장, 소장 및 대장 등을, '그 밖의 부분'은 식용을 목적으로 도축된 동물성원료로부터 채취, 생산된 동물의 머리, 꼬리, 발, 껍질, 혈액 등 식용이 가능한 부위를 말한다.

46) '장기보존식품'이라 함은 장기간 유통 또는 보존이 가능하도록 제조·가공된 통·병조림식품, 레토르트식품, 냉동식품을 말한다.

47) '식품용수'라 함은 식품의 제조, 가공 및 조리 시에 사용하는 물을 말한다.

48) '인삼', '홍삼' 또는 '흑삼'은 「인삼산업법」에, '산양삼'은 「임업 및 산촌진흥 촉진에 관한 법률」에서 정하고 있는 것을 말한다.

49) '한과'라 함은 주로 곡물류나 과일, 견과류 등에 꿀, 엿, 설탕 등을 입혀 만든 것으로 유과, 약과, 정과 등을 말한다.

50) '슬러쉬'라 함은 청량음료 등 완전 포장된 음료나, 물, 분말주스 등의 원료를 직접 혼합하여 얼음을 분쇄한 것과 같은 상태로 만들거나 아이스크림을 만드는 기계 등을 이용하여 반 얼음상태로 얼려 만든 음료를 말한다.

51) '코코아고형분'이라 함은 코코아매스, 코코아버터 또는 코코아분말을 말하며, '무지방코코아고형분'이라 함은 코코아고형분에서 지방을 제외한 분말을 말한다.

52) '유고형분'이라 함은 유지방분과 무지유고형분을 합한 것이다.

53) '유지방'은 우유로부터 얻은 지방을 말한다.

54) '혈액이 함유된 알'이라 함은 알 내용물에 혈액이 퍼져 있는 알을 말한다.

55) '혈반'이란 난황이 방출될 때 파열된 난소의 작은 혈관에 의해 발생된 혈액 반점을 말한다.

56) '육반'이란 혈반이 특징적인 붉은 색을 잃어버렸거나 산란기관의 작은 체조직 조각을 말한다.

57) '실금란'이란 난각이 깨어지거나 금이 갔지만 난각막은 손상되지 않아 내용물이 누출되지 않은 알을 말한다.

58) '오염란'이란 난각의 손상은 없으나 표면에 분변·혈액·알내용물·깃털 등 이물질이나 현저한 얼룩이 묻어 있는 알을 말한다.

59) '연각란'이란 난각막은 파손되지 않았지만 난각이 얇게 축적되어 형태를 견고하게 유지될 수 없는 알을 말한다.

60) '냉동식용어류머리'란 대구(*Gadus morhua*, *Gadus ogac*, *Gadus macrocephalus*), 은민대구(*Merluccius australis*), 다랑어류 및 이빨고기(*Dissostichus eleginoides*, *Dissostichus mawsoni*)의 머리를 가슴지느러미와 배지느러미 부위가 붙어 있는 상태로 절단한 것과 식용 가능한 모든 어종(복어류 제외)의 머리 중 가식부를 분리해 낸 것을 중심부 온도가 −18℃ 이하가 되도록 급속냉동한 것으로서 식용에 적합하게 처리된 것을 말한다.

61) '냉동식용어류내장'이란 식용 가능한 어류의 알(복어알은 제외), 창난, 이리(곤이), 오징어 난포선 등을 분리하여 중심부 온도가 −18℃ 이하가 되도록 급속냉동한 것으로서 식용에 적합하게 처리된 것을 말한다.

62) '생식용 굴'이란 소비자가 날로 섭취할 수 있는 전각굴, 반각굴, 탈각굴로서 포장한 것을 말한다(냉동굴을 포함).

63) 미생물 규격에서 사용하는 용어(n, c, m, M)는 다음과 같다.

(1) n : 검사하기 위한 시료의 수

(2) c : 최대허용시료수, 허용기준치(m)를 초과하고 최대허용한계치(M) 이하인 시료의 수로서 결과가 m을 초과하고 M 이하인 시료의 수가 c 이하일 경우에는 적합으로 판정

(3) m : 미생물 허용기준치로서 결과가 모두 m 이하인 경우 적합으로 판정

(4) M : 미생물 최대허용한계치로서 결과가 하나라도 M을 초과하는 경우는 부적합으로 판정

※ m, M에 특별한 언급이 없는 한 1g 또는 1mL당의 집락수(CFU ; Colony Forming Unit)이다.

64) '영아'라 함은 생후 12개월 미만인 사람을 말한다.

65) '유아'라 함은 생후 12개월부터 36개월까지인 사람을 말한다.

3. 식품일반의 기준 및 규격(= 공통규격)

1) 성상
2) 이물
3) 식품첨가물
4) 위생지표균 및 식중독균
   (1) 위생지표균 → 세균수, 대장균, 대장균군
   (2) 식중독균 → 살모넬라, 장염비브리오, 리스테리아 모노사이토제네스, 장출혈성대장균, 캠필로박터 제주니/콜리, 여시니아 엔테로콜리티카, 바실루스 세레우스, 클로스트리디움 퍼프린젠스, 황색포도상구균, 노로바이러스 등
5) 오염물질
   (1) 중금속 → 납, 카드뮴, 무기비소, 수은, 메틸수은, 비소
   (2) 곰팡이독소 → 총 아플라톡신(B_1, B_2, G_1 및 G_2의 합), 아플라톡신 M_1, 파튤린, 푸모니신, 오크라톡신 A, 데옥시니발레놀, 제랄레논
   (3) 다이옥신
   (4) 폴리염화비페닐(PCBs)
   (5) 벤조피렌
   (6) 3-MCPD → 산분해간장
   (7) 멜라민(melamine)
   (8) 패독소 → 마비성 패독, 설사성 패독, 기억상실성 패독(도모익산)
   (9) 방사능 → 핵종(^{131}I, ^{134}Cs + ^{137}Cs)
6) 식품조사처리 기준
   (1) 선종 : 감마선(^{60}Co), 전자선 또는 엑스선
   (2) 조사 목적 : 발아억제, 살균, 살충, 숙도조절
7) 농약 잔류허용기준
8) 동물용의약품 잔류허용기준
9) 부정물질 → 발기부전치료제, 비만치료제, 당뇨병치료제 등 의약품성분과 그 유사물질
10) 테트라하이드로칸나비놀(THC) 및 칸나비디올(CBD) → 삼(대마) 씨앗
11) 우루시올(urushiol) → 옻나무를 사용한 제품
12) 그레이아노톡신(grayanotoxin) Ⅲ → 석청(벌꿀)의 독성물질
13) 식육에 대한 규격 → 휘발성염기질소
14) 원유에 대한 규격 → 세균수 및 체세포수
15) 수산물에 대한 규격 → 히스타민, 복어독, 일산화탄소 기준
16) 식품의 제조·가공에 사용되는 캡슐류

4. 영·유아용, 고령자용 또는 대체식품으로 표시하여 판매하는 식품의 기준 및 규격

(1) 영·유아용으로 표시하여 판매하는 식품

① 정의 : '영·유아용으로 표시하여 판매하는 식품'이란 '제5. 식품별 기준 및 규격'의 1. 과자류, 빵류 또는 떡류~23. 즉석식품류에 해당하는 식품(다만, 특수영양식품, 특수의료용도식품 제외) 중 영아 또는 유아를 섭취대상으로 표시하여 판매하는 식품으로서, 그대로 또는 다른 식품과 혼합하여 바로 섭취하거나 가열 등 간단한 조리과정을 거쳐 섭취하는 식품을 말한다.

② 제조·가공기준

　㉠ 미생물로 인한 위해가 발생하지 않도록 살균 또는 멸균공정을 거쳐야 한다.

　㉡ 영아용 제품(영·유아 공용제품 포함) 중 액상제품은 멸균제품으로 제조하여야 한다(단, 우유류, 가공유류, 발효유류 제외).

　㉢ 꿀 또는 단풍시럽을 원료로 사용하는 때에는 클로스트리디움 보툴리눔의 포자가 파괴되도록 처리하여야 한다.

　㉣ 코코아는 12개월 이상의 유아용 제품에 사용할 수 있으며 그 사용량은 1.5% 이하이어야 한다(희석하여 섭취하는 제품은 섭취할 때를 기준으로 함)

　㉤ 타르색소와 사카린나트륨은 사용하여서는 아니 된다.

　㉥ 제품은 제2. 식품일반에 대한 공통기준 및 규격, 3. 식품일반의 기준 및 규격, 5) 오염물질 중 영·유아용 이유식에 대해 규정한 기준에 적합하게 제조하여야 한다.

③ 규격

　㉠ 위생지표균 및 식중독균

항목 ＼ 규격	제품 특성	n	c	m	M
세균수	① 멸균제품	5	0	0	−
	② 6개월 미만 영아를 대상을 하는 분말제품	5	2	1,000	10,000
	위 ①, ② 이외의 식품(분말제품 또는 유산균첨가제품, 치즈류는 제외)	5	1	10	100
대장균군 (멸균제품 제외)		5	0	0	−
바실루스 세레우스 (멸균제품 제외)		5	0	100	−
크로노박터 (영아용 제품에 한하며, 멸균제품은 제외)		5	0	0/60g	−

　㉡ 나트륨(mg/100g) : 200 이하(다만 치즈류는 300 이하이며, 희석 또는 혼합하여 섭취하는 제품은 제조사가 제시한 섭취방법을 반영하여 기준을 적용)

(2) 고령자용으로 표시하여 판매하는 식품

① 정의 : '고령자용으로 표시하여 판매하는 식품(고령친화식품)'이란 '제5. 식품별 기준 및 규격'의 1. 과자류, 빵류 또는 떡류~24. 기타식품류(다만, 기타가공품은 제외)에 해당하는 식품 중 고령자를 섭취대상으로 표시하여 판매하는 식품으로서, 고령자의 식품 섭취나 소화 등을 돕기 위해 식품의 물성을 조절하거나, 소화에 용이한 성분이나 형태가 되도록 처리하거나, 영양성분을 조정하여 제조·가공한 것을 말한다.

② 제조·가공기준

    ㉠ 고령자의 섭취, 소화, 흡수, 대사, 배설 등의 능력을 고려하여 제조·가공하여야 한다.

    ㉡ 미생물로 인한 위해가 발생하지 아니하도록 과일류 및 채소류는 충분히 세척한 후 식품첨가물로 허용된 살균제로 살균 후 깨끗한 물로 충분히 세척하여야 한다(다만, 껍질을 제거하여 섭취하는 과일류, 과채류와 세척 후 가열과정이 있는 과일류 또는 채소류는 제외).

    ㉢ 육류, 식용란 또는 동물성수산물을 원료로 사용하는 경우 충분히 익도록 가열하여야 한다(다만, 더 이상의 가열조리 없이 섭취하는 제품에 한함).

    ㉣ 고령자의 식품 섭취를 돕기 위하여 다음 중 어느 하나에 적합하도록 제조·가공하여야 한다.

      • 제품 100g당 단백질, 비타민 A, C, D, 리보플라빈, 나이아신, 칼슘, 칼륨, 식이섬유 중 3개 이상의 영양성분을 제8. 일반시험법 12. 부표 12.10 한국인 영양소 섭취기준 중 성인 남자 65~74세의 권장섭취량 또는 충분섭취량의 10% 이상이 되도록 원료식품을 조합하거나 영양성분을 첨가하여야 한다. 다만, 특정 성별·연령군을 대상으로 하는 제품임을 명시하는 경우 해당 인구군의 영양소 섭취기준을 사용할 수 있으며, 고령자용 영양조제식품은 '고령자용 영양조제식품 제조·가공기준'에 따라 제조한다.

      • 고령자가 섭취하기 용이하도록 경도 500,000N/m^2 이하로 제조하여야 한다.

③ 규격

    ㉠ 대장균군 : n=5, c=0, m=0(살균제품에 한함)

    ㉡ 대장균 : n=5, c=0, m=0(비살균제품에 한함)

    ㉢ 경도 : 500,000N/m^2 이하(경도조절제품에 한함)

    ㉣ 점도 : 1,500mpa·s 이상(경도 20,000N/m^2 이하의 점도조절 액상제품에 한함)

(3) 대체식품으로 표시하여 판매하는 식품

① 정의 : '대체식품으로 표시하여 판매하는 식품'이란 동물성 원료 대신 식물성 원료, 미생물, 식용곤충, 세포배양물 등을 주원료로 사용하여 기존 식품과 유사한 형태, 맛, 조직감 등을 가지도록 제조하였다는 것을 표시하여 판매하는 식품을 말한다.

② 제조·가공기준

    ㉠ 건조 소시지류와 유사한 형태로 제조한 식품은 수분을 35% 이하로, 반건조 소시지류 및 건조저장육류와 유사한 형태로 제조한 식품은 수분을 55% 이하로 가공하여야 한다.

    ㉡ 발효유류와 유사한 형태로 제조한 식품은 배합된 원료(유산균, 효모는 제외)의 살균 또는 멸균, 냉각공정을 거친 후 원료로 사용한 유산균 또는 효모 이외의 다른 미생물이 오염되지 않도록 하여야 하며, 유산균 또는 효모는 적절한 온도를 유지하여 배양 또는 발효하여야 한다.

    ㉢ 어육가공품류와 유사한 형태로 제조한 식품의 유탕·유처리 시에 사용하는 유지는 산가 2.5 이하, 과산화물가 50 이하이어야 한다.

    ㉣ 건포류와 유사한 형태로 제조한 식품은 필요시 살균 또는 멸균처리하여야 하고 제품은 위생적으로 포장하여야 한다.

③ 규격

    ㉠ 산가 : 5.0 이하(유탕·유처리식품에 한함)

    ㉡ 과산화물가 : 60 이하(유탕·유처리식품에 한함)

    ㉢ 세균수 : n=5, c=0, m=0(멸균제품에 한함)

    ㉣ 대장균군 : n=5, c=1, m=0, M=10(살균제품에 한함)

    ㉤ 대장균 : n=5, c=1, m=0, M=10(비살균제품 중 더 이상 가공, 가열 조리를 하지 않고 그대로 섭취하는 제품에 한함)

5. 장기보존식품의 기준 및 규격

(1) 통·병조림식품

'통·병조림식품'이라 함은 제조·가공 또는 위생처리된 식품을 12개월을 초과하여 실온에서 보존 및 유통할 목적으로 식품을 통 또는 병에 넣어 탈기와 밀봉 및 살균 또는 멸균한 것을 말한다.

① 제조·가공기준

    ㉠ 멸균은 제품의 중심온도가 120℃ 이상에서 4분 이상 열처리하거나 또는 이와 동등 이상의 효력이 있는 방법으로 열처리하여야 한다.

    ㉡ pH 4.6을 초과하는 저산성식품(low acid food)은 제품의 내용물, 가공장소, 제조일자를 확인할 수 있는 기호를 표시하고 멸균공정 작업에 대한 기록을 보관하여야 한다.

    ㉢ pH가 4.6 이하인 산성식품은 가열 등의 방법으로 살균처리할 수 있다.

    ㉣ 제품은 저장성을 가질 수 있도록 그 특성에 따라 적절한 방법으로 살균 또는 멸균처리하여야 하며 내용물의 변색이 방지되고 호열성 세균의 증식이 억제될 수 있도록 적절한 방법으로 냉각하여야 한다.

② 규격

    ㉠ 성상 : 관 또는 병 뚜껑이 팽창 또는 변형되지 아니하고, 내용물은 고유의 색택을 가지고 이미·이취가 없어야 한다.

    ㉡ 주석(mg/kg) : 150 이하(알루미늄 캔을 제외한 캔제품에 한하며, 산성 통조림은 200 이하이어야 함)

    ㉢ 세균발육 : 음성이어야 한다.

(2) 레토르트식품

'레토르트(retort)식품'이라 함은 제조·가공 또는 위생처리된 식품을 12개월을 초과하여 실온에서 보존 및 유통할 목적으로 단층 플라스틱필름이나 금속박 또는 이를 여러 층으로 접착하여, 파우치와 기타 모양으로 성형한 용기에 제조·가공 또는 조리한 식품을 충전하고 밀봉하여 가열살균 또는 멸균한 것을 말한다.

① 제조·가공기준

    ㉠ 멸균은 제품의 중심온도가 120℃ 이상에서 4분 이상 열처리하거나 또는 이와 동등 이상의 효력이 있는 방법으로 열처리하여야 한다.

ⓛ pH 4.6을 초과하는 저산성식품(low acid food)은 제품의 내용물, 가공장소, 제조일자를 확인할 수 있는 기호를 표시하고 멸균공정 작업에 대한 기록을 보관하여야 한다.

ⓒ pH가 4.6 이하인 산성식품은 가열 등의 방법으로 살균처리할 수 있다.

ⓔ 제품은 저장성을 가질 수 있도록 그 특성에 따라 적절한 방법으로 살균 또는 멸균처리하여야 하며 내용물의 변색이 방지되고 호열성 세균의 증식이 억제될 수 있도록 적절한 방법으로 냉각시켜야 한다.

ⓜ 보존료는 일절 사용하여서는 아니 된다.

② 규격

㉠ 성상 : 외형이 팽창, 변형되지 아니하고, 내용물은 고유의 향미, 색택, 물성을 가지고 이미·이취가 없어야 한다.

ⓛ 세균발육 : 음성이어야 한다.

ⓒ 타르색소 : 검출되어서는 아니 된다.

(3) 냉동식품

'냉동식품'이라 함은 제조·가공 또는 조리한 식품을 장기보존할 목적으로 냉동처리, 냉동보관하는 것으로서 용기·포장에 넣은 식품을 말한다.

① 가열하지 않고 섭취하는 냉동식품 : 별도의 가열과정 없이 그대로 섭취할 수 있는 냉동식품을 말한다.

② 가열하여 섭취하는 냉동식품 : 섭취 시 별도의 가열과정을 거쳐야만 하는 냉동식품을 말한다.

③ 제조·가공기준 : 살균제품은 그 중심부의 온도를 63℃ 이상에서 30분 가열하거나 이와 같은 수준 이상의 효력이 있는 방법으로 가열살균하여야 한다.

④ 규격[식육, 포장육, 유가공품, 식육가공품, 알가공품, 식육함유가공품(비살균제품), 어육가공품류(비살균제품), 기타 동물성가공식품(비살균제품)은 제외]

㉠ 가열하지 않고 섭취하는 냉동식품

• 세균수 : n=5, c=2, m=100,000, M=500,000(다만, 발효제품, 발효제품 첨가 또는 유산균 첨가제품은 제외)

• 대장균군 : n=5, c=2, m=10, M=100(살균제품에 해당)

• 대장균 : n=5, c=2, m=0, M=10(다만, 살균제품은 제외)

• 유산균수 : 표시량 이상(유산균 첨가제품에 해당)

ⓛ 가열하여 섭취하는 냉동식품

• 세균수 : n=5, c=2, m=1,000,000, M=5,000,000(살균제품은 n=5, c=2, m=100,000, M=500,000, 다만, 발효제품, 발효제품 첨가 또는 유산균 첨가제품은 제외)

• 대장균군 : n=5, c=2, m=10, M=100(살균제품에 해당)

• 대장균 : n=5, c=2, m=0, M=10(다만, 살균제품은 제외)

• 유산균수 : 표시량 이상(유산균 첨가제품에 해당)

6. 식품별 기준 및 규격(= 개별식품규격)

식품별 기준 및 규격은 1. 과자류, 빵류 또는 떡류~24. 기타식품류 등 모두 24개의 식품군으로 등재되어 있다. 식품별 기준 및 규격은 1) 정의, 2) 원료 등의 구비요건, 3) 제조·가공기준, 4) 식품유형, 5) 규격, 6) 시험방법으로 구성되어 있는데, 지금까지 출제된 문제들은 식품유형에 대한 정의를 묻는 경우가 대부분이므로 그 외 내용은 모두 생략한다. 또한 식품의 분류는 '식품군-식품종-식품유형'의 3단계를 원칙으로 한다. 식품종 또는 식품유형을 두지 않을 수 있으며, 식품유형이 없는 경우 식품종을 식품유형으로 본다.

- 식품군(대분류) : 원재료 및 산업적 분류를 고려한 가장 큰 분류
- 식품종(중분류) : 제조방법 및 소비용도를 고려한 분류로서 식품 기능을 중심으로 분류('품목 간 대체성이 있는 상품'들을 중심으로 분류 형성)
- 식품유형(소분류) : 시장의 상황과 소비자들의 인식을 반영하여 구분한 분류로서 제품의 원료, 용도, 섭취형태, 성상 등을 고려하여 안전과 품질 확보를 위한 공통 사항을 정하고, 제품에 대한 정보 제공을 용이하게 하기 위하여 유사한 특성의 식품끼리 묶은 것

(1) 식용유지가공품 및 특수영양식품

① 식용유지가공품(식품군)

㉠ 정의 : 식물성 유지 또는 동물성 유지를 주원료로 하여 식품 또는 식품첨가물을 가하여 제조·가공한 것으로 혼합식용유, 향미유, 가공유지, 쇼트닝, 마가린, 식물성 크림, 모조치즈 등을 말한다.

㉡ 마가린(식품유형) : 식물성 유지 또는 동물성 유지(유지방 포함)에 물, 식품, 식품첨가물 등을 혼합하고 유화시켜 만든 고체상 또는 유동상인 것을 말한다(다만, 유지방을 원료로 할 때에는 제품의 지방함량에 대한 중량비율로서 50% 미만일 것).

② 특수영양식품(식품군)

㉠ 정의 : 영·유아, 비만자 또는 임산·수유부 등 특별한 영양관리가 필요한 특정 대상을 위하여 식품과 영양성분을 배합하는 등의 방법으로 제조·가공한 것으로 조제유류, 영아용 조제식, 성장기용 조제식, 영·유아용 이유식, 체중조절용 조제식품, 임산·수유부용 식품, 고령자용 영양조제식품을 말한다.

㉡ 영아용 조제유(식품유형) : 원유 또는 유가공품을 원료로 하여 모유의 수유가 어려운 경우 대용의 용도로 모유의 성분과 유사하게 제조·가공한 분말상(유성분 60.0% 이상) 또는 그대로 먹을 수 있는 액상(유성분 9.0% 이상)의 것을 말한다.

㉢ 성장기용 조제유(식품유형) : 생후 6개월 이상된 영·유아용으로 가공한 분말상(유성분 60.0% 이상) 또는 액상(유성분 9.0% 이상)의 것을 말한다.

(2) 특수의료용도식품

'특수의료용도식품'이라 함은 정상적으로 섭취, 소화, 흡수 또는 대사할 수 있는 능력이 제한되거나 질병, 수술 등의 임상적 상태로 인하여 일반인과 생리적으로 특별히 다른 영양요구량을 가지고 있어 충분한 영양공급이 필요하거나 일부 영양성분의 제한 또는 보충이 필요한 사람에게 식사의 일부 또는 전부를 대신할 목적으로 경구 또는 경관급식을 통하여 공급할 수 있도록 제조·가공된 식품을 말한다.

(3) 장류 및 조미식품

① 장류(식품군)

⊙ 정의 : 동·식물성 원료에 누룩균 등을 배양하거나 메주 등을 주원료로 하여 식염 등을 섞어 발효·숙성시킨 것을 제조·가공한 것으로 한식메주, 개량메주, 한식간장, 양조간장, 산분해간장, 효소분해간장, 혼합간장, 한식된장, 된장, 고추장, 춘장, 청국장, 혼합장 등을 말한다.

ⓒ 한식간장(식품유형) : 메주를 주원료로 하여 식염수 등을 섞어 발효·숙성시킨 후 그 여액을 가공한 것을 말한다.

ⓒ 양조간장(식품유형) : 대두, 탈지대두 또는 곡류 등에 누룩균 등을 배양하여 식염수 등을 섞어 발효·숙성시킨 후 그 여액을 가공한 것을 말한다.

ⓒ 산분해간장(식품유형) : 단백질을 함유한 원료를 산으로 가수분해한 후 그 여액을 가공한 것을 말한다.

⑩ 효소분해간장(식품유형) : 단백질을 함유한 원료를 효소로 가수분해한 후 그 여액을 가공한 것을 말한다.

ⓗ 혼합간장(식품유형) : 한식간장 또는 양조간장에 산분해간장 또는 효소분해간장을 혼합하여 가공한 것이나 산분해간장 원액에 단백질 또는 탄수화물 원료를 가하여 발효·숙성시킨 여액을 가공한 것 또는 이의 원액에 양조간장 원액이나 산분해간장 원액 등을 혼합하여 가공한 것을 말한다.

② 조미식품(식품군)

⊙ 정의 : 식품을 제조·가공·조리함에 있어 풍미를 돋우기 위한 목적으로 사용되는 것으로 식초, 소스류, 카레, 고춧가루 또는 실고추, 향신료가공품, 식염을 말한다.

ⓒ 식초류(식품종) : 식초라 함은 곡류, 과실류, 주류 등을 주원료로 하여 초산발효하거나 이에 곡물당화액, 과실착즙액 등을 혼합하여 숙성하는 등의 공정을 거쳐 제조한 발효식초와 빙초산 또는 초산을 주원료로 하여 먹는물로 희석하는 등의 방법으로 제조한 희석초산을 말한다.

- 발효식초(식품유형) : 과실·곡물술덧(주요), 과실주, 과실착즙액, 곡물주, 곡물당화액, 주정 또는 당류 등을 원료로 하여 초산발효하거나 이에 과실착즙액 또는 곡물당화액 등을 혼합하여 숙성하는 등의 공정을 거쳐 제조한 것을 말한다. 이 중 감을 초산발효하여 제조한 것을 감식초라 한다.

- 희석초산(식품유형) : 빙초산 또는 초산을 주원료로 하여 먹는물로 희석하는 등의 방법으로 제조한 것을 말한다.

ⓒ 향신료가공품(식품종) : 향신료가공품이라 함은 향신식물(고추, 마늘, 생강 포함)의 잎, 줄기, 열매, 뿌리 등을 단순가공한 것이거나 이에 식품 또는 식품첨가물을 혼합하여 가공한 것으로 다른 식품의 풍미를 높이기 위하여 사용하는 것을 말한다. 다만, 카레(커리) 및 고춧가루 또는 실고추에 해당하는 것은 제외한다.

- 천연향신료(식품유형) : 향신식물을 분말 등으로 가공한 것을 말한다.

- 향신료조제품(식품유형) : 천연향신료에 식품 또는 식품첨가물을 혼합하여 가공한 것을 말한다.

(4) 기타식품류

① 기타식품류(식품군) : 별도의 정의가 없음

㉠ 기타가공품(식품종) : '제5. 식품별 기준 및 규격' 중 1. 과자류, 빵류 또는 떡류 내지 23. 즉석식품류에 해당되지 않는 식품으로서, 해당 식품의 정의, 제조·가공기준, 주원료, 성상, 제품명 및 용도 등이 개별 기준 및 규격에 부적합한 제품은 제외한다.

제2절 식품첨가물공전(식약처 고시 제2023-82호, 식품위생법 제7조 관련)

1. 총칙

(1) 식품첨가물의 정의(식품위생법 제2조)

식품을 제조·가공·조리 또는 보존하는 과정에서 감미(甘味), 착색(着色), 표백(漂白) 또는 산화방지 등을 목적으로 식품에 사용되는 물질을 말한다. 이 경우 기구(器具)·용기·포장을 살균·소독하는 데에 사용되어 간접적으로 식품으로 옮아갈 수 있는 물질을 포함한다.

(2) 식품첨가물공전의 목적

식품첨가물의 제조·가공·사용·보존방법에 관한 기준과 성분에 관한 규격을 정함으로써 식품첨가물의 안전한 품질을 확보하고, 식품에 안전하게 사용하도록 하여 국민 보건에 이바지함을 목적으로 한다.

(3) 식품첨가물공전의 구성

```
1) 총칙
  (1) 목적
  (2) 용어의 정의
  (3) 일반원칙
2) 식품첨가물 및 혼합제제류
  (1) 제조기준
  (2) 일반사용기준
  (3) 보존 및 유통기준
  (4) 품목별 성분규격
  (5) 품목별 사용기준
3) 기구 등의 살균·소독제
  (1) 제조기준
  (2) 일반사용기준
  (3) 보존 및 유통기준
  (4) 품목별 성분규격
  (5) 품목별 사용기준
4) 일반시험법
```

(4) 식품첨가물의 종류 및 사용용도

1) '가공보조제'란 식품의 제조 과정에서 기술적 목적을 달성하기 위하여 의도적으로 사용되고 최종제품 완성 전 분해, 제거되어 잔류하지 않거나 비의도적으로 미량 잔류할 수 있는 식품첨가물을 말한다. 식품첨가물의 용도 중 '살균제', '여과보조제', '이형제', '제조용제', '청관제', '추출용제', '효소제'가 가공보조제에 해당한다.

2) 식품첨가물의 '용도'란 식품의 제조 · 가공 시 식품에 발휘되는 식품첨가물의 기술적 효과를 말하는 것으로서 각 용어에 대한 뜻은 다음과 같다.

   (1) '감미료'란 식품에 단맛을 부여하는 식품첨가물을 말한다.
       예 사카린나트륨, 수크랄로스, 스테비올배당체, 아세설팜칼륨, 아스파탐 등
   (2) '고결방지제'란 식품의 입자 등이 서로 부착되어 고형화되는 것을 감소시키는 식품첨가물을 말한다.
       예 분말셀룰로스, 이산화규소 등
   (3) '거품제거제'란 식품의 거품 생성을 방지하거나 감소시키는 식품첨가물을 말한다.
       예 규소수지, 이산화규소 등
   (4) '껌기초제'란 적당한 점성과 탄력성을 갖는 비영양성의 씹는 물질로서 껌 제조의 기초 원료가 되는 식품첨가물을 말한다.
       예 글리세린지방산에스테르, 초산비닐수지 등
   (5) '밀가루개량제'란 밀가루나 반죽에 첨가되어 제빵 품질이나 색을 증진시키는 식품첨가물을 말한다.
       예 과산화벤조일(희석), 과황산암모늄, 이산화염소(수) 등
   (6) '발색제'란 식품의 색을 안정화시키거나, 유지 또는 강화시키는 식품첨가물을 말한다.
       예 아질산나트륨, 질산나트륨, 질산칼륨 등
   (7) '보존료'란 미생물에 의한 품질 저하를 방지하여 식품의 보존기간을 연장시키는 식품첨가물을 말한다.
       예 소브산, 안식향산, 프로피온산 등
   (8) '분사제'란 용기에서 식품을 방출시키는 가스 식품첨가물을 말한다.
       예 산소, 아산화질소, 이산화탄소, 질소 등
   (9) '산도조절제'란 식품의 산도 또는 알칼리도를 조절하는 식품첨가물을 말한다.
       예 구연산, 글루코노-δ-락톤(GDL) 등
   (10) '산화방지제'란 산화에 의한 식품의 품질 저하를 방지하는 식품첨가물을 말한다.
       예 디부틸히드록시톨루엔, 몰식자산프로필, 비타민 C, 비타민 E 등
   (11) '살균제'란 식품 표면의 미생물을 단시간 내에 사멸시키는 작용을 하는 식품첨가물을 말한다.
       예 과산화수소, 오존수, 차아염소산나트륨 등
   (12) '습윤제'란 식품이 건조되는 것을 방지하는 식품첨가물을 말한다.
       예 글리세린, 폴리덱스트로스, 프로필렌글리콜 등
   (13) '안정제'란 두 가지 또는 그 이상의 성분을 일정한 분산 형태로 유지시키는 식품첨가물을 말한다.
       예 구아검, 로커스트콩검, 변성전분, 분말셀룰로스, 시클로덱스트린 등
   (14) '여과보조제'란 불순물 또는 미세한 입자를 흡착하여 제거하기 위해 사용되는 식품첨가물을 말한다.
       예 규산마그네슘, 규조토, 활성탄 등
   (15) '영양강화제'란 식품의 영양학적 품질을 유지하기 위해 제조공정 중 손실된 영양소를 복원하거나, 영양소를 강화시키는 식품첨가물을 말한다.
       예 구연산철, 엽산, 타우린 등
   (16) '유화제'란 물과 기름 등 섞이지 않는 두 가지 또는 그 이상의 상(phases)을 균질하게 섞어주거나 유지시키는 식품첨가물을 말한다.
       예 레시틴, 스테아릴젖산나트륨, 로스트콩검 등
   (17) '이형제'란 식품의 형태를 유지하기 위해 원료가 용기에 붙는 것을 방지하여 분리하기 쉽도록 하는 식품첨가물을 말한다.
       예 유동파라핀, 피마자유 등

(18) '응고제'란 식품 성분을 결착 또는 응고시키거나, 과일 및 채소류의 조직을 단단하거나 바삭하게 유지시키는 식품첨가물을 말한다.
　　예 글루코노-δ-락톤, 염화마그네슘, 황산마그네슘 등

(19) '제조용제'란 식품의 제조·가공 시 촉매, 침전, 분해, 청징 등의 역할을 하는 보조제 식품첨가물을 말한다.
　　예 과산화수소, 염산, 질소, 니켈 등

(20) '젤형성제'란 젤을 형성하여 식품에 물성을 부여하는 식품첨가물을 말한다.
　　예 젤라틴, 염화칼륨

(21) '증점제'란 식품의 점도를 증가시키는 식품첨가물을 말한다.
　　예 잔탄검, 카라기난, 카나우바왁스 등

(22) '착색료'란 식품에 색을 부여하거나 복원시키는 식품첨가물을 말한다.
　　예 카라멜색소, β-카로틴, 코치닐추출색소 등

(23) '청관제'란 식품에 직접 접촉하는 스팀을 생산하는 보일러 내부의 결석, 물때 형성, 부식 등을 방지하기 위하여 투입하는 식품첨가물을 말한다.
　　예 구연산삼나트륨, 메타인산나트륨, 수산화나트륨 등

(24) '추출용제'란 유용한 성분 등을 추출하거나 용해시키는 식품첨가물을 말한다.
　　예 이소프로필알코올, 초산에틸, 헥산 등

(25) '충전제'란 산화나 부패로부터 식품을 보호하기 위해 식품의 제조 시 포장 용기에 의도적으로 주입시키는 가스 식품첨가물을 말한다.
　　예 산소, 수소, 이산화탄소, 질소 등

(26) '팽창제'란 가스를 방출하여 반죽의 부피를 증가시키는 식품첨가물을 말한다.
　　예 탄산수소나트륨, 탄산수소암모늄, 폴리인산나트륨 등

(27) '표백제'란 식품의 색을 제거하기 위해 사용되는 식품첨가물을 말한다.
　　예 메타중아황산나트륨, 무수아황산, 아황산나트륨 등

(28) '표면처리제'란 식품의 표면을 매끄럽게 하거나 정돈하기 위해 사용되는 식품첨가물을 말한다.
　　예 탤크

(29) '피막제'란 식품의 표면에 광택을 내거나 보호막을 형성하는 식품첨가물을 말한다.
　　예 폴리비닐알코올, 폴리에틸렌글리콜, 풀루란 등

(30) '향미증진제'란 식품의 맛 또는 향미를 증진시키는 식품첨가물을 말한다.
　　예 L-글루탐산나트륨, 글리신, 5'-이노신산이나트륨, 효모추출물 등

(31) '향료'란 식품에 특유한 향을 부여하거나 제조공정 중 손실된 식품 본래의 향을 보강시키는 식품첨가물을 말한다.
　　예 이소프로필알코올, 초산부틸, 카프론산알릴 등

(32) '효소제'란 특정한 생화학 반응의 촉매 작용을 하는 식품첨가물을 말한다.
　　예 국, 글루코아밀라제, 덱스트라나아제 등

> 「식품첨가물의 기준 및 규격(식약처 고시 제2023-82호)」에 따르면 식품첨가물공전에 등재된 식품첨가물은 총 638품목이다.

(5) 식품첨가물공전의 일반원칙

1)~6) 생략

[중량·용적 및 온도]

7) 도량형은 미터법에 따라 다음의 약호를 쓴다.

길이 : m, dm, cm, mm, μm, nm

용량 : L, mL, μL

중량 : kg, g, mg, μg, ng

넓이 : dm^2, cm^2

1L는 1,000cc, 1mL는 1cc로 하여 시험할 수 있다.

8) 중량백분율을 표시할 때에는 %의 기호를 쓴다. 다만, 용액 100mL 중의 물질함량(g)을 표시할 때에는 w/v%, 용액 100mL 중의 물질함량(mL)을 표시할 때에는 v/v%의 기호를 쓴다. 중량백만분율을 표시할 때는 ppm의 약호를 쓴다.

9) 온도의 표시는 셀시우스법을 쓰며 아라비아 숫자의 오른편에 ℃를 붙여 표시한다. 또한 융점, 응고점 등의 기준치를 제외하고 조작법에서 1개의 수치로 온도를 표시할 경우, 그 허용오차는 일반적으로 ±5℃로 한다.

10) 표준온도는 20℃, 상온은 15~25℃, 실온은 1~35℃, 미온은 30~40℃로 한다. 온탕은 60~70℃, 열탕은 약 100℃의 물로 한다. 또한, '수욕상 또는 수욕 중에서 가열한다'란 따로 규정이 없는 한 그 가열온도는 약 100℃로 하되, 그 대신 약 100℃의 증기욕을 쓸 수 있다.

11) '찬곳'이란 따로 규정이 없는 한 0~15℃의 장소를 말한다.

12)~40) 생략

2. 식품첨가물 및 혼합제제류

(1) 일반사용기준

① 식품 중에 첨가되는 식품첨가물의 양은 물리적, 영양학적 또는 기타 기술적 효과를 달성하는 데 필요한 최소량으로 사용하여야 한다.

② 식품첨가물은 식품 제조·가공과정 중 결함 있는 원재료나 비위생적인 제조방법을 은폐하기 위하여 사용되어서는 아니 된다.

③ 식품 중에 첨가되는 영양강화제는 식품의 영양학적 품질을 유지하거나 개선시키는 데 사용되어야 하며, 영양소의 과잉 섭취 또는 불균형한 섭취를 유발해서는 아니 된다.

④ 식품첨가물은 식품을 제조·가공·조리 또는 보존하는 과정에 사용하여야 하며, 그 자체로 직접 섭취하거나 흡입하는 목적으로 사용하여서는 아니 된다.

⑤ 식용을 목적으로 하는 미생물 등의 배양에 사용하는 식품첨가물은 이 고시에서 정하고 있는 품목 또는 국제식품규격위원회(Codex Alimentarius Commission)에서 미생물 영양원으로 등재된 것으로 최종식품에 잔류하여서는 아니 된다. 다만, 불가피하게 잔류할 경우에는 품목별 사용기준에 적합하여야 한다.

⑥ 식용색소 사용기준(생략)

⑦ 이 고시에서 품목별로 정하여진 주용도 이외에 국제적으로 다른 용도로서 기술적 효과가 입증되어 사용의 정당성이 인정되는 경우, 해당 용도로 사용할 수 있다.

※ 주용도 : '식품의 제조·가공 시 식품에 발휘되는 식품첨가물의 기술적 효과'를 말하는 것으로 1) 감미료~32) 효소제가 있다.

⑧ 「대외무역관리규정」(산업통상자원부 고시)에 따른 외화획득용 원료 및 제품(주식회사 한국관광용품센터에서 수입하는 식품 제외), 「관세법」 제143조에 따라 세관장의 허가를 받아 외국으로 왕래하는 선박 또는 항공기 안에서 소비되는 식품 및 선천성대사이상질환자용 식품을 제조·가공·수입함에 있어 사용되는 식품첨가물은 「식품위생법」 제6조(기준·규격이 정하여지지 아니한 화학적 합성품 등의 판매 등 금지) 및 이 기준·규격의 적용을 받지 아니할 수 있다.

⑨ 살균제의 용도로 사용되는 식품첨가물은 품목별 사용기준에 별도로 정하고 있지 않는 한 침지하는 방법으로 사용하여야 하며, 세척제나 다른 살균제 등과 혼합하여 사용하여서는 아니 된다.

⑩ 효소제는 따로 규정이 없는 한 식품의 제조·가공 공정 중 분해, 부가 등 효소제의 정의에 맞는 목적으로 사용하여야 하며, 최종식품에 효소 함량을 높이거나 소화촉진 등을 위한 섭취 목적으로 사용하여서는 아니 된다.

(2) 식품첨가물의 일련번호

① 'CAS No.'란 'Chemical Abstract Service Registry Number'의 약어로서 화학 물질의 명칭을 대체하여 사용할 수 있는 국제적으로 통용되는 분류번호를 말하며, 해당 식품첨가물의 정보로서 참고로 할 수 있다.

② 'INS No.'란 'International Numbering System Number'의 약어로서 식품첨가물의 명칭을 대체하여 사용할 수 있는 국제 분류번호를 말하며, 해당 식품첨가물의 정보로서 참고로 할 수 있다.

제3절 기구 및 용기·포장 공전(식약처 고시 제2022-97호, 식품위생법 제7조 관련)

1. 기구 및 용기·포장의 정의(식품위생법 제2조)

(1) 기구의 정의

다음의 어느 하나에 해당하는 것으로서 식품 또는 식품첨가물에 직접 닿는 기계·기구나 그 밖의 물건(농업과 수산업에서 식품을 채취하는 데에 쓰는 기계·기구나 그 밖의 물건 및 「위생용품 관리법」 제2조제1호에 따른 위생용품은 제외)을 말한다.

① 음식을 먹을 때 사용하거나 담는 것

② 식품 또는 식품첨가물을 채취·제조·가공·조리·저장·소분(완제품을 나누어 유통을 목적으로 재포장하는 것)·운반·진열할 때 사용하는 것

　　예 그릇, 수저, 도마, 냄비, 칼, 식품용 가위, 식품용 장갑 등

(2) 용기·포장의 정의

식품 또는 식품첨가물을 넣거나 싸는 것으로서 식품 또는 식품첨가물을 주고받을 때 함께 건네는 물품을 말한다.

　　예 과자, 우유, 빙과 등의 포장 중 식품과 직접 접촉하는 것

2. 구성

> 1) 총칙
> 2) 공통기준 및 규격
> 3) 재질별 규격
>   (1) 정의
>   해당 재질의 범위를 규정하기 위해서 제조 시 사용되는 원료물질 및 그 함량, 제조방법 등으로 구성한다.
>   ※ 재질의 종류 : 합성수지제, 가공셀룰로스제, 고무제, 종이제, 금속제, 목재류, 유리제, 도자기제, 법랑 및 옹기류, 전분제
>   (2) 잔류규격
>   기구·용기·포장 제조 시 원료물질 등으로 사용되어 재질 중 <u>잔류할 수 있는 유해물질</u>에 대한 규격을 의미한다.
>   (3) 용출규격
>   기구·용기·포장 제조 시 원료물질 등으로 사용되어 재질에서 식품으로 <u>이행될 수 있는 유해물질</u>에 대한 규격을 의미한다.
>   (4) 시험법
>   공통기준 및 규격, 잔류규격, 용출규격에 기준 또는 규격이 정해져 있는 개별 항목에 대한 시험법이다.
> 4) 기구 및 용기·포장의 시험법
>   (1) 일반원칙
>   (2) 항목별시험법(납, 카드뮴, 수은 등 59개 항목)

제4절 식품등의 한시적 기준 및 규격 인정 기준(식약처 고시 제2023-43호, 식품위생법 시행규칙 제5조 관련)

1. 정의

식품공전, 식품첨가물공전, 기구 및 용기·포장 공전에 <u>고시되지 않은 식품원료, 식품첨가물, 기구 및 용기·포장 등</u>을 사용하려는 경우 식품의약품안전처장에게 한시적으로 규격을 인정받기 위한 절차

2. 인정 대상 및 절차

(1) 인정 대상(제2조)

고시되지 않은 새로운 물질, 국내에서 사용된 사례가 없는 경우
① 식품원료
② 식품첨가물
③ 기구 등의 살균·소독제
④ 기구 및 용기·포장

식품(원료로 사용되는 경우만 해당)

① 국내에서 새로 원료로 사용하려는 농산물, 축산물, 수산물 및 미생물 등

② 농산물, 축산물, 수산물, 미생물 등으로부터 추출, 농축, 분리, 배양 등의 방법으로 얻은 것으로서 식품으로 사용하려는 원료

③ ① 또는 ② 중 유전자변형 미생물을 이용하여 제조·가공되었으나 유전자변형 미생물을 포함하지 않는 식품원료(유전자변형 미생물 유래 식품원료)로서 최초로 수입하거나 개발 또는 생산하는 것

(2) 식품원료의 인정절차([별표 1])

신청서 작성 및 다음의 제출자료를 첨부하여 식품의약품안전처장에게 제출

① 제출자료의 요약본

② 기원 및 개발경위, 국내·외 인정, 사용현황 등에 관한 자료

③ 제조방법에 관한 자료

④ 원료의 특성에 관한 자료

⑤ 안전성에 관한 자료

제5절 유전자변형식품등의 표시기준(식약처 고시 제2019-98호, 식품위생법 제12조의2 관련)

1. 용어의 정의

(1) 유전자변형

인위적으로 유전자를 재조합하거나 유전자를 구성하는 핵산을 세포 또는 세포내 소기관으로 직접 주입하는 기술, 분류학에 의한 과의 범위를 넘는 세포융합기술 등 현대생명공학기술(유전자변형기술)을 이용 또는 활용하여 농산물, 축산물, 수산물, 미생물의 유전자를 변형시킨 것을 말한다.

(2) 유전자변형생물체

① 유전자변형생물체(GMO ; Genetically Modified Organism) : 유전자변형기술을 이용하여 생물체의 특정 형질을 결정하는 유전자를 목표 생물체의 DNA와 재조합하여 특정한 목적에 맞도록 유전자를 일부 변형시킨 생물체를 말한다.

② 유전자변형생물체(LMO ; Living Modified Organism) : 국제협약인 바이오안전성의정서에서 사용하는 용어로서 현대공학기술(유전자변형기술)을 이용하여 얻어진 새로운 유전물질의 조합을 포함하고 있는 동물, 식물, 미생물 같은 살아 있는 생명체를 일컫는다.

③ GMO와 LMO의 차이 : LMO는 그 자체가 생물이어서 생식과 번식을 할 수 있는 살아 있는 존재인데, GMO는 생식과 번식을 하지 못하는 것도 포함되어 LMO보다 좀 더 넓은 범위의 용어라고 할 수 있다.

[GMO와 LMO의 비교]

GMO		LMO	
옥수수분말	농산물	옥수수	농작물(식물)
	가공식품		농산물(종자)
	생존 증식 불능		생존 증식 가능

(3) 유전자변형식품의 종류

① 국외 : 콩(대두), 옥수수, 면화, 카놀라(유채), 사탕무, 알팔파, 감자, 쌀, 멜론, 레드치커리, 토마토, 호박, 파파야, 아마 등 다양하다.

② 국내 : 안전성 심사에서 승인된 콩(대두), 옥수수, 면화, 카놀라(유채), 사탕무, 알팔파 등 6개 농산물이 있다(수년 전에 이미 감자가 승인되었으나 전 세계적으로 GMO감자를 생산하는 국가가 없어 현재는 승인품목 명단에 포함시키지 않고 있음).

2. GMO의 안전성 심사

우리나라는 유럽, 일본 등과 동일한 방법(실질적 동등성)으로 GMO 안전성을 심사한다. 이때 '실질적 동등성'이란 국제식품규격위원회(CODEX)에서 안전성 심사원칙으로 제안한 것으로, <u>유전자변형농산물과 기존 농산물을 비교·평가</u>[*]하여 서로 차이가 없으면 안전한 것으로 인정한다는 것을 뜻한다.

* 비교·평가는 ① 삽입된 유전자의 변화, ② 독성, ③ 알레르기성, ④ 영양성 등이 있다.

제6절 **위해평가**(식품위생법 제15조 관련)

1. 위해평가(risk assessment)

(1) 정의

① 인체가 식품 등에 존재하는 위해요소에 노출되었을 때 발생할 수 있는 유해영향과 발생확률을 과학적으로 예측하는 일련의 과정으로 위험성 확인, 위험성 결정, 노출평가, 위해도 결정 등의 4단계로 이루어진다.

② 국제적으로 Codex 총회는 식품 중 기준·규격 설정 및 제·개정 시 위해평가 결과를 반영토록 권고하고 있다.

(2) 위해평가의 4단계

① 1단계 : 위험성 확인(hazard identification)

독성실험 및 역학연구 등을 활용하여 물리적·화학적·미생물적 위해요인의 유해성, 독성 및 그 정도와 영향 등을 파악하고 확인하는 과정

② 2단계 : 위험성 결정(hazard characterization)

위해요소의 노출량과 유해영향 발생과의 관계를 정량적으로 규명하는 단계로 동물실험 등의 불확실성 등을 고려하여 인체안전기준(TDI, ADI, RfD 등)을 결정

③ 3단계 : 노출평가(exposure assessment)

식품 등을 통하여 사람이 섭취하는 위해요소의 양 또는 수준을 정량적 및(또는) 정성적으로 산출하는 과정

④ 4단계 : 위해도 결정(risk characterization)

위험성 확인, 위험성 결정 및 노출평가 결과를 근거로 하여 평가대상 위해요인이 인체건강에 미치는 유해영향 발생과 위해정도를 정량적 또는 정성적으로 예측하는 과정

체크 포인트 용어

- 의도적 사용물질 : 의도적으로 사용되어 잔류하는 물질로서 농약, 동물용의약품, 식품첨가물 등이 있다.
- 비의도적 오염물질 : 환경오염물질이나 제조과정 중 생성되는 유해물질로 비의도적으로 오염되는 물질로서 다이옥신, 중금속, 곰팡이독소, 벤조피렌, 벤젠 등이 있다.

2. 위해요소(대상물질)의 위해평가 절차

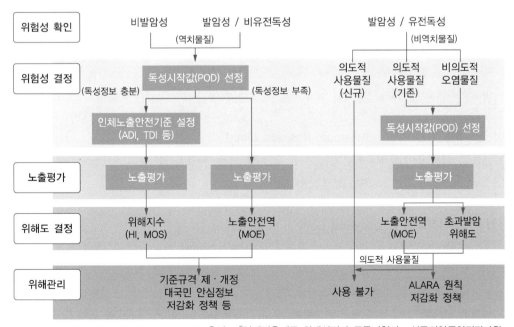

※ 출처 : 「인체적용제품 위해성평가 공통지침서」, 식품의약품안전평가원.

3. 위해평가 용어 설명

(1) 인체노출안전기준(HBGV ; Health Based Guidance Value)

① JECFA(식품첨가물전문가위원회) 등에서 평가한 급성독성참고치(ARfD), 일일섭취허용량(ADI), 일일 섭취한계량(TDI) 등의 인체노출안전기준치를 말한다. 이들 참고치는 평생 동안의 건강보호를 목적으로 정해져 있으며 노출량이 안전값을 초과하였을 경우 건강에 영향을 줄 수 있다.

② 다만 급성독성참고치를 적용하는 경우 물질의 특성 및 노출환경에 따라 건강상 영향을 줄 수 있다. 급성독성참고치를 적용하는 경우는 단기 노출에 대한 건강 영향을 확인하기 위함이다.

(2) 일일섭취허용량(ADI ; Acceptable Daily Intake)

식품첨가물, 잔류농약 등 의도적으로 사용하는 화학물질에 대해 일생 동안 섭취하여도 유해영향이 나타나지 않는 1인당 1일 최대섭취허용량을 말하며, 사람의 체중 kg당 일일섭취허용량을 mg으로 나타낸 것이다. (단위 : mg/kg bw/day)

(3) 일일섭취한계량(TDI ; Tolerable Daily Intake)

환경오염물질 등과 같이 식품 등에 비의도적으로 혼입되는 물질(중금속, 곰팡이독소 등)에 대해 평생 동안 섭취해도 건강상 유해한 영향이 나타나지 않는다고 판단되는 양으로 mg/kg bw/day로 표현한다. TDI는 특별히 제시되지 않는 한 0~2세 유아의 경우는 제외된다.

(4) 이론적 일일최대섭취량(TMDI ; Theoretical Maximum Daily Intake)

① 농약잔류허용기준 및 동물용의약품허용기준 등에 해당 식품들의 섭취량을 곱한 것을 모두 합산한 것이다.

② 농약을 예로 들면 쌀이나 무와 같은 식품별로 '그 식품의 하루당 섭취량(kg/day)'에 '그 식품에 대해 정해진 농약의 잔류기준치(MRL, mg/kg)'를 곱하여 그 농산물을 통한 농약의 섭취량을 계산하며, 이 계산을 기준 설정하려는 모든 식품에 대해 실시하여 그 결과를 합해 추정된 '그 농약의 하루당 섭취량(mg/person/day)'이다. 이 값이 일일섭취허용량(ADI)을 초과하지 않도록 잔류기준이 정해져 있다.

(5) 최대잔류허용기준(MRL ; Maximum Residue Limit)

각 농산물, 식품 중에 잔류가 허용되는 농약, 동물용의약품, 사료첨가물 등의 최대농도이며 단위는 ppm 또는 mg/kg, ppb 또는 μg/kg 등으로 나타낸다.

(6) 일일추정섭취량(EDI ; Estimated Daily Intake)

① 실험상 얻어진 검출량 및 해당 식품의 일일섭취량(국민건강영양조사표 등의 자료활용)을 이용하여 얻어진 값이다.

② 농약의 경우 실제로 사용된 농약의 비율, 저장·가공 중 잔류량 감소 등의 요인을 고려하여 섭취량을 예측한 것으로 농약 등의 평균 검출량에 각 식품들의 1인 1일 평균 섭취량을 곱하여 구하고 있다.

(7) 일일최대추정섭취량(EMDI ; Estimated Maximum Daily Intake)

① 가공 후 실제 잔류량(농약잔류허용기준×농산물 가공계수)에 해당 농산물들의 섭취량을 곱한 것을 모두 합산한 것으로, 잔류농약의 예측섭취량인 이론적 일일최대섭취량(TMDI)보다 더 실제에 가까운 추정량이다.

② 가식부에서의 잔류량에, 시장에서의 가공처리와 조리에 의한 잔류량의 증감보정계수 및 농산물의 일일 섭취량을 고려하여 계산한 것이다.

(8) 노출안전역(MOE ; Margin of Exposure)

NOAEL, BMD 등과 같이 독성이 관찰되지 않는 기준값을 인체노출량으로 나눈 값으로, 화학물질이 적절하게 관리되고 있는지 혹은 여러 가지 화학물질 중 우선관리 대상을 선정하는 등의 위해관리를 지원할 때 사용한다.

※ 인체노출량은 ① 식품별 오염도, ② 식품섭취량, ③ 표준체중 등 노출계수 자료를 활용하여 산출할 수 있다.

(9) 잠정주간섭취한계량(PTWI ; Provisional Tolerable Weekly Intake)

① 체내 축적되는 성질을 지닌 중금속과 같은 식품오염물질에 적용되는 값으로, 뚜렷한 건강위해 없이 일생 동안 매주 섭취할 수 있는 양으로 mg/kg bw/week로 표시된다.

② 최종 결론을 내릴 수 있는 유용한 안전성 자료가 확보되지 않았을 때 적용되고, 체내에 축적과 대사기능에 의한 제거능력과의 균형이 고려된 주당 섭취가능 수준을 뜻한다.

③ PTWI를 위해성평가에 활용 시 어느 특정한 날의 인체노출량이 주간노출량을 일일노출량으로 전환한 값(mg/kg bw/day)을 일정 기간 초과하였다고 할지라도 그것이 지속적인 노출이 아닌 경우는 실제 우려상황은 아니다. PTWI는 특별히 제시되지 않는 한 0~2세 유아의 경우는 제외한다.

(10) 잠정월간최대섭취한계량(PTMI ; Provisional Tolerable Monthly Intake)

① 반감기가 매우 길어 체내 축적되는 성질을 지닌 중금속과 같은 식품 중 오염물질에 적용되는 값으로, 뚜렷한 건강위해 없이 일생 동안 매월 섭취할 수 있는 양으로 mg/kg bw/month로 표시된다.

② PTMI를 위해성평가에 활용 시 어느 특정한 날의 인체노출량이 월간노출량을 일일노출량(mg/kg bw/day)으로 전환한 값을 일정 기간 초과하였다고 할지라도 그것이 지속적인 노출이 아닌 경우는 우려할 상황은 아니다. PTMI는 특별히 제시되지 않는 한 0~2세 유아의 경우는 제외한다.

(11) 최대무독성용량(NOAEL ; No Observed Adverse Effect Level)

독성시험 시 대조군에 비해 바람직하지 않은 영향을 나타내지 않는 통계학적으로 유의한 차이를 보이지 않은 최대 투여용량(mg/kg bw/day)이다.

(12) 최대무작용량(NOEL ; No Observed Effect Level)

투여군을 대조군과 비교 시 생물학적으로 어떠한 영향도 없다고 할 수 있을 때의 최대투여용량이다. 동물에 미치는 영향이 바람직하지 않은 독성인지, 아니면 문제가 되지 않은 영향인지에 따라 최대무독성용량(NOAEL)과 최대무작용량(NOEL)으로 구분한다.

(13) 최소유해용량(LOAEL ; Lowest Observed Adverse Effect Level)

동물독성시험에서 관찰할 수 있는 바람직하지 않은 어떤 영향이 나타나는 최저용량(mg/kg bw/day)이다.

(14) 급성독성참고치(ARfD ; Acute Reference Dose)

식품이나 음용수를 통한 특정 농약 등 화학물질의 인체에 대한 급성영향을 고려하기 위해 설정하는 값으로 인체의 24시간 또는 그보다 단시간의 경구섭취로 건강상 위해성을 나타내지 않는다고 추정되는 양이다. mg/kg bw/day의 단위로 표현된다.

(15) 벤치마크용량(BMD ; Benchmark Dose)

용량-반응 모델을 근거로 계산되는 값, 어떤 독성에 대해 사전에 정한 척도나 생물학적 영향의 변화가 대조군에 비해 5% 혹은 10%의 유해한 영향이 나타나는 용량이다. mg/kg bw/day의 단위로 표현된다.

(16) 체중(B.W. ; Body Weight)

위해성평가의 목적에 따라 보건복지부의 국민건강영양조사표, 산업통상자원부 국가기술표준원의 한국인의 연령별 체중을 활용하여 한국인 평균체중[전 연령 대상 55kg, 성인 평균체중(19세 이상) 60kg]이 사용되고 있다.

(17) 총식이조사(TDS ; Total Diet Study)

① 일상적인 식이로부터 중금속, 방사성 동위원소, 식품첨가물 등의 노출수준을 파악하여 위해도를 평가하는 것을 말한다.
② 전체 집단의 실제적인 식이노출을 파악하기 위해, 개별 식품을 섭취 직전의 상태로 조리하여 식품 중 잔류할 수 있는 오염물질 등을 분석한다.
③ 총식이조사는 '시장바구니조사방식'과 '음선방식' 등 2종류가 있다. 조리 전 원재료를 대상으로 하는 직접적인 식품 분석보다 더 정확한 노출평가가 가능하다.

(18) 독성시작값(POD ; Point Of Departure)

시험에 사용된 용량 범위 내 자료의 수학적 모델링에 의해 결정될 수 있는 값이다. 예를 들어 동물시험 결과를 사용하면 10% 혹은 25% 반응을 나타내는 데 필요한 고정된 값 또는 그러한 반응을 나타내기 위한 용량의 95% 신뢰도 수치가 사용될 수 있다.
※ NOAEL, LOAEL, BMDL 등이 POD값의 의미를 가진다.

(19) 최소량의 원칙(ALARA ; As Low As Reasonably Achievable)

유해성 및 사회적, 경제적, 기술적, 공공정책적 이득과 손실을 고려하여 합리적으로 달성 가능한 수준까지 노출량을 낮게 유지하여야 한다는 개념이다.

(20) 역치(Threshold)

① 유전독성을 가지지 않는 화학물질에 대해 산출될 수 있는 값으로서 최대무독성용량(NOAEL) 및 최소유해용량(LOAEL) 등이 포함되며 주로 개념적으로 위해영향이 나타나기 시작하는 값이다.

② 미생물의 경우는 미생물이 감염을 일으키기 위해서 각각 개별 역치가 존재하는데 어느 정도의 미생물 수가 모여 서로 작용해야 독성유발물질을 만들어 낸다는 가정을 전제로 한다.

(21) 비역치(Non-threshold)

위해요소가 발암성 물질이면서 유전독성을 가지므로 역치를 산정할 수 없는 경우를 의미한다. 미생물의 경우 단일 병원균이 감염을 일으킬 수 있다는 것과 감염을 일으킬 수 있는 확률이 독립적이라는 가정을 전제로 한다.

(22) 노출계수(Exposure factor)

화학물질의 체내 노출량을 산출할 때 필요한 기본값으로 체중, 식품섭취량, 제품 중 함량, 사용량, 체내 흡수율 등이 포함된다.

(23) 반수치사농도(LC$_{50}$; Lethal Concentration 50%)

검체를 실험동물에 흡입 노출시켰을 때 실험동물의 50%가 죽는 검체노출농도로, 보통 mg/L 또는 ppm으로 나타낸다.

※ LC$_{10}$은 검체를 실험동물에 흡입 노출시켰을 때 실험동물의 10%가 죽는 검체노출농도이다.

(24) 반수치사용량(LD$_{50}$; Lethal Dose 50%)

시험물질을 실험동물에 투여하였을 때 실험동물의 50%가 죽는 투여량으로 보통 체중 kg당 mg으로 나타낸다. LD$_{50}$값이 작을수록 치사독성이 강하다는 뜻이다.

※ LD$_{10}$은 실험동물에 투여하였을 때 실험동물의 10%가 죽는 검체투여량이다.

제7절 자가품질검사 의무(식품위생법 제31조 관련)

1. 자가품질검사의 정의 및 기준

(1) 자가품질검사의 정의

식품 등을 제조·가공하는 영업자는 총리령으로 정하는 바에 따라 제조·가공하는 식품 등이 제7조(식품 또는 식품첨가물에 관한 기준 및 규격) 또는 제9조(기구 및 용기·포장에 관한 기준 및 규격)에 따른 기준과 규격에 맞는지를 검사하는 것을 뜻한다.

(2) 자가품질검사의 기준

① 자가품질검사는 판매를 목적으로 제조·가공하는 품목별로 실시한다. 다만, 식품공전에서 정한 동일한 검사항목을 적용받은 품목을 제조·가공하는 경우에는 식품유형별로 이를 실시할 수 있다.

② 기구 및 용기·포장의 경우 동일한 재질의 제품으로 크기나 형태가 다를 경우에는 재질별로 자가품질검사를 실시할 수 있다.

③ 검사의 주기는 검사대상 제품의 제조·가공일을 기준으로 한다.

④ 검사면제 및 검사항목의 생략

　　㉠ HACCP 적용업소에서 검사대상 식품유형의 조사·평가 결과 95% 이상인 경우 검사면제

　　㉡ HACCP 적용업소에서 검사대상 식품유형의 조사·평가 결과 90% 이상인 경우 식품유형별로 설정된 검사주기와 관계없이 6개월마다 1회 실시

　　㉢ 식품첨가물을 사용하지 아니한 경우 해당 항목의 검사 생략 가능

2. 자가품질검사의 주기(규칙 [별표 12])

(1) 식품제조·가공업

① 3개월마다 1회 이상 식품유형별 검사

> 과자류, 빵류 또는 떡류(과자, 캔디류, 추잉껌 및 떡류만 해당), 코코아가공품류, 초콜릿류, 잼류, 당류, 음료류[다류(茶類) 및 커피류만 해당], 절임류 또는 조림류, 수산가공식품류(젓갈류, 건포류, 조미김, 기타 수산물가공품만 해당), 두부류 또는 묵류, 면류, 조미식품(고춧가루, 실고추 및 향신료가공품, 식염만 해당), 즉석식품류(만두류, 즉석섭취식품, 즉석조리식품만 해당), 장류, 농산가공식품류(전분류, 밀가루, 기타 농산가공품류 중 곡류가공품, 두류가공품, 서류가공품, 기타 농산가공품만 해당), 식용유지가공품(모조치즈, 식물성크림, 기타 식용유지가공품만 해당), 동물성가공식품류(추출가공식품만 해당), 기타 가공품, 선박에서 통·병조림을 제조하는 경우 및 단순가공품(자연산물을 그 원형을 알아볼 수 없도록 분해·절단 등의 방법으로 변형시키거나 1차 가공처리한 식품원료를 식품첨가물을 사용하지 아니하고 단순히 서로 혼합만 하여 가공한 제품이거나 이 제품에 식품제조·가공업의 허가를 받아 제조·포장된 조미식품을 포장된 상태 그대로 첨부한 것을 말함)만을 가공하는 경우

② 식품제조·가공업자가 자신의 제품을 만들기 위하여 수입한 반가공 원료식품 및 용기·포장
　　㉠ 반가공 원료식품 : 6개월마다 1회 이상 식품유형별 검사
　　㉡ 용기·포장 : 동일 재질별로 6개월마다 1회 이상 재질별 성분에 관한 규격
③ 2개월마다 1회 이상 식품유형별 검사

> 빵류, 식육함유가공품, 알함유가공품, 동물성가공식품류(기타 식육 또는 기타 알제품), 음료류(과일·채소류음료, 탄산음료류, 두유류, 발효음료류, 인삼·홍삼음료, 기타 음료만 해당, 비가열음료는 제외), 식용유지류(들기름, 추출들깨유만 해당)

④ ①부터 ③까지의 규정 외의 식품 : 1개월(주류는 6개월)마다 1회 이상 식품유형별 검사
⑤ 식품안전관리인증기준(HACCP) 전년도의 조사·평가 결과가 만점의 90% 이상인 식품 : ①, ③, ④에도 불구하고 6개월마다 1회 이상 식품유형별 검사
⑥ 식품의약품안전처장이 식중독 발생위험이 높다고 인정하여 지정·고시한 기간에는 ① 및 ②에 해당하는 식품은 1개월마다 1회 이상, ③에 해당하는 식품은 15일마다 1회 이상, ④에 해당하는 식품은 1주일마다 1회 이상 식품유형별 검사
⑦ 「주류 면허 등에 관한 법률」 제29조에 따른 검사 결과 적합 판정을 받은 주류는 자가품질검사를 실시하지 않을 수 있다. 이 경우 해당 검사는 ④에 따른 주류의 자가품질검사 항목에 대한 검사를 포함해야 한다.

(2) 즉석판매제조·가공업
9개월마다 1회 이상 식품 및 축산물가공품 유형별 검사

(3) 식품첨가물
① 기구 등 살균소독제 : 6개월마다 1회 이상 살균소독력
② ① 외의 식품첨가물 : 6개월마다 1회 이상 식품첨가물별 성분에 관한 규격

(4) 기구 또는 용기·포장
동일 재질별로 6개월마다 1회 이상 재질별 성분에 관한 규격

식품, 식품첨가물, 축산물 및 건강기능식품의 소비기한 설정기준(식약처 고시 제2022-31호, 식품위생법 시행규칙 제45조 관련)

1. 용어의 정의

(1) 소비기한

식품 등에 표시된 보관방법을 준수할 경우 섭취하여도 안전에 이상이 없는 기한

※ 소비기한 영문명 및 약자 예시 : Use by date, Expiration date, EXP, E

> **체크 포인트　유통기한**
>
> 유통기한이란 제품의 제조일로부터 소비자에게 판매가 허용되는 기한을 말하는데, 식품 등의 날짜 표시에 '유통기한' 대신 '소비기한'을 표시하는 내용으로 「식품 등의 표시·광고에 관한 법률」이 개정되었다('21.8.17 개정, '23.1.1 시행, 다만 우유류(냉장보관 제품)는 '31.1.1 시행).
> ※ 유통기한 영문명 및 약자 예시 : Expiration date, Sell by date, EXP, E

(2) 품질유지기한

식품의 특성에 맞는 적절한 보존방법이나 기준에 따라 보관할 경우 해당 식품 고유의 품질이 유지될 수 있는 기한으로 잼류, 당류, 장류 등에 적용하고 있다. 소비기한과 달리 품질유지기한이 지난 제품은 먹어도 인체의 안전에 유해영향이 없으므로 품질유지기한이 경과한 제품을 판매하더라도 영업자에게 과태료 또는 영업정지 등의 행정처분을 하지 않는다.

※ 품질유지기한 영문명 및 약자 예시 : Best before date, Date of Minimum Durability, Best before, BBE, BE

(3) 권장소비기한

영업자 등이 소비기한 설정 시 참고할 수 있도록 제시하는 섭취하여도 안전에 이상이 없는 기한으로서 별도 설정실험 없이 권장소비기한 이내 범위에서 소비기한을 자율적으로 설정할 수 있다.

2. 소비기한 설정방법

(1) 개요

소비기한 표시제도의 도입·시행에 따라 식약처는 2022년부터 2025년까지 식품공전에 있는 200여 개 식품유형 약 2,000여 개 품목의 소비기한을 설정하는 사업을 수행하고 있다. 2022년에는 우선적으로 필요한 50개* 식품유형 약 430여 개 품목에 대해 소비기한 설정실험을 추진하였다.

* 햄류 등 다소비 식품(13개 유형), 과자류 등 중소식품업계 요청 식품(10개 유형), 영유아용 이유식 등 취약계층 대상 식품(4개 유형), 빵류 등 권장유통기한 대상 식품(23개 유형)

(2) 설정방법

① 포장재질, 보존조건, 제조방법, 원료배합비율 등 제품의 특성과 냉장 또는 냉동보존 등 기타 유통실정을 고려하여 위해방지와 품질을 보장할 수 있도록 소비기한 설정을 위한 실험(소비기한 설정실험)을 실시하고, 설정된 '품질안전한계기간' 내에서 실제 유통조건을 고려하여 제품의 유통 중 안전성과 품질을 보장할 수 있도록 소비기한을 설정하여야 한다.

※ 품질안전한계기간 : 식품에 표시된 보관방법을 준수할 경우 특정한 품질의 변화 없이 섭취가 가능한 최대 기간으로, 소비기한 설정실험 등을 통해 산출된 기간

② 통상적으로 '품질안전한계기간'을 도출하기 위한 실험은 기존의 유통기한 설정실험과 동일하나, 소비기한은 소비자가 식품을 섭취할 수 있는 기간까지 포함하기 때문에 유통기한보다 좀 더 길다.

체크 포인트　**유통기한과 소비기한의 차이**

유통기한은 식품의 품질변화 시점을 기준으로 60~70%(안전계수 0.6~0.7) 정도 앞선 기간으로 설정하나, 소비기한은 80~90%(안전계수 0.8~0.9)로 제품의 특성 등을 고려하여 영업자가 설정한다.

※ 소비기한 = 품질안전한계기간 × 안전계수

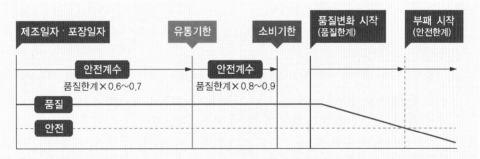

※ 안전계수(불확실성계수)란 제조사 등이 제품의 사용조건을 정할 때, 이론값이나 실험값의 안전한 사용을 위해 제품의 실제 보관·유통 환경에서 예상치 않게 나타날 수 있는 품질변화를 고려하기 위해 설정하는 상한치에 대한 비율(1.00 미만)을 뜻한다.

---

3. 소비기한 설정실험

(1) 설정실험의 지표

① 관능검사

ㄱ 외관(곰팡이, 드립, 침전물, 케이킹, 분리상태, 색택, 외형 등)

ㄴ 풍미(향, 냄새, 산패취 등)

ㄷ 조직감(물성, 점성, 표면균열, 표면건조 등)

ㄹ 맛

② 미생물검사

ㄱ 오염지표균(세균수, 대장균, 대장균군, 곰팡이수, 진균수, 유산균수)

ㄴ 식중독균(바실루스 세레우스, 장염비브리오균, 살모넬라, 황색포도상구균, 클로스트리디움 퍼프린젠스, 리스테리아 모노사이토제네스 등)

③ 이화학검사

    ㉠ 물리적 실험(점도, 색도, 탁도, 용해도, 경도, 비중 등)

    ㉡ 화학적 실험[수분, 수분활성도, pH, 산가, TBA가, 휘발성염기질소(VBN), 산도, 당도, 영양성분(비타민 등), 기능성분(또는 지표성분) 등]

(2) 설정실험의 종류

① 실측실험

    ㉠ 제조사가 의도하는 소비기한의 약 1.3~2배 기간 동안 실제 보관 또는 유통조건으로 저장하면서 선정한 설정실험 지표가 품질한계에 이를 때까지 일정 간격으로 실험을 진행하여 얻은 결과로부터 소비기한을 설정하는 것을 말한다.

    ㉡ 제품의 소비기한을 가장 정확하게 설정할 수 있는 원칙적인 방법이다.

    ㉢ 별도의 통계처리가 필요하지 않아 초보자도 쉽게 접근할 수 있으며 시간, 비용 등 경제적인 측면에서 3개월 이내의 비교적 소비기한이 짧고 유통조건이 단순한 제품에 효율적이다.

② 가속실험

    ㉠ 실제 보관 또는 유통조건보다 가혹한 조건에서 실험하여 단기간에 제품의 소비기한을 예측하는 것을 말한다.

    ㉡ 온도가 물질의 화학적, 생화학적, 물리학적 반응과 부패 속도에 미치는 영향을 이용하여 실제 보관 또는 유통온도와 최소 2개 이상의 비교 온도에 저장하면서 선정한 설정실험 지표가 품질한계에 이를 때까지 일정 간격으로 실험을 진행하여 얻은 결과를 아레니우스 방정식(Arrhenius equation)을 사용하여 실제 보관 및 유통온도로 외삽한 후 소비기한을 예측하여 설정하는 것을 말한다.

    ㉢ 계산과정이 어렵고 복잡하여 초보자가 접근하기는 쉽지 않지만 시간, 비용 등 경제적인 측면에서 3개월 이상의 비교적 소비기한이 길고 유통조건이 복잡한 제품에 효율적이다.

> **체크 포인트** 아레니우스 방정식(Arrhenius equation)
> - 물질의 품질변화에 대한 온도 의존성을 설명하기 위해 시간과 속도상수로 표현되는 화학반응식
> - 가속저장실험에서 가속인자가 열(온도)인 경우에 주로 사용

③ 가혹실험

    ㉠ 통조림, 레토르트 등 보존기간이 2년 이상인 제품의 경우 가속실험을 실행하여도 이화학적, 미생물학적, 관능적 지표가 변화하지 않을 수 있다.

    ㉡ 단기간의 실험 결과로 장기간의 소비기한을 예측해야 하는 데이터로서 활용이 어려운 가속실험의 한계상황에 이를 수 있다. 이 경우 실제 품질의 변화를 더욱 더 가속하여 살펴볼 필요가 있는데 이를 '가혹실험'이라 할 수 있다.

소비기한 3개월 미만의 식품	실측실험(검체 특성에 따라 가속실험 검토)
소비기한 3개월 이상의 식품	가속실험(검체 특성에 따라 실측실험 검토)

※ 소비기한 설정실험은 원칙적으로 실측실험이 우선이다. 그러나 제품의 특성, 출시일정, 경제성 등 효율적인 측면에서 가속실험을 선택하여 소비기한을 설정하였다면, 반드시 실측실험을 통해 가속실험으로부터 예측한 결과가 정확한지 확인할 필요가 있다.

(3) 소비기한 설정실험을 생략할 수 있는 경우(제12조)

① 식품의 권장소비기한 이내로 소비기한을 설정하는 경우

② 소비기한 표시를 생략할 수 있는 식품 또는 품질유지기한 표시대상 식품에 해당하는 경우

③ 소비기한이 설정된 제품과 다음 항목 모두가 일치하는 제품의 소비기한을 이미 설정된 소비기한 이내로 하는 경우

    ㉠ 식품유형

    ㉡ 성상(분말, 건조물, 고체식품, 페이스트상, 시럽상, 액상식품 등)

    ㉢ 포장재질(종이제, 합성수지제, 유리제, 금속제 등) 및 포장방법(진공포장, 밀봉포장 등)

    ㉣ 보존 및 유통온도

    ㉤ 보존료 사용 여부

    ㉥ 유탕ㆍ유처리 여부

    ㉦ 살균(주정처리, 산처리 포함) 또는 멸균방법

④ 소비기한 설정과 관련한 국내ㆍ외 식품관련 학술지 등재 논문, 정부기관 또는 정부출연기관의 연구보고서, 한국식품산업협회 및 동업자조합에서 발간한 보고서를 인용하여 소비기한을 설정하는 경우

제9절 건강진단(식품위생법 제40조 관련)

1. 건강진단

(1) 건강진단의 정의

「식품위생법」 제40조에 의거하여 식품과 관련된 업종에 종사하는 영업자 및 근로자를 대상으로 하는 검사를 말하며, 그 검사결과서를 건강진단결과서(구. 보건증)라고 한다.

(2) 영업에 종사하지 못하는 질병의 종류

① 결핵(비감염성인 경우는 제외)

② 감염력이 소멸될 때까지 일시적으로 제한하는 질병 : 콜레라, 장티푸스, 파라티푸스, 세균성이질, 장출혈성대장균감염증, A형간염

③ 피부병 또는 그 밖의 고름형성(화농성) 질환

④ 후천성면역결핍증(단, 성매개감염병에 관한 건강진단을 받아야 하는 영업의 종사자만 해당)

2. 건강진단 항목 및 횟수(식품위생 분야 종사자의 건강진단 규칙)

건강진단 대상자	건강진단 항목	횟수
식품 또는 식품첨가물(화학적 합성품 또는 기구 등의 살균·소독제는 제외한다)을 채취·제조·가공·조리·저장·운반 또는 판매하는 일에 직접 종사하는 영업자 및 종업원. 다만, 완전 포장된 식품 또는 식품첨가물을 운반하거나 판매하는 일에 종사하는 사람은 제외한다.	1. 장티푸스 2. 파라티푸스 3. 폐결핵	매년 1회(직전 건강진단의 유효기간이 만료되는 날의 다음 날부터 기산한다)

※「학교급식법」에 따른 '식품취급 및 조리작업자'는 6개월에 1회 건강진단을 실시하고, 그 기록을 2년간 보관하여야 한다.

체크 포인트　**건강진단 항목 및 검진기준일 변경**

• 건강진단 항목 변경(시행일 : '24.01.08.)
  국내 환자 발생이 거의 없는 전염성 피부질환(한센병 등 세균성 피부질환을 말함)은 검사항목에서 제외하고, 수인성·식품매개성 감염병으로 만성 보균력이 있는 파라티푸스를 추가했다. 따라서 일부개정령이 공포되어 시행일부터는 "폐결핵, 장티푸스, 파라티푸스" 항목을 진단받아야 한다.
• 검진기준일 완화(검사·유예기간 신설) (시행일 : '24.01.08.)
  건강진단 기한 준수(유효기간 1년) 부담을 완화하고자 건강진단 대상자가 유효기간 만료일 전후 30일 이내에 검사를 받을 수 있도록 했다. 또한 질병·사고 등 부득이한 사유가 발생할 경우 1달 이내의 범위에서 검사 기한을 연장할 수 있도록 유예기간도 신설했다(그간에는 별도의 검사·유예기간 없이 유효기간 만료일 전에 반드시 건강진단을 받아야 했음).
  ※「식품위생 분야 종사자의 건강진단 규칙」일부개정령 개정공포('23.12.07.)

제10절　위해식품 등의 회수(식품위생법 제45조 관련)

1. 회수의 정의 및 종류

(1) 정의

식품위생상 위해가 발생하였거나 발생할 우려가 있는 경우, 영업자가 해당 식품이 더 이상 유통·판매·사용되지 않도록 거두어들이는 것을 말한다.

(2) 회수의 종류

① 의무회수 :「식품위생법」제45조 및 제72조,「식품 등의 표시·광고에 관한 법률」제15조에 근거한 회수

② 자율회수 : 의무회수 이외의 위생상 위해 우려가 의심되거나, 품질 결함 등의 이유로 영업자가 스스로 실시하는 회수

2. 회수대상 식품 등

「식품위생법」 제45조(위해식품 등의 회수)제1항 및 제72조(폐기처분 등)제3항, 「식품 등의 표시·광고에 관한 법률」 제15조(위해식품 등의 회수 및 폐기처분 등)제1항 및 제3항의 규정에 따라 식품위생상의 위해가 발생하였거나 발생할 우려가 있다고 인정되는 식품 등으로서 다음 각 항목에 해당하는 경우

가. 「식품위생법」 제4조(위해식품 등의 판매 등 금지), 제5조(병든 동물 고기 등의 판매 등 금지), 제6조(기준·규격이 정하여지지 아니한 화학적 합성품 등의 판매 등 금지), 제8조(유독기구 등의 판매·사용 금지) 또는 제9조의3(인정받지 않은 재생원료의 기구 및 용기·포장에의 사용 등 금지) 규정을 위반한 식품 등

나. 「식품위생법」 제7조(식품 또는 식품첨가물에 관한 기준 및 규격)제4항 또는 제9조(기구 및 용기·포장에 관한 기준 및 규격)제4항의 기준·규격을 위반한 식품 등으로서 각 회수등급별 위반사항에 해당되는 경우

다. 「식품위생법」 제12조의2(유전자변형식품 등의 표시)제2항, 제37조(영업허가 등) 또는 「식품 등의 표시·광고에 관한 법률」 제4조(표시의 기준)제3항 및 제8조(부당한 표시 또는 광고행위의 금지)제1항 규정을 위반한 식품 등으로서 각 회수등급별 위반사항에 해당되는 경우

라. 기타 인체의 건강에 위해를 가할 가능성이 있어 식품의약품안전처장이 회수하여야 한다고 인정하는 경우

3. 회수등급

가. 1등급

식품 등의 섭취 또는 사용으로 인해 인체건강에 미치는 위해영향이 매우 크거나 중대한 위반행위로서 다음 각 항목에 해당되는 경우

1) 식품 등에 다음 어느 하나에 해당하는 원료를 사용한 경우

　① 「식품위생법」 제5조(병든 동물 고기 등의 판매 등 금지) 및 같은 법 시행규칙 제4조(판매 등이 금지되는 병든 동물 고기 등)에 규정된 「축산물 위생관리법 시행규칙」[별표 3] 제1호다목에 따라 도축이 금지되는 가축전염병 또는 리스테리아병, 살모넬라병, 파스튜렐라병 및 선모충증에 감염된 동물의 고기·뼈·젖·장기 또는 혈액

　② 「식품위생법」 제93조(벌칙)에 따라 식품에 사용할 수 없는 마황, 부자, 천오, 초오, 백부자, 섬수, 백선피, 사리풀

　③ 식품공전 [별표 1] "식품에 사용할 수 있는 원료"의 목록, [별표 2] "식품에 제한적으로 사용할 수 있는 원료"의 목록 및 [별표 3] "한시적 기준·규격에서 전환된 원료"의 목록에서 정한 것 이외의 원료

　④ 식품공전 '제1. 3.용어의 정의'에 따른 식용으로 부적합한 비가식 부분

　⑤ 기타 식품의약품안전처장이 식용으로 부적절하다고 인정한 동식물

　⑥ 소비기한이 경과한 식품 등

　⑦ 한글표시사항 전부를 표시하지 않았거나, 표시해야 할 소비기한 또는 제조일자를 표시하지 않은 식품 등

2) 국제암연구소(International Agency for Research on Cancer, IARC)의 발암물질 분류기준 중 Group 1에 해당하는 물질로서 폼알데하이드, 방향족탄화수소(벤조피렌 등), 다이옥신 또는 폴리염화비페닐(PCBs) 기준을 위반한 경우

3) 장출혈성대장균, 리스테리아 모노사이토제네스, 클로스트리디움 보툴리눔 또는 크로노박터' 기준을 위반한 경우

4) 패독소 기준을 위반한 경우

5) 아플라톡신 기준을 위반한 경우

6) 방사능 기준을 위반한 경우

7) 식품 등에 금속성 이물(쇳가루 제외), 유리조각 등 인체에 직접적인 손상을 줄 수 있는 재질이나 크기의 이물, 위생동물의 사체 등 심한 혐오감을 줄 수 있는 이물이 혼입된 경우(다만, 이물 혼입 원인이 객관적으로 밝혀져 다른 제품에서 더 이상 동일한 이물이 발견될 가능성이 없다고 식품의약품안전처장이 인정하는 경우는 제외)

8) 인체 기생충 및 그 알이 혼입된 경우

9) 부정물질(발기부전치료제, 비만치료제, 당뇨병치료제 등 의약품성분과 그 유사물질) 기준을 위반한 경우

10) 멜라민 기준을 위반한 경우

11) 「식품위생법」 제4조(위해식품 등의 판매 등 금지)제1호, 제2호 또는 제4호를 위반한 것으로 인체 건강에 미치는 위해의 정도가 매우 큰 경우

12) 「식품위생법」 제4조(위해식품 등의 판매 등 금지)제5호, 제6호 또는 제7호를 위반한 경우

13) 「식품위생법」 제6조(기준·규격이 정하여지지 아니한 화학적 합성품 등의 판매 등 금지), 제8조(유독기구 등의 판매·사용 금지) 또는 제9조의3(인정받지 않은 재생원료의 기구 및 용기·포장에의 사용 등 금지)을 위반한 경우

14) 「식품 등의 표시·광고에 관한 법률」 제4조(표시의 기준)제3항 및 제8조(부당한 표시 또는 광고행위의 금지)제1항 규정을 위반한 것으로서 다음 어느 하나에 해당하는 경우
   ① 표시해야 할 제조일자 또는 소비기한을 표시하지 않은 경우
   ② 제조일자 또는 소비기한을 사실과 다르게 표시한 경우로서 위반사항 확인 시점에 실제 소비기한이 이미 경과한 경우
   ③ 표시 대상 알레르기 유발물질을 표시하지 않은 경우

15) 기준·규격이 정해지지 않은 기구 및 용기·포장을 제조·수입·기타 영업에 사용한 경우

16) 그 밖에 인체건강에 미치는 위해의 정도나 위반행위의 정도가 위의 1)부터 15)항목과 동등하거나 유사하다고 판단되는 경우로서 식품의약품안전처장이 1등급으로 결정하는 경우

나. 2등급

식품 등의 섭취 또는 사용으로 인해 인체건강에 미치는 위해영향이 크거나 일시적인 경우로서 다음 각 항목에 해당하는 경우

1) 비소, 납, 카드뮴, 수은, 메틸수은, 무기비소 등 중금속 기준을 위반한 경우

2) 살모넬라, 황색포도상구균, 장염비브리오, 클로스트리디움 퍼프린젠스, 캠필로박터제주니/콜리, 바실루스 세레우스, 여시니아 엔테로콜리티카 기준을 위반한 경우

3) 국제암연구소(IARC)의 발암물질 분류기준 중 Group 2A, 2B에 해당하는 물질로서 3-MCPD(3-Monochloropropane-1,2-diol) 기준을 위반한 경우

4) 농산물(콩나물 포함)의 농약잔류허용기준을 위반한 경우

5) 수산물의 잔류물질 잔류허용기준을 위반한 경우

6) 동물용의약품의 잔류허용기준을 위반한 경우

7) 오크라톡신 A 또는 푸모니신 기준을 위반한 경우

8) 메탄올 또는 시안화물 기준을 위반한 경우

9) 테트라하이드로칸나비놀(THC) 또는 칸나비디올(CBD) 기준을 위반한 경우

10) 에틸렌옥사이드 기준을 위반한 경우

11) 프탈레이트 또는 니켈 기준을 위반한 경우

12) 그 밖에 인체건강에 미치는 위해의 정도가 위의 1)부터 11)항목과 동등하거나 유사하다고 판단되는 경우로서 식품의약품안전처장이 2등급으로 결정하는 경우

다. 3등급

식품 등의 섭취 또는 사용으로 인해 인체의 건강에 미치는 위해 영향이 비교적 적은 경우로서 다음 각 항목에 해당하는 경우

1) 국제암연구소(IARC)의 발암물질 분류기준 중 Group 3에 해당하는 물질로서 셀레늄, 방향족탄화수소(페놀, 톨루엔 등) 기준을 위반한 경우

2) 대장균, 대장균군, 세균수 또는 세균발육 기준을 위반한 경우

3) 바륨, o-톨루엔설폰아미드 또는 폴리옥시에틸렌 기준을 위반한 경우

4) 파튤린, 데옥시니발레놀 또는 제랄레논 기준을 위반한 경우

5) 식품조사처리 기준을 위반한 경우

6) 식품첨가물 사용 또는 허용량 기준을 위반한 경우(사용 또는 허용량 기준을 10% 미만 초과한 것은 제외)

7) 주석, 암모니아성질소, 형광증백제, 포스파타제, 아질산이온 또는 2-클로로에탄올 기준을 위반한 경우

8) 식품 등에 파리, 바퀴벌레 등 위생해충, 1등급 이외의 기생충 및 그 알 또는 쇳가루가 혼입되어 인체의 건강을 해할 우려가 있는 경우(다만, 이물 혼입 원인이 객관적으로 밝혀져 다른 제품에서 더 이상 동일한 이물이 발견될 가능성이 없다고 식품의약품안전처장이 인정하는 경우는 제외)

9) 기타이물 중 제조과정 중에서 혼입될 가능성과 인체에 위해영향을 줄 가능성이 있는 것으로서 식품의약품안전처장이 회수가 필요하다고 인정하는 이물

10) 「식품위생법」 제9조(기구 및 용기 · 포장에 관한 기준 및 규격)에 따라 식품의약품안전처장이 정한 기구 또는 용기 · 포장의 기준 및 규격을 위반한 것으로서 총용출량 기준을 위반한 경우

11) 「식품위생법」 제12조의2(유전자변형식품 등의 표시)제2항을 위반하여 유전자변형식품임을 표시하여야 하는 유전자변형식품 등을 표시를 하지 않고 판매하거나 판매할 목적으로 수입 · 진열 · 운반 또는 영업에 사용한 경우

12) 「식품 등의 표시 · 광고에 관한 법률」 제8조(부당한 표시 또는 광고행위의 금지)제1항 규정을 위반하여 제조일자 또는 소비기한을 사실과 다르게 표시한 경우로서 위반사항 확인 시점에 실제 소비기한이 경과하지 않은 경우

13) 그 밖에 인체건강에 미치는 위해의 정도가 위의 1)부터 12)항목과 동등하거나 유사하다고 판단되는 경우로서 식품의약품안전처장이 3등급으로 결정하는 경우

4. 회수명령 절차 및 통보방법

(1) 회수명령 절차

회수영업자가 신속히 회수를 개시하도록 회수명령 내용을 회수영업자에게 우선 전화로 통보하고 통화일시, 통화내역, 수화자 등 전화통화 내역을 기록

(2) 회수명령 통보방법 및 시한

① 1등급 : 회수명령기관은 부적합식품긴급통보를 받은 후 24시간 이내 회수영업자에게 공문 직접 전달

② 2등급 : 회수명령기관은 부적합식품긴급통보를 받은 후 48시간 이내 회수영업자가 공문을 수령할 수 있도록 직접 전달 또는 우편(등기), 팩스 송부

③ 3등급 : 회수명령기관은 부적합식품긴급통보를 받은 후 72시간 이내 회수영업자가 공문을 수령할 수 있도록 직접 전달 또는 우편(등기), 팩스 송부

※ 팩스 등의 방법으로 전달할 경우 전송 후 수신 여부를 반드시 확인

5. 회수계획 보고

1) 회수계획서 작성

회수영업자는 회수개시와 더불어 아래 항목이 포함된 회수계획서를 신속히 작성하여 회수명령기관에 제출하여야 한다(별지 제1호 서식).

가) 제품명, 영업소 명칭 및 소재지, 제조일자(소비기한), 생산(수입)량, 창고재고량, 유통·판매현황(1차, 2차, 3차 등 각 거래처 업소명, 연락처, 업소별 판매량과 유통재고량)

나) 회수계획량(해당 식품 등의 소비량, 잔존 소비기한, 평균 소비주기 등을 고려하여 산출)

다) 회수사유, 회수방법, 회수완료 예정일, 회수식품 처리계획, 회수공개 및 정보교류 방법 등

라) 회수효율성 점검 계획

신속한 회수를 위해 각 유통단계별 모든 거래처에 회수정보가 전달되었는지, 회수사실을 통보받은 각 거래처가 회수를 위한 적절한 조치를 취하는지 등을 회수영업자 스스로 점검하기 위한 계획(별지 제5호 서식)

2) 회수계획서 보고

회수영업자는 회수계획서와 생산·판매 관련 자료 등을 회수등급별 보고기한 내에 회수명령기관에 제출하여야 한다.

가) 회수등급별 계획서 보고기한

회수등급	회수계획서 보고기한
1등급	회수명령을 받은 후 1일 이내
2등급	회수명령을 받은 후 2일 이내
3등급	

나) 회수계획서를 기한 내 보고할 수 없을 경우 회수명령기관에 지연사유를 제출하여 승인을 받은 후 보고기한을 연장할 수 있으며, 회수계획서 보고 후 회수계획량 등 변경사항이 발생할 경우 즉시 변경내용을 보고하여야 한다.

다) 회수기간 연장이 불가피할 경우 회수명령기관에 미리 연장사유를 제출하여 승인을 받은 후 연장할 수 있다.

CHAPTER 02 건강기능식품에 관한 법률

10% 출제비중

※ 약칭 : 건강기능식품법

1. 개요

(1) 정의(법 제3조)

① 건강기능식품 : 인체에 유용한 기능성을 가진 원료나 성분을 사용하여 제조·가공한 식품

② 기능성 : 인체의 구조 및 기능에 대하여 영양소를 조절하거나 생리학적 작용 등과 같은 보건 용도에 유용한 효과를 얻는 것

> **체크 포인트** **식품과 의약품의 정의**
>
> • 식품 : 「식품위생법」에 따른 의약으로 섭취하는 것을 제외한 모든 음식물
> • 의약품 : 「약사법」에 따른 사람이나 동물의 질병을 진단·치료·처치 또는 예방할 목적으로 사용하는 물품

(2) 기능성 원료의 기능성 인정 내용

기능성 구분	기능성 내용
질병발생 위험 감소 기능	○○발생 위험 감소에 도움을 줌
생리활성기능	○○에 도움을 줄 수 있음

※ 「건강기능식품 기능성 원료 및 기준·규격 인정에 관한 규정」[별표 4]에 따름
※ 기능성 등급이 개정되어 기존 생리활성기능의 등급(1~3등급) 구분이 폐지('16.12.21. 개정 → '17.6.22. 시행)

(3) 건강기능식품의 고시형 원료와 개별인정형 원료

고시형 원료	건강기능식품공전에 고시되어 있는 영양성분(28종)과 기능성 원료(69종)로서 누구나 사용할 수 있는 원료
개별인정형 원료 (비고시형 원료)	건강기능식품공전에 고시되지 않은 원료를 영업자가 인정절차를 통해 식품의약품안전처장으로부터 개별적으로 인정받은 원료로서 해당 영업자 외에는 사용할 수 없는 원료('23.11.01. 기준 358종 인정)

2. 건강기능식품의 개별인정형 기준 및 인정절차

(1) 법적 근거 및 인정 대상

① 법적 근거 : 「건강기능식품 기능성 원료 및 기준·규격 인정에 관한 규정」

② 인정 대상 : 고시되지 않은 기능성 원료 또는 건강기능식품으로 인정받으려는 자

(2) 건강기능식품 기능성 원료 인정절차

건강기능식품 기능성 원료 인정 신청서 작성 및 자료를 첨부하여 식품의약품안전처장에게 제출

① 제출자료 1부

ㄱ 제출자료 전체의 총괄 요약본

ㄴ 기원, 개발경위, 국내외 인정 및 사용현황 등에 관한 자료

ㄷ 제조방법에 관한 자료

ㄹ 원료의 특성에 관한 자료

ㅁ 기능성분(또는 지표성분)에 대한 규격 및 시험방법에 관한 자료

ㅂ 유해물질에 대한 규격 및 시험방법에 관한 자료

ㅅ 안전성에 관한 자료

ㅇ 기능성 내용에 관한 자료

ㅈ 섭취량, 섭취 시 주의사항 및 그 설정에 관한 자료

② 제출자료 수록한 저장매체(CD 등) 1개

③ 원료, 제품 또는 시제품

④ 표준품(기능성분 또는 지표성분)

⑤ 국내외 시험·검사기관이 발행한 시험성적서

(3) 건강기능식품 인정절차

건강기능식품 인정 신청서 작성 및 자료를 첨부하여 식품의약품안전처장에게 제출

① 제출자료 1부

ㄱ 제출자료 전체의 총괄 요약본

ㄴ 식품의 유형에 관한 자료

ㄷ 배합원료의 명칭 및 함량에 관한 자료

ㄹ 제조방법에 관한 자료

ㅁ 기준 및 규격에 관한 자료

ㅂ 안전성에 관한 자료

ㅅ 기능성 내용에 관한 자료

ㅇ 영양성분에 관한 자료

② 제출자료 수록한 저장매체(CD 등) 1개

③ 제품 또는 시제품

④ 기능성분(또는 지표성분) 표준품

⑤ 국내외 시험·검사기관이 발행한 시험성적서

CHAPTER 03 식품 등의 표시·광고에 관한 법률

18% 출제비중

※ 약칭 : 식품표시광고법

제1절 식품표시광고법

1. 알레르기 유발물질 표시(규칙 [별표 2])

식품 등에 알레르기를 유발할 수 있는 원재료가 포함된 경우 그 원재료명을 표시해야 하며, 알레르기 유발물질, 표시대상 및 표시방법은 다음과 같다.

(1) 알레르기 유발물질

알류(가금류만 해당), 우유, 메밀, 땅콩, 대두, 밀, 고등어, 게, 새우, 돼지고기, 복숭아, 토마토, 아황산류(이를 첨가하여 최종제품에 이산화황이 1kg당 1mg 이상 함유된 경우만 해당), 호두, 닭고기, 쇠고기, 오징어, 조개류(굴, 전복, 홍합을 포함), 잣

(2) 표시대상

① (1)의 알레르기 유발물질을 원재료로 사용한 식품 등
② ①의 식품 등으로부터 추출 등의 방법으로 얻은 성분을 원재료로 사용한 식품 등
③ ① 및 ②를 함유한 식품 등을 원재료로 사용한 식품 등

(3) 표시방법

원재료명 표시란 근처에 바탕색과 구분되도록 알레르기 표시란을 마련하고, 제품에 함유된 알레르기 유발물질의 양과 관계없이 원재료로 사용된 모든 알레르기 유발물질을 표시해야 한다. 다만, 단일 원재료로 제조·가공한 식품이나 포장육 및 수입 식육의 제품명이 알레르기 표시대상 원재료명과 동일한 경우에는 알레르기 유발물질 표시를 생략할 수 있다.

예 달걀, 우유, 새우, 이산화황, 조개류(굴) 함유

2. 혼입(混入)될 우려가 있는 알레르기 유발물질 표시

알레르기 유발물질을 사용한 제품과 사용하지 않은 제품을 같은 제조과정(작업자, 기구, 제조라인, 원재료 보관 등 모든 제조과정을 포함)을 통해 생산하여 불가피하게 혼입될 우려가 있는 경우 '이 제품은 알레르기 발생 가능성이 있는 메밀을 사용한 제품과 같은 제조시설에서 제조하고 있습니다', '메밀 혼입 가능성 있음', '메밀 혼입 가능' 등의 주의사항 문구를 표시해야 한다. 다만, 제품의 원재료가 위의 (1)에 따른 알레르기 유발물질인 경우에는 표시하지 않는다.

제2절 식품등의 표시기준(식약처 고시 제2023-64호, 식품표시광고법 제4조 관련)

1. 공통표시기준

(1) 표시방법

모든 식품들이 공통적으로 표시해야 하는 방법을 규정

(2) 장기보존식품의 표시

① 통·병조림
② 레토르트식품
③ 냉동식품

(3) 인삼 또는 홍삼성분 함유 식품의 표시

(4) 조사처리(照射處理)식품의 표시

(5) 조리식품의 고카페인 표시

① 다음의 영업자는 특별한 사유가 없으면 조리·판매하는 식품에 고카페인 표시를 하거나 소비자에게 그 내용을 안내하는 데 적극 노력해야 한다.

ㄱ 「식품위생법 시행령」에 따른 휴게음식점영업을 하는 자, 일반음식점영업을 하는 자 및 제과점영업을 하는 자 중 「가맹사업거래의 공정화에 관한 법률」에 따른 가맹사업이고 그 가맹사업의 직영점과 가맹점을 포함한 점포 수가 전년도 기준 100개 이상인 경우에 해당하는 영업자

ㄴ 「식품위생법 시행령」에 따른 휴게음식점영업을 하는 자, 일반음식점영업을 하는 자 및 제과점영업을 하는 자 중 「독점 규제 및 공정거래법에 관한 법률」에 따른 사업자이고 점포수가 전년도 기준 100개 이상인 경우에 해당하는 영업자

② 표시대상 식품 및 표시사항

카페인을 1mL당 0.15mg 이상 함유한 액체 식품(커피 및 다류)에 총카페인 함량, 주의문구('어린이, 임산부, 카페인 민감자는 섭취에 주의해 주시기 바랍니다' 등), '고카페인 함유' 표시

③ 표시방법

ㄱ 표시사항은 소비자가 쉽게 알아볼 수 있도록 눈에 띄게 바탕색과 구분되는 색상으로 표시한다.

ㄴ 영업자가 매장에서 조리·판매하는 경우에는 메뉴 등에 ②를 표시하며, 매장에 ②를 표시한 리플릿, 포스터 등 소비자가 해당 정보를 쉽게 확인할 수 있는 별도의 자료를 비치하는 경우에는 메뉴 등에 표시하지 않을 수 있다.

ㄷ 영업자가 홈페이지, 모바일앱 등 온라인, 전화 등을 통해 주문받아 식품을 소비자에게 배달하는 경우에는 ②를 표시한 리플릿, 스티커 등을 함께 제공한다. 다만, 홈페이지, 모바일앱 등 온라인으로만 주문받아 배달되는 식품에 대하여 홈페이지, 모바일앱 등 온라인으로 해당 정보를 제공하는 경우에는 생략할 수 있다.

ⓔ ⓒ에 따라 영업자가 홈페이지, 모바일앱 등 온라인상에 조리・판매하는 식품의 정보를 제공하는
　　　경우에는 식품명이나 가격표시 주변에 ②를 표시한다.
　④ 허용오차 : ②에 따라 표시한 총카페인 함량의 허용오차는 120% 미만으로 한다.

2. 개별표시사항 및 표시기준

(1) 개별표시기준(과자류, 빵류 또는 떡류 등 27개 식품군)[1]

(2) 개별표시기준의 예시

　① 유형 : 과자, 캔디류, 추잉껌, 빵류, 떡류

　② 표시사항

　　㉠ 제품명

　　㉡ 식품유형

　　㉢ 영업소(장)의 명칭(상호) 및 소재지

　　㉣ 소비기한

　　㉤ 내용량 및 내용량에 해당하는 열량(단, 열량은 과자, 캔디류, 빵류, 떡류에 한하며 내용량 뒤에 괄호
　　　로 표시)

　　㉥ 원재료명

　　㉦ 영양성분(과자, 캔디류, 빵류, 떡류에 한함)

　　㉧ 용기・포장 재질

　　㉨ 품목보고번호

　　㉩ 성분명 및 함량(해당 경우에 한함)

　　㉪ 보관방법(해당 경우에 한함)

　　㉫ 주의사항

　　　• 부정・불량식품신고표시

　　　• 알레르기 유발물질(해당 경우에 한함)

　　　• 기타(해당 경우에 한함)

　　㉬ 조사처리식품(해당 경우에 한함)

　　㉭ 유전자변형식품(해당 경우에 한함)

　　㉮ 기타 표시사항

---

1) 편저자 주 : 27개 식품군마다 표시사항이 정해져 있고, 대부분 비슷하게 구성되어 있으나 식품군별 특성에 따라 해당 식품군에
　한해서 추가 표시기준이 마련되어 있다.

3. 표시사항별 세부 표시기준(별지 1)[2]

(1) 제품명

(2) 영업소(장) 등의 명칭(상호) 및 소재지

(3) 제조연월일(이하 "제조일"로 표시할 수 있음)

(4) 소비기한 또는 품질유지기한

① 소비기한은 '○○년○○월○○일까지', '○○.○○.○○까지', '○○○○년○○월○○일까지', '○○○○.○○.○○까지' 또는 '소비기한 : ○○○○년○○월○○일'로 표시하여야 한다. 다만, 축산물의 경우 제품의 소비기한이 3월 이내인 경우에는 소비기한의 '년' 표시를 생략할 수 있다.

② 제조일을 사용하여 소비기한을 표시하는 경우에는 '제조일로부터 ○○일까지', '제조일로부터 ○○월까지' 또는 '제조일로부터 ○○년까지', '소비기한 : 제조일로부터 ○○일'로 표시할 수 있다.

③ 제품의 제조·가공과 포장과정이 자동화 설비로 일괄 처리되어 제조시간까지 자동 표시할 수 있는 경우에는 '○○월○○일○○시까지' 또는 '○○.○○.○○ 00:00까지'로 표시할 수 있다.

④ 품질유지기한은 '○○년○○월○○일', '○○.○○.○○', '○○○○년○○월○○일' 또는 '○○○○.○○.○○'로 표시하여야 한다.

⑤ 제조일을 사용하여 품질유지기한을 표시하는 경우에는 '제조일로부터 ○○일', '제조일로부터 ○○월' 또는 '제조일로부터 ○○년'으로 표시할 수 있다.

⑥ 소비기한 또는 품질유지기한을 주표시면 또는 정보표시면에 표시하기가 곤란한 경우에는 해당 위치에 소비기한 또는 품질유지기한의 표시위치를 명시하여야 한다.

⑦ 수입되는 식품 등에 표시된 수출국의 소비기한 또는 품질유지기한의 '연월일'의 표시순서가 ① 또는 ④의 기준과 다를 경우에는 소비자가 알아보기 쉽도록 '연월일'의 표시순서를 예시하여야 하며, '연월'만 표시되었을 경우에는 '연월일' 중 '일'의 표시는 제품에 표시된 해당 '월'의 1일로 표시하여야 한다.

⑧ 소비기한 또는 품질유지기한 표시가 의무가 아닌 국가로부터 소비기한 또는 품질유지기한이 표시되지 않은 제품을 수입하는 경우 그 수입자는 제조국, 제조회사로부터 받은 소비기한 또는 품질유지기한에 대한 증명자료를 토대로 하여 한글표시사항에 소비기한 또는 품질유지기한을 표시하여야 한다.

⑨ 소비기한 또는 품질유지기한의 표시는 사용 또는 보존에 특별한 조건이 필요한 경우 이를 함께 표시하여야 한다. 이 경우 냉동 또는 냉장보관·유통하여야 하는 제품은 '냉동보관' 및 냉동온도 또는 '냉장보관' 및 냉장온도를 표시하여야 한다(냉동 및 냉장온도는 축산물에 한함).

⑩ 소비기한이나 품질유지기한이 서로 다른 각각의 여러 가지 제품을 함께 포장하였을 경우에는 그중 가장 짧은 소비기한 또는 품질유지기한을 표시하여야 한다. 다만 소비기한 또는 품질유지기한이 표시된 개별 제품을 함께 포장한 경우에는 가장 짧은 소비기한만을 표시할 수 있다.

---

2) 편저자 주 : 기준에는 (1)~(8)까지 각 표시사항별로 어떻게 표시해야 할지 자세하게 서술되어 있으나 그 내용이 많아 기출되었던 내용만 발췌하였다.

⑪ 자연상태 식품 등 소비기한 표시대상 식품이 아닌 식품에 소비기한을 표시한 경우에는 ①부터 ⑩까지의 표시방법을 따라 표시하여야 한다(자연상태 식품인 경우 ②와 ⑤ 중 '제조일'은 '생산연월일 또는 포장일'로 봄). 이 경우, 표시된 소비기한이 경과된 제품을 수입·진열 또는 판매하여서는 아니 되며, 이를 변경하여서도 아니 된다.

(5) 내용량

(6) 원재료명

(7) 성분명 및 함량

(8) 영양성분 등
① 영양성분별 세부 표시방법
  ㉠ 열량
  • 열량의 단위는 킬로칼로리(kcal)로 표시하되, 그 값을 그대로 표시하거나 그 값에 가장 가까운 5kcal 단위로 표시하여야 한다. 이 경우 5kcal 미만은 '0'으로 표시할 수 있다.
  • 열량의 산출기준은 다음과 같다.
    – 영양성분의 표시함량을 사용('00g 미만'으로 표시되어 있는 경우에는 그 실제 값을 그대로 사용)하여 열량을 계산함에 있어 탄수화물은 1g당 4kcal를, 단백질은 1g당 4kcal를, 지방은 1g당 9kcal를 각각 곱한 값의 합으로 산출하고, 알코올 및 유기산의 경우에는 알코올은 1g당 7kcal를, 유기산은 1g당 3kcal를 각각 곱한 값의 합으로 한다.
    – 탄수화물 중 당알코올 및 식이섬유 등의 함량을 별도로 표시하는 경우의 탄수화물에 대한 열량 산출은 당알코올은 1g당 2.4kcal(에리스리톨은 0kcal), 식이섬유는 1g당 2kcal, 타가토스는 1g당 1.5kcal, 알룰로스는 1g당 0kcal, 그 밖의 탄수화물은 1g당 4kcal를 각각 곱한 값의 합으로 한다.
  ㉡ 나트륨 : 나트륨의 단위는 밀리그램(mg)으로 표시하되, 그 값을 그대로 표시하거나, <u>120mg 이하인 경우에는 그 값에 가장 가까운 5mg 단위로, 120mg을 초과하는 경우에는 그 값에 가장 가까운 10mg 단위로 표시하여야 한다.</u> 이 경우 5mg 미만은 '0'으로 표시할 수 있다.
  ㉢ 탄수화물 및 당류
  • 탄수화물에는 당류를 구분하여 표시하여야 한다.
  • 탄수화물의 단위는 그램(g)으로 표시하되, 그 값을 그대로 표시하거나 그 값에 가장 가까운 1g 단위로 표시하여야 한다. 이 경우 1g 미만은 '1g 미만'으로, 0.5g 미만은 '0'으로 표시할 수 있다.
  • <u>탄수화물의 함량은 식품 중량에서 단백질, 지방, 수분 및 회분의 함량을 뺀 값을 말한다.</u>

ㄹ 지방, 트랜스지방, 포화지방

- 지방에는 트랜스지방 및 포화지방을 구분하여 표시하여야 한다.
- 지방의 단위는 그램(g)으로 표시하되, 그 값을 그대로 표시하거나 5g 이하는 그 값에 가장 가까운 0.1g 단위로, 5g을 초과한 경우에는 그 값에 가장 가까운 1g 단위로 표시하여야 한다. 이 경우(트랜스지방은 제외) 0.5g 미만은 '0'으로 표시할 수 있다.
- 트랜스지방은 0.5g 미만은 '0.5g 미만'으로 표시할 수 있으며, 0.2g 미만은 '0'으로 표시할 수 있다. 다만, 식용유지류제품은 100g당 2g 미만일 경우 '0'으로 표시할 수 있다.

② 영양성분 함량강조표시

영양성분	강조표시	표시조건
열량	저	식품 100g당 40kcal 미만 또는 식품 100mL당 20kcal 미만일 때
	무	식품 100mL당 4kcal 미만일 때
나트륨/ 소금(염)	저	식품 100g당 120mg 미만일 때 ※ 소금(염)은 식품 100g당 305mg 미만일 때
	무	식품 100g당 5mg 미만일 때 ※ 소금(염)은 식품 100g당 13mg 미만일 때
당류	저	식품 100g당 5g 미만 또는 식품 100mL당 2.5g 미만일 때
	무	식품 100g당 또는 식품 100mL당 0.5g 미만일 때
지방	저	식품 100g당 3g 미만 또는 식품 100mL당 1.5g 미만일 때
	무	식품 100g당 또는 식품 100mL당 0.5g 미만일 때
트랜스지방	저	식품 100g당 0.5g 미만일 때
포화지방	저	식품 100g당 1.5g 미만 또는 식품 100mL당 0.75g 미만이고, 열량의 10% 미만일 때
	무	식품 100g당 0.1g 미만 또는 식품 100mL당 0.1g 미만일 때
콜레스테롤	저	식품 100g당 20mg 미만 또는 식품 100mL당 10mg 미만이고, 포화지방이 식품 100g당 1.5g 미만 또는 식품 100mL당 0.75g 미만이며, 포화지방이 열량의 10% 미만일 때
	무	식품 100g당 5mg 미만 또는 식품 100mL당 5mg 미만이고, 포화지방이 식품 100g당 1.5g 또는 식품 100mL당 0.75g 미만이며 포화지방이 열량의 10% 미만일 때
식이섬유	함유 또는 급원	식품 100g당 3g 이상, 식품 100kcal당 1.5g 이상일 때 또는 1회 섭취참고량당 1일 영양성분기준치의 10% 이상일 때
	고 또는 풍부	함유 또는 급원 기준의 2배
단백질	함유 또는 급원	식품 100g당 1일 영양성분 기준치의 10% 이상, 식품 100mL당 1일 영양성분 기준치의 5% 이상, 식품 100kcal당 1일 영양성분 기준치의 5% 이상일 때 또는 1회 섭취참고량당 1일 영양성분기준치의 10% 이상일 때
	고 또는 풍부	함유 또는 급원 기준의 2배
비타민 또는 무기질	함유 또는 급원	식품 100g당 1일 영양성분 기준치의 15% 이상, 식품 100mL당 1일 영양성분 기준치의 7.5% 이상, 식품 100kcal당 1일 영양성분기준치의 5% 이상일 때 또는 1회 섭취참고량당 1일 영양성분기준치의 15% 이상일 때
	고 또는 풍부	함유 또는 급원 기준의 2배

③ 영양성분 표시량과 실제 측정값의 허용오차 범위

㉠ 열량, 나트륨, 당류, 지방, 트랜스지방, 포화지방 및 콜레스테롤의 실제 측정값은 표시량의 120% 미만이어야 한다. 다만, 배추김치의 경우 나트륨의 실제 측정값은 표시량의 130% 미만이어야 한다.

㉡ ㉠에도 불구하고 식품 내에 함유량이 다음 구분에 해당하는 영양성분의 경우에는 표시량과 실제 측정값의 허용오차 범위는 다음 구분에 따른 값과 같다.

• 100g(mL)당 25mg 미만의 나트륨 : +5mg 미만

• 100g(mL)당 2.5g 미만의 당류 : +0.5g 미만

• 100g(mL)당 4g 미만의 포화지방 : +0.8g 미만

• 100g(mL)당 25mg 미만의 콜레스테롤 : +5mg 미만

㉢ 탄수화물, 식이섬유, 단백질, 비타민, 무기질의 실제 측정값은 표시량의 80% 이상이어야 한다.

㉣ ㉠부터 ㉢까지 규정에도 불구하고 「식품위생법」 제7조 및 「축산물 위생관리법」 제4조의 규정에 따른 「식품의 기준 및 규격」의 성분규격이 '표시량 이상'으로 되어 있는 경우에는 실제 측정값은 표시량 이상이어야 하고, 성분규격이 '표시량 이하'로 되어 있는 경우에는 표시량 이하이어야 한다.

㉤ 실제 측정값이 ㉠부터 ㉣까지 규정하고 있는 범위를 벗어난다 하더라도 다음의 어느 하나에 해당하는 경우에는 허용오차를 벗어난 것으로 보지 아니한다.

• 실제 측정값이 영양성분별 세부표시방법의 단위 값 처리 규정에서 인정하는 범위 이내인 경우

• 다음 중 어느 하나에 해당하는 2개 이상의 기관(ⓐ 또는 ⓑ에 해당하는 기관을 1개 이상 포함하여야 함)에서 1년마다 검사한 평균값과 표시된 값의 차이가 허용오차를 벗어나지 않은 경우(다만, 「식품의 기준 및 규격」에서 성분규격을 '표시량 이상' 또는 '표시량 이하'로 정하고 있는 경우는 해당하지 아니함)

ⓐ 식품과 건강기능식품 : 「식품·의약품 분야 시험·검사 등에 관한 법률」에 따른 식품 등 시험·검사기관

ⓑ 축산물 : 「식품·의약품 분야 시험·검사 등에 관한 법률」에 따른 축산물 시험·검사기관

ⓒ 「국가표준기본법」에서 인정한 시험·검사기관

제3절 식품등의 부당한 표시 또는 광고의 내용 기준(식약처 고시 제2021-89호)

1. 부당한 표시 또는 광고의 내용(제2조)

(1) 식품 등을 의약품으로 인식할 우려가 있는 표시 또는 광고

한약의 처방명 또는 [별표 1]의 이와 유사한 명칭을 사용한 표시·광고

[한약의 처방명 및 이와 유사 명칭(별표 1)]

한약처방명	한약처방명과 유사명칭
공진(신)단	공진환, 공진원, 공신단, 공신환, 공신원, 공심환, 공진액, 공보환, 공지환, 공침환, 공본환
경옥고	경옥정, 경옥보, 경옥환, 정옥고, 경옥액, 경옥생고, 경옥진고
익수영진고	익수영진경옥고차환
사군자탕	사군자전, 사군자탕환, 사군자환
사물탕	사물전, 사물탕환, 사물환, 사물액
쌍화탕	쌍화전, 한방쌍화차, 쌍화액
십전대보탕	십전대보전, 십전대보액, 십전대보원, 십전대보초, 활력십전대보원, 대보초
녹용대보탕	녹용대보전, 녹용대보액, 녹용대보즙, 녹용기력대보, 녹용대보진액, 녹용대보정, 대보초, 녹용대보초
(가감)보아탕	보아전
총명탕	총명전, 총명차, 총명환, 총명대보중탕, 총기차, 총명액
귀비탕	귀비전, 귀비차, 귀비액
육미지황탕(환)	육미지황전, 육미지황원, 육미골드, 육미지황액
팔미지황탕(환)	팔물전전, 팔미지황원, 팔미지황액
(인삼)고본환	인삼고본주, 고본주, 고본술, 고본액
(연령)고본단	고본주, 고본술
(현토)고본환	고본주, 고본술
고본건양단	고본주, 고본술
궁귀교애탕	궁귀교애전, 궁귀교애초, 궁귀초
소체환	속편환
육군자탕	육군자전
오적산	오적산전
생맥산	생맥산전, 생맥차
익모환	–
진해고	–
(청간)명목환	–
(우황)청심원	청심환
귤피탕	–
맥문동탕	–
팔물(진)탕	–
이중탕	인삼탕

한약처방명	한약처방명과 유사명칭
연년익수불로단	–
오자원	–
오자연종환	–
(소아)귀룡(용)탕	–
기타	성장환, 생치원, 제통원, 정기산, 혈기원, 신기원, 천보환, 청패원액, 청패액, 청패원, 은교산, 성장액

(2) 건강기능식품이 아닌 것을 건강기능식품으로 인식할 우려가 있는 표시 또는 광고

'건강기능식품' 문구나 도안을 사용한 표시·광고

체크 포인트 기능성표시식품

일반식품이 충분한 과학적 근거를 갖춘 경우 「부당한 표시 또는 광고로 보지 아니하는 식품 등의 기능성 표시 또는 광고에 관한 규정」 고시에 따라 기능성 표시를 할 수 있도록 한 제도로서, 일반식품에 기능성을 표시할 때는 소비자가 일반식품과 건강기능식품을 오인·혼동하지 않도록 기능성 내용과 함께 '본 제품은 건강기능식품이 아닙니다'라는 문구를 제품의 주표시면에 표시하여야 한다('20.12.29. 시행).
※ 기능성표시식품의 표시방법 : ○○에 도움을 줄 수 있다고 알려진 ○○가 00mg 들어 있습니다.

(3) 소비자를 기만하는 표시 또는 광고

① 식품의약품안전처장이 고시한 「식품의 기준 및 규격」, 「식품첨가물의 기준 및 규격」, 「기구 및 용기·포장의 기준 및 규격」, 「건강기능식품의 기준 및 규격」에서 해당 식품 등에 사용하지 못하도록 정한 원재료, 식품첨가물(보존료 제외) 등이 없거나 사용하지 않았다는 표시·광고

예 • 색소 사용이 금지된 다류, 커피, 김치류, 고춧가루, 고추장, 식초에 '색소 무첨가' 표시·광고
 • 고춧가루에 '고추씨 무첨가' 표시·광고
 • 식품용 기구에 'DEHP Free' 표시·광고

② 식품의약품안전처장이 고시한 「식품첨가물의 기준 및 규격」에서 해당 식품 등에 사용하지 못하도록 정한 보존료가 없거나 사용하지 않았다는 표시·광고. 이 경우 보존료는 「식품의 기준 및 규격」제1.2.9)에 따른 데히드로초산나트륨, 소브산 및 그 염류(칼륨, 칼슘), 안식향산 및 그 염류(나트륨, 칼륨, 칼슘), 파라옥시안식향산류(메틸, 에틸), 프로피온산 및 그 염류(나트륨, 칼슘)를 말한다.

예 면류, 김치, 만두피, 양념육류 및 포장육에 '보존료 무첨가', '무보존료' 등의 표시

③ '환경호르몬', '프탈레이트'와 같이 범위를 구체적으로 정할 수 없는 인체유해물질이 없다는 표시·광고. 다만, 소비자 정보 제공을 위하여 식품용 기구(영·유아용 기구 제외)에 대한 'BPA Free', 'DBP Free', 'BBP Free' 표시·광고로 해당 인체유해물질이 최종제품에서 검출되지 않은 경우의 표시·광고는 제외한다.

④ 제품에 포함된 성분 또는 제조공정 중에 생성되는 성분이 해당 제품에 없거나 사용하지 않았다는 표시·광고

예 • 셀러리 분말과 발효균을 사용한 제품에 '아질산나트륨($NaNO_2$) 무첨가' 표시·광고(셀러리 분말과 발효균 사용 시 제품에서 NO_2 이온 생성)
 • 아미노산을 함유하고 있는 식물성 단백가수분해물을 사용한 제품에 아미노산의 한 종류인 'L-글루탐산나트륨(아미노산) 무첨가' 표시·광고

⑤ 영양성분의 함량을 낮추거나 제거하는 제조·가공의 과정을 거치지 않은 원래의 식품 등에 해당 영양성분이 전혀 들어 있지 않은 경우 그 영양성분에 대한 강조 표시·광고

　⑩ 두부 제품에 '무콜레스테롤' 표시·광고

⑥ 당류(단당류와 이당류의 합)를 사용하거나, 「식품 등의 표시기준」에 따른 '무당류' 기준에 적절하지 않은 식품 등에 '무설탕' 표시·광고 및 '설탕 무첨가' 기준에 적절하지 않은 식품 등에 '설탕 무첨가' 또는 '무가당' 표시·광고

⑦ <u>식품의약품안전처장이 고시한 「식품첨가물의 기준 및 규격」에서 규정하고 있지 않는 명칭을 사용한 표시·광고</u>

　⑩ '무MSG', 'MSG 무첨가', '무방부제', '방부제 무첨가' 표시·광고

⑧ 식품의약품안전처장이 고시한 「식품의 기준 및 규격」, 「식품첨가물의 기준 및 규격」, 「기구 및 용기·포장의 기준 및 규격」, 「건강기능식품의 기준 및 규격」에 따른 유해물질(농약, 중금속, 곰팡이독소, 동물용의약품, 의약품 성분과 그 유사물질 등) 기준 및 규격에 적합하다는 사실을 강조하여 다른 제품을 상대적으로 규정에 적합하지 않다고 인식하게 하는 표시·광고

　⑩ 농약 기준에 적합한 녹차, 중금속 기준에 적합한 김치

⑨ 합성향료만을 사용하여 원재료의 향 또는 맛을 내는 경우 그 향 또는 맛을 뜻하는 그림, 사진 등의 표시·광고

⑩ 다음의 어느 하나에 해당하는 식품 등이 '천연', '자연'(natural, nature와 이에 준하는 다른 외국어를 포함)이라는 표시·광고. 다만, 「식품의 기준 및 규격」에 따른 식육가공품 중 천연케이싱에 대한 '천연' 표현과 자연상태의 농산물·임산물·수산물·축산물에 대한 '자연' 표현, 영업소의 명칭 또는 「상표법」에 따라 등록된 상표명(제품명으로 사용하는 경우 제외)에 포함된 '자연', '천연' 표현은 제외한다.

　㉠ 합성향료·착색료·보존료 또는 어떠한 인공이나 수확 후 첨가되는 화학적합성품이 포함된 식품 등

　㉡ 비식용부분의 제거 또는 최소한의 물리적 공정([별표 2]의 물리적 공정을 말함) 이외의 공정을 거친 식품 등

　㉢ 자연상태의 농산물·임산물·수산물·축산물, 먹는물, 유전자변형식품 등, 나노식품 등

⑪ 최종제품에 표시한 1개의 원재료를 제외하고 어떤 물질이 남아 있는 경우의 '100%' 표시·광고. 다만, 농축액을 희석하여 원상태로 환원한 제품의 경우 환원된 단일 원재료의 농도가 100% 이상이면 제품 내에 식품첨가물(표시대상 원재료가 아닌 원재료가 포함된 혼합제제류 식품첨가물은 제외)이 포함되어 있다 하더라도 100%의 표시를 할 수 있다. 이 경우 100% 표시 바로 옆 또는 아래에 괄호로 100% 표시와 동일한 글씨 크기로 식품첨가물의 명칭 또는 용도를 표시하여야 한다.

　⑩ 100% 오렌지주스(구연산 포함), 100% 오렌지주스(산도조절제 포함)

⑫ 「식품위생법 시행령」에 따른 식품제조·가공업, 유통전문판매업, 「축산물 위생관리법 시행령」에 따른 축산물가공업, 식육포장처리업, 축산물유통전문판매업, 「건강기능식품에 관한 법률 시행령」에 따른 건강기능식품제조업, 건강기능식품유통전문판매업 및 「수입식품안전관리 특별법」에 따른 주문자상표 부착방식 위탁생산식품 등의 위탁자 이외의 상표나 로고 등을 사용한 표시·광고. 다만, 다음에 해당하는 경우는 제외한다.

㉠ 최종 소비자에게 판매되지 아니하는 식품 등 및 자연상태의 농산물·임산물·수산물·축산물의 경우

　　　㉡ 「상표법」에 따른 상표권을 소유한 자가 상표 사용권뿐만 아니라 해당 제품에 안전·품질에 관한 정보·기술을 제조사에게 제공한 경우

⑬ 정의와 종류(범위)가 명확하지 않고, 객관적·과학적 근거가 충분하지 않은 용어를 사용하여 다른 제품보다 우수한 제품으로 소비자를 오인·혼동시키는 표시·광고

　　예 슈퍼푸드(super food), 당지수(Glycemic Index, GI), 당부하지수(Glycemic Load, GL) 등

⑭ 「유전자변형식품 등의 표시기준」 제3조제1항에 해당하는 표시대상 유전자변형농임수축산물이 아닌 농산물·임산물·수산물·축산물 또는 이를 사용하여 제조·가공한 식품 등에 '비유전자변형식품, 무유전자변형식품, Non-GMO, GMO-free' 또는 이와 유사한 용어 및 표현을 사용한 표시·광고

⑮ 먹는물과 유사한 성상(무색 등)의 음료에 '○○수', '○○물', '○○워터' 등 먹는물로 오인·혼동하는 제품명을 사용한 표시·광고. 다만, 탄산수 및 식품유형을 주표시면에 14포인트 이상의 글씨로 표시하는 경우는 제외한다.

⑯ 「식품위생법」, 「축산물 위생관리법」, 「건강기능식품에 관한 법률」 등 법률에서 정한 유형의 식품 등과 오인·혼동할 수 있는 표시·광고. 다만, 즉석섭취식품, 즉석조리식품, 소스는 식품유형과 용도를 명확하게 표시한 경우 제외한다.

(4) 다른 업체나 다른 업체의 제품을 비방하는 표시 또는 광고

① 다른 업소의 제품을 비방하거나 비방하는 것으로 의심되는 표시·광고

　　예 '다른 ○○와 달리 이 ○○는 △△△△△△을 첨가하지 않습니다', '다른 ○○와 달리 이 ○○은 △△△만을 사용합니다'

② 자기자신이나 자기가 공급하는 식품 등이 객관적 근거 없이 경쟁사업자의 것보다 우량 또는 유리하다는 용어를 사용하여 소비자를 오인시킬 우려가 있는 표시·광고

　　예 • '최초'를 입증할 수 없음에도 불구하고 '국내 최초로 개발한 ○○제품', '국내 최초로 수출한 △△회사' 등의 방법으로 표시·광고하는 경우

　　　 • 조사대상, 조사기관, 기간 등을 명백히 명시하지 않고 '고객만족도 1위', '국내판매 1위' 등을 표시·광고하는 경우

(5) 사행심을 조장하거나 음란한 표현을 사용하여 공중도덕이나 사회윤리를 현저하게 침해하는 표시 또는 광고

① 식품 등의 용기·포장을 복권이나 화투로 표현한 표시·광고

② 성기 또는 나체 표현 등 성적 호기심을 유발하는 그림, 도안, 사진, 문구 등을 사용한 표시·광고

　　예 '키스하고 싶어지는 캔디', '만지고 싶은 젤리'

CHAPTER 04 축산법

1% 출제비중

제1절 축산물 등급판정 세부기준(농림축산식품부고시 제2023-102호, 축산법 시행규칙 제38조 관련)

1. 축산물 등급판정 대상 품목(제3조)

소·돼지·말·닭·오리의 도체, 닭의 부분육, 계란 및 꿀

2. 소도체 등급판정

우리나라 축산물의 등급표시 의무품목은 쇠고기만 해당되므로, 나머지 돼지·말·닭·오리의 도체, 닭의 부분육, 계란 및 꿀은 본 수험서에서 제외한다.

(1) 육량등급 판정기준(제4조) → '육량지수'

품종	성별	육량지수		
		A등급	B등급	C등급
한우	암	61.83 이상	59.70 이상~61.83 미만	59.70 미만
	수	68.45 이상	66.32 이상~68.45 미만	66.32 미만
	거세	62.52 이상	60.40 이상~62.52 미만	60.40 미만
육우	암	62.46 이상	60.60 이상~62.46 미만	60.60 미만
	수	65.45 이상	63.92 이상~65.45 미만	63.92 미만
	거세	62.05 이상	60.23 이상~62.05 미만	60.23 미만

※ 육량지수란 소도체의 정육량 예측치를 도체중량으로 나누어 산출한 값으로 <u>등지방두께, 배최장근단면적, 도체중량</u>을 측정하여 육량지수산식에 따라 계산한다.

[육량지수산식]

품종	성별	육량지수산식
한우	암	$[6.90137 - 0.9446 \times$ 등지방두께(mm) $+ 0.31805 \times$ 배최장근단면적(cm^2) $+ 0.54952 \times$ 도체중량(kg)$] \div$ 도체중량(kg) $\times 100$
	수	$[0.20103 - 2.18525 \times$ 등지방두께(mm) $+ 0.29275 \times$ 배최장근단면적(cm^2) $+ 0.64099 \times$ 도체중량(kg)$] \div$ 도체중량(kg) $\times 100$
	거세	$[11.06398 - 1.25149 \times$ 등지방두께(mm) $+ 0.28293 \times$ 배최장근단면적(cm^2) $+ 0.56781 \times$ 도체중량(kg)$] \div$ 도체중량(kg) $\times 100$

품종	성별	육량지수산식
육우	암	$[10.58435 - 1.16957 \times$ 등지방두께(mm) $+ 0.30800 \times$ 배최장근단면적(cm^2) $+ 0.54768 \times$ 도체중량(kg)] ÷ 도체중량(kg) $\times 100$
	수	$[-19.2806 - 2.25416 \times$ 등지방두께(mm) $+ 0.14721 \times$ 배최장근단면적(cm^2) $+ 0.68065 \times$ 도체중량(kg)] ÷ 도체중량(kg) $\times 100$
	거세	$[7.21379 - 1.12857 \times$ 등지방두께(mm) $+ 0.48798 \times$ 배최장근단면적(cm^2) $+ 0.52725 \times$ 도체중량(kg)] ÷ 도체중량(kg) $\times 100$

※ 단, 젖소는 육우 암소의 산식을 적용한다.

(2) 육질등급 판정기준(제5조) → '근내지방도, 육색, 지방색, 조직감, 성숙도'

① 근내지방도(마블링, marbling) : 등급판정부위에서 배최장근단면에 나타난 지방분포정도를 부도 4의 기준과 비교하여 해당되는 기준의 번호로 판정하고, 다음과 같이 등급을 구분한다.

근내지방도	등급
근내지방도 번호 7, 8, 9에 해당되는 것	1^{++}등급
근내지방도 번호 6에 해당되는 것	1^+등급
근내지방도 번호 4, 5에 해당되는 것	1등급
근내지방도 번호 2, 3에 해당되는 것	2등급
근내지방도 번호 1에 해당되는 것	3등급

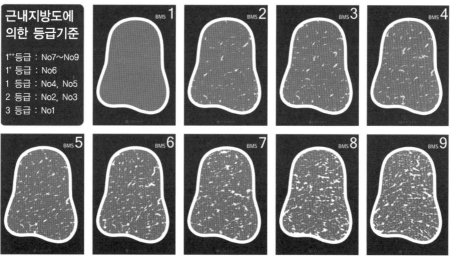

* 각 번호별 근내지방도는 최소 기준에 해당된다.

[소도체의 근내지방도 기준(부도 4)]

② 육색 : 등급판정부위에서 배최장근단면의 고기색깔을 부도 5(생략)에 따른 육색기준과 비교하여 해당되는 기준의 번호로 판정하고, 다음과 같이 등급을 구분한다.

육색	등급
육색 번호 3, 4, 5에 해당되는 것	1^{++}등급
육색 번호 2, 6에 해당되는 것	1^{+}등급
육색 번호 1에 해당되는 것	1등급
육색 번호 7에 해당되는 것	2등급
육색에서 정하는 번호 이외에 해당되는 것	3등급

③ 지방색 : 등급판정부위에서 배최장근단면의 근내지방, 주위의 근간지방과 등지방의 색깔을 부도 6(생략)에 따른 지방색 기준과 비교하여 해당되는 기준의 번호로 판정하고, 다음과 같이 등급을 구분한다.

지방색	등급
지방색 번호 1, 2, 3, 4에 해당되는 것	1^{++}등급
지방색 번호 5에 해당되는 것	1^{+}등급
지방색 번호 6에 해당되는 것	1등급
지방색 번호 7에 해당되는 것	2등급
지방색에서 정하는 번호 이외에 해당되는 것	3등급

④ 조직감 : 등급판정부위에서 배최장근단면의 보수력과 탄력성을 [별표 1]에 따른 조직감 구분 기준에 따라 해당되는 기준의 번호로 판정하고, 다음과 같이 등급을 구분한다.

조직감	등급
조직감 번호 1에 해당되는 것	1^{++}등급
조직감 번호 2에 해당되는 것	1^{+}등급
조직감 번호 3에 해당되는 것	1등급
조직감 번호 4에 해당되는 것	2등급
조직감 번호 5에 해당되는 것	3등급

[소도체 조직감 구분 기준(별표 1)]

번호	구분 기준
1	탄력성과 지방의 질이 매우 좋으며 수분이 알맞게 침출되고 결이 매우 곱고 섬세하며 고기의 광택이 매우 좋은 것
2	탄력성과 지방의 질이 좋으며 수분이 다소 알맞게 침출되고 결이 곱고 고기의 광택이 좋은 것
3	탄력성과 지방의 질이 보통이며 수분의 침출 정도가 약간 많거나 적고 결과 고기의 광택이 보통인 것
4	탄력성과 지방의 질이 보통에 비해 좋지 않은 수준이며 고기의 표면이 건조하거나 수분이 많이 침출되고 결과 광택이 보통에 비해 좋지 않은 것
5	탄력성과 지방의 질이 나쁘며 고기의 표면이 매우 건조하거나 수분이 아주 많이 침출되고 결과 광택이 매우 좋지 않은 것

⑤ 성숙도 : 왼쪽 반도체의 척추 가시돌기에서 연골의 골화정도 등을 [별표 2]에 따른 성숙도 구분 기준과 비교하여 해당되는 기준의 번호로 판정한다.

[소도체 성숙도 구분 기준(별표 2)]

번호	골격의 특성			
	등뼈(흉추골)	허리뼈(요추골)	엉치뼈(천추골)	갈비뼈
1	등뼈의 가시돌기는 매우 붉은색이고 다공성조직이 부드러우며 연골이 선명하고 뚜렷함	허리뼈의 연골이 선명하고 뚜렷함	엉치뼈 각 뼈들의 구분이 명확하고 연골은 선명하고 뚜렷함	갈비뼈는 붉고 연하며 둥금
2	가시돌기는 붉고 다공성조직이 부드러우며 연골은 골화가 시작됨	골화가 시작되었으나 연골이 약간 있음	엉치뼈 각 뼈들의 구분이 일부 없어지고 흔적만 남아 있음	붉고 약간 연하며 약간 넓어짐
3	가시돌기는 붉고 연골은 1/5 정도가 골화됨	상당히 골화되었고 연골이 조금 있음	엉치뼈 각 뼈들의 구분이 없어지고 흔적만 보임	붉은색을 조금 잃어버리고 약간 넓고 평평함
4	가시돌기는 약간 붉고 연골은 2/5 정도가 골화되었으나 연골의 윤곽은 뚜렷함	대부분 골화되었고 연골이 거의 없으나 골화된 연골 조직의 형태는 뚜렷함	엉치뼈 각 뼈들의 구분 흔적도 흐리게 보임	붉은색을 많이 잃어버리고 약간 넓고 평평함
5	가시돌기는 약간 붉고 연골은 3/5 정도가 골화되었으나 연골의 윤곽은 뚜렷함	완전히 골화되었고 연골이 거의 없으나 골화된 조직이 뚜렷함	엉치뼈 구분이 없이 완전히 융합됨	약간 넓고 평평하며 조금 단단함
6	가시돌기는 약간 붉고 연골은 4/5 정도가 골화되었으나 연골의 윤곽은 뚜렷함	완전히 골화되었고 골화된 연골 조직의 형태는 흐리게 보임	상동	희어지고 넓고 평평함
7	가시돌기는 붉은색이 거의 없고 연골은 완전히 골화되었으나, 가시돌기와 구분 흔적이 남아 있음	완전히 골화되었고 연골은 골화된 형태마저 보이지 않음	상동	희고 넓고 평평함
8	가시돌기는 붉은색이 없고, 연골은 완전히 골화되어 가시돌기와 구분 흔적이 없음	완전히 골화됨	상동	상동
9	완전히 골화되어 연골 조직의 형태마저 구분이 불가능하고, 가시돌기와 구분이 없음	상동	상동	상동

CHAPTER
05
감염병의 예방 및 관리에 관한 법률

2% 출제비중

※ 약칭 : 감염법예방법

1. 감염병의 종류(법 제2조)

제1급감염병	• 생물테러감염병 또는 치명률이 높거나 집단 발생의 우려가 커서 발생 또는 유행 즉시 신고하여야 하고, 음압격리와 같은 높은 수준의 격리가 필요한 감염병으로서 다음의 감염병을 말한다. 다만, 갑작스러운 국내 유입 또는 유행이 예견되어 긴급한 예방·관리가 필요하여 질병관리청장이 보건복지부장관과 협의하여 지정하는 감염병(현재는 없음)을 포함한다. • 에볼라바이러스병, 마버그열, 라싸열, 크리미안콩고출혈열, 남아메리카출혈열, 리프트밸리열, 두창, 페스트, 탄저, 보툴리눔독소증, 야토병, 신종감염병증후군, 중증급성호흡기증후군(SARS), 중동호흡기증후군(MERS), 동물인플루엔자 인체감염증, 신종인플루엔자, 디프테리아
제2급감염병	• 전파가능성을 고려하여 발생 또는 유행 시 24시간 이내에 신고하여야 하고, 격리가 필요한 다음의 감염병을 말한다. 다만, 갑작스러운 국내 유입 또는 유행이 예견되어 긴급한 예방·관리가 필요하여 질병관리청장이 보건복지부장관과 협의하여 지정하는 감염병(현재는 없음)을 포함한다. • 결핵(結核), 수두(水痘), 홍역(紅疫), 콜레라, 장티푸스, 파라티푸스, 세균성이질, 장출혈성대장균감염증, A형간염, 백일해(百日咳), 유행성이하선염(流行性耳下腺炎), 풍진(風疹), 폴리오, 수막구균 감염증, b형헤모필루스인플루엔자, 폐렴구균 감염증, 한센병, 성홍열, 반코마이신내성황색포도알균(VRSA) 감염증, 카바페넴내성장내세균목(CRE) 감염증, E형간염
제3급감염병	• 그 발생을 계속 감시할 필요가 있어 발생 또는 유행 시 24시간 이내에 신고하여야 하는 다음의 감염병을 말한다. 다만, 갑작스러운 국내 유입 또는 유행이 예견되어 긴급한 예방·관리가 필요하여 질병관리청장이 보건복지부장관과 협의하여 지정하는 감염병[엠폭스(MPOX)]을 포함한다. • 파상풍(破傷風), B형간염, 일본뇌염, C형간염, 말라리아, 레지오넬라증, 비브리오패혈증, 발진티푸스, 발진열(發疹熱), 쯔쯔가무시증, 렙토스피라증, 브루셀라증, 공수병(恐水病), 신증후군출혈열(腎症侯群出血熱), 후천성면역결핍증(AIDS), 크로이츠펠트-야콥병(CJD) 및 변종크로이츠펠트-야콥병(vCJD), 황열, 뎅기열, 큐열(Q熱), 웨스트나일열, 라임병, 진드기매개뇌염, 유비저(類鼻疽), 치쿤구니야열, 중증열성혈소판감소증후군(SFTS), 지카바이러스 감염증, 매독(梅毒)
제4급감염병	• 제1급감염병부터 제3급감염병까지의 감염병 외에 유행 여부를 조사하기 위하여 표본감시 활동이 필요한 다음의 감염병을 말한다. 다만, 질병관리정창이 지정하는 감염병(코로나바이러스감염증-19)을 포함한다. • 인플루엔자, 회충증, 편충증, 요충증, 간흡충증, 폐흡충증, 장흡충증, 수족구병, 임질, 클라미디아감염증, 연성하감, 성기단순포진, 첨규콘딜롬, 반코마이신내성장알균(VRE) 감염증, 메티실린내성황색포도알균(MRSA) 감염증, 다제내성녹농균(MRPA) 감염증, 다제내성아시네토박터바우마니균(MRAB) 감염증, 장관감염증, 급성호흡기감염증, 해외유입기생충감염증, 엔테로바이러스감염증, 사람유두종바이러스 감염증

2. 발생 병원체에 따른 분류

제1급~제4급감염병을 대상으로 병원체의 발생 원인에 따라 재분류하였다.

기생충감염병	• 기생충에 감염되어 발생하는 감염병 중 질병관리청장이 고시하는 감염병을 말한다. • 회충증, 편충증, 요충증, 간흡충증, 폐흡충증, 장흡충증, 해외유입기생충감염증
세계보건기구 감시대상 감염병	• 세계보건기구가 국제공중보건의 비상사태에 대비하기 위하여 감시대상으로 정한 질환으로서 질병관리청장이 고시하는 감염병을 말한다. • 두창, 폴리오, 신종인플루엔자, 중증급성호흡기증후군(SARS), 콜레라, 폐렴형 페스트, 황열, 바이러스성 출혈열, 웨스트나일열
생물테러감염병	• 고의 또는 테러 등을 목적으로 이용된 병원체에 의하여 발생된 감염병 중 질병관리청장이 고시하는 감염병을 말한다. • 탄저, 보툴리눔독소증, 페스트, 마버그열, 에볼라바이러스병, 라싸열, 두창, 야토병
성매개감염병	• 성 접촉을 통하여 전파되는 감염병 중 질병관리청장이 고시하는 감염병을 말한다. • 매독, 임질, 클라미디아감염증, 연성하감, 성기단순포진, 첨규콘딜롬, 사람유두종바이러스 감염증
인수(人獸)공통감염병	• 동물과 사람 간에 서로 전파되는 병원체에 의하여 발생되는 감염병 중 질병관리청장이 고시하는 감염병을 말한다. • 장출혈성대장균감염증, 일본뇌염, 브루셀라증, 탄저, 공수병, 동물인플루엔자 인체감염증, 중증급성호흡기증후군(SARS), 변종크로이츠펠트-야콥병(vCJD), 큐열, 결핵, 중증열성혈소판감소증후군(SFTS), 장관감염증
의료관련감염병	• 환자나 임산부 등이 의료행위를 적용받는 과정에서 발생한 감염병으로서 감시활동이 필요하여 질병관리청장이 고시하는 감염병을 말한다. • 반코마이신내성황색포도알균(VRSA) 감염증, 반코마이신내성장알균(VRE) 감염증, 메티실린내성황색포도알균(MRSA) 감염증, 다제내성녹농균(MRPA) 감염증, 다제내성아시네토박터바우마니균(MRAB) 감염증, 카바페넴내성장내세균목(CRE) 감염증

3. 감염병 중 특히 전파 위험이 높은 감염병

제1급감염병 및 질병관리청장이 고시한 감염병*에 걸린 감염병환자 등은 감염병관리기관, 중앙감염병전문병원, 권역별 감염병전문병원 및 감염병관리시설을 갖춘 의료기관에서 입원치료를 받아야 한다.

* 결핵, 홍역, 콜레라, 장티푸스, 파라티푸스, 세균성이질, 장출혈성대장균감염증, A형간염, 폴리오, 수막구균 감염증, 성홍열

CHAPTER 06 국제식품규격(CODEX)

4% 출제비중

1. CODEX

(1) 정의

국제식품규격위원회(CAC ; Codex Alimentarius Commission)는 1962년에 설립하여 189개 회원국(188개의 회원국 + 유럽연합)과 239개의 국제기구가 가입되어 있는 정부간 기구로 식품안전 및 교역 관련 국제기준을 설정하고 마련한다.

> Codex = Code
> Alimentarius = Food

따라서 Codex Alimentarius는 Food Code, 즉 식품의 기준·규격을 뜻한다.

체크 포인트 CAC(Codex Alimentarius Commission, 국제식품규격위원회)

- 1963년 이탈리아 로마에서 첫 회의 개최
- FAO, WHO 모든 회원국과 준회원만 회원국 가입이 허용
- 2021년 현재 188개 회원국, 1개(EU) 회원기구 참여
- 참관인으로 국제기구 참여 : IGO(48), NGO(144), UN(16)
  - GFSI, GFI 등 산업협회, 소비자단체 등이 참여하고 있음
- 우리나라는 1971년 회원국으로 가입(북한 : 1981년)

(2) 역할

CODEX의 기준·규격은 국가 간 식품교역에서 유일한 기준으로 무역 분쟁이 있을 경우 또는 각 국가의 식품기준 설정 시 참고 기준으로 활용되고 있으며, FTA의 확대로 그 중요성은 더욱 강조되고 있다.

(3) 목적

① 식품으로 인한 소비자 건강 보호
② 원활한 국제간 식품 교역 도모

(4) CODEX의 조직 및 역할

① 일반과제 분과위원회(10개 분과) : 모든 식품에 적용할 수 있는 기준·규격 및 지침 설정
② 식품별 분과위원회(4개 분과) : 특정 식품에 대한 기준·규격 및 지침 마련
③ 지역조정위원회(6개 지역) : 지역 내 국가 간 식품규격의 통합을 촉진하는 기구

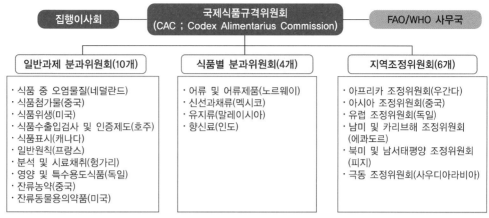

[CODEX 구성 및 조직]

2. CODEX 전문가위원회

FAO/WHO의 과학적 자문 전문가위원회로, 식품의 기준·규격 설정 시 과학적 근거를 토대로 식품첨가물, 농약 잔류물질, 미생물 등과 관련된 위해분석 및 평가를 수행하는 전문가 그룹이다.

(1) JECFA(Joint FAO/WHO Expert Committee on Food Additives)

① 식품첨가물, 동물용의약품, 오염물질에 대한 위해성평가 전문기구
② 식품 중 첨가물, 오염물질, 동물용의약품 잔류물질의 위해성평가에 관한 사항 수행

(2) JMPR(Joint FAO/WHO Meetings on Pesticide Residues)

① 농약잔류분과의 과학적 자문 그룹
② 농약에 대한 독성 평가, 식품에 대한 잔류농약 허용기준 제안에 관한 사항 수행

(3) JEMRA(Joint FAO/WHO Expert Meetings on Microbiological Risk Assessment)

① 미생물 위해성평가에 관한 자문 그룹
② 미생물에 대한 자문 제공 및 특정 미생물 위해성평가에 관한 사항 수행

3. CODEX 기준·규격 설정절차

(1) 문서

① **지침(Guideline)** : 식품안전 및 식품위생을 위해 권고된 절차
② **실행규범(Practice of Code)** : 식품의 안전관리를 위해 준수해야 하는 원칙
③ **규격(Standard)** : 식품의 품질과 안전을 보장하기 위해 국제적으로 합의된 설정된 요건

(2) CODEX 기준·규격 설정절차

① **일반 설정절차** : 해당 분과에서 회원국의 동의를 거쳐 총회승인을 위한 토의문서 및 제안서 상정
　㉠ 토의문서 : 기준·규격 설정의 필요성 및 목적 관련 문서
　㉡ 제안서 : 기준·규격 설정을 위한 우선순위 및 세부계획 관련 문서

1단계	CODEX 기준·규격 설정 필요성을 CODEX 위원회가 결정
2단계	CODEX 기준·규격 초안 작성
3단계	CODEX 기준·규격 초안에 대한 각국의 의견수렴
4단계	수렴된 의견을 고려하여 CODEX 기준·규격 초안 개정
5단계	CODEX 기준·규격안으로 확정
6단계	CODEX 기준·규격안에 대한 각국의 의견수렴
7단계	수렴된 의견을 고려하여 CODEX 기준·규격안 개정
8단계	CODEX 위원회 승인하에 CODEX 기준·규격으로 확정

② **신속 설정절차** : 신속한 기준·규격 설정을 위하여 분과위원회에서 총회에 일부 단계 생략을 제안하여 상정되는 경우

1단계	CODEX 기준·규격 설정 필요성을 CODEX 위원회가 결정
2단계	CODEX 기준·규격 초안 작성
3단계	CODEX 기준·규격 초안에 대한 각국의 의견수렴
4단계	수렴된 의견을 고려하여 CODEX 기준·규격 초안 개정
5/8단계	CODEX 위원회 승인하에 CODEX 기준·규격으로 확정(하부조직이 6, 7단계 생략을 권고하며 상정)

(3) CODEX 참여 의의

① CODEX 국제식품규격은 식품 무역에서 유일한 국제 기준으로 사용
② 자국에 유리한 기준 설정으로 자국 산업 보호 및 육성
③ CODEX 규격 및 관련 문서를 활용함으로써 국가는 위해성평가 및 위해관리 과정에 소요되는 상당한 시간과 비용을 절약
④ 각 국가 및 지역에서 검토한 의견과 입장을 공유함으로써 상대 국가의 정책 방향을 알 수 있고, 자국의 수출을 방해할 수 있는 규정이 규격에 포함되지 않도록 할 수 있음
⑤ 새로운 또는 진행 중인 기술 개발의 동향 파악
⑥ 식품안전 및 품질 사안에 관한 정보 교환과 의견 공유

SUBJECT 02

기출복원문제

최근 20개년 출제분석

2004~2023(20개년)	출제문항			출제비중(%)
	계	서술	계산	
PART 01 식품제조 · 생산관리	377	377	112	46
PART 02 식품안전관리	117	117	45	14
PART 03 식품인증관리	42	42		5
PART 04 식품위생 관련 법규	122	122	11	15
PART 05 계산문제 모음	168		168	20
계	826	658	168	100

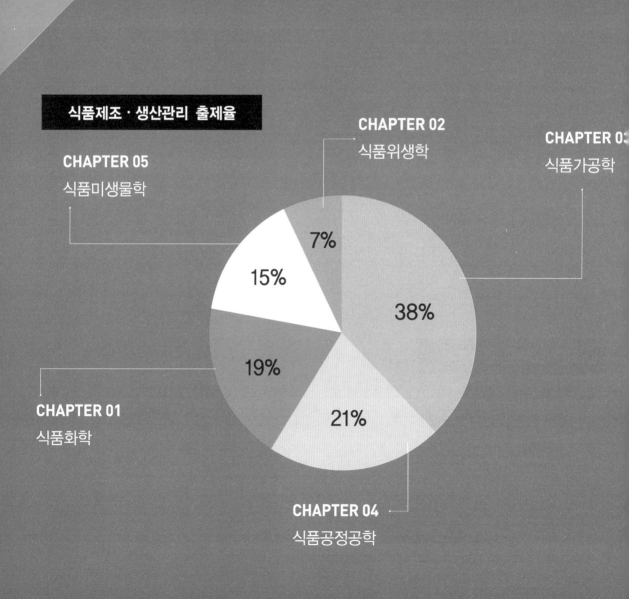

식품제조 · 생산관리 출제율

CHAPTER 02
식품위생학

CHAPTER 0
식품가공학

CHAPTER 05
식품미생물학

CHAPTER 01
식품화학

CHAPTER 04
식품공정공학

7%

38%

15%

19%

21%

PART 01

식품제조 · 생산관리

TEST ANALYSIS
출제빈도 분석

2004~2023(20개년)	출제문항			출제비중(%)
	계	서술	계산	
CHAPTER 01 식품화학	71	71	14	19
CHAPTER 02 식품위생학	26	26		7
CHAPTER 03 식품가공학	144	144	40	38
CHAPTER 04 식품공정공학	81	81	58	21
CHAPTER 05 식품미생물학	55	55		15
계	377	377	0	100

※ 계산문제 제외

CHAPTER 01 식품화학

19% 출제비중

제1절 수분

1. 수분활성도

1-1 포도당, 소금, 설탕을 수분활성도가 높은 순서대로 나열하시오.　　　[2010년 1회, 2021년 3회]

1-2 20%의 포도당, 설탕, 소금이 담겨있는 물의 수분활성도 크기 순서를 쓰시오.　　[2015년 2회]

> **정답**

1-1, 1-2

설탕 > 포도당 > 소금

> **해설**

- 수분활성도는 같은 농도라도 분자량이 적은 당일수록 낮아진다.
- 분자량 : 설탕(342g/mol), 포도당(180g/mol), 소금(58g/mol)

1-3 A와 B는 수분함량이 같다. 그런데 보존기간은 A가 훨씬 길다. 그 이유를 수분활성도로 설명하시오.　　[2012년 1회]

> **정답**

A의 수분활성도가 B보다 낮기 때문이다. 수분활성도가 낮다는 것은 식품 중의 자유수가 적다는 것을 뜻하고 이는 미생물이 이용할 수 있는 물이 부족하다는 것을 의미하므로 미생물의 생육이 어려워 저장성이 높아진다는 것을 뜻한다.

> **해설**

수분함량과 수분활성도의 관계

수분함량은 자유수와 결합수 모두를 포함시켜 백분율(%)로 표시하는 반면, 수분활성도는 대기 중의 상대습도와 미생물이 실제로 이용할 수 있는 자유수(유리수)만을 고려한 새로운 수분함량 표시방법으로 Aw(water activity)로 표시한다.

- 자유수 : 미생물이 이용할 수 있는 물
- 결합수 : 식품의 성분(전분, 단백질 등)과 결합되어 있어 미생물이 이용할 수 없는 물

1-4 수분활성도를 구하는 공식 2가지를 쓰시오. [2016년 3회]

정답

① $Aw = \dfrac{\text{식품의 수증기압}(P)}{\text{순수한 물의 수증기압}(P_0)}$

② $Aw = \dfrac{\text{용매의 몰수}}{\text{용질의 몰수} + \text{용매의 몰수}}$

해설

몰(mole)의 개념

원자, 분자와 같이 아주 작은 입자의 질량은 매우 작기 때문에 적은 양의 물질이라도 그 속에 들어있는 입자의 수는 매우 많다. 그러므로 많은 수량을 나타낼 때는 일정한 단위를 만들어 사용하는 것이 편리하다.

- 몰(mole) : 어떤 물질의 입자수가 6.02×10^{23}개인데, 이 수를 아보가드로의 수라고 읽는다.
- 원자량이나 분자량에 질량 단위 g을 붙여주면 그것이 바로 1몰 원자, 1몰 분자가 된다. 예를 들어, 물(H_2O)의 분자량은 18이고, 1몰은 18g임을 알 수 있다.

1-5 수분활성도의 정의를 쓰고, 물의 몰수(Nw)와 용질의 몰수(Ns)를 이용하여 계산식을 쓰시오.

[2022년 1회]

정답

- 수분활성도 : 어떤 임의의 온도에서 식품이 나타내는 수증기압에 대한 순수한 물의 최대 수증기압의 비율, 즉 미생물이 이용 가능한 식품 내 자유수를 나타내는 지표
- $Aw = \dfrac{\text{용매의 몰수}(Nw)}{\text{용질의 몰수}(Ns) + \text{용매의 몰수}(Nw)}$

해설

수분활성도를 계산할 수 있는 또 다른 공식은 다음과 같다.

$Aw = \dfrac{\text{식품의 수증기압}(P)}{\text{순수한 물의 수증기압}(P_0)}$

1-6 다음 괄호 안에 들어갈 말을 보기에서 골라 빈칸을 채우시오.

[2021년 3회]

> 식품의 수분함량이 증가할수록 유리전이온도가 (　　　　　).

> **[보기]**
> 높아진다, 낮아진다

정답

낮아진다

해설

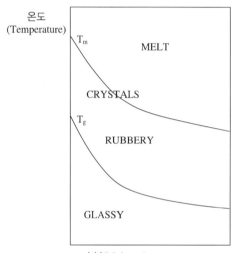

- 수분활성도가 증가할수록 유리전이온도가 감소하는 이유 : 수분활성도가 증가할수록 식품 내 수분이 많아 점도가 낮아지고, 그로 인해 식품 속 분자들이 운동성을 갖게 되면서 유리상태로의 상전이가 일어나지 않기 때문이다.
- 유리전이온도(Tg ; glass transition temperature) : 물과 같은 액체를 냉각하면 비결정의 유리상태로 상전이가 일어나는 온도를 말한다.
  - 유리(glass)상태 : 반응물이 높은 점도 때문에 비운동성의 분자상태가 되며 화학반응이 억제되면서 저장성이 증가한다.
  - 고무(rubbery)상태 : 유리상태의 정반대 개념이다.
- Tg가 중요한 이유 : 일반적으로 영하 20℃ 이하의 냉동조건이면 화학반응이 거의 일어나지 않는다. 즉, Tg는 품질변화를 억제하면서 냉동식품의 장기 저장성을 높여주기 때문에 매우 중요한 인자이다. 또한 식품마다 Tg값이 모두 다르며 Tg를 결정하는 요소에는 수분이 큰 비중을 차지하는데, 식품의 수분함량과 식품 속 구성 물질이 모두 영향을 줄 수 있다.

1-7 추잉껌 제조과정 중 유리전이온도를 조절할 수 있다면 어떤 온도에 유리전이온도를 두어야 하는지 쓰시오. [2022년 3회]

정답

사람의 체온(36.5℃)보다 낮은 실온 부근

해설

추잉껌은 제조·생산 후 유통하는 과정에서는 딱딱한 유리(glass)상태의 온도로 유지될 수 있어야 하고, 소비자가 씹었을 때는 씹기 좋은 말랑말랑한 고무(rubbery)상태가 될 수 있도록 만들어야 하므로 이 조건에 맞는 유리전이온도를 찾는 것이 중요하다. 추잉껌의 껌기초제는 주로 "초산비닐수지(폴리비닐아세테이트)"를 사용하는데, 이 물질의 유리전이온도는 약 30℃이다. 또한 추잉껌의 내포장지로 보통 알루미늄을 사용하는데, 이는 열전도율이 높아 외부에서 들어온 열을 빠르게 내보내 껌의 유리전이온도 아래로 유지시킬 수 있기 때문이다.

2. 등온흡습곡선

2-1 등온흡습곡선을 그리고, 이력현상의 정의와 그 발생 이유를 쓰시오. [2019년 3회]

정답

• 등온흡습곡선

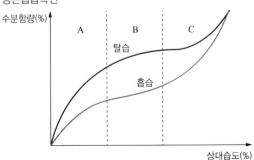

• 이력현상(hysteresis)의 정의 : 등온흡습곡선에서 탈습곡선과 흡습곡선의 불일치 현상
• 발생 원인 : 식품 건조 시 탈습과정 중 식품의 분자조직체에 수축이 일어나면서 흡습공간이 감소하므로 다시 흡습할 때 수분 흡수가 불가능하기 때문이다.

2-2 등온흡습곡선의 정의를 쓰고 그래프상 가로축과 세로축의 의미를 표시하여 그래프를 그리시오.

[2007년 3회, 2009년 1회]

2-3 등온흡습곡선과 스낵의 탈습, 흡습 그래프를 그리시오.

[2020년 2회]

정답

2-2, 2-3

• 정의 : 일정한 온도에서 식품이 상대습도에 따라 대기 중의 수분을 방출(탈습) 또는 흡수(흡습)하여 평형수분함량을 이룰 때 상대습도와 수분함량의 관계를 나타낸 그래프

• 등온흡습곡선

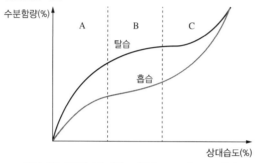

A : 단분자층 영역(이온결합, 결합수로 존재, 수분함량이 가장 낮은 영역, 유지산패 증가)

B : 다분자층 영역(수소결합, 준결합수로 존재, 건조식품의 안정성이 높은 영역)

C : 모세관 응축 영역(자유수로 존재, 효소반응과 미생물 증식 활발, 식품의 안정성이 낮은 영역)

• 스낵의 탈습, 흡습곡선

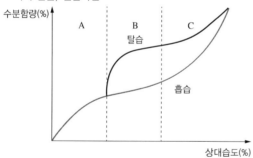

• 스낵은 건조식품이므로 다분자층 영역에 해당되어 탈습은 다분자층 영역에서 시작된다. (p.6 참고)

2-4 수분함량 moisture, sorption, isotherm 그래프에서 0.1g/g−solid일 때 서로 다른 제품 2개를 한곳에 넣고 밀봉·포장하였을 때의 수분이동에 대하여 설명하시오. [2020년 3회, 2023년 2회]

정답

수분활성도가 높은 제품에서 낮은 제품으로 수분이 이동한다.

해설

이유는 등온흡습곡선(moisture sorption isotherm)의 정의에서 확인할 수 있듯이 일정한 온도에서 제품은 상대습도에 따라 제품 속의 수분을 방출(탈습) 또는 흡수(흡습)하여 상호 평형수분함량을 유지하려고 하기 때문이다.

2-5 다음 등온흡습곡선의 3가지 유형 중 단백질 함량이 높은 식품을 선택하고, 그 유형에서 자유수, 수분활성도의 특성에 대해 쓰시오. [2023년 1회]

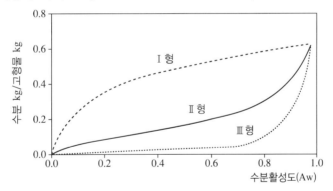

정답

- 단백질 함량이 높은 식품 : Ⅰ형
- 특성 : 단백질은 구조상 작용기가 많아 자유수와 결합하여 수화가 일어나면서 결합수와 수분활성도가 급격히 증가한다. 일정 수준의 수분활성도에 도달하게 되면 반응할 수 있는 단백질의 작용기가 적어져 결합수는 더디게 증가하다가 나머지는 자유수로 남게 된다.

해설

- Ⅰ형은 단백질 함량이 높은 식품, Ⅱ형은 대부분의 식품, Ⅲ형은 당 함량이 높은 식품이다.
- 위 그래프에서 y축의 단위인 "수분 kg/고형물 kg"은 결합수를 의미한다.
- 수분함량(결합수 + 자유수)이 높아도 결합수가 자유수보다 많으면 수분활성도가 낮고, 반대로 자유수가 결합수보다 많으면 수분활성도가 높다. 벌꿀처럼 당 함량이 높은 식품은 수분함량이 높지만 결합수가 자유수보다 많아 수분활성도가 낮으므로 미생물이 이용할 수 있는 자유수가 적어서 저장성에 좋다.

1. 탄수화물의 종류와 구조

1-1 탄수화물 5탄당 3가지를 쓰시오.   [2008년 3회]

정답

ribose(리보스), xylose(자일로스), arabinose(아라비노스)

해설

단당류가 갖는 탄소 원자의 수에 따라 3개는 삼탄당(트라이오스, triose), 4개는 사탄당(테트로스, tetrose), 5개는 오탄당(펜토스, pentose), 6개는 육탄당(헥소스, hexose)이라고 부른다.

1-2 다음 화학구조식을 보고 당의 종류를 적고, 환원당인지 비환원당인지 쓰시오.

[2020년 2회, 2023년 2회]

(①)	(②)	(③)

정답

① glucose(환원당), ② glucose(환원당), ③ sucrose(비환원당)

해설

① 포도당의 환상구조
② 포도당의 직쇄구조
③ 포도당(6탄당)과 과당(6탄당)이 1 : 1 결합한 구조

1-3 D-Glucose에서 두 번째 탄소의 구조가 다른 에피머(epimer)는 무엇인지 쓰고, 해당 에피머를 Fisher법으로 구조식을 그리시오. [2021년 2회]

정답

- D-Mannose(만노스)
- D-Mannose의 구조식(Fisher법)

D-Glucose	D-Mannose
CHO | H — C — OH | HO — C — H | H — C — OH | H — C — OH | CH₂OH	CHO | HO — C — H | HO — C — H | H — C — OH | H — C — OH | CH₂OH

해설

- 에피머(epimer) : 입체이성질체 중에서 서로 1개의 부제탄소만 배치가 다른 것
- 입체이성질체(stereoisomer) : 결합 방법은 같으나 삼차원 공간 배열이 서로 다른 화합물
  ※ 과당과 포도당처럼 분자식은 동일하지만 각 분자들을 구성하는 연결방식과 배열이 서로 다른 것을 이성질체라고 한다.
- 부제탄소(비대칭 탄소) : 4개의 서로 다른 원자단이 붙어 있는 비대칭적인 탄소 원자

1-4 단순다당류와 복합다당류의 정의를 적고, 전분과 펙틴이 어떤 다당류에 해당하는지 쓰시오. [2022년 1회]

정답

- 단순다당류 : 같은 종류의 단당류로 결합된 다당류로서 전분이 해당된다.
- 복합다당류 : 다른 종류의 단당류로 결합된 다당류로서 펙틴이 해당된다.

해설

- 단순다당류 : 전분, 덱스트린, 이눌린, 글리코겐, 셀룰로스 등
- 복합다당류 : 펙틴, 헤미셀룰로스, 한천 등

2. 전분의 호화와 노화

2-1 전분(starch)의 호화에 영향을 미치는 요인 3가지를 쓰시오. [2020년 2회]

[정답]

온도, 수분함량, pH, 염류, 전분의 종류

[해설]

요인	호화조건(노화 억제)	노화조건(호화 억제)
온도	60℃ 이상 또는 -20~-30℃의 냉동	0~5℃
수분함량	15% 이하	30~60%
pH	중성~알칼리성	산성
염류	무기염류(단, 황산염은 제외)	유기염류와 황산염
전분의 종류	입자가 큰 서류전분(감자, 고구마 등) → amylopectin 함량이 높다.	입자가 작은 곡류전분(쌀, 옥수수 등) → amylose 함량이 높다.

※ 호화조건은 호화되기 쉬운 조건을 뜻하며 동시에 노화를 억제 혹은 지연시킬 수 있다.

2-2 호화전분의 노화를 억제하는 방법 3가지를 쓰시오. [2007년 3회]

2-3 전분의 노화를 억제하는 방법 3가지를 기술하시오. [2014년 1회]

[정답]

2-2, 2-3

① 온도조절 : 0~5℃에서 노화가 촉진, 60℃ 이상 또는 -20~-30℃의 냉동에서 노화 억제

② 수분함량 조절 : 30~60%에서 노화가 촉진되므로 15% 이하로 유지

③ 설탕 첨가 : 탈수제로 작용하여 전분을 단시간에 건조시켜 노화 억제

④ 전분의 종류 : amylopectin 함량이 높은 전분을 원료로 사용

⑤ 유화제 첨가 : 전분교질용액의 안정도를 높여 전분입자 침전 또는 결정화 방지

[해설]

• 호화(따뜻한 쌀밥) ↔ 노화(식은 밥) : 전기밥솥을 사용하거나 남은 밥을 냉동시키는 이유다.

• 수분함량을 15% 이하로 유지한다는 것은 '건조'라고 생각하면 된다. 예 라면, 비스킷, 건빵

• 설탕은 수분을 끌어당기는 성질을 갖기 때문에 탈수제로 쓰여 식품을 건조시킨다. 예 양갱

• amylopectin은 분지상 구조로 인해 노화속도가 느리다. 예 찹쌀떡(amylopectin 100%)

2-4 전분의 노화 원리를 구조적(화학적)으로 설명하시오. [2019년 2회]

정답

호화된 전분(α전분)을 실온에 장시간 방치하면 다시 전분입자가 모여 규칙성의 미셀구조로 되돌아가면서 점점 굳어져 원래의 결정성을 띤 노화전분(β전분)으로 돌아간다.

해설

- 전분의 호화과정 : 수화(hydration) > 팽윤(swelling) > 미셀구조 붕괴 > 교질용액 형성 > 호화
- 미셀(micelle) : 전분은 포도당이 사슬모양으로 연결된 것이지만 그 사슬의 일부는 수소결합 상태로 매우 규칙적으로 배열되어 있는 부분과 불규칙적으로 배열되어 있는 부분이 같이 섞여 있다. 규칙적인 부분은 결정상태로 되어 있는데, 이것을 미셀이라고 한다. 미셀은 결정이 매우 규칙적이므로 물분자가 파고 들어갈 수가 없다.

제3절 지질

1. HLB

1-1 HLB값이 4~6일 때 어떤 유형의 식품인지 쓰시오. [2006년 2회]

정답

HLB값 4~6은 친유성 비율이 큰 것으로 유중수적형(W/O)의 식품인 버터, 마가린이 있다.

해설

- HLB(Hydrophile-Lipophile Balance, 친수성-친유성 밸런스) : 계면활성제(유화제)의 친수성 및 친유성 정도를 나타내는 지표이며, 보통 친수성 밸런스라고 부른다.
- HLB값은 0~20까지 있는데, 0에 가까울수록 친유성, 20에 가까울수록 친수성이다.
  - HLB값 3~7 : 친유성에 가깝고 유중수적형(W/O)이며 버터, 마가린이 있다.
  - HLB값 8~18 : 친수성에 가깝고 수중유적형(O/W)이며 우유, 마요네즈, 아이스크림이 있다.

1-2 S(polyhydroxy fatty acid ester의 비누화값)와 A(지방의 산가)를 이용하여 HLB식을 작성하고, HLB가 8~18일 때와 4~6일 때 유화액 상태(O/W, W/O)를 구분해서 작성하시오.

[2023년 2회]

정답

• $HLB = 20\left(1 - \dfrac{S}{A}\right)$

• HLB가 8~18일 때는 O/W(수중유적형), 4~6일 때는 W/O(유중수적형)이다.

해설

1-1 해설 참고

1-3 물과 기름을 섞을 때 유화제의 역할에 대해 표면장력을 이용하여 설명하시오. [2023년 2회]

정답

유화제는 친수성기와 친유성기(소수성기)의 성질을 모두 띠고 있어서 물과 기름의 경계면에서 표면장력을 감소시켜 두 물질이 잘 섞이도록 도와준다.

해설

식품첨가물공전 > Ⅰ. 총칙 > 2. 용어의 정의

> 유화제란 물과 기름 등 섞이지 않는 두 가지 또는 그 이상의 상(phases)을 균질하게 섞어주거나 유지시키는 식품첨가물을 말한다.

※ 편저자 주 : 위 문제에서 표면장력이 아니라 계면장력이라고 해야 더 적합한 표현이다. 표면장력과 계면장력의 차이는 표면과 계면의 차이에 있고, 표면장력은 기체 상태(보통은 공기)와 접촉하는 액체의 특성을 말하지만, 계면장력은 액체와 액체 등 두 물질 간의 경계면의 특성을 뜻한다. 유화제를 계면활성제라고도 부르는 이유이기도 하다. 그러나 문제에서는 표면장력을 제시하였으므로 정답도 표면장력으로 작성하는 것이 바람직하겠다.

2. 동질다형현상

2-1 지방의 동질다형현상을 화학적인 측면에서 설명하고 융해 시 변화에 대해 쓰시오.

2-2 지질의 동질다형현상과 그중 버터의 특성은 어떻게 나타나는지 쓰시오. [2020년 1회]

정답

2-1, 2-2
- 지질의 동질다형현상 : 유지를 구성하는 triglyceride의 한 분자가 온도에 따라 여러 개의 결정형을 갖는 현상을 말한다.
- 융해 시 변화 : 고체유지를 가열하여 녹인 후 냉각하면 불규칙한 배열의 결정으로 고체화되는데 이때 재가열하면 처음보다 융점이 높아지고, 다시 냉각하면 규칙적인 배열의 결정이 형성되며 고체화된다. 이 결정을 또다시 가열하면 융점은 처음보다 낮아지게 된다.
- 버터의 특성 발현 : β'형으로 비교적 결정체가 안정하며 크리밍성과 쇼트닝성이 매우 뛰어나다.

해설

고체유지의 결정형과 그 특징

결정형	α형	β'형	β형
결정구조	hexagonal (불안정)	orthorhombic (안정)	triclinic (안정)
결정 형성방법	녹인 유지를 자연상태로 방치해서 응고시킨다.	녹인 유지에 온도조절(템퍼링), 숙성을 하여 안정한 결정을 선택적으로 석출시킨다.	
결정 내 유지형태	거칠다.	치밀하다.	매우 치밀하다.
특징	고형유지로서 특성이 결여되고 매우 불안정한 상태이다.	크리밍성, 쇼트닝성 등 고형유지의 특성이 뛰어나다.	쇼트닝성은 비교적 좋지만 크리밍성은 약간 부족하다.
유지의 예	녹인 버터	버터, 마가린, 쇼트닝	카카오버터, 라드

체크 포인트 **동질다형현상(polymorphism)을 이용한 식품**

초콜릿을 제조할 때 템퍼링(tempering, 담금질)이 중요한 이유는 바로 블룸(bloom) 또는 블루밍(blooming) 현상을 방지하기 위해서다. 블룸이란 하얀 곰팡이가 핀 것처럼 유지(지방) 혹은 설탕이 녹아서 초콜릿 표면으로 유출된 것을 뜻한다(지방에 의한 블룸을 fat bloom, 설탕에 의한 블룸을 sugar bloom). 이를 방지하기 위해서는 유지의 동질다형현상 원리를 이용한 템퍼링으로 온도에 따라 변화하는 결정형의 성질을 이용해 안정된 결정이 만들어지도록 온도를 맞춰주어야 한다. 만약 템퍼링을 하지 않거나 템퍼링이 부족하면 초콜릿이 유통 중에 모두 녹거나 블룸현상이 발생하여 소비자에게 판매할 수 없게 된다. 한마디로 초콜릿의 템퍼링은 유지의 동질다형 현상을 이용하여 초콜릿의 융점을 높여주고 부드러운 질감을 형성하는 기술이라고 할 수 있다.

PART 01 식품제조·생산관리 :: 219

3. 불포화지방

3-1 상어간유와 식물성유에 많이 함유되어 있는 불포화 탄화수소를 쓰시오. [2014년 3회]

정답

스쿠알렌

해설

스쿠알렌(squalene)은 상어간유, 올리브유, 동물연골에 포함된 지질 성분으로 피부의 천연보호막을 구성하는 성분으로 알려져 있다. 건강기능식품의 기능성 원료로 등재되어 있으며 기능성 내용으로는 항산화에 도움을 줄 수 있다고 되어 있다.

4. 아이오딘가(요오드가)

4-1 다음 보기에서 아이오딘(요오드)가가 가장 작은 그래프를 선택하고 그 이유를 설명하시오.

[2005년 2회]

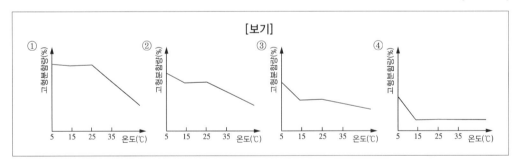

정답

- 아이오딘가가 가장 작은 그래프 : ①
- 이유 : 상온에서 고형분 함량이 높은 유지는 고체상태임을 알 수 있는데, 이는 유지의 불포화도가 낮고 탄소의 이중결합수가 적다는 것을 뜻하므로 아이오딘가가 작다는 것을 의미한다.

해설

- 상온이란 15~25℃를 뜻한다.
- 아이오딘가란 유지의 불포화도를 측정한 값으로, 아이오딘가가 높다는 것은 유지에 탄소의 이중결합수가 많아 아이오딘이 많이 소모됐다는 것을 의미하고 이를 통해 유지의 불포화도가 높고 상온에서 액체상태임을 알 수 있다(예 들기름, 참기름, 올리브유 등). 반대로 포화지방산은 상온에서 고체상태이다(예 우지, 돈지 등).
- 식물성 기름이 상온에서 액체인 이유는 불포화지방산을 많이 함유하고 있기 때문인데, 불포화지방산은 탄소의 이중결합 부위에서 크게 구부러지는 구조이며, 분자 사이에 틈이 생기기 쉽고 잘 굳지 않는 성질을 갖는다.

5. 비누화가(검화가)

5-1 비누화가(검화가)의 정의를 쓰고, A가 B보다 비누화가(검화가)가 2배 더 클 때 고급지방산은 A와 B 중 무엇이 더 많은지 쓰시오. [2022년 3회]

> **정답**
> • 정의 : 유지 1g을 완전히 비누화하는 데 필요한 KOH의 mg수
> • B

> **해설**
> • 고급지방산이란 탄소가 6개 이상(주로 C14~C20)이면서 카복실기(–COOH)를 가지고 있는 산성을 띠는 지방산을 뜻한다. 탄소수가 적을수록 저급지방산, 탄소수가 많을수록 고급지방산이므로 고급지방산이 저급지방산보다 탄소분자량이 크다.
> • 비누화가(검화가)는 탄소분자량에 반비례하는데, 다음과 같은 식이 성립된다.
>
> $$비누화가 = \frac{KOH의\ mg수}{지방산의\ 탄소분자량}$$
>
> – 지방산의 탄소분자량↑(고급지방산) → 비누화가가 낮다.
> – 지방산의 탄소분자량↓(저급지방산) → 비누화가가 높다.

6. 물리적 · 화학적 특성

6-1 유지를 고온 가열할 때 발생하는 물리적 · 화학적 현상을 2가지씩 쓰시오. [2012년 1회, 2021년 1회]

> **정답**
> • 물리적 현상 : 유지의 점도 증가, 유지의 색도 증가(어둡게 변색)
> • 화학적 현상 : 지방산패, 트랜스지방산 생성

> **해설**
> 일반적으로 튀김은 산소에 노출된 상태에서 고온 조리되므로 유지의 산화, 가수분해, 중합 등의 반응으로 유지의 각종 이화학적 특성이 변화된다. 가열온도가 높아지고 가열시간이 길어질수록 산가는 상승하고 아이오딘가는 감소하며 점도와 색도는 증가한다.

6-2 유지의 품질열화를 최대한 줄일 수 있는 방법을 각 항목별로 쓰시오. [2012년 3회]

- 튀김유 회전속도 관리
- 튀김온도 관리
- 튀김설비 관리

정답

- 튀김유 회전속도 관리 : 한 번 사용 후 재사용 금지
- 튀김온도 관리 : 180~200℃의 높은 온도 유지
- 튀김설비 관리 : 불순물이 혼입되지 않도록 깨끗하게 유지

6-3 다음 중 중성지질에 대한 설명으로 틀린 것을 고르시오. [2022년 1회]

---

① 중성지질은 하나의 boiling point와 melting point가 있다.
② 중성지질은 글리세롤과 세 개의 지방산이 에스테르 결합으로 되어 있다.
③ 포화지방산은 탄소수가 증가할수록 물에 녹기 어렵다.
④ 천연유지의 불포화지방산의 이중결합은 시스형이다.
⑤ 다가불포화지방산의 이중결합은 비공액형이다.

정답

①

해설

중성지질(triglyceride)은 동질다형현상(polymorphism)의 특성을 나타내므로 여러 개의 끓는점과 녹는점을 갖는다.
※ 동질다형현상(p.12) 참고

제4절 단백질

1. 단백질의 구조

1-1 단백질 3차 구조에서 side chain을 형성하는 힘 3가지를 쓰시오.　　　　　[2011년 1회]

정답

① 이온결합, ② 수소결합, ③ S-S결합, ④ 소수성결합, ⑤ 반데르발스결합

해설

• 단백질 3차 구조 화학결합 모식도

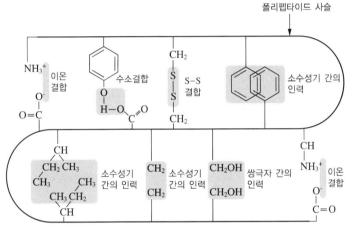

• 단백질의 구조
  - 1차 구조 : 아미노산의 배열순서에 따라 펩타이드 결합한 구조(펩타이드 결합 : -CO-NH-)
  - 2차 구조 : 폴리펩타이드 사슬의 수소결합(배열에 따라 α-나선구조, β-병풍구조)
  - 3차 구조 : 단백질 2차 구조가 구부러지고 중첩되어 있는 구조(실뭉치 모양과 비슷)
  - 4차 구조 : 여러 개의 3차 구조가 결합하여 특정한 공간배치를 이루는 구조

1-2 단백질의 구조 및 결합에 대한 다음 설명에서 빈칸에 알맞은 내용을 쓰시오. [2022년 2회]

> 단백질의 3차 구조는 단백질을 이루는 아미노산의 side chain 사이에 작용하는 힘에 의해 결정되며 구체적으로 disulfide결합, (①)결합, (②)결합, (③)결합이 있다.

정답

① 이온, ② 수소, ③ 소수성

해설

1-1 해설 참고

2. 단백질의 분류

2-1 다음 보기에 해당하는 단백질을 적으시오. [2022년 2회]

> **[보기]**
> 알부민, 인단백질, 젤라틴, 당단백질, 프롤라민, 펩톤

정답

- 단순단백질 : 프롤라민, 알부민
- 복합단백질 : 당단백질, 인단백질
- 유도단백질 : 펩톤, 젤라틴

해설

- 단순단백질 : 아미노산만으로 구성된 단백질
- 복합단백질 : 단순단백질 및 단백질이 아닌 성분이 결합된 단백질
- 유도단백질 : 단순단백질 또는 복합단백질이 물리적, 화학적 변화를 받은 단백질

3. 등전점

3-1 다음 그래프는 글리신 등전점 곡선이다. B, D의 이온식을 쓰시오. [2010년 2회, 2021년 2회]

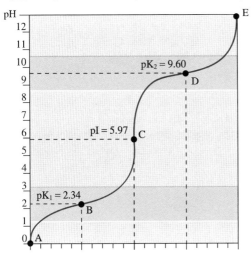

정답

글리신의 이온식 : $(CH_2)(NH_2)COOH$
- B(pH 산성)의 이온식 : $(CH_2)(NH_3^+)COOH$
- D(pH 염기성)의 이온식 : $(CH_2)(NH_2)COO^-$

해설

- 등전점이란 전기적으로 중성이 되는 pH로 불용성(물에 녹지 않는 성질로 단백질 응고·침전)이다.

$$
R-\overset{\overset{+}{N}H_3}{\underset{H}{C}}-COOH \underset{H^+}{\overset{OH^-}{\rightleftharpoons}} R-\overset{\overset{+}{N}H_3}{\underset{H}{C}}-COO^- \underset{H^+}{\overset{OH^-}{\rightleftharpoons}} R-\overset{NH_2}{\underset{H}{C}}-COO^-
$$

$\quad\quad$ [산성] $\quad\quad\quad\quad\quad$ [중성] $\quad\quad\quad\quad\quad$ [염기성]

- 화학식의 종류

구분	정의	예시
이온식	이온을 이루는 원자의 종류나 전하를 원소 기호로 나타낸 식	Mg^{2+}, Na^+, Cl^-
실험식	화합물의 구성 원소 비만 나타낸 식	과산화수소(H_2O_2)의 실험식은 HO
분자식	분자를 구성하는 원자의 종류와 수를 전부 나타낸 식으로, 분자로 존재하지 않는 이온결합 등은 나타내기 어려움	C_6H_6, ^{131}I
시성식	작용기, 치환기 등 물질의 특성을 알 수 있게 나타낸 식	CH_3COOH
구조식	화합물의 입체적 구조를 선으로 나타낸 식	$O=O=O$, $C\equiv N$

※ 위 문제에서 이온식을 요구하였으므로 정확하게 이온식을 써 주는 것이 중요하다.
- C(pH 중성)의 이온식 : $(CH_2)(NH_3^+)COO^-$

4. 염석과 염용

4-1 염석(salting out), 염용(salting in)을 단백질과 연관시켜 쓰시오. [2020년 3회]

정답

- 염석(salting out) : 단백질 수용액에 고농도의 염 첨가 시 단백질의 용해도 감소(응고 · 침전)
- 염용(salting in) : 단백질 수용액에 저농도의 염 첨가 시 단백질의 용해도 상승

해설

식품 제조 시 염석과 염용의 효과

- 두부, 효소정제(불활성 단백질 제거)는 염석의 원리를 이용한 대표적인 식품이다.
- 저염 육가공품 제조 시 식염을 낮추면 단백질의 용해도가 상승하여 추출성이 낮아지고 결착력이 떨어져 제품의 품질이 저하된다.

5. 변성

5-1 단백질 열변성의 3가지 요인과 열변성에 의한 단백질 변화에 대해 쓰시오. [2012년 1회]

5-2 단백질 열변성의 3가지 인자와 각 인자가 미치는 영향을 쓰시오. [2021년 3회]

정답

5-1, 5-2

- 열변성 요인 : 온도, 수분, pH, 염류(전해질)
- 단백질 변화
  - 온도 : 약 60~70℃에서 변성이 일어나 단백질이 응고 및 침전된다(단백질의 용해도 감소).
  - 수분 : 단백질 가열 시 수분의 분자운동이 활발하여 펩타이드결합 사이의 수소결합이 파괴된다.
  - pH : 수소이온농도가 등전점에 가까울수록 변성이 잘되어 응고 및 침전된다.
  - 염류(전해질) : 황산염, 인산염, 젖산염 등의 전해질 첨가 시 변성속도가 높고 이온의 전하가 큰 전해질일수록 단백질의 변성에 큰 영향을 끼친다.

해설

- 단백질의 변성(denaturation) : 단백질의 3차 구조가 외부요인에 의해 수소결합, S-S결합, 이온결합 등이 끊어져서 단백질 입체구조에 변형이 생긴 것으로 비가역적인(되돌아올 수 없음) 변성을 뜻한다.
- 열변성 : 가열에 의한 변성을 말하며, 열변성에 의해 수소결합의 세기가 약해지고, 3차 구조상에서 내부에 숨어있던 소수성 부위가 외부로 노출되면서 다른 단백질 분자와 소수성 결합을 하면서 뭉치게 되어 단백질이 응고된다.

1. 반응속도

1-1 미카엘리스-멘텐식에서, K_m의 정의를 쓰고 K_m값이 상대적으로 높은 것과 낮은 것에 대하여 비교하여 설명하시오.

[2021년 2회]

정답

- K_m의 정의 : 효소반응속도론에서 미카엘리스 상수로서 반응속도(V_0)가 최대반응속도(V_{max})의 절반일 때의 기질농도([S])를 뜻하며, 효소와 기질의 친화도를 나타낸다.
- K_m값이 높으면 효소-기질의 친화도가 낮고, K_m값이 낮으면 효소-기질의 친화도가 높다.

해설

- K_m값이 높으면 기질을 많이 써야 반응속도의 최대반응속도(V_{max})의 절반에 겨우 도달할 수 있으므로 효소-기질의 친화도가 낮음을 의미한다.
- K_m값이 낮으면 기질을 적게 써도 반응속도의 최대반응속도(V_{max})의 절반에 빠르게 도달할 수 있으므로 효소-기질의 친화도가 높음을 의미한다.
- 효소-기질반응을 나타내는 미카엘리스-멘텐 곡선

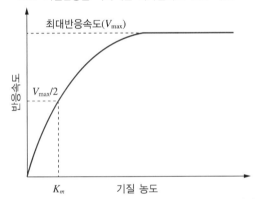

※ 효소 농도가 일정할 때 기질의 농도와 반응속도와의 관계를 나타낸 그래프

2. 고정화 효소

2-1 고정화 효소 제조방법을 3가지 쓰시오.

[2016년 1회]

정답

① 흡착법 : 효소와 지지체 표면의 특성을 이용하여 흡착 혹은 이온결합으로 고정시키는 방법
② 공유결합법 : 지지체 표면에 단백질의 관능기(아미노기 등)를 결합하여 효소를 고정시키는 방법
③ 가교법 : 지지체에 효소를 흡착 고정시킨 후 가교결합을 하여 효소의 분자 간 결합으로 담체 없이 고정시키는 방법
④ 포괄법 : 지지체의 격자 안에 효소를 가두는 격자형과 반투과성 막으로 효소를 감싸는 미세캡슐화법이 있다.

해설

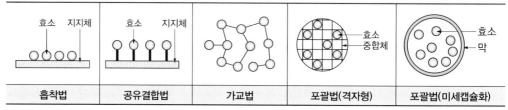

| 흡착법 | 공유결합법 | 가교법 | 포괄법(격자형) | 포괄법(미세캡슐화) |

- 고정화 효소 : 효소를 물에 녹지 않는 지지체에 물리적 또는 화학적 방법으로 부착시켜서 만든 물리적 촉매를 말한다.
- 고정화 효소의 필요성 : 대부분의 효소는 구형 단백질이므로 수용성이다. 따라서 고비용의 효소를 재사용하기 위해 분리가 쉽도록 화학적 또는 물리적 방법으로 효소를 불용성 지지체의 표면 또는 내부에 고정시켜 사용한다.

체크 포인트 **고정화 효소제, 식품첨가물공전에 등재**

「식품첨가물의 기준 및 규격」 일부개정고시(식약처 제2023-11호, 2023.2.14.)에 의거, 식품 현장의 요구사항을 반영하여 기존 효소제보다 사용이 간편하고 여러 번 사용할 수 있는 장점이 있는 고정화 효소제를 사용할 수 있도록 제조 성분 등을 규정한 제조기준과 일반사용기준 그리고 보존 및 유통기준이 신설되었다.

- 제조기준 : 효소제를 고정화하기 위해 지지체 등을 사용할 수 있으며 이 경우 지지체 등은 「식품의 기준 및 규격」, 「식품첨가물의 기준 및 규격」 또는 「기구 및 용기·포장의 기준 및 규격」에서 규정하고 있는 것으로서 각 해당 기준 및 규격에 적합한 것이거나 국제식품규격위원회(Codex Alimentarius Commission)에서 효소제 고정화제 및 지지체(enzyme immobilization agents & supports)로 등재된 것을 사용하여야 하며, 고정화를 위하여 사용된 물질들은 식품으로 이행되면 아니 된다.
- 일반사용기준 : 효소제는 따로 규정이 없는 한 식품의 제조·가공 공정 중 분해, 부가 등 효소제의 정의에 맞는 목적으로 사용하여야 하며, 최종식품에 효소 함량을 높이거나 소화촉진 등을 위한 섭취 목적으로 사용하여서는 아니 된다.
- 보존 및 유통기준 : 효소제는 개별 성분규격에서 별도로 보존기준을 정하고 있더라도, 제조자가 제품의 특성을 고려하여 효소 활성이 저하되지 않는 보존 및 유통조건을 제품에 표시한 경우, 해당 조건에 따라 보존 및 유통할 수 있다.
  ※ 고정화 효소제(immobilized enzyme) : 효소를 지지체(담체)에 고정시켜 연속적으로 사용할 수 있도록 제조된 형태의 효소제

3. 가수분해효소

3-1 다음은 효소 기질 생성물에 관한 표이다. 빈칸을 채우시오. [2008년 2회, 2011년 1회]

효소명	기질	생성물
①	전분	덱스트린
②	덱스트린	맥아당
③	설탕	포도당, 과당
lactase	유당	④
lipase	지방	⑤

정답

① α-amylase, ② β-amylase, ③ invertase, ④ 포도당, 갈락토스, ⑤ 지방산, 글리세롤

3-2 맥아당(maltose)과 유당(lactose)을 가수분해할 수 있는 효소를 하나씩 쓰시오. [2022년 3회]

- 맥아당(maltose) :
- 유당(lactose) :

정답

- 맥아당(maltose) : maltase
- 유당(lactose) : lactase

해설

문제에서 효소기질 대상을 명확하게 지목하였으므로 해당 기질에 맞는 효소를 써야 한다.

가수분해효소의 종류
- α-amylase : 액화효소(전분의 α-1,4 결합을 불규칙하게 가수분해)
- β-amylase : 당화효소(전분을 maltose 단위로 가수분해)
- glucoamylase(= amyloglucosidase) : 전분을 glucose 단위로 가수분해
- maltase : maltose를 2분자의 glucose로 가수분해
- invertase : 설탕(자당)을 glucose(포도당)와 fructose(과당)로 가수분해
- lactase : lactose(유당, 젖당)를 glucose와 galactose로 가수분해
- glycosidase : 배당체(당과 작용기가 결합된 화합물)를 가수분해
- pectinase : 펙틴질을 가수분해
- cellulase : 섬유소의 β-1,4 결합을 cellobiose나 glucose로 가수분해
- hemicellulase : 커피의 검(gum)질을 가수분해
- lipase : 지질을 가수분해
- protease : 단백질을 가수분해

3-3 다음 제조과정(①~⑤)과 연관된 효소(a~e)를 각각 연결하시오. [2023년 2회]

① 자당 → 포도당 + 과당	a. 포도당 산화효소
② 전분 → 덱스트린, 콘시럽	b. 펙틴 분해효소
③ 과산화수소	c. 카탈라아제
④ 주스 청징	d. 아밀라아제
⑤ 포도당 정량	e. 인버타아제

정답

①-e, ②-d, ③-c, ④-b, ⑤-a

해설

- 아밀라아제(amylase) : 전분 → 덱스트린 → 올리고당(소당류) → maltose → glucose
- 카탈라아제(catalase) : 과산화수소(H_2O_2) → 물(H_2O) + 산소(O) ↑
- 인버타아제(invertase) : 전화당(포도당과 과당이 혼합된 화합물, invert sugar)
- 펙틴 분해효소(pectinase) : 사과 껍질의 펙틴(pectin)을 가수분해하여 혼탁 제거
- 포도당 산화효소(glucose oxidase) : 포도당(glucose)이 글루콘산이 되는 반응을 촉진하는 효소이며, 산화반응 시 정량적으로 과산화수소(hydrogen peroxide)를 생성하기 때문에 포도당 정량시약으로 널리 사용되고 있다.

4. 식품가공에 사용되는 효소

4-1 다음의 효소가 식품가공에서 활용되는 분야를 각 1가지씩 쓰시오. [2013년 2회]

- α-amylase
- β-amylase
- glucoamylase

정답

- α-amylase : 물엿 제조
- β-amylase : 식혜, 제빵, 주류 제조
- glucoamylase : 포도당 제조

해설

- α-amylase(액화효소) : amylose와 amylopectin의 α-1,4 결합을 내부에서 불규칙하게 가수분해하는 효소로 endo type(중간에서부터 무작위로 절단)이다.
- β-amylase(당화효소) : amylose와 amylopectin의 α-1,4 결합을 비환원성 말단에서부터 maltose 단위로 가수분해하는 효소로 exo type(끝에서부터 일정한 단위로 절단)이다.
- glucoamylase(amyloglucosidase) : 전분의 비환원성 말단에서부터 α-1,4 결합과 α-1,6 결합을 glucose 단위로 가수분해하는 효소이다.

1. 식품의 갈변

1-1 식품에 glucose oxidase를 첨가했을 때의 효과를 쓰시오. [2004년 1회, 2006년 2회]

정답

- glucose를 gluconic acid(글루콘산)로 산화시켜 갈변방지
- 통조림의 산소 제거
- 식품 고유의 색과 맛 유지

해설

- glucose oxidase(포도당 산화효소)란 포도당을 산화하여 글루콘산을 만드는 효소이다.
- 글루콘산은 식품첨가물공전에 등록된 산도조절제이며, 양조식초 등 발효식품과 로열젤리 등 천연물에 존재하는 유기산이다. 다른 유기산에 비해 산미가 약하고 정미시간이 짧아 pH 조정제로 사용되며 젖산과 유사한 정미특성이 있어 음료 등에 이용된다.

1-2 효소적 갈변에서 원인 효소 2가지와 방지법 4가지를 쓰시오. [2005년 2회, 2009년 3회, 2011년 2회]

정답

- 원인 효소 : polyphenol oxidase, tyrosinase
- 갈변방지법
  ① 가열(데치기)
  ② 산도조절제 첨가
  ③ 저온저장(냉장, 냉동저장)
  ④ 비타민 C 첨가
  ⑤ 밀봉, 진공포장, 질소충전
  ⑥ 물, 소금물, 설탕물에 침지

해설

- 효소적 갈변은 '효소-기질-산소'가 있어야 일어나므로 이를 조절하여 갈변을 방지한다.
- 갈변방지법

구분		원리	방법
효소	효소의 불활성화	효소(단백질) 변성	가열(데치기)
	효소활성 최적조건의 변화	pH 감소(효소활성 저해)	산도조절제 첨가
		갈변반응속도 감소	저온저장(냉장, 냉동저장)
기질	환원제의 이용	기질(퀴논) 환원	비타민 C 첨가
	기질의 희석	기질(tyrosine) 제거	물에 침지
산소	산소의 제거	산소 차단	물, 소금물, 설탕물에 침지
		산소 제거	밀봉, 진공포장, 질소충전

- 갈변의 종류

효소적 갈변 (효소 관여 ○)	polyphenol oxidase에 의한 갈변	사과, 배 등의 과일류
	tyrosinase에 의한 갈변	감자 등의 채소류
비효소적 갈변 (효소 관여 ×)	마이야르 반응	빵, 간장, 된장 등
	캐러멜화 반응	달고나, 캐러멜 등
	ascorbic acid 산화반응	감귤류 주스 등

1-3 glucose, galactose, ribose, sucrose 중 갈변속도가 빠른 순서대로 나열하시오. [2011년 2회]

1-4 다음 마이야르 반응에 참여하는 당을 갈변속도가 빠른 순으로 작성하시오. [2019년 2회]

glucose, galactose, ribose, sucrose

1-5 다음에서 갈변속도가 빠른 순서대로 쓰시오. [2023년 1회]

D-리보스, D-포도당, D-갈락토스, 설탕

정답

1-3, 1-4, 1-5
ribose > galactose > glucose > sucrose

해설

당의 갈변속도는 '5탄당 > 6탄당(과당 > 포도당) > 이당류' 순으로 빠르다.
ribose > xylose > arabinose > galactose > mannose > glucose > sucrose

체크 포인트 **마이야르 반응의 다양한 이름**

마이야르 반응은 프랑스 화학자 마이야르(Maillard, 1912)에 의해서 glucose(당)와 glycine(아미노산)의 용액을 가열하였을 때 갈색 색소인 멜라노이딘(melanoidine)을 생성한다고 처음으로 공식 논의되었기 때문에 마이야르 반응이라고 부르게 되었다. 그러나 화학자 이름, 반응기질, 반응생성물 등을 가지고 이름을 달리 부르는 경우가 많다. 마이얄 반응, 메일라드 반응, 아미노-카보닐 반응, 멜라노이딘 반응으로도 불리고 있으며 모두 같은 뜻이다.

2. 색체계

2-1 헌터 색체계에서 L, a, b가 의미하는 것을 쓰시오. [2017년 2회]

정답

- L(명도, Lightness) : 100(white)～0(black)
- a(적색도, Redness) : +100(red)～-80(green)
- b(황색도, Yellowness) : +70(yellow)～-70(blue)

해설

색체계의 종류

- RGB 색체계 : 적색(R), 녹색(G), 청색(B)을 세 꼭짓점으로 하는 삼각형 안에 모든 색을 배열하는 것으로, 그 중심은 백색이며 CIE 색체계의 기본 바탕이다.
- CIE 색체계 : 국제조명위원회(CIE)에서 정한 것으로, 삼각형의 꼭짓점에 R, G, B가 있고 세 변을 X, Y, Z로 정하며 모든 색은 3원색의 기본색을 적당하게 배합하여 재현할 수 있다고 본다.
- Munsell 색체계 : 색상, 명도, 채도의 3가지 특성으로 색을 구현하며 색상(1～10), 명도(1～10), 채도(1～16)로 표시한다. 다만, 채도는 기술이 발전하면서 새로운 안료가 개발될 경우 단위가 늘어날 수 있다.
- Hunter 색체계 : 사람의 눈의 감각에 바탕을 둔 CIE 색체계의 단점을 보완한 것으로 눈은 적색, 녹색, 청색에 민감한 빛의 수용기관을 가지고 있는데 문제는 X, Y, Z값이 감지된 색과 상관관계가 없다는 것이다. 이러한 문제를 극복하기 위해 균일한 색, 반대색 및 색 등급은 색 감각의 반대색 이론에 바탕을 둔 것이 헌터 색체계이다.

2-2 Munsell 색체계는 3요소로 색을 표현한다. 각 설명에 해당하는 요소를 쓰시오. [2023년 3회]

- (①) : 빨강, 노랑, 초록, 파랑, 보라의 5색과 그 중간색 5색을 합쳐서 총 10색으로 표현한다.
- (②) : 하양과 검정을 눈금 10개로 표현한다.
- (③) : 색의 순도를 나타내는 것으로, 같은 명도의 회색과 비교하여 탁함과 선명함을 표현한다.

정답

① 색상, ② 명도, ③ 채도

해설

- 색상(hue) : 빨강(R), 노랑(Y), 초록(G), 파랑(B), 보라(P)의 5색을 기준으로 하고, 이들 사이에 주황(YR), 황록(GY), 청록(BG), 청자(PB), 자주(RP) 등을 삽입하여 총 10색상환을 만들었다. 이를 다시 10등분하여 100색상으로 만들어서 숫자와 기호로 표시한다.
- 명도(value) : 색의 밝고 어두운 정도, 즉 색의 밝기를 의미한다. 예를 들어 빨간색을 대상으로 명도를 낮추면 어두운 빨강이 되고, 명도를 높이면 밝은 빨강이 된다. 명도는 0～10까지 총 11레벨이 있으나 0과 10은 검은색과 흰색이므로 실제로는 1～9의 총 9레벨로 조절할 수 있다.
- 채도(chroma) : 맑고 탁한 정도로 순수한 색을 가진 정도(회색기의 정도)를 의미하며, 예를 들어 빨간색을 대상으로 채도를 낮추면 회색을 머금은 빨강이 되고, 채도를 높이면 원색의 빨강이 된다. 채도는 1～16까지 레벨이 있으나 기술이 발전하면서 새로운 안료가 개발될 경우 레벨이 늘어날 수 있다.

제7절 맛

1. 상호작용

1-1 간장의 짠맛과 구수한 맛, 김치의 신맛과 짠맛이 나타내는 맛의 상호작용에 대해 쓰시오.

[2013년 2회]

1-2 간장의 짠맛과 감칠맛, 김치의 짠맛과 신맛의 작용에 대해 서술하시오.

[2020년 1회]

정답

1-1, 1-2
- 간장 : 짠맛과 감칠맛이 혼합되면 맛이 상쇄되어 조화로운 맛을 낸다.
- 김치 : 짠맛과 신맛이 혼합되면 맛이 상쇄되어 조화로운 맛을 낸다.

해설

맛의 상호작용

종류	맛 성분의 혼합	맛의 변화	예시
맛의 대비	단맛(주) + 짠맛	단맛이 강함	단팥죽에 소금 첨가
	감칠맛(주) + 짠맛	감칠맛이 강함	다시국물에 소금 첨가
	짠맛(주) + 신맛	짠맛이 강함	소금에 절인 무생채에 식초 첨가
맛의 억제	신맛(주) + 단맛	신맛이 약함	오렌지주스에 설탕 첨가
	신맛(주) + 짠맛	신맛이 약함	초절임식품에 소금 첨가
	쓴맛(주) + 단맛	쓴맛이 약함	커피에 설탕 첨가
맛의 상승	MSG + 핵산조미료	감칠맛이 강함	다시마와 가다랑어포가 혼합된 국물
맛의 상쇄	짠맛 + 신맛	조화로운 맛	김치
	짠맛 + 감칠맛	조화로운 맛	간장, 된장
	단맛 + 신맛	조화로운 맛	청량음료

- 맛의 대비 : 서로 다른 정미성분을 혼합했을 때 주 정미성분의 맛이 강해지는 현상
- 맛의 억제 : 서로 다른 정미성분을 혼합했을 때 주 정미성분의 맛이 약화되는 현상
- 맛의 상승 : 서로 같은 맛 성분을 혼합할 때 각각 본래의 맛이 더 강해지는 현상
- 맛의 상쇄 : 서로 다른 맛 성분을 혼합할 때 각각의 고유한 맛이 약해지거나 없어지는 현상

2. 단맛

2-1 과당이 온도에 따라 감미도가 어떻게 달라지는지 화학적 구조 변화로 설명하시오.

[2020년 2회, 2022년 1회]

정답

과당은 온도가 낮아질수록 단맛이 강한 베타형이 증가하여 감미도가 높아지고, 반대로 온도가 높아질수록 단맛이 약한 알파형이 증가하여 감미도가 낮아진다.

해설

- 과당은 설탕보다 더 달달한 단맛을 가지는데 과일 속에 많이 함유되어 있어서 과당이라는 이름이 붙었고, 분자식은 $C_6H_{12}O_6$으로 6개의 탄소를 가지므로 포도당과 같이 6탄당이라고 할 수 있지만 분자구조는 포도당이 육각형인 데 반해 과당은 오각형이다. 또한 과당과 포도당처럼 분자식은 동일하지만 각 분자들을 구성하는 연결방식과 배열은 서로 다른 것을 이성질체라고 부르는데, 과당은 알파형과 베타형의 이성질체가 존재한다.
- 과당의 베타형은 알파형보다 안정적인 성질을 띠며 약 3배 정도 더 강한 단맛을 가진다.

3. 짠맛

3-1 짠맛의 강도는 음이온에 의해 결정된다. 다음 이온들의 강도를 큰 순서대로 쓰시오.

[2011년 1회]

$$NO_3^-, \ Cl^-, \ SO_4^{2-}, \ Br^-, \ HCO_3^-, \ I^-$$

정답

$SO_4^{2-} > Cl^- > Br^- > I^- > HCO_3^- > NO_3^-$

해설

- 짠맛은 주로 음이온에 의존하고 양이온은 오히려 쓴맛을 낸다. NaCl은 가장 순수한 짠맛을 가지고 있는데 이는 Cl^-이 가지는 짠맛에 대하여 Na^+의 쓴맛이 적기 때문이다.
- 짠맛은 중성염의 전해질 물질에 의해 느껴지는 맛을 말하며 염 중에서 식염만이 가장 순수한 짠맛을 느끼게 하지만 짠맛에 소량의 유기산이 첨가되면 짠맛은 더욱 강화되고, 당분이 첨가되면 짠맛은 약해진다.

4. 매운맛

4-1 thioglucosidase와 관련한 매운맛 음식 2가지를 쓰시오.

[2021년 1회]

정답

겨자, 고추냉이

해설

겨자와 고추냉이의 뿌리를 마쇄하였을 때 세포 내 소포체에 격리되어 있던 thioglucosidase가 땅속줄기에 함유된 sinigrin에 작용하여 allyl isothiocyanate의 매운맛을 낸다.

5. 떫은맛

5-1 떫은맛을 느끼는 기작과 떫은맛을 느끼게 하는 원인물질을 분자량과 관련하여 설명하시오.

[2004년 2회]

정답

떫은맛을 내는 성분인 탄닌(tannin)은 분자량 500 이상이고 OH기를 다량 함유하여 혀의 점막 단백질과 강한 수소결합을 하여 점막이 수축되는 감각이며, 미각신경이 일시적으로 마비되어 일어나는 수렴성의 불쾌한 맛을 발현한다.

해설

탄닌은 polyphenol 성분을 통칭하는 유기화합물로서 식물에 광범위하게 분포하고 있고 원래 무색이지만 효소적 갈변반응에 의해 색깔이 변하므로 식품의 색깔에도 관여한다.

5-2 다음 떫은맛의 설명 중 틀린 것(①)을 고르고 그 이유(②)를 쓰시오.

[2020년 3회]

> ㉠ 떫은맛은 polyphenol 성분이 혀의 미각신경의 단백질을 변성응고시켜 일어난다.
> ㉡ 떫은맛의 주성분은 tannin과 aldehyde류이다.
> ㉢ 염류 및 철과 구리 등 금속도 떫은맛을 일으킬 수 있다.
> ㉣ 커피의 떫은맛은 ellagic acid, 밤의 떫은맛은 chlorogenic acid이다.
> ㉤ 감의 떫은맛 성분인 디오스프린(diospyrin)은 숙성 과정에서 생기는 과실 내부의 aldehyde기와 결합하여 불용성 tannin이 되면서 떫은맛이 사라진다.

정답

① ㉣

② 커피의 떫은맛은 chlorogenic acid, 밤의 떫은맛은 ellagic acid이기 때문이다.

체크 포인트 **감의 떫은맛**

감의 단면을 보면 검은 점들이 보이는데 이 점들이 탄닌(디오스프린, 감의 떫은맛 성분)이다. 이 디오스프린이 입속에 들어가면 혀의 점막 단백질과 수소결합을 하고 동시에 입속의 수분과도 결합하여 입속의 수분을 빼앗아간다. 그로 인해 혀는 일시적으로 마비증상처럼 느껴지면서 수렴성의 불쾌한 맛을 내며 입속이 건조한 상태가 되는데 이를 '떫다(삽미)'라고 부른다. 그러나 영구적인 것이 아닌 일시적인 현상으로 시간이 지나면 침샘에서 나오는 침으로 인해 수용성 디오스프린이 쉽게 제거되어 원래의 상태로 되돌아온다.

6. 성분 변화

6-1 다음 열처리에 따른 가공 중 휘발성분 변화에 대한 설명으로 옳지 않은 것을 고르고, 그 이유를 설명하시오.

[2023년 1회]

> ① 설탕물을 150~180℃로 가열했을 때 검은색 생성(캐러멜 반응)
> ② 채소를 65~75℃로 가열했을 때 RNA, GMP, 감칠맛 생성
> ③ 볶음 조리나 제빵 시 향과 갈색이 생성(마이야르 반응)
> ④ 지질을 가열했을 때 황 함유 휘발성분으로 인한 산패취 발생
> ⑤ 양파와 마늘을 가열했을 때 sulfide류 발생

정답

④, 황은 지질에는 존재하지 않는 성분이기 때문에 황 함유 휘발성분이 생성되지 않는다.

해설

탄수화물과 지질은 탄소(C), 수소(H), 산소(O)로 구성되어 있고, 단백질은 탄소(C), 수소(H), 산소(O), 질소(N) 및 황(S) 등이 함유되어 있다.

6-2 다음 중 틀린 것을 고르고 그 이유를 작성하시오.

[2023년 2회]

> ① 참깨의 리그난은 세사민, 세사몰린이 다량 있으며, 주요 산화방지제인 세사몰은 미량 있다.
> ② 참기름의 세사몰은 세사몰린이 열에 의해 분해되어 생성된다.
> ③ 토코페롤은 유지 중의 지용성 항산화제로 알파, 베타, 델타, 감마 4가지로 존재한다.
> ④ 콩(대두)의 이소플라본은 배당체 및 비배당체로 존재한다.
> ⑤ 양파의 퀘르세틴은 비배당체로 다량 존재하고, 퀘르세틴의 배당체인 루테인은 미량 존재한다.

정답

⑤, 루테인(lutein)은 퀘르세틴의 배당체가 아니고 carotenoid계 색소이기 때문이다.

해설

퀘르세틴(quercetin)은 양파 껍질에 많이 함유돼 있는 황색 색소성분인 파이토케미컬(phytochemical)이다.

CHAPTER 02 식품위생학

7% 출제비중

제1절 화학적 위해요소

1. 식중독

1-1 화학성 식중독의 발생 요인 2가지를 쓰시오. [2008년 3회]

정답

① 의도적 사용물질 : 사전에 허가한 물질을 오남용했을 경우 발생(식품첨가물, 농약 등)
② 비의도적 오염물질 : 환경이나 제조 · 가공 중 비의도적으로 생성된 물질(중금속, 퓨란 등)

해설

- 의도적 사용물질 : 사전에 안전성을 평가하여 사용을 허가한 물질
  예 농약, 동물용의약품, 식품첨가물, 살균소독제 등
- 비의도적 오염물질 : 환경에서 유래하거나 제조 · 가공과정에서 의도치 않게 생성되는 물질

	단계	물질
1단계	생산 · 재배	중금속
2단계	제조 · 가공 · 조리	벤조피렌, 벤젠, 아크릴아마이드, 에틸카바메이트, 바이오제닉아민류, 퓨란, 헤테로사이클릭아민, 다환방향족탄화수소 등
3단계	유통 · 보관	곰팡이독소
4단계	기구 및 용기 · 포장	중금속, 미반응원료물질, 가공보조제, 반응생성물, 오염물질

2. MCPD

2-1 산분해간장에서 위해요소인 MCPD의 생성원인을 쓰시오. [2008년 2회]

정답

탈지대두(기름을 뺀 콩)에 염산(HCl)을 넣어 가수분해하는 과정에서 탈지대두에 미량 잔류하고 있는 지방(triglyceride)의 글리세롤(= 글리세린)과 염산이 반응하여 MCPD가 생성된다.

해설

- 산분해간장이란 단백질을 함유한 원료를 산으로 가수분해한 후 그 여액을 가공한 것이다.
- MCPD의 정식 명칭은 3-MCPD(3-Monochloropropane-1,2-diol, $C_3H_7O_2Cl$)이다.
- 3-MCPD의 기준

대상 식품	기준(mg/kg)
산분해간장, 혼합간장(산분해간장 또는 산분해간장 원액을 혼합하여 가공한 것에 한함)	0.02 이하
식물성 단백가수분해물 (HVP ; Hydrolyzed Vegetable Protein)	1.0 이하 (건조물 기준으로서)

※ 식물성 단백가수분해물(HVP ; Hydrolyzed Vegetable Protein) : 콩, 옥수수 또는 밀 등으로부터 얻은 식물성 단백질원을 산가수분해와 같은 화학적 공정(효소분해 제외)을 통해 아미노산 등으로 분해하여 얻어진 것을 말한다.
※ 식품공전 > 제2. 식품일반에 대한 공통기준 및 규격 > 3. 식품일반의 기준 및 규격 > 5) 오염물질 > (7) 참고

3. 퓨란

3-1 식품 중 퓨란(furan)이 생성되는 주요 경로와 제품 중 거의 잔류되지 않는 이유를 설명하시오.

[2007년 1회, 2009년 3회, 2012년 1회, 2020년 4·5회]

정답

- 생성경로 : 식품의 열처리 또는 조리과정에서 탄수화물 및 아미노산 등의 열변성이나 지질의 가열 등에 의해 생성된다.
- 잔류되지 않는 이유 : 고휘발성 유기물질이므로 열을 가하는 식품의 제조·가공과정에서 일부 생성된다 하더라도 휘발되기 때문에 식품에 잔류하지 않는다(다만, 통·병조림식품은 밀봉포장이기 때문에 퓨란이 일부 잔류할 수 있으므로 개봉 후 약 10분 정도 시간을 두고 섭취하도록 함).

해설

퓨란(furan, C_4H_4O)은 5원자 방향족헤테로 고리화합물로, 클로로폼 냄새가 나는 무색의 휘발성 액체이며, 식품 중에 저농도로 존재하고 있기 때문에 인체위해 여부는 아직까지 불확실한 것으로 알려져 있다.

4. 에틸카바메이트

4-1 에틸카바메이트가 생성되는 원인과 줄일 수 있는 방법 2가지를 쓰시오.

[2007년 2회, 2012년 3회, 2023년 2회]

정답

- 생성원인
  ① 과실발효주 : 과실(핵과류)종자에 함유된 시안화합물이 효소반응으로 분해 및 산화되어 에탄올과 반응하여 EC가 생성된다.

  > HCN(Cyanide) ⇒ HOCN(Cyanate) + Ethanol ⇒ Ethyl carbamate

  ② 발효식품 : 아르기닌이 효모에 의해 분해된 요소와 에탄올과 반응하여 EC가 생성된다.

  > 요소(Urea), N-carbamyl phosphate + Ethanol ⇒ Ethyl carbamate

- 저감화 방안
  ① 시안화합물 등 EC 전구체 생성 억제를 통한 저감화
    ㉠ 핵과류 씨앗에서 시안화배당체가 술덧으로 침출되지 않도록 한다.
    ㉡ 효모에 의해 요소, N-carbamyl 화합물이 생성되지 않도록 한다.
    ㉢ 젖산균에 의해 시트룰린이 생성되지 않도록 한다.
  ② 제조공정 및 유통관리를 통한 저감화
    ㉠ 침출, 발효 및 유통과정 중 빛 노출을 최소화한다.
    ㉡ 침출, 발효 및 유통과정 중 온도는 25℃ 이하로 관리한다.
    ㉢ 침출, 발효 및 유통기간을 최소한으로 유지한다.
  ③ 증류주의 증류방법 개선을 통한 저감화
    ㉠ 구리로 된 증류기를 사용한다.
    ㉡ 술덧을 끓일 때 직화하지 않고 스팀을 이용하여 가열한다.
    ㉢ 감압증류를 통하여 증류한다.
    ㉣ 초류와 후류는 버리고 중류만 사용한다.

해설

- 핵과류 : 매실, 복숭아, 자두, 앵두, 살구 등 과실 속에 핵(씨)이 있는 것
- 에틸카바메이트(EC ; Ethyl Carbamate)는 식품저장 및 숙성과정 중 화학적인 원인으로 자연 발생하는 독성물질로 알코올음료와 발효식품에 함유되어 있다. 알코올음료에는 포도주, 청주, 위스키 등에 존재하고 발효식품에는 된장, 청국장, 요구르트, 치즈, 김치, 간장에 함유되어 있는 것으로 알려져 있다.

5. TMA

5-1 육류와 어류의 신선도가 떨어질수록 나는 냄새의 주성분을 각각 쓰시오. [2014년 2회]

정답
- 육류 : 황화수소가스(H_2S), 암모니아가스(NH_3), 인돌(indole), 아민(amine) 등
- 어류 : 트리메틸아민(TMA ; Trimethylamine)

해설
- 육류 : 함질소화합물(단백질, 아미노산, 핵산 등)이 부패되어 악취성분을 생성한다.
- 어류 : 바닷물고기가 미생물에 의해 부패되어 악취성분을 생성한다.

5-2 어류의 선도판정기준인 트리메틸아민(TMA)의 유도물질과 초기 부패판정의 기준치를 쓰시오.

[2016년 3회]

정답
- 유도물질 : Trimethylamine oxide(TMAO)
- 초기 부패판정 기준치 : 4~6mg%

해설
바다 생물들의 조직에는 산화트리메틸아민(TMAO)이 존재하는데 이 물질은 오줌의 주성분인 요소(urea)와 함께 해수동물의 삼투압을 조절하는 중요한 역할을 한다. 바닷물고기가 죽으면 체내의 미생물과 효소에 의해 TMAO가 분해되어 트리메틸아민(TMA, 비린내의 원인물질)이 생성된다. TMA는 신선육 중에는 거의 없으며 선도가 떨어지면서 증가하므로 어패류의 초기 부패판정 지표로 이용되며 TMA에 의한 선도 판정은 어종에 따라 다르다.

6. 헤테로사이클릭아민

6-1 아미노산 및 단백질을 함유한 식품을 100~250℃ 이상에서 열분해하면 헤테로사이클릭아민이 생성된다. 300℃ 이상으로 가열할 때 그 발생량은 최대가 되는데, 식품 중 단백질, 수분함량과 발생량의 비례, 반비례 관계에 대해 쓰시오.

[2023년 3회]

> • 비례 : (①)
> • 반비례 : (②)

정답

① 단백질 함량
② 수분 함량

해설

헤테로사이클릭아민류(HCAs ; Heterocyclic Amines)는 육류나 어류를 200℃ 이상 가열 조리할 때 아미노산과 크레아틴 또는 크레아틴 열분해에 의해 생성되는 물질이다. 육류 및 생선 등의 단백질 함량이 높고 수분함량이 적을수록 헤테로사이클릭아민이 많이 생성된다. 이를 줄이기 위한 방법으로 센불보다는 중불(150~160℃)을 이용하여 조리하고, 열원으로부터 떨어져 조리하여 검게 태우지 말아야 한다. 가능하면 삶기, 찜을 이용하고 육류를 굽거나 볶아서 조리할 경우 나오는 육즙을 이용하여 소스를 만들지 말아야 한다. 숯불구이 시 음식물은 숯으로부터 일정 간격을 유지하며 불꽃에 직접 닿는 것을 피하고 조리 전 전자레인지에서 1~2분 정도 조리하여 육즙을 제거하고 조리한다. 또한 육류 및 생선은 소금이나 마늘 등으로 절여서 조리한다. 헤테로사이클릭아민류 생성 억제물질로는 황화합물(마늘, 양파), 항산화제(적포도주, 체리 등 안토시아닌, 녹차의 카테킨 등) 등이 있다.

제2절 생물학적 위해요소

1. 변질

1-1 부패, 변패, 산패, 발효의 정의를 쓰시오.

[2011년 2회]

정답

변질	부패	단백질이 미생물에 의해 변질되는 현상
	변패	탄수화물이 미생물에 의해 변질되는 현상
	산패	지방이 산소, 효소 등에 의해 변질되는 현상
발효		식품으로부터 미생물에 의해 인체에 유익한 물질을 생성하는 현상

해설

변질은 부패, 변패, 산패를 총칭하는 용어이며, 인체에 해로운 물질을 발생시키는 현상을 통틀어서 일컫는 말이다.

2. 식중독

2-1 다음 표를 보고 식중독의 원인 식품과 그 이유를 찾아서 쓰시오. [2015년 3회]

바닐라 아이스크림 시료(5~6개)		나머지 시료	
바닐라 아이스크림 섭취 발병률	비섭취 발병률	섭취 발병률	비섭취 발병률
55~60%	15%	40~50%	30% 내외

정답

- 식중독 원인 식품 : 바닐라 아이스크림
- 이유 : 후향적 코호트 연구결과에 의거 바닐라 아이스크림의 상대위험도에 따라 섭취자가 비섭취자보다 발병률이 3.67~4배 높았지만, 나머지 시료의 발병률은 1.33~1.67배에 그쳤기 때문에 원인 식품으로 바닐라 아이스크림을 지목하였고, 아이스크림처럼 저온에 강한 리스테리아균에 오염되었을 가능성을 추론할 수 있다.

  – 바닐라 아이스크림의 상대위험도 : $\dfrac{55\text{~}60\%}{15}=3.67\text{~}4$

  – 나머지 시료의 상대위험도 : $\dfrac{40\text{~}50\%}{30}=1.33\text{~}1.67$

해설

- 상대위험도(RR ; Relative Risk) : $\dfrac{\text{섭취군(노출군) 발병률}}{\text{비섭취군(비노출군) 발병률}}=x$

  → 상대위험도 결괏값(x)의 의미 : 섭취군이 비섭취군보다 발병률이 x배 높다는 뜻

  > **후향적 코호트 연구**
  > 감염병 역학조사에서 코호트 연구는 위험인자를 노출군과 비노출군으로 나누어 질병의 발병률을 계산하고, 상대위험도(RR ; Relative Risk) 및 95% 신뢰구간을 산출하는 연구방법이다.

※ 편저자 주 : 출제 당시 2015년 미국에서 아이스크림을 먹고 입원 환자가 사망하는 사건이 있었는데, 그 원인이 리스테리아균에 오염되었기 때문인 것으로 확인됐으며, 리스테리아균은 아이스크림 외에도 토양, 물, 진흙, 사료 등 가축이 먹는 음식, 사일리지(짚을 뭉쳐서 비닐로 싼 소 사료) 등 자연계에 널리 존재하는 균으로서 교차오염이 가능하므로 반드시 유제품에만 발생되는 것은 아니다. 한편 미국에서 멜론, 아보카도, 팽이버섯(한국산)에서 리스테리아균이 검출된 사례가 있었는데 한국은 팽이버섯을 세척 후 가열조리하여 섭취하므로 국내에서 발병률이 없지만, 미국의 식문화는 생식, 샐러드 형태가 많아 팽이버섯을 통해 리스테리아균에 감염될 수 있다.

2-2 식중독을 일으키는 균과 원인물질 등을 표 안에 알맞게 쓰시오. [2014년 2회, 2017년 1회, 2020년 2회]

구분	유형	원인균(물질)
세균성 식중독	감염형	①
	독소형	②
	바이러스형	③
자연독 식중독	식물성	④
	동물성	⑤
	곰팡이	⑥
유해물질	고의 또는 오용으로 첨가되는 유해물질	⑦
	비의도적 잔류, 혼입되는 유해물질	⑧
	식품제조·가공 중에 생성되는 유해물질	⑨
	조리기구 및 용기·포장에 의한 중독	⑩

정답

① 살모넬라, 장염비브리오, 리스테리아 모노사이토제네스 등
② 황색포도상구균, 클로스트리디움 퍼프린젠스, 클로스트리디움 보툴리눔 등
③ 노로바이러스, 로타바이러스, 아데노바이러스 등
④ 솔라닌(감자), 무스카린(버섯)
⑤ 테트로도톡신(복어), 시가테라독(독성 조류를 섭취한 어류)
⑥ 아플라톡신, 파튤린, 오크라톡신 A 등
⑦ 식품첨가물, 농약, 동물용의약품 등
⑧ 잔류농약, 유해성 금속화합물
⑨ 벤조피렌, 3-MCPD, 퓨란 등
⑩ 중금속, 페놀, 비스페놀A 등

해설

식품의약품안전처에서 발간한 「식품 등 기준 설정 원칙」에서 자세하게 확인할 수 있다.
※ 식품의약품안전처 홈페이지 > 법령/자료 > 자료실 > 안내서/지침에서 내려받기

3. 식중독과 감염병

3-1 잠복기와 관련해서 식중독과 감염병의 유행곡선 차이를 쓰시오. [2016년 1회]

3-2 역학조사에서 특정 질병과 일치하는 유행곡선을 분석할 때 식중독과 감염병의 곡선 차이에 대해서 완만한 형태와 가파른 형태를 구분하여 쓰시오. [2022년 3회]

정답

3-1, 3-2
- 식중독의 유행곡선 : 오염된 식품을 함께 섭취한 사람에게만 발생하므로 한 번의 노출로 일정 기간에 한해서 가파른 곡선을 나타낸다.
- 감염병의 유행곡선 : 병원체에 노출되었더라도 잠복기가 길고 사람마다 면역력이 다르기 때문에 발생하는 기간이 상대적으로 길어서 완만한 곡선을 나타낸다.

해설
- 역학조사 시 유행의 개요를 조사하여 발병률을 파악하고 원인 노출시점(기간)을 추정하기 위해 유행곡선을 그린다.
- 유행곡선(epidemic curve)은 x축의 적정 등간격의 시간(주로 일 단위)에 따라 y축에 환례의 수를 표기하는 것으로 유행의 크기, 유행기간, 전파양식 등 유행에 대한 귀중한 정보를 제공한다.
- 식중독이란 식품의 섭취로 인하여 인체에 유해한 미생물 또는 유독물질에 의하여 발생하였거나 발생한 것으로 판단되는 감염성 또는 독소형 질환을 말한다.
- 감염은 병원체가 숙주에 침입하여 충분히 증식한 후 숙주에 질병 혹은 면역 등의 반응을 야기하는 상태를 말하는데, 감염된 사람 혹은 동물 등의 병원소로부터 감수성이 있는 새로운 숙주로 병원체 혹은 병원체의 산물이 전파되어 발생하는 질병을 감염병이라고 한다.

4. 식중독균

4-1 식중독균 4가지를 쓰시오. [2011년 2회]

정답

① 살모넬라(*Salmonella* spp.)
② 장염비브리오(*Vibrio parahaemolyticus*)
③ 리스테리아 모노사이토제네스(*Listeria monocytogenes*)
④ 장출혈성대장균(Enterohemorrhagic *Escherichia coli*) = EHEC

해설
- 식품공전 > 제2. 식품일반에 대한 공통기준 및 규격 > 3. 식품일반의 기준 및 규격 > 4) 위생지표균 및 식중독균 > (2) 식중독균 참고
- 살모넬라는 1개의 균종이 아니고 약 2,400개의 균종집단을 의미한다. 모두 병원성을 가지고 있기 때문에 균종집단을 의미하는 spp.로 표시한 것이고 이탤릭체를 적용하지 않는다(만약 손글씨로 균종명을 쓸 때는 반드시 밑줄을 그어 줘야 함).

5. 노로바이러스

5-1 노로바이러스의 감염경로를 쓰고 원인규명과 감염경로 확인이 어려운 이유를 설명하시오.

[2009년 2회, 2017년 2회]

정답

- 감염경로
  - 감염자의 분변 또는 구토물에 의해 감염
  - 오염된 지하수나 음식(굴 등의 패류)에 의해 감염
  - 감염자와의 접촉(비말감염 등)에 의해 감염
- 원인규명과 감염경로 확인이 어려운 이유
  - 노로바이러스는 사람에게만 증식하므로 식품이 오염됐는지 알 수가 없다.
  - 노로바이러스는 전파속도가 매우 빨라서 어디서부터 감염이 시작됐는지 파악하기가 어렵고, 사람 간 접촉 및 환경오염 등 상호 순환되기 때문에 감염경로가 다양해서 추적확인이 어렵다.

해설

- 비말감염이란 감염자가 기침, 재채기를 할 때 침 등의 작은 물방울(비말, droplet)에 바이러스나 세균이 섞여 나와 타인의 입, 코로 들어가 감염되는 형태를 말한다.
- 노로바이러스는 크기가 매우 작고 항생제로 치료가 되지 않으며 사람의 체외에서는 생장할 수 없는 등 사람에게 장염(위와 장의 염증 유발)을 일으키는 바이러스다. 또한 감염 시 대부분 1~2일 내 호전되며, 심각한 건강상 위해는 없으나 어린이, 노인과 면역력이 약한 사람은 탈수증상을 보인다.

5-2 최근 여러 학교의 식중독 사고 원인으로 노로바이러스가 지목됨에 따라 김치 제조업체의 노로바이러스 오염 여부를 조사하였다. 김치에 넣는 어떤 재료 속에 노로바이러스가 있다고 의심되는지 쓰고, 다음 세균과 바이러스의 표를 비교하여, 바이러스의 특징을 채우시오.

[2013년 1회, 2018년 2회]

구분	세균	바이러스
특성	균 또는 균이 생산한 독소에 의해 발병	
증식	환경이 좋으면 자체 증식 가능 (효소가 있으므로)	
발병량	일정량(수백~수백만) 이상의 균	
증상	설사, 구토, 복통, 발열, 메스꺼움 등	
치료	항생제 치료 가능, 일부 균 백신 개발	
2차 감염	거의 없음	

정답

• 원인식품 : 오염된 지하수, 생굴(패류)
• 세균과 바이러스의 특징

구분	세균	바이러스
특성	균 또는 균이 생산한 독소에 의해 발병	DNA 또는 RNA가 단백질에 둘러싸여 있음
증식	환경이 좋으면 자체 증식 가능 (효소가 있으므로)	자체 증식이 불가능하여 숙주 필요 (효소가 없기 때문)
발병량	일정량(수백~수백만) 이상의 균	미량(10~100개)
증상	설사, 구토, 복통, 발열, 메스꺼움 등 (바이러스와 유사한 증상)	설사, 구토, 복통, 발열, 메스꺼움 등 (세균과 유사한 증상)
치료	항생제 치료 가능, 일부 균 백신 개발	일반적 치료법이나 백신이 없음
2차 감염	거의 없음	대부분 2차 감염됨

해설

세균은 핵산(DNA와 RNA)을 절단, 복제, 합성할 수 있는 효소를 갖고 있지만 바이러스는 없기 때문에 효소를 갖는 살아있는 숙주로 들어가서 숙주의 효소를 이용하여 증식을 하게 된다.

체크 포인트 **백신의 역사**

백신은 마마라고도 불렸던 천연두를 예방하기 위해 1796년 개발되었다. 천연두는 당시 사망률이 40%에 달할 만큼 치명적이었다. 영국의 에드워드 제너는 '우두에 걸린 사람은 나중에 천연두에 안 걸린다'는 소문을 듣게 되었고, 소젖을 짜는 여인의 손바닥 종기에서 고름을 채취해 한 소년의 팔에 주입했다. 몇 주 뒤에는 이 소년에게 천연두 고름을 주입했는데, 예상한 대로 소년은 천연두 증세를 보이지 않았다. 이후 천연두 백신은 큰 효과를 나타냈고 1980년 5월 8일 세계보건기구(WHO)는 천연두 완전 퇴치를 선언하기에 이른다. 백신(vaccine)은 라틴어로 vacca이며, '소(cow)'란 의미를 가진다.

6. 황색포도상구균

6-1 다음은 어느 식중독 세균에 대한 시험이다. 이를 보고 식중독균 이름, 가열 시 특성(균, 독소 포함해 작성), 예방대책 1가지를 쓰시오. [2022년 2회]

> 분리배양된 평판배지상의 집락을 보통한천배지(배지 8)에 옮겨 35~37℃에서 18~24시간 배양한 후 그람염색을 실시하여 포도상의 배열을 갖는 그람양성 구균을 확인한 후 coagulase 시험을 실시하며 24시간 이내에 응고 유무를 판정한다. Baird-Parker(RPF) 한천배지에서 전형적인 집락으로 확인된 것은 coagulase 시험을 생략할 수 있다. coagulase 양성으로 확인된 것은 생화학 시험을 실시하여 판정한다.

정답

- 식중독균명 : 황색포도상구균(*Staphylococcus aureus*)
- 가열 시 특성
  ① 균(영양세포) : 78℃에서 1분 혹은 64℃에서 10분간 가열하면 사멸된다.
  ② 장독소(enterotoxin) : 단백질이지만 120℃에서 20분간 가열해도 파괴되지 않고, 라드(lard) 등의 기름을 사용하여 218~248℃에서 30분간 가열 시 활성을 잃는다.
- 예방대책
  ① 식품 보존 시 저온저장
  ② 손 상처 또는 화농에 걸린 사람은 식품조리 제외

해설

식중독균의 시험법을 알고 있어야 풀 수 있는 문제이므로, 식품공전 미생물시험법을 함께 숙지하도록 한다. 다만, 미생물시험법의 순서까지 모두 외우기에는 그 양이 많고 시간이 오래 걸리므로, 식중독균별 특징을 알 수 있는 키워드만 암기해도 도움 된다.
예 황색포도상구균은 포도상, 그람양성구균, coagulase 등
식품공전 개정(2023.11.28.)에 따라 다음과 같이 변경되었다.

> 분리배양된 평판배지상의 집락을 보통한천배지(배지 8) 또는 Tryptic Soy 한천배지(배지 40)에 옮겨 35~37℃에서 18~24시간 배양한 후 그람염색을 실시하여 포도상의 배열을 갖는 그람양성 구균을 확인한 후 coagulase 시험을 실시하며 24시간 이내에 응고 유무를 판정한다.

7. 크로노박터

7-1 사카자키균의 영유아에 대한 위해성을 설명하고, 소비자 측면에서 영유아에 대한 감염 위험을 최소화할 수 있는 방법 3가지를 쓰시오. [2007년 2회]

정답

- 위해성 : 사카자키균에 오염된 분유를 섭취하면 영유아에게서 뇌막염 또는 장염을 일으키며 이로 인해 사망하거나 신경계에 심각한 후유증을 일으킨다.
- 소비자 측면 예방법
  ① 분유를 탈 때 오염이 발생치 않도록 한다(끓는 물에 타거나 물에 탄 분유를 가열).
  ② 수유 시작 후 분유는 1시간 이내에 먹이며 남은 우유는 다시 먹이지 않도록 한다.
  ③ 젖병과 젖꼭지를 항상 소독하고, 손을 깨끗이 씻은 후 분유를 탄다.
  ④ 보관시간(분유의 희석과 섭취시간 간격)과 희석한 분유의 수유시간을 줄인다.

해설

- 신생아에게는 수막염, 세균혈증, 괴사작은창자큰창자염과 괴사성 수막뇌염을 일으킨다.
  ※ 신생아(생후 1개월까지), 영아(생후 12개월 미만), 유아(생후 12개월부터 36개월까지)
- 국제식품미생물규격위원회는 사카자키균을 '민감균에게 심각한 위해, 생명위협 혹은 잠재적 만성 후유증을 일으키는 균'으로 분류하였다.
- 식품공전에서 사카자키균(*E. sakazakii*)의 명명을 크로노박터(*Cronobacter* spp.)로 변경하였기 때문에 식품공전에서 미생물 배지명을 제외한 사카자키라는 이름을 찾을 수 없다.

  > 식품공전 개정('11.5.13)으로 *Enterobacter sakazakii*를 *Enterobacter sakazakii*(*Cronobacter* spp.)로 병행 표기하였다가 현재는 크로노박터(*Cronobacter* spp.) 단독 표기로 변경되었음
  > ※ *Enterobacter sakazakii*가 *Cronobacter sakazakii* 1개 균으로 바뀐 것이 아니라 *E. sakazakii*가 *Cronobacter*속의 5개 균종으로 확대(강화)된 것이고 이는 모두 병원성을 가진 균들이다.
  >
  > **Cronobacter속 5개 균종**
  > ① *Cronobacter sakazakii*(= *Enterobacter sakazakii*)
  > ② *Cronobacter malonaticus*
  > ③ *Cronobacter muytjensii*
  > ④ *Cronobacter turicensis*
  > ⑤ *Cronobacter dublinensis*

- *Cronobacter sakazakii*는 동물과 인간의 정상적인 장내 균총이 아니므로 토양, 물, 채소류 등이 주요 식품오염원으로 추정
- 분유의 오염경로
  - 제품 생산에 사용되는 원료물질
  - 저온살균 후 분유나 기타 건조 첨가 성분의 오염
  - 분유를 먹이기 전, 분유를 탈 때 오염

CHAPTER 03 식품가공학

38% 출제비중

제1절 농산가공

1. 곡류(도정)

1-1 현미의 도정원리 4가지를 쓰시오.

[2008년 3회]

정답

마찰, 찰리, 절삭, 충격

해설

- 마찰(磨擦) : 곡립이 서로 마찰되는 작용으로 곡립면이 미끈하게 되고 윤이 나며, 또한 알맹이가 고르게 된다. 찰리와 함께 일어날 때에 효과가 더 크다.
- 찰리(擦離) : 마찰력을 강하게 작용시켜 곡립의 표면을 벗기는 마찰과 유사한 작용으로, 혼수 · 가열하면 그 효과가 더욱 크다.
- 절삭(切削) : 금강사, 숫돌, 롤러와 같이 단단한 물체의 모난 부분으로 곡립의 조직을 분할하는 것으로 절삭 단위가 클 때는 연삭, 작을 때는 연마라 한다.
- 충격(衝擊) : 어떤 물체를 큰 힘으로 곡립에 충격시켜 조직을 벗기는 작용을 한다.

1-2 다음에서 미곡, 잡곡, 맥류를 구분하시오.

[2020년 1회]

> 쌀, 보리, 밀, 조, 옥수수, 기장, 호밀, 피, 귀리, 율무, 메밀

정답

- 미곡 : 쌀
- 잡곡 : 조, 옥수수, 기장, 피, 율무, 메밀
- 맥류 : 보리, 밀, 호밀, 귀리

해설

- 미곡이란 벼에서 껍질을 벗겨 낸 알맹이, 즉 쌀을 뜻한다.
- 잡곡이란 쌀 이외의 모든 곡식을 뜻하며 보리, 밀 등 맥류도 포함된다.
- 맥류란 보리 종류를 통틀어 이르는 말로 보리, 귀리, 밀 따위가 있다.
- ※ 국립국어원 '표준국어대사전' 참고

2. 곡류(밀가루)

2-1 점탄성을 나타내는 밀가루 2차 가공시험법에 대해 쓰고 (가), (다)의 그림이 강력분인지, 박력분인지 쓰시오.

[2004년 1회]

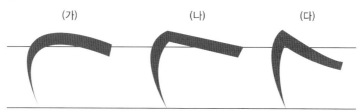

(가)   (나)   (다)

정답

- 파리노그래프(Farinograph)
- (가) 강력분, (다) 박력분

해설

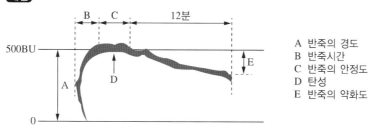

A 반죽의 경도
B 반죽시간
C 반죽의 안정도
D 탄성
E 반죽의 약화도

위 그래프는 밀가루 반죽의 점탄성을 측정한 파리노그래프(Farinograph)이다. 밀가루를 일정한 온도와 굳기로 반죽하고 그 반죽의 변화를 그래프로 기록하여 반죽이 일정한 강도에 도달할 때까지 필요한 흡수율, 반죽의 형성시간, 반죽의 안정도 및 약화도 등을 통해 반죽의 대략적인 특성을 확인할 수 있다.

- 흡수율
  - 일정한 굳기의 반죽을 얻는 데 필요한 가수량과 밀가루 시료에 대한 비율
  - 단백질 함량이 높은 강력분과 변성전분이 많은 경우 흡수율이 높음
- 반죽의 형성시간
  - 밀가루가 수화되어 정상적인 굳기의 반죽으로 형성된 때의 시간
  - 강력분은 길고 박력분은 짧음
- 반죽의 안정도 : 반죽이 일정한 강도에 도달하였을 때 그 강도를 유지하는 시간
- 반죽의 약화도 : 일정 시간이 경과한 후에 반죽의 강도가 떨어진 정도

[밀가루의 종류별 특징]

종류	특징	예시
강력분	500B.U.를 유지하는 반죽의 안정도가 길고 약화도는 짧다.	제빵
중력분	강력분과 박력분의 중간 수준	제면
박력분	500B.U.를 유지하는 반죽의 안정도가 짧고 약화도는 길다.	과자

※ 반죽의 경도 단위 : B.U.(Brabender Unit)

2-2 다음의 밀가루 2차 가공 시험법은 밀가루 반죽의 어떤 특성을 측정하기 위한 것인지 쓰시오.

[2008년 1회]

Farinograph, Extensograph, Amylograph

2-3 밀가루 시험방법에 대해 쓰시오.

[2008년 3회]

정답

2-2, 2-3
- Farinograph : 점탄성
- Extensograph : 신장도와 인장항력(인장강도)
- Amylograph : 전분의 호화도 및 효소활성도(주로 α-amylase)의 예측

해설
- 점탄성 : 점성과 탄성의 특성을 모두 갖고 있는 것으로 외력이 가해지면 형태가 변하지만, 시간이 지나면 다시 원래의 형태로 돌아오게 된다.
- 신장도 : 반죽이 찢어지지 않고 잘 늘어나는 정도
- 인장항력(강도) : 반죽이 끊어질 때까지 늘렸을 때의 힘
- 전분의 호화도 : 밀가루에 물을 넣어 가열할 때 부피가 늘어나고 점성이 생겨서 풀처럼 끈적끈적하게 되는 정도

2-4 파리노그래프에서 강력분, 중력분, 박력분을 구분하고 각 종류에 속하는 식품, 특성을 쓰시오.

[2020년 1회]

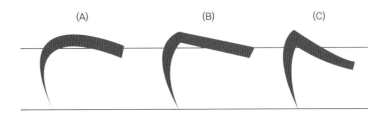

(A)   (B)   (C)

정답

(A) : 강력분, 제빵용, 점탄성과 글루텐의 함량이 가장 높다.
(B) : 중력분, 제면용, 점탄성과 글루텐의 함량이 중간 정도이다.
(C) : 박력분, 과자용, 점탄성과 글루텐의 함량이 가장 낮다.

2-5 밀가루의 특성과 관련하여 다음 표에 들어갈 말을 보기에서 고르시오.　　　[2023년 3회]

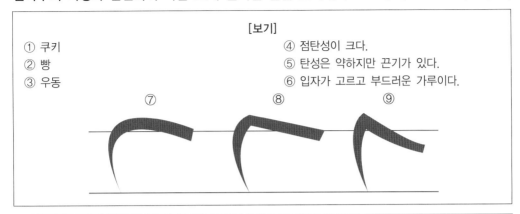

[보기]
① 쿠키　　　　　　　　　　　　　④ 점탄성이 크다.
② 빵　　　　　　　　　　　　　　⑤ 탄성은 약하지만 끈기가 있다.
③ 우동　　　　　　　　　　　　　⑥ 입자가 고르고 부드러운 가루이다.

구분	용도(①~③)	특성(④~⑥)	Farinograph(⑦~⑨)
강력분	( )	( )	( )
중력분	( )	( )	( )
박력분	( )	( )	( )

정답

구분	용도(①~③)	특성(④~⑥)	Farinograph(⑦~⑨)
강력분	(②)	(④)	(⑦)
중력분	(③)	(⑤)	(⑧)
박력분	(①)	(⑥)	(⑨)

해설

2-4 정답 참고

2-6 Farinograph 중 강력분으로 보이는 것의 기호를 쓰고 반죽 안정도를 계산하시오.

[2013년 2회]

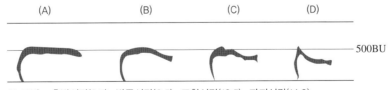

※ 조건 : 출발시간(2.5), 반죽시간(6.5), 도착시간(13.5), 파괴시간(14.0)

정답

• 강력분 : A
• 안정도 계산 : 도착시간 − 출발시간 = 13.5 − 2.5 = 11

해설

B : 준강력분, C : 중력분, D : 박력분

2-7 밀의 제분과정에서 밀기울과 배젖을 분리하는 방법을 쓰시오. [2014년 1회]

2-8 밀 제분과정 중 조질에 해당하는 2단계의 명칭을 쓰시오. [2004년 2회]

> **정답**

2-7, 2-8
템퍼링(tempering), 컨디셔닝(conditioning)

> **해설**

조질이란 밀을 물에 불리는 과정을 말하는데, 건조 상태의 밀을 바로 제분하면 껍질이 쉽게 부서져 밀가루에 혼입되어 품질을 저하시키기 때문에 조질은 밀가루 제분 시 매우 중요한 공정이다. 보통 수분함량이 10%인 밀을 물에 불려 15%로 만든다.

템퍼링(tempering)	• 실온에서 밀에 물을 넣어 일정 시간 동안 그대로 두는 것 • 물리적 성질을 좋게 하여 밀기울(껍질)과 배젖(밀알)을 잘 분리시키는 데 그 목적이 있음
컨디셔닝(conditioning)	• 템퍼링의 온도를 높여서 그 효과를 높이는 것 • 밀에 수분 흡수를 가속시키고 제분 적성을 향상시키는 데 그 목적이 있음

2-9 밀가루를 분류하는 기준에 대해 쓰시오. [2019년 2회]

> **정답**

• 종류 : 글루텐 함량에 따라 강력분, 중력분, 박력분으로 분류
• 등급 : 회분(무기질) 함량에 따라 1등급, 2등급, 3등급으로 분류

> **해설**

• 글루텐의 함량에 따라 점탄성이 달라지며, 그 크기는 강력분 > 중력분 > 박력분 순이다.
• 회분이란 550℃의 고온에서 유기물을 태우고 남은 재(ash, 무기물)를 뜻하며 회분의 함량이 높다는 것은 무기물이 많다는 뜻이고 이는 밀기울(껍질)의 함량이 높아 밀의 수율이 낮고 품질이 낮음을 의미한다.

2-10 밀가루 품질 측정 시 기준, 색도 측정방법, 입자가 고울 때의 색 변화에 대해 쓰시오.

[2006년 3회]

정답

- 품질 측정기준 : 단백질, 회분 및 색상, 점도, 효소함량, 수분흡수율, 입도, 손상전분, 숙성
- 색도 측정방법 : Pekar test법(육안으로 색도를 비교하여 밀기울의 혼입도를 확인하는 법)
- 색 변화 : 입자가 고울수록 색상이 더 희다.

해설

밀가루의 품질 측정기준
- 단백질 : 단백질의 함량은 글루텐 형성 성분의 이화학적 특성과 관계가 있다.
- 회분 및 색상 : 밀기울의 혼입도에 따라 회분량이 달라지는데, 증가할수록 색상이 어둡다.
- 점도 : 호화에 따른 점도를 측정하여 효소활성도(주로 α-amylase)를 예측할 수 있다.
- 효소함량 : 밀가루에는 여러 가지 효소가 존재하는데, 특히 밀이 발아하면서 전분분해효소인 α-amylase가 크게 증가한다. 발아된 밀로 제분한 밀가루는 호화점도가 낮아 품질이 나쁘다.
- 수분흡수율 : 수분흡수율이 높은 경우 생산량이 증가하므로 흡수율이 높은 밀가루가 좋다.
- 입도 : 입도(밀가루의 입자 크기)가 고울수록 색이 하얗고 수화속도가 빠르다.
- 손상전분 : 밀가루의 흡수율 및 점도에 영향을 주는데, 제빵용 밀가루는 적당한 손상전분이 가공성을 좋게 하지만 제면용 밀가루는 손상전분이 적을수록 좋다고 알려져 있다.
- 숙성 : 제분 직후의 밀가루는 살아 있는 상태로서 각 세포 조직이 호흡을 계속하고 있어 불안정하여 2차 가공적성이 나쁘다. 따라서 제분공장에서는 보통 2주~2개월간 저장하여 2차 가공적성을 향상시키고 있는데 이를 숙성(aging 또는 maturing)이라고 한다.

3. 곡류(빵)

3-1 발효빵을 37℃에서 배양하였을 때 생균수가 낮은 이유를 쓰시오.

[2005년 1회]

정답

빵을 발효하는 균은 *Saccharomyces cerevisiae*라는 효모인데, 효모의 최적 생육온도는 25~30℃이고, 37℃에서는 과발효되어 가스생성이 줄어들면서 효모의 증식이 정지되고 사멸하기 시작하기 때문이다.

해설

책에 따라 효모의 최적 생육온도가 조금씩 다르다. 이 문제는 효모의 생육온도를 정확히 알고 있는가를 물어보는 것이 아니라 생균수가 낮은 이유에 대한 개념을 묻고 있기 때문에 일반적으로 널리 알려진 효모의 생육온도를 쓰면 된다.

3-2 제빵 중 굽기 과정에서 오븐라이즈와 오븐스프링에 대해 설명하시오. [2010년 2회]

3-3 오븐라이즈, 오븐스프링의 원인에 대해 쓰시오. [2018년 1회]

정답

3-2, 3-3

- 오븐라이즈(oven rise) : 반죽의 내부 온도가 60℃에 도달하지 않은 상태로 효모가 반죽 내에서 탄산가스(CO_2)를 발생시켜 반죽의 부피를 팽창시키는 현상으로, 반죽을 오븐에 넣었을 때 0~5분 사이에 일어난다.
- 오븐스프링(oven spring) : 오븐 속에서 반죽의 부피가 처음보다 1/3가량 급속히 부풀어 오르는 현상으로, 반죽을 오븐에 넣고 5~8분이 지나면 일어나는데, 오븐의 열이 반죽온도를 높이고 효모의 활동이 활발해지면서 많은 양의 탄산가스가 발생하며 동시에 효소의 작용으로 전분이 호화되어 반죽이 팽창한다.

해설

오븐라이즈와 오븐스프링은 모두 제빵 공정 중에서 굽기(baking)에 해당된다.

3-4 밀가루 대신 전분으로 빵을 만들 때의 특성과 원인 성분을 쓰시오. [2015년 2회]

3-5 밀가루 대신 전분으로 빵을 만들 때의 물리적 특성 변화와 원리에 대해 쓰시오.

[2018년 2회]

정답

3-4, 3-5

- 제빵 시 밀가루는 글루텐에 의해 점탄성이 생겨서 빵을 부풀게 하지만, 전분은 글루텐이 없어 호화된 amylose의 결합으로 만들어야 한다. 따라서 결합력을 좋게 하기 위해서 많은 종류의 식품첨가물을 사용하므로 식감이나 품질이 밀가루빵보다 떨어지는 단점이 있다.
- 원인 성분 : amylose, amylopectin

해설

전분으로 빵을 제조하려는 이유는 '글루텐프리(gluten free) 빵'을 제조하기 위함이며, 알레르기의 원인 중 하나인 글루텐의 만성소화장애증에 대한 대체품으로 수요가 있기 때문이다.

4. 곡류(전분당과 엿류)

4-1 전분당 제조 시 D·E가 높아지면 감미도와 점도는 어떻게 변화하는지 쓰시오.

[2006년 3회, 2023년 1회]

정답

D·E가 높아지면 전분분해가 많이 되어 포도당이 많아지고 감미도는 높아지며 점도는 낮아진다.

해설

- 전분당 : 전분을 산이나 효소로 처리하여 가수분해하면 덱스트린, 올리고당, 물엿, 포도당 등이 생기는 당류를 말하며, 상업적으로 이용되는 전분당의 원료 대부분은 옥수수다.
- D·E(Dextrose Equivalent, 포도당 당량) : 전분이 포도당으로 얼마나 분해되었는가를 나타낸다.

D·E가 높을 때	전분 < 포도당, 감미도(높음), 점도(낮음), 끓는점(높음), 빙점(낮음)
D·E가 낮을 때	전분 > 포도당, 감미도(낮음), 점도(높음), 끓는점(낮음), 빙점(높음)

4-2 가수분해 정도를 나타내는 포도당 당량 D·E의 계산식을 쓰시오

[2007년 2회, 2023년 2회]

정답

$$D \cdot E = \frac{직접환원당(포도당으로\ 표시)}{고형분} \times 100$$

해설

- D·E에서 D는 Dextrose의 약자로 환원당을 뜻하는데, 환원당이란 유리 알데하이드기 또는 유리 케톤기를 가지고 있어서 환원제로 작용할 수 있는 당을 말한다.
- 포도당(葡萄糖)이란 말은 한자권에서 사용하는 명칭이고 국제적으로 통용되는 공식용어는 글루코스(glucose) 혹은 덱스트로스(dextrose)이다.

4-3 전분당 제조 시 amylase, glucoamylase의 D·E와 점도 변화에 대해 쓰시오. [2009년 2회]

4-4 전분을 α-amylase, glucoamylase로 당화시킬 때 D·E와 점도의 변화에 대해 쓰시오.

[2016년 1회]

정답

4-3, 4-4
D·E는 높아지고, 점도는 낮아진다.

해설

전분을 효소(α-amylase, glucoamylase)로 당화시켰다는 것은 전분이 포도당으로 점차 분해되고 있음을 뜻하므로 D·E는 점점 높아지고, 점도는 낮아지게 된다.

4-5 전분의 가수분해 함량을 측정하는 D · E값이 A는 45, B는 90이다. 다음 괄호 안에 알맞은 단어를 쓰시오. [2022년 2회]

> 점도 : ( ) > ( ), 당도 : ( ) > ( )

정답

- 점도 : A > B
- 당도 : B > A

해설

- 단순 비교 시 A는 전분에 좀 더 가깝고, B는 포도당에 가깝다.
- D · E(Dextrose Equivalent, 포도당 당량) : 전분이 포도당으로 얼마나 분해되었는가를 나타낸다.

D · E가 높을 때	전분 < 포도당, 당도(높음), 점도(낮음), 끓는점(높음), 빙점(낮음)
D · E가 낮을 때	전분 > 포도당, 당도(낮음), 점도(높음), 끓는점(낮음), 빙점(높음)

4-6 전분당의 제조공정 설명이다. 다음 빈칸에 알맞은 말을 채우시오. [2011년 2회, 2020년 4 · 5회]

> 전분의 산, 효소 당화과정 중 분해되어 생성되는 중간생성물(①), (①)이 α-amylase 효소로 인해 점도가 낮아지는 공정을 (②)라 하고, glucoamylase에 의해 포도당이 형성되는 공정을 (③)라 한다.

정답

① 덱스트린(dextrin)
② 액화(liquefaction)
③ 당화(saccharification)

해설

전분당이란 전분을 당화시켜 얻는 포도당, 맥아당, 물엿 등을 총칭하여 부르는 말이다.

4-7 다음을 읽고 빈칸을 채우시오. [2011년 3회]

> 엿당이 (①)에 의해 분해되어 (②)이 생성되고, D·E = (③)로 나타낼 수 있다. D·E가 높아지면 감미도가 (④)지고, 점도는 (⑤)진다.

정답

① maltase
② 포도당
③ (직접환원당 ÷ 고형분) × 100
④ 높아
⑤ 낮아

해설

엿당이란 맥아당(maltose)을 뜻하고 맥아당은 포도당 2분자가 결합된 상태이므로 맥아당을 분해하는 효소인 maltase에 의해 포도당이 생성된다.

4-8 전분을 포도당으로 만드는 공정에서 액화된 상태의 glucoamylase와 pullulanase를 함께 넣는데, 만약 glucoamylase만 넣을 경우 어떻게 되는지 설명하시오. [2017년 2회]

정답

전분으로부터 포도당을 만드는 데 소요되는 시간이 길어진다.

해설

효소명		기능
액화효소	α−amylase	전분 분해
당화효소	β−amylase	맥아당 분해
	pullulanase	곁가지 분해
	glucoamylase	포도당 생성

4-9 산당화엿 제조공정에 대해 서술하시오. [2004년 3회]

4-10 산 가수분해 물엿의 제조공정에 대해 쓰시오. [2006년 1회]

정답

4-9, 4-10

전분 > 전분유 > 산분해(당화) > 알칼리 > 중화 > 냉각 > 여과 > 농축 > 탈색 > 탈염 > 정제 > 농축 > 제품

해설

• 당화(saccharification) : 전분을 산 또는 효소에 의해서 가수분해하는 것을 말한다.

• 전분을 당화시켜 얻는 포도당, 맥아당, 물엿 등을 총칭하여 전분당이라고 하는데, 산당화엿은 전분당의 하나로 전분유에 염산, 황산 또는 옥살산 등의 당화제를 넣고 끓여서 당화시킨다(산당화 ↔ 효소당화).

• 식품공전 > 제5. 식품별 기준 및 규격 > 4. 당류 > 4-6 엿류 > 4) 식품유형 > (1) 물엿

> 물엿이란 전분 또는 곡분, 전분질원료를 산 또는 효소로 가수분해시켜 여과, 농축한 점조상의 것 또는 가수분해 생성물을 가공한 것이다.
> ※ 식품공전은 산당화엿과 효소당화엿을 구분하지 않는다.

4-11 효소당화 물엿 제조 시 사용되는 효소를 쓰시오. [2005년 3회]

4-12 물엿의 액화와 당화 시 첨가하는 효소를 쓰시오. [2014년 3회]

4-13 물엿 제조 시 사용되는 효소 2가지를 각각 쓰시오. [2019년 1회]

정답

4-11, 4-12, 4-13

• 액화 : α-amylase

• 당화 : β-amylase 또는 maltase

해설

액화와 당화

액화(liquefaction)	전분유에 액화효소(α-amylase)를 넣어 액상 상태의 저분자물질로 액화시킨다.
당화(saccharification)	액화가 끝난 후 맥아엿을 제조할 때는 maltase라는 효소를 사용하고, 포도당을 제조할 때는 glucoamylase라는 당화효소를 사용한다.

5. 곡류(과자)

5-1 과자를 반죽할 때 반죽온도가 낮을 경우 비중, 껍질, 향기에 미치는 영향에 대해 쓰시오.

[2008년 3회]

정답

- 비중 : 지방의 일부가 굳어 반죽이 공기를 머금기 어렵기 때문에 비중이 높다.
- 껍질 : 오래 구워야 속까지 익으므로 껍질은 두껍고 부서지기 쉽다.
- 향기 : 캐러멜화가 많이 일어나 향기가 짙다.

해설

- 반죽온도가 높을 경우는 가스 발생과 수분 증발이 많아지면서 발효 손실을 가져온다.
- 캐러멜화란 설탕을 약 130℃ 이상으로 가열했을 때 갈색으로 변하는 현상으로 특유의 향이 나면서 단맛이 줄어들고 쓴맛과 신맛이 증가한다.

6. 곡류(면)

6-1 다음 라면 제조공정 중 빈칸을 채우시오.

[2005년 2회]

> 배합 - 제면 - (①) - 성형 - (②) - (③) - 포장

정답

① 증숙
② 유탕
③ 냉각

해설

- 제면이란 말 그대로 면을 만드는 것인데, 압연공정과 절출공정이 바로 제면이라고 볼 수 있다. 압연은 면가닥을 만들기 위해 반죽을 롤러로 얇게 펴는 것이고, 절출은 잘 펴진 면대를 꼬불꼬불한 라면의 형태로 만들어 주는 것을 말한다.
- 식품산업현장에서의 실제 라면 제조공정

> 원료 > 반죽 > 압연 > 절출 > 증숙 > 절단 > 유탕 > 냉각 > 수프/플레이크 투입 > 이물검사 > 출하

7. 서류(고구마전분)

7-1 고구마전분에 석회수를 첨가하여 pH가 염기성이 되었을 때 효과 3가지를 쓰시오. [2005년 1회]

7-2 고구마전분의 소석회 첨가 시 장점 3가지를 쓰시오. [2006년 3회]

> **정답**
>
> 7-1, 7-2
> ① 전분의 수율 향상
> ② 전분의 순도 향상
> ③ 전분의 백도 향상

> **해설**
> • 소석회의 수용액을 석회수라고 한다.
> • 전분의 수율 : 펙틴산 석회염 형성 및 전분박의 교질(혼합물)을 파괴하여 수율을 높여준다.
> • 전분의 순도 : 펙틴산 석회염이 단백질 혼입을 막아 순도를 높여준다.
> • 전분의 백도 : 폴리페놀의 흡착을 억제하여 폴리페놀 산화효소(갈변효소)에 의한 갈변을 방지하므로 상대적으로 전분의 색을 더 밝게 해준다.

8. 두류(두부)

8-1 두부 제조 시 삶은 콩의 마쇄 정도에 따라 여러 가지 문제점이 발생한다. 마쇄가 덜 되었을 때와 마쇄가 너무 많이 되었을 때의 문제점에 대해 쓰시오. [2004년 2회]

> **정답**
>
> • 마쇄가 덜 되었을 때 : 비지의 발생량이 많아 상대적으로 두부의 생산수율이 낮다.
> • 마쇄가 많이 되었을 때 : 불용성의 미세한 가루가 거름망(면포)에서 걸러지지 못하고 두유에 섞여 분리가 어려워진다.

> **해설**
> 비지란 두부를 만들고 남은 찌꺼기를 뜻한다.

8-2 두부를 마쇄하면 두미(콩물)가 되는데, 이를 100℃에서 10~15분간 가열 살균하였다. 이때 온도와 시간에 따라 생길 수 있는 현상에 대해 각각 2가지씩 쓰시오.

[2004년 3회, 2014년 1회, 2016년 3회]

> **정답**
>
> • 온도가 높고 장시간 가열 : 단백질 열변성으로 두부 수율 감소, 지방산패로 두부 풍미 저하
> • 온도가 낮을 경우 : 콩비린내 발생, 트립신 저해제가 잔류하여 소화율 감소

> **해설**
> 트립신 저해제는 콩에 함유된 단백질분해효소(트립신)의 저해제로서 열에 의해 쉽게 불활성화된다. 트립신 저해제는 가열 처리 외에 콩나물과 같이 콩을 발아시킬 때 그 함량이 감소한다. 30℃에서 8일간 발아시킨 콩나물은 트립신 저해제의 활성도가 약 70% 감소되어 데친 콩나물이 소화에 큰 지장이 없는 것이다.

8-3 다음 두부 제조공정의 빈칸을 채우고, 두부 응고제 3가지를 쓰시오. [2005년 3회, 2014년 1회]

> 콩 – (①) – 마쇄 – 두미 – 증자 – (②) – (③) – 응고 – (④) – 응고 – 정형 – 절단 – 수침

정답

- ① 수침, ② 여과, ③ 두유, ④ 탈수
- 응고제 : 글루코노델타락톤(GDL), 염화마그네슘, 염화칼슘, 황산마그네슘, 황산칼슘 등

해설

식품첨가물공전에 등재된 응고제의 종류와 특성은 다음과 같다.

- 글루코노델타락톤(GDL ; Glucono-δ-Lactone) : 포도당을 발효시켜 만든 것으로, GDL이 물에 녹으면서 글루콘산으로 변화하는 과정에서 두유액을 응고시키게 되는 점을 이용해 연두부나 순두부 또는 보다 부드러운 두부를 만들 때 사용한다. GDL을 사용한 두부는 수율도 좋고 부드러우며 수분이 풍부해 주로 연두부, 순두부 등 부드러운 두부에 사용한다. 다만 두부 고유의 맛은 덜하고 가격이 비싼 편이며 과다 첨가 시 신맛이 나는 단점이 있다.
- 염화마그네슘($MgCl_2$) : 천일염의 부산물인 간수의 주성분으로 다른 응고제와 달리 두유액과 혼합하면 바로 반응하는 속효성 응고제다. 응고속도가 빠른 만큼 두부가 단단해지기 쉽고 압착 시 물이 잘 빠지지 않는 단점이 있으나 옛 두부의 고소함이 있어 맛이 좋다.
- 염화칼슘($CaCl_2$) : 염화마그네슘과 마찬가지로 물에 잘 녹고 응고속도가 빠르지만 공기 중에 노출돼 있는 고체가 습기를 흡수해 녹는 조해성이 있어 보관 시 공기와의 접촉을 피해야 한다. 맛은 염화마그네슘으로 만든 두부보다 덜하지만 좋은 편이고 두부의 보수력도 좋다. 다만 두부가 거칠고 딱딱해 단단한 제품을 만들 때 사용하는데, 주로 유부를 만드는 데 쓰이는 생지, 포두부를 만들 때 응고제로 쓰인다.
- 황산마그네슘($MgSO_4$) : 두부 응고제로 지정돼 있으나 현재 두부업계에서는 거의 사용하지 않고 있으며 황산마그네슘보다는 염화마그네슘을 많이 사용한다. 황산마그네슘은 과량 사용할 경우 쓴맛이 날 수 있다.
- 황산칼슘($CaSO_4$) : 수율이 좋고 두부의 색깔이 좋으며 부드럽다. 또한 응고력이 강해 적은 양만 사용해도 되기 때문에 경제적이다. 다만, 난용성(물이나 그 밖의 용매에 잘 녹지 않는 성질)으로 응고시간이 다른 응고제보다 길고 두부 맛이 떨어지는 단점이 있다. 주로 판두부에 이용된다.
- 조제해수염화마그네슘 : 해수로부터 염화칼륨 및 염화나트륨을 석출 분리해 얻어진 것으로 주성분은 염화마그네슘이다. 식품첨가물공전에서는 두부 응고제 목적에 한해 사용하도록 하고 있으며 위의 5가지 첨가물은 화학적 합성품이지만 조제해수염화마그네슘은 천연첨가물로 분류된다.

8-4 두부 제조 시 사용되는 원료 콩의 pH를 측정하였더니 5.5였다. 이 콩을 두부 제조 시 사용할 수 있는지에 대한 여부와 그 이유를 쓰시오.

[2008년 1회]

정답

• 사용 불가
• 이유 : 단백질은 등전점인 pH 4.5에서 침전되는데, pH 5.5에서는 원료 콩(단백질)이 침전되지 않기 때문이다.

해설

• 등전점(pI ; isoelectric point)이란 단백질, 아미노산과 같이 양이온과 음이온을 동시에 함유하는 양쪽성 물질의 경우 특정 pH에서 양전하와 음전하의 값이 같아서 전기적으로 전하가 중성인 것을 말한다(양전하 또는 음전하를 가지는 작용기가 없다는 뜻이 아니라 각각의 개수가 같아서 전하값의 총합, 즉 실제 전하의 값이 0이라는 뜻).
• 단백질이 등전점에서 용해도가 가장 낮은 이유는 전하량이 0이기 때문에 중성이므로 극성을 띠는 물에 잘 녹지 않고 침전(응고)되기 때문이다(만약 전하를 띠게 된다면 극성인 물에 잘 녹을 것).

8-5 두부 제조 시 간수 대신 $CaCO_3$을 사용할 때 두부에 생기는 변화와 그 이유를 쓰시오.

[2019년 3회]

정답

• 변화 : 두유액이 잘 응고되지 않아 두부의 수율이 낮다.
• 이유 : 탄산칼슘은 난용성염이므로 응고시키는 데 시간이 오래 걸린다.

해설

식품첨가물공전에 따르면 $CaCO_3$(탄산칼슘)은 응고제로 사용할 수 없고 산도조절제, 영양강화제, 팽창제, 껌기초제, 착색료의 용도로만 사용이 가능하다.

체크 포인트 두부 관련 식품위생 사건

오래 전에 석회두부라는 말이 있었다. 60년대 말부터 70년대에는 염화마그네슘이나 염화칼슘을 응고제로 주로 사용하여 두부를 제조하였는데, 두부를 끓일 때 거품이 넘치므로 일부에서는 탄산칼슘($CaCO_3$) 분말을 식용유에 섞어 소포제로 사용한 적이 있다. 이것이 단속공무원에게 적발되고 보도되어 사회적인 물의를 일으키기도 했지만 당시 식품첨가물로 사용 가능한 탄산칼슘을 소량 사용하는 것은 식품위생법에 문제가 될 소지가 아니었다(현재는 사용 불가). 그 이후 수용성 응고제이던 염화마그네슘이나 염화칼슘 대신 잘 녹지 않는 황산칼슘($CaSO_4$)이 응고제로 사용되면서 불용성의 백색분말이 석회가루와 비슷하여 오인하게 되었는데, 두유를 응고시킬 때 과량이 들어가면 시험분석 시 회분함량이 초과되고 이를 언론에서는 회분(灰分)을 석회(石灰)라고 잘못 보도하여 불량식품의 대명사처럼 석회두부라는 용어를 들먹이던 사례가 있다.

9. 두류(두유)

9-1 두유를 가열할 때 포말을 제거하기 위해 식용유 대신 레시틴을 사용한 경우 나타나는 현상을 쓰시오.

[2023년 1회]

정답

레시틴은 유화제로서 표면장력을 감소시켜 포말이 제거되지 않고 오히려 거품의 안정성을 높여준다.

해설

식품첨가물공전에 따라 유화제는 물과 기름 등 섞이지 않는 두 가지 또는 그 이상의 상(phases)을 균질하게 섞어주거나 유지시키는 식품첨가물을 말한다. 그러므로 포말(기포)을 제거하기 위해서는 거품제거제를 사용해야 한다. 거품제거제는 식품의 거품 생성을 방지하거나 감소시키는 식품첨가물로 규소수지, 라우린산, 미리스트산, 옥시스테아린, 올레인산, 이산화규소, 팔미트산이 있다.

10. 두류(식용유지)

10-1 유지 정제공정 중 탈검의 목적을 쓰시오.

[2007년 3회]

정답

탈검이란 유지 중의 검질(인지질, 탄수화물, 단백질 등의 콜로이드성 불순물)을 제거하는 공정을 말하는데, 탈검을 하지 않으면 유지에 불순물이 생성되고 특유의 불쾌취와 맛을 내기 때문에 시행한다.

해설

- 유지의 주요 정제공정 : 탈검 > 탈산 > 탈색 > (탈납) > 탈취
- 탈검방법 : 일반적으로 유지에 물을 첨가하여 적정 온도로 가열하거나 산을 첨가하면 검질에 수분이 흡수되어 팽창한 후 응고되며, 응고된 검질을 침전, 원심분리하여 검질 성분을 제거한다. 그러나 오늘날 식용유지업계에서는 대부분 해외로부터 탈검유를 공급받아 식용유지를 생산하므로 탈검공정을 생략한다.
- 탈납(winterization)은 제품에 따라 공정을 생략하기도 한다.
  ① 동결화 과정이라고도 부르는데 샐러드유로 사용되는 면실유의 경우 혼탁물질인 포화, 고융점 glyceride(stearin)가 함유되어 저온 저장 시 유지를 혼탁시키거나 침전을 일으키는 등 문제를 일으킨다. 유지에 규조토를 혼합한 후 여과, 정제한다(동결처리된 샐러드유는 냉장고 온도에 두어도 맑은 상태를 유지함).
  ② ①과 같은 이유 때문에 겨울철에 소비자 클레임이 많이 발생되어 불량제품으로 오인된 사례가 많았다. 오늘날 유지업계는 탈납공정 대신 제품의 표시사항에 품질 관련 안내문구로 대체하고, 탈납공정을 제외시켜 제조단가를 낮추는 방법을 시행하고 있다.

> **식용유지 표시사항 중 품질 관련 안내문구**
> "겨울철 또는 냉동보관 시 동결현상으로 기름이 뿌옇거나 입자형태로 되는 경우가 있으나 일정 시간 상온에 두면 맑은 색상이 되며 품질에는 전혀 이상이 없습니다."

11. 두류(경화유)

11-1 대두 부분경화유를 만들 때 트랜스지방이 생성되는 경화공정에 대해서 간략히 설명하시오.

[2007년 1회]

정답

대두유(불포화지방산)를 고온 가열 및 니켈 촉매하에서 이중결합에 수소를 첨가하면 액체기름이 고체기름(경화유)으로 변하는 과정에서 비의도적으로 트랜스지방이 생성된다.

해설

트랜스지방이란 트랜스 구조를 1개 이상 가지고 있는 비공액형의 모든 불포화지방을 말한다.

12. 견과종실류(커피)

12-1 인스턴트커피는 추출공정 다음 건조공정을 거치는데 커피의 맛과 향을 잘 보존하는 건조방법은?

[2005년 1회, 2007년 2회]

정답

동결건조법

12-2 인스턴트커피를 건조시킬 때 가장 향미가 잘 보존되는 건조방법(①)과 가장 저렴하고 효과 좋은 건조방법(②)은 무엇인지 쓰시오.

[2012년 1회, 2015년 3회, 2018년 2회]

정답

① 동결건조법, ② 분무건조법

해설

12-1, 12-2
- 동결건조법 : 커피액을 동결시킨 후 진공상태에서 수분을 기화시켜 건조
  - 열을 가하지 않아 열에 의한 성분 파괴가 적다.
  - 다공성 구조로 복원력과 풍미가 좋다.
  - 동결건조기는 매우 고가의 장비로 생산비용이 증가한다.
- 분무건조법 : 고온의 건조기 안에 커피액을 분무하여 뜨거운 공기와 접촉시켜 순간건조
  - 분무입자의 표면적이 커서 건조속도가 빨라 건조시간이 짧다.
  - 동결건조기에 비해 상대적으로 생산비용이 저렴하다.
- 식품공전 > 제5. 식품별 기준 및 규격 > 9. 음료류 > 9-2. 커피

> 인스턴트커피란 볶은 커피의 가용성 추출액을 건조한 것을 말한다.

13. 과일류(감)

13-1 감의 떫은맛을 없애는 공정의 이름과 성분 이름을 쓰시오.

[2013년 1회]

정답

• 공정 : 탈삽법
• 성분 : 탄닌

해설

떫은맛(탄닌)을 없애는 과정을 탈삽(脫澁)이라고 하는데, 사실 감의 떫은맛 성분을 제거하는 것이 아니라 맛을 느낄 수 없도록 수용성 탄닌을 불용성 탄닌으로 바꾸는 방법을 말한다. 참고로 탄닌은 자연상태로 방치해 두어도 공기 중의 산소와 결합하면 변화하여 떫은맛이 사라진다.
예 곶감

13-2 감의 탈삽법 3가지를 쓰시오.

[2014년 3회]

정답

온탕침지법, 알코올법, 드라이아이스법(탄산가스법)

해설

탈삽법의 종류

• 온탕침지법 : 따뜻한 물에 감을 담그고 3~4일 정도 보온하여 후숙시켜 떫은맛을 제거한다.
• 알코올법 : 감의 꼭지 부위에 알코올을 분사하고 공기가 통하지 않도록 밀봉 후 20℃에서 4~5일 정도 보온하여 떫은맛을 제거한다.
• 드라이아이스법(탄산가스법) : 아이스박스 안에 드라이아이스를 넣고 공기가 들어가지 않도록 밀폐하여 20℃에서 6~7일 정도 두면 떫은맛이 제거된다. 드라이아이스의 양을 늘리면 탈삽기간을 줄일 수 있으며 드라이아이스 때문에 저온이 유지되어 감이 무르지 않게 된다.

14. 과일류(잼)

14-1 최근 비만이 각종 성인병의 원인이 됨이 밝혀짐에 따라 칼로리를 낮춘 식품개발에 관심이 모아지고 있다. 통상 잼은 50% 이상의 당을 첨가하여 제조하는 고칼로리 식품이므로 소비가 기피되고 있는 실정이다. 복숭아를 사용하여 열량이 낮은 저칼로리 잼을 만들고자 할 때 꼭 필요한 부재료 2가지를 쓰시오.

[2006년 1회]

정답

저메톡실 펙틴(LM Pectin), 2가 양이온(Ca^{2+}, Mg^{2+} 등)

해설

펙틴은 에스테르화 정도에 따라 고메톡실 펙틴과 저메톡실 펙틴 및 아미드 펙틴으로 분류한다. 자연에 존재하는 펙틴에서의 메톡실 최대함량은 약 14%이다.

고메톡실 펙틴 (7% 이상 메톡실기 함유)	펙틴에서 D-갈락투론산에 메톡실기가 많이 붙어 있는 것으로 겔화를 위해서는 설탕 50~60%가 필요하고 비가역성이므로 한번 굳으면 재사용이 불가능하다.
저메톡실 펙틴 (7% 이하 메톡실기 함유)	펙틴에서 D-갈락투론산에 메톡실기가 적게 붙어 있는 것으로 펙틴은 분자들이 음전하를 띤다. 펙틴에 칼슘이나 마그네슘 같은 2가 양이온을 첨가하면 음이온 부분과 이온결합하여 양이온이 가교역할을 하게 되어 겔화된다. 따라서 대량의 설탕이나 산이 필요하지 않고 점도가 낮은 잼이나 단맛과 산미를 억제한 디저트 종류를 만들 때 사용한다.
아미드 펙틴	저메톡실 펙틴 분자의 일부가 아미드기로 전환된 개량 펙틴으로, 고메톡실 펙틴과 저메톡실 펙틴의 장점을 모두 가진 펙틴이다.

※ 메톡실(methoxyl)기 : $-OCH_3$

14-2 저메톡실 펙틴을 정의하고, 저메톡실 펙틴 젤리를 제조하기 위해 필요한 첨가물과 사용목적을 쓰시오.

[2009년 1회]

정답

- 정의 : D-갈락투론산에 methoxyl기 함량이 7% 이하인 펙틴
- 첨가물 : 2가 양이온(Ca^{2+}, Mg^{2+} 등)
- 사용목적 : 저메톡실 펙틴은 음전하를 띠고 있는데, 칼슘이나 마그네슘 같은 2가 양이온을 첨가하면 음이온과 이온결합하여 가교역할을 하므로 3차원의 망상구조로 겔화되어 젤리로 만든다.

해설

D-갈락투론산은 펙틴의 주성분으로 글루쿠론산의 이성질체이며 갈락토스의 산화형이다.

14-3 저메톡실 펙틴의 겔화 기작(메커니즘)을 쓰시오. [2019년 2회]

정답

저메톡실 펙틴은 음전하를 띠고 있는데, 칼슘이나 마그네슘 같은 2가 양이온을 첨가하면 음이온과 이온결합하여 가교역할을 하므로 3차원의 망상구조로 겔화되어 젤리로 만든다.

14-4 잼 제조에서 젤리화에 필요한 3가지 요소는 (①), (②), (③)이고, 당도계 측정법 이외에 젤리점(젤리화의 완성점)을 확인하는 3가지 방법은 (④), (⑤), (⑥)이다. [2021년 3회]

정답

① 당(60~65%) ② 산(0.3%)
③ 펙틴(1~1.5%) ④ 컵법
⑤ 스푼법 ⑥ 온도계법

해설

펙틴은 분자들이 음전하를 띠어 서로 반발하여 뭉칠 수가 없다. 그런데 펙틴이 설탕과 만나면 설탕이 주변의 물 분자를 끌어당기기 때문에 펙틴 분자들을 뭉치게 만들어 그물구조로 만든다. 그러나 펙틴 분자들은 설탕을 넣은 후에도 계속 음전하를 띠고 있어 서로 밀어내려고 한다. 이때 구연산과 같은 유기산을 넣어주면 펙틴 분자들이 더 이상 음전하를 띠지 않게 되어 겔화가 된다.

14-5 펙틴 겔 제조 시 설탕을 넣어 pH를 낮춰 제조하기도 하지만 pH를 높여 제조하기도 한다. 이때, salt bridge를 형성하기 위해 사용하는 것을 보기 중에서 고르시오. [2023년 1회]

> [보기]
> 탄산수소나트륨, 수소, 니켈, 칼슘, 소금

정답

칼슘

해설

펙틴의 주요 성분은 D-갈락투론산이다. D-갈락투론산은 카복실기(-COOH)를 갖는데, pH가 높은 조건에서는 카복실기가 수소이온과 해리되어 -COO⁻로 음이온을 띠면서, 음이온을 띠고 있는 펙틴 분자들 간에 "칼슘"이 가교결합을 하여 펙틴 겔을 형성할 수 있다.

15. 과일류(주스)

15-1 과일주스의 청징제 4가지를 쓰시오. [2005년 3회]

정답

난백, 카제인, 규조토, 효소제

해설

- 청징(정제, Fining)이란 과일 주스의 부유물을 제거하기 위하여 침전 보조제를 첨가하거나 또는 혼탁의 원인이 되는 물질을 분해하는 과정을 말한다.
- 청징제의 종류
  - 난백 : 과즙에 난백을 넣어 교반하고 75℃로 가열하여 식힌 후 흡착·응고·침전하여 청징함
  - 카제인 : 알칼리에 용해되고 산에 침전하여 청징함(다만, 카제인은 적색주스의 색깔을 탈색하는 성질이 있어 사용주의)
  - 규조토 : 규조토를 첨가하여 흡착하여 청징함
  - 효소제 : pectinase(펙틴분해효소)를 첨가하여 청징함

15-2 사과주스 제조공정에서 여과와 청징을 목적으로 80℃로 가열하고, 펙틴분해를 원활하게 하기 위하여 pectinase를 첨가하였으나 청징효과를 얻지 못하였다. 공정상의 원인을 쓰시오.

[2007년 2회, 2022년 1회]

정답

청징제인 pectinase의 활성온도는 약 40℃이다. pectinase가 단백질이기 때문에 80℃의 고온에 노출되면 열변성으로 인해 활성능력이 없어져 청징효과를 기대할 수 없다.

해설

효소는 주효소와 보조인자로 구성되며, 주효소의 성분은 단백질이고 pH와 온도에 민감하다.

16. 과일류(유황 훈증)

16-1 과일 건조 시 유황 훈증하는 목적(효과) 3가지를 쓰시오. [2004년 3회, 2013년 2회, 2018년 3회]

정답

① 미생물 및 병해충 억제
② 강력한 표백작용으로 산화에 의한 갈변 방지
③ 탄닌 성분의 변화를 방지하여 과일 고유의 색깔 유지
④ 건조기간이 단축되어 생산성 향상

해설

• 사과, 복숭아, 살구 등의 과일은 산화효소의 활성도가 높아 그대로 건조하면 갈변현상이 일어나므로 해당 효소를 파괴하고 부패 및 병충해를 방지할 목적으로 유황 훈증 처리를 한다. 과일을 상자나 훈증실에 넣어 밀폐한 후 유황을 연소시켜 훈증하는 방법으로 이때 발생된 무수아황산 가스가 병균 침입을 막아준다.

• 곶감 또는 건조 과일 제조 시 갈변·부패 방지 목적으로 유황 훈증 처리를 하기도 하나 유황은 식품첨가물로 허용되어 있지 않다. 유황 훈증 시 발생하는 무수아황산 가스가 과일의 표면에 얇은 막을 형성하여 아황산염이 잔류할 수 있으며 아황산염은 알레르기 반응을 유발할 수 있다. 그러나 최종제품에 이산화황이 10mg/kg(ppm) 이상 잔류 시 무수아황산은 원재료로서 직접 첨가한 것으로 보지 않아 알레르기 유발물질 표시대상에서 제외되는 문제점이 있다.

17. 채소류(고추)

17-1 고추를 1년간 저장해도 색이 유지되게 하려면 어떤 방법을 사용하는지 쓰시오. [2009년 2회]

정답

• CA저장법
• PE 밀봉저장법
• 가스치환포장법(MAP)

해설

수확 후 고추의 저장성을 높이는 방법으로 냉장, 냉동, 열처리, CA저장법, 반건조저장법 등 여러 가지가 있다. 색소는 열에 민감하여 파괴되기 때문에 건조, 열처리 방법을 이용하면 안 된다. 또한 상온(25℃)과 고온(30℃)에서 저장기간이 길어지면 수분함량과 수분활성도가 감소하면서 색상이 변하기 때문에 온습도 조절이 매우 중요하다. 따라서 온도, 습도, 수분의 환경에 따라 색상이 변하므로 이를 잘 조절할 수 있는 저장방법을 선택해야 한다. 참고로 고추의 저장에 적합하다고 알려진 가스의 성분비율은 O_2는 3~5%, CO_2는 5%이다.

• CA(Controlled Atmosphere)저장법 : 저장고 내 온습도와 공기조성을 인위적으로 조절해주는 저장방법이다.

• PE 밀봉저장법 : 예랭(미리 냉각)시킨 고추를 투기, 투습도가 높은 PE(폴리에틸렌) 포장지에 넣고 밀봉시키면 보습효과를 주면서 자체 호흡에 의한 CO_2 발생으로 MA 포장의 효과를 준다.

• 가스치환포장법(MAP ; Modified Atmosphere Packaging) : 인위적으로 조성된 가스를 채워넣어 식품의 저장기간을 연장시키는 친환경 포장기법이다.

18. 채소류(토마토)

18-1 토마토퓌레의 제조공정 중 열법에 대해 설명하시오.

[2011년 2회]

정답

토마토를 증숙하거나 끓여 익힌 후 체에 걸러 껍질과 씨를 제거하고 졸여 농축시키는 방법으로, 가열에 의해 산화효소와 펙틴분해효소가 파괴되며 프로토펙틴이 펙틴이 되고 고무질의 용출량이 많아져 토마토퓌레의 점도를 높인다. 그러나 가열처리로 인해 비타민 C가 파괴되고 펙틴의 분해가 일어나 품질이 좋지 못한 단점이 있다.

해설

- 토마토퓌레 : 육류나 채소를 갈아서 체로 걸러내 농축시킨 것을 퓌레(puree)라고 하며, 토마토퓌레는 삶아서 익힌 토마토를 체에 걸러 껍질과 씨를 제거하고 졸여 농축시킨 것을 말한다.
- 토마토퓌레의 제조법에는 열법 외에 냉법도 있다. 냉법은 열을 가하지 않고 부순 후 체에 걸러내는 방법으로, 비열처리로 인해 비타민 C 손실이 없고 펙틴 함량이 높아 퓌레의 점도가 높으며 고형분의 분리가 적고, 향기가 있는 품질 좋은 퓌레를 얻을 수 있지만 수율이 낮은 편이다.

제2절 수산가공

1. 건제품

1-1 염건품, 소건품, 자건품에 대해 쓰시오.

[2010년 3회]

정답

- 염건품 : 소금을 뿌리거나 소금물 또는 바닷물에 담가 건조시킨 건어물
  예 대구, 갈치 등
- 소건품 : 세척 후 그대로 건조시킨 건어물
  예 오징어, 명태 등 두께가 얇거나 작은 생선류
- 자건품 : 끓는 물에 데친 후 건조시킨 건어물
  예 멸치, 전복, 새우, 조개, 해삼 등

해설

건어물의 건조방식에 따라 염건품, 소건품, 자건품, 배건품, 조미건품 등으로 나눌 수 있다.
- 배건품 : 불에 구운 후 건조시켜 독특한 향미를 갖는 건어물(예 도미, 가자미, 복어 등)
- 조미건품 : 조미료를 바른 후 건조시킨 건어물(예 쥐치, 정어리, 보리멸치 등)

2. 염장품

2-1 염장의 원리에 대해 쓰시오. [2010년 3회]

2-2 염장의 효과 3가지를 쓰시오. [2015년 3회]

2-3 염장을 통한 부패 미생물 생육 억제 기작 1가지를 쓰시오. [2015년 1회, 2020년 1회]

2-4 식염이 미생물 증식을 저해하는 원리를 3가지 쓰시오. [2023년 2회]

정답

2-1, 2-2, 2-3, 2-4
염장은 소금의 삼투압 작용으로 미생물의 생육을 제어하는 것이다.
① 미생물의 원형질이 분리되어 세포 파괴
② 탈수로 인해 수분활성도를 낮추어 미생물 생육 억제
③ 소금(NaCl)에서 해리된 염소이온의 보존효과
④ 용존산소를 감소시켜 호기성 세균 생육 억제

해설

염장의 원리는 소금의 삼투압 작용이고, 효과는 미생물의 생육 억제이다. 따라서 2-1, 2-2, 2-3, 2-4는 염장의 원리로 인한 효과로 이어지기 때문에 같은 문제라고 볼 수 있다.

제3절 축산가공

1. 유가공(우유)

1-1 우유의 균질화 정의와 목적 4가지를 쓰시오. [2005년 2회, 2006년 3회, 2011년 1회]

정답

- 정의 : 우유의 지방구를 기계적으로 1μm 이하의 크기로 균일하게 해주는 공정
- 목적
  ① 크림층 형성으로 인한 지방의 산화 방지
  ② 지방의 소화흡수율 향상
  ③ 부드러운 맛 부여
  ④ 유단백질의 연화로 단백질의 흡수율 향상

해설

- 목장에서 착유한 원유를 그대로 방치하면 우유의 지방구는 비중이 낮아 위로 떠서 크림층을 형성하게 되어 지방의 산화가 쉽고, 하층의 우유 특유의 부드러운 맛이 없어지게 된다.
- 원유의 지방구 크기는 3~4μm 수준이며, 1μm의 크기는 100만분의 1미터이다.

1-2 우유의 성분 중 카제인, 유지방, 유당은 각각 우유 중에 어떤 상태로 존재하는지 쓰시오.

[2006년 1회]

정답

- 카제인 : 콜로이드 상태로 분산
- 유지방 : 유화상태로 분산
- 유당 : 분자의 유리상태로 분산

해설

- 콜로이드(colloid) : 교질(膠質)이라고 하며, 1~1,000nm의 크기를 갖는 혼합물이다.
- 유지방 : 우유 제조 시 원유의 지방구를 균질화하는 공정을 거쳤기 때문에 유화상태이다.
- 유당 : 우유에서 대부분 유리상태로 존재하며, 극히 일부만 단백질과 결합상태로 존재한다.

1-3 다음 글을 읽고 빈칸을 채우시오. [2015년 2회]

> 우유의 구성요소 지방, 단백질, 탄수화물 중 pH 4.5에 응고되는 단백질은 (①)이고, 그 외는 유청단백질이다. 탄수화물은 주로 (②)으로 되어 있다.

정답

① 카제인
② 유당

해설

- 전지분유 : 탄수화물(유당) + 단백질(카제인) + 지방(크림, 버터)
- 탈지분유 : 탄수화물(유당) + 단백질(카제인)

체크 포인트 **카제인나트륨의 인체 안전성 논란**

카제인은 우유의 단백질 성분으로서 강력한 유화제 역할을 한다. 우유의 유지방을 유화시킨 성분이 바로 단백질(카제인)이다. 우리나라는 카제인, 카제인나트륨 등을 모두 식품첨가물공전에 등재시켜 식품첨가물로 관리하고 있다. 그런데 A사가 2010년 말 커피믹스 시장에 진출하면서 크리머에 카제인나트륨을 넣었던 B사와 차별화하기 위해 크리머에 카제인나트륨 대신 우유를 넣었다. 당시 A사는 카제인나트륨을 사용하지 않았다는 광고를 하다 식품의약품안전청으로부터 비방광고 판정과 함께 시정명령을 받았다. 카제인나트륨이 인체에 유해하다는 증거가 없는데 소비자에게 유해한 것처럼 보이게 할 소지가 있다는 이유에서다. 카제인나트륨은 정말로 인체에 유해하지 않을까? 카제인나트륨은 화학적 합성품으로 분류되지만 카제인은 정제된 우유단백질이다. 우유에서 단백질을 분리하는 과정에서 수산화나트륨과 같은 알칼리 처리를 하고 80~90℃로 열을 가하면 카제인 단백질만 녹아나온다. 여기에 단지 수용성을 높이기 위해 나트륨을 결합시킨 것이 카제인나트륨이다. 천연상태의 우유 중 대표 성분인 카제인이나 카제인나트륨을 사용한 커피크림이 건강에 좋지 않다는 인상을 심어주는 것은 소비자들의 식품첨가물에 대한 우려를 이용한 마케팅 전략의 일종이라고 볼 수 있다. 카제인나트륨은 JECFA(Joint FAO/WHO Expert Committee on Food Additives, 국제식량농업기구/세계보건기구 합동식품첨가물전문가위원회)에서 1일 섭취허용량(ADI)을 설정하지 않을 만큼 안전성이 확인된 물질이다. 또한 카제인은 미국 FDA에서 일반적으로 안전하다고 인정되는 물질 목록인 GRAS(Generally Recognized As Safe)로 지정되어 있고 유럽, 호주, 뉴질랜드 등에도 우유단백질과 관련한 독성 평가자료나 위해 자료가 없는 매우 안전한 식품원료이다.

2. 유가공(농축유)

2-1 가당연유에 당을 첨가하는 목적과 진공농축하는 이유를 2가지씩 쓰시오. [2013년 1회]

정답

- 목적 : 보존성 증대, 단맛 부여, 점성 증가
- 이유 : 낮은 온도(약 70℃)에서 농축시켜 영양성분 손실 방지, 풍미 유지

해설

- 가당연유 : 원유에 당류를 가하여 농축한 것을 말한다.
- 진공농축 : 원유를 진공상태에서 끓이면 낮은 온도에서 수분이 증발하여 단시간에 많은 양의 원유를 농축시킬 수 있는 기술이다.

3. 유가공(아이스크림)

3-1 아이스크림의 콘(cone) 과자 내부를 초콜릿으로 코팅하는 이유를 쓰시오. [2018년 2회]

정답

콘 과자에 담긴 아이스크림이 바삭바삭한 콘 과자를 눅눅하게 하는 것을 막기 위해서 코팅한다.

해설

당시 위 정답과 같은 이유로 콘 과자 안쪽에 초콜릿을 코팅하게 됐는데, 기술 부족으로 콘 과자 끝부분이 벌어져 초콜릿이 흘러나오는 경우가 있었다. 이에 콘 과자 모양의 플라스틱 고깔 마개를 끼워 포장을 했었는데, 2000년대에 들어 콘 과자 기술이 발전하면서 플라스틱 고깔 마개는 역사 속으로 사라졌다.

4. 유가공(치즈)

4-1 탈지유에 산을 가하여 약 pH 4.6으로 조정하면 응고되는데 이때 응고되는 주성분, 응고되는 원리, 이 원리를 이용하여 만들어지는 대표적인 유제품 한 가지를 쓰시오. [2007년 1회]

정답

- 주성분 : 카제인
- 응고원리 : 단백질의 등전점(단백질은 등전점에서 용해도가 최저가 되어 응고된다)
- 대표적인 유제품 : 치즈

해설

- 카제인 : 우유의 단백질 성분이다.
- 등전점(pI ; isoelectric point) : 단백질, 아미노산과 같이 양이온과 음이온을 동시에 함유하는 양쪽성 물질의 경우 특정 pH에서 양전하와 음전하의 값이 같아서 전기적으로 전하가 중성인 것을 말한다(양전하 또는 음전하를 가지는 작용기가 없다는 뜻이 아니라 각각의 개수가 같아서 전하값의 총합, 즉 실제 전하의 값이 0이라는 뜻).
- 단백질이 등전점에서 용해도가 가장 낮은 이유는 전하량이 0이기 때문에 중성이므로 극성을 띠는 물에 잘 녹지 않고 침전되기 때문이다(만약 전하를 띠게 된다면 극성인 물에 잘 녹을 것).

5. 육가공(도체)

5-1 지육상태인 돼지고기를 품온을 낮추기 위해 냉장고에 보관하려고 한다. A 냉장고는 공기흐름이 0이고, B 냉장고는 공기흐름이 0보다 빠르다. 고기 도체를 어디에 저장해야 하는지 선택하고, 그 이유를 쓰시오. [2020년 3회]

정답
- B 냉장고
- 이유 : 공기 순환 속도가 빠를수록 도체의 품온을 낮추는 데 필요한 시간이 단축되기 때문이다.

해설
- 도살공정이 완결되었을 때 도체의 내부 온도는 약 30∼39℃이다. 도체 중심부의 온도를 가능한 한 빨리 5℃ 이하로 떨어뜨려야 하는데, 이는 사후 도체의 온도가 높은 상태에서 빠른 pH 강하가 일어나면 PSE육이 발생하기 때문이다.
- PSE육 : 육색이 창백(pale)하고, 연질(soft)로 육즙 분리가 쉬운(exudative) 돼지고기로 물돼지고기로 불린다. PSE육은 가공적성인 보수성과 산도(pH)가 낮아 최종 육제품의 수율이 떨어지고, 조직감이 좋지 않아 육제품의 가공원료로도 부적합한 특징을 가지며, 유통 시 육즙 손실이 많아 중량이 많이 감소하기 때문에 소비자의 구매력을 저하시키고 경제적으로도 막대한 손실을 끼친다.

6. 육가공(사후강직)

6-1 사후근육에서 저온단축(cold shortening)이 무엇이며, 주로 어떤 고기에서 발생하는지 쓰시오. [2004년 2회, 2006년 3회]

6-2 육류의 저온단축 발생 조건 및 영향을 쓰시오. [2018년 3회]

6-3 저온단축(cold shortening)의 정의와 그 영향을 쓰시오. [2021년 2회]

정답

6-1, 6-2, 6-3
- 정의 : 사후강직이 끝나지 않은 도체를 0∼16℃의 저온에서 급속냉각시키면 근섬유가 심하게 수축하여 연도가 나빠지는 현상
- 적색근섬유의 비율이 높고 피하지방이 얇은 쇠고기에 주로 발생한다.

해설
- 연도 : 고기의 질기고 연한 정도
- 저온단축의 원인 : 낮은 온도와 혐기성 상태에서의 pH 저하로 인해 근소포체와 미토콘드리아로부터 칼슘이온이 유리되어 나오는 반면, 근소포체의 칼슘결합능력이 상실됨으로써 근원섬유단백질 주위에 칼슘이온농도가 크게 높아져 근육수축을 촉진한다.
- 주로 쇠고기에 저온단축이 발생하는 이유 : 적색근섬유가 상대적으로 미토콘드리아가 많고, 덜 발달된 근소포체 구조를 갖고 있기 때문이다. 이와 반대로 돼지는 적색근섬유의 비율이 낮고 두꺼운 피하지방의 단열효과로 인해 저온단축이 일어날 가능성은 적으나 16℃ 이상의 고온에서 오래 방치할 경우 고온단축이 일어난다.

6-4 기능성, 용해성에 따른 근육단백질의 분류 3가지와 근육의 수축·이완에 가장 밀접한 근육이 무엇인지 쓰시오.

[2018년 2회]

정답

• 분류 : 근원섬유단백질, 근장단백질, 결합단백질
• 수축·이완 근육 : 근원섬유단백질

해설

근육이 수축하거나 사후경직이 일어날 때 액틴과 마이오신이 결합하여 액토마이오신을 만든다.

[근육단백질의 종류]

근원섬유단백질	액틴, 마이오신(미오신), 액토마이오신(액토미오신), 트로포닌, 트로포마이오신(트로포미오신), 코넥틴
근장단백질	미오글로빈, 헤모글로빈
결합단백질	콜라겐, 엘라스틴, 레티쿨린

6-5 식육은 식용에 알맞게 일정 기간 숙성시키는 것이 바람직하다. 숙성 중 일어나는 주요 변화를 쓰시오.

[2004년 3회, 2006년 1회]

정답

사후경직 후 자가숙성이 시작되면 protease가 활성화되어 액토마이오신(수축)의 분해로 근육의 근절이 늘어나서 근육단백질이 분해되어 ① 식육의 연화, ② 유리아미노산 증가로 풍미 향상, ③ 보수력이 증가한다.

해설

• 숙성 : 냉장 중에 일어나게 되는데, 식육 자체 내의 단백질분해효소나 기타 효소작용에 의해 핵산 물질이 생성되고 식육단백질이 분해되어 식육이 연해지고 유리아미노산의 생성에 의하여 맛이 좋아지는 것을 말한다(냉동에서는 숙성이 일어나지 않음).
• 근절 : 근원섬유단백질 중 액틴과 마이오신을 이루는 단위(여러 근절이 모여 근육을 이룸)
• 사후경직과 숙성단계 : 가축을 도축하면 동물이 호흡을 잃어 글리코겐이 혐기적으로 분해되어 젖산을 생성하고 고기의 pH는 저하된다. pH가 6.5 이하가 되면 phosphatase가 활성화되어 ATP를 분해하고, 이로 인해 액틴과 마이오신이 결합하여 액토마이오신으로 되어 고기의 경직(수축)이 일어나서 보수성과 신장성이 감소된다. pH 5.4 정도가 되면 해당 효소 불활성화로 젖산 생성이 정지되어 사후경직 최고점 상태가 되는데, 이때 protease가 활성화되어 근육의 분해가 시작되고 맛 성분이 생성된다. 그리고 pH가 다시 상승하기 시작하면서 자가숙성이 시작된다.

6-6 근육 중에 함유되어 있는 탄수화물의 형태는 주로 어떤 물질로 존재하며, 사후에는 어떤 물질로 변하는지 쓰시오. [2008년 1회]

정답

글리코겐(glycogen) 형태로 존재하며 젖산으로 변한다.

해설

- glycogen : 간이나 근육에 존재하는 glucose(포도당)의 집합체
- 근육 중 글리코겐 형태로 존재하다가 사후에 젖산으로 변하여 pH를 저하시키고 사후강직을 일으킨다.

6-7 도축 전에 심각한 스트레스를 받는 경우에는 육질에 좋지 않은 영향을 끼치게 된다. 그중에서 PSE돈육 도축 후 1~2시간 뒤 pH의 변화와 특징에 대해 쓰시오. [2020년 4·5회]

정답

- pH 변화 : pH 5.5 미만
- 특징 : 육색은 창백하고, 조직감은 흐물흐물하며, 육즙(물) 분리가 많아 중량이 많이 감소하고 풍미가 떨어진다. 또한 결착력, 보수력, 유화력이 약해서 PSE육은 소시지 등 가공육 원료로 부적합하다.

해설

- PSE육 : 육색이 창백(Pale)하고, 연질(Soft)로 육즙 분리가 쉬운(Exudative) 돼지고기로 물돼지고기로 불린다. PSE육은 가공적성인 보수성과 산도(pH)가 낮아 최종 육제품의 수율이 떨어지고, 조직감이 좋지 않아 육제품의 가공원료로도 부적합한 특징을 가지며, 유통 시 육즙 손실이 많아 중량이 많이 감소하기 때문에 소비자의 구매력을 저하시키고 경제적으로도 막대한 손실을 끼친다.
- DFD육 : PSE육과 반대 현상으로 육색이 짙고(Dark), 단단하며(Firm), 건조함(Dry)이 있는 돼지고기를 말한다. 돼지가 농장에서 도축장까지 출하되는 동안 또는 계류 시 장시간 스트레스를 받게 되면 근육 내의 글리코겐은 모두 소모되어 도축 후 근육의 pH는 높은 상태를 유지하게 되고 이 경우 고기의 보수력은 매우 좋아진다. 이러한 고기가 바로 DFD육이며, DFD육은 보수력이 높아 중량감소에 따른 경제적 손실은 줄일 수 있으나 고기가 쉽게 부패할 수 있다는 단점이 있다.

7. 육가공(육색소)

7-1 정육점에서 육류 보관 시 고기의 육색을 결정하는 육색소, 철 상태, 육류 색깔 3가지를 쓰시오.

[2020년 4 · 5회]

정답

보관기간	육류 색소 성분	철 상태	육류 색깔
단기간	deoxymyoglobin	Fe^{2+}(철원자 2가)	적자색
중기간	oxymyoglobin	Fe^{2+}(철원자 2가)	선홍색
장기간	metmyoglobin	Fe^{3+}(철원자 3가)	갈색

해설

- 일반적으로 신선한 육류의 색깔은 총색소 함량의 약 90%를 차지하고 있는 myoglobin의 화학적 상태에 의해 결정된다.
- deoxymyoglobin의 적자색은 산소의 부재 시(진공포장) 주된 육색이 되며, oxymyoglobin의 선홍색은 육류가 산소에 노출되었을 때(진공포장지를 제거했을 때)의 육색이 된다. 또 oxymyoglobin이나 deoxymyoglobin은 산소분압이 낮은 상태에서 또는 철원자의 산화에 의해 metmyoglobin으로 산화되는데, 이때 육색은 갈색으로 변한다. 여기서 metmyoglobin의 갈색을 소비자는 육류가 부패했다고 생각하기 때문에, 육류의 수명을 연장하기 위해서는 각종 포장방법을 통해 oxy- 또는 deoxymyoglobin으로 변화되는 것을 막아야 한다. 육류 표면의 metmyoglobin 형성속도는 육류의 pH가 낮을수록, 저장온도가 높을수록 촉진되고, 육류 표면에 기생하는 미생물의 수가 많을수록 표면의 산소분압이 낮아져 그 형성속도가 빨라진다.

8. 육가공(육질)

8-1 냉장육과 냉동육의 육질 차이에 대해 서술하시오.

[2004년 3회]

정답

- 냉장육 : 냉장저장 중 자가숙성에 의해 육류가 연하고 감칠맛 성분이 증가하여 풍미가 향상된다.
- 냉동육 : −18℃ 이하에서 완만동결시킨 것으로, 최대빙결정생성대를 통과하는 시간이 오래 걸려 얼음 결정이 커지면서 육류의 세포막을 손상시켜 해동 시 drip(육즙 분리)이 발생하게 되어 보수력이 떨어지고 영양 손실이 발생하며, 풍미, 질감 등이 나빠진다.

해설

- 숙성은 냉장 중에 일어나게 되는데, 식육 자체 내의 단백질분해효소나 기타 효소작용에 의해 핵산 물질이 생성되고 식육단백질이 분해되어 식육이 연해지고 유리아미노산의 생성에 의하여 맛이 좋아지는 것을 말한다(냉동에서는 숙성이 일어나지 않음).
- 냉동육의 단점을 보완하기 위해서는 급속동결을 해야 육류의 품질을 높일 수 있다.

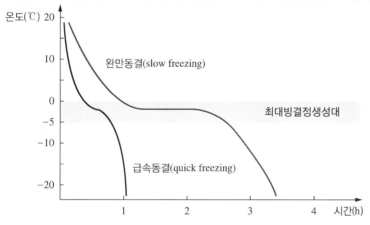

※ 최대빙결정생성대 : 냉동저장 중 빙결정(얼음결정)이 가장 크고
많이 생성되는 온도구간(−1∼−5℃)

[식품의 냉동곡선]

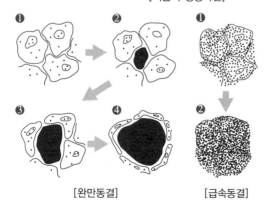

[완만동결]　　　[급속동결]

9. 육가공(식육연화제)

9-1 식육연화제로 사용되는 4가지를 쓰시오. [2014년 3회]

정답

파인애플(bromelin), 파파야(papain), 무화과(ficin), 키위(actinidin)

해설

- 식육연화제란 육 조직을 부드럽게 연화시키는 단백질분해효소로 주로 과일을 이용한다.
- 가축을 도축한 후 근육이 고기로 전환되는 과정에서 사후강직이 나타나고 이 경우 식육은 매우 질긴 상태를 유지하게 된다. 식육을 연하게 만드는 방법은 식육 자체를 자가숙성시키는 방법과 식육연화제를 넣어 결합조직을 약화시키거나 단백질의 분해속도를 증가시키는 방법이 이용되고 있다.

10. 육가공(햄)

10-1 햄류 중 로인햄, 숄더햄 부위에 대해 쓰시오. [2007년 3회]

정답

- 로인햄 : 돈육의 등심부위를 가공하여 만든 햄
- 숄더햄 : 돈육의 어깨부위를 가공하여 만든 햄

해설

- 돈육을 부위에 따라 분류하여 염지한 후 훈연 또는 열처리한 것이거나 고기에 다른 식품 또는 식품첨가물을 첨가한 후 가공한 것은 햄, 본인햄, 본리스햄, 로인햄, 숄더햄으로 세부 분류하였다.
- 「축산물의 가공기준 및 성분규격」에 따라 로인햄과 숄더햄이 있었으나, 2004년도에 국제기준에 맞춰 개정되면서 삭제됐다.
  - (종전)8종 : 본인햄, 본리스햄, 로인햄, 숄더햄, 안심햄, 피크닉햄, 프레스햄, 혼합프레스햄
  - (개정)3종 : 햄, 프레스햄, 혼합프레스햄
  ※ 2017년도에 식품과 축산물이 통합되고 「식품공전」으로 일원화되면서 현재는 식품유형으로 햄, 생햄, 프레스햄 등 3가지로 관리되고 있다.

10-2 햄이나 소시지 제조과정에서 가열하는 목적 3가지와 급랭의 목적 2가지를 쓰시오.

[2013년 2회]

정답

- 가열 목적 : ① 미생물의 살균효과, ② 단백질 변성으로 탄력성 부여, ③ 육색과 풍미 향상
- 급랭 목적 : ① 표면의 수분 증발을 방지하여 햄 표면의 주름 방지, ② 호열성 세균의 사멸효과

해설

햄 가열은 주로 훈연(smoking)을 하므로 살균과 특유의 풍미 및 색깔이 좋아진다.

11. 육가공(염지)

11-1 염지의 재료 2가지와 목적에 대해 쓰시오. [2004년 3회]

정답

- 재료 : 소금, 질산염, 아질산염
- 목적
  - 육색소 고정(육류 고유의 색 유지)
  - 보존성 향상(보툴리누스균 증식 억제)
  - 독특한 풍미 부여

해설

염지(curing) : 소금과 함께 질산염(nitrate) 또는 아질산염(nitrite)을 육제품 제조 시 첨가하는 것을 뜻하며, 'cure'의 의미는 화학적 물질로서의 질산염, 아질산염을 말하거나 질산염, 아질산염을 식육에 첨가한다는 뜻이다.

12. 육가공(아질산나트륨)

12-1 식육가공품 제조 시에 첨가하는 아질산나트륨의 기능 3가지와 화학식을 쓰시오.

[2007년 1회]

정답

- 기능
  ① 염지 시 육색소 고정(육류 고유의 색 유지)
  ② 보존성 향상(보툴리누스균 증식 억제)
  ③ 염지 시 독특한 풍미 부여
- 화학식 : $NaNO_2$

해설

- 염지 풍미에 대한 화학적 성질, 기본적인 발생 기작에 대해서는 아직까지 정확히 밝혀내지 못했지만, 낮은 농도의 아질산염으로도 유의적인 염지 풍미를 가져오는 것으로 보고되고 있다.
- 아질산나트륨(sodium nitrite)은 식품첨가물공전에 따라 발색제, 보존료로 사용할 수 있다.
- 아질산나트륨 자체는 발암성이 없으나, 아질산나트륨과 육단백질 중 아민(amine)이 결합하여 생성된 니트로사민 (nitrosamine)에 대해 유럽식품안전청(EFSA)에서는 2017년 일상적인 섭취 수준으로 발암성 문제가 없다고 발표하였고, 국제암연구소(IARC)에서는 사람에 대한 발암성이 입증되지 않았다고 발표하였다. 또한 아질산나트륨은 체내에서 빠르게 대사되어 대부분 소변을 통해 배출되어 몸에 쌓이지 않는다.

1. 탈기

1-1 통조림의 탈기방법 4가지를 쓰시오. [2005년 2회, 2006년 3회]

정답

가열탈기법, 진공탈기법, 증기분사법, 가스치환법

해설

• 탈기 : 통조림에서 식품과 용기 사이의 headspace(빈 공간)에 있는 공기를 제거하는 공정
• 탈기방법

가열탈기법	끓는 물(약 100℃)에 충전된 제품을 가열시켜 통조림 전체를 가열하는 방법
진공탈기법	온도에 민감한 식품을 진공장치 속에서 탈기와 밀봉을 동시에 진행하는 방법
증기분사법	통조림의 headspace에서 공기 제거 후 증기를 주입하여 진공상태를 얻는 방법
가스치환법	통조림의 headspace에서 공기 제거 후 불활성기체(질소가스)를 주입하는 방법

1-2 통조림 제조 시 탈기의 목적을 쓰시오. [2005년 3회]

1-3 통조림의 탈기효과 4가지를 쓰시오. [2011년 2회]

정답

1-2, 1-3
• 가열살균 시 공기팽창에 의한 밀봉 부위 파손 방지
• 호기성 세균의 발육 억제
• 통조림 관 내면의 부식 방지
• 공기산화에 따른 내용물의 향미, 색깔, 영양소 손실 방지

해설

탈기의 목적 자체가 그 효과를 보기 위한 것이므로 1-2와 1-3은 같은 문제이다.

2. 저온살균

2-1 통조림의 저온살균(100℃ 이하)이 가능한 한계 pH를 적고, 저온살균이 가능한 이유를 설명하시오.

[2014년 1회]

정답

- 한계 pH : 4.6 이하
- 저온살균이 가능한 이유 : pH 4.6 이하는 산성식품이므로 100℃ 이하의 온도로 살균처리하면 *Clostridium botulinum*(보툴리누스균)을 사멸시킬 수 있기 때문이다.

해설

- 식품공전 > 제4. 장기보존식품의 기준 및 규격 > 1. 통·병조림식품 > 1) 제조·가공기준 > (3)

  > pH가 4.6 이하인 산성식품은 가열 등의 방법으로 살균처리할 수 있다.

- 식품공전에서 규정하는 살균이란 따로 규정이 없는 한 세균, 효모, 곰팡이 등 미생물의 영양세포를 불활성화시켜 감소시키는 것을 말하며, 살균제품이란 그 중심부의 온도를 63℃에서 30분간 가열하거나 이와 같은 수준 이상의 효력이 있는 방법으로 가열 살균한 제품을 말한다.
- 한편, pH 4.6을 초과하는 저산성식품(low acid food)은 100℃의 온도로 살균처리하면 *Clostridium botulinum*(보툴리누스균)을 사멸시킬 수 없으므로 120℃ 이상에서 4분 이상 열처리하거나 또는 이와 동등 이상의 효력이 있는 방법으로 멸균해야 한다.

3. 냉점

3-1 통조림 살균 시 가장 늦게 열전달이 되는 곳이 냉점이다. 내용물이 액체일 때와 고체일 때의 냉점을 비교하여 설명하시오. [2004년 2회, 2014년 1회]

3-2 고체와 액체식품의 냉점의 위치를 그림으로 그리고 그 이유에 대해 쓰시오. [2018년 1회]

> **정답**

3-1, 3-2
- 고체식품 : 전도에 의한 열전달이 일어나므로 1/2 지점이 냉점
- 액체식품 : 대류에 의한 열전달이 일어나므로 1/3 지점이 냉점

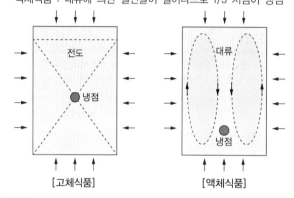

[고체식품]　　　　[액체식품]

> **해설**

- 대류 : 유체(액체 + 기체)의 온도가 높아지면 부피가 증가하여 위로 올라가고, 차가운 유체가 아래로 내려오면서 열이 전달되는 현상
- 전도 : 열이 고온에서 저온으로 중간물질을 통해서 이동하는 현상
- 액체식품의 냉점은 식품의 점도 등 특성에 따라 다르다.

4. 살균지표

4-1 통조림 살균지표균 이름과 살균지표효소를 쓰시오. [2013년 1회]

> **정답**

- 살균지표균 : *Clostridium botulinum*(클로스트리디움 보툴리눔)
- 살균지표효소 : peroxidase(과산화효소)

> **해설**

통조림의 살균지표로 위 미생물과 효소를 설정한 이유는 내열성을 갖고 있기 때문이다.

> **체크 포인트** **통·병조림식품의 소비기한 설정지표**
>
> 「식품위생법」에 따라 소비기한을 설정할 때는 「식품, 식품첨가물, 축산물 및 건강기능식품의 소비기한 설정기준」 제6조(설정실험 지표 등) > [별표 2] 식품의 소비기한 설정실험 지표 > 2. 식품의 제조·가공특성별 지표에 따라 통·병조림식품은 ① 이화학적(진공도, 주석, pH), ② 미생물학적(세균발육, 혐기성세균, 내열성세균), ③ 관능적(성상, 외관, 물성) 지표를 통해 소비기한을 설정해야 한다.

5. 변형(팽창관)

5-1 통조림 팽창관(외관 변형)의 원인을 4가지 쓰시오.

[2004년 1회, 2007년 2회, 2010년 2회, 2011년 1회, 2013년 3회, 2018년 2회]

정답

① 살균부족으로 인한 미생물의 가스 생성
② 내용물의 충전과다
③ 탈기부족
④ 권체불량(밀봉불량)
⑤ 밀봉 후 살균까지 장시간 방치

해설

통조림의 변질

외관상 변질	팽창	권체불량, 살균부족으로 *Clostridium*속 균이 증식하여 생성된 가스에 의해 팽창
	수소팽창	유기산 함량이 높은 과일통조림에서 유기산 작용으로 관이 부식되며 발생한 수소에 의해 팽창
	스프링거(springer)	충전과다, 탈기부족, 밀봉 후 살균까지 장시간 방치, 가스형성균에 의한 팽창 등의 원인으로 뚜껑 한쪽을 누르면 다른 한쪽이 팽창
	플리퍼(flipper)	충전과다, 탈기부족, 밀봉 후 살균까지 장시간 방치 등 원인이 되어 발생하며 스프링거보다 약하게 팽창
	누출(leaker)	권체불량, 관의 부식, 외부로부터의 충격과 상처에 의해 내용물이 새어 나옴
	돌출변형관	가압살균 후 증기가 급격히 배출되면서 관내압이 관외압보다 커져 권체 부위가 돌출
	위축변형관	가압살균 시 급격히 압력을 높이거나, 살균 후 냉각 시 내압은 낮아졌는데 고압솥의 공기압이 너무 높을 경우에는 관외압이 관내압보다 커져서 관통이 안으로 쭈그러짐
내용물 변질	플랫사워(flat sour)	살균부족, 권체불량으로 살아남은 *Bacillus*속 균이 가스 발생 없이 산을 생성해 신맛이 형성
	흑변	육류 가열 시 단백질 중의 −SH기가 환원되어 발생된 황화수소가 관에서 용출되어 나온 Fe(철), Sn(주석)과 반응하여 황화철, 황화주석 등을 형성해 흑변 발생
	주석의 용출	식품 중의 유기산이나 염류에 의해 관이 부식되어 주석이 용출될 수 있음

※ 편저자 주 : 포장용기에 내용물을 넣는 것을 '충전'이라고 하는데, 업계에서는 '충진'이라는 표현을 자주 사용한다. 그러나 '충진'이 아니고 '충전'이 올바른 표기이다. 충전을 한문으로 표기하면 '充塡'인데, '塡'의 흙토변(土)을 제외하면 참 진(眞) 자로서 '전'이라고 읽어야 할 것을 '진'이라고 잘못 읽는 것에서 비롯됐다.

6. 산성통조림

6-1 산성통조림의 복숭아나 배를 가열할 시 붉은색이 나타나는 이유를 쓰시오.

[2013년 3회, 2014년 3회, 2016년 2회, 2020년 2회]

정답

복숭아나 배를 산성 조건에서 장시간 가열하면 무색의 류코안토시아닌(leucoanthocyanin)이 산화되어 시아니딘(cyanidin)으로 변하기 때문에 붉은색을 띤다.

해설

안토시아닌(anthocyanin)은 pH의 변화에 따라 산성(적색), 중성(자색), 알칼리성(청색)을 띤다.

7. 감귤

7-1 감귤 통조림 제조 시 발생되는 혼탁의 원인물질과 방지방법 2가지를 쓰시오. [2006년 1회]

정답

- 원인물질 : 헤스페리딘(hesperidin)과 펙틴(pectin)
- 방지방법
  ① 헤스페리딘의 함량이 적은 품종 선택
  ② 완숙 감귤 사용
  ③ 물로 감귤 세척
  ④ 내용물의 모양과 비타민 C 등을 파괴하지 않을 정도로 가열
  ⑤ 고농도의 당액 사용
  ⑥ CMC(카복시메틸셀룰로스) 첨가

해설

감귤 통조림 대신 밀감 통조림으로도 출제될 수 있으니 용어관계를 확실히 알아두도록 한다.
귤 vs 밀감 vs 감귤
귤이란 말뜻 자체가 중국에서 온 한자어이기 때문에 감귤이란 뜻을 한자로 알아봐야 한다. 감귤은 柑(귤 감)과 橘(귤 귤)자로 되어 있다. '감과 귤'이 아니라 '귤과 귤'인 것이다. 즉, 감귤은 '수많은 귤'을 의미하는데, 이렇게 된 이유는 귤이 개량 교배가 쉬운 식물이기 때문이다.
귤의 종류로 온주밀감, 한라봉, 칼라만시, 레몬, 오렌지, 자몽 등이 있는데, 이렇듯 귤의 종류가 다양하므로 '감귤류'라고 부르는 것이다. 그중에서 우리가 보통 귤이라고 부르는 것은 '온주밀감'이다. 여기서 밀감이란 '단귤'을 의미한다. 한자가 蜜(꿀 밀), 柑(귤 감)이기 때문이다. 여기까지 봤을 때, 감귤 > 귤 > 밀감 순으로 관계를 정리를 할 수 있다.

7-2 감귤 통조림 제조 시 속껍질을 제거하는 산박피법과 알칼리박피법의 방법을 다음의 항목에 맞게 채우시오.

[2009년 1회]

구분	산박피법	알칼리박피법
목표 성분	①	⑤
사용하는 용액	②	⑥
온도	③	⑦
시간	④	⑧

정답

- 산박피법
  ① 하얀 속껍질(= 알베도 = 귤락)
  ② 1~3% HCl 또는 H_2SO_4
  ③ 20~30℃
  ④ 1~2시간
- 알칼리박피법
  ⑤ 헤스페리딘과 펙틴
  ⑥ 1~3% NaOH
  ⑦ 90~95℃
  ⑧ 1~2분 담근 후 바로 수세

해설

위와 같은 약제법 외에 최근에는 효소법이 새롭게 개발되었다. 효소법은 종래의 약제법에 비하여 비교적 약한 강도로 처리되기 때문에 과실 본래의 신선한 맛을 유지시키면서 껍질을 벗기는 가공이 간단한 장점이 있다. 이 방법은 먹기도 편하고 맛도 변하지 않는 것을 추구하는 소비자들의 요구에 대응할 수 있는 가공법으로서 앞으로 더욱 보급이 확대될 것으로 예상된다.

8. 깐포도

8-1 깐포도 통조림 등의 캔 제조 시 과즙의 청량감을 높이기 위해서 설탕 용액의 액즙에 첨가하는 물질 2가지를 쓰시오.

[2010년 1회]

정답

구연산(citric acid), 비타민 C(ascorbic acid)

해설

식품첨가물공전에 따라 구연산과 비타민 C는 산도조절제로 사용할 수 있다. 산도조절제란 식품의 산도 또는 알칼리도를 조절하는 식품첨가물을 말하며, 식품 제조·가공 시 청량감과 부드럽고 상쾌한 신맛을 부여한다.

제5절 생산실무

1. 생산설비

1-1 전통적인 미생물 발효조에서는 교반과 통기가 필요한데, 발효조의 필수장치 3가지를 쓰시오.

[2005년 1회]

정답

① 공기분사장치(air sparger) : 발효조에 공기를 넣어주는 장치
② 교반기(impeller) : 주입된 공기를 고루 분산·혼합시키기 위한 장치
③ 방해판(baffle plate) : 배양액 교반 시 와류를 형성시켜 교반의 효과를 높이는 장치

해설

• 발효조(bioreactor) : 미생물을 공업적으로 이용하기 위해 대량으로 배양시킬 목적으로 사용되는 장치를 말하며, 발효조 제작 시 고려사항으로 장시간의 무균유지가 가능하고, 소비동력이 낮으며, 온도제어 및 pH 조절이 가능하고, 유지 보수 등이 용이해야 한다.

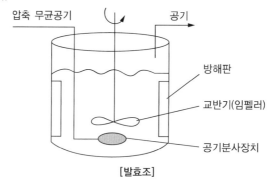

[발효조]

• 교반기 : 탱크 속에 임펠러(impeller)가 붙어 있는 회전축이 회전하면서 액체와 액체, 액체와 고체, 또는 분체 등을 혼합하는 장치이다. 임펠러는 교반기의 부속품(날개모양)이다.
• 발효조는 정답의 3가지 장치 외에도 온도제어 또한 중요하므로 냉각 및 가열장치 등이 필수장치이다. 그러나 문제에서 교반과 통기에 대한 필수장치를 요구하고 있음을 기억해야 한다.

1-2 다음은 분쇄기의 구조를 나타낸 그림이다. 그림 A, B, C, D의 명칭을 쓰시오. [2007년 2회]

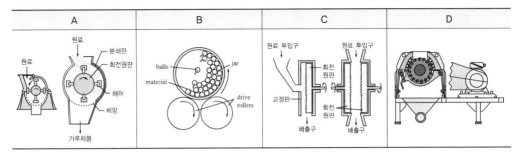

A	B	C	D

정답

- A : 해머 밀(hammer mill)
- B : 볼 밀(ball mill)
- C : 디스크 밀(disc mill)
- D : 커팅 밀(cutting mill)

해설

- 해머 밀 : 회전하는 원판의 바퀴에 여러 개의 해머가 있어 고속으로 회전하며 원료가 해머의 충격력으로 분쇄되는 충격형 분쇄기이다.
- 볼 밀 : 원통 안에 원료와 도자기 볼을 함께 넣고 회전시켜 도자기 볼에 의한 충격력과 전단력에 의해 분쇄하는 충격형 분쇄기이다.
- 디스크 밀 : 홈이 파인 두 개의 디스크(원판) 사이에 원료를 넣고 디스크 간격을 조절하며 회전시켜 마찰력과 전단력으로 분쇄하는 전단형 분쇄기이다.
- 커팅 밀 : 원료를 고속으로 회전하는 판 위에 넣고 고정된 커팅 날에 의해 분쇄하는 절단형 분쇄기이다.

1-3 식품분쇄기의 3대 원리(작용하는 힘)를 쓰시오. [2010년 2회, 2018년 3회]

정답

압축력, 전단력, 충격력

해설

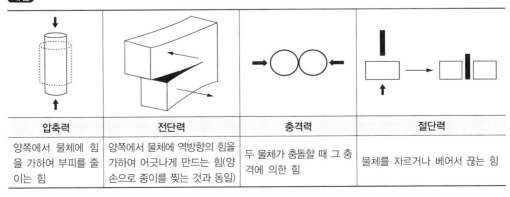

압축력	전단력	충격력	절단력
양쪽에서 물체에 힘을 가하여 부피를 줄이는 힘	양쪽에서 물체에 역방향의 힘을 가하여 어긋나게 만드는 힘(양손으로 종이를 찢는 것과 동일)	두 물체가 충돌할 때 그 충격에 의한 힘	물체를 자르거나 베어서 끊는 힘

1-4 식품제조공장 기계의 torque와 power의 차이점을 쓰시오. [2010년 2회]

정답

구분	Torque	Power
명명	토크(회전력 또는 돌림힘)	일률(마력 또는 출력)
정의	부품이 회전축을 중심으로 회전하려는 성질	기계를 움직이게 하거나 움직이는 기계를 정지하게 하는 힘의 총량
물리량	힘(N) × 거리(m) 부품에 가해지는 힘(N)과 그 힘을 전달하는 지렛대의 거리(m)	$\dfrac{\text{일의 양}}{\text{시간(초)}} = \text{힘} \times \dfrac{\text{거리}}{\text{시간}} = \text{힘} \times \text{속도}$ 또는 Torque(토크) × RPM(분당 회전수)
단위	N·m = kgf·m	kg·m/s, 마력(HP), 와트(W)

※ RPM : Revolutions Per Minute

해설

식품기계설비의 부속품 중에는 기계장치를 구동시키기 위해 회전하는 부품이 존재하는데, 이때 회전하는 부품에서 발생하는 회전력(Torque)과 식품기계설비 자체의 성능을 나타내는 힘의 출력(Power) 사이의 상관성을 묻는 문제이다.

체크 포인트 **토크와 파워**

- Torque(토크)는 식품기계설비의 부품이 회전축을 중심으로 회전하려는 순간(moment) 그 자체를 뜻한다. 다만, 그 순간에 회전하는 부품에 가해지는 힘(N)과 힘을 전달하는 지렛대의 길이(m)에 따라 회전력이 달라지는 것이므로 토크 자체를 힘이라고 볼 수는 없다.
- Power(일률)는 단순히 일(work)이 아니라 시간의 개념을 포함하기 때문에 1초에 행해진 일의 양을 뜻한다. 따라서 일의 단위는 줄(Joule)이지만, 일률의 단위는 마력(HP ; Horse Power)이나 와트(W)를 사용한다. 1마력은 약 735.5W이고, 1W는 초당 1줄(J)의 일을 하는 일률이므로 1마력은 약 735.5줄(J)의 일을 하는 일률을 뜻한다.

1-5 동결건조기에서 중요한 장치 3가지를 쓰시오. [2010년 3회]

정답

① 냉동장치
② 감압장치(진공장치)
③ 가열장치

해설

동결건조
- 식품을 동결시킨 후 물의 삼중점 이하로 압력을 낮추어 동결식품의 수분을 얼음상태에서 기체상태로 승화시켜 건조하는 방식을 말한다.
- 동결건조의 원리 : 동결(냉동) > 승화 > 건조

1-6 진공농축기를 구성하는 3요소를 쓰시오. [2019년 2회]

정답

① 진공장치(감압장치)
② 가열장치
③ 응축기

해설

진공농축
• 진공상태로 압력을 낮추면 끓는점이 낮아져 증발을 쉽게 하여 농축시간을 단축시키는 방식을 말한다.
• 진공농축의 원리 : 증발(진공 + 가열) > 증류

2. 허들기술

2-1 hurdle technology(combined technology)의 정의와 장점, 그리고 예를 2가지 쓰시오.

[2012년 2회, 2016년 3회]

2-2 식품 품질과 관련해서 허들 기술의 개념을 쓰시오. [2020년 2회]

정답

2-1, 2-2
• 정의 : 식품에 미생물이 생육할 수 없도록 물리적, 화학적 장애요인(hurdle)을 여러 개 조합하여 순차적으로 적용시켜 식품의 저장성을 향상시키는 기술
• 장점 : 식품의 물성 변화 최소화, 식품의 관능적 특성 감소 최소화, 영양소 파괴 최소화
• 예시 : 방사선 조사, 초고압(HPP) 처리

해설

허들의 종류

종류		장애요인
물리적 허들	가열	고온처리(가열, 데치기, 마이크로파, 옴 가열 등), 저온처리(냉장, 냉동)
	비가열	방사선 조사, 자외선(UV) 조사, 가스치환포장, 초고압(HPP) 처리 등
화학적 허들		수분활성도, pH, 산화환원전위, 식품첨가물(보존료·살균제), 천연항균물질 등 ※ 보존료 : 미생물에 의한 품질 저하를 방지하여 식품의 보존기간을 연장시키는 식품첨가물(데히드로초산나트륨, 소브산, 아질산나트륨, 안식향산, 프로피온산 등) ※ 살균제 : 식품 표면의 미생물을 단시간 내에 사멸시키는 작용을 하는 식품첨가물[과산화수소, 오존수, 이산화염소(수), 차아염소산나트륨 등]

제6절 포장실무

1. 건조포장

1-1 건조포장 시 산소 차단을 위한 포장방법 4가지를 쓰시오. [2005년 2회]

> **정답**

진공포장, 가스치환포장(MAP), 탈산소제포장, 질소충전포장

> **해설**

- 진공포장 : 가스 차단성이 우수한 포장재료로 포장한 후 공기를 제거하는 방법
- 가스치환포장(MAP) : 포장 내부의 공기를 다른 가스(질소, 이산화탄소)로 대체하는 방법
- 탈산소제포장 : 포장 내부에 탈산소제(산소흡수제)를 넣어 포장하는 방법
- 질소충전포장 : 포장 내부에 불활성기체인 질소가스를 주입하여 포장하는 방법

2. 냉동포장

2-1 편의점에서 판매하는 냉동식품은 전자레인지에 넣어 해동하는데, 이러한 냉동식품의 포장지 구비조건 4가지를 쓰시오. [2004년 1회]

2-2 냉동식품의 포장지 구비조건 4가지를 쓰시오. [2005년 1회, 2006년 3회]

2-3 냉동식품의 포장지 구비조건을 쓰시오. [2016년 3회]

> **정답**

2-1, 2-2, 2-3
- 방습성이 크고 유연성이 있어야 한다.
- 가스 및 수증기 차단성이 높아야 한다.
- 저온에서 경화되지 않아야 한다.
- 수축 포장 시 가열수축성이 있어야 한다.

> **해설**

보통의 합성수지제 포장재는 영하의 저온에서 약한 충격에도 쉽게 갈라지거나 찢어지는 등 파손되기 쉽다. 냉동식품은 영하에서 유통·보관되는 식품이므로 유통·보관 시 받을 수 있는 충격, 긁힘 등에 견딜 수 있는 PE(폴리에틸렌), PA(폴리아미드 = 나일론)로 구성된 다층포장재가 주로 사용된다.

3. 알루미늄포장

3-1 알루미늄박 식품포장재로 버터를 포장할 때 장점과 단점을 쓰시오. [2011년 3회]

> **정답**

- 장점 : 무독성이며 인쇄성, 가공성, 방습성, 경량성, 내기성(비통기성), 보존성, 열전도성, 단열성, 차광성, 위생성이 우수하다.
- 단점 : 금속재료이므로 전자레인지용 제품의 포장이 불가하고, 기계적 강도가 약하다.

> **해설**

- 연포장(flexible packaging)에 쓰이는 알루미늄은 금속 고유의 광택과 내식성, 가공성이 우수하여 알루미늄박과 종이, 필름 등과 접합하여 식품포장재, 약품포장재, 산업용포장재, 담배포장재 등에 널리 사용되고 있다.
- 알루미늄박을 이용한 대표적인 식품포장재 : 껌 내피, 초콜릿 내피, 캐러멜 내피 등

4. 합성수지포장

4-1 프탈레이트의 생성 기작과 사용 목적에 대해 쓰시오. [2010년 1회]

> **정답**

- 생성 기작 : 무수프탈산에 ether 또는 알코올과 ester 반응을 시켜 합성
- 사용 목적 : 폴리염화비닐(PVC)의 가소제로 플라스틱을 부드럽게 하기 위해 사용

> **해설**

- 폴리염화비닐(PVC ; Polyvinyl Chloride) : 식품 포장용 랩의 주요 성분
- 가소제 : 고온에서 성형·가공을 쉽게 해주는 첨가제
- 프탈레이트의 대표적인 물질
  - 디에틸헥실프탈레이트(DEHP) : 국내 농·축·수산물 등 식품 원재료에서 낮은 수준으로 검출
  - 디부틸프탈레이트(DBP) : 가공식품 중 조미김, 된장, 농산물 중 감 등에서 검출
  - 부틸벤질프탈레이트(BBP) : 가공식품 중 짜장소스, 어묵, 두유, 라면, 수산물 중 고등어, 축산물 중 달걀, 닭고기, 돼지고기, 쇠고기 등에서 검출
- 프탈레이트의 유해성 : 뇌 발달 저해, 생식기능 저하, 각종 피부와 내분비계 질환 유발 등

4-2 저밀도, 중밀도, 고밀도 폴리에틸렌 포장 특성에 대해 각각 쓰시오. [2006년 2회]

정답

- 저밀도 폴리에틸렌(LDPE ; Low Density Polyethylene) : 상온에서 투명한 고체이고 밀도가 0.910~0.925g/cm^{3}로 낮아 강도가 약하지만 유연성이 우수하기 때문에 가공이 쉽고 방수성, 보온성, 내약품성이 좋고 열수축성이 있다. 그러나 인장강도, 내유성, 인쇄적성은 나쁘다.
- 중밀도 폴리에틸렌(MDPE ; Medium Density Polyethylene) : 밀도가 0.926~0.940g/cm^{3}로 LDPE보다 강도가 단단하지만 투과성과 투명성은 떨어진다. 내열성은 10℃ 정도 향상되고 수분차단성과 내유성이 향상된다. 열접착 온도가 약간 상승한다.
- 고밀도 폴리에틸렌(HDPE ; High Density Polyethylene) : 불투명한 고체이고 선형의 분자구조를 가지며 밀도가 0.941~0.970g/cm^{3}로 높아 강도가 우수하고 내한성이 양호하며 내수성, 기계적성, 내화학성, 인장강도, 내열성이 우수하다. 그러나 유연성과 가공성 및 인쇄적성은 나쁘다.

해설

폴리에틸렌(PE ; Polyethylene)의 폴리(Poly-)는 '많다'라는 뜻을 가진 접두사이다. 이름과 같이 폴리에틸렌(PE)은 탄소 2개와 수소 4개로 이루어진 유기화합물인 에틸렌($CH_2=CH_2$)이 수천에서 수십만 개 모여 만들어진 기다란 탄화수소 사슬의 중합체로, 가장 간단한 형태의 고분자이다.

제7절 저장실무

1. CA저장

1-1 가스치환법에 사용되는 기체 2가지와 역할을 쓰시오. [2016년 2회]

정답

- 이산화탄소(CO_2) : 미생물의 생장 억제, 과・채류의 호흡 지연으로 숙도 조절
- 질소(N_2) : 산소농도를 조절하여 식품의 산화 방지, 식품의 색과 향 유지

해설

가스치환법을 이용한 저장을 CA(Controlled Atmosphere)저장이라고 한다. 즉, 저장고 내의 온습도 및 공기조성을 인위적으로 조절하여 농산물의 노화를 억제시켜 신선도를 유지하는 저장방법이다.

1-2 채소류 등은 수확 후에도 호흡작용을 한다. 이러한 농산물의 저장을 위한 저장방법 및 저장고 내 기체와 온도의 조절방법에 대해 쓰시오. [2018년 3회, 2022년 3회]

정답
- CA저장 : 저장고 내의 온습도 및 공기조성을 인위적으로 조절하여 농산물의 숙성을 지연시켜 신선도를 유지하는 저장방법
- 기체조절법 : 이산화탄소(CO_2)를 증가시켜 농산물의 호흡을 억제한다.
- 온도조절법 : 생리장해를 받지 않을 정도로 최대한 0℃에 맞춰 호흡을 억제한다.

해설
- 자연상태의 공기조성 : 질소(78%), 산소(21%), 기타(1%)
- CA저장고의 공기조성 : 농산물의 품목에 따라 최적 조건이 달라질 수 있지만 일반적으로는 질소(85~92%), 이산화탄소(5~8%), 산소(3~7%), 기타(1%)이다.
- 농산물 수확 후 호흡생리 : 농산물은 수확 후에도 호흡을 계속하는데, 일반적으로 호흡은 0℃보다 10℃에서 2~3배 상승하므로 호흡을 억제시키기 위해 0℃에 가까울수록 좋다.

2. 훈연

2-1 훈연의 저장성 원리를 연기의 식품저장 효과와 연관지어 설명하시오. [2005년 3회]

정답
훈연 시 발생하는 연기는 페놀류, 알코올, 카보닐, 유기산 등 약 200종 이상의 저분자 물질을 함유하고 있는데, 이 성분들이 지방의 산화 방지와 세균 증식을 억제시켜 저장성을 향상시킨다.

해설
- 훈연이란 목재를 불완전 연소시켜 발생하는 연기를 식품에 쐬는 과정을 말한다.
- 연기의 성질
  - 페놀류 : 항산화로 지방의 산화를 방지하고, 독특한 훈연향을 부여한다. 제품 속으로 침투하지 못해 표면 미생물의 발육을 억제시켜 방부성을 부여한다.
  - 알코올 : 다른 성분들을 제품 내부에 침투하도록 도와준다.
  - 카보닐 : 마이야르 반응을 일으켜 제품을 갈색화한다.
  - 유기산 : 방부성을 증가시키고 표면 단백질을 변성시켜 케이싱이 쉽게 벗겨지게 한다.

CHAPTER 04 식품공정공학

21% 출제비중

제1절 단위

1. mesh

1-1 체의 표준을 mesh라고 한다. 100mesh 체 1inch^{2}에서 체눈의 개수는 몇 개인지 쓰시오.

[2021년 1회]

정답

100개

해설

메시(mesh) : 입자의 크기를 나타내는 단위로 1inch^2(2.54cm × 2.54cm) 사이의 눈금 수를 말하며, 메시(mesh)의 값이 클수록 입자의 크기는 작다.

제2절 물성

1. 콜로이드

1-1 콜라겐 가열 시 변화되는 물질을 쓰고, 그 물질의 뜨거운 물과 찬물에서의 성분 변화를 쓰시오.

[2021년 1회]

정답

- 변화되는 물질 : 젤라틴
- 뜨거운 물에서 졸(sol), 찬물에서 겔(gel)

해설

- 콜라겐 : 동물의 몸속에 가장 많이 들어있는 섬유상의 단백질
- 콜로이드의 특성

졸(sol)	액체 내에 고체 입자가 분산되어 있는 것으로 된장국, 전분용액 등이 해당된다.
겔(gel)	졸을 가열 또는 냉각했을 때 고체 또는 반고체 상태의 일정한 형태를 갖춘 것으로 잼, 젤리, 묵, 삶은 달걀 등이 해당된다.
진용액/콜로이드/현탁액	식품 내에서 작은 단위로 쪼개져서 다른 연속된 물질 중에 흩어져 있는 것을 분산매, 분산물질이 분산 매개체에 흩어져 있는 상태를 분산액이라 한다. 용액 속에 분산되어 있는 입자의 크기에 따라 진용액, 콜로이드, 현탁액으로 분류한다. • 진용액 : 분산된 입자의 크기가 1nm 이하인 것 • 콜로이드 : 분산된 입자의 크기가 1nm~1,000nm(= $0.001\mu m$~$1\mu m$)인 것 • 현탁액 : 분산된 입자의 크기가 100nm 이상인 것

2. 레올로지

2-1 rheology의 특성 2가지와 성질을 설명하시오.

[2011년 3회]

정답

- 탄성(elasticity) : 어떤 물체가 외부의 힘에 의해 변형되고 그 힘이 제거될 때 본래의 상태로 되돌아가려는 성질
- 소성(plasticity) : 탄성과는 반대로 외부의 힘을 제거해도 본래의 상태로 되돌아가지 않는 성질

해설

- rheology : 물리적 변형과 유동성에 대해 다루는 학문으로서 외부의 힘에 대한 물리적 변형 및 흐름의 특징을 규명하고 그 정도를 정량적으로 표현하는 학문이다.
- rheology의 다른 특성
  - 점성(viscosity) : 물질의 흐름에 대한 저항을 나타내는 성질이며, 균일한 형태와 크기를 가진 단일물질로 구성된 뉴턴 유체의 흐르는 성질을 나타내는 말이다.
  - 점조성(consistency) : 점성과 마찬가지로 물질의 흐름에 대한 저항을 나타내는 성질이지만, 서로 다른 형태와 크기를 가진 복합물질로 구성된 비뉴턴 유체의 흐르는 성질을 나타내는 말이다.
  - 점탄성(viscoelasticity) : 외부의 힘에 의해 물체가 점성 유동과 탄성 변형을 동시에 나타내는 복잡한 성질

3. 뉴턴 유체와 비뉴턴 유체

3-1 통에 담긴 토마토케첩을 흔들어 한번 배출시킨 후에는 케첩이 그 전보다 수월하게 배출되는데, 이와 관련된 케첩 물성의 특성에 대해 쓰시오.   [2007년 2회]

정답

토마토케첩은 비뉴턴 유체로, 외부의 힘에 의해 응력이 발생하여 연속적인 구조의 파괴나 재배열이 일어나고 흐름에 대한 저항이 시간에 따라 점차 감소하는 thixotropic(요변성)의 성질을 갖는다.

해설

- 응력(stress) : 어떤 물체에 외부의 힘이 가해질 때 물체 내부에서 이에 저항하는 힘
- 전단응력(shear stress) : 어떤 물체의 면에 대해 크기는 같지만 방향은 반대가 되도록 면을 따라 평행하게 작용하는 힘
  - 예 두꺼운 책을 놓고 책 표지에 손바닥을 댄 다음 옆으로 밀었을 때 책의 옆면이 직사각형에서 평행사변형의 형태로 변형될 때 작용하는 응력을 전단응력이라고 함
- thixotropic(요변성, 搖變性) : 흔들면(搖 : 흔들 요) 겔이 졸로 변형되는 성질로, 흔든 후 멈추면 시간이 지남에 따라 다시 점도가 감소하는 유체를 말한다.
- 유체(fluid) : 표면적인 의미는 액체와 기체를 합쳐서 부르는 용어이지만, 물리학적인 의미로는 전단응력을 받았을 때 연속적으로 변형이 일어나는 물질을 뜻한다. 즉, 어떠한 물질이 '흐른다'라는 것은 외부에서 작용하는 힘에 의한 '변형'이 연속적으로 일어나는 과정이다.

3-2 뉴턴 유체에서의 전단속도(shear rate)와 점도와의 관계를 설명하시오.   [2008년 1회, 2023년 1회, 2023년 3회]

정답

뉴턴 유체는 뉴턴의 점성법칙을 따르는 유체로, 전단응력과 전단속도가 비례하고 전단속도의 크기와 관계없이 일정한 점도를 나타낸다.

해설

- 전단속도(shear rate) : 유동층 내에서의 단위 거리당 유속의 변화량을 뜻하며 전단율 또는 전단변형률이라고도 부른다.
- 점도(점성) : 유체의 흐름에 대한 저항을 뜻하며, 전단응력과 전단속도의 비로 나타낸다.
- 전단응력(shear stress) : 어떤 물체의 면에 대해 크기는 같지만 방향은 반대가 되도록 면을 따라 평행하게 작용하는 힘을 말한다.
- 뉴턴의 점성법칙 : 전단응력과 전단속도가 비례관계로, 전단속도의 기울기를 작게 하는 방향으로 전단응력이 작용하는 법칙을 말한다.

3-3 전단응력과 전단속도와의 관계로부터 뉴턴 유체와 시간독립성, 비뉴턴 유체의 유동속도 관계 그래프를 그리고, 이들의 특성에 대해 쓰시오.　　　　　　　　　　　　　　　　[2010년 3회]

3-4 뉴턴 유체와 비뉴턴 유체의 전단속도 · 전단응력 관계 유동곡선을 그리고, 뉴턴, dilatant, 의소성, bingham 식품의 예를 1가지씩 쓰시오.　　　　　　　　　　　　[2011년 3회]

3-5 뉴턴, 비뉴턴 유체의 특징과 식품 2가지를 쓰시오.　　　　　　　　　　　　[2016년 3회]

3-6 뉴턴 유체와 비뉴턴 유체를 비교하여 '힘과 유체의 특성(또는 전단응력과 전단속도 사이의 관계)'을 적고 각각에 해당하는 식품의 종류를 보기를 보고 각각 2가지씩 쓰시오.

[2022년 2회]

[보기]
물, 알코올류, 전분, 버터

정답

3-3, 3-4, 3-5, 3-6

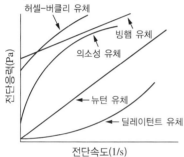

- 뉴턴 유체 : 뉴턴의 점성법칙을 따르고 외부의 힘에 관계없이 점성이 일정하며, 온도에 따라 점도가 달라지는 유체이다. 저절로 흘러가는 성질을 지니며 점도가 큰 유체일수록 점도에 의한 저항이 강하다. 즉, 전단응력과 전단속도가 비례하며 대표적인 식품으로는 물, 꿀, 술(알코올), 음료, 주스 등이 있다.
- 비뉴턴 유체 : 뉴턴의 점성법칙을 따르지 않고 외부의 힘에 따라 점성이 변하는 유체로, 저절로 흘러가지 않고 힘을 가해줘야 흘러가는 성질을 지닌다. 전단응력과 전단속도의 기울기가 비례하지 않고 힘이 가해지는 정도에 따라 점도가 커질 수도, 작아질 수도 있다. 대표적인 식품으로는 케첩, 전분용액, 버터, 크림, 마요네즈 등이 있다.

[비뉴턴 유체의 종류]

시간의존성 (시간에 따라 변화 있음)	thixotropic(요변성)	점도(↓), 전단속도(↑)	마요네즈
	rheopectic	점도(↑), 전단속도(↓)	크림
시간독립성 (시간에 따라 변화 없음)	pseudo plastic(의소성)	전단속도(↑) 일 때, 점도(↓), 농도(↓)	초콜릿, 농축유
	bingham plastic(가소성)	작은 전단응력에서 변형이 없음	케첩, 버터
	dilatant(팽창성)	전단속도(↑) 일 때, 점도(↑), 농도(↑)	전분용액, 땅콩버터

해설

- 요변성(搖變性) : 흔들면 겔이 졸로 변형되는 성질로, 흔든 후 멈추면 시간이 지남에 따라 다시 점도가 감소하는 유체를 말한다.
- 레오펙틱 : 요변성과 반대로 점도가 시간이 지남에 따라 증가하는 유체를 말한다.
- 의소성 : 유사가소성을 뜻하며 팽창성 유체와 반대의 성질을 갖는다.
- 모든 뉴턴 유체와 대부분의 비뉴턴 유체는 시간독립성을 갖는다.

3-7 다음 뉴턴 유체와 비뉴턴 유체의 설명 중 틀린 것을 찾아 적고 이유를 쓰시오. [2020년 1회]

> ① 뉴턴 유체는 물, 청량음료, 식용유 등이 있다.
> ② 빙햄(bingham) 유체는 케첩, 마요네즈 등이 있다.
> ③ 요변성 유체는 전단속도가 증가함에 따라 겉보기 점도가 감소하는 유체이다.
> ④ 딜레이턴트(dilatant) 유체는 고농도 전분 현탁액이 있다.
> ⑤ 물, 알코올, 주스 등의 뉴턴 유체는 전단응력과 전단속도가 반비례한다.

정답

⑤, 뉴턴 유체는 전단응력과 전단속도가 비례한다.

해설

뉴턴 유체
- 온도와 압력이 일정하게 유지되는 조건에서는 다음과 같은 특징이 있다.
  - 전단응력과 전단속도의 비가 정비례하는 물질
  - 유체에 외부의 힘(전단응력)이 가해지는 동안 유체의 흐름(전단속도)이 지속되는 물질
  - 전단속도의 변화와 관계없이 항상 일정한 점도를 가지는 물질
  - 단일물질 또는 단순한 조성을 가진 물질, 저분자 유체, 묽은 유체가 대표적인 물질
- 뉴턴 유체의 물질 : 물, 알코올, 유기용매, 설탕시럽, 젤라틴용액, 미네랄오일 등

3-8 허쉘 버클리 식 $\sigma = kr^n + \sigma_0$에서 전단응력(σ), 전단속도(r), 유동지수(n), 항복응력(σ_0)일 때 뉴턴 유체, 딜레이턴트 유체, 빙햄 유체, 슈도플라스틱 유체의 유동지수(n)와 항복응력(σ_0)에 대하여 범위로 설명하시오. (단, $n = 1$, $\sigma_0 < 0$로 표현하시오.) [2020년 4·5회, 2023년 2회]

정답

- 뉴턴 유체 : $n = 1$, $\sigma_0 = 0$
- 딜레이턴트 유체 : $n > 1$, $\sigma_0 = 0$
- 빙햄 유체 : $n = 1$, $\sigma_0 > 0$
- 슈도플라스틱 유체 : $0 < n < 1$, $\sigma_0 = 0$

해설

- 항복응력 : 물체가 외부로부터 힘을 받으면 어느 시점까지는 힘에 비례하여 응력이 증가하고, 힘을 제거하면 응력은 감소하여 변형 전 초기 형상으로 되돌아간다. 그러나 힘의 크기가 어느 값을 초과하게 되면 힘을 제거해도 물체는 초기 형상으로 복원되지 못하고 어느 정도 크기의 영구적인 변형을 유지하게 되는데, 이 시점을 항복응력이라고 한다.
- 딜레이턴트 유체(팽창성), 빙햄 유체(가소성), 슈도플라스틱 유체(가소성)는 모두 비뉴턴 유체이다.

4. 유체(항복)

4-1 시럽의 두께를 결정하는 식품물성치의 특성을 쓰시오. [2004년 1회]

정답

시럽을 위에서 아래로 흘렸을 때 항복응력이 작용하는 지점에서 시럽의 흐름이 중단되고 피막두께가 결정된다.

해설

항복응력(yield stress) : 물체가 외부로부터 힘을 받으면 어느 시점까지는 힘에 비례하여 응력이 증가하고, 힘을 제거하면 응력은 감소하여 변형 전 초기 형상으로 되돌아간다. 그러나 힘의 크기가 어느 값을 초과하게 되면 힘을 제거해도 물체는 초기 형상으로 복원되지 못하고 어느 정도 크기의 영구적인 변형을 유지하게 되는데, 이 시점을 항복응력이라고 한다.

5. 유체(레이놀즈 수)

5-1 다음 괄호 속 빈칸을 채우시오. [2008년 2회, 2012년 1회, 2012년 2회, 2021년 2회]

> 레이놀즈 수 관속을 흐르는 유체는 원형 직선관에서 레이놀즈 수가 (①) 이하이면 층류, (②) 이상이면 난류이다.

정답

① 2,100
② 4,000

해설

• 레이놀즈 수(Reynold's Number) : '관성에 의한 힘과 점성에 의한 힘의 비'로 정의한다.
• 층류 : 점성력이 지배적인 유동이므로 레이놀즈 수가 낮다.
• 난류 : 관성력이 지배적인 유동이므로 레이놀즈 수가 높으며 와류와 같이 불규칙한 유동 특성을 갖는다.

5-2 레이놀즈 수가 난류일 때 관의 지름, 관의 유속, 점도, 밀도를 설명하시오.

[2015년 1회, 2022년 3회]

정답

① 관의 지름이 클수록, ② 관의 유속이 빠를수록, ③ 유체의 점도가 낮을수록, ④ 유체의 밀도가 높을수록 유체의 흐름, 즉 유동은 불안정해지며 난류가 된다.

해설

$$R_e = \frac{D \times V \times \rho}{\mu} = \frac{\text{관성력}}{\text{점성력}}$$

R_e : 레이놀즈 수, D : 관의 지름, V : 관의 유속, ρ : 유체의 밀도, μ : 유체의 점도

6. 초임계유체

6-1 초임계유체를 공업적으로 이용할 때의 특징에 대해 쓰시오. [2006년 2회]

정답

- 높은 용해성
- 빠른 침투성
- 빠른 물질 이동
- 빠른 열 이동

해설

- 초임계유체(SCF ; Supercritical Fluid) : 임계온도 및 임계압력 이상의 조건을 갖는 상태에 있는 물질로, 기체와 액체의 중간 정도의 물성을 가지는 유체를 말한다.
- 초임계유체기술은 분리·정제기술, 반응기술, 재료기술 등 여러 분야에 널리 이용되고 있고 식품공업에서는 식용유지 추출공정에 쓰이고 있다.

6-2 초임계유체가 추출분리법보다 좋은 이유 2가지를 쓰시오. [2020년 1회]

정답

① 친환경적
② 에너지 절감
③ 고효율성
④ 물질의 변성 최소화
⑤ 잔류용매가 없음

해설

식물성 식용유의 생산방식

- 압착식 : 강한 압력으로 눌러 짜내는 방식으로 수율이 낮지만 용매를 사용하지 않는다.
- 용매추출식 : 유기용매(노르말 헥산)를 사용하여 식용유를 생산하는 방법으로, 압착식보다 수율을 높여 생산량을 높이고 저렴한 가격의 식용유를 공급할 수 있도록 개발된 방법이다.

체크 포인트   **압착식, 용매추출식의 수율 차이**

콩으로 식용유를 만들 때 압착식으로 채유하면 콩 4.64kg당 25mL를 얻을 수 있지만, 노르말 헥산을 이용한 용매추출식으로 채유하면 콩 100g당 18mL를 얻을 수 있어 매우 경제적이다. 또한 노르말 헥산은 150℃에서 휘발되어 잔류하지 않는다.

※ 노르말 헥산(n-hexane) : 무색의 투명한 액체로 휘발유 냄새가 나며 강산성을 갖는 고인화성 유기용제이며 식품첨가물공전에 추출용제로 등록되어 있다.

7. 텍스처(texture)

7-1 texture(텍스처)의 정의, 반고체 식품의 texture를 구성하는 1·2차 기계적 특성을 쓰시오.

[2010년 1회]

7-2 텍스처(texture)의 정의를 쓰고, 반고체상 물질의 1차 기계적 특징과 2차 기계적 특징에 해당하는 것을 보기에서 골라 쓰시오.

[2022년 3회]

> **[보기]**
> 경도, 파쇄성

정답

7-1, 7-2
- 정의 : 관능적 품질요소로, 음식을 먹을 때 입안에서 느껴지는 감촉(조직감)
- 1차 기계적 특성 : 견고성(경도), 응집성, 점성, 탄성, 점착성(부착성)
- 2차 기계적 특성 : 파쇄성, 씹힘성, 뭉침성

해설

분류	조직감 요소	일반적 표현
1차 기계적 특성	견고성(hardness)	무르다(soft), 굳다(firm), 단단하다(hard)
	응집성(cohesiveness)	직접 감지하기 어렵고, 2차적 요소인 파쇄성, 씹힘성, 뭉침성으로 나타난다.
	점성(viscosity)	묽다(thin), 진하다(thick), 되다(viscous)
	탄성(springiness)	탄력이 없다(plastic), 탄력이 있다(elastic)
	점착성(adhesiveness)	미끈거리다(sticky), 진득거리다(tacky), 끈적거리다(gooey)
2차 기계적 특성 (응집성)	파쇄성(brittleness)	부스러지다(crumbly), 깨어지다(brittle)
	씹힘성(chewiness)	연하다(tender), 졸깃졸깃하다(chewy), 질기다(tough)
	뭉침성(gumminess)	파삭파삭하다(short), 거칠다(mealy), 풀같다(pasty), 고무질이다(gummy)

7-3 텍스처의 1차적 특징인 경도, 응집성, 탄력성, 부착성의 의미를 쓰시오.

[2016년 3회, 2020년 4·5회]

정답

- 경도 : 어떤 물질을 변형시킬 때 필요한 힘의 크기
- 응집성 : 어떤 물질을 형성하는 내부 결합력의 크기로 직접 감지하기 어려우며, 2차적 요소인 파쇄성, 씹힘성, 뭉침성으로 나타난다.
- 탄력성 : 물체가 주어진 힘에 의해 변형되었다가 그 힘이 제거될 때 다시 복귀하는 정도
- 부착성 : 식품의 표면이 접촉 부위에 달라붙는 힘을 제거하는 데 필요한 힘

제3절 열전달

1. 열축적과 온도분포

1-1 열전달 여부에 따른 열축적과 온도분포에 대해 설명하시오. [2016년 1회]

정답
- 열전달이 있는 경우 : 열축적이 잘되지 않고 온도분포가 고르다.
- 열전달이 없는 경우 : 열축적과 온도분포의 편차가 크다.

해설
열전달(heat transfer) : 온도 차이에 의해 열이 전달되는 현상을 예측하는 것으로 열의 전달량뿐만 아니라 열의 시간당 전달률을 예측할 수 있다.

제4절 가열살균

1. D값, z값, F값

1-1 식품의 살균을 나타내는 값 중 D값의 의미를 쓰시오. [2008년 1회, 2015년 2회, 2019년 1회]

정답
특정 온도에서 가열처리하였을 때 살아 있는 미생물 또는 포자의 수를 초기 대비 90% 감소시키는 데 필요한 시간(분)

해설
D값(decimal reduction time) : 특정 온도에서 가열처리하였을 때 살아 있는 미생물 또는 포자의 수를 초기 대비 90% 감소시키는 데 필요한 시간(분)

$$\frac{N}{N_0} = 10^{-\frac{t}{D}}$$

여기서, N : 특정 온도에서 일정 시간(t)만큼 가열한 후 살아 있는 미생물의 수
N_0 : 가열 전 살아 있는 미생물의 수

1-2 $D_{150} = 3$, $z = 5$의 의미에 대해 쓰시오.

정답

- $D_{150} = 3$은 150℃에서 미생물을 90% 살균하는 데 필요한 시간이 3분이라는 뜻이다.
- $z = 5$는 $D_{150} = 3$에서 150℃를 기준으로 5℃($z = 5$)만큼 증감하면 살균하는 데 필요한 시간이 10배씩 증감한다는 뜻이다.

[예시]

열처리 동등성 조건			
$D_{150} = 3$	$z = 5$ 적용 시 10배씩 온도 증감		
150℃에서 3분 소요	$z = 5$ 증가	155℃에서 0.3분 소요	160℃에서 0.03분 소요
	$z = 5$ 감소	145℃에서 30분 소요	140℃에서 300분 소요

※ 살균온도가 낮을수록 살균시간이 오래 걸린다.

해설

- D값(분) : 일정 온도로 가열했을 때 생균수를 90% 감소시키는 데 필요한 시간
- z값(℃) : D값이 1/10 또는 10배가 되는 데 필요한 온도 차이

2. 살균의 종류

2-1 식품의 저온살균, 고온살균, 상업적 살균의 방법과 특징을 쓰시오.

정답

- 저온살균 : 100℃ 이하에서 열처리, 병원성 미생물 사멸
- 고온살균 : 100℃ 이상에서 열처리, 포자를 형성하는 미생물까지 사멸
- 상업적 살균 : 소비자의 건강을 해치지 않을 정도로 부패균 및 식중독균만 사멸

해설

상업적 살균은 살아 있는 미생물을 완전히 사멸시키는 것이 아니라 식품이 정상적인 유통 및 저장조건에서 변질되지 않도록 소비자의 건강에 위해를 끼치지 않을 정도로 가열처리하는 것을 말한다. 이를 단지 상업적 살균이라고 부를 뿐 저온살균이나 고온살균처럼 살균방법의 하나로 보기는 어렵지만, 처리조건은 대부분 저온살균과 유사하다.

3. 데치기

3-1 가열·냉동은 식품을 오래 저장하려는 것으로 냉동식품(채소류)의 경우 blanching을 하는 이유를 쓰시오. [2004년 1회]

3-2 냉동식품(채소류)을 냉동 저장하려고 하는데 blanching을 하면 좋은 점에 대해 서술하시오. [2009년 2회]

3-3 채소 및 과실을 가공할 때 열처리(blanching)를 하는 목적을 3가지 쓰시오. [2018년 1회]

정답

3-1, 3-2, 3-3
- 조직의 연화(부드러움) 혹은 경화(질김)
- 살균효과
- 효소 파괴로 갈변 억제
- 부피 감소
- 선명한 색깔 유지

해설

blanching(데치기)은 채소 등을 끓는 물에 잠깐 넣어서 표면을 가볍게 익혀내는 가공방법이다.

제5절 비가열살균

1. 비가열살균

1-1 열을 사용하지 않는 식품 살균방법(비가열살균법)의 장점과 그 예를 2가지만 쓰시오.

[2008년 1회]

1-2 비가열살균법 3가지를 쓰시오. [2021년 1회]

정답

1-1, 1-2
- 장점 : 맛과 영양소 및 향기성분 손실 방지, 열에너지 절약 등으로 품질향상 및 원가절감
- 예시 : 자외선살균법, 방사선조사법, 초고압살균(HPP ; High Pressure Processing)

해설

비가열살균법은 말 그대로 식품에 열을 가하지 않는 살균방식을 말한다.
- 자외선살균법 : 자외선(UV)의 짧은 파장으로 미생물을 살균한다.
- 방사선조사법 : 식품에 방사선을 조사하여 미생물을 살균한다.
- 초고압살균법(HPP) : 6,000바(bar, 기압) 정도의 높은 압력을 이용해 미생물을 살균한다.
- 기타 비가열살균법 : 약제살균, 플라스마살균, 초임계살균, 막 분리에 의한 미생물제어 등

2. 자외선 살균

2-1 자외선 살균 시 조사시간이 긴 순서대로 쓰시오. [2012년 2회, 2018년 2회]

정답

곰팡이, 효모, 세균

해설

자외선 살균

- 자외선(UV)은 세포 내 유전정보를 담고 있는 핵산의 주요 구성성분인 아데닌(A), 구아닌(G), 사이토신(C), 티민(T)의 4가지 염기성분 간의 수소결합(T-A 또는 C-G 결합)을 손상시킴으로써 살균효과를 나타낸다. → 세포에 UV를 조사하면 4종의 염기 중 티민(T) 분자구조가 집중적으로 파괴되며, 아데닌(A)과 연결이 끊어진 티민(T)은 이웃한 티민과 T-T 이중체(dimer)를 형성하여 복제능력이 상실됨에 따라 미생물의 사멸이 유도된다.
- 미생물 99.99% 사멸에 필요한 UV 조사량은 조류($1,000mJ/cm^2$), 진균류인 효모($130mJ/cm^2$), 세균($2\sim25mJ/cm^2$), 바이러스($0\sim100mJ/cm^2$) 등으로 균종마다 상이하다.

2-2 자외선으로 살균 시 조사시간이 짧은 순서대로 쓰시오. [2015년 3회, 2020년 4·5회, 2021년 2회]

정답

세균, 효모, 곰팡이

해설

2-1 해설 참고

3. 마이크로웨이브

3-1 구형식품을 microwave로 가열 시 a, b, c 지점에서 온도의 분포와 그 이유를 쓰시오.

[2005년 1회]

- a 지점 : 정중앙
- b 지점 : 정중앙과 표면 사이
- c 지점 : 표면

정답

- 온도 분포 : a > b > c 순으로 온도가 상승한다.
- 이유 : 마이크로파를 구형식품에 쪼이면 물 분자가 마이크로파를 흡수하여 격렬한 회전운동을 하면서 온도를 상승시키는데, 수분이 많이 포함된 안쪽 부분이 먼저 뜨거워지고 그 열이 바깥으로 전도되기 때문에 표면의 온도가 안쪽보다 낮다.

해설

microwave의 원리

microwave(전자레인지)의 마이크로파는 1mm에서 1m까지의 파장을 지닌 전자기파로 파장이 라디오파보다 짧고 적외선보다 긴데, 파장은 약 12cm이고 1초 동안 약 24억 5천만 회 진동한다. 이런 마이크로파를 만난 식품 속 물 분자의 양전하를 띤 산소 원자와 음전하를 띤 수소 원자가 전기장 방향으로 나란히 움직인다. 그런데 마이크로파는 진동하면서 전기장의 크기와 방향이 변하므로 진동에 따라 각각 물 분자가 반대 방향의 힘을 받아 회전하게 된다. 이에 따라 이웃한 물 분자들과 서로 밀고 당기며 충돌하는 운동이 활발하게 일어난다. 따라서 물 분자의 운동에너지가 열에너지로 변하게 되고, 결국 식품의 온도가 상승하게 된다.

제6절 냉동

1. 급속동결과 완만동결

1-1 다음 그림을 보고 어떤 빙결정이 생기는지 쓰시오. [2004년 2회, 2020년 2회]

1-2 다음 얼음결정 그림을 보고 어느 것이 급속동결인지 완만동결인지 쓰시오.

[2016년 2회, 2023년 3회]

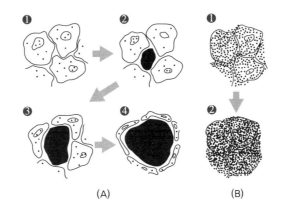

(A)　　　　　　　(B)

[정답]

1-1, 1-2
- (A) : 완만동결 → 세포 속의 빙결정 크기가 큼
- (B) : 급속동결 → 세포 속의 빙결정 크기가 작고 고루 분산

[해설]

- 완만동결은 식품을 −18℃ 이하의 냉동창고에 넣고 서서히 동결시키는 방법
- 급속동결은 식품을 −40℃ 이하의 급속동결기에 넣고 단시간에 급속히 동결시키는 방법

1-3 급속동결과 완만동결의 차이를 쓰시오. [2004년 3회]

1-4 다음 그림을 보고 급속동결과 완만동결의 차이점(빙결정 통과시간, 결정의 크기, 세포파괴 유무)을 설명하시오. [2013년 3회]

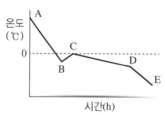

A : 급속동결 B : 완만동결 C : 최대빙결정생성대

정답

1-3, 1-4

구분	빙결정 통과시간	결정의 크기	세포파괴 유무
급속동결	짧음(35분 이내)	작고 균일하게 분포	적거나 없음
완만동결	긺(35분 이상)	크고 불규칙함	있음(drip 발생)

해설

최대빙결정생성대 : 냉동저장 중 빙결정(얼음결정)이 가장 크고 많이 생성되는 온도구간(-1~-5℃)

1-5 냉동속도와 식품품질의 관계를 적으시오. [2020년 3회]

정답

• 급속동결 : 세포 속의 빙결정 크기가 작고 고루 분산 → drip의 양이 적어 식품품질에 영향이 낮음
• 완만동결 : 세포 속의 빙결정 크기가 큼 → drip의 양이 많아 식품품질을 저하

1-6 식품의 냉동곡선을 그리시오. [2006년 1회]

1-7 식육을 냉동할 때 나타나는 빙결정 성장의 모식도를 그리시오. [2010년 1회]

정답

1-6

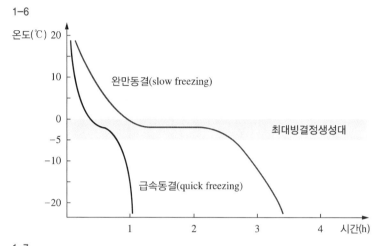

1-7

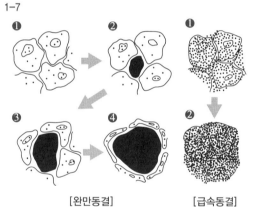

[완만동결]　　　[급속동결]

해설

완만동결은 얼음결정이 커지는 구간(-1~-5℃ 사이)인 최대빙결정생성대에서 머무는 시간이 급속동결보다 길어 식품 속 얼음결정이 커져 세포조직을 압박하고 손상시킨다.

※ 편저자 주 : 1-6과 1-7은 서로 연관성이 있으므로 함께 공부하는 것이 좋다.

2. 냉동화상

2-1 냉동화상(freeze burn) 시 식품 표면에 다공질 형태의 건조층이 생기는 이유를 쓰시오.

[2021년 1회]

> **정답**
>
> 동결식품의 표면이 공기와 접촉하면 얼음이 승화하고 점차 내부로 확산되기 때문이다.

> **해설**
>
> 냉동화상(freeze burn)이란 식품 표면 수분의 승화로 표면이 다공질이 되어 공기와의 접촉면이 커짐에 따라 유지의 산화, 단백질의 변성, 풍미의 서하 등을 일으키는 변화를 말한다.

3. 드립(drip)

3-1 시간에 따라 흘러나오는 drip 양의 그래프를 제시하고, 정상육의 동결방법 2가지와 drip 양에 차이가 생기는 이유를 쓰시오.

[2004년 1회]

> **정답**
>
> • 시간-drip의 그래프

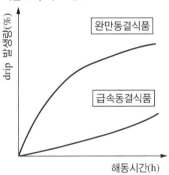

> • 정상육의 동결방법
>   - 급속동결 : 동결 시 최대빙결정생성대 통과시간을 35분 이내로 빠르게 동결시킨 방법
>   - 완만동결 : 동결 시 최대빙결정생성대 통과시간을 35분 이상으로 완만하게 동결시킨 방법
> • drip 양의 차이 이유 : 동결 시 최대빙결정생성대에 머무는 시간에 따라 얼음의 결정 크기가 다르고 이에 따라 식품 속 세포벽을 파괴했는지 여부와 그 정도에 따라 drip의 양이 결정되기 때문이다.

> **해설**
>
> • drip(드립) : 냉동육이 해동하면서 내부의 빙결정이 녹아서 물로 변할 때 육세포에 흡수되지 못하고 흘러나가는 물을 말한다.
> • 완만동결은 얼음결정이 커지는 구간(-1~-5℃ 사이)인 최대빙결정생성대에서 머무는 시간이 급속동결보다 길어 식품 속 얼음결정이 커져 세포조직을 압박하고 손상시킨다.

3-2 drip 발생 원인과 영향을 미치는 요인을 쓰시오.

[2004년 3회]

정답

- 원인 : 식품 속 세포조직의 물리적 손상
- 영향을 미치는 요인
  - 보수성 저하
  - 상품의 중량 감소
  - 냉동화상(freeze burn) 발생 → 공기에 의해 산화되어 산패 유발
  - 풍미 저하와 영양성분 손실로 상품가치 저하

해설

drip 발생과정 : 식품 동결 시 최대빙결정생성대(−1~−5℃)를 통과하는 시간이 길어질수록 얼음의 결정 크기가 커져 식품 속 세포조직을 압박하고 손상시킨 채로 동결되는데, 다시 해동하면 빙결정이 녹고 손상된 세포조직에서 수분이 나와 세포조직으로 다시 흡수되지 못하면서 발생한다.

4. 동결속도

4-1 지육의 온도가 20℃이고, 자연대류상태인 냉각실의 온도가 −20℃라고 가정한다. 이때 동결속도를 측정한 후 지육의 온도 −20℃일 때 자연대류상태인 해동실(20℃)에서 해동시켜 해동속도를 측정하였더니 동결속도보다 상당히 느리다는 것을 알 수 있었다. 동일한 외부환경조건에서도 동결속도와 해동속도가 다른 이유를 쓰시오.

[2009년 2회]

정답

해동을 위해 가해진 열의 대부분이 냉동지육 내부의 빙결정을 녹이는 융해잠열로 사용되므로 냉동지육의 품온 상승에 필요한 열량은 상대적으로 적어지기 때문이다.

해설

- 잠열 : 물질의 상태를 변화시키는 데 필요한 열
- 융해잠열 : 얼음이 물로 변화하는 것처럼 고체가 액체로 변화하는 데 필요한 열

4-2 지육의 온도가 20℃이고, 자연대류상태인 냉각실의 온도가 −20℃라고 가정한다. 이때 동결속도를 측정한 후 지육의 온도가 −20℃일 때 자연대류상태의 해동실(20℃)에서 해동시켜 해동속도를 측정하였다. 다음 ①의 설명 중 옳은 것에 "O" 표시를 하고, 그 이유를 물과 얼음의 열적 성질 2가지를 들어서 설명하시오.   [2023년 2회]

---

① 동결속도가 해동속도보다 (빠르다, 느리다)
② 이유 :

정답

① 동결속도가 해동속도보다 (빠르다) 느리다)
② 이유 : 동결(냉동)은 열전달 매개체가 얼음이고, 해동은 열전달 매개체가 물인데, 얼음이 물보다 열전도도와 열확산도가 더 빠르기 때문이다.

4-3 해동속도와 냉동속도는 일치하지 않는다. 속도를 비교하고, 물과 얼음으로 그 이유를 설명하시오. (단, 열전도도, 열확산도를 포함)   [2013년 1회]

4-4 동결속도와 해동속도가 차이 나는 이유를 물과 얼음에 근거하여 설명하시오.   [2019년 3회]

정답

4-3, 4-4
냉동은 열전달 매개체가 얼음이고, 해동은 열전달 매개체가 물인데, 얼음이 물보다 열전도도와 열확산도가 더 빠르므로 냉동속도가 해동속도보다 빠르다.

해설

• 열전도도 : 물체가 열을 전달하는 능력의 척도(공식 : 열확산도 × 밀도 × 비열)
• 열확산도 : 온도의 차이를 추진력으로 하여 열이 이동하는 속도(단위 : m²/s)

제7절 건조

1. 증발 원리

1-1 보기 중 열을 가해서 물의 증발 원리를 이용한 (A) 방법이 미생물과 효소에 끼치는 영향과 이 방법에 의해 식품의 저장성이 향상된 이유를 쓰시오. [2021년 3회]

> [보기]
> 건조, 냉동, 한외여과, 역삼투 등

정답

- A : 건조
- 이유 : 건조는 수분을 증발시켜 수분함량을 낮추므로 미생물에 의한 변질과 효소에 의한 산화 및 갈변을 방지하기 때문에 저장성이 향상된다.

해설

- 한외여과(UF ; Ultrafiltration membrane) : 필터의 기공은 $0.001 \sim 0.1 \mu$m로, 콜로이드 물질을 여과
- 역삼투(RO ; Reverse Osmosis membrane) : 필터의 기공은 $0.0001 \sim 0.001 \mu$m로, 이온 물질을 여과, 즉 한외여과와 역삼투는 분자 수준의 막 분리 여과이며, 압력차를 이용해서 이동한다.

2. 표면경화

2-1 표면경화에 대해 쓰시오. [2011년 1회]

2-2 표면경화 현상의 이유와 특징 그리고 잘 일어나는 식품은 무엇인지 쓰시오. [2015년 2회]

정답

2-1, 2-2

- 정의 : 식품 건조 시 표면에 단단한 막이 생겨 건조속도가 감소하는 현상이다.
- 원인 : 식품의 두께가 두껍고 수분의 내부 확산이 느린 식품을 급격히 건조시켜서 발생한다.
- 이유 : 내부에서 외부로 확산하는 수분량보다 더 많은 수분이 표면 증발되어 막을 형성하여 수분 확산을 방해하게 되고 표면만 지나치게 건조되기 때문이다.
- 장점 : 표면의 막이 물 분자만 통과시키므로 식품의 영양성분과 향기성분 등이 보존된다.
- 단점 : 건조속도를 저하시켜 건조시간이 길어지고 건조효과가 떨어져 저장성에 영향을 준다.
- 표면경화가 잘 일어나는 식품 : 수용성의 당이나 단백질을 많이 함유한 식품

해설

표면경화의 장단점을 특징으로 쓰면 된다.

3. 상압법과 감압법

3-1 건조, 농축 등에 감압법을 이용하는데, 감압법이 상압법보다 좋은 이유 2가지와 감압하는 방법 2가지를 쓰시오.

[2005년 2회]

정답

- 감압법이 상압법보다 좋은 이유
  ① 건조속도가 빨라 제품의 풍미 유지
  ② 산화반응 최소화로 품질 향상
- 감압법 : 상온감압건조, 진공동결건조

해설

감압건조(진공건조)

- 원리 : 압력을 낮추면 물의 끓는점이 낮아져 낮은 온도에서 수분 증발이 일어나는 것을 이용한 것으로, 일반적으로 물이 증발되려면 끓는점이 100℃가 되어야 한다.
- 종류
  - 상온감압건조 : 100℃ 이하의 낮은 온도에서 제품의 수분을 증발시켜 건조하는 방법
  - 진공동결건조 : 제품을 동결시킨 후 진공상태에서 얼음결정을 승화시켜 건조하는 방법

4. 열풍건조

4-1 열풍건조 시 공기변화에 대해 쓰시오.

[2012년 2회]

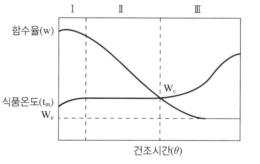

[건조시간과 식품온도에 따른 함수율]

정답

- 조절기간 : 공기(열풍)가 식품의 품온을 상승시킨다(현열).
- 항률건조기간 : 공기(열풍)가 식품 속 수분을 흡수하여 습한 공기가 되며, 식품 속 수분의 내부확산량과 표면증발량을 동일하게 만들어 식품의 온도와 건조속도가 일정하게 된다(잠열).
- 감률건조기간 : 공기(열풍)가 식품의 수분을 제거하여 건조를 완성시키며, 동시에 식품의 품온도 상승시킨다.

해설

- 현열(감열) : 물질의 상태변화 없이 온도를 변화시키는 데 필요한 열량
- 잠열(숨은열) : 물질의 상태변화는 있고 온도변화가 없을 때 필요한 열량
- 평형함수율(W_e) : 더 이상 건조가 안 됨
- 임계함수율(W_c) : 항률건조기간에서 감률건조기간으로 전환되는 시점

5. 분무건조

5-1 병류식과 향류식 건조방법의 특징과 차이점을 쓰시오. [2005년 3회]

5-2 분무건조법에서 병류식과 향류식은 기액접촉방식이 다르다. 각각의 방식에 대해 쓰시오.

[2015년 2회]

정답

5-1, 5-2

종류	특징(방식)	차이점(효과)
병류식	분무액체입자와 열풍이 같은 방향으로 이동	초기 건조속도(↑), 건조효율(↓)
향류식	분무액체입자와 열풍이 반대 방향으로 이동	초기 건조속도(↓), 건조효율(↑)

해설

- 분무건조법 : 액체식품을 분사노즐(atomizer)을 통해 안개처럼 분사해서 열풍으로 건조시키는 방법으로 분유, 커피, 우유, 인스턴트식품 등의 식품건조에 쓰인다.
- 병류식과 향류식 분무건조기
  - 병류식 : 열에 민감한 물질의 건조에 쓰인다. 입구기체 온도가 800℃ 이상이 되더라도 배출기체와 건조물의 온도는 90~120℃ 정도가 되기 때문이다.
  - 향류식 : 겉보기밀도가 큰 건조물을 얻을 수 있고, 건조된 입자 내의 기공률은 작다.
    ※ 겉보기밀도 : 용기 중에 분체(가루덩어리)를 눌러 다지지 않고 느슨하게 충전하여 얻어지는 부피를 기준으로 한 밀도

6. 동결건조

6-1 동결건조를 물의 상평형도로 설명하고, 장점과 단점 2가지를 쓰시오. [2009년 2회, 2018년 3회]

6-2 동결건조의 원리를 물의 상평형도로 설명하고, 장점 2가지를 쓰시오. [2022년 1회]

정답

6-1, 6-2

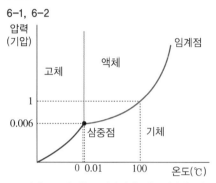

- 동결건조 : 식품을 동결시킨 후 삼중점의 온도(0.01℃)와 압력(0.006기압)보다 낮은 상태에서 빙결정을 승화시켜 건조하는 방법
- 동결건조의 장점
  ① 열에 의한 손상이 없고, 가용성분의 이동과 수축 및 표면경화 현상이 일어나지 않음
  ② 복원성이 좋고 휘발성 향기성분 손실 방지로 고품질의 제품 생산 가능
- 동결건조의 단점
  ① 식품의 형태가 다공질이므로 물리적인 손상을 받기 쉬움
  ② 동결건조기의 구매비용과 유지비용이 큼

해설

물의 상평형도 : 물의 고체(얼음), 액체(물), 기체(수증기) 3가지 상태가 평형을 이루며 공존하는 온도와 압력을 삼중점이라고 하며, 이를 나타낸 그래프를 상평형도(또는 상태도)라고 한다.

※ 편저자 주 : 정답을 쓸 때 물의 상평형도를 그려주면 더 좋다.

제8절 증발

1. 비말동반

1-1 식품 농축과정에서 나타나는 비말동반에 대해 쓰시오. [2014년 2회]

정답

식품 농축 시 용액의 작은 방울(비말, 飛沫)이 증기와 함께 빠져나가서 농축액의 손실을 발생시키고 농축기의 부식을 일으키는 현상을 말한다.

해설

비말동반 방지법 : 비말동반 현상에 의해 빠져나간 액체 방울을 회수하기 위한 별도의 장치를 설치하거나 식품첨가물인 소포제를 첨가하여 예방할 수 있다.

제9절 분리

1. 분리막(membrane)

1-1 역삼투와 한외여과의 차이점을 서술하시오. [2004년 1회]

1-2 한외여과와 역삼투의 차이점을 원리와 분석물질로 설명하시오. [2017년 3회]

정답

1-1, 1-2

구분	원리	분석물질
한외여과	• 낮은 압력차 이용(10~100psig) • 용질 및 공경의 크기에 의해 분리	분자량이 큰 고분자 물질을 여과
역삼투	• 높은 압력차 이용(600~800psig) • 막과 용존염과의 삼투현상에 의해 분리	분자량이 작은 저분자 물질을 여과

해설

역삼투는 분자 크기에 따른 분리조작이 아니므로 한외여과처럼 유기물의 침착현상이 적고, 막의 수명도 길다.

1-3 한외여과와 역삼투의 장점, 증발농축과의 차이점을 쓰시오. [2005년 3회]

정답

• 한외여과와 역삼투의 장점
  - 열변성, 영양성분 및 향기손실 방지
  - 가열 불필요(열에너지 절약)
  - 냉각수 불필요(물에너지 절약)
• 증발농축과의 차이점 : 가열처리 여부

해설

• 한외여과와 역삼투는 막분리 기술로, 가열이 불필요한 비열처리기술이다.
• 증발농축은 가열하여 내용물의 수분을 증발시켜 농축시키는 가열농축기술이다.

1-4 막분리 공정이 가열농축공정에 비해 좋은 점 3가지와 정밀여과, 한외여과, 역삼투의 세공막 크기를 비교하시오. [2004년 3회]

1-5 한외여과와 역삼투에 의한 막처리농축법의 특징을 가열농축공정방법과 비교해서 3가지 쓰시오. [2017년 1회]

정답

1-4, 1-5
- 막분리의 장점
  ① 열변성, 영양성분 및 향기손실 방지
  ② 가열 불필요(열에너지 절약)
  ③ 냉각수 불필요(물에너지 절약)
- 세공막 크기 비교 : 정밀여과 > 한외여과 > 역삼투

해설

membrane filter의 종류

종류	세공막의 크기	제거물질
정밀여과(MF ; Micro Filtration)	0.1~10μm	녹, 모래 등
한외여과(UF ; Ultra Filtration)	0.001~0.1nm	세균, 고분자물질
나노여과(NF ; Nano Filtration)	1~10nm	저분자물질(이온)
역삼투막(RO ; Reverse Osmosis)	1nm 이하	용존 염, 분자량이 적은 유기물, 방향족 탄화수소

1-6 한외여과에서 막투과 유속에 영향을 주는 요인 2가지만 쓰시오. [2007년 2회]

1-7 한외여과법에서 여과속도에 영향을 미치는 요인 2가지를 쓰시오. [2014년 2회]

정답

1-6, 1-7
① 압력차, ② 막오염

해설

한외여과는 분리조작법으로 압력차를 추진력으로 사용하며, 막오염은 막표면이나 세공에서 물질의 흡착, 부착 그리고 축적 등과 같은 일련의 메커니즘을 통해 세공막힘현상이 발생하며 유속을 저하시키는 결과를 초래한다. 막오염은 한외여과나 정밀여과에서 주로 일어난다.

1-8 membrane filter의 장점을 쓰시오. [2017년 2회]

1-9 미생물의 살균방법 중 membrane filter 사용 목적을 쓰시오. [2022년 3회]

> **정답**
>
> 1-8, 1-9
> - 물을 재사용하므로 자원재활용과 환경보전 가능
> - 정제가 우수하여 고품질의 제품 생산
> - 연속조작이 가능하여 작업이 용이
> - 첨가제를 사용하지 않아 순수한 물질의 분리 및 농축이 가능

> **해설**
>
> - membrane filter란 특정 성분을 선택적으로 통과시켜 혼합물을 분리할 수 있는 분리막이다.
> - membrane filter의 단점
>   - 높은 유지보수비
>   - 처리속도 낮음
>   - 저장탱크 설치 필요

제10절 분쇄

1. 분쇄

1-1 여러 입자 크기의 분말로 되어 있는 식품의 수송과 취급 시 일어날 수 있는 물리적 현상 4가지를 쓰시오. [2005년 1회]

> **정답**
>
> ① 브라질 땅콩 효과
> ② 고결(caking) 현상
> ③ 유동장애
> ④ 입자들의 마찰로 인한 품온 상승으로 열에 불안정한 성분의 파괴

> **해설**
>
> - 브라질 땅콩 효과 : 여러 입자 크기의 분말이 섞인 혼합물을 흔들 때 입자가 큰 것들만 위로 올라오는 현상을 말한다.
> - 고결(caking) 현상 : 분말 입자의 수송 및 취급 시 당, 지방, 온도, 상대습도, 압력, 용해도, 입자분포 등으로 인해 흡습·응집되어 덩어리진 것을 말한다.
> - 유동장애 : 수송과 취급 중 외부 충격이나 기계적인 힘에 의해 압축되는 비율이 높아서 발생하며, 압축성이 클수록 유동성은 작아진다.

CHAPTER
05 식품미생물학

15% 출제비중

제1절 미생물

1. 미생물의 명명법

1-1 미생물의 명명법과 관련한 어미 4가지를 쓰시오.   [2020년 1회]

정답

- 문(division) : −mycota
- 강(class) : −mycetes
- 목(order) : −ales
- 과(family) : −aceae

해설

- 생물 분류 체계

  계(kingdom) > 문(division) > 강(class) > 목(order) > 과(family) > 속(genus) > 종(species)

  → 암기방법 : 계문강에 있는 나무의 과일 속에는 종자가 있다.

- 미생물 명명법

분류	어미
문(division)	−mycota
아문(subdivision)	−mycotina
강(class)	−mycetes
아강(subclass)	−mycetidae
목(order)	−ales
아목(suborder)	−ineae
과(family)	−aceae
아과(subfamily)	−oideae
족(tribe)	−eae
아족(subtribe)	−inae
속(genus)	불규칙적
종(species)	불규칙적
변종(varieties)	불규칙적
주(strain)	불규칙적

2. 미생물의 물질대사

2-1 glucose 한 분자가 완전히 산화되었을 때 해당작용에서 ATP, $NADH_2$ 생성 개수, 피루브산에서 acetyl-CoA까지의 $NADH_2$ 생성 개수, acetyl-CoA에서부터 TCA 회로까지 ATP, $NADH_2$, $FADH_2$ 생성 개수를 쓰시오. [2014년 3회, 2020년 3회]

정답

glucose 1분자 기준일 때,
- 해당과정 : ATP 2분자, $NADH_2$ 2분자
- 피루브산 → acetyl-CoA : $NADH_2$ 2분자
- acetyl-CoA → TCA 회로 : ATP 2분자, $NADH_2$ 6분자, $FADH_2$ 2분자

해설

만약 문제가 피루브산(pyruvate) 1분자 기준일 때의 개수로 쓰라고 한다면, 위 정답에서 개수를 1/2 수준으로 바꾸면 된다. 왜냐하면 포도당(6탄당) 1분자가 직접 미토콘드리아 안으로 들어갈 수 없기 때문에 피루브산(3탄당) 2분자로 쪼개기 때문이다.

세포호흡의 3단계
- 해당과정(세포질에서 일어남) : 포도당(6탄당)을 피루브산(3탄당) 2분자로 쪼개는 단계로 '기질수준인산화'에 의해서 ATP 2분자를 생성한다(포도당은 분자가 커서 미토콘드리아 속으로 들어가지 못함).
- TCA 회로(미토콘드리아의 기질에서 일어남) : 시트르산 회로, 크렙스 회로는 모두 같은 말이며, 해당과정과 마찬가지로 '기질수준인산화'에 의해서 ATP 2분자를 생성한다.
- 산화적 인산화 단계(미토콘드리아의 내막에서 일어남) : NADH와 $FADH_2$가 전자전달계에서 산화환원반응을 거쳐 ATP를 생성하는 과정을 말하고, ATP 34분자를 생성한다.
  ※ 포도당 1분자는 ATP 38분자를 생성한다(피루브산 1분자는 ATP 19분자 생성).

체크 포인트 **용어**

- ATP : Adenosine Triphosphate(에너지 크기 : ATP > ADP > AMP)
- NAD(산화형) : Nicotinamide Adenine Dinucleotide / NADH(환원형)
  ※ NADH와 $NADH_2$는 같은 것으로 보아도 무방함
- FAD(산화형) : Flavin Adenine Dinucleotide / $FADH_2$(환원형)
  ※ NAD/NADH와 FAD/$FADH_2$는 물질대사에서 산화환원반응을 일으키는 효소로, 전자전달계에서 전자를 전달하는 과정에서 ATP 에너지 생성에 기여한다.

2-2 해당과정의 전 과정을 적으시오. 단 효소의 이름을 쓰지 않고, 드나드는 물질만 적으시오.

[2017년 2회]

정답

단계	물질명	영문	약칭
1	포도당	Glucose	Glu
2	포도당 6-인산	Glucose 6-phosphate	Glu-6-P
3	과당 6-인산	Fructose 6-phosphate	Fru-6-P
4	과당 1,6-2인산	Fructose 1,6-bisphosphate	Fru-1,6-bP
5	디하이드로아세톤인산	Dihydroxyacetone phosphate	DHAP
6	인산글리세르알데하이드	Glyceraldehyde-3-phosphate	GAP
7	1,3-비스포스포글리세르산	1,3-Bisphosphoglycerate	1,3-bPG
8	3-포스포글리세르산	3-Phosphoglycerate	3-PG
9	2-포스포글리세르산	2-Phosphoglycerate	2-PG
10	포스포엔올 피루브산	Phosphoenol pyruvate	PEP
11	피루브산	Pyruvic acid(= Pyruvate)	Pyr

해설

해당과정은 세포호흡 3단계 중 첫 번째 단계(혐기성)이며, 세포의 세포질에서 일어나고 포도당(6탄당) 1분자를 피루브산(3탄당) 2분자로 쪼개서 미토콘드리아 속으로 들여보내기 위한 준비과정이다. 이 과정에서 ATP 2분자와 $NADH_2$ 2분자가 생성된다.
※ 세포호흡이란 포도당을 분해하여 에너지를 생성하는 물질대사를 뜻한다.

2-3 다음 보기 중에서 괄호 안에 들어갈 말을 고르시오.

[2021년 2회]

[보기]
EMP, HMP, TCA

glucose(포도당)의 세포호흡(물질대사)은 혐기적 분해에 의한 (①) 경로와 호기적 분해에 의한 (②) 경로가 있으며, 이로 인해 피루브산이 생성된다. 피루브산은 호기적 대사 경로인 (③) 회로를 거쳐 에너지를 생성한다.

정답

① EMP
② HMP
③ TCA

해설

• EMP(Embden-Meyerhof-Parnas) : 해당과정을 말하며 효모에 의한 알코올 발효, 젖산균에 의한 젖산발효, 대장균의 발효 등 미생물에 의한 탄수화물의 대사에 해당된다.
• HMP(Hexose Monophosphate) : 세포질에서 해당경로의 측로를 형성하는 당질의 또 다른 대상경로이며 EMP와는 달리 직접 ATP를 생산하지 않는 대신 NADPH를 생성하며 초기에 CO_2를 발생시키고 5탄당을 생성하는 것이 특징이다.
• TCA(Tricarboxylic Acid) : TCA 회로를 통해 생성되는 첫 번째 물질이 시트르산(citric acid)이어서 시트르산 회로라고도 불리고, 또 이를 발견한 사람의 이름을 따서 크렙스 회로라고도 부른다.

3. 미생물의 단백질 합성

3-1 다음 설명에 알맞은 것을 보기에서 찾아 쓰시오.

[2023년 3회]

• mRNA : (　①　)
• tRNA : (　②　)
• rRNA : (　③　)

[보기]
㉠ DNA의 유전정보를 전달받아 아미노산을 합성한다.
㉡ 20가지 아미노산을 리보솜이 있는 장소로 옮긴다.
㉢ 리보솜에서 단백질을 합성한다.

정답

① ㉠, ② ㉡, ③ ㉢

해설

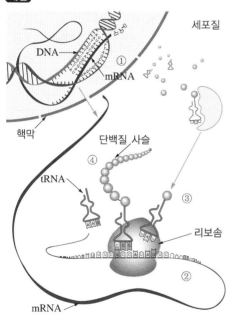

단백질의 합성과정
① 핵에서 DNA사슬이 풀리면서 mRNA가 복사된다(mRNA는 DNA의 복사물).
② mRNA가 핵을 빠져나와 리보솜에 단백질 합성을 위한 레시피(유전정보)를 공급한다.
③ 한편, tRNA는 mRNA의 유전정보에 맞는 아미노산을 찾아 리보솜에 운반을 한다.
　　※ tRNA는 transfer RNA로서 코돈[codon, 염기(A, G, C, T) 중 3개의 염기를 갖는 유전정보 단위]과 코돈이 지정하는 아미노산 사이의 매개체 역할
④ 리보솜에서 mRNA(유전정보)와 tRNA(아미노산)를 통해 아미노산이 연결되면서 단백질 사슬이 만들어진다.
　　※ rRNA는 ribosome RNA와 단백질로 구성되어 있지만, rRNA가 단백질보다 더 크다.

4. 미생물의 생육

4-1 미생물의 증식곡선 그래프를 그리고, 각 해당 시기를 구분하여 쓰시오. [2006년 3회, 2014년 3회]

4-2 일정한 배양조건에서 배양할 때 배양액 중 대수값과 배양속도를 증식곡선으로 나타낸다. 이 미생물의 증식곡선 4단계를 순서대로 쓰시오. [2022년 2회]

정답

4-1, 4-2

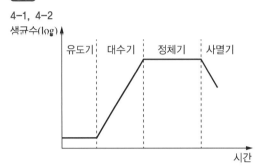

- 유도기(lag phase) : 미생물이 증식하지 않고 새로운 환경에 적응하는 시기
- 대수기(exponential phase) : 환경에 적응하여 미생물이 대수적으로 증가하는 시기
- 정체기(stationary phase) : 미생물의 일부는 사멸하고 다른 일부는 증식하여 농도가 유지되는 시기
- 사멸기(death phase) : 살아 있는 미생물수가 감소하는 시기

4-3 유도기간의 정의(①)를 쓰고 괄호(②)를 채우시오. [2015년 1회]

노로바이러스는 (②)에서만 증식하고 세균배양이 되지 않는다.

정답

① 유도기간 : 미생물이 세포 증식을 위해 새로운 환경에 적응하는 시기
② 체내(소장)

해설

노로바이러스는 1968년 미국 오하이오주 노워크 초등학교에서 발생한 집단식중독 환자의 설사변에서 처음 발견되었고 급성위장염을 유발하는 바이러스로 전염성이 강하다. 현재까지 노로바이러스에 대한 항바이러스제나 백신은 없으며 일반적으로 겨울철에 발생이 증가하나, 최근 계절에 관계없이 발생하는 추세다.

4-4 미생물 증식곡선에서 대수기의 유형과 특징을 3가지 쓰시오. [2022년 3회]

정답

- 유형 : 환경에 적응하여 미생물이 대수적으로 증가하는 시기
- 특징 : 세포분열과 증식이 가장 활발, 생장속도가 일정, 1차 대사산물(아미노산 등) 생성

해설

4-1, 4-2 정답 참고

4-5 미생물의 내열성에 영향을 미치는 요인 3가지를 쓰시오. [2018년 3회, 2023년 1회]

정답

온도, pH, 수분

4-6 잠재적 위해식품의 수분활성도와 pH에 대해 쓰시오. [2022년 1회]

정답

- 수분활성도 : 0.85 이상
- pH : 4.6 초과

해설

- 수분활성도는 미생물 생육의 잠재성 및 품질저하와 관련된 식품의 안전성을 나타내는 데 사용되며, 대부분의 미생물은 수분활성도 0.6 이하에서 생육할 수 없다.
- pH는 미생물학적 부패에 영향을 미칠 수 있다. 미생물은 일정한 pH 범위에서 생육하고 번식하는데, 일반적으로 pH 4.6 이하인 식품(산성식품)에서 *Clostridium botulinum*(통조림 살균지표균)은 자랄 수 없다고 알려져 있다.
- 잠재적 위해식품 : pH 4.6 초과 식품(저산성 식품) → pH 4.6을 초과하는 통·병조림식품, 레토르트식품에서는 *Cl. botulinum*균의 포자(아포) 사멸조건으로 멸균처리(제품의 중심온도 120℃ 이상에서 4분 이상 열처리 또는 이와 동등 이상의 효력을 갖는 방법으로 열처리)해야 한다.

5. 미생물의 제어

5-1 식품 저장 중 미생물에 의한 오염을 막기 위해 조건을 변화시킬 수 없는 내적인자 3가지와 저장성 향상을 위해 변화시킬 수 있는 외적인자 3가지를 쓰시오. [2013년 3회]

> **정답**
> • 내적인자
>   ① 원재료
>   ② 제품의 배합 및 조성
>   ③ 수분함량 및 수분활성노
>   ④ pH 및 산도
>   ⑤ 산소의 이용성 및 산화환원 전위
> • 외적인자
>   ① 제조공정
>   ② 위생수준
>   ③ 포장재질 및 포장방법
>   ④ 저장, 유통, 진열조건(온도, 습도, 빛, 취급 등)
>   ⑤ 소비자 취급

> **해설**
> 식품은 수분, 탄수화물, 지방, 단백질 등 다양한 성분을 함유하고 있다. 이 때문에 개별 제품의 소비기한을 정하기 위해서는 이에 영향을 미치는 구체적인 요인들을 정확하게 식별하는 것이 매우 중요하다.

6. 진균

6-1 곰팡이 속명을 3가지 쓰시오. [2020년 3회]

> **정답**
> ① *Aspergillus*속, ② *Penicillium*속, ③ *Fusarium*속

> **해설**
> 위 균종은 모두 식품공전에 등재된 곰팡이독소(mycotoxin)를 생성하는 주요 곰팡이들이다.
> • *Aspergillus*속 : 아플라톡신, 오크라톡신
> • *Penicillium*속 : 파툴린
> • *Fusarium*속 : 푸모니신, 데옥시니발레놀, 제랄레논

7. 조류

7-1 녹조류, 규조류, 홍조류의 색소 성분을 1가지씩 쓰시오.

[2021년 1회]

> **정답**

- 녹조류 : 엽록소(클로로필a, b), 카로티노이드
- 규조류 : 엽록소(클로로필a, c), 규조소(diatomin)
- 홍조류 : 엽록소(클로로필a, d), 홍조소(phycoerythrin)

> **해설**

식물 플랑크톤으로 알려져 있는 조류란 수중에서 햇빛이 있는 상태에서 이산화탄소나 질소, 인과 같은 영양염류를 섭취하여 자라며, 물벼룩이나 물고기의 먹이원이 되는 생물이다. 또한 엽록소를 가지고 있어서 광합성을 통해 산소를 생산하므로 식물처럼 간주되기도 한다.

8. 효소추출법

8-1 균체 내 효소추출법에 대해 쓰시오.

[2006년 3회]

> **정답**

- 기계적 마쇄법 : 기계장치(호모게나이저 등)에 균체와 완충액을 넣고 마쇄하여 효소 추출
- 초음파 파쇄법 : 균체를 100~600MHz의 초음파에 노출시켜 파쇄하여 효소 추출
- 동결융해법 : 동결과 융해를 반복하고 원심분리하여 효소 추출
- 자가소화법 : 균체에 ethyl acetate 등을 첨가한 후 20~30℃에서 자가소화시켜 효소 추출

9. 버섯

9-1 다음은 버섯의 생활사에 대한 설명이다. 빈칸을 채우시오. [2023년 1회]

> 버섯의 생활사를 보면 포자가 어느 정도 발아하여 단핵의 1차 균사를 형성한다. 또한 별도로 유전적으로 화합성이 있는 다른 1차 균사와 세포질이 융합하여 2핵의 2차 균사로 된다. 2차 균사는 2핵 그대로 생장하지만 취상돌기(꺽쇠 연결체)를 형성하여 교묘한 조합으로 2핵 세포를 성장시킨다. 이것이 적당한 환경에 이르면 3차 균사가 집합하여 (①)를 형성하며 2핵이 감수분열하여 4개의 (②)를 만든다. 그 형태는 버섯의 종류에 따라 다양하게 나타나며 이어서 핵융합과 감수분열이 일어나고 자실체가 성숙되면서 (③)를 착생한다.

정답

① 자실체, ② 담자기, ③ 담자포자

해설

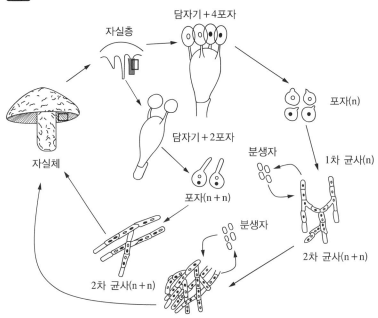

버섯의 생활사(life cycle) 9단계

- 1단계(담자포자의 발아) : 알맞은 온도와 습도가 주어지면 담자포자는 발아한다.
- 2단계(동형핵균사) : 발아한 담자포자는 균사체로 자라며 세포 내에서 유전적으로 동일한 핵을 가지는 균사가 되지만, 대부분 자실체를 형성하지 못한다(자실체로 되려면 원형질 융합이 필요).
- 3단계(원형질 융합) : 화합성 동형핵균사 간의 균사접합으로 세포질과 핵의 교환이 일어나 자실체를 형성한다.
- 4단계(이형핵균사) : 균사접합으로 한 세포 내에 두 균주 간의 핵이 공존하는데, 원형질 융합이 이루어지면 이질핵이 동시에 공존하게 되는 이형핵균사로 된다. 각 균사의 격벽에는 혹과 같은 취상돌기(꺽쇠 연결체)가 형성되고 자실체를 형성할 수 있는 균사로 된다.
- 5단계(자실체 : 버섯) : 충분한 영양분을 지닌 균사는 알맞은 온도 및 빛에 의해 발아하여 생장한다.
- 6단계(담자기) : 자실체가 생장하면서 자실체 내에서 담자기가 성숙되는데, 유성포자인 담자포자가 형성된다.
- 7단계(핵융합) : 담자기가 성숙되면서 담자기 내에 이질핵 간의 핵융합이 일어나며 일시적으로 이배체가 된다.
- 8단계(감수분열) : 핵융합 후 감수분열이 일어나 염색체 교체가 일어난다.
- 9단계(담자포자) : 자실체가 성숙되어 담자포자도 완숙되면 방출된다.

제2절 발효식품

1. 김치류

1-1 김치의 숙성(발효)에 관여하는 미생물 3가지를 쓰시오. [2008년 3회]

1-2 침채류인 김치발효에 관여하는 젖산균 3가지를 쓰시오. [2019년 1회]

정답

1-1, 1-2
- 정상젖산발효균 : *Lactobacillus plantarum*, *Pediococcus cerevisiae*
- 이상젖산발효균 : *Lactobacillus brevis*, *Leuconostoc mesenteroides*

해설

김치는 숙성과정 중 미생물 상호작용에 의해 자연적으로 발효되는 식품으로, 김치 발효에 직접적으로 관련된 유산균인 *Pediococcus*속, *Lactobacillus*속, *Lactococcus*속, *Leuconostoc*속에 관한 보고는 많이 있으며, 이 외에도 김치로부터 분리 동정된 미생물은 유산균을 포함하여 200여 종으로 매우 다양하다.
- 정상(Homo-)젖산발효 : 주로 젖산을 85% 또는 그 이상 생성하는 발효
- 이상(Hetero-)젖산발효 : 젖산 외 에탄올, 이산화탄소, 초산 등 여러 물질을 생성하는 발효

1-3 다음 글을 읽고 빈칸을 채우시오. [2016년 3회]

> 김치의 연부현상은 (①)이 분해되어 발생한다. (②)을 사용하면 현상을 막을 수 있다.

정답

① 세포벽과 펙틴
② 칼슘과 마그네슘

해설

김치의 연부(물러짐)현상은 소금에 의해 손상된 세포벽에서 이탈된 세포벽 다당류 분해효소의 작용과 효모류가 분비하는 펙틴분해효소(pectinesterase, polygalacturonase)에 의해 세포벽과 펙틴 물질이 분해되는 것으로 김치의 관능적 특성이 감소하게 된다.

1-4 정상젖산발효와 이상젖산발효의 차이점을 생산물 위주로 적고, 김치포장의 팽창현상을 일으키는 미생물과 원인 물질을 쓰시오. [2017년 2회]

정답

- 정상젖산발효와 이상젖산발효
  - 정상젖산발효(homo) : 주로 젖산만을 생성하는 발효
  - 이상젖산발효(hetero) : 젖산 외 에탄올, 이산화탄소, 초산 등 여러 물질을 생성하는 발효
- 김치포장 시 팽창현상의 원인
  - 원인 미생물 : 이상젖산발효균(*Leuconostoc mesenteroides*가 대표적)
  - 원인 물질 : 이산화탄소, 에탄올 및 기타 휘발성 대사산물

2. 간장

2-1 간장 제조 시 저장을 잘못하면 산막효모(흰색의 피막)가 발생한다. 산막효모가 발생하는 주요 원인 4가지를 쓰시오. [2004년 2회]

> **정답**
> ① 간장의 농도(염도)가 낮을 때
> ② 간장을 가열한 온도가 낮을 때
> ③ 간장 숙성이 부족했을 때
> ④ 간장을 담은 용기의 살균이 불충분할 때

> **해설**
> 산막효모에 의해 흰색의 막이 생긴 것을 흔히 '골마지'라고 부르며, 매실을 주머니에 넣어 간장 항아리에 넣어두면 골마지가 생기지 않는다고 전한다.

2-2 산분해간장의 장점과 단점을 쓰시오. [2006년 3회]

2-3 산가수분해간장을 발효간장과 비교하여 장단점을 쓰시오. [2016년 2회]

> **정답**
> 2-2, 2-3
> • 장점 : 발효과정이 없어서 단시간에 대량생산이 가능하고 생산단가가 낮다.
> • 단점 : 양조간장에 비해 풍미가 낮고 3-MCPD의 안전성에 대한 우려가 있다.

> **해설**
> • 식품공전의 정의에 따르면 산분해간장이란 단백질을 함유한 원료를 산으로 가수분해한 후 그 여액을 가공한 것을 말한다.
> • 3-MCPD란 탈지대두(기름을 뺀 콩)에 염산(HCl)을 넣어 가수분해하는 과정에서 탈지대두에 미량 잔류하고 있는 지방(triglyceride)의 글리세롤(= 글리세린)과 염산이 반응하여 생성되는 비의도적 생성물질로, 실험동물에서 불임유발 보고가 있으나 인체독성은 알려지지 않고 있다.

3. 된장

3-1 된장이 숙성된 뒤에 신맛이 나는 이유 3가지를 쓰시오. [2007년 2회, 2011년 1회]

> **정답**
> ① 소금을 적게 넣었을 경우
> ② 물을 많이 넣었을 경우
> ③ 원료 콩을 삶을 때 열처리가 불충분한 경우

> **해설**
> 이유는 다르지만 모두 이상젖산발효로 인하여 유기산이 생성되었기 때문에 신맛이 난다.

4. 청국장

4-1 청국장의 끈적끈적한 성분 2가지를 쓰시오.
[2005년 2회]

정답

polyglutamic acid, fructan

해설

삶은 콩은 발효 과정에서 조직이 부드러워져 소화·흡수되기 쉬운 상태로 바뀐다. 콩 단백질의 약 50%가 수용성 질소 화합물로 분해된다. 이 과정에서 polyglutamic acid와 fructan으로 이루어진 끈적끈적한 점액질 물질이 생기고 사람에 따라서는 약간 고약하게 느껴지는 특이한 냄새를 내게 된다.

4-2 청국장 제조에 많이 이용되는 고초균의 이름과 생육온도를 쓰시오.
[2013년 1회]

정답

- 이름 : *Bacillus subtilis*
- 생육온도 : 40℃

해설

낫토와 청국장의 차이점은 발효균이 서로 다른 것이다. 청국장은 *Bacillus subtilis*란 종에 속하는 여러 균들이 한꺼번에 발효에 작용하는 반면 낫토는 *Bacillus subtilis natto*라는 한 종류의 균이 작용한다. 쉽게 말하면 *Bacillus subtilis*라는 종 가운데 낫토라는 아종(亞種, subspecies) 하나만을 골라 발효에 참여하도록 만든 것이다. 그래서 청국장과 달리 냄새가 거의 나지 않는 것이 특징이다.

5. 장류

5-1 장류 제품에 쓰이는 쌀코지 2가지와 어떤 형태의 종국이 우수한 품질인지 그 특성을 쓰시오.
[2005년 3회]

정답

- 쌀코지 : *Aspergillus oryzae*(황국균), *Aspergillus niger*(흑국균)
- 특성 : 코지의 색깔이 황록색을 띠고, 향과 맛이 뛰어나며, 코지의 낟알이 단단하면서 포자가 많은 것 그리고 단백질과 전분분해 능력이 좋아야 한다.

해설

코지(koji)란 쌀, 보리, 콩 등에 코지곰팡이(황국균, 누룩곰팡이, 메주곰팡이)인 *Aspergillus oryzae*를 인위적으로 접종하여 번식시킨 것으로 각종 장류와 주류 제조에 많이 사용되고 있다. 원료에 따라 쌀코지, 보리코지, 콩코지 등으로 분류한다.

5-2 장류에서 전분과 아미노산의 영향과 역할을 쓰시오. [2010년 3회]

> **정답**
> • 전분이 코지의 효소(amylase)에 의해 포도당으로 분해되어 단맛 제공
> • 단백질이 코지의 효소(protease)에 의해 아미노산으로 분해되어 감칠맛과 풍미 제공

> **해설**
> 코지(koji)는 원료에 코지 곰팡이를 인위적으로 접종 및 번식시키고 그 균이 생성하는 전분분해효소 및 단백질분해효소의 덩어리라고 볼 수 있다.

5-3 된장 곰팡이, 청국장 세균 1가지씩을 쓰고, 제조효소 2가지를 쓰시오. [2014년 3회]

> **정답**
> • 된장 곰팡이 : *Aspergillus oryzae*(황국균)
> • 청국장 세균 : *Bacillus subtilis*(고초균)
> • 제조효소 : amylase(전분분해효소), protease(단백질분해효소)

6. 조미료

6-1 L-글루타민산나트륨이 신맛, 단맛, 쓴맛 등에 미치는 영향에 대해 쓰고, 이것을 생산하는 미생물의 종류를 쓰시오. [2010년 2회]

> **정답**
> • 영향 : 신맛과 쓴맛을 완화시키고 단맛에 감칠맛을 부가하며 식품의 자연풍미를 끌어낸다.
> • 미생물
>   – *Micrococcus glutamicus*
>   – *Corynebacterium glutamicum*
>   – *Brevibacterium lactofermentum*
>   – *Bacillus megaterium*

> **해설**
> • L-글루타민산나트륨(MSG)은 아미노산의 일종인 글루탐산과 나트륨이 결합된 염이라 하여 글루타민산나트륨이라고 부른다. 이 물질은 1908년 일본 동경대학교 화학자인 이케다가 다시마의 열탕 추출물에서 분리해 낸 감칠맛 성분이다.
> • 발효조미료는 당을 미생물로 자화해 얻은 정미성 발효물질인데, 용해성을 높이기 위해 나트륨염 형태로 제품화한 것이다.

6-2 L-글루타민산나트륨을 발효하는 미생물 속명을 라틴어로 쓰고, L-글루타민산나트륨의 제조
과정에서 페니실린을 첨가하는 이유를 쓰시오. [2017년 3회, 2021년 1회]

정답

• *Corynebacterium*속, *Brevibacterium*속
• 이유 : 균체 내에 생합성된 글루탐산을 막투과성을 높여 균체 밖으로 글루탐산을 빼내기 위해 첨가한다.

해설

• 글루탐산을 발효생산하기 위해서는 미생물의 영양원으로 비오틴(biotin)이 반드시 필요하지만, 동시에 원료 당밀에 함유된 고농도(과잉)의 비오틴 때문에 발효균이 균체 내에서 합성한 글루탐산을 균체 외로 배출시키지 못한다. 다시 말해 글루탐산을 생성하였으면서도 회수를 하지 못하는 문제가 발생하므로 발효균의 증식 초기에 페니실린이나 계면활성제(Tween 40)를 첨가함으로써 회수율을 높여 글루탐산의 대량 생산이 가능해진다.
• 글루탐산 발효균종
  − *Corynebacterium glutamicum*(코리네박테리움 글루타미쿰)
  − *Brevibacterium flavum*(브레비박테리움 플라붐)

6-3 감칠맛이 나는 핵산 3가지를 쓰고, 화학구조상 공통점과 차이점을 쓰시오. [2020년 2회]

정답

• 정미성 핵산 : GMP, IMP, XMP
• 공통점
  − mononucleotide
  − 염기가 purine계
  − purine 환의 6번 위치에 −OH기 있음
  − ribose(5탄당)의 5번 위치에 −PO$_4$기 있음
• 차이점 : purine 환의 2번 위치에 붙은 작용기가 다름

해설

• 핵산 : DNA와 RNA를 뜻하고, 구성단위에 따라 불리는 이름이 다음과 같이 다르다.

당 + 염기 = nucleoside / nucleoside + 인산 = nucleotide

• 발효조미료는 아미노산계의 글루탐산나트륨(MSG)과 핵산계의 GMP, IMP 등으로 분류하는데 오늘날 조미료 시장은 MSG에 핵산조미료를 코팅한 복합조미료가 주축을 이룬다.
• GMP : guanosine monophosphate → 정미성 물질 : guanylic acid
• IMP : inosine monophosphate → 정미성 물질 : inosinic acid
• XMP : xanthosine monophosphate → 정미성 물질 : xanthylic acid
• 맛의 세기 : GMP > IMP > XMP

7. 맥주

7-1 맥주를 제조할 때 홉(hop)을 사용하는 이유 4가지를 쓰시오. [2005년 3회, 2012년 3회]

> **정답**
>
> ① 맥주의 맛과 향을 부여하고 쓴맛을 제거
> ② 항균작용으로 보존성 향상
> ③ 홉의 탄닌이 단백질을 응고 및 침전시켜 청징 부여
> ④ 거품의 안정성을 높여 거품량과 지속성 부여

7-2 맥주의 쓴맛을 내는 α−산의 주성분 3가지를 쓰시오. [2014년 1회]

> **정답**
>
> humulone(휴물론), cohumulone(코휴물론), adhumulone(애드휴물론)
>
> **해설**
>
> • humulone(휴물론) : 맥주에 부드러운 쓴맛을 낸다.
> • cohumulone(코휴물론) : 맥주에 거칠고 기분 나쁜 쓴맛을 낸다.
> • adhumulone(애드휴물론) : 홉에 소량 함유돼 있고 알려진 특징이 없다.

7-3 맥주 제조 시 '맥아즙'을 끓이는 이유 4가지를 쓰시오. [2010년 1회]

> **정답**
>
> ① 맥아즙의 살균(보존성 향상)
> ② 홉의 쌉쌀한 맛 추출(풍미 향상)
> ③ 휘발성 황화합물 증발(불쾌취 제거)
> ④ 단백질을 응고 · 침전시켜 혼탁 방지(청징효과)

8. 포도주

8-1 적포도주 제조공정 과정의 빈칸을 채우시오. [2004년 2회]

> 포도 − (①) − (②) − (③) − 주발효 − (④) − 즙액 − 후발효 − (⑤) − 저장 − 제품

> **정답**
>
> ① 제경, ② 파쇄, ③ 과즙조정, ④ 압착여과, ⑤ 앙금분리
>
> **해설**
>
> • 과즙단계에서 아황산 및 효모 첨가
> • 주발효단계에서 당을 보정
> • 압착여과 시 술지게미(술을 거르고 남은 찌꺼기) 발생

8-2 포도주 발효방법 2가지를 쓰시오. [2006년 2회]

정답

① 과실에 붙어 있는 야생효모를 이용하는 방법
② 과실을 멸균시킨 후 순수배양한 효모(스타터)를 사용하는 방법

8-3 포도주 제조에서 유해미생물의 증식에 따른 품질변화를 막기 위해 사용되는 처리법과 약제명
및 사용량을 쓰시오. [2007년 3회]

정답

- 처리법 : 아황산처리법
- 약제명 : 아황산나트륨, 아황산칼륨
- 사용량 : 200ppm

8-4 와인의 제조공정에서 포도의 파쇄 시 아황산을 첨가하는 목적과 최종제품의 와인에서 아황산
이 소실되는 이유를 쓰시오. [2009년 1회]

정답

- 목적
  - 유해세균과 야생효모의 사멸
  - pH를 떨어뜨려 안토시아닌(적색소)의 안정화
  - 주석의 용해도가 높아져 주석의 석출 방지
  - 곰팡이의 산화효소에 의한 갈변화 방지
- 이유 : 아황산이 aldehyde와 결합하거나 공기 중으로 휘발되어 점차 소실되기 때문이다.

8-5 적포도주 제조 시 아황산을 첨가하는 이점 3가지를 쓰시오. [2011년 1회]

정답

① 유해세균과 야생효모의 사멸
② pH를 떨어뜨려 안토시아닌(적색소)의 안정화
③ 주석의 용해도가 높아져 주석의 석출 방지
④ 곰팡이의 산화효소에 의한 갈변화 방지

8-6 포도를 HCl-methanol에 담갔을 때 추출되는 적포도 성분, 추출된 색, NaOH 주입 시 색 변화를 쓰시오. [2013년 3회]

정답

• 적포도 성분 : 안토시아닌(anthocyanin)
• 추출된 색 : 적색
• NaOH 주입 시 : 자색 → 청색으로 변화

해설

안토시아닌 색소는 pH 변화에 따라 산성(적색) > 중성(자색) > 알칼리성(청색)으로 변한다.

8-7 포도주의 와인 품질 결정요소인 떼루아 3가지를 쓰시오. [2009년 2회, 2015년 1회]

정답

• 토양(soil) : 돌밭, 자갈밭, 석회암 같은 영양분이 없고 배수가 잘되는 땅
• 기후(climate) : 온대성 기후(가장 추운 달의 평균 기온이 18℃에서 −3℃까지인 기후)
• 지역(terrain) : 약간 경사진 지역이나 구릉지역, 햇빛을 잘 받는 남향이나 남동향

해설

떼루아(terroir)는 프랑스어로 토양을 의미하는 고유 단어이지만, 포도주(grape wine)가 만들어지는 모든 환경을 일컫는 말로 해석된다. 왜냐하면 포도가 생산되는 환경에 따라 포도 맛과 와인 맛이 달라지기 때문이다.

9. 술 제법

9-1 술을 제법상으로 분류하여 쓰시오.

[2007년 3회]

정답

구분			정의	유형
발효주 (양조주)	단발효주		과일 당분이 발효되어 만들어진 술(당화 ×)	와인
	복발효주	단행복발효주	당화 후 발효가 진행되어 만들어진 술	맥주
		병행복발효주	당화와 발효가 동시에 진행되어 만들어진 술	약·탁주
증류주			발효주를 증류하여 만든 술	위스키
기타 주류(혼성주)			발효주나 증류주에 감미료 등 첨가한 술	매실주

해설

- 「주세법」 제5조(주류의 종류) 및 식품공전 > 제5. 식품별 기준 및 규격 > 15. 주류 참고
- 단발효주 : 과일에 당이 있기 때문에 당화를 위한 곰팡이(효소)가 필요 없고, 또한 과일껍질 표면에 야생효모가 있으므로 당을 알코올로 바꿔주기 위한 효모도 필요하지 않다.
- 단행복발효주 : 보리(전분)를 당으로 바꿔주기 위해 엿기름(효소)을 사용하므로 당화를 위한 곰팡이(효소)가 필요 없고, 당을 알코올로 바꿔주기 위한 효모가 필요하다.
- 병행복발효주 : 쌀(전분)을 당으로 바꿔주기 위해 당화를 위한 곰팡이(효소)가 사용되며, 당을 알코올로 바꿔주기 위한 효모도 필요하다.

10. 치즈류

10-1 치즈 스타터(starter)의 개념과 대표적인 스타터 유산균 2가지를 쓰시오.

[2006년 1회]

정답

- 개념 : 우유에 산(acid)을 생성하는 젖산균으로 우유의 응고(커드)를 만드는 데 도움을 준다.
- 종류
  - 구균 : *Streptococcus thermophilus*
  - 간균 : *Lactobacillus delbrueckii*, *Lactobacillus casei*, *Lactobacillus lactis*

해설

치즈 제조 원리 : 우유를 살균한 후 유산균 스타터를 접종하여 30분에서 1시간 정도 배양한 다음 우유의 응유효소(레닛)를 첨가하여 응고시켜 커드(curd)를 만든다.

10-2 요구르트와 코지의 starter를 2가지씩 쓰시오. [2011년 1회]

정답

- 요구르트 스타터 : *Lactobacillus bulgaricus*, *Lactobacillus casei*
- 쌀코지 스타터 : *Aspergillus oryzae*, *Aspergillus niger*

해설

starter(스타터)란 순수배양한 균주를 뜻하며 같은 말로 코지(koji), 종국 등이 있다.

10-3 치즈 제조 시 가염하는 목적과 방법을 쓰시오. [2006년 2회]

정답

- 목적
  - 풍미 향상과 수분함량 조절
  - 이상젖산발효 억제
  - 유청을 제거하여 수축·경화
- 방법 : 커드(curd)를 절단, 가온, 압착한 후 소금을 2~3% 가하여 충분히 혼합한 후 숙성한다.

해설

커드(curd)는 우유에 산이나 레닛을 넣을 때 생기는 응고물질로서 유제품의 일종이다.

11. 다류

11-1 차의 발효과정 중에 발생하는 오렌지색이나 붉은색을 나타내는 색소와 효소를 쓰시오.

[2017년 1회, 2023년 1회]

정답

- 색소 : 오렌지색의 테아플라빈(theaflavin), 붉은색의 테아루비긴(thearubigin)
- 효소 : 폴리페놀 산화효소(polyphenol oxidase)

해설

차는 동백나무과 차나무의 잎을 가공한 것으로, 녹차(비발효차), 우롱차(반발효차), 홍차(발효차)로 분류된다. 우롱차, 홍차 등의 발효는 미생물이 관여하는 발효가 아닌 찻잎에 존재하는 산화효소 작용에 의해 찻잎 성분(카테킨, catechin)이 산화되는 반응을 이용하므로 효소발효로 불린다.

얼마나 많은 사람들이
책 한 권을 읽음으로써
인생에 새로운 전기를 맞이했던가.

− 헨리 데이비드 소로 −

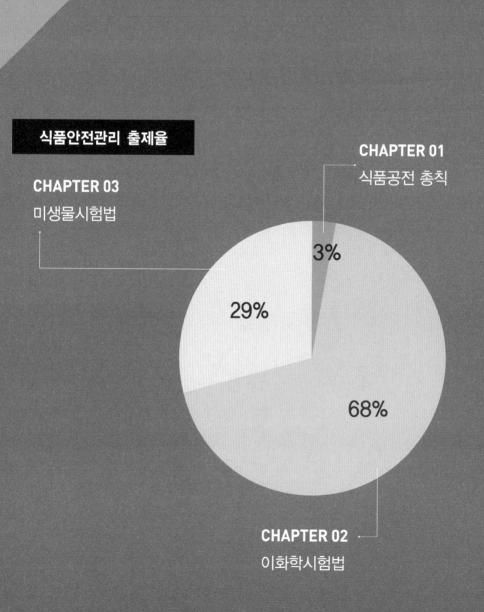

식품안전관리 출제율

CHAPTER 01
식품공전 총칙

CHAPTER 03
미생물시험법

3%

29%

68%

CHAPTER 02
이화학시험법

PART 02

식품안전관리

출제빈도 분석

2004~2023(20개년)	출제문항			출제비중(%)
	계	서술	계산	
CHAPTER 01 식품공전 총칙	3	3		3
CHAPTER 02 이화학시험법	80	80	35	68
CHAPTER 03 미생물시험법	34	34	10	29
계	117	117	0	100

※ 계산문제 제외

CHAPTER 01 식품공전 총칙

3% 출제비중

제1절 총칙

1. 시험분석 관련 일반원칙

1-1 식품공전에 따른 항량의 뜻에 대해 다음 빈칸을 채우시오. [2020년 1회]

> 건조 또는 강열할 때 '항량'이라고 기재한 것은 다시 계속하여 (①) 더 건조 혹은 강열할 때에 전후의
> (②)가 이전에 측정한 무게의 (③) 이하임을 말한다.

1-2 식품공전에 따라 '항량'이란 전후의 칭량차가 이전에 측정한 무게의 몇 % 이내여야 하는지
쓰시오. [2022년 2회]

정답

1-1
① 1시간, ② 칭량차, ③ 0.1%
1-2
0.1%

해설

식품공전 > 제1. 총칙 > 1. 일반원칙 > 13) 시험의 원칙 > (16) 참고

1-3 무게 관련 용어의 정의를 쓰시오. [2020년 2회]

정답

• 무게를 정밀히 단다 : 달아야 할 최소단위를 고려하여 0.1mg, 0.01mg 또는 0.001mg까지 다는 것을 말한다.
• 무게를 정확히 단다 : 규정된 수치의 무게를 그 자릿수까지 다는 것을 말한다.
• 검체를 취하는 양 : '약'이라고 한 것은 따로 규정이 없는 한 기재량의 90~110%의 범위 내에서 취하는 것을 말한다.
• 건조 또는 강열할 때 '항량' : 다시 계속하여 1시간 더 건조 혹은 강열할 때에 전후의 칭량차가 이전에 측정한 무게의
  0.1% 이하임을 말한다.

해설

식품공전 > 제1. 총칙 > 1. 일반원칙 > 13) 시험의 원칙 > (14)~(16) 참고

CHAPTER 02 이화학시험법

68% 출제비중

제1절 시험분석이론

1. 분석 용어

1-1 LOD, LOQ의 정의를 쓰시오.

[2015년 1회, 2020년 3회]

정답

- LOD(Limit Of Detection) : 검출한계
  시험분석 시 분석시료에 존재하는 분석대상물질을 확인할 수 있는 최저검출농도를 말한다.
- LOQ(Limit Of Quantitation) : 정량한계
  어떤 시료에 규정된 분석방법에서 바람직한 확실성을 가지고 정량할 수 있는 화학물질의 최저농도를 말한다.

해설

LOD와 LOQ는 모두 위해분석 용어이다.
- LOD는 기기상의 검출한계를 의미하는 것은 아니다.
- LOQ는 수치상 유효적인 의미를 가지며, 정량하한치 미만이란 정량할 수 있는 정도의 양은 아니라는 뜻으로 '0(제로)'과는 의미가 다르다.

체크 포인트 **위해분석(risk analysis)**

식품 등에 존재하는 위해요소에 노출되어 인체건강에 유해한 영향을 미칠 가능성이 있는 경우에 그 발생을 방지하거나 최소화하기 위한 체계를 말한다. 위해요소에 대한 과학적 평가뿐만 아니라 사회적, 경제적 요인을 고려함으로써 위해요소에 대한 적절한 조치를 취하는 과정으로 위해성평가, 위해성관리, 위해성전달의 3과정을 포함하는 전 과정이다.

1-2 다음은 크로마토그래피를 이용한 식품분석 시 사용하는 용어이다. 각 용어가 뜻하는 뜻을 쓰시오.

[2020년 1회]

> resolution / retention time

정답

- resolution(분리능) : 여러 성분이 혼합된 분석시료를 크로마토그래피를 이용하여 분리할 때 2가지 이상의 물질을 분리할 수 있는 칼럼의 분리능(력)을 뜻한다.
- retention time(머무름 시간) : 크로마토그래피에서 분석시료가 칼럼(고정상)에 들어가 용출될 때까지 머무르는 시간을 뜻한다.

해설

크로마토그래피란 고정상과 이동상을 이용하여 여러 가지 물질들이 섞여 있는 혼합물을 이동속도 차이에 따라 분리하는 방법이다. 예를 들어 사인펜 잉크를 분리하는 데 사용되는 분필, 거름종이 등의 물질이 고정상, 즉 칼럼(column)이다.

1-3 다음은 식품성분시험법에 대한 설명이다. 틀린 것을 고르고 그 이유를 쓰시오.

[2020년 2회]

> ① 정밀도와 관련해서 재현성, 검출한계, 실험실 간 정밀성이 있다.
> ② 표준편차를 평균으로 나눈 값이 클수록 재현성이 높다.
> ③ 유효숫자를 정확히 하기 위해서는 최소 1자릿수를 포함하는 추정치를 가지고 있어야 한다.
> ④ 정확도란 측정값이 이미 알고 있는 참값이나 표준값에 근접한 정도로서 실측치가 참값에 얼마나 가까운가를 말한다.
> ⑤ 어떤 분석물질에 대한 농도를 알 수 없을 때, 이 분석물질의 시료를 기기로 측정하여 데이터를 구한 다음, 검량선과 비교하여 그 농도를 확인한다.

정답

②, 표준편차를 평균으로 나눈 값이 클수록 재현성이 낮다.

해설

- 표준편차 : 평균에 대한 오차를 뜻한다. 실제 데이터값이 평균을 기준으로 할 때 얼마나 오차가 있는지를 알아보고자 할 때 쓰이며, 분산을 제곱근하여 얻는다.
- 정밀도 : 균질한 시료를 여러 번 채취하여 정해진 조건에 따라 측정하였을 때 각각의 측정값들 사이의 근접성(분산정도)을 뜻한다.
- 재현성 : 동일한 시료를 변경된 측정 조건으로 여러 번 연속 측정했을 때 얻은 결과의 편차를 뜻한다. 연구 결과의 진실성을 판단하는 중요한 잣대가 되며 어떤 연구를 똑같이 다시 반복함으로써 기존의 결과와 동일한지를 나타내는 것을 뜻한다.
- 정확성 : 측정값과 참값 또는 표준값 사이의 차이로 나타내는 데이터의 정확한 정도를 뜻한다.

2. 질량분석계

2-1 질량분석계에서 E.I와 C.I의 차이점을 쓰시오. [2014년 2회, 2018년 1회]

정답

- E.I(Electron Ionization, 전자이온화법)
  - 가스 크로마토그래피(GC) 분석에 가장 많이 사용되는 검증된 이온화 방법이다.
  - E.I는 전자의 운동에너지를 직접 분석물질 분자에 넘겨주는 직접적인 이온화 방식이다.
  - GC에서 전달된 분자는 전자 빔(70eV)과의 충돌을 통해 전자를 상실하여 하전 이온이 생성된다.
- C.I(Chemical Ionization, 화학이온화법)
  - 화학 중간체(시약 기체)를 사용하는 간접적인 이온화 방식이다.
  - 시약 기체(메탄, 이소부탄, 암모니아)로 분석물질의 이온화를 결정한다.

해설

- 질량분석법(MS ; Mass Spectrometry) : 분자량이나 원자량을 측정하기 위한 분석법으로 이를 통해 여러 원소로 구성된 화합물의 질량을 통해서 어떤 물질인지 알아낼 수 있다.
- 질량분석법의 원리
  - 이온화 과정은 질량분석기로 들어가는 필수과정이며 E.I 방법과 C.I 방법은 가스상태에서 이온화가 이루어지며, 따라서 충분히 열에 안정적이고 증발성이 강한 화합물에 적합하다.
  - 전하를 띤 물질은 전기장하에서 움직이는데, 이 운동의 크기는 물질의 질량 대 전하비(m/z ; mass-to-charge ratio)에 따라 결정된다. 대부분의 이온들은 일정한 전하량을 갖고 있기 때문에 m/z값은 각 이온의 질량을 반영한다. 즉, 물질이 움직인 거리나 비행시간(ToF ; Time of Flight)을 알면 질량을 구할 수 있다.
- 질량분석법의 분석과정 : 이온화 단계 → 질량 대 전하비(m/z) 분석단계 → 검출단계
- 질량분석기의 구성 : 이온화 장치, 질량 대 전하비 분석기, 검출기
- E.I와 C.I의 공통점 : 기체상태 시료 주입

3. 크로마토그래피

3-1 흡착크로마토그래피와 친화크로마토그래피의 분리 원리와 고정상 예를 쓰시오. [2020년 1회]

정답

- 흡착크로마토그래피
  - 분리 원리 : 흡착제를 고정상으로 하고 액체 또는 기체를 이동상으로 하여 분리
  - 고정상(칼럼) : 활성탄, 산화마그네슘 등
- 친화크로마토그래피
  - 분리 원리 : 고정상의 리간드와 분석물질 간의 상호작용(친화성) 차이를 이용하여 분리
  - 고정상(칼럼) : 글루타치온, 바이오틴 등

해설

리간드(ligand)란 단백질(효소나 수용체 등)에 특이적으로 결합하는 물질을 말한다.

3-2 이동상과 관련된 크로마토그래피 3종류를 쓰시오.

[2022년 1회]

정답

- GC : 기체크로마토그래피
- HPLC : 액체크로마토그래피
- SFC : 초임계유체크로마토그래피

해설

SFC : 초임계유체(이산화탄소)를 이동상으로 사용하는 크로마토그래피로 HPLC보다 빠르고, 압력을 낮추어 이산화탄소를 제거하면 분리물질을 쉽게 회수할 수 있어 경제적이다.

4. GC

4-1 GC에서 가스가 들어오는 이동상과 데이터를 분석하는 부분을 제외한 주요 기관 3개를 쓰시오.

[2012년 2회]

정답

① 시료주입구(injection port), ② 칼럼(column), ③ 검출기(detector)

해설

- GC(가스크로마토그래피)는 두 가지 이상의 성분으로 된 물질(시료)을 이동상(기체)에 의해 이동하면서 칼럼(고정상)과의 상호 물리·화학적인 작용을 하여 각각의 단일 성분으로 분리하며 주로 기체와 액체 시료를 측정하는 데 적합하다.
- GC의 주요 장치(5가지)
  - 운반기체조절부 : 이동상(가스 : 수소, 헬륨, 질소, 아르곤 등의 불활성 가스)의 주입량을 제어하는 곳으로 분석의 재현성을 위해 칼럼의 유량과 압력을 조절한다.
  - 시료주입구 : 분석하고자 하는 시료를 주입하여 기화시킨 후 칼럼으로 보내는 곳이다.
  - 칼럼 : 고정상 또는 분리관이라고도 하며, 혼합물질을 단일 성분으로 분리하는 곳이다.
  - 검출기 : 칼럼 속에 분리되어 나온 각 성분을 검출하는 곳이다.
  - 데이터처리장치 : PC와 데이터 분석용 소프트웨어를 이용하여 검출기로부터 수신된 신호를 분석 및 출력한다.

4-2 가스크로마토그래피의 효율이 높은 것에 표시하시오. [2017년 1회, 2020년 4·5회]

- 필름의 두께가 (얇게 / 두껍게)
- 칼럼의 넓이가 (좁게 / 넓게)
- 칼럼의 길이가 (짧게 / 길게)

정답

- 필름의 두께가 (얇게 / 두껍게)
- 칼럼의 넓이가 (좁게 / 넓게)
- 칼럼의 길이가 (짧게 / 길게)

해설

GC 칼럼(분리관)의 성능 평가방법
- 효율(efficiency) : 크로마토그램상의 피크를 어느 정도로 좁게 낼 수 있는가에 관한 능력
- 해상도(resolution) : 인접한 피크들을 다르다고 식별할 수 있는 능력

칼럼 선택 시 고려사항
- 필름의 두께(μm) : 필름이 두꺼울수록 머무름 시간(↑), 시료수용력(↑), 칼럼이 견딜 수 있는 최대온도(↓)
- 칼럼의 넓이(mm) : 넓이(내경)가 클수록 분리능(↓), 분석시간(↑), 시료수용력(↑)
- 칼럼의 길이(m) : 길이가 길수록 분리능(↑), 분석시간(↑), 가격(↑)
- ※ 편저자 주 : 칼럼의 효율은 크로마토그램상의 피크를 얼마나 좁게(뾰족하게) 나타낼 수 있는가를 뜻한다. 일반적으로 필름두께가 얇은 칼럼일수록 피크가 좁게 나타나며, 높은 온도에서 피크의 분리능이 좋고 분석물질을 빨리 분리시킨다. 따라서 필름두께가 얇은 칼럼은 끓는점이 높은 물질, 온도에 민감한 물질을 분석하는 데 적합하다. 또한 두꺼운 필름을 사용하는 이유 중 하나는 넓이, 즉 내경이 큰 칼럼으로 교체하여 분석하고자 할 때 분리능과 피크의 머무름 시간을 일정하게 유지시키기 위한 것이므로 내경이 큰 칼럼을 사용할 때는 필름두께가 두꺼운 것을 사용하는 것이 바람직하다.

4-3 GC에서 split ratio 100:1이 무엇을 의미하는지 쓰시오. [2020년 2회]

정답

시료 1μL을 주입했을 때 칼럼 안으로 들어가서 분리되는 시료의 양이 1/100μL이라는 뜻이다.

해설

- split(분할) : 시료의 농도가 큰 경우 칼럼으로 들어가는 시료의 양을 조절하여 각 성분의 피크 분리도를 증가시킬 수 있는 주입법[→ 모세관 칼럼(capillary column)에 유입될 수 있는 시료의 양이 적기 때문에 칼럼에 들어가는 시료의 양을 운반기체의 분할에 의하여 조정]
- splitless(비분할) : 미량의 시료 분석 시 사용되며, 일정 시간 동안 시료가 주입구 내에서 reconcentration(재농축)되어 칼럼 안으로 들어가 분석의 감도를 향상시킬 수 있는 주입법

4-4 다음 carrier gas 그래프에서 질소, 헬륨, 수소 중 운반효율이 높은 gas를 선택하고 그 이유를 HETP와 연관지어 서술하시오.

[2022년 2회]

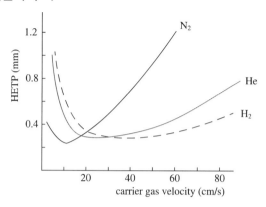

정답

• 운반효율이 높은 gas : 수소
• 이유 : carrier gas는 HETP가 낮을수록, 유속의 범위가 넓을수록 분리능이 우수하기 때문

해설

HETP(Height Equivalent to a Theoretical Plate)란 이론단 높이, 즉 칼럼 길이에서 이론단(theoretical plate) 조각이 연속적으로 겹쳐진 것을 뜻하는데, 각 이론단에서 이동상(기체)과 정지상(액체) 사이에 평형이 이루어지면서 분리가 일어나는 것을 가정한다. 일정한 칼럼의 높이에 얼마나 많은 이론단이 설치되어 있는가를 이론단수로 표현하여 그 숫자가 클수록 분리능이 우수하다고 판단한다. 또한 칼럼의 분리능은 이론단 높이로도 표현하는데 해당 높이가 낮을수록 동일한 칼럼 길이에 더 많은 수의 이론단 설치가 가능하므로 보다 우수한 분리능을 가진 것으로 본다.

$$HETP = \frac{L}{N}$$

여기서, L : 칼럼 길이
N : 이론단수

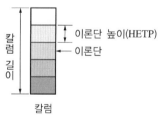

* 이론단수 : A(6개) > B(3개)
* 분리효율(분리능) : A > B

carrier gas 선택 시 고려사항

• 이론단 높이가 낮을수록 분리효율이 높아진다.
• 운반가스로서 수소와 헬륨을 사용하면 질소보다 넓은 범위의 유속에 걸쳐 최적의 HETP값을 유지할 수 있으며, 높은 속도에서도 효율을 잃지 않고 사용할 수 있다.
• 운반가스로서 질소는 좁은 온도 범위에서 휘발성이 높은 성분을 분석할 때 유용하다.

4-5 GC(가스크로마토그래피)에 사용되는 운반기체의 역할과 종류 1가지를 쓰시오. [2023년 1회]

정답

• 역할 : 시료주입구에서 주입된 시료(성분분자)를 칼럼을 거쳐 검출기까지 이동시키는 것
• 종류 : 수소, 헬륨, 질소

해설

가스크로마토그래피(GC)의 원리

시료주입구에서 주입된 시료는 가열에 의해 기화되어 기체상태로 불활성 기체(운반기체, 이동상)와 함께 액체고정상을 충전한 칼럼으로 보내지고, 운반기체의 힘으로 칼럼을 통과하는 사이에 충전제(고정상)와 접촉하여 흡착과 분배를 반복하면서 출구로 이동한다. 이때 시료 중의 각 성분은 이동상과 고정상에의 분배계수의 차에 의해 칼럼을 이동하는 속도에 차이가 생긴다. 이동속도에 따라 분리된 각 성분은 검출기에서 감지되어 용출 순서에 따른 크로마토그램을 얻게 된다.

5. HPLC

5-1 HPLC를 사용할 때 낮은 pH 영역의 물질을 분석하고 나면 고압관이 망가지는 원인이 된다. 실험 후에 어떤 조치를 취해야 하는지 쓰시오. [2008년 2회, 2017년 1회]

정답

HPLC 등급의 용매(물)로 충분히 세척한다.

해설

• HPLC 시스템의 모든 오염원을 제거하기 위해 2시간 이상 0.5mL/min의 유속으로 용매를 흘려준다. 용매가 충분하다면 밤새도록 용매를 흘려준다.
• HPLC 용매는 시료 분석 목적에 방해를 주지 않는 고순도 HPLC용 용매만을 사용하며, 물을 사용할 경우에는 비저항 값이 18MΩ 이상인 것을 사용한다.

5-2 HPLC 분배계수를 고정상과의 친화력과 통과속도를 통하여 비교하시오. [2016년 2회, 2022년 2회]

정답

- 분배계수 값이 크다($Cs > Cm$) : 시료 성분이 고정상(칼럼)과 친화력이 강하여 칼럼을 천천히 통과한다.
- 분배계수 값이 작다($Cm > Cs$) : 시료 성분이 고정상(칼럼)과 친화력이 약하여 칼럼을 빠르게 통과한다.

해설

분배계수(Partition coefficient, K)란 시료 성분이 이동상(운반기체)을 통해 운반되어 고정상(칼럼)과 반응하게 될 때, 고정상에 분배된(남아 있는) 시료의 농도(Cs)와 이동상에 분배된(남아 있는) 시료의 농도(Cm)의 비율을 뜻하며 '$K = \dfrac{Cs}{Cm}$'으로 구한다.

5-3 HPLC로 혼합물을 분석할 때 분리능을 높이기 위한 효과적인 방법 2가지와 분석 시 영향을 주는 요인 3가지를 쓰시오. [2017년 3회]

정답

- 방법
  ① 시료를 충분히 칼럼(분리관)에 머무르게 해서 용출시킨다.
  ② 각 성분 간에 충분한 머무름 시간(retention time)이 있어야 한다.
  ③ 각 성분의 피크 폭이 좁고 다른 피크와 겹치지 않아야 한다.
  ④ 가능한 한 짧은 시간에 모든 성분이 용출될 수 있어야 한다.
- 요인
  ① 용량인자(capacity factor)
  ② 선택성(selectivity)
  ③ 칼럼효율(efficiency)

해설

- 용량인자 : 혼합물질의 분리를 위해서 시료를 칼럼에 충분히 머무르게 할 필요가 있는데 바로 이 머무르게 하는 효과를 말하며, 일반적으로 용량인자값이 증가하면 피크 폭이 증가하며 높이는 감소하지만 시료의 용출시간은 증가하여 분리상태가 향상된다.
- 선택성 : 분배계수라고 하는데, 분배계수가 증가하면 피크 사이의 간격이 상대적으로 커져 분리능이 증가한다.
- 칼럼효율 : 칼럼의 길이, 충전제의 입자모양 및 표면적, 유속, 온도 등에 영향을 받으며 이론단수가 5,000이어야 정확한 분리가 가능하다. 이론단수가 증가하면 용출시간은 일정하나 피크 폭이 감소하고 피크의 높이가 증가한다.

5-4 HPLC에서 normal과 reverse phase의 극성에 따른 용출 특성을 쓰시오. [2019년 3회]

5-5 HPLC에서 reverse phase의 고정상과 이동상을 극성, 비극성을 포함하여 쓰시오.

[2020년 3회]

5-6 HPLC에서 가장 많이 쓰이는 partition chromatography에서 극성에 따른 분류를 빈칸에 쓰시오. [2022년 3회]

구분	고정상(극성/비극성 분류)
reverse phase	
normal phase	

정답

5-4, 5-5, 5-6
- normal phase(순상 또는 정상) : 극성(친수성) 칼럼(고정상)에 비극성 이동상(운반기체)을 사용하며 소수성의 이동상이 먼저 용출된다.
- reverse phase(역상) : 비극성(소수성) 칼럼(고정상)에 극성 이동상(운반기체)을 사용하며 친수성의 이동상이 먼저 용출된다.

해설

- 극성 : 분자의 모양이 비대칭이어서 양전하와 음전하의 중심이 일치하지 않고 어느 한쪽으로 치우치는 분자를 극성 분자라고 한다. 예 물
- 비극성 : 불활성 기체처럼 전하의 치우침이 없기 때문에 전기적 극성을 띠지 않는 분자를 말한다. 예 벤젠
- 친수성 : 물 분자와 결합하여 물속에서 안정된 상태로 되는 성질로서 극성을 띤다.
- 소수성 : 물 분자와의 친화력이 없는 성질로서 극성을 띠지 않는다.

6. 시험분석방법

6-1 다음의 실험방법 중 틀린 것을 1가지 고르시오. [2021년 2회]

> ① 몰농도는 용액 1L에 녹아있는 용질의 몰수로 나타내는 농도이며, 몰랄농도는 용매 1kg에 녹아있는 용질의 몰수로 나타낸 농도를 말한다.
> ② 조단백질 계산 시 질소량에 질소계수를 나누어 조단백질의 양으로 한다.
> ③ 칼피셔(Karl Fisher)법에 의한 수분정량은 메탄올의 존재하에 수분을 정량하는 방법이다.
> ④ 소모기법은 환원당 정량법 중 구리 시약을 사용하는 용량분석법이다.
> ⑤ 산가는 유리지방산의 양을 측정하는 것이고, 아이오딘가는 유지의 불포화도를 측정하는 것이다.

정답

② 질소량에 질소계수를 곱하여 조단백질의 양으로 한다.

해설

② 식품공전 > 제8. 일반시험법 > 2. 식품성분시험법 > 2.1 일반성분시험법 > 2.1.3 질소화합물 > 2.1.3.1 총질소 및 조단백질 > 가. 세미마이크로 킬달법 > 5) 계산방법 참고

1. 성상(관능시험)

1-1 식품관능검사에서 시료를 패널에게 제시할 때 용기, 시료의 양과 크기 조건을 한 가지씩 쓰시오.

[2008년 1회]

정답

- 용기 : 크기, 모양, 색깔이 모두 동일한 것을 제공한다.
- 시료의 양과 크기 : 패널이 한 입 먹기에 좋도록 제공한다.

해설

식품의 관능검사는 인간의 시각, 후각, 청각, 미각, 촉각의 5가지 감각을 이용하여 식품의 관능적 품질 특성인 외관, 향미 및 조직감 등을 과학적으로 평가하는 것을 말한다.

1-2 관능검사의 척도 4가지를 쓰시오.

[2010년 2회]

정답

명목척도, 서수척도, 간격척도, 비율척도

해설

척도별 정의 및 예시

- 명목척도 : 순서와 양에 관계없이 시료의 특성을 잘 나타내는 항목에 표시하는 것

  다음 시료의 맛을 보고 시료의 특성을 가장 잘 나타내는 항목에 V표 하세요.
  ① 달다( ), ② 짜다( ), ③ 시다( ), ④ 쓰다( ), ⑤ 맵다( )

- 서수척도 : 시료들을 여러 그룹으로 분류한 후 어떤 특성의 강도를 순서대로 나열하는 것

  다음 시료들을 맛본 후 짠맛이 가장 강한 것을 1번, 약한 것을 5번으로 하여 순서대로 순위를 적으세요.
  시료 518 293 431 369 125
  짠맛의 순서 ( ) > ( ) > ( ) > ( ) > ( )

- 간격척도 : 어떤 특성의 강도를 미리 분류한 후 시료들이 이 중 어디에 속하는지 결정하는 것

  다음 시료들을 맛본 후 각 시료의 짠맛이 어디에 해당하는지 V표 하세요.
  시료번호　　　　　　　　 594　351　249
  없다　　　　　　　　　 ( ) ( ) ( )
  약하다　　　　　　　 ( ) ( ) ( )
  보통이다　　　　　 ( ) ( ) ( )
  강하다　　　　　　 ( ) ( ) ( )

- 비율척도 : 기준 시료의 어떤 특성 강도에 비해 측정하고자 하는 시료의 특성적 강도가 얼마나 강한지 또는 약한지를 비율로 나타내는 것

  기존 시료를 맛본 후 이를 100으로 했을 때 다음 시료의 짠맛 비율이 어느 정도인지 적으세요. (단, 0이나 음수는 사용할 수 없습니다.)
  기준 시료 : 100
  시료 571 : ( ), 시료 439 : ( )

1-3 관능검사 시 다음 문항에 해당하는 각각의 척도를 쓰시오. [2021년 1회]

> ① 과일을 종류별로 분류했다.
> ② 토스트를 구운 색이 진한 순서대로 늘어놓았다.
> ③ 설탕물 한 곳에서 농도가 더 높았다.
> ④ 커피 한쪽에서 휘발성분이 2배가 높았다.

정답

① 명목척도, ② 서수척도, ③ 간격척도, ④ 비율척도

해설

1-2 해설 참고

1-4 식품공장에서 관능검사를 실시하는 목적 5가지를 쓰시오. [2011년 3회]

정답

① 신제품 개발
② 원가 절감
③ 품질 개선
④ 소비기한 설정
⑤ 소비자 클레임 원인분석

해설

식품공장은 원가 절감을 위해 원료의 함량을 조정하거나 가격이 낮은 저가 원료로 대체하여 사용하게 되는데 이때 기존 제품과의 맛, 향 등의 차이가 얼마나 나는지 등을 확인하기 위해 관능검사를 실시한다.

1-5 식품의 관능평가 방법 중 시간-강도 분석을 실시하는 목적이 무엇인지 쓰시오. [2013년 2회]

정답

제품마다 그 특성에 따라 중요한 관능적 특성(냄새, 맛, 향미, 텍스처, 온도, 통감 등)이 있고, 그 강도가 시간이 지남에 따라 다양한 변화를 나타낼 수 있기 때문에 품질보증을 위해서 변화 양상을 파악하기 위해 실시한다.

해설

시간-강도 분석은 관능검사의 묘사분석 중 하나이며, 묘사분석이란 훈련된 패널을 통해 시료의 맛, 냄새, 향, 텍스처 등 모든 관능적 특성을 출현 순서에 따라 질적 및 양적으로 묘사하는 방법을 말한다.

1-6 다음 자료는 관능검사 중 어떤 검사법인지 쓰고, 그 목적과 최소 패널수를 적으시오.

[2016년 2회, 2020년 4·5회]

> **[설문지]**
> 시료 R을 먼저 맛을 본 후에 두 시료를 오른쪽에서 왼쪽 순으로 드신 후
> 다음 질문에 답해주기기 바랍니다.
> 1. 기준 검사물 R과 같다고 생각되는 것에 V표 해주기기 바랍니다.
>
>   317   941
>   (   )   (   )

정답

- 검사법 : 일-이점검사법
- 목적 : 원료, 가공, 포장 또는 저장조건에 따른 제품의 변화 유무를 조사하기 위하여 사용됨
- 최소 패널수 : 15명

해설

- 삼점검사(triangle test)는 3개의 시료 중 두 시료는 같고 나머지 한 시료는 다른 것으로 이것을 홀수시료라고 하며 이 홀수시료를 선택하도록 한다.
- 일-이점검사(duo-trio test)는 삼점검사와 마찬가지로 패널에게 3개의 시료를 동시에 제공하나, 이 중 1개가 기준시료로 지정되어 먼저 맛보게 하고 나머지 2개의 시료 중 어느 시료가 기준시료와 동일한지를 선택하게 한다. 이 검사법은 삼점검사가 적합하지 않은 경우에 유용하다.
- 삼점검사법과 일-이점검사법은 두 시료들 간의 차이 유무를 조사하기 위해 사용되는 종합적 차이식별검사법이다.

1-7 관능검사 중 후광효과의 개념과 방지법을 설명하시오.

[2017년 3회, 2022년 2회]

정답

- 개념 : 두 가지 이상의 항목(맛, 향 등)을 평가할 때 어느 한 특성이 다른 특성들을 평가하는 데 영향을 미치는 것
- 방지법 : 중요한 변인의 특성은 독립된 관능평가실에서 각자 개별적으로 평가한다.

해설

후광효과의 예시로, 맛이 좋으면 나머지 모든 요소도 좋게 평가한다.

1-8 식품의 기준 및 규격에 의하여 성상(관능평가) 분석 시 이용되는 감각 5가지와 시험조작항목 4가지를 쓰고, 조작항목별 공통으로 적용되는 기준을 쓰시오.   [2017년 3회, 2020년 3회]

정답

- 감각 : 시각, 후각, 미각, 촉각, 청각
- 시험조작항목 : 색깔, 풍미, 조직감, 외관
- 조작항목별 공통기준 : 성상 채점기준에 따라 채점한 결과가 평균 3점 이상이고 1점 항목이 없어야 한다.

해설

식품공전 > 제8. 일반시험법 > 1. 식품일반시험법 > 1.1 성상(관능시험)

1-9 다음 제시된 5개 문항 중 잘못된 문항을 고르고 그 이유를 서술하시오.   [2020년 1회]

> ① 원래 감자 전분을 이용하던 식품에 감자 전분 대신 타피오카 전분을 다양한 비율로 섞어 제조한 후, 관능평가를 실시하였다.
> ② 실험 결과는 일원분산분석을 이용하여 분석하였다.
> ③ 결과 분석 후 다중회귀분석법을 이용하였다.
> ④ 귀무가설은 유의확률을 역환산한 값이다. 분석 결과 유의확률이 0.05 이하이면 귀무가설을 기각할 수 있다.
> ⑤ 분석 결과 유의확률이 0.046이 나와 타피오카 전분이 들어간 제품과 감자 전분이 들어간 제품이 유사하여 맛의 차이가 없다고 볼 수 있어 귀무가설을 기각하지 못하였다.

정답

⑤, 유의확률이 나와 유의미한 차이가 있으므로 귀무가설을 기각하고 대립가설을 채택할 수 있다.

해설

- 일원분산분석 : 세 집단 이상의 평균을 비교할 때 사용되며, 3개 이상 모집단 평균이 동일하다는 귀무가설 및 1개 이상 평균이 서로 다르다는 대립가설을 검정하는 통계적 방법
- 회귀분석과 다중회귀분석법
  - 회귀분석 : 둘 이상의 변수 간의 관계를 보여주는 통계적 방법
  - 다중회귀분석 : 2개 이상 복수의 독립변수들을 이용한 회귀분석으로, 독립변수가 종속변수에 미치는 영향력의 크기를 파악하고 이를 통하여 독립변수의 일정한 값에 대응하는 종속변수 값을 예측하는 모형을 산출하는 방법 ﾞ
- 귀무가설과 대립가설
  - 귀무가설(null hypothesis, H_0) : 우리가 증명하고자 하는 가설의 반대되는 가설, 효과와 차이가 없는 가설을 의미한다.
  - 대립가설(alternative hypothesis, H_1) : 우리가 증명 또는 입증하고자 하는 가설, 효과와 차이가 있는 가설을 의미한다.

1-10 자유도에 대해 설명하시오. [2009년 2회]

> **정답**

자유도는 통계적 추정을 할 때 표본자료 중 모집단에 대한 정보를 주는 독립적인 자료의 수를 말하며 'n-1'로 나타낸다.

> **해설**

자유도의 개념 : 10개의 값으로 이뤄진 표본에서 평균값과 9개의 값을 이미 알고 있다면 10번째의 값이 무엇인지 예측할 수 있다.

체크 포인트	자유도의 개념 이해

다음의 예시가 있다.
- 데이터(n) : 1, 2, 8, 9, 4, 3, 5, 10, 6, X
- 평균값 : 5.5
- 자유도 : n-1

위 조건에서의 X는 '7'이며, 자유도는 9(= 10-1)이다. 즉, 마지막 10번째의 숫자(7)는 위 데이터들을 바탕으로 계산하면 필연적으로 정해져 있지만, 숫자 7을 제외한 나머지 9개의 숫자는 모두 유효한(자유로운) 데이터라는 뜻이 된다. 좀 더 쉽게 설명하자면, 8명의 친구들이 피자(8조각)를 차례대로 선택해서 나눠 먹어야 할 때 7명은 각자 먹고 싶은 조각을 선택(자유로운 데이터)할 수 있지만, 나머지 한 친구는 이미 1개밖에 안 남았기 때문에 선택의 여지가 없어 필연적으로 정해져 있다(n-1)는 것이다.

2. 이물

2-1 식품공전에서 규정한 식품 이물시험법 3가지를 쓰시오. [2014년 2회, 2022년 3회]

> **정답**

체분별법, 여과법, 와일드만 플라스크법, 침강법, 금속성이물(쇳가루), 김치 중 기생충(란)

> **해설**

식품공전 > 제8. 일반시험법 > 1. 식품일반시험법 > 1.2 이물

3. 물성(경도)

3-1 물의 경도 측정방법에서 다음 빈칸을 채우시오. [2007년 3회]

> 물속의 (①)과 (②)의 양을 (③)ppm으로 환산하면 총경도이다. 이를 측정하려면 pH를 (④)으로 조절하고, (⑤) 표준용액으로 적정한다.

정답

① 칼슘, ② 마그네슘, ③ 탄산칼슘, ④ 10, ⑤ EDTA

해설

- 경도(hardness)란 먹는물 중에 존재하는 칼슘과 마그네슘의 농도를 탄산칼슘의 농도(mg/L)로 나타낸 값이다.
- 식품공전에는 고령친화식품의 물성시험(경도나 점도)이 등재되어 있을 뿐 물의 경도 측정법은 없다. 다만, 환경부 소관 「먹는물관리법」에 따른 먹는물 수질기준을 측정하기 위한 「먹는물수질공정시험기준」에 '경도-EDTA 적정법'이 등재되어 있다.
- 물의 경도는 제빵에서 매우 중요하며, 물의 경도가 50~100ppm인 아연수가 적합하다.

제3절 식품성분시험법

1. 일반성분시험법

1-1 식품성분시험법의 일반시험법에서 외관과 취미를 제외한 5개를 적으시오. [2020년 2회]

정답

수분, 회분, 조단백질, 조지방, 조섬유

해설

식품공전 > 제8. 일반시험법 > 2. 식품성분시험법 > 2.1 일반성분시험법

2. 일반성분(수분)

2-1 상압건조 시 액체 시료에 해사(정제)를 사용하는 이유와 고체 시료를 분쇄하는 이유를 쓰시오.

[2021년 1회]

정답

- 해사(정제)를 사용하는 이유 : 수분이 많은 시료를 가열하면 시료의 표면에 막이 생겨 내부에서 발생하는 수분이 증발하지 못하므로 해사를 넣어 증발표면적을 넓혀주기 위함이다.
- 고체 시료를 분쇄하는 이유 : 시료의 증발표면적을 넓게 해주기 위해서 분쇄한다.

해설

- 증발은 액체의 표면에서 일어난다. 액체의 표면적이 넓으면 좁을 때에 비해서 액체 표면에 있는 분자의 수가 많다. 그러므로 액체의 표면적이 클수록 증발이 빠르게 일어난다.
- 해사란 바닷모래를 뜻하고 정제해사란 불순물을 제거하여 깨끗한 순수 바닷모래를 뜻한다.

3. 일반성분(조단백질)

3-1 쌀, 메밀, 밤 등 시료 3가지가 있을 때 총질소함량을 이용하여 조단백을 구하는 식을 적고, 각 질소계수가 5.95, 6.31, 5.30일 때 어떤 시료에 질소가 더 많이 포함된 아미노산이 함유되어 있는지 쓰고 그 이유를 서술하시오.

[2011년 3회, 2018년 1회]

정답

- 조단백질량(%) = N(%) × 질소계수 → 질소량 × 질소계수
- 질소함유량이 높은 식품과 그 이유
  - 식품 : 밤
  - 이유 : 질소계수가 낮을수록 단백질량이 높기 때문이다.

해설

- 조단백질량을 구하는 공식 찾기
  식품공전 > 제8. 일반시험법 > 2. 식품성분시험법 > 2.1 일반성분시험법 > 2.1.3 질소화합물 > 2.1.3.1 총질소 및 조단백질 > 가. 세미마이크로 킬달법 > 5) 계산방법
- 질소계수 : 단백질을 구성하는 질소의 비율이 평균적으로 16%(식품에 따라 조금씩 차이가 있음)이기 때문에 질소의 양으로부터 단백질의 양을 환산하려면 100/16(= 6.25)을 곱해야 한다.
- 위 환산식에 따라 질소계수가 낮을수록 질소의 양이 높고 이에 따라 단백질의 함량이 많음을 알 수 있다.
- 아미노산은 단백질을 구성하는 가장 작은 단위이므로 식품 속 질소량이 곧 아미노산의 양이고 아미노산의 양이 곧 단백질의 양이라고 생각하면 된다.

3-2 킬달 질소정량법은 분해, 증류, 중화, 적정의 단계를 거친다. 다음은 증류 화학식을 나타낸 것이다. 빈칸을 채우시오.

[2014년 3회]

$$(NH_4)_2SO_4 + (\ ①\ ) \rightarrow (\ ②\ ) + (\ ③\ ) + 2H_2O$$

정답

① $2NaOH$, ② $2NH_3$, ③ Na_2SO_4

해설

식품공전 > 제8. 일반시험법 > 2. 식품성분시험법 > 2.1 일반성분시험법 > 2.1.3 질소화합물 > 2.1.3.1 총질소 및 조단백질 > 가. 세미마이크로 킬달법 > 1) 분석원리

질소를 함유한 유기물을 촉매의 존재하에서 황산으로 가열분해하면, 질소는 황산암모늄으로 변한다(분해). 황산암모늄에 NaOH를 가하여 알칼리성으로 하고, 유리된 NH_3를 수증기 증류하여 희황산으로 포집한다(증류). 이 포집액을 NaOH로 적정하여 질소의 양을 구하고(적정), 이에 질소계수를 곱하여 조단백의 양을 산출한다.

3-3 다음은 세미마이크로 킬달법에 대하여 기록한 것이다. 빈칸에 들어갈 말을 쓰시오.

[2020년 3회]

질소를 함유한 유기물을 촉매의 존재하에서 (①)으로 가열분해하면, 질소는 (②)으로 변한다(분해). (③)에 NaOH를 가하여 알칼리성으로 하고, 유리된 (④)를 수증기 증류하여 희황산으로 포집한다(증류). 이 포집액을 NaOH로 적정하여 질소의 양을 구하고(적정), 이에 (⑤)를 곱하여 조단백의 양을 산출한다.

$$총질소(\%) = 0.7003 \times (a-b) \times \frac{100}{검체의\ 채취량(mg)}$$

a : (⑥)에서 중화에 소요된 0.05N 수산화나트륨액의 mL수
b : (⑦)에서 중화에 소요된 0.05N 수산화나트륨액의 mL수
계산식은 검체의 분해액을 전부 사용해서 적정했을 때의 식이므로 분해액의 일부를 사용할 때는 그 계수를 곱한다.
여기서 얻은 질소량에 (⑧)를 곱하여 조단백질의 양으로 한다.
조단백질(%) = N(%) × (⑨)

정답

① 황산 ② 황산암모늄
③ 황산암모늄 ④ NH_3
⑤ 질소계수 ⑥ 공시험
⑦ 본시험 ⑧ 질소계수
⑨ 질소계수

해설

식품공전 > 제8. 일반시험법 > 2. 식품성분시험법 > 2.1 일반성분시험법 > 2.1.3 질소화합물 > 2.1.3.1 총질소 및 조단백질 > 가. 세미마이크로 킬달법 > 1) 분석원리 및 5) 계산방법

4. 일반성분(당류)

4-1 Fehling 당의 환원작용으로 적색 침전이 생기는데, 그의 명칭과 화학식을 쓰시오.

[2008년 3회]

정답

- 명칭 : Cu_2O(산화제일구리)
- 화학식 : $R-CHO + 2Cu^{2+}$(푸른색) $+ 5OH^- \rightarrow R-COO^- + Cu_2O \downarrow$ (적색) $+ 3H_2O$

해설

- 위 화학식을 펠링 반응이라고 하는데, 펠링 반응은 은거울 반응 등과 함께 글루코스 등의 환원당이나 알데하이드처럼 환원력이 강한 물질을 검출하는 데 쓰이는 반응이다.
- 환원당이란 다른 물질을 환원시킬 수 있는 카보닐기(알데하이드기 또는 케톤기)를 갖고 있는 당류를 말하며, 대표적인 환원당은 포도당이다.
- $R-CHO$: 알데하이드, $R-COOH$: 카복실산

4-2 다음은 탄수화물 관련 실험 중 몰리슈 반응에 대한 내용이다. 빈칸에 들어갈 말을 쓰시오.

[2018년 2회]

단당류가 황산과 반응하면 (①)로 된다. 그리고 (②)로 인해 자색으로 착색된다. 올리고당과 같은 다당류는 (③)결합이 끊어짐으로써 단당류로 된 후 단당류와 같은 반응이 진행된다.

정답

① furfural, ② α-naphthol, ③ glycoside

해설

몰리슈(Molisch) 반응은 아미노당을 제외한 대부분의 탄수화물에서 일어나는 반응으로, 발색반응의 원리를 이용하여 탄수화물을 검출하는 데 쓰이는 정성시험분석이다. 명칭은 독일의 식물학자 몰리슈(Hans Molisch)가 발견하여 그의 이름을 따서 붙였다.

5. 일반성분(조섬유)

5-1 탄수화물 30%, 단백질 15%, 조섬유 6%, 수분 및 기타 14%로 구성되어 있는 식품을 조섬유 분석하고자 할 때 다음 질문에 각각 답하시오. [2011년 3회]

> ① 조섬유 분석 전 어떤 성분을 별도 분리하고 어떻게 분해하는지 쓰시오.
> ② 조섬유 분해 후 불용성 잔사 시약 3가지를 쓰시오.
> ③ 거품이 많이 발생할 때 어떤 처리를 해야 하는지 쓰시오.

[정답]

① 탄수화물, 단백질, 수분 및 기타 가용성 물질을 묽은 산, 묽은 알칼리, 알코올 및 에테르로 처리한 후 분리한다.
② 잔사 시약 : 황산(1.25%), 수산화나트륨용액(1.25%), 에탄올, 에테르
③ 거품(기포)이 많이 발생하면 아밀알코올(amyl alcohol)을 넣는다.

[해설]

식품공전 > 제8. 일반시험법 > 2. 식품성분시험법 > 2.1 일반성분시험법 > 2.1.4 탄수화물 > 2.1.4.2 조섬유 > 가. 헨네베르크·스토만개량법(Henneberg-Stohmann method)에 의한 정량 > 1) 분석원리 및 3) 시험방법

6. 일반성분(조지방)

6-1 soxhlet 추출법은 무엇을 분석하기 위한 시험법이며, 지방을 녹이기 위해 사용하는 추출 용매는 무엇인지 쓰시오. [2009년 2회]

[정답]

- 조지방 정량
- 지방 추출 용매 : 에테르(또는 에틸에테르 또는 디에틸에테르)

[해설]

- 식품공전 > 제8. 일반시험법 > 2. 식품성분시험법 > 2.1 일반성분시험법 > 2.1.5 지질 > 2.1.5.1 조지방 > 2.1.5.1.1 에테르추출법 > 가. 일반법(속슬렛법)
- 에테르, 에틸에테르, 디에틸에테르는 모두 같은 용매다. 에테르의 화학식은 $C_2H_5OC_2H_5$인데 에틸에테르나 디에틸에테르는 모두 화학식을 통해서 붙여진 이름이고 편의상 에테르라고 부른다.

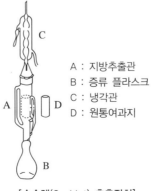

A : 지방추출관
B : 증류 플라스크
C : 냉각관
D : 원통여과지

[속슬렛(Soxhlet) 추출장치]

6-2 soxhlet 추출로 조지방을 정량하는 원리에 대해 쓰시오. [2014년 1회]

정답

속슬렛 추출장치로 에테르를 순환시켜 검체 중의 지방을 추출하여 정량한다.

해설

식품공전 > 제8. 일반시험법 > 2. 식품성분시험법 > 2.1 일반성분시험법 > 2.1.5 지질 > 2.1.5.1 조지방 > 2.1.5.1.1 에테르추출법 > 가. 일반법(속슬렛법) > 2) 분석원리

6-3 에테르추출법(속슬렛법) 조지방의 계산식을 쓰시오. [2018년 3회, 2021년 3회]

정답

$$조지방(\%) = \frac{W_1 - W_0}{S} \times 100$$

여기서, W_0 : 추출 플라스크의 무게(g)

$\quad\quad\quad W_1$: 조지방을 추출하여 건조시킨 추출 플라스크의 무게(g)

$\quad\quad\quad S$: 검체의 채취량(g)

해설

식품공전 > 제8. 일반시험법 > 2. 식품성분시험법 > 2.1 일반성분시험법 > 2.1.5 지질 > 2.1.5.1 조지방 > 2.1.5.1.1 에테르추출법 > 가. 일반법(속슬렛법) > 3) 시험방법

6-4 조지방의 정량방법 4가지를 고르시오. [2023년 2회]

① 속슬렛법	② 산 분해법
③ 뢰제-고트리브법	④ 바브콕법
⑤ 세미마이크로 킬달법	⑥ 반슬라이크법
⑦ 벨트란법	

정답

① 속슬렛법, ② 산 분해법, ③ 뢰제-고트리브법, ④ 바브콕법

해설

⑤ 세미마이크로 킬달법 : 조단백질

⑥ 반슬라이크법 : 아미노산질소

⑦ 벨트란법 : 환원당

식품공전 > 제8. 일반시험법 > 2. 식품성분시험법 > 2.1 일반성분시험법 > 2.1.5 지질 > 2.1.5.1 조지방 > 2.1.5.1.1 에테르추출법(속슬렛법), 2.1.5.1.2 산 분해법, 2.1.5.1.3 뢰제 · 고트리브(Roese-Gottlieb)법, 2.1.5.1.4 바브콕(Babcock)법

7. 일반성분(지질)

7-1 다음 괄호에 들어갈 알맞은 내용을 쓰시오. [2014년 3회]

> 유지의 아이오딘가는 (①) 측정, (②)는 버터 진위 판단, (③)는 불포화지방산 개수나 분자량 측정이
> 가능하고 (④)는 초기 산패 정도를 알 수 있다.

정답

① 유지의 불포화도   ② Reichert-Meissl가
③ 비누화가(검화가)   ④ 과산화물가

해설

식품공전 > 제8. 일반시험법 > 2. 식품성분시험법 > 2.1 일반성분시험법 > 2.1.5 지질 > 2.1.5.3 화학적 시험

7-2 유지의 측정요소인 TBA가에 대해서 설명하시오. [2008년 2회, 2016년 3회]

정답

TBA(thiobarbituric acid)가는 유지의 산화 시 생성되는 지질 속의 말론알데하이드(malonaldehyde)의 생성을 통해 지질의
산패도 및 풍미의 저하 그리고 산패취 발생에 대한 척도로 이용되고 있다.

해설

• TBA가는 유지 산패 측정지표 중 하나이지만, 식품공전에 등재된 시험법은 아니다.
• 식품공전에 등재된 지질의 화학적 시험법은 산가, 비누화가, 아이오딘가, 비비누화물, 과산화물가뿐이고, 이 중에서
   유지 산패 측정 시험법은 산가, 과산화물가이다.

7-3 아이오딘가의 정의와 목적을 쓰고, 다음의 아이오딘가 중 어느 것이 융점이 낮은지 쓰시오.

[2008년 3회, 2016년 1회]

> 아이오딘가 → A : 60, B : 120

정답

• 정의 : 지질 100g에 흡수되는 할로겐의 양을 아이오딘의 g수로 나타낸 것
• 목적 : 지질의 불포화도 측정하는 데 사용
• 융점이 낮은 것 : B, 아이오딘가가 높을수록 불포화도가 높으며 융점이 낮다.

해설

• 불포화지방산은 상온에서 액상일 정도로 융점이 낮다.
• 식품공전 > 제8. 일반시험법 > 2. 식품성분시험법 > 2.1 일반성분시험법 > 2.1.5 지질 > 2.1.5.3 화학적 시험 >
   2.1.5.3.3 요오드가(아이오딘가)

8. 일반성분(트랜스지방)

8-1 트랜스지방 함량(g/100g)을 구하는 공식을 다음 보기의 단어를 이용하여 쓰시오.

[2009년 3회, 2018년 2회]

> **[보기]**
> A : 조지방 함량(g/100g)
> B : 트랜스지방산 함량(g/100g)

정답

$$\frac{(A \times B)}{100}$$

해설

- 식품공전 > 제8. 일반시험법 > 2. 식품성분시험법 > 2.1 일반성분시험법 > 2.1.5 지질 > 2.1.5.4 지방산

> 트랜스지방산이란 트랜스 구조를 1개 이상 가지고 있는 모든 불포화지방산을 말한다. 이중결합이 2개 이상일 때에는 메틸렌기에 의해 분리되거나 또는 비공액형의 이중결합을 가지고 있는 지방산으로 한정한다.

- 트랜스지방은 크게 조지방을 추출하는 단계와 구성지방산을 분석하는 2단계로 구분할 수 있다. 조지방 추출은 시료에 따라 식품공전상의 방법에 따라 시행하며, 추출된 지방의 구성지방산은 GC–FID를 이용하여 분석한다. 식품에 함유된 트랜스지방의 함량은 조지방 함량에 구성지방산 중 트랜스지방산의 총량을 곱하여 산출한다.

9. 미량영양성분(비타민 C)

9-1 indophenol 적정법에 의한 환원형 비타민 C의 정량 원리를 설명하시오.

[2007년 1회]

정답

식품 중 비타민 C가 산성 수용액 중에서 2,6–dichlorophenol–indophenol(DCP)를 환원시켜 탈색하는 것에 기초한 환원형 비타민 C 정량법이다.

해설

식품공전 > 제8. 일반시험법 > 2. 식품성분시험법 > 2.2 미량영양성분시험법 > 2.2.2 비타민류 > 2.2.2.4 비타민 C > 나. 인도페놀적정법에 의한 정량 > 1) 분석원리

9-2 다음을 읽고 빈칸을 채우시오.

[2014년 3회, 2018년 1회]

> 비타민 C 정량 시 환원형인 (①)와 산화형인 (②)를 함께 정량, 탈수제로 (③)을 넣으면 적색이 되어서 파장 520nm에서 확인이 가능하다.

정답

① AA(ascorbic acid), ② DHAA(dehydroascorbic acid), ③ 황산(H_2SO_4)

해설

식품공전 > 제8. 일반시험법 > 2. 식품성분시험법 > 2.2 미량영양성분시험법 > 2.2.2 비타민류 > 2.2.2.4 비타민 C > 가. 2.4–디니트로페닐하이드라진(Dinitrophenyl hydrazine, DNPH)에 의한 정량법 > 1) 분석원리

10. 미량영양성분(칼슘)

10-1 칼슘은 과망간산법으로 정량한다. 시료 용액에 함유되어 있는 칼슘 이온은 암모니아성 내지 미산성에서 수산기와 반응하여 난용성인 수산칼슘 침전을 생성한다. 이 침전을 모액에서 분리하여 황산에 녹여 수산 이온을 0.02N 과망간산칼륨으로 정량한다. 이 반응식과 정량식은 다음과 같다. 이때 0.4008이 무엇을 의미하는지 쓰시오. (단, 칼슘의 원자량은 40.08이다.)

[2016년 3회, 2021년 3회]

> - 반응식 : $5H_2C_2O_4 + 2KMnO_4 + 3H_2SO_4 \rightarrow 2MnSO_4 + K_2SO_4 + 10CO_2 + 8H_2O$
> - 정량식 : $\dfrac{(b-a) \times 0.4008 \times F \times V \times 100}{S}$
>
> 여기서, a : 공시험에 대한 0.02N 과망간산칼륨용액의 소비 mL수
> b : 검액에 대한 0.02N 과망간산칼륨용액의 소비 mL수
> F : 0.02N 과망간산칼륨용액의 역가
> V : 시험용액의 희석배수
> S : 검체의 채취량(g)

정답

0.4008은 0.02N 과망간산칼륨용액($KMnO_4$) 1mL에 상당하는 칼슘의 양(mg)을 뜻한다.

해설

식품공전 > 제8. 일반시험법 > 2. 식품성분시험법 > 2.2 미량영양성분시험법 > 2.2.1 무기질 > 2.2.1.2 칼슘 > 가. 과망간산칼륨 용량법 > 4) 계산방법

PART 02 식품안전관리 :: 369

11. 미량영양성분(식염)

11-1 식염은 Mohr법으로 측정한다. 전처리한 검체용액을 비커에 넣고 크롬산칼륨(K_2CrO_4) 시액 몇 방울을 가한 후 뷰렛 등으로 질산은($AgNO_3$) 표준용액을 적하하면 Cl^-은 전부 AgCl의 백색 침전으로 되고 또 K_2CrO_4와 반응하여 크롬산은(Ag_2CrO_4)의 적갈색 침전이 생기기 시작하므로 완전히 적갈색으로 변하는 데 소비되는 $AgNO_3$액의 양으로 정량하는 방법이다. 식염 약 1g을 함유하는 양의 검체를 취하여 필요한 경우 수욕상에서 증발건고한 후 회화시켜 이를 물에 녹이고 다시 물을 가하여 500mL로 한 후 여과하여 여액 10mL에 크롬산칼륨 시액 2~3방울을 가하고 0.02N 질산은 액으로 적정한다. 다음 식을 보고 이때, 5.85가 어떻게 나왔는지 서술하시오. (단, $AgNO_3$ 분자량 : 169.87, NaCl 분자량 : 58.5) [2022년 1회]

$AgNO_3$ + NaCl → AgCl + $NaNO_3$

$식염 = \dfrac{b}{a} \times f \times 5.85\,(\mathrm{w/w\%,\ w/v\%})$

여기서, a : 검체 채취량(g, mL)

b : 적정에 소비된 0.02N 질산은 액의 양(mL)

f : 0.02N 질산은 액의 역가

정답

5.85는 0.00117(0.02N $AgNO_3$ 1mL에 상당하는 NaCl의 양) × 50(희석배수) × 100을 적용한 값이다.

해설

식품공전 > 제8. 일반시험법 > 2. 식품성분시험법 > 2.2 미량영양성분시험법 > 2.2.1 무기질 > 2.2.1.5 식염 > 가. 회화법 > 3) 계산방법

제4절 원유시험법

1. 수유검사

1-1 원유 수유검사 4가지를 쓰시오. [2019년 3회]

정답

관능검사, 비중검사, 알코올검사, 진애검사

해설

- 수유검사란 목장으로부터 탱크로리(수송차)를 통해 원유를 받아서 품질을 조사하고 계량하여 시유나 유제품의 원료로 저장하기까지의 작업을 뜻한다.
- 식품공전 > 제8. 일반시험법 > 5. 원유·식육·식용란의 시험법 > 5.1 원유의 시험법

2. 신선도 시험법(알코올법)

2-1 우유의 신선도 판정시험 중 산도 측정을 하는 이유를 쓰시오. [2008년 3회]

정답

산도는 젖산의 함량(%)을 측정하는 것으로, 우유 저장과정에서 유당을 발효시키는 미생물에 의해 젖산이 축적되면 우유의 품질이 떨어지기 때문이다.

해설

식품공전 > 제8. 일반시험법 > 6. 식품별 규격 확인 시험법 > 6.10 유가공품 > 6.10.1 우유류 > 나. 산도

2-2 다음 글을 읽고 빈칸을 채우시오. [2016년 3회]

> **[우유 알코올 실험]**
> 알코올의 (①)작용으로 인해 (②)가 높은 우유는 카제인이 (③)된다.

정답

① 탈수, ② 산도, ③ 응고

해설

- 식품공전 > 제8. 일반시험법 > 5. 원유·식육·식용란의 시험법 > 5.1 원유의 시험법 > 5.1.2 이화학적 시험법 > 나. 시험법 > 9) 신선도 시험법 > 가) 알코올법
- 산도란 젖산의 함량(%)을 뜻한다.

제5절 유가공품시험법

1. 포스파타제(phosphatase)

1-1 우유의 살균방법 중 저온장시간살균법(LTLT법)과 고온단시간살균법(HTST법)의 살균조건을 쓰고, 완전하게 살균되었는지 검사하는 시험법은 무엇인지 쓰시오. [2008년 1회, 2019년 2회]

정답

- 살균방법별 살균조건
  - 저온장시간살균법(LTLT ; Low Temperature Long Time) : 63~65℃에서 30분
  - 고온단시간살균법(HTST ; High Temperature Short Time) : 72~75℃에서 15~20초
  - 초고온순간처리법(UHT ; Ultra High Temperature) : 130~150℃에서 0.5~5초
- 우유 살균지표 시험법 : phosphatase test

해설

- 식품공전 > 제2. 식품일반에 대한 공통기준 및 규격 > 2. 제조·가공기준 > 14) 참고
- 식품공전 > 제8. 일반시험법 > 6. 식품별 규격 확인 시험법 > 6.10 유가공품 > 6.10.1 우유류 > 사. 포스파타제

1-2 우유의 품질관리 시험법 중 phosphatase 검사의 목적과 원리를 쓰시오.

[2007년 1회, 2010년 2회, 2020년 3회]

정답

- 목적 : 우유의 살균이 잘되었는지를 판단하기 위해서 검사한다.
- 원리 : 우유 속에 자연적으로 존재하는 포스파타제 효소가 가열(살균)하게 되면 실활되므로 포스파타제의 활성도를 측정하여 우유의 살균이 잘되었는지를 판정한다.

해설

공장에서 우유를 생산할 때 반드시 살균과정을 거친다. 식품공전에 포스파타제 시험법이 등재된 것은 우유의 살균처리 여부를 확인하기 위함이라기보다는 살균이 충분히 잘되었는지를 판단하기 위함이라고 보는 것이 좀 더 정확하다. 왜냐하면 살균 여부란 말은 단지 살균을 했느냐 안 했느냐를 구분하는 것이고, 실제로 살균을 했다 하더라도 살균이 불충분하면 살균을 하지 않은 것과 같기 때문이다. 따라서 살균효과가 있었는지를 확인하기 위해서 포스파타제 검사를 한다.

제6절 유해물질시험법

1. 중금속

1-1 다음은 중금속의 건식회화법에 대한 설명이다. 빈칸을 채우시오.

[2020년 4 · 5회]

> 시료(5~20g)를 도가니, 백금접시에 취해 건조하여 (①)시킨 다음 450℃에서 (②)한다. 회화가 잘 되지 않으면 일단 식혀 질산(1+1) 또는 50% 질산마그네슘용액 또는 질산알루미늄 40g 및 질산칼륨 20g을 물 100mL에 녹인 액 2~5mL로 적시고 건조한 다음 회화를 계속한다. 회화가 불충분할 때는 위의 조작을 1회 되풀이하고 필요하면 마지막으로 질산(1+1) 2~5mL를 가하여 완전하게 회화를 한다. 회화가 끝나면 (③)을 희석된 (④)으로 일정량으로 하여 시험용액으로 한다.

정답

① 탄화, ② 회화, ③ 회분, ④ 질산

해설

식품공전 > 제8. 일반시험법 > 9. 식품 중 유해물질 시험법 > 9.1 중금속 > 9.1.2 납(Pb) > 나. 시험용액의 조제 > 2) 건식회화법

1-2 다음은 식품 중 중금속 성분의 정량분석 과정이다. 괄호(①)를 채우고 중금속 시험법(②)을 5가지 쓰시오. [2015년 1회]

> 분석시료의 매질 고려 – (①) – 시험용액의 조제 – 기기분석

정답

① 분석 대상 원소 고려
② 중금속 시험법은 시험용액의 조제법과 기기분석법에 따라 분류한다.

구분	시험용액의 조제법	기기분석법
1	습식분해법(질산분해법)	유도결합플라즈마-질량분석법(ICP-MS)
2	습식분해법(마이크로웨이브법)	유도결합플라즈마-발광광도법(ICP-OES)
3	건식회화법	ICP에 의한 정량(환원기화법)
4	용매추출법	원자흡광광도법(AAS)
5	황산-질산환류법	AAS에 의한 정량(환원기화법)
6	–	AAS에 의한 정량(금아말감법)

해설

- 식품공전 > 제8. 일반시험법 > 9. 식품 중 유해물질 시험법 > 9.1 중금속
- 분석시료의 매질이란 식품공전 > 제8. 일반시험법 > 9. 식품 중 유해물질 시험법 > 9.1 중금속 > 9.1.1 시험시료에 규정되어 있는 육류, 곡류, 과실 및 채소류 등을 뜻한다.
- ICP-MS : Inductively Coupled Plasma Mass Spectrometry
- ICP-OES : Inductively Coupled Plasma Optical Emission Spectrometry
- AAS : Atomic Absorption Spectrometry

1-3 납(Pb)의 정성시험 중 시험용액에 크롬산칼륨 몇 방울을 가하였다. 이때 납이 용출되면 어떤 반응이 일어나는지 쓰시오. [2017년 1회]

정답

혼탁 또는 침전

1-4 유해 중금속(납, 카드뮴)의 검출방법 2가지를 쓰시오. [2020년 1회]

정답

- 유도결합플라즈마-질량분석법(ICP-MS)
- 원자흡광광도법(AAS)

해설

식품공전 > 제8. 일반시험법 > 9. 식품 중 유해물질 시험법 > 9.1 중금속 > 9.1.2(납) 및 9.1.3(카드뮴)

제7절 시약, 시액, 표준용액 및 용량분석용 규정용액

1. 시약, 시액, 표준용액 및 용량분석용 규정용액

1-1 다음의 정의를 쓰시오.

[2008년 3회]

> 표준용액, 표정, 역가

정답

- 표준용액 : 용량분석 시 기준이 되는 용액으로, 정확한 농도를 알고 있는 용액이다.
- 표정 : 표준용액 또는 규정용액을 직접 만드는 과정에서 mess flask에 정량선(눈금)까지 맞추는 것을 뜻하며 다른 말로 mass-up(매스업)이라고도 부른다.
- 역가 : factor라고 하며, 표정농도 ÷ 기준농도(소정농도)의 값으로 표시하는데, 용액이 얼마나 정확하게 만들어졌는지 알 수 있는 척도가 되며, 소수점 넷째 자리까지 표시한다.

해설

- 적정 : 용량분석 시 어떤 용액의 농도를 측정하기 위해 서로 다른 용액을 섞는 과정을 뜻하는 것으로, 뷰렛을 이용하여 삼각 플라스크에 용액을 조금씩 떨어뜨리는 행위를 적정이라고 한다.
- 표정농도 : 실제로 직접 용액을 만들었을 때의 농도이다(표준용액보다 정확하지 않음).
- 기준농도(소정농도) : 만들고자 하는 용액의 (목표)농도를 뜻한다.
- factor가 1보다 크면 소정농도보다 진한 것이고, 1보다 작으면 농도가 묽은 것이다.
- 산업현장에서는 보통 상업적으로 판매되고 있는 표준용액을 구매해서 쓰는데, 표준용액의 노르말농도에 factor를 곱하면 그 표준용액의 실제 농도(표정농도)가 된다.

1-2 중화적정의 정의에 의한 표준용액, 종말점, 지시약을 설명하고 표준용액, 지시약은 각 예시를 함께 쓰시오.

[2012년 3회]

정답

- 표준용액 : 산-염기 중화적정 시 정확한 농도를 알고 있는 용액(예 염산, 황산, 질산 등)
- 종말점 : 산-염기 중화적정에서 육안으로 봤을 때 지시약을 통해 중화반응이 끝난 지점
- 지시약 : 산-염기 중화적정에서 pH의 변화에 따른 색 변화로 적정의 당량점을 간접적으로 알 수 있도록 지시해주는 시약(예 메틸레드, 메틸오렌지, 페놀프탈레인 등)

해설

- 중화적정이란 산 또는 염기의 표준용액을 사용하여 농도를 알 수 없는 염기 또는 산을 적정함으로써 용량분석하는 방법이다.
- 당량점이란 이론적으로 산(또는 염기)에서 나온 수소이온(H^+)의 몰수와 염기에서 나온 수산화이온(OH^-)의 몰수가 같은 점을 말한다. 그러나 실험실에서 중화적정 시 사람의 육안으로 당량점을 정확하게 알 수는 없기 때문에 지시약을 넣어 pH의 변화에 따른 색 변화를 통해서 종말점으로 대신한다. 따라서 사람의 육안으로 판단하는 종말점은 당량점과 정확히 일치할 수는 없다.

1-3 역적정의 정의와 예를 2가지 쓰시오.

정답

- 정의 : 용량분석 시 시료용액에 과량의 표준용액을 가하여 중화반응을 끝낸 다음 반응하지 않고 남아있는 표준용액의 양을 다른 표준용액으로 적정하여 처음의 반응에서 쓰인 표준용액의 양을 구함으로써 시료용액의 양을 간접적으로 정량하는 적정법이다.
- 예시 : ① 수분 정량(칼피셔법), ② 조단백질 정량(킬달법), ③ 칼슘 정량(과망간산칼륨 용량법)

해설

역적정을 하는 이유

- 적정 시 지시약으로 확인이 불가능할 때 사용한다.
- 처음에 과량의 산-염기를 사용해 미지의 물질을 적정하고 나중에 남은 양을 지시약으로 확인 가능한 다른 물질로 적정해 몰수 차이를 구하면 미지 물질의 농도를 구할 수 있다.

CHAPTER 03 미생물시험법

29% 출제비중

제1절 일반사항

1. 미생물 검체의 채취(sampling)

1-1 미생물 시험 검체를 채취할 때 멸균 면봉으로 몇 cm²까지 채취해야 하는지 쓰시오.

[2014년 3회]

정답

검체 표면의 일정 면적(보통 100cm²)을 채취

해설

식품공전 > 제8. 일반시험법 > 4. 미생물시험법 > 4.3 시험용액의 제조 > 사. > 4) 고체표면검체

> 검체 표면의 일정 면적(보통 100cm²)을 일정량(1~5mL)의 희석액으로 적신 멸균거즈와 면봉 등으로 닦아내어 일정량(10~100mL)의 희석액을 넣고 강하게 진탕하여 부착균의 현탁액을 조제하여 시험용액으로 한다.

2. 검체의 채취 및 취급방법

2-1 다음을 읽고 빈칸을 채우시오.

[2010년 3회]

> 부패·변질 우려가 있는 검체는 미생물학적인 검사를 하기 위해 검체를 멸균용기에 무균적으로 채취하여 저온(①)을 유지시키면서 (②) 이내에 검사기관에 운반하여야 한다.

정답

① 5℃±3 이하
② 24시간

해설

식품공전 > 제7. 검체의 채취 및 취급방법 > 4. 검체의 채취 및 취급요령 > 4) 검체의 운반 요령 > (5) 미생물 검사용 검체의 운반 > ① 부패·변질 우려가 있는 검체

2-2 미생물 검체 채취 시 드라이아이스를 사용하면 안 되는 이유를 쓰시오. [2018년 3회, 2021년 1회]

정답

검체가 드라이아이스로 인해 냉동될 우려가 있고, 냉동 시 미생물이 일부 사멸될 수 있어 미생물 검사결과에 영향을 줄 수 있기 때문에 사용하면 안 된다.

해설

식품공전 > 제7. 검체의 채취 및 취급방법 > 4. 검체의 채취 및 취급요령 > 4) 검체의 운반 요령 > (4) 냉장 검체의 운반

> 드라이아이스 사용 시 검체가 냉동되지 않도록 주의하여야 한다.

3. 기구 및 재료

3-1 보기에 제시된 미생물 접종 기구를 사용 용도에 알맞게 넣으시오. [2022년 2회]

```
[보기]
백금이 : ○━━━━━━ , 백금선 : ━━━━━━ , 백금구 : ╰━━━━━
```

• 액체 고체 평판배지 미생물을 이식 및 도말할 때 사용 : (①)
• 혐기적 미생물을 천자배양할 때 사용 : (②)
• 곰팡이 포자를 채취 및 이식할 때 사용 : (③)

정답

① 백금이, ② 백금선, ③ 백금구

4. 시험용액의 제조

4-1 미생물 시험방법 중 고체검체의 제조방법에 대한 설명이다. 빈칸을 쓰시오. [2008년 3회]

> 채취된 검체의 일정량(   )을 멸균된 가위와 칼 등으로 잘게 자른 후 희석액을 가해 균질기를 이용해서 가능한 한 저온으로 균질화한다. 여기에 희석액을 가해서 일정량(100~250mL)으로 한 것을 시험용액으로 한다.

정답

10~25g

해설

식품공전 > 제8. 일반시험법 > 4. 미생물시험법 > 4.3 시험용액의 제조 > 사. > 3) 고체검체

4-2 다음은 소시지 미생물 검사 시 시험용액 제조방법에 대한 설명이다. 검체 채취량(g) 및 사용시 액(용액)의 이름을 쓰시오.
[2019년 1회]

> 채취된 검체의 일정량을 멸균된 가위와 칼 등으로 잘게 자른 후 희석액을 가해 균질기를 이용해서 가능한 한 저온으로 균질화한다. 여기에 희석액을 가해서 일정량(100~250mL)으로 한 것을 시험용액으로 한다.

정답
- 검체 채취량 : 10~25g
- 시액 : 멸균생리식염수(또는 멸균인산완충액)

해설
4-1과 같은 문제이다. 다만, '고체검체' 대신 '소시지'로 바꿔서 출제한 경우다.

4-3 미생물 시험에서 희석할 때 쓰는 용액 2가지와 검체에 지방이 많을 경우 첨가하는 화학첨가물을 쓰시오.
[2014년 2회, 2018년 1회]

정답
- 미생물 시험용 희석액 : 멸균생리식염수, 멸균인산완충액
- 화학첨가물 : Tween 80

해설
- 식품공전 > 제8. 일반시험법 > 4. 미생물시험법 > 4.3 시험용액의 제조 > 라.

> 희석액은 멸균생리식염수, 멸균인산완충액 등을 사용할 수 있다. 단, 별도의 시험용액 제조법이 제시되는 경우 그에 따른다.

- 식품공전 > 제8. 일반시험법 > 4. 미생물시험법 > 4.3 시험용액의 제조 > 바.

> 지방분이 많은 검체의 경우는 Tween 80과 같은 세균에 독성이 없는 계면활성제를 첨가할 수 있다.

제2절 그람염색(gram stain)

1. 그람염색(gram stain)

1-1 그람염색 시 양성균, 음성균의 색깔 변화에 대해 설명하시오. [2006년 3회, 2010년 2회]

정답

구분	1단계	2단계	3단계	4단계
염색시약	크리스털 바이올렛	아이오딘(루골액)	알코올	사프라닌
염색순서	1차 염색	염색약 고정	탈색	2차 염색
그람양성	보라색	보라색	보라색	보라색
그람음성	보라색	보라색	탈색	붉은색

※ 염색시약 색깔 : 크리스털 바이올렛(보라색), 사프라닌(붉은색)

해설

책에 따라 그람음성의 색이 붉은색 혹은 분홍색 등으로 달리 표기되어 있어 헷갈릴 수 있는 문제이다. 그러나 실제로 현미경을 통해 관찰해 보면 붉은색에 더 가깝다는 것을 알 수 있다. 하지만 분홍색이라고 해도 틀린 답은 아니다. 위 문제의 출제의도는 그람염색의 원리를 알고 있는지 여부를 묻는 것이기 때문에 붉은색 혹은 분홍색이라고 써도 모두 정답으로 인정해 줄 것이다.

1-2 그람염색에 사용되는 시약의 사용 순서를 쓰시오. [2008년 1회, 2020년 4·5회]

정답

크리스털 바이올렛 → 아이오딘(루골액) → 알코올 → 사프라닌

해설

1-1 정답 참고

제3절 시험법

1. 세균수(총균수와 생균수)

1-1 식품오염 미생물 검사 중 총균수와 생균수를 분류하여 검사할 때 총균수와 생균수의 차이를 설명하시오.

[2010년 1회]

정답

구분	총균수	생균수
정의	생균과 사균의 총칭	생균(살아 있는 균)
검사방법	현미경 검경	균 배양
검사시간	단시간	24~48시간
검사목적	원유 중 오염된 세균 측정	위생지표균

해설

• 위생지표균 : 식품의 원료, 제조·가공, 보관 및 유통환경 전반에 대한 위생수준의 지표가 되는 균
• 식품공전 > 제8. 일반시험법 > 4. 미생물시험법 > 4.5 세균수 > 4.5.1 일반세균수(생균수) 및 4.5.2 총균수

2. 세균발육시험

2-1 식품공전의 미생물시험법에서 세균발육시험은 어떤 제품을 검사하는 시험인지 쓰시오.

[2023년 1회]

정답

장기보존식품 중 통·병조림식품, 레토르트식품

해설

식품공전 > 제8. 일반시험법 > 4. 미생물시험법 > 4.6 세균발육시험

장기보존식품 중 통·병조림식품, 레토르트식품에서 세균의 발육 유무를 확인하기 위한 것이다.

2-2 통조림 가온보존시험과 관련하여 빈칸에 들어갈 알맞은 말을 쓰시오. (단, 양성, 음성 중 골라 쓰시오.)

[2023년 3회]

> 4.6 세균발육시험
> 장기보존식품 중 통·병조림식품, 레토르트식품에서 세균의 발육 유무를 확인하기 위한 것이다.
>   가. 가온보존시험
>   시료 5개를 개봉하지 않은 용기·포장 그대로 배양기에서 35~37℃에서 10일간 보존한 후, 상온에서
>   1일간 추가로 방치한 후 관찰하여 용기·포장이 팽창 또는 새는 것은 세균발육 (①)으로 하고
>   가온보존시험에서 (②)인 것은 다음의 세균시험을 한다.

정답

① 양성, ② 음성

해설

식품공전 > 제8. 일반시험법 > 4. 미생물시험법 > 4.6 세균발육시험 > 가. 가온보존시험

3. 대장균군

3-1 대장균군 검사가 식품안전도의 지표로 사용되는 이유를 검사 결과 양성과 대장균군 생존 특성을 포함하여 설명하고 이와 관련된 세균속(명)을 3가지 정도 쓰시오.

[2012년 3회]

정답

- 대장균군은 사람과 동물의 장내에서 주로 서식하는 미생물이므로 대장균군 검사 결과 양성일 경우 그 자체는 병원성이 없지만 대장균군과 서식환경이 비슷한 식중독균이 있을 것으로 추정할 수 있다. 따라서 대장균군 검사는 식품의 원료, 제조·가공, 보관 및 유통환경 전반에 대한 위생수준의 지표가 된다.
- *Escherichia*속, *Klebsiella*속, *Enterobacter*속, *Citrobacter*속

해설

식품공전에 등재된 위생지표균은 세균수, 대장균, 대장균군이다.

3-2   대장균군 시험법에서 시험방법 순서와 각 해당 배지를 쓰시오. [2006년 3회]

정답

• 순서 : 추정시험 → 확정시험 → 완전시험
• 해당 배지
 − 추정시험 : 유당배지
 − 확정시험 : BGLB 배지, Endo 한천배지 또는 EMB 한천배지
 − 완전시험 : 보통한천배지 또는 Tryptic Soy 한천배지

해설

완전시험에서 Tryptic Soy 한천배지는 식품공전이 개정(2023.11.28.)되면서 추가되었다.
식품공전 > 제8. 일반시험법 > 4. 미생물시험법 > 4.7 대장균군 > 4.7.1 정성시험 > 가. 유당배지법

3-3   대장균군 정성시험 중 유당배지법의 3단계와 각 시험에 사용되는 배지를 쓰시오.

[2023년 3회]

구분	시험	배지
1단계	①	④
2단계	②	⑤, ⑥
3단계	③	⑦

정답

① 추정시험, ④ 유당배지(LB Broth)
② 확정시험, ⑤ BGLB배지, ⑥ Endo 한천배지 또는 EMB 한천배지
③ 완전시험, ⑦ 보통한천배지 또는 Tryptic Soy 한천배지

해설

식품공전 > 제8. 일반시험법 > 4. 미생물시험법 > 4.7 대장균군 > 4.7.1 정성시험 > 가. 유당배지법
※ 대장균의 정성시험 중 한도시험법의 3단계 및 배지와 혼동하지 않아야 한다.
 • 추정시험 : EC 배지(EC Broth)
 • 확정시험 : EMB 배지
 • 완전시험 : 보통한천배지 또는 Tryptic Soy 한천배지

4. 최확수법

4-1 최확수법의 의미와 표시방법을 쓰시오.

[2020년 4·5회]

정답

- 의미 : 이론상 가장 가능한 수치(MPN ; Most Probable Number)를 말하며 동일 희석배수의 시험용액을 배지에 접종하여 대장균군의 존재 여부를 시험하고 그 결과로부터 확률론적인 대장균군의 수치를 산출하여 최확수(MPN)로 표시하는 방법이다.
- 표시방법 : MPN/g(mL)

해설

- 식품공전 > 제8. 일반시험법 > 4. 미생물시험법 > 4.7 대장균군 > 4.7.2 정량시험 > 가. 최확수법
- 최확수법의 규정에는 검체 1g 중에 존재하는 대장균군수(MPN/g)를 표시하는 것이라고 하였으나, 식품공전에 등재된 '생식용 굴'의 규격은 100g 중에 존재하는 대장균군수인 MPN/100g으로 규격화되어 있다.

4-2 대장균군 정량시험방법으로 이론상 가장 가능한 수치를 말하며, 동일 희석배수의 시험용액을 배지에 접종하여 대장균군 혹은 대장균의 존재 여부를 시험하고 그 결과로부터 확률론적인 수치를 산출하여 표시하는 방법이 무엇인지 쓰시오.

[2023년 3회]

정답

최확수법(MPN법)

해설

4-1 해설 참고

5. 대장균

5-1 대장균 시험법에서 가스 발생 여부를 확인하기 위해 시험관에 넣는 기구의 이름은 무엇인지 쓰시오.

[2021년 2회]

정답

발효관(Durham tube)

해설

식품공전 > 제8. 일반시험법 > 4. 미생물시험법 > 4.2 기구 및 재료 > 거. 발효관(Durham tube, Smith tube)

5-2 다음을 읽고 빈칸에 들어갈 대장균의 양성, 음성 반응을 +, -로 쓰시오.

[2023년 2회]

> 최확수법에서 가스 생성과 형광이 관찰된 것은 IMViC test를 이용해 최종확인을 한다. 최종확인 결과, Indole test(①), MR(Methyl Red) test(②), VP(Voges-Proskauer) test(③), Citrate test(④)의 결과를 나타내는 것은 대장균으로 규정한다.

정답

① +   ② +

③ -   ④ -

해설

식품공전 > 제8. 일반시험법 > 4. 미생물시험법 > 4.8 대장균 > 4.8.2 정량시험 > 가. 최확수법 > 3) 유가공품·식육가공품·알가공품 > 나) 대장균 확인시험

체크 포인트 | **IMViC시험**

Escherichia coli(대장균)과 마찬가지로 *Enterobacter aerogenes*는 유당(lactose)을 분해하여 산과 가스를 형성하고 데옥시콜레이트 한천배지에서 붉은색의 콜로니를 형성하므로 이를 구별하기 위한 감별시험 목적으로 실시하며 다음과 같이 4개의 시험과정이 있다.

I : Indole 시험	• tryptophan을 분해하는 효소(tryptophanase)의 생성 여부 확인 • 판독결과 : 양성(붉은색 띠) / 음성(색 변화 없음)
M : Methyl Red 시험	• glucose 대사과정 중 pyruvic acid로부터 여러 유기산(lactic acid 등) 생성 여부 확인 • 판독결과 : 양성(붉은색) / 음성(노란색)
Vi : Voges-Proskauer 시험	• glucose 대사과정 중 pyruvic acid로부터 최종산물인 2,3-butanediol로 대사되고 있는지 여부를 확인하는 시험으로서 중간산물인 acetoin 생성 여부를 통해 검출 • 판독결과 : 양성(붉은색) / 음성(색 변화 없음)
C : Citrate 시험	• citrate를 탄소원으로, ammonium phosphate를 질소원으로 이용하는지 여부 확인 • 판독결과 : 양성(파란색) / 음성(녹색)

6. 장출혈성대장균

6-1 다음은 장출혈성대장균 시험법에 대한 내용이다. 빈칸을 채우시오.
[2020년 2회]

> 본 시험법은 대장균 (①)과 대장균 (②)이 아닌 (③) 생성 대장균(VTEC ; Verotoxin-producing *E. coli*)을 모두 검출하는 시험법이다. 장출혈성대장균의 낮은 최소감염량을 고려하여 검출 민감도 증가와 신속 검사를 위한 스크리닝 목적으로 증균 배양 후 배양액(1~2mL)에서 베로독소 유전자 확인시험을 우선 실시한다. 베로독소(VT1 그리고/또는 VT2) 유전자가 확인되지 않을 경우 불검출로 판정할 수 있다. 다만, 베로독소 유전자가 확인된 경우에는 반드시 순수 분리하여 분리된 균의 베로독소 유전자 보유 유무를 재확인한다. 베로독소가 확인된 집락에 대하여 생화학적 검사를 통하여 대장균으로 동정된 경우 장출혈성대장균으로 판정한다.

정답

① O157:H7
② O157:H7
③ 베로독소

해설

- 식품공전 > 제8. 일반시험법 > 4. 미생물시험법 > 4.16 장출혈성대장균
- 국제적 용어 조화를 위해 장출혈성대장균 시험법의 독소명이 변경되었다(2020.6.26.).

> 베로독소 → 시가독소(동의어 : 베로독소)
> (VTEC, Verotoxin-producing *E. coli*) → (STEC, Shiga toxin producing *E.coli*)

7. 살모넬라

7-1 살모넬라균을 TSI 사면배지에 접종 시 붉은색의 결과가 나오는데 그 이유를 쓰시오.

[2016년 1회]

정답

TSI 사면배지에는 sucrose 10g, lactose 10g, dextrose 1g이 들어있다. 살모넬라는 sucrose와 lactose를 분해하지 못하고 dextrose만 분해하는데 이때 생성되는 산(acid)의 양이 매우 적어(dextrose 1g 함유) 배지에 함유되어 있는 phenol red(지시약)에 의해 붉은색을 띤다.

해설

- TSI는 Triple Sugar Iron의 약자다. 즉, 3개의 당이 함유되어 있는데 sucrose(자당), lactose(유당), dextrose(포도당)이다.
- phenol red의 변색 범위 : 산성(노란색), 염기성(빨간색)

8. 혐기성 세균 배양법

8-1 혐기성 세균 배양방법 3가지를 쓰시오. [2015년 3회]

> **정답**

① 가스팩(gas-pak)법
② 혐기성 챔버(anaerobic chamber)법
③ 진공배양법
④ 질소가스유입법

> **해설**

위 방법 모두 혐기적 조건(산소가 없는 상태)을 만들어주는 장비들이다.

9. 현적배양법

9-1 홀 슬라이드 글라스 사용 시 실험 명칭과 목적을 쓰시오. [2016년 2회, 2021년 1회]

> **정답**

• 명칭 : 현적배양(hanging-drop culture)
• 목적 : 살아 있는 미생물의 세균배열, 변형된 세포형태, 운동성 등을 관찰하기 위함

> **해설**

현적배양은 한 방울의 배양액에서 미생물이나 조직을 현미경으로 관찰하면서 배양하는 것이다. 배양액 방울이 배양 접시 위에 위치한 배양판(커버글라스)에 매달린 채로 방울 내부의 세포들이 중력에 의해 아래에 응집하여 조직을 형성하게 하는 원리를 이용한 방법이다.

10. 노로바이러스

10-1 노로바이러스의 무증상 작용, 외부환경에서 오래 생존할 수 있는 이유, 배양하기 어려운 이유를 쓰시오. [2013년 3회]

> **정답**

• 무증상 작용 : 구토나 설사 등의 임상 증상이 없어도 분변을 통해 노로바이러스를 체외로 배출시킨다.
• 외부환경에서 오래 생존할 수 있는 이유 : 노로바이러스는 물리·화학적으로 안정하여 다양한 환경에서 장기간 생존 가능하다.
• 배양하기 어려운 이유 : 노로바이러스는 사람의 장내(소장 점막)에서만 증식하기 때문이다.

> **해설**

• 노로바이러스의 생존기간 : -20℃~-80℃(수년~수십년), 실온(10일), 10℃ 해수(1개월)
• 현재까지 노로바이러스 식중독의 백신 또는 치료제는 개발되지 않았다.

11. 파지측정법

11-1 phage 측정방법 중 한천중첩법을 사용한 플라크계수법에서 plaque의 정의와 플라크계수법으로 phage를 측정하는 방법을 쓰시오. [2018년 3회]

정답

- plaque의 정의 : 파지가 숙주(세균)에서 증식하면서 숙주세포를 용해시켜 생긴 투명한 환
- 플라스크계수법을 이용한 phage 측정방법 : 적당히 희석한 파지액에 숙주(세균)를 접종하여 생긴 플라크(plaque) 수로부터 원액의 파지 농도를 측정하며, 단위는 PFU/g(mL)이다.

해설

- phage(파지)란 bacteriophage(박테리오파지)의 약자로 박테리아(세균)를 숙주로 하는 바이러스를 통칭하는 뜻이다. PFU는 Plaque Forming Unit의 약자이다.
- 박테리오파지는 박테리아 포식자이므로 병원성 세균의 제어, 식중독 세균의 저감화 기술개발, 부패세균의 제어를 통한 식품의 신선도 유지와 같은 분야에 활용될 수 있다.

12. 생물학적 검사방법

12-1 식품의 생물학적 검사방법 4가지를 쓰시오. [2007년 3회]

정답

세균수검사, 세균발육시험, 대장균군검사, 대장균검사, 유산균수검사, 진균수(효모 및 사상균수)검사, 식중독균검사

해설

- 식품공전 > 제8. 일반시험법 > 4. 미생물시험법
- 식품공전에 등재된 식중독균은 살모넬라, 황색포도상구균, 장염비브리오, 클로스트리디움 퍼프린젠스, 리스테리아 모노사이토제네스, 장출혈성대장균, 여시니아 엔테로콜리티카, 바실루스 세레우스, 캠필로박터 제주니/콜리, 클로스트리디움 보툴리눔, 크로노박터, 탄저균, 결핵균, 브루셀라, 식품용수 등의 노로바이러스, 비브리오 패혈증균, 비브리오 콜레라 등이 있다.

13. 미생물의 보존법

13-1 미생물의 보존법 중 동결건조보존법의 원리와 장점을 쓰시오. [2022년 1회]

정답

- 원리 : 보존하려는 미생물 배양액을 물의 삼중점을 응용하여 동결상태에서 수분을 승화시키는 건조방법
- 장점 : 미생물의 균체 손상 최소화, 교차오염 차단 및 운반·취급 용이, 장기간 보존 가능

해설

동결건조보존법은 배양한 미생물을 동결보존제(skim milk, 탈지유)와 섞어 그 액을 앰플에 주입한 후 동결건조기에 넣고 동결시키면서 진공을 걸어 수분만을 승화·건조시키는 방법이다.

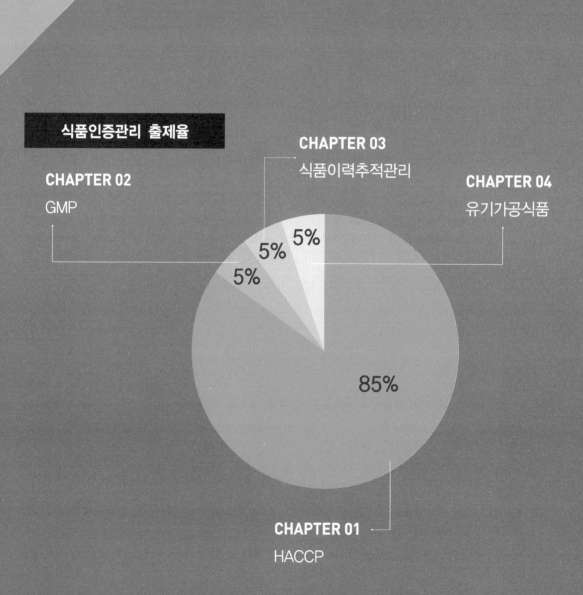

식품인증관리 출제율

CHAPTER 02

GMP

CHAPTER 03

식품이력추적관리

CHAPTER 04

유기가공식품

5%

5%

5%

85%

CHAPTER 01

HACCP

PART 03

식품인증관리

TEST ANALYSIS

출제빈도 분석

2004~2023(20개년)	출제문항			출제비중(%)
	계	서술	계산	
CHAPTER 01 HACCP	36	36		85
CHAPTER 02 GMP	2	2		5
CHAPTER 03 식품이력추적관리	2	2		5
CHAPTER 04 유기가공식품	2	2		5
계	42	42		100

CHAPTER
01 HACCP

85% 출제비중

제1절 선행요건관리

1. GMP와 SSOP

1-1 GMP, SSOP가 무엇인지 쓰시오. [2010년 1회]

1-2 GMP, SSOP의 정의를 쓰시오. [2019년 3회]

1-3 PRP(Pre-requisite Program)에서 GMP, SSOP에 대하여 설명하시오. [2020년 4·5회]

정답

1-1, 1-2, 1-3
GMP와 SSOP는 HACCP(7원칙 12절차)을 운영하기 위해 필요한 선행요건관리를 뜻하며, 각 용어의 정의는 다음과 같다.
- GMP(Good Manufacturing Practice, 적정제조기준) : 안전하고 위생적인 식품을 생산하기 위한 시설과 제조설비 등에 관한 하드웨어적인 기준
- SSOP(Sanitation Standard Operating Procedure, 위생관리기준) : 안전하고 위생적인 식품을 생산하기 위한 개인위생, 세척·소독 등에 관한 소프트웨어적인 기준

해설

GMP와 SSOP를 합쳐서 '선행요건관리(PRP ; Pre-requisite Program)'라고 부른다. HACCP(7원칙 12절차)을 원활하게 운영하기 위해서 반드시 '선행'해야 할 '요건'들의 '관리'기준을 뜻하며, 모두 8개 분야가 있다.
- 영업장 관리
- 위생관리
- 제조·가공시설 설비관리
- 냉장·냉동시설 설비관리
- 용수관리
- 보관·운송관리
- 검사관리
- 회수프로그램 관리

1-4 식품 및 축산물 안전관리인증기준(HACCP)에 따른 식품(식품첨가물 포함)제조 · 가공업, 건강기능식품제조업, 집단급식소식품판매업, 축산물가공업의 영업장 관리 중 작업장 관리의 선행요건 3가지에 대해 쓰시오. [2020년 1회]

정답

① 작업장은 독립된 건물이거나 식품(축산물 포함) 취급 외의 용도로 사용되는 시설과 분리되어야 한다.
② 작업장(출입문, 창문, 벽, 천장 등)은 누수, 외부의 오염물질이나 해충 · 설치류 등의 유입을 차단할 수 있도록 밀폐 가능한 구조여야 한다.
③ 작업장은 청결구역과 일반구역으로 분리하고, 제품의 특성과 공정에 따라 분리, 구획 또는 구분할 수 있다.

해설

• 영업장 관리는 선행요건관리의 8개 분야 중 하나로, 작업장, 건물 바닥 · 벽 · 천장, 배수 및 배관, 출입구, 통로, 채광 및 조명, 부대시설(화장실, 탈의실 등)의 관리기준에 관한 것을 규정한 것으로, 작업장은 위 정답과 같이 3가지 기준이 있다.
• 이 문제는 'HACCP 실시상황평가표'를 완벽하게 숙지하고 있어야 풀 수 있는 문제다.
  ※ 'HACCP 실시상황평가표' 다운로드 방법 : 식품의약품안전처 홈페이지 > 법령/자료 > 법령정보 > 고시훈령예규 > 「식품 및 축산물 안전관리인증기준」 고시 전문 내려받기(해당 고시문의 [별표 4]에서 확인 가능)

2. COP와 CIP

2-1 식품공장에서 기계설비를 세정하는 방법 3가지를 쓰시오. [2005년 1회, 2007년 1회]

정답

① WIP(Water In Place) : 물로 세정하고 열수(끓는물)로 살균하는 방법으로, 기계장치를 세척장소로 옮기거나 분해하지 않고 그대로 두고 사람이 직접 세정하는 수동세척법이다.
② COP(Cleaning Out of Place) : 기계장치를 세척장소로 옮겨 부속품을 분해하여 세정 및 살균하는 방법으로 사람이 직접 세정하는 수동세척법이다.
③ CIP(Cleaning In Place) : 기계장치를 분해하지 않고 그대로의 상태에서 세정 및 살균하는 방법으로 CIP 장비의 자동제어로 세정하는 자동세척법이다.

2-2 CIP(Cleaning In Place, 정치세척)에 대해 쓰시오. [2005년 3회]

2-3 우유나 주스와 같은 유동성 식품의 제조 시 장치를 청소, 세척하는 CIP 방법이란 무엇인지 쓰시오. [2009년 1회]

정답

2-2, 2-3

기계장치를 분해하지 않고 그대로의 상태에서 세정 용액을 작용시켜 식품과 접촉하는 표면을 세정, 살균하는 방식이다.

해설

CIP의 필수조건

온도	온도가 높을수록 세척효과가 크므로 세척온도는 약 70~90℃로 한다.
시간	세척시간은 길수록 좋다.
농도	세척제의 농도가 너무 낮으면 세척효과가 떨어지고, 농도가 너무 높으면 화학작용이 강해서 설비에 부식을 가져올 수 있다.
유속	유속은 세척액이 흐르는 속도를 의미하는데, 유속이 빠를수록 유체의 흐름 패턴이 난류가 되어 배관 내에서 요동치며 흐르게 된다. CIP 유속은 보통 1.5~3m/s이다.

2-4 분무세척 시 다음 각각의 세척효과에 대한 장단점을 쓰시오. [2009년 1회]

구분	장점	단점
물의 분사압력이 강할 경우	①	③
물의 분사거리가 너무 멀 경우	-	④
물의 분사거리가 너무 가까울 경우	-	⑤
물의 사용량이 너무 많을 경우	②	⑥

정답

① 오염이 심한 이물질이나 미생물 제거
② 세척횟수 증가로 이물질이나 미생물 제거 우수
③ 제품의 파손 위험과 오염물질 비산으로 교차오염
④ 오염물질이나 미생물의 잔존
⑤ 세척되지 않는 사각지대 발생
⑥ 물 낭비로 인한 생산비용 증가 및 긴 세척시간으로 생산성 저하

해설

분무세척(spray water cleaning)이란 식품 표면에 물을 분무시켜 씻는 방법이다. 습식세척법 중 가장 많이 사용되며, 분무 시 사용하는 수압과 수온, 사용수량, 분무개수, 식품과의 거리, 씻는 시간 등에 의해서 세척효율이 좌우된다. 분무세척법에는 컨베이어형과 드럼형이 있다.

2-5 교차오염의 정의에 대해 쓰시오. [2011년 2회]

정답

교차오염이란 오염되지 않은 식재료나 음식이 오염된 식재료, 기구, 종사자와의 접촉으로 인해 미생물이 혼입되어 오염되는 것을 말한다.

해설

교차오염이 가능한 상황
- 어패류를 손질한 도마·칼로 생으로 섭취할 채소를 손질한 경우
- 익히지 않은 육류, 어패류 등과 조리된 음식을 접촉시킨 경우
- 화장실에 다녀온 후 손을 씻지 않고 음식을 조리한 경우

3. 온도

3-1 HACCP에서 요구하는 냉장온도와 냉동온도를 쓰시오. [2008년 2회]

3-2 다음 빈칸에 들어갈 말을 쓰시오. [2023년 1회]

> HACCP에서 제시된 냉장보관 온도는 ( ) 이하이며, 가금육이나 훈제연어 등은 ( ) 이하, 냉동식품은 ( ) 이하이다.

정답

3-1, 3-2
- 냉장온도 : 10℃ 이하(다만, 신선편의식품, 훈제연어, 가금육은 5℃ 이하)
- 냉동온도 : -18℃ 이하

해설

「식품 및 축산물 안전관리인증기준」 제5조(선행요건 관리) > [별표 1] 선행요건(제5조 관련) > Ⅰ. 식품(식품첨가물 포함)제조·가공업소, 건강기능식품제조업소 및 집단급식소식품판매업소, 축산물작업장·업소 > 라. 냉장·냉동시설·설비 관리

> 33. 냉장시설은 내부의 온도를 10℃ 이하(다만, 신선편의식품, 훈제연어, 가금육은 5℃ 이하 보관 등 보관온도 기준이 별도로 정해져 있는 식품의 경우에는 그 기준을 따른다), 냉동시설은 -18℃ 이하로 유지하고, 외부에서 온도변화를 관찰할 수 있어야 하며, 온도 감응 장치의 센서는 온도가 가장 높게 측정되는 곳에 위치하도록 한다.

※ 편저자 주 : HACCP에서 제시하는 보관온도는 식품위생법에 따른 「식품공전」을 준용하므로 비슷한 문제를 PART 04 식품위생 관련 법규에서도 확인할 수 있다.

3-3 **급식업체의 음식 조리 후 섭취 완료 시간에 대해 쓰시오.** [2019년 1회]

정답

- 28℃ 이하의 경우는 조리 후 2~3시간 이내 섭취 완료
- 보온(60℃ 이상) 유지 시 조리 후 5시간 이내 섭취 완료
- 제품의 품온을 5℃ 이하 유지 시 조리 후 24시간 이내 섭취 완료

해설

이 문제는 집단급식소, 식품접객업(위탁급식영업), 운반급식의 HACCP 선행요건관리를 묻는 질문이다. 선행요건관리 중 '위생관리'의 '완제품 관리(HACCP 실시상황평가표 29번 항목)'에 규정되어 있다.

4. 보존식

4-1 **식품 및 축산물 안전관리인증기준(HACCP)에 따라 집단급식소, 식품접객업소(위탁급식영업) 및 운반급식(개별 또는 벌크포장)의 작업위생관리 중 보존식에 대한 기준을 분량, 온도, 시간을 포함하여 쓰시오.** [2017년 3회, 2022년 1회]

정답

조리한 식품은 소독된 보존식 전용용기 또는 멸균 비닐봉지에 매회 1인분 분량을 −18℃ 이하에서 144시간 이상 보관하여야 한다.

해설

- 집단급식소, 식품접객업(위탁급식영업) 및 운반급식(개별 또는 벌크포장)의 경우 HACCP 실시상황평가표 33번 항목에 규정되어 있다.

  > ※ HACCP 실시상황평가표 찾는 방법 : 식품의약품안전처 홈페이지 > 법령/자료 > 법령정보 > 고시훈령예규
  > 「식품 및 축산물 안전관리인증기준」 > [별표 4]

- 보존식이란 「식품위생법」 제88조제2항제2호 및 같은 법 시행규칙 제95조제1항에 따라 집단급식소에서 조리 · 제공한 식품 중 매회 1인분 분량을 보관한 식품을 말한다. 보존식은 식품위생법에 따라 「집단급식소 급식안전관리 기준」을 통해서 운영되어 오다가, HACCP에서도 보존식을 관리하게 되었다.

  체크 포인트 **보존식 규정 완화**

  「집단급식소 급식안전관리 기준」 일부개정고시(안) 행정예고(공고번호 제2023-141호, 2023.3.16.)에 의하면 집단급식소에서 보존식으로 보관하지 않아도 되는 식품은 다음과 같다.
  - 빵류, 떡류, 기타 코코아가공품, 식육가공품, 알가공품류, 유가공품류, 조미건어포, 생식류, 즉석섭취 · 편의식품류를 제외한 실온제품
  - 빙과류 중 빙과
    ※ 참고로, 빙과류는 아이스크림류, 빙과, 아이스크림믹스류, 식용얼음 등을 말한다.

  위와 같이 식품위생법에 따른 보존식 규정은 일부 완화될 예정이지만, HACCP에서는 적용되지 않는다. 다만, 앞으로 HACCP에서도 보존식 규정이 완화될 가능성은 있다.

1. HACCP의 정의

1-1 다음은 HACCP의 내용이다. 빈칸에 들어갈 내용을 쓰시오. [2020년 3회, 2023년 2회]

'중요관리점(CCP ; Critical Control Point)'이란 안전관리인증기준(HACCP)을 적용하여 식품·축산물의 위해요소를 (①)·(②)하거나 허용 수준 이하로 (③)시켜 해당 식품·축산물의 안전성을 확보할 수 있는 중요한 단계·과정 또는 공정을 말한다.

정답

① 예방
② 제어
③ 감소

해설

「식품 및 축산물 안전관리인증기준」 제2조 참고

이전에는 ②가 '제거'였으나 현재는 '제어'로 개정되었다. 이유는 현재의 가공기술로는 위해요소를 완벽히 제거하기 어렵고, 혹은 제거할 수 있더라도 생산공정 중 가혹한 조건을 통해 제품의 품질이 떨어지거나 필요 이상의 비용을 발생시킬 수 있기 때문이다. 따라서 제품에 함유된 위해요소를 허용 수준(안전한 수준)까지 낮추는 정도면 충분하므로 '제어'로 바뀐 것이다.

2. 7원칙 12절차

2-1 식품제조현장에서 위해물질의 혼입과 오염을 방지하기 위한 제도인 HACCP 적용을 위한 7가지 원칙이 무엇인지 쓰시오.　　　　　　　　　　　　　　　　　　　　[2006년 1회]

2-2 HACCP의 7가지 원칙에 대해 쓰시오.　　　　[2012년 3회, 2014년 1회, 2017년 2회, 2022년 2회]

2-3 HACCP 준비 5단계에 대해 쓰시오.　　　　　　　　　　　　　　　　　　　[2014년 2회]

2-4 HACCP 준비단계 5절차와 7원칙이 무엇인지 쓰시오.　　　　　　　　　　　[2017년 1회]

2-5 HACCP 관련한 절차에 대하여 다음 빈칸을 채우시오.　　　　　　　　　　　[2021년 2회]

> ① (　　)이란, 중요관리점에서 위해요소의 관리가 허용 범위 이내로 충분히 이루어지고 있는지를 판단할 수 있는 기준 또는 기준치
> ② (　　)이란, 중요관리점에 설정된 ①을 적절히 관리하고 있는지를 확인하기 위하여 수행하는 일련의 계획된 관찰이나 측정하는 행동
> ③ (　　)란, ②의 결과 중요관리점의 ①을 이탈할 경우 취하는 일련의 조치
> ④ (　　)이란, HACCP 관리계획의 유효성과 실행 여부를 정기적으로 평가하는 일련의 활동

정답

2-1, 2-2, 2-3, 2-4
• 준비 5단계
　① HACCP 팀 구성
　② 제품설명서 작성
　③ 사용용도 확인
　④ 공정흐름도 작성
　⑤ 공정흐름도 현장 확인
• 7원칙
　① 위해요소분석
　② 중요관리점(CCP) 결정
　③ 중요관리점의 한계기준 설정
　④ 중요관리점별 모니터링 체계 확립
　⑤ 개선조치 방법 수립
　⑥ 검증절차 및 방법 수립
　⑦ 문서화 및 기록유지 방법 설정

2-5
① 한계기준, ② 모니터링, ③ 개선조치, ④ 검증

해설

준비 5단계와 7원칙을 합하여 HACCP의 7원칙 12절차라고 하며, 12절차에 관한 기준을 모아놓은 것을 'HACCP관리기준서'라고 한다. 참고로 HACCP의 기준서는 크게 '선행요건관리기준서'와 'HACCP관리기준서'가 있다.

3. 제품설명서와 공정흐름도

3-1 HACCP에서 제품설명서와 공정흐름도 작성의 주요 목적과 각각 포함되어야 하는 사항의 예를 2가지씩 쓰시오. [2009년 1회]

3-2 HACCP에서 제품설명서와 공정흐름도의 목적을 쓰고, 세부사항을 2가지씩 쓰시오. [2012년 1회]

정답

3-1, 3-2
- 제품설명서 작성
  - 목적 : 제품 특성을 정확히 파악함으로써 잠재적인 위해요소분석과 중요관리점을 결정하는 데 용이하도록 하기 위해서 작성한다.
  - 예시 : 제품명, 제품유형 및 성상, 품목제조보고 연월일, 작성자 및 작성 연월일, 성분 배합비율, 제조(포장)단위, 완제품 규격, 보관 및 유통상의 주의사항, 소비기한, 포장방법 및 재질 등
- 공정흐름도 작성
  - 목적 : 원료의 입고부터 완제품의 출고까지 해당 제품 공급에 필요한 모든 공정별로 위해요소의 교차오염 또는 2차 오염, 증식 등의 가능성을 파악하기 위해 작성한다.
  - 예시 : 제조·가공·조리공정도, 작업장 평면도, 급기 및 배기 등 환기 또는 공조시설 계통도, 급수 및 배수처리 계통도 등

4. 위해요소

4-1 HACCP에서 물리적 위해요소의 정의와 원인을 쓰시오. [2009년 3회]

정답

- 정의 : 제품에 내재하면서 인체의 건강을 해할 우려가 있는 인자 중에서 돌조각, 유리조각, 플라스틱 조각, 쇳조각 등을 말한다.
- 원인 : 제조과정 중 원료의 세척 미흡, 도구 또는 기계의 파손 등으로 인해 비의도적으로 이물질이 혼입될 수 있다.

4-2 식품 및 축산물 안전관리인증기준의 위해요소 분석표이다. 다음의 표를 보고 BCP 각각의 예를 1가지씩 들어 설명하시오. [2020년 3회]

일련 번호	원부자재명/ 공정명	구분	위해요소		위해평가			예방조치 및 관리방법
			명칭	발생원인	심각성	발생 가능성	종합평가	
1		B						
		C						
		P						

정답

일련 번호	원부자재명/ 공정명	구분	위해요소		위해평가			예방조치 및 관리방법
			명칭	발생원인	심각성	발생 가능성	종합평가	
1	아로니아농축액	B	살모넬라	원료 자체에서 오염	2	1	2	입고검사 기준 강화
	아로니아농축액	C	잔류농약	원료 자체에서 오염	2	1	2	입고검사 기준 강화
	아로니아농축액	P	금속성 이물	설비 파손에 의한 혼입	3	1	3	공정 중 이물선별 공정 준수

해설

- B(Biological hazards) : 제품에 내재하면서 인체의 건강을 해할 우려가 있는 병원성 미생물, 부패미생물, 병원성 대장균 (군), 효모, 곰팡이, 기생충, 바이러스 등
- C(Chemical hazards) : 제품에 내재하면서 인체의 건강을 해할 우려가 있는 중금속, 농약, 항생물질, 항균물질, 사용 기준초과 또는 사용 금지된 식품첨가물 등 화학적 원인물질
- P(Physical hazards) : 제품에 내재하면서 인체의 건강을 해할 우려가 있는 인자 중에서 돌조각, 유리조각, 플라스틱 조각, 쇳조각 등
- ※ 식품원료별 위해요소 분석 정보집에서 자세히 확인할 수 있다.
  식품의약품안전처 홈페이지 > 법령/자료 > 자료실 > 안내서/지침에서 내려받기

5. 중요관리점과 한계기준

5-1 HACCP의 중요관리점과 한계기준에 대해 쓰시오. [2007년 3회]

정답

- 중요관리점(CCP ; Critical Control Point) : 안전관리인증기준(HACCP)을 적용하여 식품·축산물의 위해요소를 예방·제 어하거나 허용 수준 이하로 감소시켜 해당 식품·축산물의 안전성을 확보할 수 있는 중요한 단계·과정 또는 공정으로서 대표적으로 가열살균공정, 금속검출공정 등이 있다.
- 한계기준(CL ; Critical Limit) : 중요관리점에서의 위해요소 관리가 허용 범위 이내로 충분히 이루어지고 있는지를 판단할 수 있는 기준이나 기준치를 말한다. 예를 들면 가열살균공정(CCP)에서 가열온도가 85±5℃라고 할 때, 한계기준은 80~90℃의 온도 범위라고 할 수 있고 이 범위를 벗어났을 경우를 한계기준 이탈이라고 부른다.

5-2 HACCP의 중요관리점(CCP) 결정도에서 CCP가 맞는지 괄호 속에 O, X로 표시하시오.

[2020년 2회, 2023년 3회]

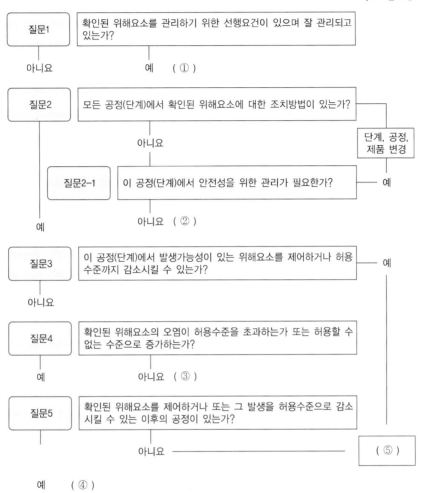

정답

① X(CCP 아님)
② X(CCP 아님)
③ X(CCP 아님)
④ X(CCP 아님)
⑤ O(CCP)

6. 개선조치와 검증

6-1 HACCP에서 개선조치와 검증절차의 정의에 대해서 쓰시오. [2016년 2회, 2019년 3회, 2022년 3회]

정답

- 개선조치(corrective action) : 모니터링 결과 중요관리점의 한계기준을 이탈할 경우에 취하는 일련의 조치
- 검증절차(verification) : 안전관리인증기준(HACCP) 관리계획의 유효성(validation)과 실행성(implementation) 여부를 정기적으로 평가하는 일련의 활동

해설

검증(verification) = 유효성 평가(validation) + 실행성 검증(implementation)
- 유효성 평가란 HACCP의 목표를 달성하기 위해 기준들이 올바르게 잘 수립되었고 효과가 있는지 등 HACCP PLAN의 효과성을 평가하는 것을 말한다.
- 실행성 검증이란 HACCP PLAN의 기준대로 잘 준수하고 있는지 이행 여부를 평가하는 것을 말한다.

제3절 HACCP 정책

1. 의무적용 품목

1-1 HACCP의 의무적용 대상에 해당하는 식품 3가지를 쓰시오. [2007년 2회]

정답

① 식품의 HACCP 의무적용 품목

대상 식품	적용시기
어육가공품 중 어묵류/냉동수산식품(어류·연체류·조미가공품)/냉동식품(피자류·만두류·면류)/빙과류/비가열음료/레토르트식품	2006.12~2012.12
배추김치	2008.12~2014.12
즉석조리식품(순대)	2016.12~2017.12
전년도 총 매출액 100억 이상 식품제조가공업 전체 생산식품	2017.12~
어육소시지/음료류(커피, 다류 제외)/초콜릿류/특수용도식품(특수영양식품, 특수의료용도식품)/과자·캔디류/빵류·떡류/국수·유탕면류/즉석섭취식품	2014.12~2020.12

② 축산물의 HACCP 의무적용 업종

구분	대상 축산물	적용시기
완료	도축업(가축을 식용에 제공할 목적으로 도살·처리하는 영업)	2002.6~2003.6
	집유업(원유를 수집·여과·냉각 또는 저장하는 영업)	2014.7~2016.1
	알가공업[알가공품(깐달걀, 깐메추리알 등의 염지란)을 만드는 영업]	2016.12~2017.12
	유가공업[유가공품(우유, 치즈 등)을 만드는 영업]	2015.1~2018.1
	식용란선별포장업(식용란 중 달걀을 전문적으로 선별·세척·건조·살균·검란·포장하는 영업)	2018.4~
진행	식육가공업[식육가공품(햄류 등)을 만드는 영업]	2018.12~2024.12
	식육포장처리업(포장육 또는 식육간편조리세트를 만드는 영업)	2023.1~2029.1

해설

①, ② 표에서 외우기 쉬운 것으로 선택해서 쓰면 된다.

CHAPTER
02 GMP

5% 출제비중

1. 우수건강기능식품제조기준

1-1 우수건강기능식품제조기준(GMP)의 정의와 목적에 대해 쓰시오. [2008년 3회, 2012년 2회]

정답

- 정의 : 건강기능식품제조업의 허가를 받은 영업자가 위생적인 제조시설·설비를 갖추고 업체 자율 4대 기준서를 마련하여, 이를 적용하는 업체에 대해 정부기관(식품의약품안전처)이 인정하는 제도
- 목적 : 우수한 건강기능식품의 제조 및 품질관리를 위함

해설

- GMP(Good Manufacturing Practices)는 '우수건강기능식품제조 및 품질관리기준'으로, 줄여서 '우수건강기능식품제조기준'이라고 부른다.
- 업체 자율 4대 기준서란 ① 제품표준서, ② 제조관리기준서, ③ 제조위생관리기준서, ④ 품질관리기준서를 말한다.
- HACCP의 GMP와 혼동하지 말아야 한다. 보통 HACCP의 GMP를 묻는 경우는 SSOP가 함께 따라 붙는다.

CHAPTER 03 식품이력추적관리

5% 출제비중

1. 인증도안(심벌)

1-1 이력추적제도 마크를 그리시오. [2010년 3회]

정답

해설

• 정부 부처 간 협의를 통해 식품 및 농·축·수산물 이력추적관리 심벌이 통합 확정되어 2017년부터 위 통합심벌로 사용해야 한다.

• 식품이력추적관리란 식품(건강기능식품, 축산물가공품을 포함)의 제조·가공단계부터 판매단계까지 각 단계별로 정보를 기록·관리하여 해당 식품의 안전성 등에 문제가 발생할 경우 해당 식품을 추적하여 신속하게 유통을 차단하고, 회수할 수 있도록 하기 위한 제도를 말한다.

2. 수입식품 이력추적

2-1 수입식품의 이력추적관리를 위해 표기해야 할 사항 중 3가지를 쓰시오. [2012년 2회]

정답

① 식품이력추적관리번호
② 수입업소 명칭 및 소재지
③ 제조국
④ 제조공장 명칭 및 소재지
⑤ 유전자재조합식품표시
⑥ 제조일자
⑦ 소비기한 또는 품질유지기한
⑧ 원재료명 또는 성분명
⑨ 수입량(제품의 최소 판매단위별 개수)
⑩ 제품명
⑪ 수입일자
⑫ 출고일자
⑬ 출고량
⑭ 거래처 또는 도착장소
⑮ 상품바코드(바코드가 있는 제품에 한함)
⑯ 기능성 내용(건강기능식품에 한함)
⑰ 기타 제품과 관련하여 수입업소가 등록하고자 하는 정보(단, 관련 법령에 위반되는 내용은 제외)

해설

정부기관에서 운영하는 식품이력관리시스템 홈페이지(www.tfood.go.kr)에서 자세히 확인할 수 있다.

CHAPTER 04 유기가공식품

5% 출제비중

1. 소관법령

1-1 유기가공식품은 식품 등의 표시기준상 식품의 제조·가공에 사용한 원재료의 몇 % 이상이 어떤 법에 의해 유기농림산물 및 유기축산물의 인증을 받아야 하는지 쓰시오.

[2009년 1회]

> **정답**
> • 원재료 함량 기준 : 95% 이상
> • 근거 법령 : 친환경농어업 육성 및 유기식품 등의 관리·지원에 관한 법률(약칭 : 친환경농어업법)

2. 인증기준

2-1 다음은 유기가공식품인증기준에 관한 설명이다. 빈칸에 들어갈 단어를 채우시오.

[2009년 3회]

> 유기식품에는 원료, 식품첨가물, 보조제를 모두 유기적으로 생산 및 취급한 것을 사용하되, 원료를 상업적으로 조달할 수 없는 물과 소금을 제외한 제품 중량의 (①) 비율 내에서 비유기 원료를 사용할 수 있다. (②)과 (③)은 첨가할 수 있으며 최종 계산 시 첨가한 양은 제외한다. (④) 생물체 원료는 사용할 수 없다.

> **정답**
> ① 5%
> ② 물
> ③ 소금
> ④ 유전자 변형

교육이란 사람이 학교에서 배운 것을
잊어버린 후에 남은 것을 말한다.

– 알버트 아인슈타인 –

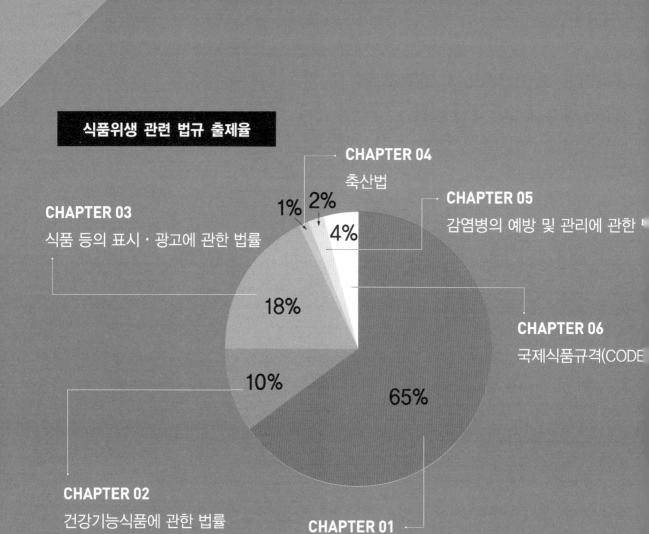

식품위생 관련 법규 출제율

CHAPTER 04
축산법

CHAPTER 05
감염병의 예방 및 관리에 관한

CHAPTER 03
식품 등의 표시 · 광고에 관한 법률

CHAPTER 06
국제식품규격(CODE

CHAPTER 02
건강기능식품에 관한 법률

CHAPTER 01
식품위생법

1%   2%

4%

18%

10%

65%

PART 04

식품위생 관련 법규

출제빈도 분석

2004~2023(20개년)	출제문항			출제비중(%)
	계	서술	계산	
CHAPTER 01 식품위생법	80	80	10	65
CHAPTER 02 건강기능식품에 관한 법률	12	12		10
CHAPTER 03 식품 등의 표시·광고에 관한 법률	22	22	1	18
CHAPTER 04 축산법	1	1		1
CHAPTER 05 감염병의 예방 및 관리에 관한 법률	2	2		2
CHAPTER 06 국제식품규격(CODEX)	5	5		4
계	122	122		100

※ 계산문제 제외

CHAPTER 01 식품위생법

65% 출제비중

제1절 **식품공전**

1. 총칙(일반원칙)

1-1 식품공전상 온도를 표시하는 방법 4가지를 쓰시오.

[2012년 1회, 2021년 2회]

정답

① 표준온도 : 20℃
② 상온 : 15~25℃
③ 실온 : 1~35℃
④ 미온 : 30~40℃

해설

식품공전 > 제1. 총칙 > 1. 일반원칙 > 8) 참고

1-2 식품공전에서 가공식품을 대분류, 중분류, 소분류로 구분하는데, 어떻게 분류하는지 쓰시오.

[2020년 4 · 5회, 2021년 3회]

정답

• 대분류 : (식품군) → 식품공전 제5. 식품별 기준 및 규격에서 대분류하고 있는 음료류, 조미식품 등을 말한다.
• 중분류 : (식품종) → 식품군에서 분류하고 있는 다류, 과일 · 채소류음료, 식초, 햄류 등을 말한다.
• 소분류 : (식품유형) → 식품종에서 분류하고 있는 농축과 · 채즙, 과 · 채주스, 발효식초, 희석초산 등을 말한다.

해설

• 식품공전 > 제1. 총칙 > 1. 일반원칙 > 2) 참고
• 「식품유형 분류 원칙(식약처 발행)」에 따르면 식품군, 식품종, 식품유형은 다음과 같다.
  – 식품군(대분류) : 원재료 및 산업적 분류를 고려한 가장 큰 분류
  – 식품종(중분류) : 제조방법 및 소비용도를 고려한 분류로서 식품의 기능을 중심으로 분류
  – 식품유형(소분류) : 시장의 상황과 소비자들의 인식을 반영하여 구분한 분류(제품의 원료, 용도, 섭취형태, 성상 등을 고려하여 안전과 품질 확보를 위한 공통 사항을 정하고, 제품에 대한 정보 제공을 용이하게 하기 위하여 유사한 특성의 식품끼리 묶은 것)

2. 공통규격(식중독균)

2-1 식육(제조, 가공용원료는 제외), 살균 또는 멸균처리하였거나 더 이상의 가공, 가열조리를 하지 않고 그대로 섭취하는 가공식품에서 검출되지 않아야 하는 식중독균 중 4가지만 쓰시오. (단, 한글 종명 또는 종속명, 이탤릭체 종명 또는 종속명 전부 답으로 처리한다.)

[2021년 2회]

정답

① 살모넬라(*Salmonella* spp.)
② 장염비브리오(*Vibrio parahaemolyticus*)
③ 리스테리아 모노사이토제네스(*Listeria monocytogenes*)
④ 장출혈성대장균(Enterohemorrhagic *Escherichia coli*)
⑤ 캠필로박터 제주니/콜리(*Campylobacter jejuni/coli*)
⑥ 여시니아 엔테로콜리티카(*Yersinia enterocolitica*)

해설

- 식품공전 > 제2. 식품일반에 대한 공통기준 및 규격 > 3. 식품일반의 기준 및 규격 > 4) 위생지표균 및 식중독균 > (2) 식중독균
- 살모넬라속에 속하는 혈청형(균종)은 약 2,400개 정도로 모두 병원성을 갖고 있기 때문에 다른 식중독균들과는 달리 어느 특정 균종만을 검출대상으로 하지 않고 전체를 대상으로 하는 *Samonella* spp.를 규격으로 관리하고 있다. 따라서 균속은 이탤릭체로 하고 spp는 정자로 써야 한다. 또한 손으로 직접 써야 하는 경우에는 균종명을 쓰고 밑줄을 그어야 한다.
- 캠필로박터 제주니/콜리는 하나의 균종명이 아니라 캠필로박터 제주니, 캠필로박터 콜리 2개로 편의상 한꺼번에 표시한 경우라고 보면 된다.

3. 공통규격(식품조사처리)

3-1 방사선 조사 시 저장이나 위생 측면에서의 기대효과를 쓰시오. [2005년 1회]

정답

- 저장 측면의 효과 : 발아억제, 살균·살충, 숙도조절, 색·맛·향 등의 식품보존성 향상
- 위생 측면의 효과 : 제품을 포장된 상태로 조사하기 때문에 내용물 노출로 인한 교차오염 예방 및 유해물질 잔류에 대한 우려가 없음

해설

- 식품공전에서 '방사선 조사기준'이 '식품조사처리 기준'으로 명칭이 변경되었다('12.7.30. 개정 → '12.8.10. 시행).
- 식품공전 > 제2. 식품일반에 대한 공통기준 및 규격 > 3. 식품일반의 기준 및 규격 > 6) 식품조사처리 기준 > (5)

> 식품조사처리는 허용된 원료나 품목에 한하여 위생적으로 취급·보관된 경우에만 실시할 수 있으며, 발아억제, 살균, 살충 또는 숙도조절 이외의 목적으로는 식품조사처리 기술을 사용하여서는 아니 된다.

3-2 식품에 방사선을 조사하는 목적이 무엇인지 2가지를 쓰시오.   [2008년 3회]

정답

발아억제, 살균, 살충, 숙도조절

해설

3-1 해설 참고

3-3 식품공전상 감자, 양파의 발아억제 등을 위해 실시하는 방사선 조사 기준을 쓰시오. (단, 단위까지 쓰시오.)   [2011년 2회, 2017년 2회, 2020년 3회]

정답

감마선(^{60}Co)을 이용하여 0.15kGy 이하로 조사

해설

식품공전 > 제2. 식품일반에 대한 공통기준 및 규격 > 3. 식품일반의 기준 및 규격 > 6) 식품조사처리 기준 > (6) 식품별 조사처리기준

허용대상 식품별 흡수선량

품목	조사 목적	선량(kGy)
• 감자 • 양파 • 마늘	발아억제	0.15 이하
밤	살충 · 발아억제	0.25 이하
버섯(건조 포함)	살충 · 숙도조절	1 이하
• 난분 • 곡류(분말 포함), 두류(분말 포함) • 전분	살균 살균 · 살충 살균	5 이하 5 이하 5 이하
• 건조식육 • 어류분말, 패류분말, 갑각류분말 • 된장분말, 고추장분말, 간장분말 • 건조채소류(분말 포함) • 효모식품, 효소식품 • 조류식품 • 알로에분말 • 인삼(홍삼 포함) 제품류 • 조미건어포류	살균 살균 살균 살균 살균 살균 살균 살균 살균	7 이하 7 이하 7 이하 7 이하 7 이하 7 이하 7 이하 7 이하 7 이하
• 건조향신료 및 이들 조제품 • 복합조미식품 • 소스 • 침출차 • 분말차 • 특수의료용도식품	살균 살균 살균 살균 살균 살균	10 이하 10 이하 10 이하 10 이하 10 이하 10 이하

3-4 방사선 조사 목적 3가지를 쓰고 조사도안을 그리시오. [2011년 3회]

정답
- 조사 목적 : 발아억제, 살균, 살충, 숙도조절
- 조사 도안

3-5 우리나라 식품의 방사선 기준에서 검사하는 방사선 핵종 2가지와 방사선 유발 급성질환 2가지를 쓰시오. [2013년 3회]

정답
- 방사선 핵종 : 아이오딘(^{131}I), 세슘(^{134}Cs + ^{137}Cs)
- 방사선 유발 급성질환 : 골수암, 불임증, 출혈, 전신마비, 구토 등

해설
식품공전 > 제2. 식품일반에 대한 공통기준 및 규격 > 3. 식품일반의 기준 및 규격 > 5) 오염물질 > (10) 방사능 기준
※ 편저자 주 : 문제의 지문에 오류가 있는데, '방사선 기준'이 아니고 '방사능 기준'이라고 해야 옳다. 방사선은 식품에 조사할 수 있는 기준을 뜻하고, 방사능은 원전사고 등의 오염물질을 뜻한다.

3-6 방사선 기준상 사용 방사선의 선원 및 선종을 쓰고, 사용하는 목적 3가지를 쓰시오. [2014년 2회]

정답
- 감마선을 방출하는 선원으로는 ^{60}Co(코발트 60)을 사용할 수 있고, 전자선과 엑스선을 방출하는 선원으로는 전자선 가속기를 이용할 수 있다.
- 사용 목적 : 발아억제, 살균, 살충, 숙도조절

해설
식품공전 > 제2. 식품일반에 대한 공통기준 및 규격 > 3. 식품일반의 기준 및 규격 > 6) 식품조사처리 기준 > (2) 및 (6) 식품별 조사처리기준

3-7 방사선 선원, 선종, 조사 목적 1가지를 쓰시오. [2022년 3회]

정답

- 선원 : ^{60}Co(코발트 60)
- 선종 : 감마선
- 조사 목적 : 발아억제, 살균, 살충, 숙도조절

해설

3-6 해설 참고

3-8 방사선을 조사하는 식품 3가지를 쓰시오. [2015년 1회]

정답

감자, 양파, 마늘, 밤, 버섯 등

해설

3-3 해설 참고

3-9 방사선 조사 식품에 관한 내용이다. (   )에 알맞은 용어를 쓰시오. [2020년 2회]

품목	조사목적	선량(kGy)
감자, 양파, 마늘	(①)	(②)
밤	살충·발아억제	0.25 이하
건조식육, 어류분말, 패류분말, 갑각류분말, 된장분말, 고추장분말, 간장분말, 건조채소류(분말 포함), 효모식품, 효소식품, 조류식품, 알로에분말, 인삼(홍삼 포함)제품류, 조미건어포류	(③)	7 이하
건조향신료 및 이들 조제품, 복합조미식품, 소스, 침출차, 분말차, 특수의료용도식품	(④)	10 이하

정답

① 발아억제
② 0.15 이하
③ 살균
④ 살균

해설

3-3 해설 참고

4. 보존 및 유통기준

4-1 다음 빈칸을 채우시오.

[2022년 3회]

> 냉장식품은 (①) 이하의 온도에서 저장하나 신선편의식품, 훈제연어, 가금육 등은 (②) 이하에서 저장한
> 다. 냉동식품은 (③) 이하의 온도를 유지해 주어야 한다.

정답

① 10℃, ② 5℃, ③ −18℃

해설

일반적으로 식품공전(식품의 기준 및 규격)에서 규정한 온도를 준수하도록 요구한다.
식품공전 > 제2. 식품일반에 대한 공통기준 및 규격 > 4. 보존 및 유통기준 > 2) 보존 및 유통온도에서 온도규정을
자세히 확인할 수 있다.

5. 장기보존식품

5-1 장기보존식품의 기준 및 규격에 해당하는 식품 3가지를 보기에서 고르시오.

[2021년 2회]

> **[보기]**
> 냉동식품, 레토르트식품, 통·병조림식품, 초콜릿, 식초, 주정

정답

통·병조림식품, 레토르트식품, 냉동식품

해설

식품공전 > 제4. 장기보존식품의 기준 및 규격

- 통·병조림식품 : 제조·가공 또는 위생처리된 식품을 12개월을 초과하여 실온에서 보존 및 유통할 목적으로
  식품을 통 또는 병에 넣어 탈기와 밀봉 및 살균 또는 멸균한 것을 말한다.
- 레토르트식품 : 제조·가공 또는 위생처리된 식품을 12개월을 초과하여 실온에서 보존 및 유통할 목적으로
  단층 플라스틱필름이나 금속박 또는 이를 여러 층으로 접착하여, 파우치와 기타 모양으로 성형한 용기에 제조·가
  공 또는 조리한 식품을 충전하고 밀봉하여 가열살균 또는 멸균한 것을 말한다.
- 냉동식품 : 제조·가공 또는 조리한 식품을 장기보존할 목적으로 냉동처리, 냉동보관하는 것으로서 용기·포장에
  넣은 식품을 말한다.

6. 장기보존식품(통·병조림식품)

6-1 다음은 통조림식품의 제조·가공기준에 대한 내용이다. 빈칸에 알맞은 단어를 쓰시오.

[2019년 2회, 2021년 3회]

> 멸균은 제품의 중심온도가 (①)℃ 이상에서 (②)분 이상 열처리하거나 또는 이와 동등 이상의 효력이 있는 방법으로 열처리하여야 한다. (③)을 초과하는 (④)은 제품의 내용물, 가공장소, 제조일자를 확인할 수 있는 기호를 표시하고 멸균공정 작업에 대한 기록을 보관하여야 한다.

정답

① 120, ② 4, ③ pH 4.6, ④ 저산성식품(low acid food)

해설

식품공전 > 제4. 장기보존식품의 기준 및 규격 > 1. 통·병조림식품 > 1) 제조·가공기준

7. 장기보존식품(레토르트식품)

7-1 레토르트식품의 기준 및 규격 중 다음 항목에 대해 쓰시오.

[2008년 1회]

> ① 보존료 사용기준 :
> ② 타르색소 사용기준 :

정답

① 일절 사용하여서는 아니 된다.
② 검출되어서는 아니 된다.

해설

• 보존료 : 식품공전 > 제4. 장기보존식품의 기준 및 규격 > 2. 레토르트식품 > 1) 제조·가공기준 > (5) 참고
• 타르색소 : 식품공전 > 제4. 장기보존식품의 기준 및 규격 > 2. 레토르트식품 > 2) 규격 > (3) 참고

7-2 레토르트식품의 제조 및 가공기준을 쓰시오.   [2017년 3회]

정답

- 멸균은 제품의 중심온도가 120℃ 이상에서 4분 이상 열처리하거나 또는 이와 동등 이상의 효력이 있는 방법으로 열처리하여야 한다.
- pH 4.6을 초과하는 저산성식품(low acid food)은 제품의 내용물, 가공장소, 제조일자를 확인할 수 있는 기호를 표시하고 멸균공정 작업에 대한 기록을 보관하여야 한다.
- pH가 4.6 이하인 산성식품은 가열 등의 방법으로 살균처리할 수 있다.
- 제품은 저장성을 가질 수 있도록 그 특성에 따라 적절한 방법으로 살균 또는 멸균처리하여야 하며 내용물의 변색이 방지되고 호열성 세균의 증식이 억제될 수 있도록 적절한 방법으로 냉각시켜야 한다.
- 보존료는 일절 사용하여서는 아니 된다.

해설

식품공전 > 제4. 장기보존식품의 기준 및 규격 > 2. 레토르트식품 > 1) 제조·가공기준

7-3 플라스틱필름 및 알루미늄포일을 적층한 필름용기에 조리·가공한 식품을 충전·밀봉한 후 가압·가열·살균 냉각한 파우치 식품을 무엇이라 하는지 쓰시오.   [2007년 1회]

정답

레토르트식품

해설

식품공전 > 제4. 장기보존식품의 기준 및 규격 > 2. 레토르트식품

> **레토르트(retort)식품** : 제조·가공 또는 위생처리된 식품을 12개월을 초과하여 실온에서 보존 및 유통할 목적으로 단층 플라스틱필름이나 금속박 또는 이를 여러 층으로 접착하여, 파우치와 기타 모양으로 성형한 용기에 제조·가공 또는 조리한 식품을 충전하고 밀봉하여 가열살균 또는 멸균한 것을 말한다.

8. 장기보존식품(냉동식품)

8-1 장기보존을 위한 냉동식품을 분류별로 3종류 쓰시오. [2011년 2회]

정답

① 가열하지 않고 섭취하는 냉동식품
② 가열하여 섭취하는 냉동식품(살균제품)
③ 가열하여 섭취하는 냉동식품(비살균제품)

해설

• 식품공전 > 제4. 장기보존식품의 기준 및 규격 > 3. 냉동식품

> • 가열하지 않고 섭취하는 냉동식품 : 별도의 가열과정 없이 그대로 섭취할 수 있는 냉동식품
> • 가열하여 섭취하는 냉동식품 : 섭취 시 별도의 가열과정을 거쳐야만 하는 냉동식품(다만, 제품이 살균제품이냐 혹은 비살균제품이냐에 따라 제품의 규격이 달라질 수 있음)
> • 제조 · 가공기준 : 살균제품은 그 중심부의 온도를 63℃ 이상에서 30분 가열하거나 이와 같은 수준 이상의 효력이 있는 방법으로 가열 살균하여야 한다. → 따라서 제조 · 가공과정에서 어떻게 제품을 만들었느냐에 따라 '살균제품' 혹은 '비살균제품'으로 구분할 수 있다.

• 용어 변경(식품공전 '13.12.31. 개정 → '14.1.30. 시행)
 - 가열하여 섭취하는 냉동식품(냉동전 가열제품) → 가열하여 섭취하는 냉동식품(살균제품)
 - 가열하여 섭취하는 냉동식품(냉동전 비가열제품) → 가열하여 섭취하는 냉동식품(비살균제품)

8-2 제조, 가공 또는 조리 후 장기간 보존하기 위한 냉동식품을 분류별로 2가지 쓰시오.

[2019년 1회]

정답

① 가열하지 않고 섭취하는 냉동식품
② 가열하여 섭취하는 냉동식품

해설

식품공전에 따르면 '가열하지 않고 섭취하는 냉동식품', '가열하여 섭취하는 냉동식품'의 2가지로 분류된다. 다만, '가열하여 섭취하는 냉동식품'의 미생물 규격이 '살균제품'과 '비살균제품'으로 구분되어 있기 때문에 8-1의 문제처럼 3가지 유형을 묻는 경우에는 문제에서 요구하는 바에 따라 3가지 유형이라고 생각해볼 수 있다.

9. 개별식품규격(마가린)

9-1 블루베리롤빵의 표시사항(라벨)에 표시된 ① 저지방마가린 규격(%), ② 잼의 주석산칼륨 역할, ③ 혼합제제의 정의, ④ D-소비톨의 역할과 맛에 대해 쓰시오.

[2015년 2회]

정답

① 조지방 10% 이상~80% 미만
② 산도조절제
③ 식품첨가물을 2종 이상 혼합하거나, 1종 또는 2종 이상 혼합한 것을 희석제와 혼합 또는 희석한 것
④ 감미료, 단맛

해설

①은 식품공전에서, ①을 제외한 나머지 내용은 식품첨가물공전에서 확인할 수 있다.

10. 개별식품규격(특수영양식품/특수의료용도식품)

10-1 특수용도식품이란 무엇인지 그 정의와 예시 2가지를 쓰시오.

[2015년 3회]

정답

• 특수영양식품
 – 정의 : 영·유아, 비만자 또는 임산·수유부 등 특별한 영양관리가 필요한 특정 대상을 위하여 식품과 영양성분을 배합하는 등의 방법으로 제조·가공한 것
 – 예시 : 조제유류, 영아용 조제식, 성장기용 조제식, 영·유아용 이유식, 체중조절용 조제식품, 임산·수유부용 식품, 고령자용 영양조제식품
• 특수의료용도식품
 – 정의 : 정상적으로 섭취, 소화, 흡수 또는 대사할 수 있는 능력이 제한되거나 질병, 수술 등의 임상적 상태로 인하여 일반인과 생리적으로 특별히 다른 영양요구량을 가지고 있어 충분한 영양공급이 필요하거나 일부 영양성분의 제한 또는 보충이 필요한 사람에게 식사의 일부 또는 전부를 대신할 목적으로 경구 또는 경관급식을 통하여 공급할 수 있도록 제조·가공된 식품
 – 예시 : 표준형 영양조제식품, 맞춤형 영양조제식품, 식단형 식사관리식품

해설

• 특수용도식품이 '특수영양식품'과 '특수의료용도식품'으로 분류 개편되었다('22.1.1. 시행).
• 식품공전 > 제5. 식품별 기준 및 규격 > 10. 특수영양식품 및 11. 특수의료용도식품

10-2 특수의료용도식품의 정의를 쓰고, 특정 영양소(비타민, 무기질)의 섭취나 생리활성기능 증진이 목적이라면, 이 식품은 특수의료용도식품이라 말할 수 있는지의 근거 및 이유를 쓰시오.

[2021년 1회]

정답

- 특수의료용도식품의 정의 : 정상적으로 섭취, 소화, 흡수 또는 대사할 수 있는 능력이 제한되거나 질병, 수술 등의 임상적 상태로 인하여 일반인과 생리적으로 특별히 다른 영양요구량을 가지고 있어 충분한 영양공급이 필요하거나 일부 영양성분의 제한 또는 보충이 필요한 사람에게 식사의 일부 또는 전부를 대신할 목적으로 경구 또는 경관급식을 통하여 공급할 수 있도록 제조·가공된 식품
- 특정 영양소의 섭취나 생리활성기능 증진이 목적인 식품은 건강기능식품이므로 특수의료용도식품이라고 볼 수 없다.

해설

- 특수의료용도식품은 그 정의에서 볼 수 있듯 '식사의 일부 또는 전부를 대신할 목적'을 갖고 있는 식품이다.
- 「건강기능식품에 관한 법률」 제3조제2호에 따르면 기능성이란 인체의 구조 및 기능에 대하여 영양소를 조절하거나 생리학적 작용 등과 같은 보건 용도에 유용한 효과를 얻는 것을 말한다.

11. 개별식품규격(간장)

11-1 식품공전에 나온 간장의 종류에 따른 정의를 쓰시오.

[2009년 3회, 2019년 2회]

정답

- 한식간장 : 메주를 주원료로 하여 식염수 등을 섞어 발효·숙성시킨 후 그 여액을 가공한 것
- 양조간장 : 대두, 탈지대두 또는 곡류 등에 누룩균 등을 배양하여 식염수 등을 섞어 발효·숙성시킨 후 그 여액을 가공한 것
- 산분해간장 : 단백질을 함유한 원료를 산으로 가수분해한 후 그 여액을 가공한 것
- 효소분해간장 : 단백질을 함유한 원료를 효소로 가수분해한 후 그 여액을 가공한 것
- 혼합간장 : 한식간장 또는 양조간장에 산분해간장 또는 효소분해간장을 혼합하여 가공한 것이나 산분해간장 원액에 단백질 또는 탄수화물 원료를 가하여 발효·숙성시킨 여액을 가공한 것 또는 이의 원액에 양조간장 원액이나 산분해간장 원액 등을 혼합하여 가공한 것

해설

식품공전 > 제5. 식품별 기준 및 규격 > 12. 장류 > 4) 식품유형 > (3)~(7) 참고

12. 개별식품규격(식초)

12-1 식품공전상 식초의 정의와 종류를 쓰시오.   [2014년 2회]

정답

- 정의 : 곡류, 과실류, 주류 등을 주원료로 하여 초산발효하거나 이에 곡물당화액, 과실착즙액 등을 혼합하여 숙성하는 등의 공정을 거쳐 제조한 발효식초와 빙초산 또는 초산을 주원료로 하여 먹는물로 희석하는 등의 방법으로 제조한 희석초산을 말한다.
- 종류(식품유형) : 발효식초, 희석초산

해설

식품공전 > 제5. 식품별 기준 및 규격 > 13. 조미식품 > 13-1 식초류

13. 개별식품규격(향신료가공품)

13-1 수입 다대기에 홍국색소가 검출되어 회수조치되었다. 홍국색소는 식품 가공 시 사용 가능한 식품첨가물임에도 불구하고 회수조치된 이유를 쓰시오.   [2022년 1회]

정답

식품공전 향신료가공품의 제조·가공기준에서 고추 또는 고춧가루를 함유한 향신료조제품 제조 시 홍국색소를 사용할 수 없도록 했기 때문이다.

해설

- 식품공전 > 제5. 식품별 기준 및 규격 > 13. 조미식품 > 13-5 향신료가공품 > 3) 제조·가공기준

> 고추 또는 고춧가루를 함유한 향신료조제품 제조 시 홍국색소를 사용할 수 없으며 또한 시트리닌이 검출되어서는 아니 된다.

- 식품공전에서 고추 또는 고춧가루를 함유한 향신료조제품 제조 시 홍국색소를 사용할 수 없게 한 이유는 홍국색소는 붉은색 계통의 천연(미생물)색소로 식품의 제조와 가공에 일반적으로 사용할 수 있도록 승인된 식품첨가물이지만, 고춧가루의 양을 줄이거나 곰팡이가 핀 품질불량 고추 또는 고춧가루를 혼합한 것을 숨겨서 신선한 것처럼 변조되는 일이 없도록 하기 위함이다.

14. 개별식품규격(영양강화 밀가루/침출차)

14-1 다음과 같은 형태의 식품유형은 무엇인지 쓰시오.　　　　　　[2019년 2회]

> ① 밀가루 99.99%, 니코틴산, 환원철, 비타민 C 등이 첨가된 식품유형
> ② 옥수수, 보리차 등 티백포장된 형태의 식품유형

정답

① 영양강화 밀가루
② 침출차

해설

• 식품공전 > 제5. 식품별 기준 및 규격 > 16. 농산가공식품류 > 16-2 밀가루류 > 4) 식품유형 > (2) 영양강화 밀가루

> 밀가루에 영양강화의 목적으로 식품 또는 식품첨가물을 가한 밀가루를 말한다.

• 식품공전 > 제5. 식품별 기준 및 규격 > 9. 음료류 > 9-1 다류 > 4) 식품유형 > (1) 침출차

> 식물의 어린 싹이나 잎, 꽃, 줄기, 뿌리, 열매 또는 곡류 등을 주원료로 하여 가공한 것으로서 물에 침출하여 그 여액을 음용하는 기호성 식품을 말한다.

15. 개별식품규격(기타가공품)

15-1 홍삼정, 홍삼캔디, 홍삼음료 등에 '기타가공품'으로 표시되어 있다. 이는 건강기능식품과 무엇이 다른지 쓰시오.　　　　　　[2016년 2회]

정답

홍삼정, 홍삼캔디, 홍삼음료가 건강기능식품공전에 등재된 홍삼의 기능성(면역 등)을 갖는 지표성분(진세노사이드)의 함량에 미치지 못할 경우에는 건강기능식품에 해당되지 않기 때문에 식품공전에 따라 기타가공품으로 분류되며 또한 건강기능식품처럼 기능성 표시를 할 수 없다.

해설

• 건강기능식품공전 > 제3. 개별 기준 및 규격 > 2. 기능성 원료 > 2-2 홍삼 > 1) 제조기준 > (3) 기능성분(또는 지표성분)의 함량
• 식품공전 > 제5. 식품별 기준 및 규격 > 24. 기타식품류 > 24-2 기타가공품

> 기타가공품이란 식품공전의 개별식품규격 중 1.(과자류, 빵류 또는 떡류)~23.(즉석식품류)에 해당되지 않는 식품을 모아놓은 하나의 식품유형에 해당된다.
> ※ 개별식품규격 : 식품공전의 제5. 식품별 기준 및 규격을 줄여서 부르는 용어이다.

제2절 식품첨가물공전

1. 총칙(일반원칙)

1-1 식품첨가물공전상 표준온도, 상온, 실온, 미온의 수치 또는 범위를 쓰시오. [2007년 2회]

정답

표준온도 : 20℃, 상온 : 15~25℃, 실온 : 1~35℃, 미온 : 30~40℃

해설

식품첨가물공전 > Ⅰ. 총칙 > 3. 일반원칙 > 10) 참고

2. 일반사용기준

2-1 다음 내용을 읽고 알맞은 것을 고르시오. [2021년 3회]

> ① 식품 중에 첨가되는 식품첨가물의 양은 물리적, 영양학적 또는 기타 기술적 효과를 달성하는 데 필요한 (최소량/최대량)으로 사용하여야 한다.
> ② 식품첨가물은 식품 제조·가공과정 중 결함 있는 원재료나 비위생적인 제조방법을 (은폐/교정)하기 위하여 사용되어서는 아니 된다.
> ③ 식품 중에 첨가되는 (영양강화제/품질안정제)는 식품의 영양학적 품질을 유지하거나 개선시키는 데 사용되어야 하며, 영양소의 과잉 섭취 또는 불균형한 섭취를 유발해서는 아니 된다.

정답

① 최소량
② 은폐
③ 영양강화제

해설

식품첨가물공전 > Ⅱ. 식품첨가물 및 혼합제제류 > 2. 일반사용기준 > 1)~3) 참고

3. 사용 용도

3-1 식품첨가물의 사용 용도를 쓰시오.

[2010년 2회, 2017년 1회]

> ① 구연산
> ② 자일리톨
> ③ 무수아황산
> ④ 사카린나트륨
> ⑤ 메틸알코올
> ⑥ 부틸히드록시아니솔

정답

① 구연산 : 산도조절제
② 자일리톨 : 감미료, 습윤제
③ 무수아황산 : 표백제, 보존료, 산화방지제
④ 사카린나트륨 : 감미료
⑤ 메틸알코올 : 추출용제
⑥ 부틸히드록시아니솔 : 산화방지제

해설

식품첨가물공전 > Ⅱ. 식품첨가물 및 혼합제제류 > 5. 품목별 사용기준 > 가. 식품첨가물

3-2 식품첨가물의 사용 용도를 쓰시오.

[2020년 2회]

> ① 소브산(소르빈산)
> ② 수크랄로스
> ③ 카페인
> ④ 부틸히드록시아니솔
> ⑤ 식용색소청색제2호

정답

① 소브산(소르빈산) : 보존료
② 수크랄로스 : 감미료
③ 카페인 : 향미증진제
④ 부틸히드록시아니솔 : 산화방지제
⑤ 식용색소청색제2호 : 착색료

해설

식품첨가물공전 > Ⅱ. 식품첨가물 및 혼합제제류 > 5. 품목별 사용기준 > 가. 식품첨가물

3-3 다음 식품첨가물의 사용 용도를 보기에서 찾아 쓰시오.

> • 구연산 :
> • 자일리톨 :
> • 부틸히드록시아니솔 :

> **[보기]**
> 표백제, 산도조절제, 감미료, 보존료, 산화방지제, 추출용제

정답

• 구연산 : 산도조절제
• 자일리톨 : 감미료
• 부틸히드록시아니솔 : 산화방지제

해설

식품첨가물공전 > Ⅱ. 식품첨가물 및 혼합제제류 > 5. 품목별 사용기준 > 가. 식품첨가물

3-4 다음 보기를 보고 식품첨가물공전에 따른 주요 용도를 쓰시오.

> **[보기]**
> 보존료, 감미료, 소포제

정답

• 보존료 : 미생물에 의한 품질 저하를 방지하여 식품의 보존기간을 연장시키는 식품첨가물
• 감미료 : 식품에 단맛을 부여하는 식품첨가물
• 소포제(거품제거제) : 식품의 거품 생성을 방지하거나 감소시키는 식품첨가물

해설

• 식품첨가물공전 > Ⅰ. 총칙 > 2. 용어의 정의 > 2) > (1) 감미료~(32) 효소제 참고
• 식품첨가물공전 > Ⅱ. 식품첨가물 및 혼합제제류 > 5. 품목별 사용기준 > 가. 식품첨가물
보존료 · 감미료 · 소포제의 대표 품목
• 보존료 : 소브산, 안식향산, 프로피온산
• 감미료 : 사카린나트륨, 수크랄로스, 아스파탐
• 소포제(거품제거제) : 규소수지, 라우린산, 이산화규소

3-5 아질산나트륨의 식품첨가물 용도와 화학식을 쓰시오. [2023년 3회]

정답

- 용도 : 발색제, 보존료
- 화학식 : NaNO₂

해설

- 발색제 : 식품의 색을 안정화시키거나, 유지 또는 강화시키는 식품첨가물
- 보존료 : 미생물에 의한 품질 저하를 방지하여 식품의 보존기간을 연장시키는 식품첨가물

체크 포인트   아질산나트륨의 주요 용도

식품첨가물공전에 따르면 아질산나트륨은 발색제와 보존료 2가지 용도로 허용되어 있다. 주목적은 밝은 적색으로 좀 더 신선하고 먹음직스러운 느낌이 들도록 식품의 외관을 향상시키고(발색제), 인체에 치명적인 클로스트리디움 보툴리눔(*Cl. botulinum*)의 성장을 억제시키기 위해 사용된다(보존료). 그러나 햄, 소시지 등 제품의 표시사항을 살펴보면 대부분 발색제만 표시되어 있고 보존료가 표시되어 있는 제품은 극히 드물다. 이는 우리나라 소비자 대다수가 방부제(보존료)에 대한 거부감이 높기 때문인 것으로 추측된다. 식육가공품을 제조하는 과정에서 클로스트리디움 보툴리눔(*Cl. botulinum*)의 성장을 억제시켜 독소 생성을 차단하기 위한 가장 좋은 방법은 아질산나트륨 사용밖에 없고 현재까지도 아질산나트륨을 대신할 수 있는 마땅한 대체물질이 없는 실정이다. 식품회사 입장에서는 아질산나트륨이 양날의 검과 같다. 법으로 허용된 식품첨가물이고 제품의 안전성을 위해 반드시 필요한 물질이지만, 소비자에게 거부감을 주는 물질이기도 하기 때문이다. 따라서 발색과 보존의 목적으로 아질산나트륨을 사용하면서도 제품의 표시사항에는 대부분 "아질산나트륨(발색제)"만 표시한다.

※ 편저자 주 : 헷갈리기 쉬운 다른 화학식(NaNO₃, 질산나트륨)과 혼동하지 않도록 한다.

4. 감미료

4-1 cyclodextrin의 정의, 사용 목적과 효과를 3가지 쓰시오. [2015년 1회, 2022년 1회]

정답

- 정의 : 전분에 효소를 작용시켜 6~8개의 포도당이 α-1,4 글리코시드결합을 한 환상의 올리고당
- 사용 목적 : 식품첨가물(안정제)의 용도로 사용한다. 안정제란 두 가지 또는 그 이상의 성분을 일정한 분산 형태로 유지시키는 식품첨가물이다.
- 기대효과
  ① 식품의 점착성 및 점도 증가
  ② 식품의 물성 및 촉감 향상
  ③ 유화안정성 증진

해설

- 식품첨가물공전 > Ⅱ. 식품첨가물 및 혼합제제류 > 4. 품목별 성분규격 > 가. 식품첨가물
- 식품첨가물공전 > Ⅰ. 총칙 > 2. 용어의 정의 > (13) 안정제

5. 결착제

5-1 육제품에 결착제를 첨가하는 목적과 종류에 대해 쓰시오. [2006년 2회]

5-2 육제품 결착제의 종류를 2가지 쓰고 이로 인해 얻는 장점 1가지를 쓰시오. [2017년 2회]

정답

5-1, 5-2
- 목적(장점)
  ① 육의 사용량을 줄여 원가 절감
  ② 식감 개선
  ③ 육즙분리를 방지하여 수율 향상
  ④ 조직력과 유화안정성 향상
- 종류
  ① 동물성 단백질 원료 : 난백, 콜라겐
  ② 식물성 단백질 원료 : 대두단백, 밀단백
  ③ 탄수화물 원료 : 변성전분, 올리고당
  ④ 검류 : 카라기난, 한천, 잔탄검
  ⑤ 식이섬유질 원료 : 섬유소, 셀룰로스

해설

- 결착제(품질개량제)는 고기결착제로 많이 사용되고 있으나 정작 식품첨가물공전에 '결착제'라는 용어는 없다. 다만, '산도조절제'라는 용어는 있는데, 식품의 산도 또는 알칼리도를 조절하는 식품첨가물이다.
- 산도조절제의 작용원리는 pH 조정에 의한 품질 향상이다. 고기의 보수성은 pH에 의해 좌우되는데 단백질의 등전점인 pH 5.0에서 고기 근섬유는 가장 높은 밀도를 가져 보수성이 낮은 상태가 된다. 반면 pH가 등전점에서부터 멀어질수록 근섬유 사이의 공간이 생겨 수분이 침투하기 쉬워진다. 일반적으로 사용되는 탄산나트륨이나 탄산수소나트륨과 같은 산도조절제는 고기의 pH를 알칼리 조건으로 변화시켜 앞서 말한 것과 같이 근섬유 사이에 수분이 침투하기 쉽게 만든다. 따라서 pH를 조정함에 따라 제조가공 시 수율이 향상되고 제품이 푸석해지는 현상을 막을 수 있다.

6. 착색료와 발색제

6-1 착색료와 비교하여 발색제의 특징을 쓰시오. [2017년 3회, 2022년 1회]

6-2 발색제 본래의 색은 무엇이며, 착색료와 비교하여 발색제의 특징을 쓰시오. [2022년 1회]

정답

6-1, 6-2
- 발색제 본래의 색 : 무색
- 착색료는 식품에 색을 부여하거나 복원시키는 식품첨가물이지만, 발색제는 식품의 색을 안정화시키거나, 유지 또는 강화시키는 식품첨가물로서 식품 본래의 색을 좀 더 선명하게 하기 위해 사용된다.

해설

- 착색료 : 식품에 색을 부여하거나 복원시키는 식품첨가물로, 인공적으로 색을 입히기 위해 사용된다.
  예 식용색소, 무궁화색소, 치자황색소 등
  ※ 식용색소는 합성착색료로 타르색소를 뜻하며, 타르색소란 석탄의 콜타르에서 추출한 벤젠, 톨루엔, 나프탈렌 등을 재료로 하여 만들어진다.
- 발색제 : 식품의 색을 안정화시키거나, 유지 또는 강화시키는 식품첨가물로, 식품 본래의 색을 좀 더 선명하게 하기 위해 사용된다.
  예 아질산나트륨, 질산나트륨, 질산칼륨

7. 보존제

7-1 산형보존제가 낮은 pH에서 보존효과가 큰 이유를 쓰시오. [2011년 2회, 2018년 1회]

정답

pH가 낮은 산성용액(수소이온농도 증가)에서 비해리분자가 증가하는데, 이 비해리분자가 미생물의 세포막을 투과시켜 정균작용을 하기 때문에 보존효과가 더 높다.

해설

정균작용이란 미생물의 증식이나 활동을 억제시키는 것을 말한다.

8. 산도조절제

8-1 메타인산염을 육류, 과실 및 면류에 사용하였을 때의 효과를 쓰시오. [2008년 3회]

정답

메타인산염(메타인산나트륨, 메타인산칼륨)은 산도조절제와 팽창제의 용도로 사용할 수 있다.
- 육류/과실 : 산도조절제로서 육류는 보수력 증가, 과실은 갈변방지의 효과가 있다.
- 면류 : 팽창제로서 면의 탄력성을 부여하고 면이 붇지 않도록 하는 효과가 있다.

해설

식품첨가물공전 > Ⅱ. 식품첨가물 및 혼합제제류 > 5. 품목별 사용기준 > 가. 식품첨가물

9. 여과보조제

9-1 숯과 활성탄의 원료와 제조방법, 식용 가능 여부, 식품첨가물 등재 여부, 사용기준에 대해 쓰시오. (단, 등재되어 있지 않다면 −로 표시하시오.) [2009년 2회]

구분	숯	활성탄
제조방법		
식용 가능 여부		
식품첨가물 등재 여부		
사용기준		

정답

구분	숯	활성탄
제조방법	나무를 탄화	톱밥, 목재 및 야자껍질과 석탄류를 원료로 900~1,200℃의 고온에서 수증기로 활성화하여 제조
식용 가능 여부	식용 불가	식용 불가
식품첨가물 등재 여부	−	등재
사용기준	−	• 식품 제조 · 가공 시 여과보조제 목적으로만 사용 • 최종식품 완성 전에 제거해야 함 • 식품 중의 잔존량은 0.5% 이하여야 함

해설

- 숯은 나무 따위의 유기물을 불완전 연소시켜 만든 것으로 목탄이라고도 한다.
- 활성탄은 주성분이 탄소이며 다공성이므로 표면적이 넓어 흡착성이 강하고 화학반응이 빨리 일어나는 물질이다.
- 여과보조제란 불순물 또는 미세한 입자를 흡착하여 제거하기 위해 사용되는 식품첨가물이다.
- 식품첨가물공전 > Ⅱ. 식품첨가물 및 혼합제제류 > 5. 품목별 사용기준 > 가. 식품첨가물 > 활성탄

10. 추출용제

10-1 식품첨가물공전상 헥산(hexane)의 사용 용도는 무엇인지 간략히 쓰시오. [2007년 1회]

정답

추출용제로, 식용유지 제조 시 유지성분 추출 및 건강기능식품의 기능성 원료 추출 또는 분리 등의 목적으로 사용한다.

해설

• 추출용제란 유용한 성분 등을 추출하거나 용해시키는 식품첨가물이다.
• 식품첨가물공전 > Ⅱ. 식품첨가물 및 혼합제제류 > 5. 품목별 사용기준 > 헥산

10-2 헥산(hexane)의 식품공전상 정의와 용도에 대해 쓰시오. [2015년 3회]

정답

• 정의 : 석유 성분 중에서 n-헥산의 비점 부근에서 증류하여 얻어진 것
• 용도 : 추출용제로, 식용유지 제조 시 유지성분 추출 및 건강기능식품의 기능성 원료 추출 또는 분리 등의 목적으로 사용한다.

해설

• 식품첨가물공전 > Ⅱ. 식품첨가물 및 혼합제제류 > 4. 품목별 성분규격 > 헥산
• 식품첨가물공전 > Ⅱ. 식품첨가물 및 혼합제제류 > 5. 품목별 사용기준 > 헥산
※ 편저자 주 : 헥산(hexane)은 식품공전이 아닌 식품첨가물공전에 등재되어 있다.

1. 기구 및 용기·포장공전

1-1　다음 빈칸에 들어갈 알맞은 말을 보기에서 골라 쓰시오.　[2021년 3회]

1-8 염화비닐계

　가. 폴리염화비닐(PVC ; Polyvinyl Chloride)

　　1) 정의

　　　폴리염화비닐이란 기본 중합체(base polymer) 중 염화비닐의 함유율이 50% 이상인 합성수지제를 말한다.

　　2) (①)규격

항목	규격(mg/kg)
염화비닐	1 이하
디부틸주석화합물 (이염화디부틸주석으로서)	50 이하
크레졸인산에스테르	1,000 이하

　　3) (②)규격

항목	규격(mg/L)
납	1 이하
과망간산칼륨소비량	10 이하

　　4) 시험방법

　　　가) 염화비닐 : Ⅳ. 2. 2-16 염화비닐 시험법 가. 잔류시험

　　　나) 디부틸주석화합물 : Ⅳ. 2. 2-17 디부틸주석화합물 시험법

　　　다) 크레졸인산에스테르 : Ⅳ. 2. 2-18 크레졸인산에스테르 시험법

　　　라) 납 : Ⅳ. 2. 2-1 납 시험법 나. 용출시험

　　　마) 과망간산칼륨소비량 : Ⅳ. 2. 2-7 과망간산칼륨소비량 시험법

[보기]

잔류, 용출, 표준, 정량, 추출

정답

① 잔류

② 용출

해설

• 기구 및 용기·포장공전 > Ⅲ. 재질별 규격 > 1. 합성수지제 > 1-8 염화비닐계 > 가. 폴리염화비닐(PVC ; Polyvinyl Chloride)

• 기구 및 용기·포장공전 > Ⅰ. 총칙 > 3. 기준 및 규격의 구성

> 재질별 규격은 기구 및 용기·포장의 재질을 합성수지제, 가공셀룰로스제, 고무제, 종이제, 금속제, 목재류, 유리제, 도자기제, 법랑 및 옹기류, 전분제로 구분하여 재질별로 정의, 잔류규격, 용출규격, 시험법으로 구성한다.

1-2 포르말린이 용출되는 열경화성 수지를 쓰시오.

[2023년 3회]

정답

멜라민수지, 요소수지, 페놀수지, 폴리아세탈

해설

- 포르말린은 폼알데하이드(포름알데히드)의 40% 수용액을 뜻한다.
- 멜라민수지, 요소수지, 페놀수지, 폴리아세탈의 합성수지제는 폼알데하이드(포름알데히드)를 중합체로 만들어진 물질이고, 기구 및 용기·포장공전에 폼알데하이드(포름알데히드) 용출규격이 모두 설정되어 있으며 다음과 같다.
- 기구 및 용기·포장공전 > Ⅲ. 재질별 규격 > 1. 합성수지제 > 1-6. 알데히드계 > 가~라. > 용출규격(폼알데하이드 4mg/L 이하)

제4절 식품 등의 한시적 기준 및 규격 인정 기준

1. 식품 등의 한시적 기준 및 규격 인정 기준

1-1 새로운 추출물을 사용하고자 할 때 관련된 고시명과 기관을 포함하여 서술하시오. (단, 외국에서는 이미 사용된 원료이며 국내에서 사용된 사례가 없고, 처음으로 국내에서 사용하고자 할 때이다.)

[2020년 3회]

정답

- 새로운 식품원료를 사용하고자 할 때는「식품 등의 한시적 기준 및 규격 인정 기준」에 따라 식품의약품안전처에 사용 승인을 받기 위해 식약처에서 요구하는 자료를 제출해야 한다.
- 제출자료
  - 제출자료의 요약본
  - 기원 및 개발경위, 국내·외 인정, 사용현황 등에 관한 자료
  - 제조방법에 관한 자료
  - 원료의 특성에 관한 자료
  - 안전성에 관한 자료

해설

「식품 등의 한시적 기준 및 규격 인정 기준」제3조 > [별표 1] 식품원료 제출자료의 범위 및 작성요령 > 1. 제출자료의 범위

제5절 유전자변형식품

1. 실질적 동등성

1-1 GMO(유전자재조합식품)의 안전성 검사에서 실질적 동등성의 의미를 쓰시오. (단, 평가 요인 3가지를 포함한다.) [2015년 2회, 2018년 1회, 2022년 1회]

정답

국제식품규격위원회(Codex Alimentarius Commission)에서 안전성 심사원칙으로 제안한 것으로, 기존 식품과 유전자변형식품을 안전성 검사, 즉 ① 삽입된 유전자의 특성, ② 독성, ③ 알레르기성, ④ 영양성을 서로 비교·평가하여 차이가 없으면 안전하다는 것을 뜻하며 이를 실질적 동등성이라고 한다.

해설

• 우리나라는 유럽, 일본 등과 동일한 방법(실질적 동등성)으로 GMO 안전성을 평가한다.
• GMO 용어가 '유전자재조합식품', '유전자변형식품', '유전자조작식품' 등 여러 가지로 표현되었으나 현재는 모두 '유전자변형식품'으로 일원화되었다.

1-2 LMO(Living Modified Organism)의 정의를 쓰시오. [2016년 1회]

정답

LMO는 현대 생명공학기술을 이용하여 얻어진 새로운 유전물질의 조합을 포함하고 있는 동물, 식물, 미생물 같은 살아 있는 생명체를 일컫는 말로 국제협약인 바이오안전성의정서에서 사용하는 용어다.

해설

LMO는 그 자체가 생물이어서 생식과 번식을 할 수 있는 살아 있는 존재인데 GMO는 생식과 번식을 하지 못하는 것도 포함되어 LMO보다 좀 더 넓은 범위의 용어라고 할 수 있다.
• LMO(살아 있는 것) : 생존 증식 가능, 농작물(식물), 농산물(종자)
• GMO(살아 있지 않은 것) : 생존 증식 불능, 농산물, 가공식품

2. 안전성 심사

2-1 유전자변형식품의 안전성 심사와 관련하여 빈칸을 채우시오.

[2020년 1회]

> **유전자변형식품 등의 안전성 심사**
>
> 유전자변형식품 등을 식용(食用)으로 (①)·(②)·(③)하는 자는 최초로 유전자변형식품 등을 (①)하는 경우 등 대통령령으로 정하는 경우에는 식품의약품안전처장에게 해당 식품 등에 대한 안전성 심사를 받아야 한다.
>
> ※ 대통령령으로 정하는 경우 : 안전성 심사를 받은 후 (④)이 지난 유전자변형식품 등으로서 시중에 유통되어 판매되고 있는 경우

정답

① 수입, ② 개발, ③ 생산, ④ 10년

해설

「식품위생법」 제18조(유전자변형식품 등의 안전성 심사 등) 제1항 및 「식품위생법 시행령」 제9조(유전자변형식품 등의 안전성 심사) 제2호 참고

제6절 위해평가

1. ADI

1-1 ADI, TMDI의 정의를 쓰시오.

[2007년 3회, 2018년 2회, 2021년 1회, 2023년 3회]

정답

- ADI(Acceptable Daily Intake) : 식품첨가물, 잔류농약 등 의도적으로 사용하는 화학물질에 대해 일생 동안 섭취하여도 유해영향이 나타나지 않는 <u>1인당 1일 최대섭취허용량</u>을 말한다.
- TMDI(Theoretical Maximum Daily Intake) : 농약잔류허용기준 및 동물용의약품허용기준에 해당 식품들의 섭취량을 곱하여 합산한 <u>이론적 1일 최대섭취량</u>

해설

잔류기준 설정 시 TMDI가 ADI를 초과하지 않아야 하고 'TMDI ≤ 80% ADI'이어야 한다. 왜냐하면 해당 식품(80% ADI) 외에도 환경(10%), 음용수(10%)로부터 비의도적으로 농약에 노출될 수도 있기 때문이다.

2. 독성단위

2-1 동물의 반수치사량 용어와 어류의 반수치사농도 용어에 대해 쓰시오. [2019년 2회]

> **정답**
>
> - 동물의 반수치사량(LD$_{50}$; Lethal Dose 50) : 어떤 물질의 독성실험을 할 때 동물(쥐, 토끼 등)의 반수(50%)가 사망하는 투여량(치사량)을 뜻하고 경구(입), 경피(피부) 투여방법이 일반적이다.
> - 어류의 반수치사농도(TLm ; Tolerance Limit Median) : 물속에서 일정 시간(24시간, 48시간, 96시간) 동안 어류의 반수(50%)를 죽게 하는 독성물질의 치사농도를 뜻한다. 보통 어류에 대한 농약의 급성독성을 알아보고자 할 때 쓰며 '한계치사농도'라고도 부른다.

> **해설**
>
> LD$_{50}$과 TLm은 주로 독성학에서 다루는 용어이다.
> - LD$_{50}$: 피검대상(동물 : 쥐, 토끼 등), 독성물질(치사량)
> - TLm : 피검대상(어류 : 잉어 등), 독성물질(치사농도)

3. 인체노출량

3-1 식품의 위해평가 중 인체노출량(human exposure assessment)을 평가하는 방법 3가지를 쓰시오. [2005년 3회, 2008년 1회]

> **정답**
>
> ① 오염물질의 독성(인체노출안전기준), ② 식품 중 함유량(오염도), ③ 노출량(섭취량)

> **해설**
>
> 위해성평가란 인체가 위해요소에 노출되었을 때 발생할 수 있는 유해영향과 발생확률을 과학적으로 예측하는 일련의 과정으로 ① 위험성 확인 > ② 위험성 결정(용량−반응평가) > ③ 노출평가 > ④ 위해도 결정의 4단계로 이루어진다.

제7절 자가품질검사

1. 자가품질검사 의무

1-1 식품제조가공, 즉석판매 및 제조가공(크림빵) 자가품질검사 주기를 쓰시오. [2019년 1회]

> **정답**
>
> - 식품제조가공업(크림빵) : 2개월마다 1회 이상 검사
> - 즉석판매제조ㆍ가공업(크림빵) : 9개월마다 1회 이상 검사

> **해설**
>
> - 자가품질검사란 식품 등을 제조ㆍ가공하는 영업자가 자신이 제조ㆍ가공하는 제품이 기준과 규격에 적합한지 여부를 확인하는 검사를 말한다.
> - 크림빵의 검사항목 : 허용 외 타르색소, 보존료, 황색포도상구균, 살모넬라

제8절 영업허가

1. 영업허가

1-1 식품위생법상 허가를 받아야 하는 3가지 업소에 대해 쓰시오.　　　[2020년 3회]

정답
- 식품조사처리업 : 식품의약품안전처장의 허가 필요
- 단란주점영업 : 특별자치시장·특별자치도지사 또는 시장·군수·구청장의 허가 필요
- 유흥주점영업 : 특별자치시장·특별자치도지사 또는 시장·군수·구청장의 허가 필요

해설
「식품위생법 시행령」 제23조(허가를 받아야 하는 영업 및 허가관청) 참고
영업의 종류(영 제21조)
- 식품조사처리업 : 방사선을 쬐어 식품의 보존성을 물리적으로 높이는 것을 업(業)으로 하는 영업
- 단란주점영업 : 주로 주류를 조리·판매하는 영업으로서 손님이 노래를 부르는 행위가 허용되는 영업
- 유흥주점영업 : 주로 주류를 조리·판매하는 영업으로서 유흥종사자를 두거나 유흥시설을 설치할 수 있고 손님이 노래를 부르거나 춤을 추는 행위가 허용되는 영업

제9절 소비기한

1. 소비기한 설정기준

1-1 식품, 식품첨가물, 건강기능식품의 유통기한 설정기준에 의거하여 유통기한 설정실험을 생략할 수 있는 근거 2가지를 쓰시오.　　　[2012년 3회]

정답
- 식품의 권장소비기한 이내로 설정하는 경우
- 소비기한 표시를 생략할 수 있는 식품 또는 품질유지기한 표시 대상 식품에 해당하는 경우
- 소비기한이 설정된 제품과 다음 7가지 항목 모두가 일치하는 제품의 소비기한을 이미 설정된 소비기한 이내로 하는 경우

  > ① 식품유형, ② 성상, ③ 포장재질, ④ 보존 및 유통온도, ⑤ 보존료 사용 여부, ⑥ 유탕·유처리 여부, ⑦ 살균(주정처리, 산처리 포함) 또는 멸균방법

- 소비기한 설정과 관련한 국내·외 식품관련 학술지 등재 논문, 정부기관 또는 정부출연기관의 연구보고서, 한국식품산업협회 및 동업자조합에서 발간한 보고서를 인용하여 소비기한을 설정하는 경우

해설
「식품, 식품첨가물, 축산물 및 건강기능식품의 소비기한 설정기준」 제12조(소비기한 설정실험을 생략할 수 있는 경우) 참고
※ 2023년 1월 1일부터 유통기한 대신 소비기한 표시제가 시행되었다.

1-2 식품 유통기한 설정시험의 기준 3가지를 쓰시오. [2019년 2회]

1-3 식품 유통기한 설정실험의 지표 3가지를 쓰시오. [2022년 1회]

정답

1-2, 1-3
- 이화학적 지표
- 미생물학적 지표
- 관능적 지표

해설

설정실험 지표 : 식품, 축산물, 건강기능식품의 유통 및 저장 중 발생하는 미생물학적, 화학적 및 물리학적인 품질변화를 수치화하여 객관적으로 표현할 수 있는 실험항목(실험항목 중 중금속, 곰팡이독소, 잔류농약, 동물용의약품, 보존료 등은 식품의 안전성을 확인하는 실험지표로만 활용할 수 있음)
- 이화학적 지표 : 수분, 수분활성도, pH, 산가, TBA가, 휘발성염기질소(VBN), 산도, 당도 등
- 미생물학적 지표 : 세균수, 대장균, 대장균군, 곰팡이수, 진균수, 유산균수, 식중독균 등
- 관능적 지표 : 외관(침전물, 색택 등), 풍미(향, 냄새 등), 조직감(물성, 표면건조 등), 맛 등

1-4 유통기한 가속실험이 무엇인지 쓰시오. [2020년 1회]

정답

실제 보관 또는 유통조건보다 가혹한 조건에서 실험하여 단기간에 제품의 소비기한을 예측하는 것을 말한다.

해설

온도가 물질의 화학적, 생화학적, 물리학적 반응과 부패 속도에 미치는 영향을 이용하여 실제보관 또는 유통온도와 최소 2개 이상의 비교 온도에 저장하면서 선정한 설정실험 지표가 품질안전한계에 이를 때까지 일정 간격으로 실험을 진행하여 얻은 결과를 아레니우스 방정식(Arrhenius equation)을 사용하여 실제 보관 및 유통 온도로 외삽한 후 소비기한을 예측하여 설정하는 것을 말한다. 계산과정이 어렵고 복잡하여 초보자가 접근하기는 쉽지 않지만, 시간, 비용 등 경제적인 측면에서 3개월 이상의 비교적 소비기한이 길고 유통조건이 복잡한 제품에 효율적이다.
- 설정실험 지표 : 식품, 축산물, 건강기능식품의 유통 및 저장 중 발생하는 미생물학적, 화학적 및 물리학적인 품질변화를 수치화하여 객관적으로 표현할 수 있는 실험항목(실험항목 중 중금속, 곰팡이독소, 잔류농약, 동물용의약품, 보존료 등은 식품의 안전성을 확인하는 실험지표로만 활용할 수 있음)
- 품질안전한계기간 : 식품에 표시된 보관방법을 준수할 경우 섭취가 가능한 최대기한으로, 설정실험 등을 통해 산출된 기간
- 아레니우스 방정식 : 물질의 품질변화에 대한 온도 의존성을 설명하기 위해 시간과 속도상수로 표현되는 화학반응식. 가속저장실험에서 가속 인자가 열(온도)인 경우에 주로 사용

1-5 유통기한 가속실험의 설정조건(온도)과 유통기한 조건을 보기에서 골라 쓰시오. [2022년 2회]

> **[보기]**
> 1개월 미만, 1개월 이상, 3개월 미만, 3개월 이상

정답

• 설정조건(온도) : 실제보관 또는 유통온도와 최소 2개 이상의 비교 온도에 저장하면서 실험
• 유통기한 조건 : 3개월 이상

해설

유통기한 가속실험이란 실제 보관 또는 유통조건보다 가혹한 조건에서 실험하여 단기간에 제품의 유통기한(2023.1.1. 소비기한으로 변경)을 예측하는 것을 말한다. 주로 유통기한이 3개월 이상으로 비교적 긴 제품의 품질변화를 측정할 때 사용된다. 즉, 온도가 물질의 화학적, 생화학적, 물리학적 반응과 부패 속도에 미치는 영향을 이용하여 실제 보관 또는 유통온도와 최소 2개 이상의 비교 온도에 저장하면서 선정한 설정실험 지표가 품질안전한계에 이를 때까지 일정 간격으로 실험을 진행하여 얻은 결과를 아레니우스 방정식을 사용하여 실제 보관 및 유통 온도로 외삽한 후 소비기한을 예측하여 설정하는 것을 말한다.

1-6 다음 소비기한에 대한 설명을 읽고 맞으면 "O", 틀리면 "X"로 표시하시오. [2023년 1회]

> ① 소비기한은 품질안전한계기간의 50%로 설정한 것이고, 유통기한은 품질안전한계기간의 80~90%로 설정한 것이다. (O/X)
> ② 품질안전한계기간은 다양한 변수에 의해 유지하기 어려우므로 이를 고려해 1 이상의 안전계수를 적용하여 소비기한을 설정해야 한다. (O/X)

정답

① X
② X

해설

• 소비기한이란 식품에 표시된 보관방법을 준수할 경우 섭취하여도 안전에 이상이 없는 기한을 말하며, 제품의 보관·유통 기준에서 허용하고 있는 온도 중 가장 가혹한 조건을 기준으로 실험한 결과에 장보기 시간과 같이 통상적으로 발생할 수 있는 소비단계 변수를 고려하여 안전계수(1 미만의 보정값)를 적용한 값으로 설정한다. 통상, 유통기한은 '품질안전한계기간'의 60~70% 시점, 소비기한은 80~90% 시점으로 설정한다. 예를 들어, '품질안전한계기간'이 100일이라고 한다면 일반적으로 유통기한은 0.6에서 0.7의 값, 소비기한은 0.8에서 0.9 사이 값을 안전계수로 곱하여 보정하게 된다.
  ※ 유통기한 : 100일 × 0.65(안전계수) = 65일, 소비기한 : 100일 × 0.85(안전계수) = 85일
• 품질안전한계기간이란 식품에 표시된 보관방법을 준수할 경우 특정한 품질의 변화 없이 섭취가 가능한 최대 기간으로서 소비기한 설정실험 등을 통해 산출된 기간을 말한다.

제10절 건강진단

1. 건강진단

1-1 식품판매업 종사자가 영업에 종사하지 못하는 질병의 종류를 쓰시오. [2021년 1회]

정답

- 결핵(비감염성인 경우는 제외)
- 콜레라, 장티푸스, 파라티푸스, 세균성이질, 장출혈성대장균감염증, A형간염
- 피부병 또는 그 밖의 고름형성(화농성) 질환
- 후천성면역결핍증(「감염병의 예방 및 관리에 관한 법률 시행규칙」 제19조에 따라 성매개감염병에 관한 건강진단을 받아야 하는 영업에 종사하는 사람만 해당)

해설

영업에 종사하지 못하는 질병의 종류(식품위생법 시행규칙 제50조)
- 「감염병의 예방 및 관리에 관한 법률」 제2조제3호가목에 따른 결핵(비감염성인 경우는 제외)
- 「감염병의 예방 및 관리에 관한 법률 시행규칙」 제33조제1항 중 어느 하나에 해당하는 감염병(콜레라, 장티푸스, 파라티푸스, 세균성이질, 장출혈성대장균감염증, A형간염)
- 피부병 또는 그 밖의 고름형성(화농성) 질환
- 후천성면역결핍증(「감염병의 예방 및 관리에 관한 법률」 제19조에 따라 성매개감염병에 관한 건강진단을 받아야 하는 영업에 종사하는 사람만 해당)

건강진단 항목 등(식품위생 분야 종사자의 건강진단 규칙 제2조)
식품영업에 종사하는 자는 '장티푸스, 파라티푸스, 폐결핵' 검사를 매 1년마다 건강진단을 받아야 한다(단, 학교급식의 식품취급 및 조리작업자는 「학교급식법 시행규칙」 [별표 4]에 의거 6개월에 1회 건강진단을 받아야 함).

제11절 위해식품 등의 회수

1. 위해식품 등의 회수

1-1 관리 지자체에서 식품 회수명령 시 고려해야 할 3가지 요소에 대해 쓰시오. [2008년 2회]

정답

① 위해요소의 종류
② 인체건강에 영향을 미치는 위해의 정도
③ 위반행위의 경중

해설

이 문제는 「위해식품 회수지침」에서 규정하고 있는 '회수등급'을 묻는 것이다.
- 회수란 식품위생상 위해가 발생하였거나 발생할 우려가 있는 경우, 영업자가 해당 식품이 더 이상 유통·판매·사용되지 않도록 거두어들이는 것을 말한다.
- 회수등급은 위해요소의 종류, 인체건강에 영향을 미치는 위해의 정도, 위반행위의 경중 등을 고려하여 1, 2, 3등급으로 분류한다. 다만, 위해물질 등이 기준을 초과한 정도, 사회적 여건 등을 종합적으로 고려하여 필요하다고 판단되는 경우에는 회수등급을 조정할 수 있다.

1-2 식품위생법령상 '회수대상이 되는 식품 등의 기준'에서 회수대상인 식중독균 4가지를 쓰시오.

[2009년 1회]

정답

① 살모넬라(*Salmonella* spp.)
② 황색포도상구균(*Staphylococcus aureus*)
③ 장염비브리오(*Vibrio parahaemolyticus*)
④ 클로스트리디움 퍼프린젠스(*Clostridium perfringens*)

해설

식품공전에 등재되어 있는 식중독균 모두가 해당되므로 위 정답 외에 식품공전에 등재된 식중독균을 선택하여 쓰면
된다.
※「식품위생법 시행규칙」[별표 18] 회수대상이 되는 식품 등의 기준 참고

제12절 식중독에 관한 조사 보고

1-1 의사나 한의사가 식중독 환자를 진단하였을 때 지체 없이 바로 보고해야 하는 관할 대상 하나를
쓰시오.

[2021년 2회]

정답

관할 특별자치시장·시장·군수·구청장

해설

식중독에 관한 조사 보고(식품위생법 제86조)
다음의 어느 하나에 해당하는 자는 지체 없이 관할 특별자치시장·시장(「제주특별자치도 설치 및 국제자유도시 조성을
위한 특별법」에 따른 행정시장을 포함)·군수·구청장에게 보고하여야 한다. 이 경우 의사나 한의사는 대통령령으로
정하는 바에 따라 식중독 환자나 식중독이 의심되는 자의 혈액 또는 배설물을 보관하는 데에 필요한 조치를 하여야
한다.
• 식중독 환자나 식중독이 의심되는 자를 진단하였거나 그 사체를 검안(檢案)한 의사 또는 한의사
• 집단급식소에서 제공한 식품 등으로 인하여 식중독 환자나 식중독으로 의심되는 증세를 보이는 자를 발견한 집단급식소의
  설치·운영자

CHAPTER 02 건강기능식품에 관한 법률

10% 출제비중

※ 약칭 : 건강기능식품법

1. 정의

1-1 의약품과 건강기능식품의 차이에 대해 쓰시오.

[2013년 3회]

정답

구분	의약품	건강기능식품
법적 근거	약사법	건강기능식품에 관한 법률
정의	사람이나 동물의 질병을 진단·치료·처치 또는 예방할 목적으로 사용하는 물품	인체에 유용한 기능성을 가진 원료나 성분을 사용하여 제조·가공한 식품
효과	질병치료 및 예방	정상기능 유지 및 개선

해설

식품, 건강기능식품, 의약품의 정의를 명확히 이해하도록 한다.

식품의 특징
• 법적 근거 : 식품위생법
• 정의 : 의약으로 섭취하는 것을 제외한 모든 음식물
• 효과 : 의약품과 건강기능식품의 효과는 기대할 수 없지만 생명유지에 꼭 필요하다.

2. 기능성 등급

2-1 건강기능식품의 기능성 등급 및 내용에 대해 쓰시오.

[2016년 2회]

①	○○발생 위험 감소에 도움을 줌
②	○○에 도움을 줌
③	○○에 도움을 줄 수 있음
④	○○에 도움을 줄 수 있으나 관련 인체적용시험이 미흡함

정답

① 질병발생 위험 감소 기능   ② 생리활성기능 1등급
③ 생리활성기능 2등급   ④ 생리활성기능 3등급

해설

• 「건강기능식품 기능성 원료 및 기준·규격 인정에 관한 규정」 제16조 [별표 4] 기능성 원료의 기능성 인정 내용 참고
• 기능성 등급이 개정되어 기존 생리활성기능의 등급(1~3등급) 구분이 폐지(2016.12.21. 개정 → 2017.6.22. 시행)되었고, 다음 표와 같이 개정되었다.

질병발생 위험 감소 기능	○○발생 위험 감소에 도움을 줌
생리활성기능	○○에 도움을 줄 수 있음

2-2 건강기능식품에서 기능성의 정의와 관련하여 빈칸에 들어갈 용어를 쓰시오. [2018년 3회]

> 기능성은 의약품과 같이 질병의 직접적인 치료나 예방을 하는 것이 아니라 인체의 정상적인 기능을 유지하거나 생리기능 활성화를 통하여 건강을 유지하고 개선하는 것을 말하는 것으로, '(①)', '(②)' 및 '(③)'이 있습니다.
> (④)은 인체의 성장 · 증진 및 정상적인 기능에 대한 영양소의 생리학적 작용이고, (⑤)은 인체의 정상기능이나 생물학적 활동에 특별한 효과가 있어 건강상의 기여나 기능향상 또는 건강유지 · 개선 기능을 말합니다. 또한, (⑥)은 식품의 섭취가 질병의 발생 또는 건강상태의 위험을 감소하는 기능입니다.

정답

①, ④ : 영양소기능
②, ⑥ : 질병발생 위험 감소 기능
③, ⑤ : 생리활성기능

해설

• 「건강기능식품에 관한 법률」 제3조제2호에 따르면 '기능성'이란 인체의 구조 및 기능에 대하여 영양소를 조절하거나 생리학적 작용 등과 같은 보건 용도에 유용한 효과를 얻는 것을 말한다.
• 「건강기능식품 기능성 원료 및 기준 · 규격 인정에 관한 규정」 [별표 4] 기능성 원료의 기능성 인정 내용 참고

3. 기능성 원료

3-1 다음 기능성 식품 원료의 공통적인 기능은 무엇인지 쓰시오. [2016년 1회, 2022년 3회]

> 인삼, 홍삼, 알로에 겔, 알콕시글리세롤 함유 상어간유

정답

면역력 증진에 도움을 줄 수 있음

해설

건강기능식품공전 > 제3. 개별 기준 및 규격 > 2. 기능성 원료 > 2-1(인삼), 2-2(홍삼), 2-21(알콕시글리세롤 함유 상어간유), 2-47(알로에 겔)

원료별 기능성

• 인삼 : 면역력 증진, 피로개선, 뼈 건강에 도움을 줄 수 있음
• 홍삼 : 면역력 증진, 피로개선, 혈소판 응집억제를 통한 혈액흐름, 기억력 개선, 항산화, 갱년기 여성의 건강에 도움을 줄 수 있음
• 알로에 겔 : 피부건강, 장 건강, 면역력 증진에 도움을 줄 수 있음
• 알콕시글리세롤 함유 상어간유 : 면역력 증진에 도움을 줄 수 있음

3-2 기능성 식품의 영양소 3가지를 쓰시오. (단, 비타민, 무기질 제외) [2017년 1회]

정답

식이섬유, 단백질, 필수지방산

해설

건강기능식품공전 > 제3. 개별 기준 및 규격 > 1. 영양성분(28종) 중 25종이 비타민과 무기질이고 나머지가 식이섬유, 단백질, 필수지방산이다.

3-3 난소화성 전분(RS ; Resistant Starch)의 분류에서 RS 3형의 생성원리를 쓰시오. [2023년 2회]

정답

전분을 물리·화학적으로 노화(β화)시켜 생성한다.

해설

- 전분은 인체 내 소장에서 소화 흡수되는 속도에 따라 소화성 전분, 느린 소화성 전분, 난소화성 전분(또는 저항전분)으로 분류한다. 난소화성 전분은 다시 전분의 형태에 따라 1형, 2형, 3형, 4형으로 구분된다. 1형은 소화효소 작용을 받기 어렵고, 2형은 소화효소에 내성을 갖고 있으며, 3형은 노화(β화)를 통해 소화 흡수가 어렵고, 4형은 화학적 변성으로 인해 효소 저항성을 가지므로 인체 내 혈당상승을 억제시킬 수 있다.
- 「건강기능식품법」에 따라 건강기능식품공전에 고시형 원료로서 "난소화성말토덱스트린"이 기능성 원료로 등재되어 있으며, 기능성 내용은 "식후 혈당상승 억제, 혈중 중성지질 개선, 배변활동 원활에 도움을 줄 수 있음"이다. 또한 「식품표시광고법」에 따라 기능성표시식품의 기능성 원료로서 사용이 가능하며 현재까지 우리나라에서 가장 많이 사용되고 있는 원료이다. 난소화성말토덱스트린은 원재료로 옥수수전분을 사용해서 만든다.

3-4 건강기능식품은 일반식품의 영양보충 기능과는 다르게 영양성분 기능, 기능성 식품 역할을 한다. 건강기능식품의 영양성분 기능을 하는 영양분은 (①)·(②), (③), (④), (⑤)가 있는데, 괄호에 해당하는 5가지를 쓰시오. (단, 베타카로틴과 같은 물질명이 아닌 항목명을 쓰시오.) [2023년 3회]

정답

비타민·무기질, 식이섬유, 단백질, 필수지방산

해설

건강기능식품공전 > 제2. 공통 기준 및 규격 > 1. 건강기능식품의 제조에 사용되는 원료는 다음과 같다. > 2) 영양성분

> "영양성분"이라 함은 비타민·무기질, 식이섬유, 단백질, 필수지방산 등을 말한다.

4. 고시형과 개별인정형 원료 및 인정절차

4-1 피부건강에 도움을 주는 건강기능식품이 지니는 효능과 고시형 또는 개별인정형 건강기능식품 원료 3가지를 쓰시오. [2013년 2회]

정답

- 효능(기능성)
  ① 자외선에 의한 피부손상으로부터 피부건강 유지에 도움을 줄 수 있음
  ② 피부보습에 도움을 줄 수 있음
  ③ 면역과민반응에 의한 피부상태 개선에 도움을 줄 수 있음
- 고시형 원료 : 클로렐라, 포스파티딜세린, N-아세틸글루코사민(NAG)
- 개별인정형 원료 : 저분자콜라겐펩타이드, 크릴오일, 맥아구절초추출복합물 등

해설

- 「건강기능식품에 관한 법률」 제3조제2호에 따르면, '기능성'이란 인체의 구조 및 기능에 대하여 영양소를 조절하거나 생리학적 작용 등과 같은 보건 용도에 유용한 효과를 얻는 것을 말한다.
- 개별인정형 원료 검색방법 : 식품안전나라 홈페이지 > 건강기능식품 > 건강기능식품 원료별 정보 > 개별인정원료

4-2 건강기능식품에서 고시형 원료와 개별인정형 원료의 차이점에 대해 쓰시오. [2015년 3회]

정답

- 고시형 원료 : 건강기능식품공전에 등재되어 있는 영양성분(28종)과 기능성 원료(69종)로, 누구나 사용할 수 있는 원료를 뜻한다.
- 개별인정형 원료 : 건강기능식품공전에 등재되지 않은 원료를 영업자가 인정절차를 통해 식품의약품안전처장으로부터 개별적으로 인정받은 원료로, 해당 영업자 외에는 사용할 수 없는 원료를 뜻한다.

해설

「건강기능식품에 관한 법률」 제15조제1항(고시형 원료), 제2항(개별인정형 원료) 참고

4-3 건강기능식품의 고시형 원료와 개별인정형 원료의 개념과 인정절차를 쓰시오.

[2017년 3회, 2019년 1회]

정답

구분	고시형 원료	개별인정형 원료
정의	건강기능식품공전에 등재되어 있는 영양성분과 기능성 원료	건강기능식품공전에 등재되지 않은 원료를 영업자가 인정절차를 통해 식품의약품안전처장으로부터 개별적으로 인정받은 원료
인정절차	없음	영업자가 원료의 제조방법, 안전성, 기능성 등의 자료를 식약처장에게 제출하면 식약처에서 검토·(현장조사)·자문을 거쳐 인정 여부 결정
종류	영양성분(28종)과 기능성 원료(69종)	'23.11.01. 기준 358종 인정
사용규제	누구나 사용할 수 있음	인정받은 영업자만 사용할 수 있음

해설

개별인정형 원료의 인정절차는 「건강기능식품 기능성 원료 및 기준·규격 인정에 관한 규정」에 규정되어 있다.

인정절차 시 제출자료의 범위(기능성 원료로 인정받기 위한 자료)
- 제출자료 전체의 총괄 요약본
- 기원, 개발경위, 국내외 인정 및 사용현황 등에 관한 자료
- 제조방법에 관한 자료
- 원료의 특성에 관한 자료
- 기능성분(또는 지표성분)에 대한 규격 및 시험방법에 관한 자료
- 유해물질에 대한 규격 및 시험방법에 관한 자료
- 안전성에 관한 자료
- 기능성 내용에 관한 자료
- 섭취량, 섭취 시 주의사항 및 그 설정에 관한 자료

CHAPTER 03 식품 등의 표시 · 광고에 관한 법률

 18% 출제비중

※ 약칭 : 식품표시광고법

제1절 알레르기 유발물질

1. 알레르기 유발물질

1-1 특히 한국인이 소화하기 힘든 알레르기의 원인과 대표 식품 3가지를 쓰시오. [2012년 1회]

정답

- 원인 : 식품 불내성(food intolerance)
- 대표 식품 : 우유(유당불내증), 밀(과민성대장증후군), 대두(소화불량)

해설

알레르기의 원인을 물으면서 수식어로 '특히 한국인이 소화하기 힘든'을 강조하는 것을 보면, 식품 알레르기가 아닌 식품 불내성을 묻는 것임을 알 수 있다. 식품 섭취 후 발생하는 식품이상반응은 크게 두 가지로 나뉜다.

- 식품 불내성(food intolerance) : 면역반응과 무관하게 발생하는 식품이상반응을 말하며, 특이체질, 심리적 반응, 효소 결핍과 위장질환 등의 환자의 신체적 요인에 따라 발생하거나 식품에 포함된 독성물질, 약물성분, 세균, 오염물 또는 식품첨가물 등에 의하여 증상이 나타난다. 참고로 서양인과 달리 우리나라 사람은 식품 알레르기는 드물며 오히려 밀가루 음식을 먹으면 아프다든지, 어떤 음식 자체에 대하여 불편(소화불량 등)을 호소하는 경우가 많다. 이러한 소화불량의 원인이 밝혀진 바 없으나 면역반응설과 포드맵이 유력한 가설로 보고되고 있다.
  - 면역반응설 : 밀 속의 글루텐이나 다른 구성요소가 체내 장벽을 자극하여 장내미생물의 불균형을 초래하고, 장내미생물의 일부가 혈류와 간으로 들어가 관련 증상을 유발한다는 가설
  - 포드맵 : 발효성 올리고당류, 이당류, 단당류, 당알코올류(FODMAPs ; Fermentable, Oligo-, Di-, Monosaccharides, and Polyols)의 약자로 밀뿐만 아니라 다양한 식품에 들어있는 장에서 잘 흡수되지 않는 탄수화물이 장내미생물에 의해 급격하게 발효되어 과민성대장증후군을 초래한다는 가설. 즉 장내미생물이 이용하기 좋은 짧은사슬 탄수화물로 장내미생물의 발효작용이 증가해 체내에 가스(수소, 메탄, 이산화탄소)가 발생하게 되는데, 이로 인해 복통, 복부팽만감, 더부룩함 등의 증세를 유발한다.
- 식품 알레르기(food allergy) : 면역기전이 관여하는 식품이상반응을 말하며, 면역글로블린E(IgE)-매개 반응, 세포매개 반응, 또는 두 가지의 혼합형 반응이 증상 발현에 관여한다.
- 알레르기 유발물질 표시대상 22개 식품(식품 등의 표시 · 광고에 관한 법률 시행규칙 [별표 2])

> 알류(가금류만 해당), 우유, 메밀, 땅콩, 대두, 밀, 고등어, 게, 새우, 돼지고기, 복숭아, 토마토, 아황산류(이를 첨가하여 최종 제품에 이산화황이 1kg당 10mg 이상 함유된 경우만 해당), 호두, 닭고기, 쇠고기, 오징어, 조개류(굴, 전복, 홍합을 포함), 잣

식품 등의 표시기준

1. 조리식품의 고카페인 표시

1-1 다음을 읽고 빈칸을 채우시오. [2013년 2회, 2016년 2회, 2019년 3회]

> 카페인을 1mL당 (①) 이상 함유한 (②)은 "어린이, 임산부, 카페인 민감자는 섭취에 주의해 주시기
> 바랍니다." 등의 주의문구 및 주표시면에 "(③)"와 "총카페인 함량 ○○○mg"을 표시

정답

① 0.15mg
② 액체식품
③ 고카페인 함유

해설

「식품 등의 표시기준」 > Ⅱ. 공통표시기준 > 5. 조리식품의 고카페인 표시 > 나. 표시대상 식품 및 표시사항

2. 표시사항

2-1 식품 등의 표시기준에 의한 표시사항 3가지를 쓰시오. [2008년 1회]

정답

① 제품명
② 식품유형
③ 영업소(장)의 명칭(상호) 및 소재지
④ 제조연월일
⑤ 소비기한 또는 품질유지기한
⑥ 내용량 및 내용량에 해당하는 열량
⑦ 원재료명
⑧ 성분명 및 함량
⑨ 영양성분 등

해설

「식품 등의 표시기준」 > Ⅰ. 총칙 > 3. 용어의 정의 > 어. 표시사항

3. 음료류(다류, 커피)의 탈카페인(디카페인) 표시

3-1 다음을 읽고 빈칸을 채우시오.

[2023년 1회]

> 탈카페인(①) 표기를 하려면 카페인 함량을 (②)% 이상 제거해야 하며, 카페인 1mL당 (③)mg 이상 함유한 액체제품은 "(④)" 문구를 표기해야 한다.

정답

① 디카페인, ② 90, ③ 0.15, ④ 고카페인 함유

해설

「식품 등의 표시기준」 > Ⅲ. 개별표시사항 및 표시기준 > 1. 식품 > 자. 음료류 > 2) 표시사항 > 거) 기타표시사항 > (1) 다류 (다) 및 (2) 커피 (나) 참고

4. 소비기한 또는 품질유지기한

4-1 식품의 유통기한, 품질유지기한에 대해 설명하시오.

[2009년 3회, 2019년 3회]

정답

- 유통기한 : 제품의 제조일로부터 소비자에게 판매가 허용되는 기한을 말한다.
  예 Expiration date, Sell by date, EXP, E
- 품질유지기한 : 식품의 특성에 맞는 적절한 보존방법이나 기준에 따라 보관할 경우 해당 식품 고유의 품질이 유지될 수 있는 기한을 말한다.
  예 Best before date, Date of Minimum Durability, Best before, BBE, BE

해설

- 「식품 등의 표시기준」 > Ⅰ. 총칙 > 3. 용어의 정의
- 소비기한이란 식품 등에 표시된 보관방법을 준수할 경우 섭취하여도 안전에 이상이 없는 기한을 말한다.
  예 Use by date, Expiration date, EXP, E

4-2 식품의 소비기한, 품질유지기한의 정의를 쓰시오.

[2023년 2회]

정답

- 소비기한 : 식품 등에 표시된 보관방법을 준수할 경우 섭취하여도 안전에 이상이 없는 기한을 말한다.
  예 Use by date, Expiration date, EXP, E
- 품질유지기한 : 식품의 특성에 맞는 적절한 보존방법이나 기준에 따라 보관할 경우 해당 식품 고유의 품질이 유지될 수 있는 기한을 말한다.
  예 Best before date, Date of Minimum Durability, Best before, BBE, BE

해설

「식품 등의 표시기준」 > Ⅰ. 총칙 > 3. 용어의 정의 > 라. 및 마 참고

4-3 품질유지기한 표시대상 식품유형 중 5가지 쓰시오. [2020년 4·5회]

정답

① 통조림식품
② 레토르트식품
③ 당류(당시럽류, 올리고당류, 포도당, 과당류, 엿류)
④ 잼류
⑤ 음료류(멸균액상제품만 해당)
⑥ 장류(메주 제외)
⑦ 조미식품(식초와 멸균카레제품만 해당)
⑧ 김치류
⑨ 절임식품
⑩ 조림류(멸균제품만 해당)
⑪ 맥주
⑫ 전분 및 밀가루류
⑬ 젓갈류

해설

「식품 등의 표시기준」 > Ⅲ. 개별표시사항 및 표시기준 > 1. 식품 > 가. 과자류, 빵류 또는 떡류~퍼. 자연상태 식품

5. 영양성분(탄수화물 및 당류)

5-1 식품 등의 표시기준에서 탄수화물 및 당류를 설명한 내용 중 빈칸에 알맞은 말을 적으시오.

[2022년 2회]

> (가) 탄수화물에는 당류를 구분하여 표시하여야 한다.
> (나) 탄수화물의 단위는 그램(g)으로 표시하되, 그 값을 그대로 표시하거나 그 값에 가장 가까운 1g 단위로 표시하여야 한다. 이 경우 1g 미만은 "1g 미만"으로, 0.5 미만은 "0"으로 표시할 수 있다.
> (다) 탄수화물의 함량은 식품 중량에서 (①), (②), (③) 및 (④)의 함량을 뺀 값을 말한다.

정답

① 단백질, ② 지방, ③ 수분, ④ 회분

해설

• 「식품 등의 표시·광고에 관한 법률」 제5조(영양표시)
• 「식품 등의 표시기준」 > [별지 1] 표시사항별 세부표시기준 > 1. 식품(수입식품을 포함한다) > 아. 영양성분 등 > 2) 표시방법 > 나) 영양성분별 세부표시방법 > (3) 탄수화물 및 당류

6. 영양성분(콜레스테롤)

6-1 다음은 콜레스테롤에 대한 설명이다. 빈칸에 들어갈 말을 채우시오. [2023년 3회]

영양정보	총 내용량 00g 000kcal
총 내용량당	1일 영양성분 기준치에 대한 비율
나트륨 00mg	00%
탄수화물 00g	00%
당류 00g	
지방 00g	00%
트랜스지방 00g	
포화지방 00g	00%
콜레스테롤 00mg	00%
단백질 00g	00%
1일 영양성분 기준치에 대한 비율(%)은 2,000kcal 기준이므로 개인의 필요열량에 따라 다를 수 있습니다.	

> 콜레스테롤의 단위는 밀리그램(mg)으로 표시하되, 그 값을 그대로 표시하거나, 그 값에 가장 가까운 5mg 단위로 표시하여야 한다. 이 경우 5mg 미만은 "(①)"으로, 2mg 미만은 "(②)"으로 표시할 수 있다.

정답

① 5mg 미만

② 0

해설

「식품 등의 표시기준」 > [별지 1] 표시사항별 세부표시기준 > 1. 식품(수입식품을 포함한다) > 아. 영양성분 등 > 2) 표시방법 > 나) 영양성분별 세부표시방법 > (5) 콜레스테롤

7. 영양성분(트랜스지방과 나트륨)

7-1 트랜스지방과 나트륨의 표시기준이다. 다음 빈칸을 채우시오. [2008년 2회, 2012년 1회, 2020년 4 · 5회]

> (가) 트랜스지방 0.5g 미만은 "(①) 미만"으로 표시할 수 있으며, (②) 미만은 "0"으로 표시할 수 있다.
> (나) 나트륨 120mg 이하인 경우에는 그 값에 가장 가까운 (③) 단위로, 120mg을 초과하는 경우에는 그 값에 가장 가까운 (④) 단위로 표시하여야 한다. 이 경우 (⑤) 미만은 "0"으로 표시할 수 있다.

정답

① 0.5g

② 0.2g

③ 5mg

④ 10mg

⑤ 5mg

해설

- 트랜스지방
  - 「식품 등의 표시·광고에 관한 법률」 제5조(영양표시)
  - 「식품 등의 표시기준」 > [별지 1] 표시사항별 세부표시기준 > 1. 식품(수입식품을 포함한다) > 아. 영양성분 등 > 2) 표시방법 > 나) 영양성분별 세부표시방법 > (4) 지방, 트랜스지방, 포화지방 > (다) 참고
- 나트륨
  - 「식품 등의 표시·광고에 관한 법률」 제5조(영양표시)
  - 「식품 등의 표시기준」 > [별지 1] 표시사항별 세부표시기준 > 1. 식품(수입식품을 포함한다) > 아. 영양성분 등 > 2) 표시방법 > 나) 영양성분별 세부표시방법 > (2) 나트륨 > (가) 참고

7-2 나트륨을 많이 섭취하면 고혈압이 발생하는 이유는 무엇인지 쓰시오. [2016년 1회]

정답

나트륨의 과잉섭취로 인해 혈중 나트륨 농도가 높아지면 세포 속에 위치한 수분이 혈관으로 유입되어 혈관에 수분량이 증가하고 따라서 혈관벽에 가해지는 압력이 높아져 고혈압이 발생한다.

해설

나트륨은 몸에 꼭 필요한 필수 무기질로, 신진대사와 세포 삼투압을 유지하고, 체액의 pH를 조절하며 근육운동과 신경자극을 도와 적절한 농도로 혈액 내에서 유지되어야 한다. 하지만 짜게 먹는 식습관으로 인한 지속적이고 과도한 나트륨 섭취는 고혈압을 일으켜 현대사회에서 사망의 주요 원인인 뇌혈관질환, 심장질환, 만성신질환, 위암, 비만, 골다공증 발병에 큰 영향을 미칠 수 있다.

8. 영양성분(영양성분 함량 강조표시)

8-1 다음은 식품 등 표시기준의 영양소 함량 강조표시이다. 다음 빈칸을 채우시오.

[2007년 3회, 2010년 1회, 2012년 1회]

영양성분	강조표시	표시조건
열량	저	식품 100g당 (①) 미만 또는 식품 100mL당 (②) 미만일 때
	무	식품 100mL당 (③) 미만일 때
트랜스지방	저	식품 100g당 (④) 미만일 때

정답

① 40kcal
② 20kcal
③ 4kcal
④ 0.5g

해설

• 「식품 등의 표시·광고에 관한 법률」 제5조(영양표시)
• 「식품 등의 표시기준」 > [별지 1] 표시사항별 세부표시기준 > 1. 식품(수입식품을 포함한다) > 아. 영양성분 등 > 3) 영양강조 표시기준 > 가) "저", "무", "고(또는 풍부)" 또는 "함유(또는 급원)" 용어 사용 > (2) 영양성분 함량강조표시 세부기준

9. 영양성분 표시량과 실제 측정값의 허용오차 범위

9-1 영양성분 표시량과 실제 측정값의 허용오차 범위에 대한 설명이다. 빈칸을 채우시오.

[2012년 2회]

> 열량, 나트륨, 당류, 지방, 트랜스지방, 포화지방 및 콜레스테롤의 실제 측정값은 표시량의 (①) 미만이어야 한다. 탄수화물, 식이섬유, 단백질, 비타민, 무기질의 실제 측정값은 표시량의 (②) 이상이어야 한다.

정답

① 120%
② 80%

해설

• 「식품 등의 표시·광고에 관한 법률」 제5조(영양표시)
• 「식품 등의 표시기준」 > [별지 1] 표시사항별 세부표시기준 > 1. 식품(수입식품을 포함) > 아. 영양성분 등 > 4) 영양성분 표시량과 실제 측정값의 허용오차 범위 > 가) 및 나) 참고

제3절 부당한 표시 또는 광고

1. 부당한 표시 또는 광고

1-1 기준에 적합하지 않은 허위표시나 과대광고의 예를 3가지 쓰시오.   [2009년 3회]

정답

① 질병의 예방·치료에 효능이 있는 것으로 인식할 우려가 있는 표시 또는 광고
② 식품 등을 의약품으로 인식할 우려가 있는 표시 또는 광고
③ 건강기능식품이 아닌 것을 건강기능식품으로 인식할 우려가 있는 표시 또는 광고
④ 거짓·과장된 표시 또는 광고
⑤ 소비자를 기만하는 표시 또는 광고
⑥ 다른 업체나 다른 업체의 제품을 비방하는 표시 또는 광고
⑦ 객관적인 근거 없이 자기 또는 자기의 식품 등을 다른 영업자나 다른 영업자의 식품 등과 부당하게 비교하는 표시 또는 광고
⑧ 사행심을 조장하거나 음란한 표현을 사용하여 공중도덕이나 사회윤리를 현저하게 침해하는 표시 또는 광고
⑨ 총리령으로 정하는 식품 등이 아닌 물품의 상호, 상표 또는 용기·포장 등과 동일하거나 유사한 것을 사용하여 해당 물품으로 오인·혼동할 수 있는 표시 또는 광고
⑩ 심의를 받지 아니하거나 심의 결과에 따르지 아니한 표시 또는 광고

해설

「식품 등의 표시·광고에 관한 법률」 제8조(부당한 표시 또는 광고행위의 금지) 참고

1-2 다음의 이유를 고시명을 포함하여 서술하시오.

[2016년 2회]

> ① 면류, 김치 및 두부제품 등에 "보존료 무첨가" 등의 표시 금지
> ② 라면의 MSG 표시 금지

정답

① 「식품 등의 부당한 표시 또는 광고의 내용 기준」(식품의약품안전처 고시) '소비자를 기만하는 표시 또는 광고' 기준에 따라 「식품첨가물의 기준 및 규격」에서 해당 식품 등에 사용하지 못하도록 규정한 보존료에 대해서 사용하지 않았다는 표시·광고에 해당되기 때문이다.

② 「식품 등의 부당한 표시 또는 광고의 내용 기준」(식품의약품안전처 고시) '소비자를 기만하는 표시 또는 광고' 기준에 따라 「식품첨가물의 기준 및 규격」에서 규정하고 있지 않은 명칭을 사용한 표시·광고에 해당되기 때문이다.

해설

정답의 ①을 쉽게 설명하자면, 어차피 사용하지 못하는 보존료인데 사용하지 않았다고 소비자에게 어필하여 구매를 유도하는 행위가 될 수 있고 또한 은연중에 타사 제품은 보존료를 쓴다는 것으로 잘못 비칠 수 있기 때문이다.

②를 쉽게 설명하자면, 식품첨가물공전에서 정하지 않은 명칭을 쓰게 되면 법망을 피해서 불법적으로 식품첨가물을 남용할 우려가 있고(식품첨가물공전에는 MSG가 아닌 L-글루탐산나트륨으로 등재) 또한 합법적으로 써도 되는 식품첨가물 임에도 불구하고 이미 소비자들의 인식 속에 MSG는 몸에 해롭다는 편견이 있어서 논란을 막기 위해 금지시키는 것이다.

부당한 표시 또는 광고의 내용(식품 등의 부당한 표시 또는 광고의 내용 기준 제2조)

식품, 식품첨가물, 기구, 용기·포장, 건강기능식품, 축산물(이하 '식품 등')의 부당한 표시 또는 광고 내용은 다음과 같다.

• 식품 등을 의약품으로 인식할 우려가 있는 표시 또는 광고(1개 기준)
• 건강기능식품이 아닌 것을 건강기능식품으로 인식할 우려가 있는 표시 또는 광고(1개 기준)
• 소비자를 기만하는 표시 또는 광고(16개 기준)
• 다른 업체나 다른 업체의 제품을 비방하는 표시 또는 광고(2개 기준)
• 사용하지 않은 원재료 또는 성분을 강조함으로써 다른 업소의 제품을 간접적으로 다르게 인식하게 하는 내용의 표시·광고(2개 기준)
• 사행심을 조장하거나 음란한 표현을 사용하여 공중도덕이나 사회윤리를 현저하게 침해하는 표시 또는 광고(2개 기준)

CHAPTER 04 축산법

1% 출제비중

1. 축산물 등급판정 세부기준

1-1 우리나라 소도체의 육질등급과 육량등급 판정기준에 대해 서술하시오.　　　　　[2013년 1회]

정답

- 육질등급 판정기준 : 근내지방도(마블링), 육색, 지방색, 조직감, 성숙도에 따라 5개의 등급(1++등급, 1+등급, 1등급, 2등급, 3등급)으로 구분한다.
- 육량등급 판정기준 : 등지방두께, 배최장근단면적, 도체의 중량을 측정하여 규정에 따라 산정된 육량지수에 따라 A, B, C의 3개 등급으로 구분한다.

해설

「축산물 등급판정 세부기준」(농림축산식품부 고시) 제4조(소도체의 육량등급 판정기준), 제5조(소도체의 육질등급 판정기준) 참고

CHAPTER 05 감염병의 예방 및 관리에 관한 법률

2% 출제비중

※ 약칭 : 감염법예방법

1. 법정감염병

1-1 물과 식품으로 감염되는 법정감염병의 종류 3가지를 쓰시오. [2018년 3회]

정답

콜레라, 장티푸스, 파라티푸스, 세균성이질, 장출혈성대장균감염증, A형간염, E형간염, 비브리오패혈증

해설

법정감염병의 분류 및 종류(감염병의 예방 및 관리에 관한 법률 제2조)

분류	정의	종류
제1급감염병	생물테러감염병 또는 치명률이 높거나 집단 발생의 우려가 커서 발생 또는 유행 즉시 신고하여야 하고, 음압격리와 같은 높은 수준의 격리가 필요한 감염병	(17종) 두창, 페스트, 탄저, 보툴리눔독소증, 야토병, 중증급성호흡기증후군(SARS), 중동호흡기증후군(MERS), 신종인플루엔자 등
제2급감염병	전파가능성을 고려하여 발생 또는 유행 시 24시간 이내에 신고하여야 하고, 격리가 필요한 감염병	(21종) 결핵, 수두, 홍역, 콜레라, 장티푸스, 파라티푸스, 세균성이질, 장출혈성대장균감염증, A형간염, 한센병 등
제3급감염병	그 발생을 계속 감시할 필요가 있어 발생 또는 유행 시 24시간 이내에 신고하여야 하는 감염병	(27종) 파상풍, B형간염, 일본뇌염, 말라리아, 레지오넬라증, 비브리오패혈증, 후천성면역결핍증, 공수병 등
제4급감염병	제1급감염병부터 제3급감염병까지의 감염병 외에 유행 여부를 조사하기 위하여 표본감시 활동이 필요한 감염병	(22종) 인플루엔자, 매독, 수족구병, 임질, 클라미디아감염증, 연성하감 등
기생충감염병	기생충에 감염되어 발생하는 감염병	(7종) 회충증, 편충증, 요충증, 간흡충증, 폐흡충증, 장흡충증, 해외유입기생충감염증
WHO 감시대상 감염병	세계보건기구(WHO)가 국제공중보건의 비상사태에 대비하기 위하여 감시대상으로 정한 질환으로서 질병관리청장이 고시하는 감염병	(9종) 두창, 폴리오, 황열, 바이러스성 출혈열 등
생물테러감염병	고의 또는 테러 등을 목적으로 이용된 병원체에 의하여 발생된 감염병 중 질병관리청장이 고시하는 감염병	(8종) 탄저, 보툴리눔독소증, 페스트, 야토병 등
성매개감염병	성 접촉을 통하여 전파되는 감염병 중 질병관리청장이 고시하는 감염병	(7종) 매독, 임질, 클라미디아, 연성하감 등
인수공통감염병	동물과 사람 간에 서로 전파되는 병원체에 의하여 발생되는 감염병 중 질병관리청장이 고시하는 감염병	(11종) 장출혈성대장균감염증, 브루셀라증, 공수병 등
의료관련감염병	환자나 임산부 등이 의료행위를 적용받는 과정에서 발생한 감염병으로서 감시활동이 필요하여 질병관리청장이 고시하는 감염병	(6종) 반코마이신내성황색포도알균(VRSA) 감염증 등

법정감염병의 분류체계 전면 개편

- 2015년 메르스(중동호흡기증후군, MERS) 재난 상황을 겪으면서 공중보건 위기대응 측면을 고려한 탓이고, 기준의 모호성으로 인해 일선 현장에서 어려움이 있었기 때문에 감염병에 신속하게 대응할 수 있도록 공중보건 행정사항을 개정한 것이다.
- 개정 전에는 감염병의 질환별 특성(물/식품매개, 예방접종대상 등)에 따른 〈군〉별 분류였다면, 개정 후에는 감염병의 심각성/전파력/격리수준을 고려한 〈급〉별 분류로 개편되어 2020년 1월 1일부터 시행되었다.
- 종전 법정감염병의 분류체계의 정의

	개정 전		개정 후
1군	마시는 물 또는 식품을 매개로 발생하고 집단 발생의 우려가 커서 발생 또는 유행 즉시 방역대책을 수립하여야 하는 감염병	1급	위 해설 참고
2군	예방접종을 통하여 예방 및 관리가 가능하여 국가예방접종사업의 대상이 되는 감염병	2급	
3군	간헐적으로 유행할 가능성이 있어 계속 그 발생을 감시하고 방역대책의 수립이 필요한 감염병	3급	
4군	국내에서 새롭게 발생하였거나 발생 우려가 있는 감염병 또는 국내 유입이 우려되는 해외 유행 감염병	4급	
5군	기생충에 감염되어 발생하는 감염병으로서 정기적인 조사를 통한 감시가 필요하여 보건복지부령으로 정하는 감염병	이하 생략	
이하 생략			

1-2 다음 글에서 해당하는 감염병의 명칭을 쓰고, 다음 보기에서 그 감염병에 해당하는 종류를 골라 쓰시오. [2021년 3회]

> (　　　　　)이란 생물테러감염병 또는 치명률이 높거나 집단 발생의 우려가 커서 발생 또는 유행 즉시 신고하여야 하고, 음압격리와 같은 높은 수준의 격리가 필요한 감염병을 말한다. 다만, 갑작스러운 국내 유입 또는 유행이 예견되어 긴급한 예방·관리가 필요하여 질병관리청장이 보건복지부장관과 협의하여 지정하는 감염병을 포함한다.

> **[보기]**
> 야토병, 결핵, B형간염, 신종인플루엔자, 콜레라, 보툴리눔독소증

정답

제1급감염병 : 야토병, 신종인플루엔자, 보툴리눔독소증

해설

1-1 해설 참고

CHAPTER 06 국제식품규격(CODEX)

4% 출제비중

1. 식품첨가물

1-1 식품첨가물 CODEX를 결정하는 국제기구 2가지를 쓰시오.

[2008년 2회, 2009년 3회, 2013년 1회, 2015년 2회, 2018년 2회]

정답

• 국제식품규격위원회(CAC)
• FAO/WHO합동식품첨가물전문가위원회(JECFA)

해설

국제식품규격위원회(CAC ; Codex Alimentarius Commission)는 1962년에 설립하여 189개 회원국(188개의 회원국 + 유럽연합)과 239개의 국제기구가 가입되어 있는 정부간 기구로 식품안전 및 교역 관련 국제기준을 설정하고 마련한다.

※ Codex = Code(규격), Alimentarius = Food(식품)

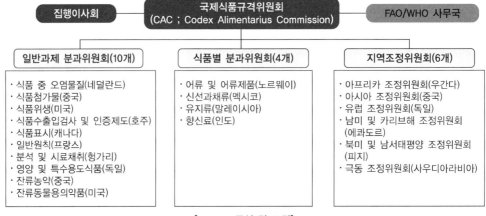

[CODEX 구성 및 조직]

• CODEX 전문가위원회 : FAO/WHO의 과학적 자문 전문가위원회로, 식품의 기준·규격 설정 시 과학적 근거를 토대로 식품첨가물, 농약 잔류물질, 미생물 등과 관련된 위해분석 및 평가를 수행하는 전문가 그룹으로 3개의 위원회가 있다.
 – JECFA(Joint FAO/WHO Expert Committee on Food Additives) : 식품첨가물, 동물용의약품, 오염물질에 대한 위해평가 전문기구로, 식품 중 첨가물, 오염물질, 동물용의약품 잔류물질의 위해평가에 관한 사항 수행
 – JMPR(Joint FAO/WHO Meetings on Pesticide Residues) : 농약잔류분과의 과학적 자문 그룹으로, 농약에 대한 독성 평가, 식품에 대한 잔류농약 허용기준 제안에 관한 사항 수행
 – JEMRA(Joint FAO/WHO Expert Meetings on Microbiological Risk Assessment) : 미생물 위해평가에 관한 자문 그룹으로, 미생물에 대한 자문제공 및 특정 미생물 위해평가에 관한 사항 수행

지식에 대한 투자가
가장 이윤이 많이 남는 법이다.

− 헨리 데이비드 소로 −

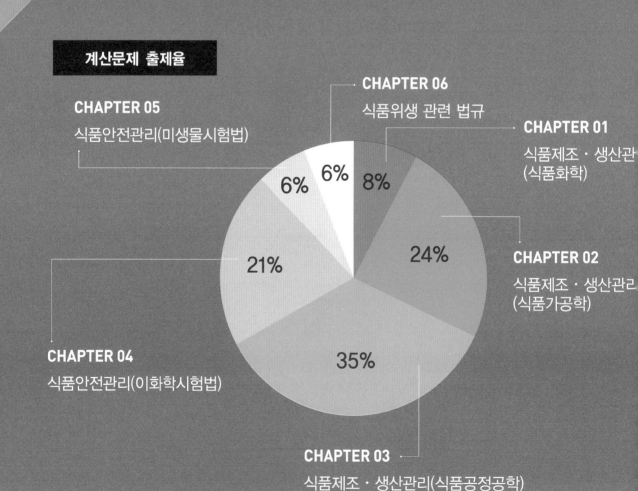

계산문제 출제율

CHAPTER 06
식품위생 관련 법규

CHAPTER 05
식품안전관리(미생물시험법)

CHAPTER 01
식품제조・생산관
(식품화학)

6% 6% 8%

24%

21%

35%

CHAPTER 02
식품제조・생산관리
(식품가공학)

CHAPTER 04
식품안전관리(이화학시험법)

CHAPTER 03
식품제조・생산관리(식품공정공학)

PART 05

계산문제 모음

출제빈도 분석

2004~2023(20개년)	계산문항	출제비중(%)
CHAPTER 01 식품제조 · 생산관리(식품화학)	14	8
CHAPTER 02 식품제조 · 생산관리(식품가공학)	40	24
CHAPTER 03 식품제조 · 생산관리(식품공정공학)	58	35
CHAPTER 04 식품안전관리(이화학시험법)	35	21
CHAPTER 05 식품안전관리(미생물시험법)	10	6
CHAPTER 06 식품위생 관련 법규	11	6
계	168	100

일러두기

계산문제는 대부분의 수험생들이 가장 어려워한다. 왜냐하면 기본적으로 물리, 화학 및 수학적 지식을 필요로 하기 때문이다. 2004~2023년까지 20개년 동안의 기출문제를 살펴보면 계산문제는 전체의 20% 정도로 출제비중이 높기 때문에 쉽사리 포기하기도 애매하다. 한 가지 다행스러운 점은 식품기사 시험에 출제되는 모든 계산문제는 과거에 이미 출제됐던 문제나 비슷한 유형의 문제 또는 숫자만 바꾼 문제들이 대부분이기 때문에 조금만 연습을 한다면 어렵지 않게 풀 수 있다는 것이다. 또한 계산문제는 수학적인 지식을 요구하지만, 이것은 공학용 계산기를 통해 해결할 수 있기 때문에 수학에 약한 수험생이라도 문제 푸는 요령만 터득한다면 큰 문제가 되지 않는다(공학용 계산기 사용은 2020.7.1.부터 허용하고 있음). 식품기사 실기시험에 출제되는 계산문제를 좀 더 쉽게 풀 수 있는 방법이 있는데, 그것은 2가지면 해결할 수 있다. 첫째, 문제에서 계산식을 세우는 연습이다. 즉, 어떤 문제에서 어떤 계산공식이 필요한지를 파악하는 것이다. 이것은 반복적으로 문제를 풀다 보면 자연스레 터득할 수 있다. 둘째, 단위환산 연습이다. 단위환산 시 절대로 눈으로 보고 계산하지 말고 직접 손으로 단위를 환산하는 연습을 하되, 환산 인자 개념을 익히는 것이다. 환산 인자란 단위만 다르고 같은 물리량을 가진 것들을 분모와 분자에 표시한 것을 말한다. 예를 들어, 1인치(inch) = 2.54cm에서 $\dfrac{1\text{inch}}{2.54\text{cm}}$, $\dfrac{2.54\text{cm}}{1\text{inch}}$ 의 환산 인자 2개를 만들 수 있다. 이때 분모, 분자의 위치는 어느 곳에 두어도 관계없으나, 구하고자 하는 단위가 마지막에 남을 수 있도록 단위 소거가 가능한 위치에 놓으면 된다. 단위 소거가 익숙하지 않은 수험생들은 단위를 먼저 분수로 전환한 후 시작하기 바란다.

1. 단위를 분수로 전환하기 : m/s $\rightarrow \dfrac{\text{m}}{\text{s}}$, kg/m³ $\rightarrow \dfrac{\text{kg}}{\text{m}^3}$, km/h $\rightarrow \dfrac{\text{km}}{\text{h}}$ …

2. 단위소거방법 예시 : 36km/h은 몇 m/s인지 계산하시오.
   ① 1km = 1,000m
   ② 1h(시) = 60min(분) = 3,600s(초)
   ③ 단위소거법

   $$\frac{36\text{km}}{\text{h}} \times \frac{1,000\text{m}}{1\text{km}} = \frac{36,000\text{m}}{\text{h}} \rightarrow \frac{36,000\text{m}}{\text{h}} \times \frac{1\text{h}}{3,600\text{s}} = 10\text{m/s}$$

끝으로, 계산문제는 정답을 쓸 때 단위가 매우 중요하다. 문제에서 요구하는 단위를 정확하게 써야 하고, 특히 〈답안 작성 유의사항〉 안내에 따라 각 문제마다 별도로 유효숫자 조건이 제시되지 않았을 경우에는 소수 셋째 자리에서 반올림하여 소수 둘째 자리까지 나타낸다.

한국산업인력공단 공학용 계산기 기종 허용군

연번	제조사	허용기종군
1	카시오(CASIO)	FX-901~999
2	카시오(CASIO)	FX-501~599
3	카시오(CASIO)	FX-301~399
4	카시오(CASIO)	FX-80~120
5	샤프(SHARP)	EL-501~599
6	샤프(SHARP)	EL-5100, EL-5230, EL-5250, EL-5500
7	유니원(UNIONE)	UC-400M, UC-600E, UC-800X
8	캐논(Canon)	F-715SG, F-788SG, F-792SGA
9	모닝글로리(MORNING GLORY)	ECS-101

※ 허용군 내 기종번호 말미의 영어 표기(ES, MS, EX 등)는 무관
※ 사칙연산만 가능한 일반계산기는 기종 상관없이 사용 가능

CHAPTER 01

식품제조 · 생산관리
(식품화학)

8% 출제비중

제1절 수분

1. 수분함량

1-1 수분함량이 80 %에서 50 %로 감소되었을 때, 변화되기 전 식품의 무게에 대해 감소된 수분함량(%)을 구하시오.

[2021년 3회]

계산과정

- 건조 전 수분의 무게(g) = 800 g(= 80 %)
- 건조 후 수분의 무게(x)

$$50 = \frac{x}{x + 200 \text{ g}} \times 100$$

$$\frac{1}{2} = \frac{x}{x + 200 \text{ g}}$$

$$x + 200 \text{ g} = 2x$$

$$x = 200 \text{ g}$$

- 감소된 수분의 무게(g) = 건조 전 수분의 무게 − 건조 후 수분의 무게
  $$= 800 \text{ g} - 200 \text{ g} = 600 \text{ g}$$
- 변화되기 전의 식품의 무게(g) = 1,000 g(= 1 kg)
- 감소된 수분함량(%) = $\dfrac{\text{감소된 수분의 무게(g)}}{\text{변화되기 전 식품의 무게(g)}} \times 100$

  $$= \frac{600 \text{ g}}{1,000 \text{ g}} \times 100 = 60 \text{ %}$$

정답

60 %

해설

- 건조 후 수분함량(%) = $\dfrac{\text{건조 후 수분의 무게(g)}}{\text{건조 후 수분의 무게(g) + 건조 후 고형분의 무게(g)}} \times 100$

- 문제에서 제시되지는 않았지만, 편의상 식품의 무게를 1 kg으로 가정하였을 때 수분함량이 80 %(고형분은 20 %)에서 50 %로 감소하더라도 수분만 제거한 것이므로 고형분의 함량은 그대로 20 %, 즉 200 g이다.

1-2 5,000 kg 당근의 수분함량을 87.5 %에서 습량 기준 4 %로 건조하려고 한다. 이때 건조 전 당근의 고형분 무게(kg), 건조 후 당근의 수분 무게(kg), 증발시켜야 할 수분의 무게(kg)를 구하시오.

[2022년 1회]

계산과정

- 건조 전 당근의 고형분 무게(kg) $= 5,000 \times \dfrac{(100-87.5)}{100} = 5,000 \times \dfrac{12.5}{100} = 625$ kg

- 건조 후 당근의 수분 무게(kg)
  - 건조 후 당근의 고형분 무게(x)는 습량 4 %(=고형분 96 %)이므로

    $x \times \dfrac{96}{100} = 625$ kg

    $x = 651.04$ kg

  - 건조 후 당근의 수분함량이 4 %이므로 $651.04 \times \dfrac{4}{100} = 26.04$ kg

- 증발시켜야 할 수분의 무게(kg) = 건조 전 당근의 수분 무게 − 건조 후 당근의 수분 무게

  $$= \left(5,000 \times \dfrac{87.5}{100} \right) - 26.04 \text{ kg} = 4,348.96 \text{ kg}$$

정답

- 건조 전 당근의 고형분 무게 : 625 kg
- 건조 후 당근의 수분 무게 : 26.04 kg
- 증발시켜야 할 수분의 무게 : 4,348.96 kg

해설

습량이란 수분을 포함한 식품의 무게를 뜻한다.

2. 수분활성도

2-1 포도당(MW 180) 10 %, 비타민 C(MW 176) 5 %, 전분(MW 3,000,000) 50 %, 물(MW 18) 35 %인 식품의 수분활성도를 구하시오.

[2005년 1회, 2020년 4·5회]

계산과정

$$Aw = \dfrac{\dfrac{35}{18}}{\left(\dfrac{10}{180} + \dfrac{5}{176} + \dfrac{50}{3,000,000} \right) + \dfrac{35}{18}} = 0.958 = 0.96$$

정답

$Aw = 0.96$

해설

$$Aw = \dfrac{물의\ 몰수}{용질의\ 몰수 + 물의\ 몰수} \rightarrow 용질 : 포도당,\ 비타민,\ 전분$$

2-2 18 %의 포도당, 1 %의 비타민 C, 3.5 %의 스테아린산, 5.5 %의 비타민 A, 그 외는 물을 함유하고 있는 식품의 수분활성도를 구하시오. (단, 분자량은 포도당 180, 비타민 C 176, 스테아린산 284, 비타민 A 286, 물 18)

[2020년 1회]

계산과정

$$Aw = \frac{\dfrac{72}{18}}{\dfrac{18}{180} + \dfrac{1}{176} + \dfrac{72}{18}} = 0.974 = 0.97$$

정답

$Aw = 0.97$

해설

- $Aw = \dfrac{\text{물의 몰수}}{\text{용질의 몰수} + \text{물의 몰수}}$
- 스테아린산과 비타민 A는 지용성(소수성) 물질이므로 계산에서 제외시킨다.
- 수분활성도(Aw)를 구하기 위해 먼저 물의 함량을 구한다. 포도당(18 %), 비타민 C(1 %), 스테아린산(3.5 %), 비타민 A(5.5 %)의 함량을 모두 더하면, 즉 18 + 1 + 3.5 + 5.5 + 물 = 100 %이므로 물은 72 %가 된다.

2-3 포도당 10 %, 지질 20 %, 비타민 C 3 %, 비타민 A 1 %와 그 외는 물을 함유하고 있는 식품의 수분활성도를 구하시오. (단, 분자량은 포도당 180, 비타민 C 176, 비타민 A 286, 물 18)

[2021년 3회]

계산과정

$$Aw = \frac{\dfrac{66}{18}}{\dfrac{10}{180} + \dfrac{3}{176} + \dfrac{66}{18}} = 0.980 = 0.98$$

정답

$Aw = 0.98$

해설

- $Aw = \dfrac{\text{물의 몰수}}{\text{용질의 몰수} + \text{물의 몰수}}$
- 지질과 비타민 A는 지용성(소수성) 물질이므로 계산에서 제외시킨다.
- 수분활성도(Aw)를 구하기 위해 먼저 물의 함량을 구한다. 포도당(10 %), 지질(20 %), 비타민 C(3 %), 비타민 A(1 %)의 함량을 모두 더하면, 즉 10 + 20 + 3 + 1 + 물 = 100 %이므로 물은 66 %가 된다.

2-4 설탕 60 %인 용액의 수분활성도를 구하시오. (단, 설탕 : $C_{12}H_{22}O_{11}$, 물 : H_2O) [2021년 2회]

계산과정

$$Aw = \frac{\dfrac{40}{18}}{\dfrac{60}{342} + \dfrac{40}{18}} = 0.926 = 0.93$$

정답

$Aw = 0.93$

해설

- $Aw = \dfrac{\text{물의 몰수}}{\text{용질의 몰수} + \text{물의 몰수}}$
- 설탕용액이 60 %라는 것은 용질(설탕) 60 %와 용매(물) 40 %의 혼합물이라는 뜻이다.
- 설탕의 분자량 : 342, 물의 분자량 : 18

2-5 30 %의 수분과 25 %의 설탕을 함유하고 있는 식품의 수분활성도를 구하시오. (단, 분자량은 H_2O 18, $C_{12}H_{22}O_{11}$ 342) [2015년 3회, 2018년 2회, 2020년 3회, 2022년 2회]

계산과정

$$Aw = \frac{\dfrac{30}{18}}{\dfrac{25}{342} + \dfrac{30}{18}} = 0.957 = 0.96$$

정답

$Aw = 0.96$

2-6 25 %의 물과 20 %의 설탕을 함유하고 있는 식품의 수분활성도를 구하시오. [2022년 2회]

계산과정

$$Aw = \frac{\dfrac{25}{18}}{\dfrac{20}{342} + \dfrac{25}{18}} = 0.959 = 0.96$$

정답

$Aw = 0.96$

2-7 20 % 포도당 용액의 수분활성도를 구하시오. (단, 포도당의 분자량은 180g/mol) [2023년 2회]

계산과정

$$Aw = \frac{\dfrac{80}{18}}{\dfrac{20}{180} + \dfrac{80}{18}} = 0.975 = 0.98$$

정답

$Aw = 0.98$

해설

20 % 포도당 용액은 용질(포도당) 20 %와 용매(물) 80 %의 혼합물이라는 뜻이다.

제2절 **단백질**

1. 아미노산가

1-1 다음은 FAO에서 정한 표준 단백질을 나타낸 표이다. 이때 쌀단백질의 아미노산가를 구하시오.

[2022년 2회]

구분	이소루신	류신	라이신	메티오닌	페닐알라닌	트레오닌	트립토판	발린
표준 단백질	270	306	270	270	180	180	90	270
쌀단백질	280	520	210	270	190	220	80	370

계산과정

위 표에 따르면, 표준 단백질 대비 쌀단백질의 아미노산 중 라이신의 함유량이 가장 적다.

$$\frac{210}{270} \times 100 = 77.777 = 77.78$$

정답

77.78

해설

아미노산가 : 어떤 식품 중에서 가장 부족한 아미노산(제1제한 아미노산)을 완전단백질(표준품)의 같은 아미노산의 양으로 나누어 100을 곱한 수치를 말하며, 계산식은 다음과 같다.

$$\text{아미노산가} = \frac{1 \text{ g 중의 제1제한 아미노산의 mg}}{1 \text{ g 중의 완전단백질(표준품) 중 같은 아미노산의 mg}} \times 100$$

단백질의 영양가는 주로 구성아미노산의 종류 및 양에 의하여 결정되기 때문에 단백질의 섭취에 있어서는 아미노산의 총섭취량 외에 아미노산의 균형이 적당한가 중요한 점이 된다. 다시 말해, 단백질의 이용률은 필요량에 대하여 가장 낮은 비율로 존재하는 필수아미노산의 양에 의하여 제한을 받는다는 의미이며, 이러한 필수아미노산을 제1제한 아미노산 (first limiting amino acid)이라 부르고, 두 번째로 부족한 필수아미노산을 제2제한 아미노산(second limiting amino acid)이라 부른다. 식품의 종류에 따라 다르지만 대개 lysine, methionine, tryptophan, threonine 4종 가운데 어느 하나가 제한 아미노산이 되는 경우가 많다. 따라서 인체는 아미노산 균형이 적당하지 않을 경우 단백질로서의 이용률이 저하되어 빈혈, 면역기능의 저하 등을 유발한다.

1. 반응속도

1-1 다음 미카엘리스-멘텐식의 값을 구하시오.

[2020년 3회]

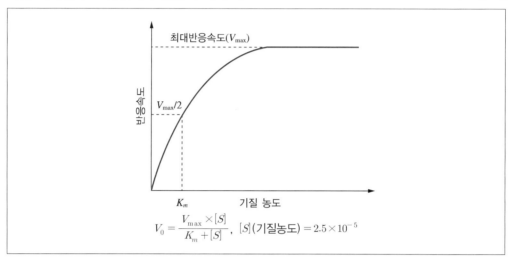

$$V_0 = \frac{V_{max} \times [S]}{K_m + [S]}, \quad [S](기질농도) = 2.5 \times 10^{-5}$$

① V_{max}가 75.0일 때 K_m값을 구하시오.

② $K_m = [S]$일 때 반응속도(V_0)값을 구하시오.

정답

① $K_m = S = 2.5 \times 10^{-5}$

② $V_0 = \frac{1}{2} V_{max} = \frac{1}{2} \times 75.0 = 37.5$

해설

미카엘리스 상수(K_m) : 효소와 기질의 친화도를 나타내는 값

• 반응속도(V_0)가 최대반응속도(V_{max})의 절반일 때의 기질농도($[S]$)를 뜻한다.

• K_m값↓ ⇒ 효소-기질 친화도↑

CHAPTER 02 식품제조 · 생산관리
(식품가공학)

24% 출제비중

제1절 농산가공

1. 밀가루(건부율과 습부율)

1-1 밀가루 20 g에 10 mL의 물을 넣어 습부량(wet gluten)을 측정한 결과가 4 g일 때 습부율은 몇 %인지 계산하시오. [2008년 1회, 2011년 3회, 2018년 1회, 2022년 3회]

계산과정

$$\frac{4}{20} \times 100 = 20$$

정답

20 %

해설

습부율(wet gluten) : 밀가루를 물 반죽하고 씻어 글루텐만 남아 있게 한 후, 그 중량과 원래 밀가루의 중량과의 비율

$$습부율(\%) = \frac{습부량(g)}{밀가루\ 중량(g)} \times 100$$

1-2 100 g의 밀가루를 건조하여 15 g의 글루텐을 얻었다. 이 밀가루의 건부율을 구하고, 제과용이나 튀김용에 적합한지 판정 여부를 건부율과 연관지어 설명하시오. [2009년 3회]

계산과정

$$건부율 = \frac{15}{100} \times 100 = 15$$

정답

• 건부율 : 15 %
• 판정 여부 : 건부율 15 %는 강력분에 해당하므로 제과용이나 튀김용으로 적합하지 않다.

해설

• 건부율(dry gluten) : 습부 상태의 글루텐을 건조시킨 후, 그 중량과 원래 밀가루의 중량과의 비율

$$건부율(\%) = \frac{건부량(g)}{밀가루\ 중량(g)} \times 100$$

• 밀가루의 종류별 특징

종류	글루텐 함량(%)			용도
	계	건부량	습부량	
강력분	12~14	13 이상	40 이상	제빵용(식빵, 버터롤 등)
중력분	8~12	10~13	30~40	다목적용(국수, 만두피 등)
박력분	6~8	10 이하	30 이하	제과용(쿠키, 튀김 등)

제2절 축산가공

1. 유가공

1-1 전지유(지방 함유 5 %)에 탈지 공정을 통해 지방만 제거해서 탈지유(수분 88 %, 지방 0.5 %, 탄수화물 6.3 %, 단백질 4.2 %, 회분 1 %)를 생산하였다. 가공 전 전지유의 성분량은 각각 얼마인가?

[2015년 3회]

계산과정

- 전지유에서 제거된 지방량(x)을 먼저 계산한다.

$$\frac{5\ \% - x(\text{kg})}{100 - x(\text{kg})} \times 100 = 0.5\ \%$$

$x \fallingdotseq 4.52$

따라서 전지유 100 kg에서 지방이 4.52 kg 빠진다.

(5 %는 전지유의 지방함량을, 0.5 %는 탈지유의 지방함량을 뜻한다)

- 제거된 지방량(4.52 kg)을 바탕으로 전지유의 성분량을 계산한다.

  − 수분 : $\dfrac{a}{100 - 4.52} \times 100 = 88\ \% \rightarrow a = 84.02$

  − 탄수화물 : $\dfrac{b}{100 - 4.52} \times 100 = 6.3\ \% \rightarrow b = 6.02$

  − 단백질 : $\dfrac{c}{100 - 4.52} \times 100 = 4.2\ \% \rightarrow c = 4.01$

  − 회분 : $\dfrac{d}{100 - 4.52} \times 100 = 1\ \% \rightarrow d = 0.95$

정답

수분 84.02 %, 탄수화물 6.02 %, 단백질 4.01 %, 회분 0.95 %

2. 육가공

2-1 돼지고기의 전수분량이 69.6 %이고, 유리수는 22.4 %일 때 결합수의 함량과 보수력을 구하시오.

[2006년 3회, 2011년 1회, 2021년 1회]

계산과정

- 전수분량(%) = 유리수(%) + 결합수(%)

  69.6 % = 22.4 % + x

  x = 47.2 %

- 보수력(%) = $\dfrac{\text{전수분량} - \text{유리수}}{\text{전수분량}} \times 100 = \dfrac{\text{결합수}}{\text{전수분량}} \times 100$

  $= \dfrac{69.6 - 22.4}{69.6} \times 100 = \dfrac{47.2}{69.6} \times 100 = 67.8$

정답

- 결합수의 함량 : 47.2 %
- 보수력 : 67.8 %

해설

보수력이란 식육을 열처리 등 물리적 처리 시 식육 속의 수분을 잃지 않고 계속 보유할 수 있는 능력을 말한다. 이때 유리수는 물리적 처리로 쉽게 제거되지만 결합수는 식육의 성분과 결합하고 있으므로 쉽게 제거되지 않고 식육의 조직에 남아 있게 된다. 따라서 보수력은 식육의 전수분량에 대한 결합수의 비로 구할 수 있다.

제3절 생산실무

1. 배합계산

1-1 지방률 3.5 %인 원유 5,000 kg을 지방률 0.1 %인 탈지유와 혼합시켜 지방 3.0 %의 표준화 우유로 만들 때 탈지유의 첨가량을 계산하고, 답은 정수로 쓰시오. [2004년 1회]

계산과정

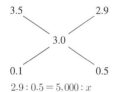

$2.9 : 0.5 = 5,000 : x$

$x = 862$

정답

862 kg

해설

• 위 계산식을 Pearson's square method(피어슨 스퀘어법)라고 하며, 농도가 높은 A와 농도가 낮은 B를 섞어서 C를 만들 경우에 주로 사용된다.

• 위 계산을 α(알파)를 그리는 순서대로 보면 2.9는 3.0에서 0.1을 빼서 얻은 값이고, 3.5에서 3.0을 빼서 얻은 값이 0.5라고 이해하면 된다.

1-2 지방률 3.5 %인 원유 2,000 kg을 지방률이 0.1 %인 탈지유와 혼합시켜 목표 지방률 2.5 %로 만들기 위한 탈지유 첨가량을 구하시오. [2005년 2회, 2006년 3회]

계산과정

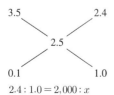

$2.4 : 1.0 = 2,000 : x$

$x = 833$

정답

833 kg

1-3 100 kg의 밀을 제분하기 위해 tempering한다. 이때 밀의 수분함량이 12 %라면 16 %로 만들기
위해 첨가해야 할 수분량을 구하시오.   [2007년 3회]

계산과정

$$\frac{100 \times (16-12)}{100-16} = \frac{400}{84} = 4.76$$

정답

4.76 kg

해설

물질수지(mass balance)란 질량보존의 법칙을 응용한 개념으로, 공정에 들어간 물질의 질량은 공정에 축적되는 질량과
나가는 질량의 합이 같아야 한다는 것이다. 즉, 어떤 공정에서 물질의 도입(원료의 투입량)과 배출(제품의 생산량)은
같아야 한다는 이론이며, 다음과 같은 식으로 나타낸다.

$$S = \frac{w(b-a)}{100-b}$$

여기서, w : 현재 중량(kg)

a : 현재 농도(%)

b : 목표 농도(%)

1-4 3 % 설탕물 100 kg에 다른 설탕을 혼합하여 15 % 설탕물을 만들고자 한다. 첨가해야 할
설탕의 양은 몇 kg인지 계산하시오. (단, 첨가하는 설탕은 무수설탕이고, 물질수지식을 이용하
여 계산하시오.)   [2006년 1회, 2014년 2회]

계산과정

$$\frac{100 \times (15-3)}{100-15} = 14.12$$

정답

14.12 kg

해설

1-3 해설 참고

1-5 수분함량이 15.5 %인 원맥 300 kg을 수분함량 19.5 %로 만들 때 첨가할 물의 양을 계산하시오.

[2014년 3회, 2023년 3회]

계산과정

$$\frac{300 \times (19.5 - 15.5)}{100 - 19.5} = 14.9$$

정답

14.9 kg

해설

1-3 해설 참고

1-6 당도 14 %인 포도과즙 10 kg을 24 % 당농도로 하기 위해 첨가할 설탕량을 구하시오.

[2006년 3회]

계산과정

$$\frac{10 \times (24 - 14)}{100 - 24} = \frac{100}{76} = 1.3$$

정답

1.3 kg

해설

1-3 해설 참고

1-7 공장에서 김치 제조 시 염도가 2.0 %인 절임배추가 1,000 kg일 때 김치 양념의 양은 100 kg으로 가정한다. 최종염도가 2.5 %인 김치 10,000 kg을 만들기 위해 필요한 절임배추의 양, 김칫소 양념의 양, 소금의 첨가량을 구하시오.

[2013년 1회]

계산과정

절임배추의 양을 x, 김칫소 양념의 양을 $0.1x$(절임배추의 $\frac{1}{10}$ 이므로), 소금의 첨가량을 y라고 할 때 다음과 같은 식이 성립된다.

- 총 김치의 양 = 절임배추 + 김칫소 양념 + 소금의 첨가량

  $x + 0.1x + y = 10,000$ kg $\rightarrow$ $1.1x + y = 10,000$ kg $\cdots$ ①

- 총 소금양 = 절임배추의 소금양 + 소금의 첨가량

  0.025(최종염도 2.5 %이므로)$\times 10,000$ kg $= (0.02 \times x) + y \rightarrow 0.02x + y = 250$ kg $\cdots$ ②

- ①식과 ②식을 연립방정식으로 풀면 다음과 같다.

  $\begin{cases} 1.1x + y = 10,000 \cdots ① \\ 0.02x + y = 250 \cdots ② \end{cases}$

  ①식을 $y = 10,000 - 1.1x$로 바꿔준 후 ②식에 대입하면 $0.02x + 10,000 - 1.1x = 250$이 되므로 절임배추의 양 $x = 9,027.78$ kg이다. 또한 김칫소 양념의 양은 $0.1x$이므로 $0.1 \times 9,027.78$ kg $= 902.78$ kg이며, 소금의 첨가량(y)은 ①식에 절임배추의 양(x)을 대입하면 $1.1(9,027.78) + y = 10,000$ kg이므로 $y = 69.44$ kg이다.

정답

- 절임배추의 양 : 9,027.78 kg
- 김칫소 양념의 양 : 902.78 kg
- 소금의 첨가량 : 69.44 kg

2. 생산설비

2-1 아미노산을 하루에 50 ton 생산하려고 할 때 100 m³짜리 발효조를 몇 개 사용해야 하는지 계산하시오. (단, 발효되는 정도는 60 %, 최종농도는 100 g/L, Cycle은 30시간이다.)

[2012년 1회, 2020년 2회]

계산과정

- 단위 변환부터 한다.
  - 50 ton = 50,000 kg = 50,000,000 g
  - 100 m³ = 100,000 L
  - 30 시간(h) = 1.25 day(∵ 1 day = 24 시간)
- 발효조 1 개당 아미노산의 생성량 × 필요한 발효조 개수 = 1 일 아미노산의 목표 생산량
  - 아미노산의 생성량 $= \dfrac{100,000 \text{ L} \times 0.6 \times 100 \text{ g/L}}{1.25 \text{ day}} = 4,800,000$ g/day
  - 필요한 발효조 개수 $= x$(개)
  - 1일 아미노산의 목표 생산량 = 50,000,000 g/day

따라서 4,800,000 g/day $\times x$(개) = 50,000,000 g/day이므로

$x = 10.42$ 개

정답

11 개

2-2 식품공장에서 11 ton을 가공하는 데 batch 1 대당 200 kg 수용 가능하며 40 분이 걸린다. 8 시간 일할 때와 10 시간 일할 때 필요한 기계 대수를 계산하시오.

[2013년 3회, 2018년 1회, 2021년 2회]

계산과정

- 8 시간 일할 때

  40 분 : 200 kg = 480 분(8 시간) : $x \rightarrow x = 2,400$ kg

  $\therefore \dfrac{11,000 \text{ kg}}{2,400 \text{ kg}} = 4.58$

- 10 시간 일할 때

  40 분 : 200 kg = 600 분(10 시간) : $x \rightarrow x = 3,000$ kg

  $\therefore \dfrac{11,000 \text{ kg}}{3,000 \text{ kg}} = 3.67$

정답

- 8 시간 일할 때 : 기계 5 대
- 10 시간 일할 때 : 기계 4 대

3. 수율계산

3-1 당도가 12 Brix인 복숭아 시럽 5,000 kg에 75 Brix 시럽을 첨가해 12.4 Brix 복숭아 시럽으로 만들려고 한다. 이때 75 Brix 시럽을 얼마나 추가해야 하는지와 12.4 Brix로 맞춰서 240 mL 캔을 분당 200 캔 생산할 때 소요되는 시간을 계산하시오. (단, 비중은 1.0408)

[2012년 2회, 2019년 2회]

계산과정

- $(5,000 \times 0.12) + (x \times 0.75) = (5,000 + x) \times 0.124 \rightarrow x = 31.95$

- $(5,000 + 31.95) \text{ kg} \times \dfrac{\text{캔}}{(240 \times 1.0408) \text{ g}} \times \dfrac{1,000 \text{ g}}{1 \text{ kg}} \times \dfrac{\text{분}}{200 \text{ 캔}} = 100.7$ 분

정답

- 75 Brix 시럽 추가량 : 31.95 kg
- 분당 200 캔 생산 시 소요시간 : 100.7 분

해설

$A + B = C$를 만족하는 식을 만든다.

3-2 6 % 주스 원액 1,000 kg을 감압농축하여 55 %의 농축주스로 만들었을 때 제거되는 물의 양(kg)과 농축된 주스의 양(kg)을 in put = out put을 이용하여 계산하시오. [2004년 3회]

계산과정

- in put : 6 % 주스 원액 1,000 kg, out put : 55 % 농축주스
- 농축 후 주스의 양 : $6 \times 1,000 = 55 \times x \rightarrow x = 109$ kg
- 제거된 물의 양 = 주스 원액의 양 − 농축 후 주스의 양
  $$= 1,000 \text{ kg} - 109 \text{ kg} = 891 \text{ kg}$$

정답

- 농축 후 주스의 양 : 109 kg
- 제거된 물의 양 : 891 kg

3-3 초산 발효공정에서 주의해야 할 점과 당이 1 kg일 때 생성되는 초산의 양을 계산하시오.

[2005년 2회]

계산과정

초산의 생성량 계산

- 1단계 : 포도당 → 에탄올 생산 ⇒ $C_6H_{12}O_6 \rightarrow 2C_2H_5OH + 2CO_2 + 56$ kcal
- 2단계 : 에탄올 → 초산 생산 ⇒ $2C_2H_5OH + 2O_2 \rightarrow 2CH_3COOH + 2H_2O + 114$ kcal

위 식에 따르면 포도당 1 몰당 초산 2 몰이 생성된다(포도당의 분자량 : 180, 초산의 분자량 : 60).

∴ 초산의 생성량 ⇒ $180 : (60 \times 2) = 1,000 : x \rightarrow x = 666.67$

정답

- 주의점
  − 초산균의 생육을 위해 지속적인 산소 공급이 필요하다.
  − 초산 발효 시 발열되므로 냉각수를 공급하여 초산균의 발육온도를 약 30~34 ℃로 유지한다.
- 초산의 생성량 : 666.67 g

체크 포인트 **식초 제조 현장**

식초공장에서는 초산균이 필요로 하는 산소를 인위적으로 주입하지 않는다. 발효탱크에 모터 달린 교반기로 배양물을 휘저을 때 자연적으로 공기가 들어가기 때문이다(공기의 주입량은 모터의 속도로 조절). 초산 발효 시에는 발열이 일어나는데, 고온(34 ℃ 초과)에서는 초산균이 사멸하므로 발효탱크의 온도가 34 ℃로 떨어질 때까지만 냉각수를 공급한다. 초산균의 발효 최적온도인 30 ℃까지 떨어뜨리려면 많은 냉각수가 필요하여 비용이 많이 발생하기 때문이다. 그리고 30~34 ℃의 구간에서는 발효의 정도가 크게 차이가 없으므로 식초공장에서는 제조단가를 낮추기 위한 현실적인 선택을 한다.

3-4 3,000 L 포도당에서 초산의 생성기작은 다음과 같다. 포도당 1 kg으로부터 얻을 수 있는 이론적인 ethanol의 양과 초산의 양을 계산하시오. [2015년 2회]

$$C_6H_{12}O_6 \rightarrow 2C_2H_5OH + 2CO_2$$
$$2C_2H_5OH + 2O_2 \rightarrow 2CH_3COOH + 2H_2O$$

계산과정

- 이론적인 ethanol의 양

  $180 : (2 \times 46) = 1,000 : x \rightarrow x = 511.11$

- 이론적인 초산의 양

  $180 : (2 \times 60) = 1,000 : x \rightarrow x = 666.67$

정답

- 이론적인 ethanol의 양 : 511.11 g
- 이론적인 초산의 양 : 666.67 g

해설

위 생성기작에 따르면 포도당 1 몰은 에탄올 2 몰을 생성하고, 다시 2 몰의 에탄올은 2 몰의 초산을 생성한다. 결국 포도당 1 몰은 초산 2 몰을 생성한다는 것을 알 수 있다. 이 생성기작에 각 물질의 분자량을 넣고 비례식으로 풀면 된다.

※ 포도당 분자량 : 180, 에탄올 분자량 : 46, 초산 분자량 : 60

3-5 300 kg의 녹말을 산분해할 때 이론적으로 생성되는 포도당의 양을 구하시오. [2007년 3회]

계산과정

$162 : 180 = 300 : x \rightarrow x = 333.33$

정답

333.33 kg

해설

- 녹말 → 포도당 생산

  $(C_6H_{10}O_5)_n + H_2O \rightarrow C_6H_{12}O_6$

- 녹말의 분자량 : 162, 포도당의 분자량 : 180

3-6 김치를 만들기 위해 원료배추 20 kg을 전처리하였더니 배추의 폐기율은 20 %(w/w)였다. 전처리된 배추를 일정한 조건하에 절임한 다음 세척·탈수하여 얻어진 절임배추의 무게는 12 kg이었고 이때 절임배추의 염 함량도는 2 %(w/w)였다. 절임공정 중 절임수율과 원료배추의 수득률을 계산하시오. (단, 절임수율은 절임공정에서 투입된 원료배추에 대한 절임배추의 비율이며, 원료배추의 수득률은 다듬기 전 원료에서 세척·탈수된 절임배추까지의 순수한 배추만의 변화율을 의미한다.) [2008년 1회, 2010년 2회, 2015년 2회]

계산과정

• 절임수율

– 폐기율이 20 %이므로, 전처리된 배추의 양 $= 20 \ kg \times \dfrac{80 \ \%}{100 \ \%} = 16 \ kg$

– 절임수율 $= \dfrac{12 \ kg}{16 \ kg} \times 100 = 75 \ \%$

• 원료배추의 수득률

– 세척·탈수된 절임배추까지의 순수배추의 양(절임배추의 염도 2 % 고려)

$= $ 절임배추의 무게 $12 \ kg \times \dfrac{98}{100} = 11.76 \ kg$

– 수득률 $= \dfrac{11.76 \ kg}{20 \ kg} \times 100 = 58.8 \ \%$ ← 문제에서 제시한 수득률의 정의를 확인한다.

정답

• 절임수율 : 75 %
• 원료배추의 수득률 : 58.8 %

3-7 효모에 의한 알코올 발효의 반응식(Gay-Lussac)을 쓰고, 포도당 100 kg으로부터 이론상 몇 kg의 에틸알코올이 생성되는지 계산하시오. [2009년 1회, 2021년 2회]

계산과정

$180 : (2 \times 46) = 100 : x \ \longrightarrow \ x = 51.11$

정답

• 반응식 : $C_6H_{12}O_6$(포도당) $\rightarrow$ $2C_2H_5OH$(에틸알코올) $+ 2CO_2$
• 이론상 에틸알코올 생성량 : 51.11 kg

해설

포도당의 분자량 : 180, 에틸알코올의 분자량 : 46

3-8 탈산공정을 거친 지방 5,000 kg을 지방 무게 2 %만큼의 활성백토를 이용하여 탈색하였다. 탈색 후 지방함량 30 %의 폐백토를 얻었을 때, 유지의 손실률은 얼마인지 구하시오. (단, 탈색 전 활성백토의 수분함량은 10 %였고, 탈색 후 수분함량은 0 %가 되었다.) [2016년 1회]

계산과정

- 활성백토의 건조 중량 $= 5,000 \ \text{kg} \times \dfrac{2 \ \%}{100 \ \%} \times \dfrac{90 \ \%}{100 \ \%} = 90 \ \text{kg}$

  (활성백토의 수분함량이 10 % → 0 %가 되었으므로 활성백토의 건조중량은 90 %가 된다.)
- 탈색 후 폐백토의 지방량 : 물질수지식을 이용하여 계산한다.

  $S = \dfrac{w(b-a)}{100-b}$

  여기서, w는 활성백토의 건조 중량 90 kg이므로

  $S = \dfrac{90(30-0)}{100-30} = 38.57 \ \text{kg}$
- 유지의 손실률 $= \dfrac{\text{탈색 후 폐백토의 지방량(kg)}}{\text{탈산공정을 거친 지방량(kg)}} \times 100$

  $= \dfrac{38.57 \ \text{kg}}{5,000 \ \text{kg}} \times 100 = 0.77$

정답

0.77 %

해설

물질수지(mass balance)란 질량보존의 법칙을 응용한 개념으로, 공정에 들어간 물질의 질량은 공정에 축적되는 질량과 나가는 질량의 합이 같아야 한다는 것이다.

$S = \dfrac{w(b-a)}{100-b}$

여기서, w : 현재 중량(kg)

a : 현재 농도(%)

b : 목표 농도(%)

4. 원가계산

4-1 어떤 물건의 도소매 마진이 30 %(소비자판매가 기준), 부가가치세가 10 %(공장출하판매가 기준), 생산자매출이익이 40 %이다. 이 물건의 소비자가격이 1,000 원일 때 제조원가를 구하시오.

[2005년 1회]

계산과정

- 소비자가격(부가가치세 10 % 미포함) $= \dfrac{1,000 \ \text{원}}{1+0.1} = 909 \ \text{원}$

- 도소매가격(마진율 30 % 미포함) $= \dfrac{909 \ \text{원}}{1+0.3} = 699 \ \text{원}$

- 제조원가(생산자매출이익 40 % 미포함) $= \dfrac{699 \ \text{원}}{1+0.4} = 499 \ \text{원}$

정답

499 원

5. 품질불량

5-1 어느 공장에서 물건을 만들 때 불량품일 확률이 5 %라고 한다. 이때 5 개를 생산할 때 1 개만 불량품일 확률을 구하시오.

[2016년 2회, 2020년 1회]

계산과정

이항분포 공식 $p(x) = {}_nC_x \, p^x (1-p)^{n-x}$에 대입해서 계산한다.

${}_5C_1 \times (0.05)^1 \times (1-0.05)^{5-1}$에서 ${}_5C_1 = \dfrac{5!}{1!(5-1)!} = \dfrac{5 \times 4 \times 3 \times 2 \times 1}{1 \times (4 \times 3 \times 2 \times 1)} = \dfrac{120}{24} = 5$ 이므로

$5 \times (0.05)^1 \times (1-0.05)^{5-1}$ → 참고로, 0.05는 불량품일 확률 5 %를 뜻한다.

문제에서 불량품일 확률을 구하라고 했으므로

$5 \times (0.05)^1 \times (0.95)^4 = 0.2036$

$0.2036 \times 100 \ \% = 20.36 \ \%$

정답

20.36 %

해설

위 문제에서 요구하는 개념은 통계학에서 주로 다루고 있는 '이항분포'이다.

- 이항분포의 개념 : 동전을 10번 던졌을 때 앞면이 나올 횟수를 알아보고 있다고 가정하자. 동전을 던졌을 때 앞면이 나올 확률은 50 %다. 그러므로 10번 중 5번이 나올 확률이 이론상 가장 높을 것이다. 그런데 10번 던졌을 때 앞면이 4번 나올 수도 있고, 3번 나올 수도 있으며, 아예 나오지 않을 수도 있다. 즉, 이항분포는 p라는 확률(여기서는 50 %)을 가지는 사건을 연속해서 n회(여기서는 10회) 시행했을 때, 0~n회 사이의 시행 중 우리가 원하는 사건이 몇 번 발생할지를 확률적으로 기술해 놓은 분포를 말한다.

- 이항분포의 공식

> $p(x) = {}_nC_x \times p^x (1-p)^{n-x}$
>
> 여기서, ${}_nC_x$: 조합(n개 중 x개 선택) $= \dfrac{n!}{x!(n-x)!}$
>
> $\qquad p$: 성공확률
>
> $\qquad x$: 성공횟수
>
> $\qquad (1-p)$: 실패확률 → 1은 성공(100 %)을 의미함
>
> $\qquad n-x$: 실패횟수

제4절 저장실무

1. CA저장(호흡량)

1-1 과일·채소의 품온이 30 ℃이고 이때 호흡량, 즉 CO_2 생성량은 154 mg/kcal/h이며, Q_{10}값은 1.8일 때 다음 문제에 대해 쓰시오.

[2004년 1회]

> ① 20 ℃에서 상온 저장 시 호흡량은?
> ② 10 ℃에서 저온 저장 시 호흡량은?
> ③ 이러한 호흡작용을 사용하는 과일·채소의 생체저장법과 원리에 대해 서술하시오.

계산과정

• 품온 30 ℃를 20 ℃로 10 ℃ 감소시켰으므로, CO_2 생성량 154 mg/kcal/h를 1.8배 감소한 결과값은 $\dfrac{154}{1.8} = 85.6$

• 품온 30 ℃를 10 ℃로 20 ℃ 감소시켰으므로, CO_2 생성량 154 mg/kcal/h를 3.24배 감소한 결과값은 $\dfrac{154}{1.8 \times 1.8} = 47.5$

정답

① 85.6 mg/kcal/h
② 47.5 mg/kcal/h
③ CA저장법, 원리 : 저장고 내의 온습도 및 공기조성을 인위적으로 조절하여 농산물의 숙성을 지연시켜 신선도를 유지시킨다.

해설

• Q_{10} : 온도를 10 ℃ 변화시켰을 때 농산물의 반응속도(호흡량)가 몇 배인지 비교하는 변수

• $Q_{10} = \dfrac{\text{온도변경 후의 } CO_2 \text{ 생성량(호흡량)}}{\text{온도변경 전의 } CO_2 \text{ 생성량(호흡량)}}$

※ 예시 : 12 ℃에서 CO_2 생성량 100 mg/kcal/h → 22 ℃에서 CO_2 생성량 150 mg/kcal/h일 때, 온도를 10 ℃ 상승시켰으므로 $Q_{10} = \dfrac{150}{100} = 1.5$배가 된다.

CHAPTER 03 식품제조 · 생산관리 (식품공정공학)

35% 출제비중

제1절 단위

1. 펌프마력(베르누이법칙)

1-1 우유공장에서 지상에 위치한 집유탱크로부터 지상 12 m에 위치한 저장탱크로 내경 5 cm인 관을 통하여 0.45 m³/min의 속도로 원유를 수송하고자 한다. 마찰에 의한 에너지 손실은 무시할 수 있고, 우유의 밀도는 1,030 kg/m³, 펌프의 효율이 75 %일 때 필요한 펌프의 마력을 계산하시오. (단, 중력가속도는 9.81 m/s², 1마력은 745.7 W/HP) [2016년 1회]

계산과정

$$\frac{1.030 \ \mathrm{kg/m^3} \times 9.81 \ \mathrm{m/s^2} \times 12 \ \mathrm{m} \times 0.45 \ \mathrm{m^3/min}}{0.75(\text{펌프의 효율}) \times 745.7 \ \mathrm{W/HP} \times 60 \ \mathrm{s/min}}$$

$$= \frac{1.030 \times 9.81 \times 12 \times 0.45}{0.75 \times 745.7 \times 60}$$

$$= \frac{54.56322}{33,556.5} = 0.00162$$

정답

1.62×10^{-3} HP

해설

베르누이법칙이란 유체가 흐르는 속도와 압력, 높이의 관계를 수량적으로 나타낸 법칙으로, 유체의 위치에너지와 운동에너지의 합은 항상 일정하다는 성질을 이용한 것이다. 베르누이법칙에 따르면 유체의 속력이 증가하면 유체 내부의 압력이 낮아지고, 속력이 감소하면 내부의 압력이 높아진다.

$$P(\text{펌프의 마력}) = \frac{\rho(\text{유체의 밀도}) \times g(\text{중력가속도}) \times h(\text{높이}) \times Q(\text{유속})}{\eta(\text{펌프의 효율})}$$

2. 몰농도

2-1 소금물로 수분활성도 0.6의 상태를 얻고자 할 때 소금용액의 몰농도를 계산하시오. (단, 분자량은 물 18, 소금 58.5, 소금의 밀도 2.165) [2009년 1회]

계산과정

소금용액의 몰농도(M) = $\dfrac{\text{용질의 몰수(mol)}}{\text{용액의 부피(L)}}$ = $\dfrac{\text{소금의 몰수}(A)}{\text{소금용액의 부피}(B)}$

- 소금의 몰수 A(mol) 구하기

  수분활성도 0.6을 만들기 위해서

  수분활성도 = $\dfrac{\text{물의 몰수}}{\text{소금의 몰수} + \text{물의 몰수}}$ = $\dfrac{6}{A+6}$ = 0.6

  ∴ 소금의 몰수 = 4 mol

- 소금용액의 부피 B(L) 구하기

  소금용액의 부피 = $\dfrac{\text{소금의 질량}}{\text{소금의 밀도}}$ + 물의 질량

  $\dfrac{x}{2.165} + y = B(\text{mL})$

  여기서, 소금의 질량(x) = 58.5 × 4 = 234 g

  물의 질량(y) = 18 × 6 = 108 g

  ∴ $\dfrac{234}{2.165} + 108 = 216 \text{ mL} = 0.216 \text{ L}$

- 소금용액의 몰농도(M) = $\dfrac{\text{소금의 몰수 } A(\text{mol})}{\text{소금용액의 부피 } B(\text{L})}$

  $\dfrac{4 \text{ mol}}{0.216 \text{ L}} = 18.52 \text{ mol/L} = 18.52 \text{ M}$

정답

18.52 M

해설

- 수분활성도(Aw) = $\dfrac{\text{용매의 몰수}}{\text{용질의 몰수} + \text{용매의 몰수}}$ = $\dfrac{\text{물의 몰수}}{\text{소금의 몰수} + \text{물의 몰수}}$

- 밀도 = $\dfrac{\text{질량}}{\text{부피}}$ → 부피 = $\dfrac{\text{질량}}{\text{밀도}}$

- 몰수(mol) = $\dfrac{\text{질량(g)}}{\text{분자량(g/mol)}}$ → 질량(g) = 분자량(g/mol) × 몰수(mol)

- 몰농도(M) = $\dfrac{\text{용질의 몰수(mol)}}{\text{용액의 부피(L)}}$

3. 몰분율

3-1 포도당 20 g을 물 80 g에 녹였을 때 포도당의 몰분율을 구하시오.

[2007년 1회, 2010년 3회, 2016년 3회, 2022년 2회]

계산과정

- 포도당의 몰수 $= \dfrac{20 \text{ g}}{180 \text{ g/mol}} = 0.111 \text{ mol}$

  – 포도당의 분자식 : $C_6H_{12}O_6$

  – 포도당의 분자량 $= C(6 \times 12) + H(12 \times 1) + O(6 \times 16) = 180$

  – 포도당의 1몰 질량 $= 180 \text{ g/mol}$

- 물의 몰수 $= \dfrac{80 \text{ g}}{18 \text{ g/mol}} = 4.444 \text{ mol}$

- 포도당의 몰분율 $= \dfrac{0.111}{0.111 + 4.444} = 0.024$(몰분율은 단위가 없음)

정답

0.024

해설

- 몰분율 $= \dfrac{A성분의 \ 몰수}{전체 \ 성분의 \ 총 \ 몰수} = \dfrac{포도당의 \ 몰수}{포도당의 \ 몰수 + 물의 \ 몰수}$ (단위 없음)

- 몰수(mol) $= \dfrac{질량(g)}{분자량(g/mol)}$

3-2 설탕 25 kg을 물 75 kg에 녹여 당액을 만들 때 당도, %, 몰분율을 계산하시오. [2008년 3회]

계산과정

- 당도 $= \dfrac{25}{25+75} \times 100 = 25 \ \mathrm{Brix}$

- 농도(%) $= \dfrac{25}{25+75} \times 100 = 25 \ \%$

- 몰분율 $= \dfrac{\text{설탕의 몰수}}{\text{설탕의 몰수} + \text{물의 몰수}}$ → 설탕($C_{12}H_{22}O_{11}$)의 분자량 $= 342$, 물(H_2O)의 분자량 $= 18$이므로

$$= \dfrac{\dfrac{25}{342}}{\dfrac{25}{342} + \dfrac{75}{18}} = 0.017$$

정답

- 당도 : 25 Brix
- 농도 : 25 %
- 몰분율 : 0.017

해설

- 당도 $= \dfrac{\text{용질}}{\text{용질} + \text{용매}} \times 100$

- 퍼센트(%)는 백분율로 농도를 구할 때 쓰이며, 당도의 브릭스(Brix)와 비슷한 개념이다.

- 몰분율 $= \dfrac{\text{A성분의 몰수}}{\text{전체 성분의 총 몰수}} = \dfrac{\text{포도당의 몰수}}{\text{포도당의 몰수} + \text{물의 몰수}}$ (단위 없음)

- 몰수(mol) $= \dfrac{\text{질량(g)}}{\text{분자량(g/mol)}}$

4. 압력강하

4-1 다음은 오렌지주스 직경과 유속에 따른 압력강하에 대한 표이다. 내삽법을 이용하여 직경 25 cm, 유속 8.5일 때 압력강하를 구하시오. [2017년 2회, 2023년 1회]

직경(cm) \ 유속	1.0	2.0	5.0	8.5	10.0
10	509	1,017			
20	1,017	2,034			
25	(A)	–	–	(B)	12,710
30	1,524				

계산과정

직경을 x, 유속을 y라고 정한다.
- (A)값 구하기
  - 데이터가 있는 직경 20 cm와 30 cm를 임의로 선택하여 직경 25 cm의 값을 예측한다.
  - $y = \dfrac{1,524 - 1,017}{30 - 20}(x - 20) + 1,017$ → x에 직경 25를 대입 → $y = 1,270.5$
- (B)값 구하기
  - 유속 1.0과 유속 10.0을 임의로 선택하여 유속 8.5의 값을 예측한다.
  - $y = \dfrac{12,710 - 1,270.5}{10 - 1}(8.5 - 1) + 1,270.5 = 10,803.42$

정답

10,803.42

해설

- 내삽법 : 두 지점 사이의 값을 추정한다는 뜻으로, 주위에 데이터가 많을 때 결괏값을 예측하는 것을 말한다. (↔ 외삽법은 대부분의 데이터와 동떨어진 점에서 결괏값을 예측)
- 압력강하 : 유입구와 유출구 사이의 압력 차를 의미한다.
- 압력강하 계산식 : $y = \dfrac{y_2 - y_1}{x_2 - x_1}(x - x_1) + y_1$

  여기서, y_2 : 예측하려는 위치보다 큰 관의 압력강하

  　　　　y_1 : 예측하려는 위치보다 작은 관의 압력강하

  　　　　x_2 : 예측하려는 위치보다 큰 관의 직경(또는 유속)

  　　　　x_1 : 예측하려는 위치보다 작은 관의 직경(또는 유속)

  　　　　x : 예측하려는 위치의 관의 직경

5. 열량

5-1 −10 ℃의 500 g 얼음을 100 ℃ 수증기로 바꿀 때 필요한 열량은 얼마인지 계산하시오. (단, 물의 비열은 1 kcal/kg·℃, 얼음의 비열은 0.5 kcal/kg·℃, 기화열은 540 kcal/kg, 얼음열량은 80 kcal/kg). [2015년 1회]

계산과정

- −10 ℃의 500 g 얼음을 0 ℃로 바꾸는 데 필요한 열량(감열) $= \dfrac{0.5 \text{ kcal}}{\text{kg} \cdot \text{℃}} \times 0.5 \text{ kg} \times 10 \text{ ℃} = 2.5 \text{ kcal}$

- 0 ℃의 얼음을 0 ℃의 물로 바꾸는 데 필요한 열량(잠열) $= \dfrac{80 \text{ kcal}}{\text{kg} \cdot \text{℃}} \times 0.5 \text{ kg} = 40 \text{ kcal}$

- 0 ℃의 500 g 물을 100 ℃로 바꾸는 데 필요한 열량(감열) $= \dfrac{1 \text{ kcal}}{\text{kg} \cdot \text{℃}} \times 0.5 \text{ kg} \times 100 \text{ ℃} = 50 \text{ kcal}$

- 100 ℃의 물을 100 ℃의 수증기로 바꾸는 데 필요한 열량(잠열) $= \dfrac{540 \text{ kcal}}{\text{kg} \cdot \text{℃}} \times 0.5 \text{ kg} = 270 \text{ kcal}$

따라서 필요한 전체 열량 = 2.5 + 40 + 50 + 270 = 362.5 kcal

정답

362.5 kcal

해설

Q(열량) $= c$(비열) $\times m$(질량) $\times \Delta t$(온도변화)
- 감열(현열) : 물질의 상태변화 없이 온도를 변화시키는 데 필요한 열량
- 잠열(숨은열) : 물질의 상태변화는 있고 온도변화가 없을 때 필요한 열량

6. 잠열

6-1 수분함량 75 %인 소고기 10 kg이 있다. 처음 온도 5 ℃, 최종온도 −20 ℃에서 동결률이 0.90이고 잠열이 334 kJ/kg일 때, 잠열은 몇 kJ인지 계산하시오. [2019년 1회, 2023년 1회]

계산과정

$10 \text{ kg} \times \dfrac{334 \text{ kJ}}{\text{kg}} = 3{,}340 \text{ kJ}$ → 수분함량 75 %, 동결률 0.90이므로 이를 보정해줘야 한다.

따라서 3,340 kJ × 0.75(수분함량) × 0.90(동결률) = 2,254.5 kJ

정답

2,254.5 kJ

해설

- 잠열(숨은열) : 어떤 물체가 온도의 변화 없이 상태가 변할 때 방출되거나 흡수되는 열을 말한다. 예를 들어 물을 끓이면 100 ℃에서 온도가 더 이상 올라가지 않고 액체에서 기체로 상태변화가 일어난다. 이때 액체에서 기체로 전환될 때 필요한 열량을 (증발)잠열이라고 하는 것이다. 물질의 상태변화에 따라 다음과 같이 잠열의 이름이 다양하다.
  - 고체 → 액체 : 융해잠열   - 액체 → 기체 : 증발잠열
  - 고체 → 기체 : 승화잠열   - 기체 → 고체 : 승화잠열
  - 기체 → 액체 : 응축잠열   - 액체 → 고체 : 응고잠열
- 잠열의 계산식 : $r = \dfrac{Q}{m}$

  Q : 열량(kcal), m : 질량(kg), r : 잠열(kcal/kg)

7. 열전도도

7-1   BTU/ft · h · °F를 J/cm · min · ℃로 단위를 바꾸시오. [2016년 1회]

계산과정

$$\frac{BTU}{ft \times h \times °F} = \frac{BTU}{1} \times \frac{1}{ft} \times \frac{1}{h} \times \frac{1}{°F} \rightarrow 단위소거법으로\ 각각의\ 단위를\ 소거하면서\ 환산한다.$$

$$= \left(\frac{BTU}{1} \times \frac{1,055\ J}{BTU}\right) \times \left(\frac{1}{ft} \times \frac{1\ ft}{30.48\ cm}\right) \times \left(\frac{1}{h} \times \frac{h}{60\ min}\right) \times \left(\frac{1}{°F} \times \frac{°F}{1.8\ ℃}\right)$$

$$= \frac{1,055\ J}{1} \times \frac{1}{30.48\ cm} \times \frac{1}{60\ min} \times \frac{1}{1.8\ ℃} = \frac{1,055\ J}{3,291.84\ cm \times min \times ℃} = 0.32\ J/cm \cdot min \cdot ℃$$

정답

0.32 J/cm · min · ℃

해설

- 1 BTU = 1,055 J = 251 cal → 영국 열량단위로, 1 파운드의 물을 1 °F 올리는 데 필요한 열량
- 1 ft = 30.48cm
- 1 h = 60 min
- $\Delta 1$ °F = $\Delta 1.8$ ℃

7-2   열전도도가 17 W/m · ℃인 파이프의 지름이 8 cm, 두께가 2 cm이다. 파이프를 둘러싼 단열재의 열전도도는 0.035 W/m · ℃이고 두께는 4 cm이다. 파이프 내부의 온도는 130 ℃이고, 단열재 표면의 온도는 25 ℃일 때, 파이프 표면의 온도는 몇 ℃인지 계산하시오. [2018년 3회]

계산과정

- 파이프의 넓이 = 외부넓이 − 내부넓이
$$= \pi(0.06)^2 - \pi(0.04)^2 = \pi(0.002)$$
- 단열재의 넓이 = 외부넓이 − 내부넓이
$$= \pi(0.1)^2 - \pi(0.06)^2 = \pi(0.0064)$$
- $Q_{파이프} = \dfrac{\pi(0.002) \times 17 \times (130 - x)}{0.02} = 221 - 1.7x$

- $Q_{단열재} = \dfrac{\pi(0.0064) \times 0.035 \times (x - 25)}{0.04} = 0.0056x - 0.14$

- $Q_{파이프} = Q_{단열재}$

따라서 $221 - 1.7x = 0.0056x - 0.14$

$x = 129.7$

정답

129.7 ℃

해설

- 원의 넓이(면적) = 원주율(π) × {반지름(r)}²
- $Q = \dfrac{넓이 \times 열전도도 \times 온도차(t_2 - t_1)}{두께}$

8. 질량

8-1 무게 6,860.0 N인 동결된 딸기의 질량을 kg으로 계산하시오. (단, 중력가속도는 9.8 m/s²)

[2007년 1회]

계산과정

$$6,860 \ N \times \frac{1 \ kg \cdot m/s^2}{1 \ N} = 6,860 \ kg \cdot m/s^2$$

$$6,860 \ kg \cdot m/s^2 = m \times 9.8 \ m/s^2$$

$$m = \frac{6,860 \ kg \cdot m/s^2}{9.8 \ m/s^2} = 700 \ kg$$

정답

700 kg

해설

- 무게(힘) 계산식 : W(무게) $= m$(질량) $\times g$(중력가속도)

  무게가 곧 힘이므로 W(무게) 대신 F(힘)로 표시하기도 한다.

  F(힘) $= m$(질량) $\times g$(중력가속도) → 단위는 뉴턴(N)

- 1 N $=$ 1 kg $\cdot$ m/s²

9. 파장

9-1 다음 보기를 참고하여 식품에 이용되는 전자레인지 파장을 구하시오.

[2017년 1회]

> **[보기]**
> 2,450 MHz 주파수, 3×10^{10} cm/s 속도

계산과정

$$c = f \times \lambda \ \rightarrow \ \lambda(파장) = \frac{c(빛의 \ 속도)}{f(주파수)}$$

$$\lambda = \frac{3 \times 10^{10} \ cm/s}{2,450 \ MHz} = \frac{3 \times 10^{10} \ cm/s}{2,450 \times 10^6 \ Hz} = \frac{3 \times 10^4 \ cm}{2,450} = 12.24 \ cm$$

정답

12.24 cm

해설

- c(빛의 속도) $= f$(주파수) $\times \lambda$(파장)

- 1 Hz $=$ 1 s^{-1} $=$ $1 \times \dfrac{1}{s}$ → 1 초에 1 번이라는 뜻이며, 100 Hz는 1 초에 100 번을 뜻한다.

- 1 MHz $=$ 10^6 Hz

1. 물질수지

1-1 토마토 펄프에 직접 수증기를 가하여 가열처리할 때 수증기가 응축되면서 토마토 펄프에 포함되면 토마토 펄프는 묽어진다. 초기 고형분 함량이 5 %인 토마토 펄프를 21 ℃에서 88 ℃까지 가열했을 때 가열된 토마토 펄프에서 고형분의 농도(%)는 얼마인지 구하시오. (단, 이 작업은 대기압 상태에서 수행한다. 고형분의 비열은 0.5 kcal/kg · ℃, 21 ℃ 물의 엔탈피는 21 kcal/kg, 1 기압 포화수증기의 엔탈피는 638.8 kcal/kg이다.) [2004년 2회]

계산과정

• 토마토 펄프에 포함된 수증기 응축량

$Q_{고형분} + Q_물 = $ 수증기의 엔탈피 × 수증기 응축량

$$\left[\frac{0.5 \text{ kcal}}{\text{kg} \cdot ℃} \times 5 \text{ kg} \times (88-21) \text{ ℃} \right] + \left[\frac{1 \text{ kcal}}{\text{kg} \cdot ℃} \times 95 \text{ kg} \times (88-21) \text{ ℃} \right] = \frac{638.8 \text{ kcal}}{\text{kg}} \times 수증기 응축량$$

수증기 응축량 $= 10.2$ kg

• 고형분의 농도

$$\frac{5}{100+10.2} \times 100 = 4.54$$

정답

4.54 %

해설

• 열량 : 어떤 물질의 온도를 올리는 데 사용한 총 에너지

Q(열량) $= c$(비열) $\times m$(질량) $\times \Delta t$(온도변화)

• 엔탈피(반응열) : 일정한 압력 조건에서 어떤 반응이 일어날 때, 계가 얻은 열 또는 잃은 열

• 농도의 단위는 별도의 조건을 제시하지 않은 경우에는 질량백분율(%), 즉 w/w%로 표시를 한다. 이때 %와 w/w%는 같은 뜻이므로 둘 중 어느 것을 써도 된다.

1-2 열교환기에 90 ℃의 뜨거운 물을 2,000 kg/h 속도로 통과시키고 반대 방향에서 20 ℃의 식용유를 4,500 kg/h의 속도로 투입시켰다. 물이 40 ℃로 냉각될 때 배출되는 식용유의 온도를 'in put = out put'을 활용하여 계산하시오. (단, 식용유의 열용량(C_P)은 0.5 kcal/kg·℃ 이며 소수점 첫째 자리로 답하시오.) [2010년 1회, 2020년 4·5회]

계산과정

열수의 냉각 열량(in put) = 식용유의 온도상승 열량(out put)

- $Q_{열수} = \dfrac{1\ \text{kcal}}{\text{kg}\cdot\text{℃}} \times \dfrac{2,000\ \text{kg}}{\text{h}} \times (90-40)\ \text{℃} = 100,000\ \text{kcal/h}$

- $Q_{식용유} = \dfrac{0.5\ \text{kcal}}{\text{kg}\cdot\text{℃}} \times \dfrac{4,500\ \text{kg}}{\text{h}} \times (x-20)\ \text{℃} = 2,250\ \text{kcal/h} \times (x-20)$

- $Q_{열수} = Q_{식용유}$이므로, $100,000\ \text{kcal/h} = 2,250\ \text{kcal/h} \times (x-20)$

  $100,000 = 2,250x - 45,000$

  $x = 64.4$ ℃

정답

64.4 ℃

해설

- in put = out put을 활용하라는 것은 물질수지식을 이용하라는 뜻이다. 물질수지식이란 질량보존의 법칙을 응용한 개념으로, 어떤 공정에서 물질의 도입(원료의 투입량)과 배출(제품의 생산량)은 같아야 한다는 이론을 나타낸 식을 뜻한다.
- 열량이란 어떤 물질의 온도를 올리는 데 사용한 총 에너지를 뜻한다.
- 열용량은 어떤 물질의 온도를 1 ℃ 또는 1 K 올리는 데 필요한 열량을 뜻한다. 비열과 비슷하게 보이지만, 비열은 단위 질량을 포함시킨다는 점에서 다르다.
  ※ 비열 : 어떤 물질 1 kg의 온도를 1 ℃ 또는 1 K 올리는 데 필요한 열량

1-3 열교환기에 사용되는 90 ℃ 온수는 1,000 kg/h의 유량으로 열교환기에 들어가 40 ℃로 냉각되어 나온다. 기름의 유량은 5,000 kg/h이고, 들어갈 때의 온도가 20 ℃라면 나올 때의 온도를 구하시오. (단, 물 열용량 1.0 kcal/kg·℃, 기름 열용량 0.5 kcal/kg·℃) [2013년 3회]

계산과정

90 ℃ 온수가 40 ℃로 냉각되는 열량($Q_{물}$) = 20 ℃ 기름이 올라갈 때 사용되는 열량($Q_{기름}$)

따라서 $\dfrac{1\ \text{kcal}}{\text{kg}\cdot\text{℃}} \times 1,000\ \text{kg} \times (90-40)\ \text{℃} = \dfrac{0.5\ \text{kcal}}{\text{kg}\cdot\text{℃}} \times 5,000\ \text{kg} \times (x-20)\ \text{℃}$

$50,000 = 2,500(x-20)$

$20 = x - 20$

$x = 40$ ℃

정답

40 ℃

해설

- 열용량 : 어떤 물질을 1 ℃ 올리는 데 필요한 열
- 열량 : 어떤 물질의 온도를 올리는 데 사용한 총 에너지
- 비열 : 어떤 물질 1 g을 1 ℃ 올리는 데 필요한 열

1-4 70 % 수분을 지닌 어떤 식품 1 kg에서 80 % 수분을 건조시켰을 때 건조된 수분량, 건조 후 고형분 및 수분의 무게를 구하시오. [2012년 2회, 2021년 3회]

계산과정

• 건조 전 수분의 무게 = 1 kg×70 % = 0.7 kg
• 80 % 수분 건조 = 0.7 kg×80 % = 0.56 kg
• 건조 전(후) 고형분의 무게 = 1 kg×30 % = 0.3 kg
• 건조 후 수분의 무게 = 0.7 kg − 0.56 kg = 0.14 kg

정답

• 건조된 수분의 무게 : 0.56 kg
• 건조 후 고형분 무게 : 0.3 kg
• 건조 후 수분의 무게 : 0.14 kg

해설

고형분의 무게는 수분과 달리 증발하지 않으므로 항상 같다.

1-5 5 % 설탕용액 1,000 kg을 농축시켜 25 % 설탕액으로 제조하려고 한다. 어느 정도로 증발시켜야 하는지 구하시오. [2013년 1회]

계산과정

$$\frac{5}{100}\times1,000=\frac{25}{100}\times(1,000-x)$$
$$50=0.25(1,000-x)$$
$$50=250-0.25x$$
$$x=800$$

정답

수분 800 kg

해설

고형분인 설탕은 수분과 달리 증발하지 않으므로 농축 전과 후의 설탕 양은 항상 같다.

1-6 5 %의 1 kg 설탕물을 25 %의 설탕물로 농축하려면 증발시켜야 할 수분의 양을 물질수지식을 이용하여 구하시오.

[2021년 1회]

계산과정

$$\frac{5}{100} \times 1 = \frac{25}{100} \times (1-x)$$
$$0.05 = 0.25(1-x)$$
$$0.05 = 0.25 - 0.25x$$
$$x = 0.8$$

정답

0.8 kg

해설

물질수지식이란 질량보존의 법칙을 응용한 개념으로, 어떤 공정에서 물질의 도입(원료의 투입량)과 배출(제품의 생산량)은 같아야 한다는 이론을 나타낸 것이다.

1-7 증발기에서 5 % 소금물 10 kg을 20 % 농축시킬 때 증발시켜야 할 수분량을 구하시오.

[2011년 1회]

1-8 10 kg의 5 % 소금물을 20 % 소금물로 농축할 때 증발시켜야 하는 수분의 양을 계산하시오.

[2013년 2회, 2022년 1회]

1-9 5 % 소금물 10 kg을 증발시켜 20 %로 만들려고 한다. 증발시킬 물의 양을 계산하시오.

[2019년 1회]

계산과정

1-7, 1-8, 1-9

$$\frac{5}{100} \times 10 = \frac{20}{100} \times (10-x)$$
$$0.5 = 0.2(10-x)$$
$$0.5 = 2 - 0.2x$$
$$x = 7.5$$

정답

1-7, 1-8, 1-9

7.5 kg

1-10 유량 1,000 kg/h으로 흐르고 있는 30 % 설탕용액의 수분을 증발시켜 50 % 설탕용액으로 농축시키고자 할 때, 증발되는 수분의 양과 50 % 설탕용액의 유량(kg/h)을 구하시오.

[2022년 3회]

- 증발된 수분의 양 : (①) kg
- 50 % 설탕용액의 유량 : (②) kg/h

계산과정

- 증발된 수분의 양

$$\frac{30}{100} \times 1,000 = \frac{50}{100} \times (1,000 - x)$$

$$0.3 \times 1,000 = 0.5 \times (1,000 - x)$$

$$300 = 500 - 0.5x$$

$$x = 400$$

- 50 % 설탕용액의 유량

$$\frac{30}{100} \times 1,000 = \frac{50}{100} \times y$$

$$0.3 \times 1,000 = 0.5 \times y$$

$$y = 600$$

정답

① 400

② 600

1-11 7.08 % 오렌지주스를 1,000 kg/h 유량으로 58 %까지 농축하였다. 이때 증발한 수분량을 W, 농축된 주스 양을 C라고 가정한다. 아래 표의 빈칸을 쓰시오. [2023년 3회]

전체 물질수지식	①
성분수지식	②
증발된 수분량(W)	(③) kg
농축된 주스 양(C)	(④) kg

계산과정

① $\dfrac{7.08}{100} \times 1,000 = \dfrac{58}{100} \times (1,000 - W)$

　$0.0708 \times 1,000 = 0.58 \times (1,000 - W)$

　$70.8 = 580 - 0.58W$

　$W = 877.9310\cdots$ 따라서, ③은 877.93

② $\dfrac{7.08}{100} \times 1,000 = \dfrac{58}{100} \times C$

　$0.0708 \times 1,000 = 0.58 \times C$

　$C = 122.0689\cdots$ 따라서, ④는 122.07

정답

① $\dfrac{7.08}{100} \times 1,000 = \dfrac{58}{100} \times (1,000 - W)$

② $\dfrac{7.08}{100} \times 1,000 = \dfrac{58}{100} \times C$

③ 877.93

④ 122.07

1. 뉴턴 유체와 비뉴턴 유체

1-1 전단속도가 $100 \ \text{s}^{-1}$인 유체의 전단응력을 구하시오. (단, 점도는 $10^{-3} \ \text{Pa} \cdot \text{s}$) [2021년 1회]

계산과정

$$
\begin{aligned}
전단응력 &= 100 \ \text{s}^{-1} \times 10^{-3} \ \text{Pa} \cdot \text{s} \\
&= \left(100 \times \frac{1}{\text{s}}\right) \times \left(\frac{1}{1,000} \ \text{Pa} \cdot \text{s}\right) \\
&= \frac{100}{\text{s}} \times \frac{1 \ \text{Pa} \cdot \text{s}}{1,000} \\
&= 0.1 \ \text{Pa}
\end{aligned}
$$

정답

0.1 Pa

해설

전단응력 = 전단속도 × 점도

- 전단응력(shear stress) : 어떤 물체의 면에 대해 크기는 같지만 방향은 서로 반대가 되도록 면을 따라 평행하게 작용하는 힘을 말한다.
- 전단속도(shear rate) : 유동층 내에서의 단위 거리당 유속의 변화량을 뜻하며 전단율 또는 전단변형률이라고도 부른다.
- 점도(점성) : 유체의 흐름에 대한 저항을 뜻하며, 전단응력과 전단속도의 비로 나타낸다.

제4절 열전달

1. 열량

1-1 두께가 1 cm인 합판의 한쪽은 −10 ℃이고 다른 쪽은 20 ℃라고 할 때, 합판 1 m²를 통해서 1 시간 동안 이동되는 열량은 몇 kJ인지 계산하시오. (단, 합판의 열전도도는 0.042 W/m · K)

[2007년 1회]

계산과정

- 열량 구하기

$$Q = \frac{0.042 \text{ W/m} \cdot \text{K} \times 1 \text{ m}^2 \times (20 \text{ ℃} - (-10 \text{ ℃}))}{0.01 \text{ m}}$$

$$= \frac{0.042 \text{ W}}{\text{m} \cdot \text{K}} \times \frac{1 \text{ m}^2 \times (20 \text{ ℃} - (-10 \text{ ℃}))}{0.01 \text{ m}}$$

$$= \frac{0.042 \text{ W}}{\text{m} \cdot \text{K}} \times \frac{1 \text{ m}^2 \times (293 \text{ K} - 263 \text{ K})}{0.01 \text{ m}} \quad \leftarrow \text{ 단위소거를 위해 섭씨온도(℃)를 절대온도(K)로 변환}$$

$$= \frac{0.042 \text{ W}}{\text{m} \cdot \text{K}} \times \frac{1 \text{ m}^2 \times 30 \text{ K}}{0.01 \text{ m}}$$

$$= 0.042 \text{ W} \times 3,000$$

$$= 126 \text{ W}$$

- 단위 환산하기

$$1 \text{ W} = 1 \text{ J/s}$$

$$126 \text{ W} = 126 \text{ J/s} \rightarrow \frac{126 \text{ J}}{\text{s}} \times \frac{3,600 \text{ s}}{1 \text{ h}} = \frac{453,600 \text{ J}}{\text{h}} = \frac{453.6 \text{ kJ}}{\text{h}} = 453.6 \text{ kJ/h}$$

정답

453.6 kJ/h

해설

- 열전도도(열전도율) : 넓이가 1 m²인 물체에서 두께가 1 m이고, 양쪽 온도차가 1 ℃ 차이가 날 때 1 시간 동안에 통과한 열량(cal)

- Q(열전도량) $= \dfrac{\text{열전도도} \times \text{면적} \times \text{온도차}}{\text{두께}}$

- 절대온도(K, 켈빈) : 물질의 특이성에 의존하지 않고 눈금을 정의한 온도로, 0 도 이하로 할 수 없기 때문에 절대온도라고 부른다.

1-2 우유 4,500 kg을 5~55 ℃까지 열변환장치(4,500 kg/h)를 사용해 가열하고자 한다. 우유의 비열이 3.85 kJ/kg · K일 때 초당 필요한 열에너지(kW)를 구하시오. [2008년 2회]

계산과정

$$Q = \left(\frac{3.85 \text{ kJ}}{\text{kg} \cdot \text{K}} \times \frac{1 \text{ kW}}{3,600 \text{ kJ}}\right) \times 4,500 \text{ kg} \times (55 - 5) \text{ ℃}$$

$$Q = \left(\frac{3.85 \text{ kJ}}{\text{kg} \cdot \text{K}} \times \frac{1 \text{ kW}}{3,600 \text{ kJ}}\right) \times 4,500 \text{ kg} \times (328 - 278) \text{ K} \leftarrow \text{단위소거를 위해 섭씨온도(℃)를 절대온도(K)로 변환}$$

$$= 3.85 \times \frac{1}{3,600} \text{ kW} \times 4,500 \times 50$$

$$= 240.625 \text{ kW}$$

정답

240.63 kW

해설

열량이란 어떤 물질의 온도를 올리는 데 사용한 총 에너지를 뜻하며, 계산식은 다음과 같다.
Q(열량) $= c$(비열) $\times m$(질량) $\times \Delta t$(온도변화)

1-3 135 g의 물을 11 ℃에서 41 ℃로 올리는 데 필요한 열량을 구하시오. [2008년 3회]

계산과정

$$Q = \frac{1 \text{ kcal}}{\text{kg} \cdot \text{℃}} \times \left(135 \text{ g} \times \frac{1 \text{ kg}}{1,000 \text{ g}}\right) \times (41 - 11) \text{ ℃}$$

$$= 1 \text{ kcal} \times 0.135 \times 30$$

$$= 4.05 \text{ kcal}$$

정답

4.05 kcal

해설

Q(열량) $= c$(비열) $\times m$(질량) $\times \Delta t$(온도변화)
※ 물의 비열 $= 1$ kcal/kg · ℃

제5절 반응속도

1. Q_{10}값

1-1 비타민 B₁의 저장 중 파괴속도가 $Q_{10} = 2.5$일 때 Z값을 계산하시오. [2007년 1회, 2022년 1회]

1-2 비타민 보관 시 $Q_{10} = 2.5$일 때의 Z값은? [2017년 2회]

계산과정

1-1, 1-2

$$Z = \frac{10}{\log Q_{10}} = \frac{10}{\log 2.5} = \frac{10}{0.3979} = 25.13(℃)$$

정답

1-1, 1-2

25.13 ℃

해설

$Q_{10} = 2.5$이면 온도를 10 ℃ 상승시켰을 때 반응속도가 2.5배 빨라진다는 뜻이다.

반응속도 계산식 : $Z = \dfrac{10}{\log Q_{10}}$

1-3 Q_{10}값이 2이고, 20 ℃에서 반응속도가 10일 때, 30 ℃에서의 반응속도를 구하시오.

[2012년 3회, 2015년 1회]

1-4 Q_{10}값이 2이고, 20 ℃에서 반응속도가 10 mol/m³ · s일 때, 30℃ 에서의 반응속도를 구하시오. [2022년 2회]

계산과정

1-3, 1-4

$Q_{10} = 2$이므로, $2 = \dfrac{x(30 ℃일 때)}{10(20 ℃일 때)}$

$x = 20$

정답

1-3, 1-4

20 mol/m³ · s

해설

$Q_{10} = 2$이면 온도를 10 ℃ 상승시켰을 때 반응속도가 2배 빨라진다는 뜻이다.

$Q_{10} = \dfrac{(온도\ T+10\ ℃)에서의\ 반응속도}{온도\ T에서의\ 반응속도}$

제6절 가열살균

1. D, F, Z값

1-1 균수를 1×10^5 감소시키는 데 $D_{121.1} = 1.5$ min일 때 121.1 ℃에서 변패확률이 1/1,000이 되는 가열시간을 구하시오.

[2005년 1회]

계산과정

- $D_{(\text{초기 균수})} = \dfrac{1.5}{\log 10^5} = \dfrac{1.5}{\log_{10} 10^5} = \dfrac{1.5}{5} = 0.3$

- 같은 온도에서는 D값이 일정하므로,

  $D_{(\text{가열 후 균수})} = \dfrac{t}{\log 10^3 (\text{변패확률})} = 0.3$

  $\dfrac{t}{\log_{10} 10^3} = 0.3$

  $\dfrac{t}{3} = 0.3$

  $t = 0.9$

정답

0.9(분)

해설

- D값(분) : 일정 온도로 가열했을 때 생균수를 90 % 감소시키는 데 필요한 시간

- D값(분) $= \dfrac{t}{\log\left(\dfrac{N_0}{N}\right)}$

  여기서, N_0 : 초기 균수

  N : 가열 후 균수

:: SUBJECT 02 기출복원문제

1-2 초기 농도에서 99.9 % 감소하는 데 0.74 분이 걸린다. 10^{-12} 감소하는 데 걸리는 시간을 구하시오. [2011년 2회]

계산과정

• 99.9 % 감소할 때

$$D = \frac{0.74}{\log\frac{10^2}{10^{-1}}} = \frac{0.74}{\log 10^2 - \log 10^{-1}} = \frac{0.74}{2-(-1)} = 0.25$$

• 10^{-12} 감소할 때

$$0.25 = \frac{t}{\log\frac{10^0}{10^{-12}}}$$

$$0.25 \times \log 10^{12} = t$$

$$0.25 \times 12 = t$$

$$t = 3$$

정답

3 분

해설

$$D값(분) = \frac{t}{\log\left(\frac{N_0}{N}\right)}$$

여기서, N_0 : 초기 균수

　　　　N : 가열 후 균수

※ N이 10^{-1}인 이유 : 초기 농도가 1일 때 99.9 % 사멸시켰으므로 0.1 %, 즉 10^{-1} 생존

1-3 *Clostridium botulinum* 초기 농도에서 99.9 % 감소하는 데 0.72 분이 걸린다. 10^{-12} 감소하는 데 걸리는 시간을 구하시오.

[2020년 4·5회, 2023년 2회]

계산과정

- 99.9 % 감소할 때

$$D = \frac{0.72}{\log\dfrac{10^2}{10^{-1}}} = \frac{0.72}{\log 10^2 - \log 10^{-1}} = \frac{0.72}{2 - (-1)} = 0.24$$

- 10^{-12} 감소할 때

$$0.24 = \frac{t}{\log\dfrac{10^0}{10^{-12}}}$$

$$0.24 \times \log 10^{12} = t$$
$$0.24 \times 12 = t$$
$$t = 2.88$$

정답

2.88 분

해설

1-2 해설 참고

1-4 $D_{121} = 0.2$ 분, $Z = 10$ ℃일 때, D_{116}의 값을 구하시오.

[2005년 3회]

계산과정

$$\log\frac{D_{116}}{D_{121}} = \frac{121 - 116}{10}$$

$$\frac{D_{116}}{0.2} = 10^{0.5} = 10^{\frac{1}{2}} = \sqrt{10}$$

$$D_{116} = 0.2 \times \sqrt{10} = 0.6$$

정답

$D_{116} = 0.6$ 분

해설

- Z값(℃) : D값이 $\dfrac{1}{10}$ 또는 10배가 되는 데 필요한 온도 차이, 즉 D값을 1 log cycle 감소시키는 데 필요한 온도상승 값을 뜻한다.

- Z값(℃) $= \dfrac{T_1 - T_2}{\log\dfrac{D_1}{D_2}}$ → $\log\dfrac{D_2}{D_1} = \dfrac{T_1 - T_2}{Z\text{값}(℃)}$

1-5 균 초기 농도의 1/100,000로 만드는 데 121.1 ℃에서는 20 분이 걸리고, 125 ℃에서는 5.54 분이 걸린다. Z값을 구하시오.

계산과정

- $D_{121.1} = \dfrac{20}{\log 10^5} = \dfrac{20}{\log_{10} 10^5} = \dfrac{20}{5} = 4$

- $D_{125} = \dfrac{5.54}{\log 10^5} = \dfrac{5.54}{\log_{10} 10^5} = \dfrac{5.54}{5} = 1.108$

- $z = \dfrac{125 - 121.1}{\log \dfrac{1.108}{4}} \rightarrow \log \dfrac{4}{1.108} = \dfrac{125 - 121.1}{z} \rightarrow \log 3.61 = \dfrac{3.9}{z} \rightarrow z = \dfrac{3.9}{\log 3.61} = 6.995$

정답

6.995 ℃

해설

- D값(분) $= \dfrac{t}{\log\left(\dfrac{N_0}{N}\right)}$

  여기서, N_0 : 초기 균수

  N : 가열 후 균수

- Z값(℃) $= \dfrac{T_1 - T_2}{\log \dfrac{D_1}{D_2}} \rightarrow \log \dfrac{D_2}{D_1} = \dfrac{T_1 - T_2}{Z값(℃)}$

1-6 *B. stearothermophilus*($Z = 10$ ℃)를 121.1 ℃에서 가열처리하여 균의 농도를 1/10,000로 감소시키는 데 15 분이 소요되었다. 살균온도를 125 ℃로 높여 15 분간 살균할 때의 치사율(L)을 계산하고, 치사율 값을 121.1 ℃와 125 ℃에서의 살균시간 관계로 설명하시오.

[2006년 1회, 2009년 3회]

계산과정

$L = 10^{\frac{125 - 121.1}{10}} = 10^{\frac{3.9}{10}} = 10^{0.39} = 2.4547$

정답

- $L = 2.45$
- 121.1 ℃에서 2.45 분간 가열시킨 것과 125 ℃에서 1 분간 가열시킨 살균효과는 동일하다.

해설

치사율(L값) $= 10^{\frac{T_2 - T_1}{Z}}$

1-7 *Clostridium botulinum* 포자 현탁액을 121 ℃에서 열처리하여 초기 농도의 99.9999 %를 사멸시키는 데 1.5 분이 걸렸다. 이 포자의 D_{121}을 구하시오. [2007년 2회, 2009년 2회]

계산과정

$$D_{121} = \frac{1.5}{\log\left(\dfrac{10^2}{10^{-4}}\right)} = \frac{1.5}{\log 10^6} = \frac{1.5}{\log_{10} 10^6} = \frac{1.5}{6} = 0.25$$

정답

$D_{121} = 0.25$ 분

해설

$$D값(분) = \frac{t}{\log\left(\dfrac{N_0}{N}\right)}$$

여기서, N_0 : 초기 균수

N : 가열 후 균수

※ N이 10^{-4}인 이유 : 초기 농도가 1일 때 99.9999 % 사멸시켰으므로 0.0001 %, 즉 10^{-4} 생존

1-8 다음 세균의 가열살균 지표를 보고 회귀방정식을 이용하여 z값을 구하시오. [2022년 3회]

D값	시간(분)
100	65.5
105	25.7
110	12.2
115	4.5
120	1.8
125	0.5

계산과정

• 회귀방정식의 기울기(a) 구하기

$y = ax + b$ 또는 $y = b + ax$

기울기(a) $= \dfrac{n\Sigma(xy) - \Sigma(x)\Sigma(y)}{n\Sigma(x^2) - (\Sigma(x))^2}$ ← 최소제곱법을 이용하여 잔차제곱합을 최소화한 식

① $n\Sigma(xy)$

$= 6 \times (100\log 65.5) + (105\log 25.7) + (110\log 12.2) + (115\log 4.5) + (120\log 1.8) + (125\log 0.5)$

② $\Sigma(x)\Sigma(y)$

$= (100 + 105 + 110 + 115 + 120 + 125) \times \log(65.5 \times 25.7 \times 12.2 \times 4.5 \times 1.8 \times 0.5)$

③ $n\Sigma(x^2)$

$= 6 \times (100^2 + 105^2 + 110^2 + 115^2 + 120^2 + 125^2)$

④ $(\Sigma(x))^2$

$= (100 + 105 + 110 + 115 + 120 + 125)^2$

따라서 $a = \dfrac{n\Sigma(xy) - \Sigma(x)\Sigma(y)}{n\Sigma(x^2) - (\Sigma(x))^2} = \dfrac{① - ②}{③ - ④}$ 이므로, 대입하여 계산하면 −0.0828이다.

$\therefore\ a = -0.0828$

- D값과 z값의 기울기를 이용하여 z값 구하기

$z = \dfrac{-1}{\text{기울기}(a)}$

$= \dfrac{-1}{(-0.0828)} = 12.0772 \cdots \fallingdotseq 12.08$

$\therefore\ z = 12.08$

정답

12.08 ℃

해설

회귀분석과 회귀방정식
- 회귀분석 : 원인(독립변수)과 결과(종속변수)라는 두 변수 사이의 관계를 통계적으로 분석하는 방법. 즉 독립변수가 종속변수에 어떻게 영향을 미치는지 분석하는 방법으로 미래를 예측할 때 사용된다.
- 회귀방정식 : 실험을 통해 얻은 데이터 D값(독립변수, x)과 시간(종속변수, y)의 관계를 나타낸 1차함수식. 즉 $y = ax + b$ (또는 $y = b + ax$)
- 단순선형회귀방정식 : 독립변수가 D값 하나뿐이므로 이를 단순회귀방정식이라 부르며(독립변수가 2개 이상이면 다중회귀방정식), 1차함수식을 이용하여 그래프를 그리면 직선(선형)의 기울기를 나타내므로 "단순선형회귀방정식"이라 부른다.

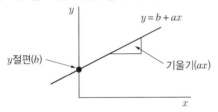

[단순선형회귀방정식의 그래프]

$y = ax + b$ 또는 $y = b + ax$

여기서, y : 종속변수

x : 독립변수

a : 기울기

b : 절편

계산과정 풀이

회귀방정식을 통해서 어떤 값을 정확하게 예측하려면 최대한 오차(잔차)를 줄이면서 직선(선형)을 그려야 하므로 '<u>최소제곱법(= 잔차제곱의 합)</u>'을 이용한다.

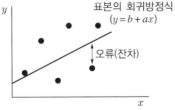

위 그래프에 따라 오류(잔차)는 (+) 혹은 (−)의 값을 갖기 때문에 잔차제곱의 합을 최소화시키는 회귀방정식은 다음과 같다(잔차제곱의 합을 최소화시킬수록 정확도가 높아짐).

$y = ax + b$ 또는 $y = b + ax$

기울기$(a) = \dfrac{n\Sigma(xy) - \Sigma(x)\Sigma(y)}{n\Sigma(x^2) - (\Sigma(x))^2}$ ← 최소제곱법을 이용하여 잔차제곱합을 최소화한 식

이를 통해 앞서 회귀방정식의 기울기(a)가 −0.0828임을 확인했다(계산과정 참고). 그러나 문제에서 요구하는 것은 z값이므로 회귀방정식의 기울기값을 가지고 다음과 같은 식을 통해서 z값을 구해야 한다.

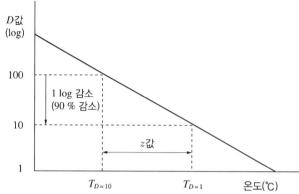

※ D값 : 특정 온도에서 미생물 수를 초기 대비 90 % 감소시키는 데 필요한 가열시간(분)
※ z값 : 목표하는 균에서 D값 90 % 감소 또는 증가에 필요한 온도 차이 값(℃)
D값과 z값의 관계는 다음의 식과 같다.

$$\log D_2 - \log D_1 = \frac{1}{z}(T_1 - T_2)$$

여기서 D_1과 D_2는 온도 T_1과 T_2에서의 D값이다.

위 식을 z값으로 바꿔주면 $z = \dfrac{T_{D1} - T_{D2}}{\log D_2 - \log D_1}$ → $z = \dfrac{T_{D=1} - T_{D=10}}{\log(10) - \log(1)}$

마찬가지로 "최소제곱법"을 적용하면 기울기$(a) = \dfrac{-1}{z}$ 이므로, $z = \dfrac{-1}{\text{기울기}(a)}$ 이다.

앞서 회귀방정식을 이용하여 구한 기울기(a)는 −0.0828이므로,

$$\frac{-1}{(-0.0828)} = 12.0772 \cdots \fallingdotseq 12.08$$

∴ $z = 12.08$ ℃

체크 포인트 ▶ z값을 구하는 이유

현실적으로 모든 온도에서 D값을 구할 수 없기 때문에 온도별 D값 변화 정도를 파악하여 미지의 온도에서 D값을 추론하기 위해서 필요하다. 즉, z값을 활용하면 열처리 온도와 시간의 상관관계를 파악할 수 있어, 다양한 열처리 온도와 시간을 조합하여 살균 강도의 측정, 비교할 수 있는 기초 값을 제공한다.
일반적으로 멸균의 경우, 목표 미생물은 *Clostridium botulinum*의 포자로 기준 온도 121.1℃에서 D값은 0.21분, z값은 10℃라는 것이 널리 알려져 있다. 그러나 살균의 경우 국가 또는 대상 식품에 따라 관리 대상 미생물을 *Salmonella* spp. 또는 *L. monocytogenes* 등으로 다양하게 정하고 있어 해당 D값 및 z값 역시 다양하게 나타난다.

1-9 돈육장조림통조림 가열살균 시 필요한 F_0값은 5.5 분으로 알려져 있다. 이 통조림을 113 ℃에서 살균한다면 적합한 가열처리 시간은 얼마인지 구하시오. (단, Z값은 10 ℃로 가정한다.)

[2023년 1회]

계산과정

$$F_0 = F \times 10^{\frac{T - 121.1\ ℃}{z}} \rightarrow 5.5(분) = F_{113} \times 10^{\frac{(113 - 121.1)\ ℃}{10\ ℃}} \rightarrow 5.5(분) = F_{113} \times 10^{-0.81}$$

$$\therefore\ F_{113} = \frac{5.5(분)}{10^{-0.81}} = 35.5109 \cdots (분)$$

정답

35.51 분

해설

F_0값이 5.5 분이라는 것은 통조림을 121.1 ℃에서 5.5 분 가열처리했음을 뜻하므로 121.1 ℃, 5.5 분 가열처리와 비교했을 때 113 ℃(= F값)에서 살균한다면 몇 분 정도 가열했을 때 동등한 가열살균효과를 얻을 수 있을 것인가를 묻는 것이다.

용어 정의

• F_0값 : 정해진 온도와 시간 조건에서, 즉 121.1 ℃에서 1 분 가열 시 F_0값은 1.0으로 규정

• F값 : 특정 온도에서 미생물의 영양세포 또는 포자를 사멸시키는 데 필요한 가열처리 시간(분)

• D값 : 일정 온도로 가열했을 때 생균수를 90 % 감소시키는 데 필요한 시간

• z값 : D값이 $\frac{1}{10}$ 또는 10배가 되는 데 필요한 온도 차이, 즉 D값을 1 log cycle 감소시키는 데 필요한 온도상승값

제7절 냉동

1. 냉동부하(냉동톤)

1-1 20 ℃ 명태살 5 톤을 12 시간 내에 −18 ℃로 동결하고자 할 때 냉동부하(kJ) 및 시간당 냉동부하(kW)의 값을 구하시오. (단, 명태살 수분함량은 70 %, 동결온도는 −2 ℃이고, 냉동 전과 후의 비열은 3.18, 1.72 kJ/kg·K, 물의 동결잠열은 332.7 kJ/kg이다.) [2004년 2회]

계산과정

- 20 ℃의 물 → −2 ℃의 물(현열 : −2 ℃는 물과 얼음의 경계선이므로 물의 상태변화 없음)

$$\frac{3.18 \text{ kJ}}{\text{kg} \cdot \text{K}} \times \left(5 \text{ ton} \times \frac{1,000 \text{ kg}}{1 \text{ ton}}\right) \times 22 \text{ K} = 349,800 \text{ kJ } (22 \text{ K} = 20 \text{ ℃} - (-2 \text{ ℃}))$$

- −2 ℃의 물 → −2 ℃의 얼음(잠열 : 온도변화 없이 물의 상태가 변화하였음)

$$\frac{332.7 \text{ kJ}}{\text{kg}} \times \left(5 \text{ ton} \times \frac{1,000 \text{ kg}}{1 \text{ ton}}\right) \times \frac{70}{100} = 1,164,450 \text{ kJ } (\frac{70}{100} : \text{명태살 수분함량 70 \% 보정한 값})$$

- −2 ℃의 얼음 → −18 ℃의 얼음(현열 : 물의 상태변화 없이 온도 차이만 있음)

$$\frac{1.72 \text{ kJ}}{\text{kg} \cdot \text{K}} \times \left(5 \text{ ton} \times \frac{1,000 \text{ kg}}{1 \text{ ton}}\right) \times 16 \text{ K} = 137,600 \text{ kJ } (16 \text{ K} = -2 \text{ ℃} - (-18 \text{ ℃}))$$

정답

- 냉동부하(kJ) : 349,800 + 1,164,450 + 137,600 = 1,651,850 kJ
- 시간당 냉동부하(kW) : $1,651,850 \text{ kJ} \times \frac{1}{12 \text{ h}} \times \frac{1 \text{ h}}{3,600 \text{ s}} = 38.237 \text{ kJ/s} = 38.237 \text{ kW}$

해설

- 냉동부하(냉동톤) : 어떤 물체를 냉동시키기 위해 제거해야 할 열량
- 현열 : 어떤 물체에 열을 가할 때 물질의 상태변화 없이 온도를 변화시키는 데 소요된 열
- 잠열(숨은열) : 어떤 물체가 온도의 변화 없이 상태가 변할 때 방출되거나 흡수되는 열
- 열량 : 어떤 물질의 온도를 올리는 데 사용한 총 에너지

체크 포인트 | 섭씨온도와 절대온도의 관계

- 섭씨온도 : 물의 어는점(0 ℃)과 끓는점(100 ℃)을 100등분한 것
- 켈빈온도 : 열역학 학문에서 다루어지는 온도로, 분자운동의 활발한 정도를 나타낸 것

$$\boxed{\text{절대온도(K) = 섭씨온도(℃) + 273}}$$

(0 ℃ = 273 K) → 0 ℃ + 273 = 273 K
(10 ℃ = 283 K) → 10 ℃ + 273 = 283 K
(100 ℃ = 373 K) → 100 ℃ + 273 = 373 K

여기서, 섭씨온도는 0~100 ℃ 사이를 100등분, 절대온도는 273~373 K 사이를 100등분한 것이다. 다시 말해서, 섭씨온도와 절대온도는 눈금의 간격이 동일하기 때문에 1 ℃가 상승하면 1 K가 상승하고, 10 ℃가 상승하면 10 K가 상승하게 되므로 위 계산과정에서 22 K = 22 ℃가 되고, 16 K = 16 ℃가 된다.

1-2 냉동부하의 의미를 간략히 쓰고 5 ℃에서 저장된 양배추 2,000 kg의 호흡열 방출에 의한 냉장고 안의 냉동부하(kJ/h)를 계산하시오. (단, 5 ℃에서 양배추 저장을 위한 열방출은 1 톤당 63 W로 계산한다.)

[2007년 1회]

계산과정

- 양배추의 열방출 : $\dfrac{63\ \text{W}}{1\ \text{ton}} = \dfrac{x}{2{,}000\ \text{kg}} \rightarrow x = \dfrac{63\ \text{W} \times 2\ \text{ton}}{1\ \text{ton}} = 126\ \text{W}$

- 126 W의 단위환산 : $\dfrac{126\ \text{J}}{\text{s}} \times \dfrac{3{,}600\ \text{s}}{1\ \text{h}} = 453{,}600\ \text{J/h} = 453.6\ \text{kJ/h}$

정답

- 냉동부하 : 어떤 물체를 냉동시키기 위해 제거해야 할 열량
- 냉동부하(kJ/h) : 453.6 kJ/h

해설

- 1 톤(ton) = 1,000 kg
- 1 W = 1 J/s

1-3 25 ℃, 1 톤 제품을 24 시간 내에 −10 ℃로 동결하고자 할 때 냉동능력(냉동톤)은 얼마인지 계산하시오. (단, 1 냉동톤 3,320 kcal/h, 잠열 79.68 kcal/kg)

[2010년 2회, 2020년 1회]

계산과정

- 25 ℃의 물 → 0 ℃의 물(현열 : 0 ℃는 물과 얼음의 경계선이므로 물의 상태변화 없음)

$\dfrac{1\ \text{kcal}}{\text{kg} \cdot ℃} \times \left(1\ \text{ton} \times \dfrac{1{,}000\ \text{kg}}{1\ \text{ton}}\right) \times 25\ ℃ \times \dfrac{1}{24\ \text{h}} = 1{,}041.67\ \text{kcal/h}$

- 0 ℃의 물 → 0 ℃의 얼음(잠열 : 온도변화 없이 물의 상태가 변화하였음)

$\dfrac{79.68\ \text{kcal}}{\text{kg}} \times \left(1\ \text{ton} \times \dfrac{1{,}000\ \text{kg}}{1\ \text{ton}}\right) \times \dfrac{1}{24\ \text{h}} = 3{,}320\ \text{kcal/h}$

- 0 ℃의 얼음 → −10 ℃의 얼음(현열 : 물의 상태변화 없이 온도 차이만 있음)

$\dfrac{0.5\ \text{kcal}}{\text{kg} \cdot ℃} \times \left(1\ \text{ton} \times \dfrac{1{,}000\ \text{kg}}{1\ \text{ton}}\right) \times (0 - (-10))\ ℃ \times \dfrac{1}{24\ \text{h}} = 208.33\ \text{kcal/h}$

- 냉동톤 $= \dfrac{(1{,}041.67 + 3{,}320 + 208.33)\ \text{kcal/h}}{3{,}320\ \text{kcal/h}} = 1.38$

정답

1.38(냉동톤)

해설

1-1 해설 참고

- 물의 비열 = 1 kcal/kg · ℃
- 얼음의 비열 = 0.5 kcal/kg · ℃

1-4 20 ℃ 물 1 kg을 −20 ℃ 물로 냉각할 때 필요한 냉동부하(kJ)양을 계산하시오. (단, 잠열 : 79.6 kcal/kg, 얼음의 비열 : 0.505 kcal/kg · ℃)

[2021년 1회]

계산과정

• 20 ℃의 물 → 0 ℃의 물(현열 : 0 ℃는 물과 얼음의 경계선이므로 상태변화 없음)

$$\frac{1 \text{ kcal}}{\text{kg} \cdot \text{℃}} \times 1 \text{ kg} \times (20-0) \text{ ℃} = 20 \text{ kcal}$$

• 0 ℃의 물 → 0 ℃의 얼음(잠열 : 온도변화 없이 물의 상태가 변화하였음)

$$\frac{79.6 \text{ kcal}}{\text{kg}} \times 1 \text{ kg} = 79.6 \text{ kcal}$$

• 0 ℃의 얼음 → −20 ℃의 얼음(현열 : 물의 상태변화 없이 온도 차이만 있음)

$$\frac{0.505 \text{ kcal}}{\text{kg} \cdot \text{℃}} \times 1 \text{ kg} \times (0-(-20)) \text{ ℃} = 10.1 \text{ kcal}$$

• 냉동부하 : $(20+79.6+10.1) \text{ kcal} = 109.7 \text{ kcal}$

• 단위환산 : $109.7 \text{ kcal} \times \dfrac{4.184 \text{ kJ}}{1 \text{ kcal}} = 458.9848 \text{ kJ}$

정답

458.9848 kJ

해설

1-1 해설 참고

• 1 kcal = 4.184 kJ

제8절 포장

1. 투습도

1-1 0.03 mm HDPE 필름을 투습컵법에 따라 투습도를 측정하였다. 온도 40±1 ℃, 습도 90±2 %, 풍속 1 m/s이고 항온항습실에서 실험할 때, 투습면적은 28.20 cm², 24 시간 동안의 투습량은 26.80 mg이었다. 투습도(g/m²/24h)를 구하시오. [2023년 3회]

계산과정

- 투습도(g/m²/24h)를 구하라고 하였으므로 투습도 단위에 맞도록 단위환산부터 해줘야 한다. 문제에서 주어진 투습면적 단위 cm²을 m²로 바꿔 주려면 "1 m＝100 cm"이므로 $28.20 \ \text{cm}^2 \times \left(\dfrac{1 \ \text{m}}{100 \ \text{cm}}\right)^2$가 된다.

$$\therefore \ 28.20 \ \text{cm}^2 \times \frac{1 \ \text{m}^2}{10,000 \ \text{cm}^2} = 0.00282 \ \text{m}^2$$

- 또한 투습도(g/m²/24h)의 단위 중 투습량도 마찬가지로 단위 mg을 g로 바꿔야 한다. "1 g＝1,000 mg"이므로

$$26.80 \ \text{mg} \times \frac{1 \ \text{g}}{1,000 \ \text{mg}} = 0.0268 \ \text{g}$$

$$\therefore \ \frac{0.0268(\text{g})}{0.00282(\text{m}^2)} = 9.5035 \cdots (\text{g/m}^2)$$

- 투습도 실험을 24 시간 동안 진행하였으므로 단위 24h을 꼭 넣어줘야 한다.

$$\therefore \ 9.50 \ \text{g/m}^2/24\text{h}$$

정답

9.50 g/m²/24h

CHAPTER 04 식품안전관리
(이화학시험법)

21% 출제비중

제1절 시험분석이론

1. 크로마토그래피

1-1 크로마토그래피에서 단높이상수 5.54, $w_{1/2}$ 2.4 s, t_R 12.5 min일 때 단높이 너비법의 이론단수를 구하시오.

[2018년 1회]

계산과정

$$N_{w_{1/2}} = a \times \left(\frac{t_R}{w_{1/2}}\right)^2 = 5.54\left(\frac{t_R}{w_{1/2}}\right)^2 = 5.54\left(\frac{12.5}{2.4}\right)^2 = 150.28$$

정답

150.28

해설

• 이론단수 : 크로마토그래피의 칼럼(고정상)은 수많은 층 또는 단으로 이루어져 있는데 그 층수(단수)가 몇 개인가 하는 가상의 개념이다. 이론단수를 N이라 표시하며 칼럼효율을 파악하는 척도로 많이 이용한다. N값이 큰 칼럼일수록 혼합성분의 분리효율이 더 좋다는 것을 의미하며 N값은 크로마토그램에서 피크의 너비(폭)를 표현하는 방법의 하나이다. N값이 크다는 말은 피크의 너비(폭)이 작아진다는 말과 같다.

※ (이론)단높이 : 칼럼의 수많은 단 중 한 단의 높이, 즉 칼럼의 층 하나의 길이를 뜻한다.

• 수식 용어 정리

$$N_{w_{1/2}} = a \times \left(\frac{t_R}{w_{1/2}}\right)^2$$

여기서, N : 이론단수

t_R : retention time(머무름 시간)

$w_{1/2}$: 칼럼의 피크 1/2에서의 너비(폭)

a : 단높이 너비법의 상수

1. 성상(관능검사)

1-1 3가지의 제품 201, 656, 786에 대하여 18명의 패널들이 0~9점으로 평가하였다. 시료 간 자유도와 패널 간 자유도, total 자유도 및 수정계수를 구하시오. [2009년 2회]

구분	201	656	786	합
1번	6	5	9	20
2번	7	9	5	21
… (중략) …				
17번	8	6	8	22
18번	9	10	6	25
	90	101	98	289

계산과정

- 시료 간 자유도 $= n$(시료수) $- 1 = 3 - 1 = 2$
- 패널 간 자유도 $= n$(패널수) $- 1 = 18 - 1 = 17$
- 오차의 자유도 $=$ 시료 간 자유도 $\times$ 패널 간 자유도 $= 2 \times 17 = 34$
- total 자유도 $=$ 시료 간 자유도 $+$ 패널 간 자유도 $+$ 오차의 자유도 $= 2 + 17 + 34 = 53$
- 수정계수(CF ; Correction Factor) : $\dfrac{(총합계)^2}{총검사횟수} = \dfrac{(총합계)^2}{시료수 \times 패널수} = \dfrac{(289)^2}{3 \times 18} = 1,546.685$

정답

- 시료 간 자유도 : 2
- 패널 간 자유도 : 17
- total 자유도 : 53
- 수정계수 : 1,546.685

해설

각 자유도와 수정계수를 통해 분산분석표를 완성하여 관능검사 결과를 도출한다. 이때 분산분석이란 세 집단 이상의 평균을 비교할 때 사용되는데, 3개 이상 모집단 평균이 동일하다는 귀무가설 및 1개 이상 평균이 서로 다르다는 대립가설을 검정하는 통계적 방법을 말한다.

제3절 식품성분시험법

1. 일반성분(조단백질)

1-1 밀가루 2 g의 질소 함량을 측정하였더니 40 mg이었다. 이때 시료 내에 함유되어 있는 단백질의 함량을 구하시오. (단, 질소계수 6.25)   [2020년 4·5회]

계산과정

- 질소량 $= \dfrac{40 \text{ mg}}{2,000 \text{ mg}} \times 100 = 2$ %
- 단백질의 함량(%) $= 2$ % $\times 6.25 = 12.5$ %

정답

12.5 %

해설

- 조단백질(%) $= N(\%) \times$ 질소계수 → 질소량 $\times$ 질소계수
- 질소계수 : 단백질을 구성하는 질소의 비율이 평균적으로 16 %(식품에 따라 조금씩 차이가 있음)이기 때문에 질소의 양으로부터 단백질의 양을 환산하려면 $\dfrac{100}{16}(=6.25)$을 곱해 주어야 한다.
- 식품공전 > 제8. 일반시험법 > 2. 식품성분시험법 > 2.1 일반성분시험법 > 2.1.3 질소화합물 > 2.1.3.1 총질소 및 조단백질 > 가. 세미마이크로 킬달법 > 5) 계산방법 참고

2. 일반성분(당류)

2-1 HPLC 분석 결과 당류의 함유량에 대해 $y = 5.5x + 2$라는 방정식을 얻었다. y는 당도(μg/mL)이고, x는 피크시간을 나타내며 피크시간은 20이다. 총 10 g의 시료를 15 mL로 하여 분석에 사용하였고, 5배 희석해 사용하였다. 이 경우 100 g의 시료에 함유된 총 당의 함유량을 구하시오. (단위 : mg/100g)   [2013년 2회]

계산과정

총 당의 함유량을 구하는 문제이므로, 당류의 함유량에 대한 방정식을 이용하면 된다.

- $x = 20$이므로 $y = 5.5x + 2$에 대입해서 계산하면, $y = 5.5 \times 20 + 2 = 112$ μg/mL

  → 총 10 g의 시료를 15 mL로 분석했으므로, $\dfrac{15 \times 112}{15} = \dfrac{1,680}{15}$ μg/mL

- 또한 5배 희석해 사용했으므로, $\dfrac{1,680 \times 5배}{15} = \dfrac{8,400}{15}$ μg/mL

  → $\dfrac{8,400}{15}$ μg/mL에서 8,400 μg은 시료 10 g을 분석했을 때의 값이고, 문제에서 요구하는 값은 시료 100 g을 분석했을 때이므로 $8,400 \times 10 = 84,000$ μg이 된다.

- 문제에서 요구하는 단위는 mg/100g이므로 단위환산을 해주면 84 mg/100g이 된다.

정답

84 mg/100g

3. 일반성분(조섬유)

3-1 시료의 양이 5.00 g, 용해 후 여과기 항량이 10.80 g, 건조 후 여과기 항량이 10.40 g일 때 조섬유 함량을 계산하시오.

[2012년 3회]

계산과정

$$\frac{10.80 - 10.40}{5.00} \times 100 = 8$$

정답

8(%)

해설

조섬유의 함량(%) $= \dfrac{(W_1 - W_2)}{S} \times 100$

여기서, W_1 : 유리 여과기를 110 ℃로 건조하여 항량이 되었을 때의 무게(g)

$\quad\quad\quad W_2$: 전기로에서 가열하여 항량이 되었을 때의 무게(g)

$\quad\quad\quad S$: 시료의 채취량(g)

※ 항량 : 다시 계속하여 1시간 더 건조 혹은 강열할 때에 전후의 칭량차가 이전에 측정한 무게의 0.1 % 이하임을 말한다.

4. 일반성분(지질 : 산가)

4-1 유지시료 5.6 g의 산가를 측정할 때 0.1 N KOH 소비량은 1.1 mL, 대조구 소비량은 1.0 mL이다. 이때 0.1 N KOH를 표정하기 위해 안식향산 0.244 g을 취해 에테르-에탄올 혼액에 녹여 적정하는 데 20 mL가 소비되었다. 0.1 N KOH의 factor값을 구하고 산가를 계산하시오. (단, 안식향산의 분자량 : 122.13)

[2007년 3회, 2021년 2회]

계산과정

- factor값 구하기
  - 안식향산 122.13 g : 1 N KOH 1,000 mL = 안식향산(x) : 0.1 N KOH 1,000 mL
    → $x = 12.213$ g
  - 안식향산 12.213 g : 0.1 N KOH 1,000 mL = 0.244 g : 0.1 N KOH (y) mL
    → $y = 19.979$ mL … V_0(이론치)
  - factor $= \dfrac{19.979 \text{ mL}}{20 \text{ mL}} = 0.99895 = 0.999$
- 산가 계산하기
  $$\dfrac{5.611 \times (1.1 - 1.0) \times 0.999}{5.6} = 0.1 \text{ mg/g}$$

정답

- factor값 : 0.999
- 산가 : 0.1 mg/g

해설

- factor $= \dfrac{V_0(\text{이론치})}{V(\text{실측치})}$

- 산가 계산하기

  산가(mg/g) $= \dfrac{5.611 \times (a - b) \times f}{S}$

  여기서, S : 검체의 채취량(g)

         a : 검체에 대한 0.1 N 에탄올성 수산화칼륨용액의 소비량(mL)

         b : 공시험(에탄올·에테르혼액(1 : 2) 100 mL)에 대한 0.1 N 에탄올성 수산화칼륨용액의 소비량(mL)

         f : 0.1 N 에탄올성 수산화칼륨용액의 역가

5. 일반성분(지질 : 과산화물가)

5-1 시료 0.816 g, 0.01 N 티오황산나트륨 용액(역가 : 1.02)의 본시험 소비량이 14.7 mL, 공시험 소비량이 0.18 mL인 경우 과산화물가를 계산하시오. [2014년 1회, 2023년 1회]

계산과정

$$\frac{(14.7-0.18)\times1.02}{0.816}\times10 = 181.5$$

정답

181.5 meq/kg

해설

과산화물가(meq/kg) $= \frac{(a-b)\times f}{S}\times10$

여기서, a : 0.01 N 티오황산나트륨액의 적정수(mL)
　　　　b : 공시험에서의 0.01 N 티오황산나트륨액의 소비량(mL)
　　　　f : 0.01 N 티오황산나트륨액의 역가
　　　　S : 시료의 양(g)

6. 일반성분(트랜스지방)

6-1 식품 100 g 중 트랜스지방의 함량을 계산하시오. [2013년 2회]

- 지방 : 4.0 g(식품 100 g 중)
- 트랜스지방 : 0.3 g(지방산 100 g 중)

계산과정

$$\frac{(4.0\times0.3)}{100} = 0.012$$

정답

0.012 g

해설

트랜스지방의 함량 $= \frac{(조지방 \times 트랜스지방)}{100}$

제4절 식품첨가물시험법

1. 산화방지제

1-1 HPLC 분석 중 시료 5 g의 산화방지제를 10 mL로 희석하여 농축, 분석한 결과 표준액 5 mg/kg의 피크넓이가 125, 시료가 50일 때 시료의 산화방지제는 몇 mg/kg인지 구하시오.

[2011년 1회, 2019년 2회, 2021년 3회]

계산과정

5 mg/kg : 125 = x : 50

→ 산화방지제 x = 2 mg/kg

그러나 시료 5 g을 10 mL로 2배 희석해서 나온 결괏값이므로 원래의 값으로 만들어주기 위해 산화방지제 2 mg/kg에 2를 곱해서 보정하면 4 mg/kg가 된다.

정답

4 mg/kg

해설

계산은 비례식을 이용한다.
표준액 : 피크넓이 = 산화방지제 : 시료량

제5절 원유시험법

1. 우유검사(비중)

1-1 우유 200 mL의 비중을 측정, 15 ℃에서 비중계 눈금이 31일 때 계산과정과 답을 쓰시오.

[2009년 3회]

1-2 200 mL 우유를 40 ℃에서 가열 후 15 ℃로 냉각시켰다. 이 우유를 비중계에 담았더니 31이었다. 우유의 비중을 계산하여라.

[2017년 3회]

1-3 200 mL 우유를 40 ℃에서 5분간 가열 후 15 ℃로 냉각시켰다. 이 우유를 비중계에 담았더니 31이었다. 우유의 비중을 계산하여라.

[2021년 2회]

정답

1-1, 1-2, 1-3

$$1 + \frac{31 + (15 - 15) \times 0.2}{1,000} = 1 + \frac{31}{1,000} = 1.031$$

해설

- 비중 $= 1 + \dfrac{\text{비중계의 눈금} + (\text{시료의 온도} - 15℃) \times 0.2(\text{보정계수})}{1,000}$

- 우유는 물보다 비중이 큰 성분을 많이 함유하고 있으므로 물의 비중 1.0보다 크다. 우유 속에서 비중이 1.0보다 작은 성분은 지방뿐이며, 지방함량이 높을수록 우유의 비중은 작아진다. 우유의 비중은 15 ℃에서 보통 1.028~1.034이므로, 우유에 물을 탄 가수유 혹은 지방을 첨가한 우유는 일반 우유의 평균 비중보다 낮은 편이다.

- 식품공전의 비중검사법 : 검사시료를 잘 섞어 실린더에 넣고 잠시 정치하여 기포가 없어졌을 때, 부평비중계로 측정한다. 15 ℃ 이외의 온도(10~20 ℃)에서 측정했을 때에는 13.부표 13.3.우유비중보정표와 13.4 탈지우유비중 보정표에 따라 보정한다.

제6절 시약, 시액, 표준용액 및 용량분석용 규정용액

1. 밀도 계산

1-1 용액 A가 4 ℃에서 비중이 1.15이다. 4 ℃에서 용액 A의 밀도를 계산하시오. [2017년 3회]

계산과정

$$1.15(\text{비중}) = \frac{\text{용액 A의 밀도(g/mL)}}{\text{물의 밀도(g/mL)}} = \frac{x}{1.0}$$

$$x = 1.15 \times 1.0 = 1.15$$

정답

1.15 g/mL

해설

밀도와 비중은 편의상 같은 개념이라고 생각하기 쉽지만, 실제로는 완전히 다른 개념이다.

• 밀도는 어떤 물질의 질량을 부피로 나눈 것이고, 밀도(g/mL) = $\frac{\text{질량(g)}}{\text{부피(mL)}}$ 으로 나타낸다.

• 비중은 어떤 물질의 밀도와 표준물질의 밀도와의 비를 의미하며, 표준물질로서 반드시 물을 표준으로 한다. 따라서

비중 = $\frac{\text{어떤 물질의 밀도(g/mL)}}{\text{표준물질의 밀도(g/mL)}} = \frac{\text{어떤 물질의 밀도(g/mL)}}{\text{물의 밀도(g/mL)}}$ 로 나타낸다. 또한 단위가 소거되기 때문에 비중은 단위

가 없다.

• 비중은 반드시 물을 표준으로 하는데, 물의 비중은 1.0이므로 결과적으로 비중의 값과 밀도의 값은 같다. 이때 반드시 기억해야 할 점은 밀도는 단위가 있지만, 비중은 단위가 없다는 점이다. 따라서 밀도의 값을 쓸 때는 반드시 단위까지 꼭 써야 한다.

1-2 용액 A가 4 ℃에서 비중이 1.15이다. 4 ℃에서 용액 A의 밀도를 계산하시오. (단, 4 ℃에서의 물의 밀도는 1,000 kg/m³이다.) [2022년 2회]

계산과정

$$1.15(\text{비중}) = \frac{\text{용액 A의 밀도}}{\text{물의 밀도}} = \frac{x}{1,000 \text{ kg/m}^3} \rightarrow x = 1.15 \times 1,000 = 1,150$$

정답

1,150 kg/m³

해설

1-1의 해설을 참고한다. 다만, 1-2는 물의 밀도 단위를 제시하였기 때문에 제시된 단위만 그대로 써주면 되고, 계산과정은 동일하다.

2. 백분율 계산

2-1 30 % 용액 A와 15 % 용액 B를 혼합하여 25 % 용액을 만들었을 때의 혼합비를 쓰시오.

[2011년 3회]

계산과정

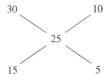

- 30 % 용액 A : 25 - 15 = 10 mL
- 15 % 용액 B : 30 - 25 = 5 mL

정답

2 : 1

해설

- 위 계산식을 Pearson's square method(피어슨 스퀘어법)라고 하며, 농도가 높은 A와 농도가 낮은 B를 섞어서 C를 만들 경우에 주로 사용된다.
- 위 계산식을 α(알파)를 그리는 순서대로 보면 10은 25에서 15를 빼서 얻은 값이고, 30에서 25를 빼서 얻은 값이 5라고 이해하면 된다.

2-2 25 % NaCl-수용액 1,000 mL를 만들기 위한 NaCl과 물의 양을 구하시오. [2012년 3회]

계산과정

- 농도 : $25\ \% = \dfrac{x}{1,000} \times 100 \rightarrow x = 250$
- 용액 : $1,000 = y + 250 \rightarrow y = 750$

정답

NaCl : 250 g, 물 : 750 mL

해설

- $농도(\%) = \dfrac{용질(g)}{용매(물) + 용질(g)} \times 100$
- 용액 = 용매(물) + 용질

2-3 35 % 소금물 100 mL를 5 %의 소금물로 희석하려면 첨가해야 하는 물의 양은 몇 mL인지 계산하시오.

[2014년 1회, 2017년 1회]

계산과정

• 방법1

$$100 \times \frac{35}{100} = (100 + x) \times \frac{5}{100}$$

$$100 \times \frac{35}{100} \times 100 = (100 + x) \times \frac{5}{100} \times 100 \leftarrow \text{(양변에 100을 곱해서 분모를 소거)}$$

$$100 \times 35 = 5(100 + x)$$

$$3,500 = 500 + 5x$$

$$5x = 3,000$$

$$x = 600$$

• 방법2

$$35 \times 100 = 5 \times (100 + x)$$

$$3,500 = 500 + 5x$$

$$5x = 3,000$$

$$x = 600$$

정답

600 mL

해설

• 문제 재해석 : 35 % 소금물 100 mL에 얼마의 물을 넣어야 5 %의 소금물을 만들 수 있는가?

• 원칙 : 소금의 양은 절대 변하지 않는다.

• 방법1

  – 농도의 공식 : $\% = \dfrac{용질}{용액} \times 100 = \dfrac{용질}{(용매 + 용질)} \times 100 \%$

  – $\dfrac{35}{100}$ 의 의미 : 소금물(용액) 35 %는 소금(용질) 35 g과 물(용매) 65 mL의 혼합물이므로 소금물 100 mL에 소금이 35g 들어있다는 뜻이다. 따라서 소금물 35 %는 $\dfrac{35}{100}$ 로 표시할 수 있고, 마찬가지로 소금물 5 %는 $\dfrac{5}{100}$ 로 표시할 수 있다.

  – $(100 + x)$의 의미 : 35 % 소금물 <u>100 mL에 x만큼의 물을 더해줘야</u> 5 %의 소금물을 만들 수 있다는 뜻이다.

• 방법2 : 다음과 같은 식으로 계산한다.

A용액의 농도 × A용액의 양 = B용액의 농도 × B용액의 양

2-4 0.04 M NaOH 500 mL에서 ① %(w/v%)와 ② mg%를 구하시오. [2023년 2회]

계산과정

- %(w/v%) 구하기

  – 몰농도(M) = $\dfrac{용질의\ 몰수(mol)}{용액의\ 부피(L)}$ 이고, 몰(mol)은 분자량에 'g'을 붙이면 된다.

  $$0.04 = \frac{x(\mathrm{mol})}{0.5(\mathrm{L})}$$

  $$x(\mathrm{mol}) = 0.04 \times 0.5 = 0.02$$

  ∴ 0.02 mol NaOH의 질량(g) = $0.02\ \mathrm{mol} \times \dfrac{40\ \mathrm{g}}{\mathrm{mol}} = 0.8\ \mathrm{g}$

  (NaOH의 분자량은 40이고, 1 몰(mol)은 40 g이다.)

  – %(w/v%) 구하기

  $$\%(\mathrm{w/v\%}) = \frac{용질(g)}{용액(mL)} \times 100 \ \rightarrow\ \frac{0.8\ \mathrm{g}}{500\ \mathrm{ml}} \times 100 = 0.16\ \mathrm{g/mol}$$

  즉, 0.16 %(w/v%)

- mg% 구하기

  위 %(w/v%) 계산과정에서 0.02 mol NaOH의 질량은 0.8 g이었다. 1 g은 1,000 mg이므로, 0.8 g은 800 mg이 된다. 그러나 800 mg은 NaOH의 500 mL에 녹아 있는 질량이므로 mg%의 단위에 따라 100 mL 기준으로 환산해 줘야 한다.

  따라서 $\dfrac{800\ \mathrm{mg}}{500\ \mathrm{mL}} \times 100 = 160\ \mathrm{mg\%}$

정답

① 0.16 %(w/v%)

② 160 mg%

해설

몰수(mol)와 몰농도(M)는 서로 다른 개념이다. 어떤 물질에 대해 몰수(mol)는 실제 무게를 뜻하고, 몰농도(M)는 상대적인 양, 즉 용액(L)에 대한 용질(g)의 비율을 뜻한다. 예를 들어,

1 M NaOH 용액 1 L에 녹아 있는 NaOH의 몰수는 (1 mol/L) × 1L = 1 mol

1 M NaOH 용액 10 L에 녹아 있는 NaOH의 몰수는 (1 mol/L) × 10L = 10 mol

위 두 용액의 몰농도는 1 M(=1 mol/L)로 동일하지만, 각 용액에 녹아 있는 NaOH 실제 무게가 다름을 알 수 있다.

3. 몰농도 계산

3-1 1 M NaCl, 0.4 M KCl, 0.2 M HCl 시약을 이용하여 0.2 M NaCl, 0.2 M KCl, 0.05 M HCl 농도의 총 부피 500 mL 시료를 제조하려고 한다. 각각 필요한 시약 용액의 부피를 계산하시오. [2010년 1회]

3-2 1 M NaCl, 0.4 M KCl, 0.2 M HCl을 사용해서 500 mL의 0.2 M NaCl, 0.2 M KCl, 0.05 M HCl을 만들려고 한다. 각 시약의 용액 사용량 및 물 첨가량을 계산하시오. [2019년 1회]

계산과정

3-1, 3-2
- 1 M NaCl : $1 \times x = 0.2 \times 500 \rightarrow x = 100$ mL
- 0.4 M KCl : $0.4 \times y = 0.2 \times 500 \rightarrow y = 250$ mL
- 0.2 M HCl : $0.2 \times z = 0.05 \times 500 \rightarrow z = 125$ mL
- 물 : 총부피 500 mL $= x(100$ mL$) + y(250$ mL$) + z(125$ mL$) +$ 물 $\rightarrow$ 물 $= 25$ mL

정답

3-1, 3-2
- 1 M NaCl : 100 mL
- 0.4 M KCl : 250 mL
- 0.2 M HCl : 125 mL
- 물 : 25 mL

해설

용액의 희석법칙을 이용한다.

$MV = M'V'$ (단위 : 몰수)

여기서, M : 진한 용액의 농도

$\quad\quad\quad V$: 진한 용액의 양

$\quad\quad\quad M'$: 묽은 용액의 농도

$\quad\quad\quad V'$: 묽은 용액의 양

체크 포인트 **용액의 희석법칙이 필요한 이유**

시험분석을 할 때 각 농도별로 시약용액을 하나하나 만드는 것보다 가장 진한 농도의 용액을 하나 만든 후 원하는 농도별로 희석해서 여러 가지의 농도를 한꺼번에 만드는 것이 시간과 비용을 줄일 수 있고, 농도의 오차도 줄일 수 있어 더 효율적이기 때문이다. 오차가 줄어드는 이유는 묽은 농도의 용액을 만들 때는 시약을 소수점 이하 수준의 미량으로 채취해야 하지만, 진한 농도의 용액을 만들 때는 많은 양을 칭량하므로 더 정확하게 잴 수 있기 때문이다.

4. 노르말농도 계산

4-1 0.01 N KOH 2 mL가 반응하였을 때 KOH의 mg수를 구하시오. [2011년 2회]

계산과정

- KOH의 분자량(원자번호×2)을 먼저 구한다.

  KOH : 38＋16＋1 = 55 g/mol
- 노르말농도(N) : 용액 1 L 속에 녹아 있는 용질의 g당량수 → 0.01 N = 0.01 mol/L
- $\mathrm{mg\,KOH} = 0.01\ \mathrm{mol/L} \times 2\ \mathrm{mL} \rightarrow \dfrac{0.01\ \mathrm{mol}}{1\ \mathrm{L}} \times 2\ \mathrm{mL} = \dfrac{0.01\ \mathrm{mol}}{1\ \mathrm{L}} \times 0.002\ \mathrm{L} = 0.00002\ \mathrm{mol}$
- $0.00002\ \mathrm{mol} \times \dfrac{55\ \mathrm{g}}{1\ \mathrm{mol}} = 0.0011\ \mathrm{g} \rightarrow$ g을 mg으로 환산해 주면,

  $0.0011\ \mathrm{g} \times \dfrac{1{,}000\ \mathrm{mg}}{1\ \mathrm{g}} = 1.1\ \mathrm{mg}$

정답

1.1 mg

해설

유지의 산가 측정 시 KOH의 적정원리를 묻는 문제이다.

4-2 1 N oxalic acid 500 mL를 만드는 데 필요한 oxalic acid 양과 만드는 방법을 간단히 쓰시오.
(단, oxalic acid의 분자량 126.07 g/mol) [2013년 1회, 2020년 3회]

계산과정

- 1 N oxalic acid의 1 g당량 $= \dfrac{126.07}{2} = 63.035\ \mathrm{g/mol}$
- 500 mL를 만든다고 했으므로 $\dfrac{63.035}{2} = 31.5175\ \mathrm{g}$이 필요하다.

정답

- oxalic acid의 양 : 31.5175 g
- 제조방법
  ① oxalic acid 시약 31.5175 g을 칭량하여 비커에 넣고 소량의 증류수로 녹인다.
  ② mess flask 500 mL에 넣고 정용한 후 혼합한다.
  ③ 1 N NaOH 표준물질로 표정하여 factor(역가)를 구한다.

해설

- 1 N oxalic acid : 용액 1 L 속에 녹아있는 oxalic acid의 1 g당량수를 의미한다.
- 1 g당량 $= \dfrac{\text{분자량}}{\text{원자가}}$

4-3 비중이 1.11인 22 % 염산(분자량 36.46)의 노르말농도를 구하시오. [2015년 1회, 2023년 1회]

계산과정

염산의 비중이 1.11이고, 22 %일 때 염산 1 L의 순수 염산의 양을 먼저 구한다.

- 염산 1 L의 순수 염산의 양 $= 1{,}000 \ \text{mL} \times \dfrac{22 \ \text{g}}{100 \ \text{mL}} = 220 \ \text{g} \times 1.11 = 244.2 \ \text{g}$

- 몰농도(M) $= \dfrac{\text{용질의 몰수(mol)}}{\text{용액의 부피(L)}}$ 이므로,

$$244.2 \ \text{g} \times \dfrac{1 \ \text{mol}}{36.46 \ \text{g}} \times \dfrac{1}{1 \ \text{L}} = 6.698 \ \text{mol/L}$$

$$1 \ \text{N} = 1 \ \text{mol/L이므로} \ 6.698 \ \text{mol/L} = 6.698 \ \text{N}$$

정답

6.698 N

해설

노르말농도(N)는 용액 1 L 속에 녹아 있는 용질의 g당량수를 의미하고, 1 N = 1 mol/L로 나타낼 수 있다.

4-4 황산수소 9.8 g을 250 mL에 희석하였을 때 몰농도와 노르말농도를 구하시오. [2017년 3회]

계산과정

- 몰농도 구하기
  - 몰농도(M) $= \dfrac{\text{용질의 몰수(mol)}}{\text{용액의 부피(L)}} \rightarrow$ 용질(황산)의 몰수를 먼저 구한다.
  - H_2SO_4(분자량 : 98) 9.8 g의 몰수 $= \dfrac{9.8 \ \text{g}}{98 \ \text{g/mol}} = 0.1 \ \text{mol}$
  - 몰농도(M) $= \dfrac{0.1 \ \text{mol}}{0.25 \ \text{L}} = 0.4 \ \text{mol/L} = 0.4 \ \text{M}$
- 노르말농도 구하기
  - 노르말농도(N) = 몰농도(mol/L) × 당량수(eq/mol) → 황산의 당량수를 먼저 구한다.
  - 황산(H_2SO_4)의 당량수 : 2 eq/mol ← 수소(H)가 2개이므로 2가산이다.
  - 따라서 0.4 mol/L × 2 eq/mol = 0.8 eq/L = 0.8 N

정답

- 몰농도 : 0.4 M
- 노르말농도 : 0.8 N

4-5 2 N HCl 200 mL를 10 N HCl를 이용해 만들려면 몇 mL가 필요한지 계산하시오.

[2021년 3회]

계산과정

$2 \text{ N} \times 200 \text{ mL} = 10 \text{ N} \times x (\text{mL})$

$2 \times 200 = 10 \times x$

$400 = 10x$

$x = 40$

정답

40 mL

해설

용액의 희석법칙을 이용한다.

$MV = M'V'$(단위 : 몰수)

여기서, M : 진한 용액의 농도

V : 진한 용액의 양

M' : 묽은 용액의 농도

V' : 묽은 용액의 양

5. 역가

5-1 0.1 N NaOH($F = 1.010$) 20 mL를 적정하는 데 0.1 N HCl 20.20 mL를 소비했다. HCl의 역가를 구하시오.

[2020년 1회]

계산과정

$0.1 \text{ N} \times 20 \text{ mL} \times 1.010 = 0.1 \text{ N} \times 20.20 \text{ mL} \times F'$

$0.1 \times 20 \times 1.010 = 0.1 \times 20.20 \times F'$

$2.02 = 2.02 F'$

$F' = 1.000$

정답

HCl의 역가 : 1.000

해설

산·염기 중화적정의 당량점(중화점)을 이용한다.

$NVF = N'V'F' = 1$당량(단위 : 몰수)

여기서, N : 표준용액의 규정 농도

V : 표준용액의 적정량

F : 표준용액의 역가

N' : 표정용액의 규정 농도

V' : 표정용액의 소비량

F' : 표정용액의 역가

5-2 0.1 N HCl 역가를 알아내기 위해 10 mL 취한 후 페놀프탈레인 시약을 1~2 방울 떨어뜨린 후 뷰렛에 담긴 용액으로 적정하였다. 적정에 사용한 용액은 0.1 N Na_2CO_3(F = 1.0039) 9.98 mL일 때 HCl의 역가를 구하시오. (단, 소수점 넷째 자리에서 버림으로 하여 셋째 자리까지 표기한다.)

[2020년 2회, 2023년 2회]

계산과정

$0.1 \ N \times 10 \ mL \times F = 0.1 \ N \times 9.98 \ mL \times 1.0039$

$0.1 \times 10 \times F = 0.1 \times 9.98 \times 1.0039$

$F = 1.0018922 = 1.001$

정답

HCl의 역가 : 1.001

해설

5-1 해설 참고

CHAPTER
05

식품안전관리
(미생물시험법)

6% 출제비중

제1절 세균수

1. 집락수 산정과 세균수 기재보고

1-1 다음은 colony 수를 측정한 값이다. g당 균수를 계산하시오.   [2007년 1회, 2021년 3회]

15–300 CFU/plate인 경우

$$N = \frac{\sum C}{[(1 \times n1) + (0.1 \times n2)] \times (d)}$$

N : 식육 g 또는 mL당 세균 집락수
$\sum C$: 모든 평판에 계산된 집락수의 합
$n1$: 첫 번째 희석배수에서 계산된 평판수
$n2$: 두 번째 희석배수에서 계산된 평판수
d : 첫 번째 희석배수에서 계산된 평판의 희석배수

구분	희석배수		CFU/g(mL)
	1 : 100	1 : 1,000	
집락수	232	33	–
	244	28	

계산과정

$$N = \frac{(232 + 244 + 33 + 28)}{\{(1 \times 2) + (0.1 \times 2)\} \times 10^{-2}} = \frac{537}{0.022} = 24,409 = 24,000$$

정답

24,000 CFU/g

해설

식품공전 > 제8. 일반시험법 > 4. 미생물시험법 > 4.5 세균수 > 4.5.1 일반세균수 > 3) 세균수의 기재보고 참고
※ 편저자 주 : 위 문제는 식품공전에 나온 예시문 그대로 출제되었다.

1-2 김밥에 오염된 균을 표준평판배양법으로 희석하여 배양한 결과 colony 수가 다음과 같을 때, g당 균수를 계산하시오. [2007년 2회, 2009년 1회]

구분	1회	2회	3회
1,000배	2,500	3,500	3,000
10,000배	200	250	300

계산과정

$$N = \frac{(200+250+300)}{(1 \times 3) \times 10^{-4}} = \frac{750}{0.0003} = 2,500,000$$

정답

2,500,000 CFU/g

해설

• 식품공전 > 제8. 일반시험법 > 4. 미생물시험법 > 4.5 세균수 > 4.5.1 일반세균수 > 2) 집락수 산정

> 집락수의 계산은 확산집락이 없고(전면의 1/2 이하일 때에는 지장이 없음) 1개의 평판당 15~300개의 집락을 생성한 평판을 택하여 집락수를 계산하는 것을 원칙으로 한다. 전 평판에 300개 초과 집락이 발생한 경우 300에 가까운 평판에 대하여 밀집평판 측정법에 따라 계산한다. 전 평판에 15개 미만의 집락만을 얻었을 경우에는 가장 희석배수가 낮은 것을 측정한다.

• 집락수 산정의 규정에 따라 1회(2,500), 2회(3,500), 3회(3,000)는 계산에 반영하지 않고 버린다.

1-3 다음은 colony 수를 측정한 값이다. g당 균수를 계산하시오. [2014년 1회]

100배	1,000배
250	30
256	40

계산과정

$$N = \frac{(250+256+30+40)}{\{(1 \times 2) + (0.1 \times 2)\} \times 10^{-2}} = \frac{576}{0.022} = 26,182 = 26,000$$

정답

26,000 CFU/g

1-4 다음 표를 보고 세균수의 g당 집락수를 계산하시오.

[2021년 2회]

구분	희석배수	
	1 : 10	1 : 100
집락수	14	2
	10	1

계산과정

$$N = \frac{(14+10)}{(1 \times 2) \times 10^{-1}} = \frac{24}{0.2} = 120$$

정답

120 CFU/g

해설

1-2 해설에 따라 전 평판에 15개 미만의 집락만을 얻었을 경우에는 가장 희석배수가 낮은 것을 측정한다. 따라서 희석배수가 가장 낮은 10배의 집락수(14, 10)만 계산에 반영하고 나머지 100배의 집락수(2, 1)는 버린다.

2. 미생물의 세대시간

2-1 초기 세균농도가 4×10^5이고, 유도기 없이 6 시간 내에 3.68×10^7로 증식하였지만, 정지기에는 도달하지 못했다. 평균 세대시간(min)을 구하시오. (단, log2 = 0.3010, log3.68 = 0.5658, log4 = 0.6021)

[2022년 1회]

계산과정

$$\frac{6 \text{ h} \times \log 2}{(\log 3.68 \times 10^7) - (\log 4 \times 10^5)} = \frac{6 \text{ h} \times \log 2}{(\log 3.68 + \log 10^7) - (\log 4 + \log 10^5)} = \frac{6 \text{ h} \times 0.3010}{(0.5658 + 7) - (0.6021 + 5)} = 0.92 \text{ h}$$

$$= 0.92 \text{ h} \times \frac{60 \text{ min}}{1 \text{ h}} = 55.2 \text{ min}$$

정답

55.2 min

해설

• 세대수 : 일정 기간 동안에 미생물의 세포 1 개가 분열한 횟수
• 세대시간 : 미생물이 한 번 분열하기 시작한 후 그다음 분열하기까지의 평균 소요시간
• 최종 균수 : 초기 균수 $\times 2^n$ (단, n은 분열횟수)

> 제1세대 균수 : $1 \times 2 = 2$
> 제2세대 균수 : $1 \times 2 \times 2 = 4$
> $\vdots$
> 제n세대 균수 : 1×2^n (단, n은 분열횟수)
> 초기 균수를 a라고 할 때, 최종 균수 $b = a \times 2^n$ → log를 취하면 $\log b = \log a + n \log 2$
> 세대수 $n = \dfrac{(\log b - \log a)}{\log 2}$
> 세대시간 $g = \dfrac{t}{n} = \dfrac{t \log 2}{(\log b - \log a)}$ (단, t는 배양시간, a는 초기 균수, b는 최종 균수)

2-2 대장균 10 개가 10 분마다 분열한다고 가정할 때 2 시간 동안 배양한 후 최종세포수는 얼마인지 계산하시오.

[2022년 3회]

계산과정

• 최종세포수(최종균수) : 초기 균수 $\times 2^n$ (단, n은 분열횟수) → 10 개 $\times 2^n$

• n은 분열횟수, 즉 세대수를 뜻하므로 $n = \dfrac{\text{총배양시간}}{\text{세대시간(분열시간)}}$이 성립되며

$n = \dfrac{2\text{시간}}{10\text{분}} \rightarrow n = \dfrac{120\text{분}}{10\text{분}} \rightarrow 12$가 된다.

따라서 최종세포수는 10 개 $\times 2^{12} = 40,960$ 개

정답

40,960 개

2-3 LB배지에서 *E. coli* 균 5×10^5 개를 배양했더니 300 분 후에도 여전히 대수기였고, 균수는 35×10^6이다. 평균 세대시간이 40 분일 때 유도기 시간을 구하시오. (단, 분 단위에서 소수점 이하는 버리고 답안을 작성하시오. log2 = 0.3010, log3.5 = 0.5441, log5 = 0.6990으로 계산한다.)

[2023년 3회]

계산과정

- 세대시간$(g) = \dfrac{t}{n} = \dfrac{t\log 2}{\log b - \log a}$ (단, t는 배양시간, a는 초기 균수, b는 최종 균수)

$$= \frac{t \times \log 2}{\log(3.5 \times 10^7) - \log(5 \times 10^5)} \quad \leftarrow \text{조건을 맞추기 위해 } 35 \times 10^6 \rightarrow 3.5 \times 10^7 \text{로 변경}$$

$$= \frac{t \times \log 2}{(\log 3.5 + \log 10^7) - (\log 5 + \log 10^5)}$$

$$= \frac{t \times \log 2}{(\log 3.5 + \log_{10} 10^7) - (\log 5 + \log_{10} 10^5)}$$

$$= \frac{t \times \log 2}{(\log 3.5 + 7) - (\log 5 + 5)}$$

$$= \frac{t \times 0.3010}{(0.5441 + 7) - (0.6990 + 5)} \quad \leftarrow \text{문제에서 주어진 로그의 조건을 대입한다.}$$

$$= \frac{t \times 0.3010}{0.5441 + 7 - 0.6990 - 5} \quad \leftarrow \text{사칙연산 계산 순서에 따라 좌측부터 차례대로 계산한다.}$$

$$= \frac{t \times 0.3010}{1.8451} \rightarrow \text{이때, } g\text{는 세대시간이므로 주어진 평균 세대시간인 40(분)을 대입한다.}$$

- $40(분) = \dfrac{t \times 0.3010}{1.8451} \rightarrow 40(분) \times 1.8451 = t \times 0.3010$

$t = \dfrac{40(분) \times 1.8451}{0.3010} = 245.1960 \cdots (분)$

∴ $t = 245.20(분)$

- 총 배양시간(유도기 + 대수기) 300분에서 대수기의 시간(t), 즉 245.20(분)을 빼면 54.80(분)이다. 그러나 문제에서 분 단위에서 소수점을 버리라고 하였으므로 "54 분"이 유도기의 시간이다.

정답

54 분

해설

2-1 해설 참고

1. 황색포도상구균 정량시험(균수 계산)

1-1 식품의 기준 및 규격의 미생물시험법에서 황색포도상구균 시험을 한다. 10^{-1} 희석용액을 0.3 mL, 0.4 mL, 0.3 mL씩 3 장의 선택 배지에 도말배양하고, 3 장의 집락계수를 확인한 결과 100 개의 전형적인 집락이 확인되었다. 5 개의 집락 중 3 개의 집락이 황색포도상구균으로 확인되었을 경우 시험용액 1 mL의 황색포도상구균의 수는 얼마인지 계산하시오.

[2022년 3회]

계산과정

$$10 \times 100 \times \left(\frac{3}{5}\right) = 600$$

정답

600

해설

• 위의 계산과정에서 10은 희석배수, 100은 황색포도상구균의 집락을 뜻한다.
• 식품공전 > 제8. 일반시험법 > 4. 미생물시험법 > 4.12 황색포도상구균 > 4.12.2 정량시험 > 다. 균수계산
※ 편저자 주 : 위 문제는 식품공전에 나온 예시문 그대로 출제되었다.

CHAPTER 06 식품위생 관련 법규

6% 출제비중

제1절 식품위생법

1. 위해성평가(ADI)

1-1 NOAEL 350 mg/kg, 안전계수 100, 식품계수 0.1 kg/day일 때 ADI(mg/kg), 1 인(60 kg)의 MPI(mg/day), 최대식품허용잔류량(MRL, mg/kg 또는 ppm)을 구하시오. [2008년 2회]

계산과정

- $ADI = \dfrac{NOAEL}{안전계수} = \dfrac{350 \ mg/kg}{100} = 3.5 \ mg/kg$

- $MPI = ADI \times 체중 = \dfrac{3.5 \ mg}{kg} \times 60 \ kg = 210 \ mg/day$

- $MRL = \dfrac{MPI}{식품계수} = \dfrac{210 \ mg/day}{0.1 \ kg/day} = 2,100 \ mg/kg(ppm)$

정답

- ADI = 3.5 mg/kg
- MPI = 210 mg/day
- MRL = 2,100 mg/kg(ppm)

해설

- NOAEL(최대무독성용량, No Observed Adverse Effect Level) : 시험물질을 시험동물에 투여하였을 때 독성이 나타나지 않는 최대투여용량(mg/kg bw/day)을 말한다.
- 안전계수(SF ; Safety Factor) : 농약 등 화학물질의 안전성평가는 사람을 대상으로 실시하기 불가능하므로 보통 실험동물을 이용한 독성시험결과로 유추하는데, 안전계수란 이 동물실험결과로부터 인체에 안전수준을 평가하기 위해 과학적 또는 경험적으로 적용되는 계수(안전율)를 말한다.
- MPI(1일 최대섭취허용량) : ADI에 사람의 체중을 곱하여 하루 최대 섭취가 가능한 양을 말한다.
- MRL(최대잔류허용기준, Maximum Residue Limit) : 각 농산물, 식품 중에 잔류가 허용되는 농약, 동물용의약품, 사료첨가물 등의 최대농도이며 단위는 ppm 또는 mg/kg, ppb 또는 μg/kg 등으로 나타낸다.

1-2 어떤 식품첨가물의 1 일 섭취허용량(ADI)을 구하기 위하여 동물(쥐)실험을 한 결과 NOAEL이 250 mg/kg/day였다면 안전계수 1/100로 하여 체중 60 kg인 사람의 ADI를 구하시오.

[2010년 1회, 2012년 1회]

계산과정

$$ADI = \frac{NOAEL}{안전계수} \times 체중$$

$$= \frac{250 \ mg/kg/day}{100} \times 60 \ kg$$

$$= 150 \ mg/day$$

정답

150 mg/day

해설

안전계수를 100으로 나눠주는 이유는 인체의 안전을 위해서 동물과 인간과의 계층 차이(1/10)와 인간 내 차이(성인과 어린이, 1/10) 모두를 고려하여 설정해야 하기 때문이다.

1-3 어떤 식품첨가물의 1 일 섭취허용량(ADI)을 구하기 위하여 동물(쥐)실험을 한 결과 NOAEL이 230 mg/kg/day였다면 안전계수가 1/100일 때, 체중 50 kg인 사람의 ADI를 구하시오.

[2020년 2회]

계산과정

$$ADI = \frac{NOAEL}{안전계수} \times 체중$$

$$= \frac{230 \ mg/kg/day}{100} \times 50 \ kg$$

$$= 115 \ mg/day$$

정답

115 mg/day

1-4 어떤 물질에 대해 쥐의 NOAEL이 150 mg/kg/day이고, 안전계수가 1/100일 때, 60 kg인 성인의 ADI를 구하시오.

[2015년 1회]

계산과정

$$ADI = \frac{NOAEL}{안전계수} \times 체중$$

$$= \frac{150 \ mg/kg/day}{100} \times 60 \ kg$$

$$= 90 \ mg/day$$

정답

90 mg/day

1-5 ADI의 정의를 설명하고 다음을 계산하시오.

[2019년 3회]

> 과자 30 g 섭취 시 ADI를 구하시오.
> • 대상 : 체중 30 kg인 어린이
> • 최대무작용량 : 1 mg/kg/day

계산과정

$$ADI = \frac{NOEL}{안전계수} \times 체중$$

$$= \frac{1 \ mg/kg/day}{100} \times 30 \ kg$$

$$= 0.3 \ mg/day$$

정답

• ADI(Acceptable Daily Intake)란 식품첨가물, 잔류농약 등 의도적으로 사용하는 화학물질에 대해 일생 동안 섭취하여도 유해영향이 나타나지 않는 1 인당 1 일 섭취허용량을 말한다.
• ADI = 0.3 mg/day

해설

최대무작용량을 보자마자 동물실험의 결괏값(동물에 투여하였을 때 독성이 나타나지 않는 최대투여용량)이라고 바로 판단할 수 있어야 한다. 또한 안전계수가 제시되지는 않았지만 안전계수 100을 곱해 줘야 한다는 것은 자동적으로 인지해야 한다.

2. 소비기한 설정

2-1 온도에 민감한 성분의 활성에너지가 3,332 cal/mol, 21 ℃에서 반응속도가 0.00157 /day일 때 25 ℃에서 제품보존기한은 며칠인지 계산하시오. [단, $R = 1.987$, 원료 75%(25% 감소)일 때 폐기하고 소수점은 버린다.]

[2019년 1회, 2021년 3회]

계산과정

• 21 ℃에서 반응속도상수(K_1) : 0.00157
• 25 ℃에서 반응속도상수(K_2) : 아레니우스 방정식을 이용하여 구한다.

$$\ln\left(\frac{K_2}{0.00157}\right) = -\frac{3,332}{1.987}\left(\frac{1}{298} - \frac{1}{294}\right) \rightarrow K_2 = 1.69 \times 10^{-3}$$

• 25 ℃에서 제품보존기한(t) : 1차 반응식 이용(∵ 원료 75 %일 때 폐기 = 반응물질에 비례)

$$\ln[A] = \ln A_0 - Kt$$

$$\ln 0.75 = \ln 1 + (-1.69 \times 10^{-3} \times t)$$

$$-0.288 = 0 + (-1.69 \times 10^{-3} \times t)$$

$$t = \frac{0.288}{1.69 \times 10^{-3}} = 170.4142(\text{소수점 버림})$$

정답

170 일

해설

• 아레니우스 방정식(Arrhenius equation) : 식품의 품질변화에 대한 온도 의존성을 설명하기 위해 시간과 속도상수로 표현되는 화학반응식이다. 가속저장실험에서 가속인자가 열(온도)인 경우에 주로 사용한다.

$$\ln\left(\frac{K_2}{K_1}\right) = -\frac{E_a}{R}\left(\frac{1}{T_2} - \frac{1}{T_1}\right)$$

$\ln$: 자연로그, E_a : 활성화에너지, R : 기체상수(1.987 cal/mol)

K_2 : 25 ℃에서의 반응속도상수, K_1 : 21 ℃에서의 반응속도상수

T_2 : 25 ℃에서의 절대온도(25 + 273 = 298 K), T_1 : 21 ℃에서의 절대온도(21 + 273 = 294 K)

• 제품보존기한 산출
  – 0차 반응 : 반응속도가 반응물질의 농도에 의하여 변하지 않는 반응
  – 1차 반응 : 반응속도가 반응물질의 농도에 비례하는 반응

0차 반응식 : $At = A_0 - Kt$

1차 반응식 : $\ln[A] = \ln A_0 - Kt$

A_0 : 원료의 최초 측정값 (문제에서 100 % → 1)

A : 원료의 t시간 경과 후 측정값(문제에서 원료 75 % → 0.75)

2-2 냉동 대구 fillet의 보관기한이 –20 ℃에서 240 일, –15 ℃에서 90 일, –10 ℃에서 40 일, –5 ℃에서 15 일일 때, –20 ℃에서 50 일, –10 ℃에서 15 일, –5 ℃에서 2 일 경과 시 –15 ℃에서의 판매 가능한 최대 일수를 계산하시오. [2019년 3회]

계산과정

구분	–20 ℃	–15 ℃	–10 ℃	–5 ℃
보관기한	240 일	90 일	40 일	15 일
현재 시점	50 일	x	15 일	2 일

$$\frac{50}{240} + \frac{x}{90} + \frac{15}{40} + \frac{2}{15} = 1$$

$$\left(\frac{50}{240} + \frac{x}{90} + \frac{15}{40} + \frac{2}{15}\right) \times 720 = 1 \times 720$$

$$150 + 8x + 270 + 96 = 720$$

$$8x = 720 - 516$$

$$x = 25.5$$

정답

25 일

해설

분모가 다른 분수이므로 분모의 최소공배수 720을 양변에 곱한다.

2-3 비타민 C 파괴는 1차 반응식을 따른다. 비타민 C가 처음 농도의 $\frac{1}{4}$ 로 되는 데에 240 일이 걸렸을 때, 1차 반응식의 속도상수 K를 산출하시오. [2023년 3회]

> 1차 반응식 : $\ln[A] = \ln[A_0] - Kt$
> 여기서, A_0 : 설정실험 지표의 최초 측정값
> $\quad\quad A$: 설정실험 지표의 t시간 경과 후 측정값
> $\quad\quad K$: 반응속도상수
> $\quad\quad t$: 저장기간(일)

계산과정

$\ln[A] = \ln[A_0] - Kt$ (← 자연로그($\ln$)의 계산은 log 계산과 같음)

$\ln[A] - \ln[A_0] = -Kt$

$\ln\left(\dfrac{[A]}{[A_0]}\right) = -Kt$ → 여기서, $[A] = \dfrac{1}{4}[A_0]$을 치환하고, $t = 240$(일)을 대입한다.

$\ln\left(\dfrac{\frac{1}{4}[A_0]}{[A_0]}\right) = -K \times 240$

$\ln\dfrac{1}{4} = -K \times 240$

$-\ln 4 = -K \times 240$

$\ln 4 = K \times 240$

$K = \dfrac{\ln 4}{240}$

$K = 0.005776 \cdots \fallingdotseq 0.006$

$\therefore \ K = 0.006$

정답

0.006

해설

식품의 품질변화에 대한 화학반응식은 시간과 반응속도상수로서 표현되는 다음의 식을 기초로 한다.

> $-\dfrac{dA}{dt} = KA^n$
> A : 품질지표
> t : 저장기간
> K : 온도, 습도, 산소, 빛과 같은 저장환경에 영향 받는 반응속도상수
> n : 반응차수
> $\quad$ – 0차 반응 : 반응속도가 반응물질의 농도에 의하여 변하지 않는 반응
> $\quad$ – 1차 반응 : 반응속도가 반응물질의 농도에 비례하는 반응
> dA/dt : 시간 변화에 따른 품질지표 A의 변화

소비기한 실험에서 얻은 품질변화 결과를 저장기간(t)에 따른 반응속도그래프(kinetic plot)으로 변형시키면 품질손상의 반응속도상수(K)를 얻게 된다. 이때 물질의 품질저하속도가 반응물의 농도에 관계없이 일정한 반응을 나타내는 경우 0차 반응($n=0$)을 따르게 되며, 반응물의 농도에 따라 지수적으로 감소하는 반응을 나타내는 경우 1차 반응($n=1$)을 따르게 된다.

- 0차 반응식 : 품질 저하속도가 품질 특성에 관계없이 일정한 반응을 나타내는 경우

$$-\frac{dA}{dt} = KA^n \ \ (n=0) \ \rightarrow \ (적분) \ A_e = A_0 - Kt$$

- 1차 반응식 : 품질 저하속도가 품질 특성에 따라 지수적으로 감소하는 반응을 나타내는 경우

$$-\frac{dA}{dt} = KA^n \ \ (n=1) \ \rightarrow \ (적분) \ \ln[A_e] = \ln[A_0] - Kt$$

$\ln[A_e] = \ln[A_0] - Kt$

A_0 : 품질지표의 최초 측정값

A_e : 품질지표의 t시간 경과 후 측정값

K : 반응속도상수

t : 저장기간(일, 월, 년)

체크 포인트 : **변수와 상수 및 로그의 개념**

- 변수는 "변하는 수"의 약자이고, 상수는 "항상 일정한 수"의 약자이다. 변수는 어떤 수가 될지 모르기 때문에 x, $y\cdots$ 등 문자로 표시하는 반면, 상수는 1, 2, $\frac{1}{3}$, 0.5$\cdots$ 등 숫자로 표시한다. 반응식의 속도상수 K 역시 어떤 숫자로 되어 있다. 다만, 우리가 그것을 모르고 있는 미지수일 뿐이며 분명히 숫자로 이루어져 있기 때문에 그 숫자가 무엇인지를 찾아보라는 뜻에서 문자 K를 쓴 것이다.

- 로그(log)
로그는 크고 복잡한 수의 계산을 쉽게 하기 위해 만들어졌고, 지수를 다른 방법으로 표현한 것이다. 예를 들어, 2의 4제곱은 16이다. 이를 지수방정식으로 나타내면 $2^4 = 16$이 된다. 그러므로 "2를 몇 번 제곱해야 16이 될까?"에 대한 답은 당연히 4이다. 이것을 로그방정식으로 나타내면, $\log_2(16) = 4$이고, "2를 밑으로 하는 16(진수)의 로그방정식은 4(지수)"라고 읽는다.

$$2^4 = 16 \ \leftrightarrow \ \log_2(16) = 4$$

- 상용로그(log)
일상생활에서 돈을 셀 때 1(일), 10(십), 100(백), 1,000(천), 10,000(만)$\cdots$ 등으로 센다. 이것이 바로 상용로그의 기본이다(일생생활에서 항상 사용하는 로그). 상용로그는 밑이 10인 로그를 뜻하고, 이때 밑은 생략하며 밑이 10인 것으로 간주한다. 또한 세균수 검사할 때도 마찬가지다. 세균수가 100개라고 할 때 10^2으로 쓸 수 있고 이를 로그방정식으로 표시하면 2log라고 한다. 1,000개($10^3 = 3\log$), 10,000개($10^4 = 4\log$) 등도 마찬가지로 모두 10을 밑으로 하는 상용로그이다.

$$\log_{10}(x) = \log(x)$$

- 자연로그($\ln$)
자연로그는 밑이 e(자연상수)인 로그를 뜻한다. 다만, 밑을 e로 나타내는 대신 $\ln$으로 표시한다. 하지만 중요한 것은 계산방식이 log와 같다는 점이다.

$$\log_e(x) = \ln(x)$$

1. 영양성분표시

1-1 다음 영양성분표에서 ① 총열량 계산 및 ② 탄수화물의 %영양소 기준치를 계산하고 ③ 식품의 영양성분 함량강조표시 세부기준에서 저지방의 정의 및 기준을 쓰시오. [2021년 1회]

영양성분 1 회 제공량 1 개(90 g)		
1 회 제공량당 함량		%영양소 기준치
열량	(①) kcal	
탄수화물	46 g	(②) %
당류	23 g	–
에리스리톨	1 g	–
식이섬유	5 g	20 %
단백질	5 g	8 %
지방	9 g	18 %

영양성분	1 g당 열량
탄수화물	4
단백질	4
지방	9
알코올	7
유기산	3
당알코올	2.4
에리스리톨	0
식이섬유	2

계산과정

• 총열량

ㄱ 탄수화물의 열량 = [탄수화물 – (식이섬유 + 에리스리톨)] × 4 kcal= [46 g – (5 g + 1 g)] × 4 kcal = 160 kcal

> 당류는 계산에서 제외(탄수화물을 표시할 때 당류를 구분해서 표시해야 한다는 규정 때문에 표시한 것일 뿐, 이미 탄수화물의 함량에 당류가 포함되었기 때문에 따로 열량을 계산할 필요가 없음)

ㄴ 에리스리톨의 열량 = (에리스리톨 × 0 kcal) = (1 g × 0 kcal) = 0 kcal

ㄷ 식이섬유의 열량 = (식이섬유 × 2 kcal) = (5 g × 2 kcal) = 10 kcal

ㄹ 단백질의 열량 = (단백질 × 4 kcal) = (5 g × 4 kcal) = 20 kcal

ㅁ 지방의 열량 = (지방 × 9 kcal) = (9 g × 9 kcal) = 81 kcal

그러므로, 총열량 = ㄱ + ㄴ + ㄷ + ㄹ + ㅁ = 160 + 0 + 10 + 20 + 81 = 271 kcal

정답

① 총열량 : 271 kcal
② 탄수화물 : 14 %
③ 저지방의 정의 및 기준 : 식품 100 g당 3 g 미만 또는 식품 100 mL당 1.5 g 미만일 때

해설

• 「식품 등의 표시기준」 [별지 1] > 1. 식품(수입식품을 포함) > 아. 영양성분 등 > 2) 표시방법 > 나) 영양성분별 세부표시방법 > (1) 열량 > (나) 열량의 산출기준 > ①, ② 참고
• 탄수화물의 %영양소 기준치
  – 「식품 등의 표시 · 광고에 관한 법률 시행규칙」 [별표 5] 1 일 영양성분 기준치에 따르면 탄수화물의 1 일 영양성분 기준치는 324 g이다.
  – 따라서 탄수화물 46 g에 대한 %영양소 기준치는 14 %가 된다.
• 「식품 등의 표시기준」 [별지 1] > 1. 식품(수입식품을 포함) > 아. 영양성분 등 > 3) 영양강조 표시기준 > 가) "저", "무", "고(또는 풍부)" 또는 "함유(또는 급원)" 용어 사용 > (2) 영양성분 함량강조표시 세부기준 참고

참 / 고 / 문 / 헌

- 강석남 외(2018). **식육과학4.0**. 유한문화사.
- 강석호 · 한도흥(1990). **분무건조장치의 원리와 응용**. 영남대학교 화학공학과.
- 고명수(2010). **쉬운 기기분석**. 유한문화사.
- 고정삼 외(2012). **쉬운 식품공학**. 유한문화사.
- 노봉수(1996). **식품화학연습**. 신광출판사.
- 식품의약품안전처(2012). **노로바이러스 관리 매뉴얼(지침)**. 식품의약품안전처.
- 식품의약품안전처(2017). **식품등의 기준 설정 원칙**. 식품의약품안전처.
- 식품의약품안전처(2023). **위해식품등 회수지침**. 식품의약품안전처.
- 식품의약품안전처(2018). **식육 · 알 · 유가공품의 멸 · 살균 열처리 동등성 인정을 위한 안내서**. 식품의약품안전처.
- 식품의약품안전처(2023). **건강기능식품 기능성 원료 인정을 위한 제출자료 작성가이드**. 식품의약품안전처.
- 식품의약품안전처(2019). **식품 · 의약품 주요 용어집**. 식품의약품안전처.
- 식품의약품안전처(2021). **알기 쉽게 찾아보는 식품첨가물의 사용기준**. 식품의약품안전처.
- 식품의약품안전처(2022). **2022년 식중독 원인조사 시험법**. 식품의약품안전처.
- 식품의약품안전처(2023). **식품 · 축산물 및 건강기능식품의 소비기한 설정실험 가이드라인**. 식품의약품안전처.
- 식품의약품안전처(2023). **식품안전관리지침**. 식품의약품안전처.
- 식품의약품안전처(2023). **위해식품등 회수업무 매뉴얼**. 식품의약품안전처.
- 식품의약품안전처(2023). **인체적용제품 위해성평가 공통지침서**. 식품의약품안전처.
- 식품의약품안전청(2010). **이물의 감별 · 동정 가이드라인**. 식품의약품안전청.
- 식품의약품안전평가원(2009). **곰팡이독소 등 유기오염물질의 안전관리**. 식품의약품안전평가원.
- 식품의약품안전평가원(2011). **위해평가 지침서**. 식품의약품안전평가원.
- 식품의약품안전평가원(2016). **헤테로사이클릭아민류 위해평가**. 식품의약품안전평가원.
- 안선정(2012). **새로운 감각으로 새로 쓴 조리원리**. 백산출판사.
- 양철영 외(2014). **식품냉장냉동학**. 석학당 출판사.
- 이미애 · 최윤정(2016). **김치 관능검사 매뉴얼**. 세계김치연구소.
- 이수근(1999). 포장용 플라스틱의 기초이론. **월간포장계**, 통권77호, 158-167.
- 조남지 외(2006). **제과제빵 재료학**. 비앤씨월드.
- 조문구(2019). **식품기계학**. 유한문화사.
- 조영 · 김영아(2009). **조리원리**. 한국방송통신대학교출판부.
- 채동진(2002). 빵재료의 역할과 이용법 물. **베이커리**, 7호통권408호, 168-170.
- 하덕모(1995). **최신 식품미생물학**. 신광출판사.
- 한국소비자연맹(2014). **GMO교육교재 유전자변형식품 올바로 알기**. 한국소비자연맹.
- 한국식품안전관리인증원(2023). **안전관리인증기준(HACCP)평가(심사)매뉴얼**. 한국식품안전관리인증원.

- 한국식품안전연구원(2011). **식중독 바이러스와 안전성**. (사)한국식품안전연구원.
- 한국식품안전연구원(2014). **식품과 인수공통전염병**. (사)한국식품안전연구원.
- 한국식품연구원(2019). **국제식품안전관리시스템**. 한국식품연구원.
- 한국해양수산개발원 해외시장분석센터(2017). **신시장 개척을 위한 국제식품안전인증 동향**. 한국해양수산개발원.
- 한상배(2005). 우리나라 두부류의 관리체계. **식품산업과 영양**, 10(1), 1-5.

참 / 고 / 법 / 령 및 고 / 시

- 감염병의 예방 및 관리에 관한 법률(법률 제19175호)/시행령(대통령령 제33757호)/시행규칙(보건복지부령 제990호)
- 건강기능식품 기능성 원료 및 기준·규격 인정에 관한 규정. 식품의약품안전처 고시 제2021-66호.
- 건강기능식품에 관한 법률(법률 제18445호)/시행령(대통령령 제33913호)/시행규칙(총리령 제1916호)
- 건강기능식품의 기준 및 규격. 식품의약품안전처 고시 제2023-50호.
- 기구 및 용기·포장의 기준 및 규격. 식품의약품안전처 고시 제2022-97호.
- 먹는물수질공정시험기준. 국립환경과학원 고시 제2023-33호.
- 식중독 발생원인 조사절차에 관한 규정. 식품의약품안전처 고시 제2022-25호.
- 식품, 식품첨가물, 축산물 및 건강기능식품의 소비기한 설정기준. 식품의약품안전처 고시 제2022-31호.
- 식품 등 이력추적관리기준. 식품의약품안전처 고시 제2022-43호.
- 식품 등의 표시기준. 식품의약품안전처 고시 제2023-64호.
- 식품 등의 표시·광고에 관한 법률(법률 제19472호)/시행령(대통령령 제34060호)/시행규칙(총리령 제1813호)
- 식품 등의 한시적 기준 및 규격 인정 기준. 식품의약품안전처 고시 제2023-43호.
- 식품 및 축산물 안전관리인증기준. 식품의약품안전처 고시 제2023-26호.
- 식품위생 분야 종사자의 건강진단 규칙 일부 개정령(총리령 제1919호)
- 식품위생법(법률 제19917호)/시행령(대통령령 제33913호)/시행규칙(총리령 제1879호)
- 식품의 기준 및 규격. 식품의약품안전처 고시 제2023-72호.
- 식품첨가물의 기준 및 규격. 식품의약품안전처 고시 제2023-82호.
- 우수건강기능식품 제조기준. 식품의약품안전처 고시 제2024-1호.
- 집단급식소 급식안전관리 기준. 식품의약품안전처 고시 제2023-32호.
- 축산물 등급판정 세부기준. 농림축산식품부 고시 제2023-102호.
- 축산법(법률 제18445호)/시행령(대통령령 제33913호)/시행규칙(농림축산식품부령 제617호)

참 / 고 / 사 / 이 / 트

- 국립국어원 표준국어대사전_stdict.korean.go.kr
- 국립농산물품질관리원_www.naqs.go.kr
- 국립수산물품질관리원_www.nfqs.go.kr
- 나무위키_namu.wiki
- 네이버 블로그_blog.naver.com/hychang5010/50108247687
- 네이버 블로그_blog.naver.com/mykepzzang/220936552823
- 네이버 음식백과_terms.naver.com
- 농업박물관(쌀박물관)_www.agrimuseum.or.kr
- 농촌진흥청 농사로_www.nongsaro.go.kr
- 대한화학회_new.kcsnet.or.kr
- 법제처 국가법령정보센터_www.law.go.kr
- 수입식품 방사능 안전정보_radsafe.mfds.go.kr
- 수입식품 정보마루_impfood.mfds.go.kr
- 식품안전나라_www.foodsafetykorea.go.kr
- 식품안전정보원_www.foodinfo.or.kr
- 식품의약품안전처_www.mfds.go.kr
- 식품의약품안전평가원_www.nifds.go.kr
- 위키백과_ko.wikipedia.org
- 축산물품질평가원_www.ekape.or.kr
- 한국민족문화대백과사전_encykorea.aks.ac.kr
- 한국식량안보연구재단_www.foodsecurity.or.kr
- 한국식품안전관리인증원_www.haccp.or.kr
- Codex Alimentarius(국제식품규격)_www.fao.org/fao-who-codexalimentarius
- Khan Academy_ko.khanacademy.org/math

기 / 타 / 자 / 료

- 대한산업보건협회 산업보건환경연구원. 분석기기의 원리.
- 식품의약품안전처(2023). 소비기한 표시제 관련 질의응답집(FAQ).
- 식품의약품안전처. 식품이력추적관리제도 홍보 브로슈어.
- 식품의약품안전처(2023). 식중독 표준업무 지침. 식품의약품안전처.
- 식품의약품안전처(2023). No.33('23.10월호)식약처_CODEX뉴스레터. 식품의약품안전처.
- 식품의약품안전청(2007). 식품 중 트랜스지방이란.
- 질병관리본부(2014). 수인성·식품매개질환 역학조사 지침. 질병관리본부.
- 질병관리청(2023). 수인성 및 식품매개감염병 관리지침. 질병관리청.
- 한국식품안전관리인증원(2021). HACCP KOREA 2021 교재.

식품기사 실기 초단기합격

개정1판1쇄 발행	2024년 03월 05일 (인쇄 2024년 01월 16일)	
초 판 발 행	2023년 07월 10일 (인쇄 2023년 06월 08일)	
발 행 인	박영일	
책 임 편 집	이해욱	
편 저	김진혁	
편 집 진 행	윤진영 · 김미애	
표지디자인	권은경 · 길전홍선	
편집디자인	정경일 · 조준영	
발 행 처	(주)시대고시기획	
출 판 등 록	제10-1521호	
주 소	서울시 마포구 큰우물로 75 [도화동 538 성지 B/D] 9F	
전 화	1600-3600	
팩 스	02-701-8823	
홈 페 이 지	www.sdedu.co.kr	

I S B N	979-11-383-6631-1(13570)
정 가	33,000원